计 算 机 科 学 丛 书

原书第5版

交互设计

超越人机交互

[英] 海伦·夏普（Helen Sharp）

[美] 詹妮弗·普瑞斯（Jennifer Preece）　著

[英] 伊温妮·罗杰斯（Yvonne Rogers）

刘伟 托娅 张霖峰 苌凯旋 辛益博 译

Interaction Design

Beyond Human-Computer Interaction　Fifth Edition

机械工业出版社

China Machine Press

图书在版编目（CIP）数据

交互设计：超越人机交互（原书第5版）/（英）海伦·夏普（Helen Sharp），（美）詹妮弗·普瑞斯（Jennifer Preece），（英）伊温妮·罗杰斯（Yvonne Rogers）著；刘伟等译 . —北京：机械工业出版社，2020.7（2022.10 重印）

（计算机科学丛书）

书名原文：Interaction Design: Beyond Human-Computer Interaction, Fifth Edition

ISBN 978-7-111-65893-1

I. 交… II.① 海… ② 詹… ③ 伊… ④ 刘… III. 人 – 机系统－系统设计 IV. TP11

中国版本图书馆 CIP 数据核字（2020）第 108817 号

本书由交互设计界的三位顶尖学者联袂撰写，是该领域的经典著作，被全球各地的大学选作教材。新版本继承了本书一贯的跨学科特色，并与时俱进地新增了一章讨论大规模数据，同时补充了新的发展成果。书中包含大量实例，涉及敏捷用户体验、社交媒体与情感交互、混合现实与脑机界面等。全书紧紧围绕设计与评估的迭代过程，不仅包含了传统的理论知识、实例解析、实践指导等内容，还通过"窘境"模块讨论了一系列启迪思考的开放问题。此外，本书网站 www.id-book.com 也为读者提供了丰富的资源，包括教学 PPT 以及大量的案例研究。

本书主要面向学习人机交互、交互设计、信息与通信技术、网页设计、软件工程、数字媒体、信息系统和信息研究等课程的高校学生，同时也是该领域从业人员的有益参考读物。

出版发行：机械工业出版社（北京市西城区百万庄大街 22 号 邮政编码：100037）

责任编辑：孙榕舒		责任校对：李秋荣	
印　　刷：固安县铭成印刷有限公司		版　次：2022 年 10 月第 1 版第 3 次印刷	
开　　本：185mm × 260mm　1/16		印　张：27	
书　　号：ISBN 978-7-111-65893-1		定　价：139.00 元	

客服电话：（010）88361066　68326294

版权所有·侵权必究
封底无防伪标签均为盗版

本书仍然是交互设计领域内的标准教科书。即使是经验丰富的从业者，在需要向同事解释一个概念或者引用一个最佳实践时，也会发现这本书非常有用。学生可以从这本书中获得对基础知识的易于理解的描述和深入解析。无论是为一般的角色设计还是专门为残障人士设计，无论是在用户体验组织还是敏捷团队中工作，如果你要挑选一本书带到办公室，那么应该就是这本书。

——Jofish Kaye，美国 Mozilla 公司首席科学家

这本书是用户界面/用户体验设计课程的完美教科书。对于本科生来说，它提供了各种令人信服的例子来说明交互设计中的最佳实践。对于研究生来说，它提供了对高级主题的基本概述。对于想要了解交互设计最新技术的专业人士来说，这本书也是必不可少的。我也使用这本教科书，并且强烈推荐。

——Rosa I. Arriaga 博士，美国佐治亚理工学院交互计算系高级研究员

在过去十年里，本书极大地促进了纳米比亚人机交互技术社区的发展。本书通过对全球和本地案例的研究，让学生、学者以及从业人员了解基本的原理和理论以及最新的技术和趋势。在最新版本中，作者添加了根据特殊情境进行的反思性应用。这本书仍然是培养纳米比亚未来几代交互设计师的第一参考书，也能促进为公民创造良好的用户体验。

——Heike Winschiers-Theophilus，非洲纳米比亚科技大学
计算与信息学院教授

在我教授用户体验和交互设计的教学生涯中，Rogers、Preece 和 Sharp 合著的这本书已经成为学生最重要的教科书。作者将自己在人机交互方面丰富的专业知识与对产业实践的深入理解结合起来，为我们提供了对交互设计与用户体验中核心部分的最全面介绍。在我给学生的阅读清单中，该书为"必读书"。

——Simon Attfield，英国密德萨斯大学副教授，专注于以人为中心的技术

交互设计学在过去几年中经历了巨大的变化——例如"大"数据流对设计的重要性日益提升，日常无处不在的、在人们的日常生活中优雅而合乎道德地进行感知和融合的计算问题越发普遍。此次更新非常重要和及时，该书在我们的领域内一直被视为黄金标准。我期待使用这本书来帮助学生为迎接现代工业实践中的挑战做好准备。

——Katherine Isbister，美国加州大学圣克鲁兹分校计算媒体学教授

设计有效的人机交互对于现代科技系统来说比以往任何时候都更重要。随着数码设备变得更便携、更快、更智能，界面和交互的挑战变得越来越复杂。我们可以通过手持屏幕或

者语音指令获得大量数据，人工智能系统拥有有着复杂对话结构的界面。这些技术的最佳交互方式是什么？创建宜人且可以随时访问的界面的最佳工具是什么？我们如何确保新兴技术与人类的价值观保持一致并尊重人类价值观？在这本书中，你能找到对这些问题的详尽分析（这本书对于学生和专业人士来说都是有价值的资源）。

——Frank Vetere，澳大利亚墨尔本大学计算与信息系统学院

交互设计学教授

对于本科生、硕士生以及想要改变职业道路的专业人士，我最想推荐的就是这本书。交互设计学的核心问题由权威专家通过引人入胜的描述和现代的案例活灵活现地引出。这本书一直以来都是交互设计的综合资源，现在又纳入了最新的计算机技术，比如大数据、人工智能、伦理学等。这使之成为进入交互设计领域的必读书。

——Anne-Marie Piper 博士，美国西北大学电气工程与计算机科学学院

传播学系副教授

从本书的第 1 版开始，我就把它用作本科生和研究生的入门课程的教科书。这本书是一本重要的必读书，全面地介绍了人机交互的准则和以用户为中心的设计实践。第 5 版通过更新交互设计过程、交互设计实践（如用户体验中的技术负债、精益用户体验）、设计伦理学以及新型交互界面等方面的内容，维持了一贯的声誉。对于想要对人机交互与用户体验领域有全面了解的学生和从业者，我经常向他们推荐这本书。

——Olivier St-Cyr，加拿大多伦多大学教学组助理教授

交互设计是横跨多个领域的实践。作者通过提供大量跨学科的信息证明了这一点。这本书已经从针对人机交互学生的教科书，发展成为一本囊括设计实践、案例、相关主题讨论、进一步阅读建议、练习、对从业者的采访的百科全书，甚至在书中还有一些有趣的历史。这本书是我所见到的为数不多的可以填平理论与实践之间鸿沟的书。自从第 1 版开始，我的桌子上就一直放着这本书，我经常翻阅不同的章节来寻找灵感，从而与我的同事交流我所做的决定背后的原因。

——William R. Hazlewood 博士，美国亚马逊公司零售体验设计概念实验室

首席设计师

多年来，这一直是我最喜欢的书，不仅是因为它为我的课程提供了支持，还因为它是我准备工业和学术上的用户体验研究的第一手资料。书中的章节在协调地展现理论、实例、案例研究的同时，也给读者提供了易于阅读的内容，这些内容涉及交互式产品的构建和评估等多个方面。第 5 版延续了其作为最新的人机交互书籍的传统，并且增加了关于精益用户体验、情感化交互、社会和认知方面以及伦理学的讨论。这些对于交互设计从业者和学者来说无疑是现代最重要的话题。

——Luciana Zaina，巴西圣卡洛斯联邦大学高级讲师

这本书一直是我推荐给人机交互初学者的入门书籍。它从多个角度来审视这个学科：对情境中人类行为的理解、不断变化的技术所带来的挑战以及交互设计与评估中的实际过程。

第 5 版再一次在保留基本内容的同时更新了代表性案例。

——Robert Biddle，加拿大卡尔顿大学人机交互学教授

本书对交互设计学中的必备经典知识进行了及时的更新。这本书很好地强调了交互设计领域中的变化，包括如何处理最新的传感技术以及它所带来的海量数据。对于交互设计学的入门者和有经验的人来说，这本书都很合适。

——Jodi Forlizzi，美国卡内基 – 梅隆大学计算机科学学院人机交互研究所教授及

Geschke 主管

数字生活环境包围着我们。然而如何设计和创造我们对新兴技术的体验和交互仍然是一个重大挑战。这本书为我们能够自信地处理这些设计提供了关于基本技术和方法的指导，以及交互设计中重要的、深层次的历史和文献。在你的职业生涯中，可以通过这本书来实践、挖掘、激发交互设计中的创造性工作。

——Eric Paulos，美国加州伯克利大学电气工程与计算机科学教授

Preece、Sharp 和 Rogers 再一次为我们提供了交互设计世界中的美妙旅程。该书始终保持最新，并且为多个领域的学生提供了对广泛话题的新看法。这些领域包括交互设计、人机交互、信息设计、网站设计以及普适计算。这本书应该成为每个学生的必备书籍。这是一本"生存指南"！在数字时代，它可以指导人们穿过信息丛林和黑暗的科技森林。它也有助于对开发新技术提出批评意见，因为计算机研究界需要更谨慎地面对创新所带来的负面影响。对我来说，在线资源为我创建优质课程以及为学生减负提供了很大帮助。

——Johannes Schöning，德国不来梅大学计算机科学教授

从本书第 1 版出版以来，已经过去了接近 20 年，这些年交互设计学的技术、科学与实践发生了巨大的变化。新版将第 1 版的闪光点与经验教训结合起来，并且带来了令人兴奋的前沿技术。复杂的概念被优雅而完美地解释，这使得读者可以毫无疑虑地将这些概念付诸实践。这本书对于刚接触交互设计的人来说是很好的资源，同时也可以作为从业者的指导书或参考书。

——Dana McKay，澳大利亚墨尔本大学产业与学术中心用户体验研究员

计算机无处不在，我们几乎可以在每一台新设备或系统中见到它，从遍及各处的手机到覆盖了个人职业和日常生活中每一方面的复杂的社会技术系统网络。计算机通过以前难以想象的计算能力将我们的活动与不断扩展的信息资源联系在一起。确保界面设计符合人类需求并且可以增强我们的能力是一项非常重要的智力挑战。这不仅涉及有关如何设计有效表征和交互机制的复杂的理论和方法问题，还涉及复杂的社会、文化和政治问题，如隐私、注意力控制以及信息所有权。新版依然是我为学生以及任何对这个重要领域感兴趣的人推荐的入门书籍。

——Jim Hollan，美国加州大学圣地亚哥分校认知科学特聘教授

本书仍然是我在人机交互领域最喜欢的教科书。我们甚至以此来为奥尔堡大学的本科生

和研究生课程命名。在第 5 版中，作者阐述了该领域中知识体系的最新发展，并且依然保持了内容的最新以及开源。和以往一样，本书清楚地指出了交互技术的设计及使用的新趋势。

——Jesper Kjeldskov，丹麦奥尔堡大学计算机科学学院教授兼院长

当我大学三年级在图书馆看到本书的第 1 版时，开始接触人机交互和交互设计领域。作为一名人机交互研究员与教师，我一直都采用本书之前的版本向本科生和硕士生介绍这个学科。我很感谢作者为更新和添加内容所付出的努力。这些新内容与学生、学者以及专业人士息息相关，因为这可以帮助他们以愉快的方式来了解、学习人机交互与交互设计这个不断发展的领域。

——Eun Kyoung Choe，美国马里兰大学信息研究学院人机交互教授

在现代交互设计领域，此书的新版本毫无疑问是最全面、最权威的资源。它非常容易理解，阅读它是一种乐趣。此书的作者又一次带来了该领域所需要的东西。

——Erik Stolterman，美国印第安纳大学信息科学与计算机学院
信息科学教授

这本书独一无二地阐明了交互设计领域。交互设计是一个融合了多学科的庞大领域，你可能认为在一本书中综合最相关的知识是不可能的。这本书不仅实现了这个目标，而且更进一步地带来了当代的案例和不同的声音，使知识变得具体且可操作。因此这本书对于学生、研究人员以及从业者是实用的。此书的新版本包括关于我们现在所面对的庞大数据规模挑战的宝贵讨论，也包括社会在这个时代急切需要解决的伦理设计问题。

——Simone D. J. Barbosa，*ACM Interactions* 杂志联合主编，
巴西里约天主教大学计算机科学教授

我的学生非常喜欢这本书！这本书全面地介绍了人机交互和用户体验的基本要素，这是所有应用软件成功的关键。我还喜欢这本书的许多方面，尤其是案例和视频（有一些给出了超链接），因为它们不仅有助于说明人机交互或用户体验的概念和原理，而且与读者息息相关。对于想要更多地了解人机交互或用户体验的人，我极力推荐这本书。

——Fiona Fui-Hoon Nah，美国密苏里科技大学商业与信息技术教授，
AIS Transactions on Human-Computer Interaction 杂志主编

我在人机交互课堂上已经使用这本书很多年了。这本书不仅有助于教学，也有助于进行管理。我非常感谢作者在维持这本书的最新与相关性上所做出的努力。例如，她们将大规模数据和基于敏捷技术的用户体验设计的相关内容加入了新版本中。这本书超赞！

——Harry B. Santoso 博士，印度尼西亚大学计算机学院
"交互系统"课程讲师

在我读博士期间，本书的第 1 版迅速成为我偏爱的参考书。现在这本书已经更新到了第 5 版。我赞赏作者在更新和丰富本书内容的过程中所做出的细致而持续的努力，这使此书成为标准入门教科书。不仅仅是关于物体和人造物，今天的设计越来越被认为是一种复杂而全

面的系统思考方法。一如既往，Preece、Sharp 和 Rogers 通过提供全面的、醒目的且易于理解的概念、方法和跨领域（如体验设计、普适计算和城市信息学）的交互设计案例来保证这本书紧跟时代的脚步。

——Marcus Foth，澳大利亚布里斯班 QUT 设计实验室城市信息学教授

长久以来本书一直是我人机交互课程的首选教科书。此书的新版本引入了从业者更关注的问题，那就是要为学生过渡到实践，为从业者以及对交互设计及其在产品开发中的角色感兴趣的人们增加价值。它是一本引人入胜的书籍，同时也是"零食"，也就是说这本书既涵盖基础知识，也可以激发灵感。我仍然认为这是一本很棒的书，相信别人也会这样认为。

——Ann Blandford，伦敦大学学院人机交互教授

这本书具有非常清晰的风格、充足的有效学习资料以及对进一步阅读的指导。我发现这本书对工科学生非常有用。

——Albert Ali Salah，荷兰乌得勒支大学教授

交互设计是以用户需求为根本，在可用性和用户体验两个层面上进行设计创造，从而达到用户满意的效果。交互设计领域涉及多种学科，在本书之前，其他关于交互设计的书籍大多集中在单一学科及领域，综合性不强。令人欣喜的是，本书思维、脉络清晰，包含大量实时更新的例子，可读性很高。

我在带领团队翻译完成本书第 4 版之后，受益匪浅，并得以深入理解交互设计这一多学科交叉的产物。故在原书第 5 版出版之后，便开始筹备翻译工作，希望可以将新版本的思想尽快带给广大读者，以此促进交互设计领域的发展。

为了帮助读者了解全书脉络，下面介绍一下本书中主要的理论观点。第 1 章从交互设计的概念入手进行介绍，讨论了交互设计与用户体验的关系。第 2 章重点介绍交互设计的过程，包括一些实际案例。第 3 章介绍交互的理解与概念化。第 4～6 章从认知、社交与情感多维度地分析交互设计。第 7 章的侧重点有所不同，详细介绍现在比较流行的界面类型，其中包括虚拟现实、增强现实、隔空手势、可穿戴设备、机器人和无人机以及脑机交互界面。第 8～10 章重点介绍数据收集、分析、解释和呈现，提到了一些数据分析中定量和定性的基本方法，并介绍了一些统计方法中的基本知识。从第 11 章起主要介绍需求的发现、设计、原型建立、构建以及评估过程，特别是在第 15 章中还提出了实地研究和野外研究的概念，这对目前交互领域中的实验方面起到很大的帮助作用。第 16 章重点介绍评估检查、分析和建模，对交互设计具有指导性作用。与第 4 版相比，本书增加了对大数据的探索过程（第 10 章），并将第 4 版中第 9 章的内容进行了精简编排，形成了第 2 章。此外，其他章节也有一定程度的改动，使内容更加完善。

译者分工如下：第 1～4 章以及 5.1～5.4 节由辛益博翻译；第 6～8 章以及 5.5 和 5.6 节由苌凯旋翻译；第 9～12 章由托娅翻译；第 13～16 章由张霖峰翻译。全书由刘伟在第 4 版的基础上进行统筹校对和统稿。

本书翻译难度较大，主要原因是交互设计涉及众多学科，其中包括社会科学、计算机科学、心理学、工业设计、普适计算、人机交互、艺术学，以及学科之间的交叉。对于一些专业术语，由于其在不同学科中有不同的名称与用法，所以需要译者之间进行讨论，并根据语义与上下文最终确定。

鉴于已经完成原书第 4 版的翻译工作，故本次翻译在原有基础上进行修改、添加及整合，约半年即完成相关内容的翻译工作。在此感谢机械工业出版社的编辑，正是因为他们的努力，本书才能在最短的时间内与读者见面。

由于本书的专业性，译者的翻译难免存在纰漏，望读者在阅读过程中不吝赐教。

刘伟

欢迎阅读本书第 5 版。在前几版成功出版的基础上，我们大幅更新和精简了书中的材料，以便让读者对快速发展的、涉及多学科的交互设计领域有比较全面的了解。我们没有进一步增加本书的篇幅，而是有意识地让它保持了相同的规模。

本教材面向想要对交互设计了解更多的专业人士以及学习人机交互、交互设计、信息与通信技术、网页设计、软件工程、数字媒体、信息系统和信息研究这一系列入门课程的不同背景的学生。本书对于那些想要深入挖掘该领域知识以及想要了解特定设计方法、界面或主题的从业者、设计师和研究人员也同样具有吸引力。本书也面向对设计和科技感兴趣的普通读者。

本书名为《交互设计：超越人机交互》，因为交互设计涉及的问题、主题与方法的范围比传统的人机交互领域更广——尽管如今这两个学科的重叠范围越来越大。我们定义交互设计为：

设计交互式产品来支持人们在日常工作生活中交流和交互的方式。

交互设计需要了解人们的能力和愿望以及可用的技术类型。交互设计师运用这些知识来发现需求，并进行开发和管理来生成设计。本教材对这些领域均进行了介绍。本书旨在教授用于支持开发的实用技术，并讨论可能的技术和设计备选方案。

如今，交互设计师可用的不同类型的界面和应用程序的数量持续增加，因此，我们也逐步扩展了本教材的内容来涵盖这些新技术。例如，我们不仅讨论了传统的桌面、多媒体和网络界面，还讨论了脑机交互、智能、机器人、可穿戴设备、可共享设备、增强现实和多模态界面，并列举了很多相关的案例。实践中的交互设计正在快速变化，所以本书涵盖了一系列的过程、问题和案例。

本书共 16 章，包括对常用的不同设计方法的讨论，如何将认知、社交和情感问题应用到交互设计中，以及在交互设计中如何收集、分析和呈现数据。本书的中心主题是：设计与评估是紧密交织、反复迭代的过程，创造可用性产品不仅要靠理论，更要靠好的实践。本书具有实践指导作用，并说明了如何运用各种技术来设计和评估市场上的大量应用产品。本书进行了仔细的教学设计，包含了很多练习（附有详细解答）以及更为复杂的、可以形成学生项目基础的练习。本书中也有一些"窘境"，这会鼓励读者去权衡有争议的问题的利弊。

▍内容提要

我们致力于研究交互设计是什么、为什么要进行交互设计和如何进行交互设计，并提出了相关问题。其中包括以下主题：

- 为什么一些界面很优秀而另一些界面不尽如人意
- 人们是否真的能"一心多用"
- 科学技术是怎样改变人与人之间的交流方式的
- 用户需求是什么，以及我们怎样为他们设计
- 怎样设计界面来改变人们的行为
- 怎样在目前可用的众多不同交互类型（例如交流、触摸、穿戴）中进行选择

- 设计真正的无障碍界面究竟意味着什么
- 在实验室与实际环境中开展研究的利弊
- 何时运用定量方法，何时运用定性方法
- 怎样设计被试知情同意书
- 访谈问题的类型如何影响那些看似顺利得出的结论
- 怎样从一系列具体的情景、角色中迁移并得到低保真原型
- 怎样有效地将数据分析的结果可视化
- 如何收集、分析和解释大规模数据
- 为什么有时人们的言行不一致
- 监视与记录人们的行为所涉及的道德问题
- 什么是敏捷用户体验（Agile UX）和精益用户体验（Lean UX），以及它们和交互设计的联系
- 在设计过程的不同阶段，敏捷用户体验如何与交互设计有机结合

为了便于广大读者阅读，本书主要采用对话的写作方式，并提供了很多奇闻逸事、卡通漫画和案例研究。许多例子都和读者自身经历相关。本书和相关网站致力于激发读者的阅读积极性和对创造性事物的思考。本书的目标是让读者理解交互设计中大部分需要思考的问题，并让读者学会权衡利弊以及做好进行取舍的准备。虽然良好的设计与糟糕的设计存在着天壤之别，但本书中很少有正确或错误的答案。

本书配套网站是 www.id-book.com，该网站提供了大量的资源，包括每章的幻灯片、每章练习的解答以及很多由研究人员和设计师编写的深入案例分析，还有该领域的诸多专家（包括专业的交互设计师和大学教授）的访谈视频，并且提供了可以跳转到名人博客、网上教程、YouTube 视频和其他有用资源的链接。

与前几版的不同之处

为了反映交互设计领域动态变化的特点，第 5 版全面更新了书中的示例、图片、案例研究和窘境等。本书新增了一章，名为"大规模数据"（第 10 章）。收集数据从未像现在一样简单。但是，在设计新的用户体验时了解如何处理数据却非常困难。在第 10 章中，我们介绍了收集大规模数据的关键方法，讨论了如何将大规模数据转化为有意义的数据，讨论了将大规模数据可视化以及探索大规模数据的方法，还介绍了将大规模数据变得合乎伦理标准的基本设计原则。这一章被安排在讨论数据收集和数据分析基本方法的两章之后。

在第 5 版中，关于交互设计过程的内容被重新安排到第 2 章，以便更好地构建交互设计的讨论框架。我们更新了新的过程模型，并根据它在新版中的位置进行了一定修改。因此其他章的序号也有了相应的更新。

我们更新了第 13 章的内容以反映实际用户体验方法的最新进展。该领域中不再使用的旧方法和案例已被移除，以便为新材料腾出空间。一些章完全重写，另一些章也大幅修改。我们大幅更新了第 4~6 章来反映社交媒体和情感交互方面的最新进展，同时也涵盖了它们所带来的新的交互设计问题，如隐私问题和成瘾问题。第 7 章中添加了许多关于新界面和新技术的案例。我们也对关于数据收集和数据分析的第 8 章和第 9 章进行了大幅更新。第 14~16 章添加了新的案例研究和实例来说明为适应当今不断进化的技术评估方法的改变。这些章附带的访谈也已更新，还增加了两个对创新性研究、最新设计和当代实践领域领军人物的访谈。

致谢

在撰写本书前 4 版的这些年里，我们得到了许多人的帮助。在世界各地的专业同人以及学生、朋友、家人的建议和支持下，我们获益良多。我们要特别感谢每一位慷慨贡献想法和时间的人，正是由于他们的贡献，本书的所有版本才能如此成功。

对我们提供帮助的人士遍布世界各地，他们来自马里兰大学信息研究学院（Maryland's iSchool）、人机交互实验室（Human-Computer Interaction Laboratory）、社区和信息高级研究中心（Center for the Advanced Study of Communities and Information）、开放大学（Open University）、伦敦大学学院（University College London）。对于以下人士多年来的帮助，我们致以诚挚的感谢（按姓名首字母排序）：

Alex Quinn, Alice Robbin, Alice Siempelkamp, Alina Goldman, Allison Druin, Ana Javornik, Anijo Mathew, Ann Blandford, Ann Jones, Anne Adams, Ben Bederson, Ben Shneiderman, Blaine Price, Carol Boston, Cathy Holloway, Clarisse Sieckenius de Souza, Connie Golsteijn, Dan Green, Dana Rotman, danah boyd, Debbie Stone, Derek Hansen, Duncan Brown, Edwin Blake, Eva Hornecker, Fiona Nah, Gill Clough, Godwin Egbeyi, Harry Brignull, Janet van der Linden, Jeff Rick, Jennifer Ferreira, Jennifer Golbeck, Jeremy Mayes, Joh Hunt, Johannes Schöning, Jon Bird, Jonathan Lazar, Judith Segal, Julia Galliers, Fiona Nah, Kent Norman, Laura Plonka, Leeann Brumby, Leon Reicherts, Mark Woodroffe, Michael Wood, Nadia Pantidi, Nick Dalton, Nicolai Marquardt, Paul Cairns, Paul Marshall, Philip "Fei" Wu, Rachael Bradley, Rafael Cronin, Richard Morris, Richie Hazlewood, Rob Jacob, Rose Johnson, Stefan Kreitmayer, Steve Hodges, Stephanie Wilson, Tamara Clegg, Tammy Toscos, Tina Fuchs, Tom Hume, Tom Ventsias, Toni Robertson, Youn-Kyung Lim。

此外还要感谢许多学生、教师、研究者以及相关从业人员。他们与我们多年来保持着联系，并提供了富有启发性的评论、积极的反馈以及令人感兴趣的问题。

对于 Vikram Mehta、Nadia Pantidi 和 Mara Balestrini 为拍摄、编辑和汇总现场访谈视频所做的工作，我们表示特别感谢。在这些视频里，他们向 2011 年度、2014 年度和 2018 年度人机交互年会上来自全球的许多参与者提出了探索性的问题，包括交互设计的未来在何方以及人机交互的势头是否太过火热等。我们的网站提供了约 75 个相关视频。我们也非常感激 danah boyd、Harry Brignull、Leah Beuchley、Albrecht Schmidt、Ellen Gottesdiener 和 Jon Froehlich。我们对他们进行了深入的访谈，并以文字形式呈现在书中。我们还要感谢多年来担任我们的网站管理员的 Rien Sach，以及深思熟虑地编辑了旧的参考文献列表的 Deb Yuill。

Danelle Bailey 和 Jill Reed 对本书的所有章节提供了深刻的评论和建议，我们对此表示感谢。

最后，我们还要感谢 Wiley 出版社的编辑和制作团队。在出版本书的整个过程中，他们始终给予我们鼓励与支持。他们是 Jim Minatel、Pete Gaughan、Gary Schwartz 和 Barath Kumar Rajasekaran。

作者简介

本书作者都是本领域的资深专家。她们在英国、美国、加拿大、印度、澳大利亚、南非和欧洲许多国家都从事着教学、科研和咨询工作。她们之前合作出版了本书前四版，还一起编写了一本更早的人机交互教科书。她们在课程建设上也有丰富的经验，这些课程运用各种媒体进行远程教学和面对面教学。此外，她们在编写教材、创建网站、激发学生的学习兴趣和支持学生的学习行为等方面有着相当丰富的经验。三位作者都是交互设计、人机交互（HCI）领域的专家。除此之外，她们巧妙地借鉴与运用其他学科的技巧来完成本书的编写。Yvonne Rogers 是认知科学家出身，Helen Sharp 是软件工程师，Jenny Preece 是信息系统专家。她们结合了不同的知识与技能，因此能够广泛覆盖交互设计和人机交互概念，推出这本跨学科的专著，并创建了本书的网站。

Helen Sharp 是开放大学软件工程学院的教授，也是科学、工程技术和数学学院的副院长。原本她立志成为一名软件工程师，但当她意识到用户在使用各种软件时存在挫折感并不得不采取一些看似聪明的解决办法之后，她下定决心对人机交互、以用户为中心的设计以及一些其他相关学科进行研究，这些学科构成了交互设计学的基础。她的研究聚焦于专业软件实践以及人与社会因素对软件开发的影响。她充分利用了自己在交互设计和软件工程领域的专长，并且与从业者紧密合作，带来了一些实际影响。她在软件工程领域和人机交互社区中都非常活跃，并且长期与从业者进行相关会议来往。Helen 是多个软件工程杂志的编委会成员，她也经常作为特邀嘉宾在各种学术和专业会议上发言。

Jennifer Preece 是马里兰大学信息研究学院的教授兼名誉院长。Jennifer 的研究重点是信息、社区、科学技术的交叉领域。她对社会大众的线上和线下参与行为很感兴趣。她研究了如何在线上获得同情和社会支持，也研究了线上参与的模式、不参与（例如潜水和不经常参与）的原因、线上交流的策略、规范的建设和有技术支撑的成功社区的特点。目前 Jennifer 正在致力于研究怎样运用技术来教育和激励广大民众，让他们将高质量数据贡献给公民科学项目。由于栖息地被毁、污染和气候变化等，许多物种的数量正急剧下降，此项研究有助于人们更广泛地收集动植物的数据。她编写的《在线社区：设计可用性、支持社会性》（*Online Communities: Designing Usability, Supporting Sociability*，2000）是有关在线社区的最早的书籍之一。此书由 John Wiley & Sons 公司出版。Jennifer 也编写了许多人机交互的教科书。她既是知名作者，也是受欢迎的主题演讲者，还是美国计算机协会人机交互学会的会员。

Yvonne Rogers 是伦敦大学学院交互中心主管，交互设计学教授，也是计算机科学系副主任。她由于在人机交互和普适计算方面（尤其是在创新与普适学习领域的开创性方法上）取得了突出的成绩而享誉全球。Yvonne 出版了多本著作，包括《野外研究》（*Research in the Wild*，2017，与 Paul Marshall 合著）和《创意者的秘诀》（*The Secrets of Creative People*，2014）。她也经常在全世界的计算机和人机交互会议上发表主题演讲。她曾任开放大学的交互设计学教授（2006～2011）、印第安纳大学信息与计算学院人机交互学教授（2003～2006）、苏塞克斯大学（University of Sussex）认知与计算科学学院教授（1992～2003）。她是加州大学圣克鲁兹分校、开普敦大学、墨尔本大学、斯坦福大学、苹果大学、昆士兰大学、加州大学圣地亚哥分校的客座教授。她也是英国计算机协会、美国计算机协会以及美国计算机协会人机交互学会的会士。

⊖ 参考文献为在线资源，请访问 www.hzbook.com 下载。

什么是交互设计

目标

本章的主要目标是：

- 解释优劣交互设计的区别。
- 描述什么是交互设计，以及它如何与人机交互和其他领域相联系。
- 解释用户体验和可用性之间的关系。
- 介绍与人机交互相关的"无障碍"以及"包容性"的含义。
- 描述在交互设计过程中所涉及的人和事。
- 概括交互设计中使用的不同指导形式。
- 使你能够评估一个交互式产品，并从交互设计的目标和原则的角度解释交互式产品的优劣之处。

1.1 引言

在日常生活中有多少交互式产品呢？想一想在普通的一天中你所使用的东西：智能手机、平板电脑、台式计算机、笔记本电脑、遥控器、咖啡机、售票机、打印机、GPS、榨汁机、电子阅读器、智能电视、闹钟、电动牙刷、手表、收音机、电子秤、健身手环、游戏机……这个清单是无止境的。现在想一下它们的可用性如何。有多少真的易用、用起来毫不费力并且使人乐在其中？有一些产品，例如 iPad，使用起来令人愉悦，因为在 iPad 上点击应用程序和浏览照片很简单、流畅且轻松。在很多其他的情况下，例如你想在售票机上买一张最便宜的火车票，当你完成了一连串的步骤后它却因为不能识别你的信用卡而让你重新开始，这种情况非常令人沮丧。为什么会有如此的区别呢？

许多产品都需要用户与其交互，如智能手机和健身手环，这些产品都是基于用户的需求而设计的。它们通常易于使用而且可以让用户乐于使用。而其他的一些产品不一定是基于用户需求设计的；相反，它们主要是被设计为执行设定好的功能的软件系统。例如你想给火炉设置一个时间，你需要按下多个按钮，然而产品没有明确指出这些按钮应该是一起按还是分开按。这些产品虽然或许可以有效地工作，但是可能忽略了在真实世界中用户是如何学习使用它们的。

著名的用户体验大师 Alan Cooper（2018）对今天的大部分软件都受困于和 20 年前相同的交互错误而感到遗憾。交互设计已经存在超过 25 年，并且现在行业内的用户体验设计师比以往任何时候都多，为什么这种困境还是普遍存在呢？他指出，现在很多的新产品的界面都不符合已经在 20 世纪 90 年代得到验证的交互设计原则。例如，他指出许多应用程序甚至不遵循最基本的用户体验原则，如提供"取消"选项。他感叹道："这些违规行为在今天的新产品中的重现，是没有道理且不可原谅的。"

我们应该如何纠正这种情况，以使所有新产品的设计都可以致力于提供良好的用户体验？为了实现这一点，我们需要理解怎样在用户体验中增强积极因素（如愉悦和高效），与此同时减少消极因素（例如沮丧和烦躁）。这意味着需要从用户的角度来开发简单、高效并且易于使用的交互式产品⊖。

在本章中，我们将首先研究交互设计的基础知识。我们将着眼于优劣设计之间的区别，突出产品是如何在可用性和愉悦性上进行区分的。然后，我们将描述交互设计过程中涉及的人和事。接着，我们将介绍交互设计中的核心关注点——用户体验。最后，我们将概述如何根据可用性目标、用户体验目标和设计原则来描述用户体验。本章末尾设置了一个深入练习，你可以通过对交互式产品设计进行评估来将你所阅读的内容付诸实践。

1.2 优劣设计

交互设计的一个核心问题就是开发便于使用的交互式产品。这通常意味着便于学习，能有效地使用，并且能提供愉快的用户体验。开始思考如何设计易用的交互式产品的一个好方式是将好的设计产品与不好的设计产品进行比较。通过分辨不同交互式产品的具体缺点和优点，我们能开始体会到什么样的系统是易于使用的，而什么样的系统是不易于使用的。在此，我们将描述两个设计糟糕的产品实例：酒店中使用的语音邮件系统和无处不在的远程控制设备。然后我们将把这些与两个设计良好并实现同样功能的产品进行对比。

1.2.1 语音邮件系统

设想以下的情境：你在商务旅行中要在酒店逗留一个星期。你看到床边的固定电话闪着红灯。你不确定这意味着什么，所以你拿起了听筒。你听到听筒里发出"嘟、嘟、嘟"的声音，也许这表明你有一条未读消息。为找出获得这条消息的操作方法，你需要阅读电话旁边的一系列使用指导。以下是你阅读之后进行第一个步骤：

1. 输入 41。

系统响应道："你已经进入了阳光酒店的语音消息中心。请输入你想留言的房间号。"

你在等待听取如何获得留言的进一步提示。但是电话中没有进一步的说明。你继续阅读使用指南并且读到：

2. 输入 "*" 号、你的房间号，然后按 "#" 号键。

你按照说明进行了操作，然后系统回复道："你已经进入了房间 106 的语音信箱。请输入你的密码进行留言。"

你再次输入了房间号，然后系统回复道："请再次输入房间号和密码。"

你不知道密码是什么。你以为它和你的房间号是一样的，但很明显不一样。此刻，你放弃了并打电话向前台求助。前台的接待员向你解释了留言和听取留言的正确步骤。这包括在适当的时候输入房间号和电话分机号（后者是密码，它不同于房间号）。此外，获取消息需要 6 个步骤。于是你放弃了。

这个语音邮件系统有什么问题呢？

- 令人反感。
- 令人困惑。

⊖ 我们通常使用术语"交互式产品"来指代所有类别的交互式系统、技术、环境、工具、应用程序、服务和设备。

- 效率低下，即使是基本任务也需要执行多个步骤。
- 难于使用。
- 它不能让你一眼看到是否有留言或者有多少留言。你必须拿起听筒才能知道并且要进行一系列的步骤来听取留言。
- 对于应该做什么并没有明确的指示：使用指南的一部分由系统提供，而另一部分由电话旁边的卡片提供。

现在我们将它与图 1.1 中的电话应答机进行对比。图 1.1 展示的是一个电话应答机的草图。图中用弹珠来表示输入消息，移入弹珠滑槽的弹珠数目代表消息的数量。把一个弹珠放入机器的孔中会使应答机播放留言。将同一个弹珠放入电话的另一个孔中将会拨通留言者的电话。

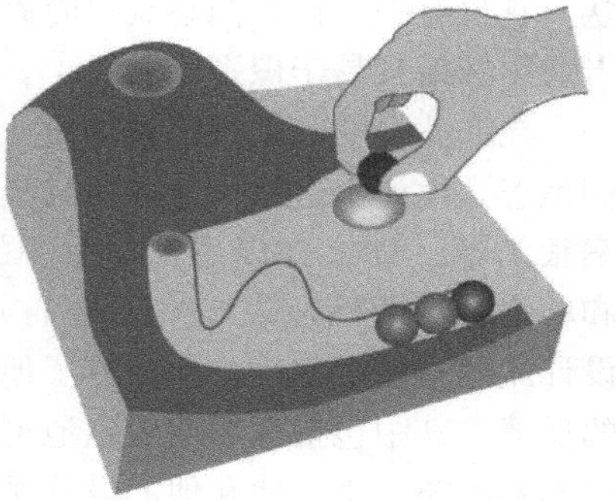

这个弹珠电话应答机和之前的语音邮件系统有什么区别呢？

图 1.1　弹珠电话应答机（图片来源：改编自 Crampton Smith（1995））

- 它使用了熟悉的物体来直观地表示有多少条留言。
- 它外表更加美观并且使用起来更加有趣。
- 它完成核心任务只需要一个步骤。
- 它在设计上更加简洁并且精致。
- 它提供了较少的功能并允许任何人听取任意一条消息。

这个弹珠电话应答机被认为是一个经典设计，是由 Durrell Bishop 设计的，他当时是伦敦皇家艺术学院（Royal College of Art in London）的一名学生（Crampton Smith，1995）。他的目标之一是设计一个用日常生活中的物体来表示基本功能的消息系统。为实现这个目标，他充分利用了这个物理世界的常识，即将一个物体拾起并把它放置在另一个位置。

这就是一个基于用户需求的交互设计的例子。它注重为用户提供有趣的体验并且同时使获取留言更加有效。然而，尽管弹珠应答机是一个非常精致和易于使用的设计，但它在酒店的情境下并不实用。其中一个主要原因是它在公共场所的适应性不强，例如，弹珠易丢失或者被当作纪念品带走。除此之外，在酒店的情境下，播放留言前对用户的身份进行核实也是很有必要的。

因此，当考虑一个交互式产品的设计时，考虑它的使用场所和使用对象是很重要的。弹珠应答机更适合在家里使用——前提是儿童不会把弹珠当成玩具！

➡ Durrell Bishop 的应答机录像参见 http://vimeo.com/19930744。

1.2.2　遥控设备

每个家庭的娱乐系统，无论是智能电视、机顶盒、音响系统等，都有自己的遥控设备。它们无论在外表或工作方式上都有所区别。许多设计都带有一系列令人眼花缭乱的五颜六色的双标签小型按钮（一个标签在按钮上，另一个标签在其上方或下方），这样的排列显得毫无章法。许多观看者发现，尤其当他们坐在卧室中时，即使是最简单的操作都很难找到按钮的准确位置，例如控制暂停或找到主菜单。对于那些每次都需要戴上眼镜才能看清按钮的人来说，这更加令人失望了。遥控设备的设计似乎没有被设计师优先考虑。

相比之下，人们将更多的精力和想法倾注在了对经典的 TiVo 遥控器的设计上（见图 1.2）。TiVo 是一种数字视频录像机，最初是为了让观众可以录制电视节目而开发的。它的遥控器被设计为具有清晰标记、按一定逻辑排列的大按钮，这可以使按钮易于定位并且可以与电视上显示的菜单界面结合使用。就其形状而言，这个遥控器被设计成手掌大小，呈花生状。它也有一个让人们感觉很时尚的外观：使用彩色按钮和卡通图标使其易于识别。

在如此多的同类型设备的设计都宣告失败的情况下，人们是怎么设计出这样一个易用且吸引人的遥控设备的呢？答案很简单：TiVo 在以用户为中心的设计流程上投入了时间和精力。更明确地说，当时的 TiVo 产品设计总监考虑到了设计流程中的潜在用户，获取了他们对手中设备各方面感觉的反馈，其中包括在哪放置电池可以让用户易于替换但电池却不容易掉下来。他和他的设计团队也避开了"按钮病"陷阱——许多其他遥控器已经成了"按钮病"的受害者，即按钮像兔子似的繁衍成一堆，每一个按钮都对应一个新功能。他们的解决方法是限制设备上按钮的数量，只留下必要的按钮。其他功能则通过电视上显示的菜单选项和对话框来实现，然后可以通过遥控器上的核心物理控制按钮进行选择。这一可用性强且讨人喜欢的设备获得了广泛好评和大量的设计奖项。

图 1.2　TiVo 遥控器（图片来源：https://business.tivo.com/）

窘境｜与智能电视进行交互的最好方式是什么？

智能电视供应商面临的一个挑战是如何使用户能够与在线内容进行交互。观众现在可以通过他们的电视屏幕选择一系列的内容，但这涉及对菜单和屏幕的大量浏览和滚动。在很多方面，电视界面变得更像是电脑界面。这就引出了一个问题：对于坐在与电视屏幕有些距离的沙发或椅子上的某个人来说，遥控器是否是最好的输入设备。智能电视开发者已经通过多种方式解决了这一挑战。

早期的方法是提供一个屏幕上的键盘和一个数字小键盘，从而呈现出一个包含字母、数字以及字符的网格（见图 1.3a），用户可以通过在遥控器上反复按下按钮来进行选择。但是，通过这种方法来输入电影名或电子邮箱地址和密码可能会非常慢；当按住遥控器上的按钮来找到目标字母时，也容易按错或者按多。

最近的遥控器，例如 Apple TV 提供的遥控器，包含一个触摸板，可以像笔记本电脑上常见的控件一样进行滑动控制。虽然这种形式的触摸控制可以加速跳过电视屏幕上显示的一组字母，但它并不会使输入电子邮件地址和密码变得更容易。用户仍然必须选择每个字母、数字或特殊字符。当用户瞄准目标字母、数字或字符时，滑动也容易引起多按。Apple TV 界面不提供网格，而是显示单独的两行字母、数字和特殊字符（见图 1.3b）。虽然这可以使用户更快地找到字母，但以这种方式选择一系列字母仍然很烦琐。例如，如果你选择 Y 并且下一个字母是 A，那么你必须一直滑动到字母表的开头。

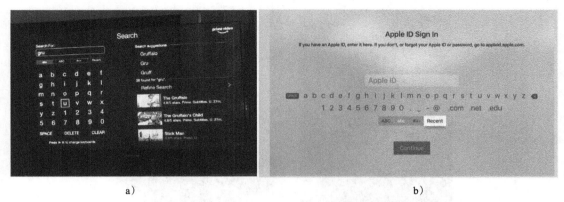

图 1.3　在电视屏幕上打字的方式：a) 从一个方阵中选择数字和字母；b) 沿着一行数字和字
母进行滑动（图片来源：图 b 见 http://support.apple.com/en-us/HT200107）

当你坐在沙发上时，会有一种更好的与智能电视进行交互的方法吗？一个备选方案是语音控制。像 Siri 或 TiVo 这样的遥控装置有一个语音按钮，当按下该按钮时，观众可以按名称或类别来查询电影，例如"Netflix 上最好的科幻电影是什么？"智能语音系统，例如 Amazon Echo，也可以通过 HDMI 端口连接到智能电视。同样，用户可以询问一般或更具体的事情，例如"Alexa，在电视上播放《生活大爆炸》第六季第五集。"在识别该命令后，该系统将打开电视，切换到正确的 HDMI 通道，然后打开 Netflix，并开始播放指定的剧集。然而，一些电视内容要求观众通过勾选电视屏幕上的方框来说明他们已超过一定年龄。如果电视可以询问观众并检查他们是否超过 18 岁，那么这将是非常智能的！此外，如果电视需要观众提供密码来访问点播内容，而用户不想逐字地说出来，特别是当房间里还有其他人的时候，那么生物识别技术可能就是这个问题的答案。

1.2.3　设计什么

设计交互式产品需要考虑用户对象、产品如何被使用以及它们的应用场合。另一个值得关注的问题是理解人们在与产品进行交互时所从事的活动的种类。如何适当地选择不同类型的界面以及如何合理地安排输入、输出设备取决于需要支持的活动类型。例如，如果需要提供在线银行服务，那么一个安全的、值得信赖的、易于浏览的界面是必不可少的。除此之外，一个可以让用户了解银行所提供的服务的最新信息并且这些信息不会强加给用户（这样便显得有侵略性）的界面也会很有用。

这个世界拥有越来越多的技术支持日益多样化的活动。不妨思考一下你目前使用数字技术可以做什么：发送消息、收集信息、编写文章、控制发电厂、编写程序、绘画、制定计划、计算、监控、玩游戏——这些仅仅是一小部分。现在思考一下目前可用的界面和交互式设备的类型。它们同样也是多种多样的：多点触控显示器、语音系统、手持式设备、可穿戴设备和大型交互式显示器——这也仅仅是一小部分。用户与系统交互的设计方法也有很多，例如通过菜单、命令、表格、图标和手势等。此外，更加富有创新性的交互形式层出不穷，它们采用了新型材料，如电子纺织品和可穿戴设备（见图 1.4）。

图 1.4   由 Leah Beuchley 研制的用电子纺织物制成的带有转弯信号的骑行夹克

（图片来源：由 Leah Beuchley 提供）

物联网（IoT）意味着许多产品和传感器可以通过互联网相互连接，这使它们能够相互通信。受欢迎的家用物联网产品包括智能供暖、智能照明以及家庭安全系统，用户可以通过手机上的应用程序对其进行控制，或通过门铃网络摄像头查看谁在敲门。还有其他应用程序旨在让人们的生活变得更简单，例如在拥挤的地区寻找停车位。

诸如相机、微波炉、烤箱和洗衣机之类的日常消费品过去常常属于物理产品设计领域，而现在主要基于数字化（称为消费类电子产品），这就需要进行交互设计。面对面交易向纯粹基于界面的交易的转变也带来了一种新的客户交互方式。在杂货店、图书馆进行自助结算正在成为一种常态，客户可以检查自己的物品或书籍，此外客户也可以在机场登记自己的行李。这虽然更具成本效益和效率，但也是非个性化的，并且把与系统交互的责任推给了人。此外，在自助结算时意外按错按钮或站在错误的地方可能会导致令人沮丧、有时甚至是难堪的体验。

这意味着交互设计师必须为不断增加的产品系列做出众多选择和决策。交互设计的一个关键问题是：如何优化用户与系统、环境或产品的交互，以使其以有效、可用和令人愉悦的方式支持用户的活动。人们或许可以依赖直觉并期望达到最好的效果。另一种方式是通过基于对用户的理解来决定做出哪些选择，这更具有原则性。该方式包含以下几点：

- 考虑人们的强项和弱项。
- 考虑对人们目前所做事情有帮助的事情。
- 思考如何提供高质量的用户体验。
- 听取人们想要的是什么，并把它加入设计中。
- 在设计过程中使用以用户为中心的技术。

本书的目的就是探讨这些问题并告诉读者如何进行交互设计。特别地，本书将会聚焦于如何确认用户需求和定义其行为，基于这一层次的理解，我们将会深入到设计可用、有用且有趣的产品中。

1.3   何谓交互设计

所谓"交互设计"指的是：

设计交互式产品来支持人们在日常工作生活中交流和交互的方式。

换句话说，交互设计就是创造用户体验以增加和增强人们的工作、交流和互动方式。更通俗地说，Terry Winograd 最初将其描述为"为人类交流和互动设计出空间"（1997，p.160）。John Thackara 将其视为"使用计算机进行日常互动的原因和方式"（2001，p.50），而 Dan Saffer 则强调其在艺术方面是"通过产品和服务促进人与人之间相互作用的艺术"（2010，p.4）。

人们使用许多术语来强调正在设计的产品的不同方面，包括用户界面设计、软件设计、以用户为中心的设计、产品设计、网页设计、用户体验设计和交互系统设计。交互设计通常用作描述该领域的首要术语，涵盖其方法、理论和技术。用户体验（UX）在工业中通常是指一个专业。但这些术语也可以互换使用，这取决于其企业文化和品牌。

1.3.1　交互设计的组成

我们将交互设计视为许多学科、领域以及研究和设计计算机系统的方法的基础。图 1.5 展示了跨学科领域中的核心学科，例如认知工效学。试图找出它们之间的差异可能会让人感到困惑。交互设计与图中提到的其他学科之间的主要区别很大程度上在于其研究、分析和设计产品的方法、理念和视角。另一种不同是其范围和解决的问题。例如，信息系统关注计算技术在商业、健康和教育等领域的应用，而普适计算则关注快速发展的计算技术（例如，物联网）的设计、开发和部署以及它们如何促进社交互动和人类的体验。

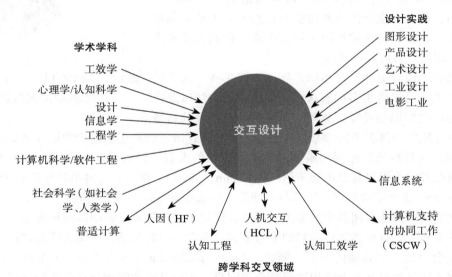

图 1.5　与交互设计相关的各个学科、设计实践和跨学科领域之间的关系（双头箭头表示交叉）

▌框 1.1│交互设计是否超越人机交互？

我们从交互设计（ID）和人机交互（HCI）所涵盖的范围来看二者的主要区别。从历史上看，人机交互只关注计算系统的设计和可用性，而交互设计更广泛地涉及各种技术、系统和产品设计以及用户体验的理论、研究和实践。这就是我们将本书命名为"交互设计：超越人机交互"的原因之一，以此来反映这种更广泛的范围。然而现如今，人机交互的范围已大大扩展（Churchill 等，2013），以至于它与交互设计重叠得更多（见图 1.6）。

1.3.2   参与交互设计的人员

从图 1.5 中也可以看出，参与交互设计的人员包括社会科学家和电影制作者等。这并不奇怪，因为技术已经成为我们生活中如此普遍的一部分。但令旁观者感到困惑的是，参与人员之间是如何协同工作的？

为了创造有效的用户体验，设计者需要对用户、技术及其之间的交互有广泛的了解。至少，他们需要了解人们如何对事件采取行动和做出反应，以及他们之间如何相互沟通和互动。为了能够创造引人入胜的用户体验，他们也需要了解情绪是如何工作的，同时对美学、人的意愿以及在人类体验中的叙事的作用有所了解。他们还需要了解业务、技术、制造和营销这些方面。显然，一个人很难精通所有这些不同的领域并且很难知道如何将不同形式的知识应用到交互设计的过程中。

理想情况下，交互设计应该由跨学科团队来进行，其中包含工程师、设计师、程序员、心理学家、人类学家、社会学家、营销人员、艺术家、玩具制造商、产品经理等。然而，很少有设计团队能将所有这些专业人员聚集在一起工作。谁加入团队将取决于许多因素，包括公司的设计理念、规模、目的和产品线。

将具有不同背景和经过不同训练的人聚集在一起的好处之一是可能会产生更多的想法、开发出新的方法以及产生更富创造性的原创设计。然而，不利的是其涉及的高昂

图 1.6   人机交互打开了箱子：扩大
　　　　覆盖范围以涵盖更多领域

成本。设计团队中具有不同背景的人越多，大家就越难以针对正在进行的设计来交流。这是为什么呢？在观察或讨论同一事物时，不同背景的人有不同的视角和方法。某个人认为重要的东西在其他人眼里甚至可能不值一提（Kim，1990）。同样，计算机科学家对于"表征"（representation）这个术语的理解通常与平面设计师或心理学家有很大不同。

这在实践中意味着团队中可能出现混乱、误解和交流障碍。各团队成员可能有不同的谈论设计的方式，并且可能使用相同的术语来表示完全不同的事情。当团队成员之前没有协作经验时还会出现一些其他的问题。例如，Aruna Balakrishnan 等人（2011）发现，在许多项目中，将不同的学科和专业知识进行整合很困难，特别是在商定和分享任务的时候。团队成员在文化、背景和组织结构方面越不相同，这就可能越复杂。

练习 1.1   在实践中，设计组的组成取决于交互式产品的类别。由此，你认为以下情况应该由何人参与设计？

1. 为科学展览馆设计一个提供展品信息的公共展亭。
2. 为一部电视连续剧设计互动教育网站。

解答   理想情况下，每个团队都会有许多拥有不同技能的人。例如，第一个交互式产品的参与人员应包括：

- 平面交互设计师、展览馆管理人员、教育顾问、软件工程师、软件设计师和工效学家。

第二个产品的参与人员应包括：

- 电视制片人、平面交互设计师、教师、视频专家、软件工程师和软件设计师。

除此之外，这两个系统的开发都是为了供公众使用。因此，如学龄儿童和家长等用户代表也应该参与到设计中。

在实践中，设计小组往往规模庞大，尤其是在大型项目且有固定时间限制的情况下。例如，一个健康应用程序的新产品，其设计组通常多达 15 人，甚至更多。这意味着具有不同专长的人员都将作为项目组的一员。

1.3.3　交互设计顾问

在产品和服务开发中，交互设计现在非常流行。网站顾问和计算机行业从业者已经意识到交互设计在成功的交互式产品中的关键作用。但是，并不只有 IT 公司正在意识到拥有用户体验设计师的好处。金融服务业、零售业、政府和公共部门也已经意识到了交互设计的价值。交互设计的质量可以决定公司的成败。网络产品需要吸引人们的注意从而在激烈的竞争中脱颖而出，而产品的易用性、有效性和吸引力则是其核心问题。市场营销部门也已意识到网站的可用性对品牌推广、点击量、客户回头率和客户满意度的重大影响。

目前有很多交互设计咨询公司。其中包括 Cooper、NielsenNorman Group 和 IDEO 等知名公司，以及专注于特定领域的最新公司，如工作平台软件领域（如 Madgex）、数字媒体领域（如 Cogapp）或移动设计领域（如 CXpartners）。较小的咨询公司，如 Bunnyfoot 和 Dovetailed，通过聘用心理学家、科研人员、交互设计师、可用性和客户体验专家来促进多样性的、跨学科的和科学的用户体验研究。

许多用户体验咨询公司拥有令人印象深刻的网站，这些网站提供案例研究、工具和博客。例如，Holition 公司出版年度小册子作为其用户体验系列的一部分（Javornik 等，2017），以向更多的社区传播其内部研究的成果，这本小册子重点关注商业和文化方面的影响。这种对用户体验知识的共享使其能够对有关技术在用户体验中的作用的讨论中做出一定的贡献。

1.4　用户体验

用户体验指的是产品在现实世界中的行为和使用方式。Jakob Nielsen 和 Don Norman（2014）将其定义为"终端用户与公司，以及公司的服务和产品互动的所有方面"。正如 Jesse Garrett（2010，p.10）所强调的："每个被使用过的产品都有用户体验：报纸、番茄酱瓶、扶手椅、羊毛衫。"更具体地说，它是关于人们对产品的感受以及在使用、观看、拿起、打开或关闭产品时的愉悦和满足感。它包括人们对这些产品在使用上的总体印象以及产品上的小细节对感官的影响，比如开关旋转的顺滑度、点击的声音和按下按钮的触感。一个重要的方面是人们所获得的体验的质量：对速度感的体验，如拍照；对悠闲感的体验，如玩互动玩具；或者是综合性的体验，如参观博物馆（Law 等，2009）。

需要指出的是，人们不能只根据一个用户的体验来设计用户体验。人们无法设计出感性的体验，只能创造出可以激发它的设计特征。例如，手机外壳可以被设计为光滑如丝且贴合手掌的，当人们拿着、触摸、观察和与其进行交互时，这样的设计就可以唤起一种感性的、令人满意的用户体验。相反，如果它被设计为沉重而笨拙的，那么它将会带来一种使人不舒服且令人失望的用户体验。

设计者有时将"用户体验"（UX）称为"用户体验设计"（UXD）。将"设计"（D）添加到"用户体验"（UX）中旨在鼓励设计思维，并且重点关注用户体验的质量而不是使用的设计方法（Allanwood 和 Beare，2014）。正如 Don Norman（2004）多年来所强调的那样，"我们不仅需要将产品构建得功能齐全且易于理解和使用，还需要将愉悦和兴奋、快乐和乐趣，以及将美融入人们的生活中。"

练习 1.2   iPod 现象

苹果公司经典的便携式音乐播放器 iPod（包括 iPod Touch、Nano 和 Shuffle）在 21 世纪初发布，取得了惊人的成功。你认为这为何会发生？是否有其他产品达到了这种体验质量？除 iPod Touch 外，苹果公司于 2017 年将这些产品停产。通过智能手机播放音乐成为常态，取代了对单独设备的需求。

解答   苹果公司早就意识到，成功的交互设计需要创建具有高质量用户体验的交互式产品。iPod 音乐播放器（见图 1.7）时尚的外观、高度的易用性、优雅的风格、鲜明的彩虹色系列、新颖的互动方式，让人们乐于学习和使用它。其引人注目的产品和内容的命名（iTunes，iPod），以及许多其他设计特征，使其成为同类产品中最出色的产品之一，也使其成为青少年、学生和其他人群必备的时尚产品。虽然它当时在市场上有许多竞争对手——一些具有更强大的功能，一些更便宜和更容易使用，另一些拥有更大屏幕、更多内存等——与iPod 所提供的整体用户体验质量相比，这些都显得苍白无力。

图 1.7   iPod Nano（图片来源：David Paul Morris，Getty Images）

具有上述所有功能的整体用户体验不仅适用于产品，也适用于实体店。苹果公司实体店作为购买技术的全新客户体验场所，在设计如何吸引顾客以及挖掘顾客在实体店中浏览、探索和购买商品时所做的事情方面非常成功。其产品的布局方式也以促进互动为目的。

当设计交互式产品时，需要考虑用户体验的很多方面，并且有很多考虑方式。核心要素有可用性、功能性、美学性、内容、外观和感觉，以及在情感上的吸引力。此外，Jack Carroll（2004）强调了其他一些方面，包括乐趣、健康、社会资本（通过社交网络发展和维持的社会资源、共同的价值观、目标和规范）和文化身份，如年龄、民族、种族、残疾、家庭地位、职业和教育。

一些研究人员试图描述用户体验的体验方面。Kasper Hornbæk 和 Morten Hertzum（2017）解释了它是如何以用户对产品的认知的视角来描述的（例如智能手表的外观是轻盈或笨重的），以及用户对产品的情绪反应（例如当人们使用产品时是否有积极的体验）。Marc Hassenzahl（2010）的用户体验模型是最知名的，他在实用性和享乐性方面对其进行了概念化。实用性表示用户实现目标的难易程度、可实践程度和明显程度。享乐性表示与产品的互动在多少程度上令人回味和刺激。除了人们对产品的看法之外，John McCarthy 和 Peter Wright（2004）还讨论了人们对产品的期望的重要性以及人们在使用科技时理解自己的体验的方式。他们的"技术即体验"（Technology as Experience）框架主要根据用户的感受来解释用户体验。他们认识到定义体验是非常困难的，因为它对人们来说是如此模糊而又无处不在，就像水对于在其中游泳的鱼一样。但是，他们试图通过用整体和比喻的方式来描述人类体验的本质。这些包括感官、大脑和情感线程的平衡。

如何创造优质的用户体验？交互设计师没有可用的秘方或神奇的公式。但本书描述了许多概念性的框架以及经过实验和测试的设计方法、指南和相关研究成果。

1.5　了解用户

对处在生活、工作和学习环境中的人们有一个更好的理解，可以帮助设计人员了解如何设计提供良好用户体验或满足用户需求的交互式产品。一种用于太空任务的协同规划工具的目标用户是在世界各地工作的科学家团队，它的需求将与一种针对客户和销售代理的工具有很大的不同，后者将用于家具商店，以制定厨房布局计划。了解个体差异也可以帮助设计师认识到一种设计模式并不适合所有人，且对一个用户群体有效的方法可能完全不适合另一个用户群体。例如，相对于成年人，儿童对于他们想要学习或玩耍的方式有不同的期望。他们可能会发现互动式恶作剧和卡通人物可以高度激发自己的兴趣，而大多数成年人认为这很烦人。相反，成年人往往喜欢在事前进行讨论，但孩子们觉得这很无聊。正如衣服、食物和游戏等日常产品针对儿童、青少年和成人的设计不同，交互式产品也应针对不同类型的用户进行设计。

更多地了解人和他们所做的事情也可以更正设计师对特定用户群体及其需求的错误假设。例如，人们常常认为，由于视力和敏捷度的退化，老年人希望事物变得很大——屏幕上出现的文字和图形元素，或用于控制设备的物理控制器（如拨号盘和开关）。对于一些老年人来说这种情况确实存在，但是研究表明：很多七八十岁甚至年纪更大的老人都可以很轻易地与标准尺寸的信息甚至是更小的界面（例如智能手机）进行交互，就和那些十几岁和二十几岁的人做得一样好，尽管最初有些人可能认为老年人会觉得这很困难（Siek 等，2005）。越来越多的情况是，随着年龄的增长，人们不认为自己在认知能力以及动手能力上有所缺失。了解人们敏感的话题（如衰老），与了解如何根据他们的能力进行设计同样重要（Johnson 和 Finn，2017）。特别是当许多老年人对正在使用的一些技术（例如电子邮件、在线购物、在线游戏或社交媒体）感到满意时，他们就可能对新技术产生抵触情绪。这不是因为他们认为这些新技术对生活没有用处，而是因为他们不想被数字生活带来的分心所困扰（Knowles 和 Hanson，2018），他们不想像年轻一代一样"粘在手机上"。

了解文化差异也是交互设计的一个重要问题，特别是当用户群体来自不同国家的时候。文化差异的一个例子是不同国家使用的日期和时间。例如在美国，日期写为月／日／年（05/21/20），而在其他国家，日期则按日／月／年（21/05/20）的顺序进行书写。在决定在线表单的格式时, 特别是这个表格是供全球使用时, 这可能会给设计人员带来困扰。对于具有时间功能的产品, 例如操作系统、数码时钟或汽车仪表盘, 这也是一个问题。设计师会优先考虑哪个文化群体呢? 他们如何提醒用户使用默认设置的格式? 这就带来了一个问题, 即如何让为一个用户群体设计的界面可以轻松地被另一个用户群体使用和接受。为什么某些产品, 如健身手环, 可以被世界各地的人们普遍接受, 而网站的设计则不同(不同文化的人对此有不同的反应)?

为了更多地了解用户, 我们用了 3 章 (第 4~6 章) 来详细解释人们是如何与其他人、信息、不同的技术进行相互作用和互动的, 以及描述他们的能力、情感、需求、欲望, 还有什么会导致他们生气、沮丧、失去耐心和感到无聊。我们借鉴了相关的心理学理论和社会科学研究。这些知识可以使设计人员能够从众多可用的设计方案中选择合适的解决方案, 以及进一步开发和测试这些方案。

1.6　无障碍设计和包容性设计

无障碍是指让尽可能多的人可以访问交互式产品。谷歌和苹果等公司为其开发人员提供了推广此功能的工具。其中的重点是关注残障人士。例如, Android OS 为残障人士提供了一系列工具, 例如助听器与内置屏幕阅读器; 而苹果的 VoiceOver 可以让用户知道其设备上发生了什么, 因此用户可以通过听手机发出的声音来轻松浏览内容甚至得知在刚刚的自拍中都有谁。包容性意味着公平、公开、对每个人平等。包容性设计是一种宏观设计方法, 设计师尽可能使他们的产品和服务适应尽可能多的人。一个例子就是设计师应确保智能手机是为所有人设计的, 并且所有人都可以使用——无论使用者的残障程度、教育背景、年龄或收入如何。

一个人是否被认为是残疾人会随着其年龄的增长而发生变化。此外, 残障的严重程度和产生的影响可能在一天的不同时刻或在不同的环境条件下都有所不同。因为新技术通常以某种方式进行设计, 即需要某种类型的交互, 而这种交互对于有残疾的人来说可能是无法完成的, 这就要求设计师在设计时将残障人士考虑进去。在这种情况下, 残障被视为用户和技术之间不良交互设计的结果, 而不仅仅是残疾的结果。另一方面, 无障碍设计打开了体验的大门, 使所有人都可以进行体验。现在的主流技术最初是为了解决无障碍挑战。例如, 短信曾是专为听障人士设计的, 然后才成了主流技术。此外, 无障碍设计必然导致针对所有人群的包容性设计。

无障碍设计可以通过两种方式实现: 第一, 通过对技术的包容性设计; 第二, 通过对辅助技术的设计。在进行无障碍设计时, 必须了解可能导致残疾的障碍类型, 因为它们有多种形式, 如:

- 感官障碍 (如失聪和失明)。
- 身体障碍 (身体的一个或多个部位丧失功能, 例如, 中风或脊髓损伤)。
- 认知障碍 (例如, 由于年老或阿尔茨海默症等疾病导致的学习障碍或记忆 / 认知功能丧失)。

每种类型的障碍都涉及人以及人的能力。例如, 一个人可能只是弱视、色盲或者没有光感 (被注册失明)。这些都属于视觉障碍, 且需要不同的设计方法。通过包容性设计的方法可以克服色盲。设计师可以选择每个人都能区分的颜色。然而, 弱视或完全失明通常需要设计一个辅助技术。

障碍亦可分类如下:

- 永久性障碍（例如长期轮椅使用者）。
- 暂时性障碍（例如事故或疾病后的临时损伤）。
- 基于情境的障碍（例如嘈杂的环境可能导致一个人听不到）。

具有永久性障碍的残疾人的数量随年龄增长而增加。只有不到 20% 的人生来就有残疾，而 85 岁以后，80% 的人都有一定程度的残疾。随着年龄的增长，人们的身体机能会逐渐衰退。例如，年龄超过 50 岁的人经常发现在有坚硬地面和大量背景噪音的房间里听到对话很困难。这是大多数人在一定年龄时都会遇到的残疾。

拥有永久性障碍的残疾人通常在日常生活中都会使用辅助技术，他们认为这是生活必需品和一种自我延伸（Holloway 和 Dawes，2016）。例如轮椅（人们现在称之为"戴上轮子"，而不是"使用轮椅"）以及一些增强的和具有替代性的通信辅助工具。在很多针对残疾人的人机交互领域的研究中，研究人员探讨了如何利用物联网、可穿戴设备和虚拟现实等技术来改进现有的辅助技术。

Aimee Mullens 是一位运动员、演员和时装模特，她展示了如何将假肢设计成不只具有功能性（通常是丑陋的），还具有高度的时尚性。在她一岁时，她的双腿在膝盖以下被截肢，从此她变成了双侧截肢者。她一直致力于将残疾人和非残疾人之间的界限变得模糊，她用时尚作为实现这一目标的工具。现在，一些假肢公司也将时尚设计融入其产品中，包括所有人都能负担得起的醒目腿套（见图 1.8）。

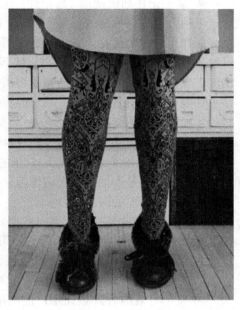

图 1.8　由 Alleles Design 工作室设计的时尚腿套（图片来源：https://alleles.ca/，由 Alison Andersen 提供）

1.7　可用性和用户体验目标

理解用户的过程的一部分是认清为他们开发交互式产品的主要目标。是要设计一个有效的系统以提高他们的工作效率，还是要设计具有挑战性和激励性的学习工具，或者是设计其他的一些东西？为了明确目标，我们建议根据可用性和用户体验目标对其进行分类。传统上，可用性目标涉及满足特定可用性的标准（例如效率），而用户体验目标涉及阐明用户体验的性质，（例如在美学上带给人们的愉悦感）。然而需要注意的是，这两种目标之间的区别并不明确，因为可用性通常是用户体验质量的基础，而用户体验（例如产品的触感和观感）与产品的可用性有着千丝万缕的联系。我们在这里区分它们以帮助澄清它们各自的角色，但是在为用户体验进行设计时强调共同考虑它们的重要性。另外，从历史上看，人机交互主要关心的是可用性，但是现在它关注的是理解、设计和评估用户体验的更广泛的方面。

1.7.1　可用性目标

可用性是指确保交互式产品是易于学习的、能有效使用的，并且从用户视角能带来愉快体验的。它涉及优化人们和交互式产品之间的交互，使人们能够在工作、学习以及日常生活中开展他们的活动。更具体地说，可用性可细分为以下 6 个目标：

- 有效地使用（有效性）
- 高效地使用（高效性）
- 安全地使用（安全性）
- 具有良好效用性（效用性）
- 易于学习（易学性）
- 易于记住如何使用（易记性）

可用性目标是典型的可操作问题，其目的是为交互设计师提供用来评估交互式产品的各个方面和用户体验的具体方法。通过回答这些问题，设计师能提前意识到自己在设计过程中可能没考虑到的潜在问题和冲突。然而，简单地问"系统是否易于学习？"是不会有很大帮助的。以更详细的方式询问产品的可用性——例如"让用户明白如何使用新款智能手表的最基本功能需要花费多少时间？用户能将他们先前的经验充分利用到什么程度？用户需要多少时间才能学会使用所有功能？"——将会引出更多信息。

以下是对可用性目标的描述和针对每个目标的问题：

- 有效性是一个总体目标，它指的是产品完成其应完成的任务的水平。

问题：产品是否能允许人们学习、有效地开展他们的工作、访问他们所需要的信息，或者购买他们所需要的商品？

- 高效性指的是一个产品支持用户执行任务的方式。本章开头所描述的弹珠电话应答机被认为是高效的，因为它让用户可以通过最少的步骤完成常见任务（如听取留言）。相比之下，语音邮件系统被认为是低效的，因为在完成相同的普通任务的情况下，它需要用户进行许多步骤并学习一组很随意的执行次序。这意味着支持普通任务的一个有效的方式是让用户使用单按钮或按键。网上购物就有效地采用了这一高效机制。当用户在网购时输入了所有必要的个人资料后，他们可以让网站保存他们的个人信息，当再次购物时他们就不必再次输入这些个人资料。采用这种机制的一个非常成功的案例就是亚马逊网站（Amazon.com）上的一键选项，当用户想购买另一个商品时，他们只需要点击一个按钮。

问题：用户一旦已经学会了如何使用一个产品来执行他们的任务，就可以维持较高的生产效率吗？

- 安全性涉及保护用户以避免其发生危险和陷入不好的情形中。其第一个层面与人类工程学相关，指的是人们工作的外部条件。例如，在有危险的情况下（如 X 射线机或有毒化学品环境中），操作者可以与计算机系统进行远程交互并对其进行远程控制。第二个层面指帮助任何用户在任何情况下避免因偶然执行不必要的行动而造成的危险。它也指出错可能导致的后果引起的感知上的恐惧，以及这种恐惧如何引发用户的行为。从这个层面来讲，为使交互式产品更加安全，需要：通过减少错键 / 按钮的误启动风险来避免用户造成严重的错误（如菜单中不将退出或删除文件命令放在保存命令旁）；为用户提供各种出错时的复原方法（如撤销功能）。安全的交互系统应让用户有信心并允许他们发掘界面来尝试新操作（见图 1.9a）。其他的安全机制还有确认对话框，它为用户提供一个机会来考虑他们的意图（常见的例子是将每个项目删除到回收站时都会出现"你确定要将此项删除吗？"这样的对话框，见图 1.9b）。

问题：使用这个产品时用户可能会犯怎样的错误？若犯错后，采取怎样的措施可以允许用户轻松地将其恢复？

- 效用性指的是在多大程度上该产品提供了正确的功能以让用户做他们所需要的或想做的事情。具有高效用性的产品的例子是一个提供了强大计算工具的会计软件包，会计人员可以使用它制定纳税申报单。具有低效用性的产品的例子是不允许用户徒手绘制，但迫使他们只使用鼠标绘制并只能绘制多边形形状的软件绘图工具。

问题：这个产品是否提供适当的功能集以使用户以自己的方式来执行任务？

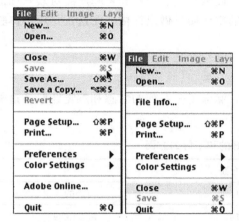
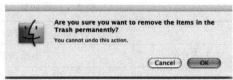

a）哪一个是安全菜单，哪一个不是？为什么？　　　b）Mac OS X 的一个警告对话框

图　1.9

- 易学性指的是学习使用该系统的容易程度。众所周知，人们不喜欢花很长时间学习如何使用一个系统。他们想立即开始使用，并且不需要付出太多的努力就能学会如何执行任务。这对那些日常使用的交互式产品（如社交媒体、电子邮件、全球定位系统）和那些不经常使用的（如网上税务表格）的交互式产品来说尤其如此。在一定程度上，人们准备花费更长的时间学习能提供更广泛功能的更复杂的系统（如 Web 创作工具）。在这些情况下，弹出教程可以通过提供带有动手练习的情境化材料进行帮助，这些材料都是一步一步进行指导的。一个关键的问题是确定用户准备花费多少时间学习一个产品。如果一个产品提供了一系列的功能而大多数用户无法或不准备花费时间学习如何使用它，这似乎就是一种浪费。

问题：用户是否有可能通过探索界面和尝试某些行动来学习如何使用该产品？以这种方式学习整个功能集的难易程度如何？

- 易记性指的是学会使用该产品后，记住其使用方法的难易程度。这对于不经常使用的交互式产品来说尤为重要。如果用户已经几个月甚至更长时间没有执行过某操作，那么他们应该能够记住或在提醒下迅速记起如何操作。用户不应该总是需要重新学习如何执行任务。不幸的是，这往往在所需要学习的操作是模糊、不合逻辑或次序不合理时发生。需要帮助用户记住如何执行任务，有许多设计交互的方法可以达到这个目标。例如，可以帮助用户通过有意义的图标、命令名称和菜单选项记住一个任务在不同阶段的操作顺序。此外，将选项和图标放置在相关的选项类别里可以帮助用户在任务的给定阶段记住在哪里能找到所需的工具，如将所有的绘图工具放在屏幕的同一位置上。

问题：已经提供了哪种类型的界面支持以帮助用户记住如何进行任务（尤其是对使用频

率较低的产品和操作来说）？

除了根据具体问题制定可用性目标之外，以上这些也转化为可用性标准。有了这些明确的目标，我们就可以通过检查系统能否改进用户表现来衡量产品的可用性。常用的可用性标准有完成任务的时间（高效性）、学习执行某个任务的时间（易学性）和执行指定任务时的出错次数（易记性）。它们可以为以下评估内容提供定量指标：生产力提高了多少，工作、培训或学习得到了多大程度的改善。它们还有助于衡量个人、公共和家庭产品对娱乐和信息收集活动的支持程度。然而，它们不对用户体验的整体质量做出评估，而这正是用户体验目标的用处。

1.7.2 用户体验目标

在交互设计中，用户体验目标是多样的，它涵盖了一系列的情感和感觉体验。这些目标包括好的方面和不好的方面，如表 1.1 所示。

表 1.1　用户体验好的和不好的方面

好的方面		
令人满意的	有帮助的	有趣的
令人享受的	激励人的	激发性的
迷人的	具有挑战性的	令人惊讶的
令人愉快的	提高社交能力的	有价值的
令人激动的	支持创新	情感上的满足
令人兴奋的	刺激认知	流畅的体验
不好的方面		
无聊的	幼稚的	使人感到愚蠢的
沮丧的	不愉快的	矫揉造作的
使人愧疚的	傲慢的	哗众取宠的
恼人的		

表 1.1 中的许多体验都是主观的，并且是用户对一个系统的感受。它们不同于更客观的可用性目标，因为它们是关于用户如何从自己的角度体验交互式产品，而不是从系统的角度评估其可用性或成效性。虽然用于描述可用性目标的术语有很多，但有更多的术语被用于描述用户体验的多面性。它们也与其所指的内容有所重叠。由此，它们微妙地提供了不同的选项，用于描述相同活动随时间推移及技术和地点变化而不同的体验方式。例如，我们可能描述在淋浴时听音乐是非常令人享受的，而更倾向于描述在车上听音乐是令人愉快的。同样，在一个高端而强大的音乐系统上听音乐可能会引起兴奋和情感上的满足感，而在有随机播放模式的智能手机上听音乐，尤其是在不知道下一首曲子是什么时，可能是一种意外的享受。选择最能传达用户在特定的时间和地点使用产品或与产品交互时的感受、当前状态、情感、感觉等的词汇的过程，可以帮助设计者了解用户体验的多面性和不断变化的本质。

可以根据有助于使用户体验愉快、有趣以及兴奋等的元素来进一步定义这些概念，包括注意力、节奏、游戏、互动、有意识和无意识的控制、叙事风格和流动感。流动感

（Csikszentmihalyi，1997）的概念在交互设计中很受欢迎，它用于为网站、视频游戏和其他交互式产品的用户体验的设计提供信息。它指的是一种强烈的情感参与状态，来自完全投入一项活动，比如当你沉浸在一段音乐中时，你会觉得时间过得很快。网站界面除了可以设计成迎合有目的性的访客，还可以设计成引导一种流动状态，以引导访客到达意想不到的地方，在那里访客将被完全吸引。在接受 *Wired* 杂志采访时，Mihaly Csikszentmihalyi（1996）用美食做了一个比喻来描述如何将用户体验设计得引人入胜："从开胃菜开始，转向沙拉和主菜，然后是甜点，而不知道下一道菜会是什么。"

用户体验的质量也可能受到在界面上执行的一次性动作的影响。例如，人们可以通过转动具有完美滑动阻力的旋钮获得很多乐趣；他们可能喜欢在智能手机屏幕底部轻弹手指以显示新菜单，这个效果就像使用了魔法；他们也可能喜欢听智能手机清空垃圾的声音。这些一次性动作不会频繁出现，可能一天只出现几次——用户从来不会感到厌倦。Dan Saffer（2014）将这类交互描述为微交互，并认为在界面上设计这些交互时刻（尽管很短）可以对用户体验产生重大影响。

练习 1.3　表 1.1 中用户体验的好的方面比不好的方面多，你认为原因是什么呢？当设计一个产品的时候，你是否会将这些全都纳入考量？

解答　我们提出的这两个清单并不涵盖所有情况。随着新产品的出现，在好的方面和不好的方面可能都会有更多的词汇出现。这里前者更多的原因是交互设计的主要目标是创造积极的体验。有许多方法可以实现这一目标。

不是所有的可用性和用户体验目标都与正在发展的交互式产品的设计和评估相关。一些组合也将无法与其匹配。例如，设计既安全又有趣的过程控制系统可能是不可能或不可取的。认识和理解可用性与用户体验目标之间关系的本质是交互设计的核心。它使设计人员能够意识到在设计产品和强调潜在的权衡和冲突时追求不同组合的后果。正如 Jack Carroll（2004）建议的，阐述用户体验的不同元素之间的交互可以带来对每个元素的作用的更深和更有意义的理解。

▋框 1.2 ┃超越可用性：用设计来说服

Eric Schaffer（2009）认为，我们应该更多地关注用户体验而不是可用性。他指出有很多网站旨在说服或影响用户，而不是让用户以一种有效的方式来执行他们自己的任务。例如，许多销售服务和产品的在线购物网站的一个核心策略是吸引人们购买本不需要的东西。越来越多的在线购物体验是说服人们购买，而不是以使购物容易为设计目标。这涉及为说服、情感和信任而进行的设计——这些可能兼顾了可用性目标，也可能没有。

这就需要确定客户将做什么，无论是购买产品还是更新会员资格，还包括鼓励、建议或提醒用户他们可能喜欢或需要的东西。除了访客最初想要预订的航班外，许多在线旅游网站试图吸引访客购买额外的项目（如酒店、保险、汽车租赁、停车或一日游），它们还会在访客的预订表格上添加一个充满诱人图片的列表，访客必须浏览列表才能完成交易。这些说服的机会需要设计得醒目和令人愉快，这与将一批货物漂亮地摆在杂货店的过道以便当顾客去拿自己心仪的商品时会经过它们的策略相同。

然而一些网站做得太过火，例如在顾客的购物车中添加物品（如保险、快递、护理产品），顾客如果不想买这些物品就不得不取消或重新开始。这种狡猾的附加方法会导致负面的体验。这种针对用户体验的欺骗性方法被 Harry Brignull 描述为黑暗模式（参见 http://darkpatterns.org/）。如果未经询问就替顾客做出增加购物成本的决定，他们就会变得很恼火。例如，单击某一汽车租赁公司网站上的取消订阅按钮，如图 1.10 所示，用户将被带到另一个页面，他们必须取消选中多余的框，然后再刷新页面。然后他们会被带到另一个页面，并被询问取消的原因。下一个页面则显示"你的电子邮件偏好已更新。你需要租用一辆车吗?"，而并没有让用户知道是否已经取消了他们的邮件列表中的订阅。

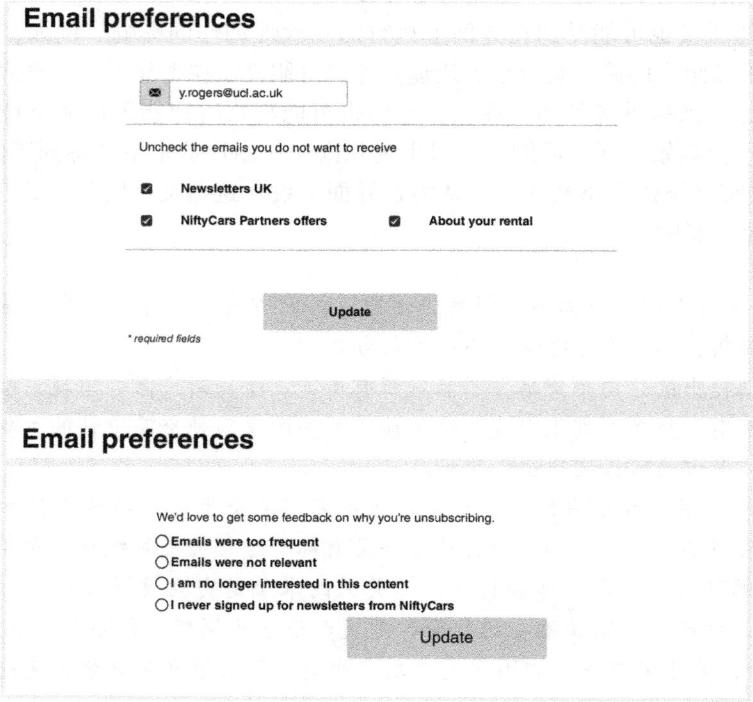

图 1.10　汽车租赁公司的"黑暗模式"

说服的关键是以微妙和愉快的方式来引导人们，让人们信任商家并感到舒适。Natasha Loma（2018）指出黑暗模式的设计是"通过设计来进行哄骗和欺诈"。她在科技类博客 TechCrunch 的文章中描述了用来欺骗用户的各种黑暗模式。大多数人都经历过的一个众所周知的例子是从营销邮件列表中取消订阅。很多网站都竭尽全力想要留住你：当你认为已经取消了订阅时，会发现需要输入你的电子邮件地址并点击几个按钮来重申你真的想要退出，然后，当你认为已经安全时，你会收到一个调查问卷，其中要求你回答几个关于为什么想要离开的问题。与 Harry Brignull 一样，她认为公司应采用公平和符合道德的设计，不可以强迫用户选择以牺牲其利益为代价的任何有利于公司的行为。

1.7.3　设计原则

交互设计师使用设计原则来帮助他们在设计用户体验时进行思考。这些都是可概括的抽象概念，旨在引导设计师思考其设计的不同方面。一个众所周知的例子是反馈：产品应该设计成向用户提供足够的反馈，并告知他们已经完成的工作，以便他们知道下一步该做什么。另一个重要的例子是可检索（Morville，2005），指一个特定的对象易被发现或定位的程度——无论是浏览网站、穿过建筑物，还是在数码相机上找到删除图像的选项。与此相关的是导航性原则：在界面上，要做什么和要去哪里是否是显而易见的？菜单是否被合理地构建以允许用户顺利从中找到他们想要的选项？

设计原则是一个以理论知识、经验和常识为基础的混合理论。这些原则往往是以一种规定的方式呈现，来建议设计师在界面上应该提供什么和避免什么，换句话说就是交互设计的注意事项。更具体地说，它们的目的是帮助设计师解释和改进他们的设计（Thimbleby，1990）。然而，它们并不会具体地说明如何设计一个具体的界面，例如告诉设计者如何设计一个特定的图标或如何构建一个门户网站。相反，这些设计原则对设计者来说更像是开关，确保他们在一个界面上能够提供特定功能。

一些设计原则已经得到推广。最常见的设计原则是关于如何决定用户在使用交互式产品执行任务时应该见到什么和应该做些什么。下面将简要描述最常用的设计原则：可视性、反馈、约束、一致性和可供性。

可视性。本章开始给出的对照例子可以说明可视性的重要性。语音邮件系统无法显示有无留言以及留言的数量，而应答机则使这两个信息清晰可见。功能的可视性越好，用户也就越容易知道接下来该做什么。Don Norman（1988）在描述一辆车的控制时强调了这一点。不同操作的控制是清晰可见的，例如指示器、前照灯、喇叭、危险警告灯都可以指示可以做什么。这些控制器在车中安放的位置与其功能是相关的，因此司机就很容易在开车时找到正确的控制器。

相比之下，当功能不可见时，找到和知道它们如何使用就变得困难了。例如，设备和环境通过传感器技术的使用已经变得自动化了（通常是为了卫生和节能）——例如水龙头、电梯、灯光——但有时人们很难知道如何控制它们，尤其是如何激活和停用。这可能会导致人们犯难和沮丧。图 1.11 展示了一个说明如何使用自动控制水龙头的标志。它还指出，如果穿着黑色衣服，就无法打开水龙头。然而，它并没有解释如果穿着黑色衣服该怎么办！诸如旋钮、按钮和开关之类的高度可见的控制设备已经被不清晰的、令人模棱两可的激活区代替，为了让它们工作起来，人们必须猜测如何以及朝哪个方向移动他们的手、脚或身体。

反馈。反馈是与可视性相关的概念。读者不妨设想没有"反馈"之后生活的样子。想象一下，想玩一把吉他、用刀切面包，或者用钢笔写字，而这些行动在几秒内都毫无反应。在音乐开始、面包被切或者纸上显示字迹之前，你必须面对难以忍受的延迟，这将使你无法再继续弹奏、切割或写下一笔。

反馈的内容涉及已经进行了什么行动和已经完成什么任务这类信息，以便用户能够继续这个活动。有各种可用于交互设计的反馈——声音、触觉、视觉、语言和它们的组合。其关键是决定哪种组合适合不同类型的活动和交互作用。以正确的方式使用反馈也可以为用户交互提供必要的可视性。

图 1.11　辛辛那提机场的厕所标志（图片来源：http://www.baddesigns.com）

约束。约束的设计概念是指在特定时刻限制用户的交互类型。可以采用各种各样的方法来实现这个目的。图形用户界面中的一个常见设计实践是把菜单选项设置为灰色来使其无效，从而限制用户只能在允许的范围内操作（见图 1.12）。这种约束形式的优点之一是它可以防止用户选择不正确的选项，从而减少了犯错误的机会。

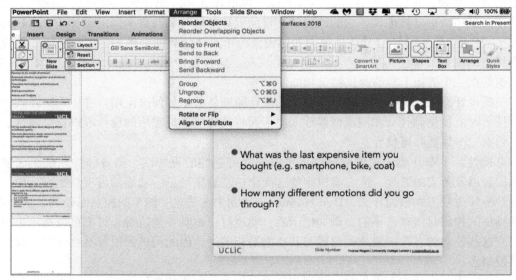

图 1.12   逻辑约束示例，限制可选项菜单，其中灰色代表无效选项（图片来源：https://www.ucl.ac.uk）

使用不同种类的图形表示也可以限制一个人对问题或信息空间的理解。例如，流程图显示哪些对象是相关的，从而限制了用户对信息感知的方式。设备的物理设计也可以限制它的使用方式，例如计算机的外部插槽已设计为只允许一根电缆或一张卡以一定的方式插入。然而，有时物理性的限制是不明确的，如图 1.13 所示。该图展示了计算机背面的一部分。图中有两种接口，右边的两个是连接鼠标和键盘的，但它们看起来相同并且物理性的限制也相同，因此很难区分。标签有用吗？

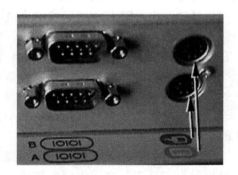

图 1.13   计算机背面的不明确的约束（图片来源：http://www.baddesigns.com）

一致性。这是指使设计的界面具有相似的操作和使用相似的元素以实现类似的任务。特别是，一致性的界面是遵循规则的界面，如同使用同一个操作来选择所有的对象。例如，我们总是用同一个输入操作来选取界面上的图形对象，比如我们总是点击鼠标左键。另一方面，非一致性的界面允许规则外的例外情况。例如，某些图形对象（如表格中的电子邮件）只能通过鼠标右键选取，而其他的所有操作只能通过左键选取。这种不一致性的一个问题是其随意性会导致用户难以记住并且更易出错。

因此，一致性界面的好处之一是其更易学习和使用。面对所有对象，用户只需学习一个单一的操作模式。此原理可以很好地用于带有有限操作的简单界面，如只有少量操作（由对应的按键实现）的便携式无线电收音机。在这里用户要做的就是学习每个按钮代表的含义并相应地进行选择。当面对更复杂的界面（尤其是要设计很多操作）时，应用一致性的概念可能会带来很多问题。例如，考虑如何设计一个能够提供上百个操作的应用界面，如文字处理应用。当每个按钮映射一个单独的操作时，就不可能有足够的空间来安排上千个按钮。即使有足够的空间，从它们中找到想要的那个按钮对用户来说也是很困难并且浪费时间的。一个更有效的设计解决方案是创建可以映射到显示在界面中的操作子集的命令类，例如，通过菜单。

可供性。该术语用于指代一个对象的属性，以使人们知道应该如何使用它。例如，鼠标上的按键需要"按下"（从而完成点击）而其按下的方式则受限于其塑料外壳。简单地说，"可供"指"提供启示"（Norman，1988）。当一个物理对象的可供性很明显时，想知道怎样与其交互就很容易了。例如，门把手暗指"拉"，杯子的把手暗指"拿"，而鼠标的按键暗指"按"。可供性在交互设计中已经广泛用于描述如何使界面更加明显以使用户知道它们能用来做什么。例如，如按钮、图标、链接和滚动条之类的图形元素在设计时都应考虑到如何使它们的使用方法更加明显：图标应该暗指点击，滚动条应该暗指上下移动，按钮应该暗指按下。

Don Norman（1999）认为有两种可供性：感知性和真实性。物理对象具有真实的可供性（例如"抓"），其感知性比较明显而且不需要学习。相反，基于屏幕的用户界面是虚拟的，且没有这些真实的可供性。利用这种区别，他认为努力在界面上设计追求真实的可供性并无多大意义，除非是设计物理设备（例如控制台），在那些物理设备上的"拉""按"等动作对于指导用户如何使用是有帮助的。另外，更好的方法是将基于屏幕的界面概念化为可感知的可供性，这本质上是学习的惯例。然而，看着一个一岁大的孩子用手指在智能手机屏幕上滑动，放大和缩小图像，以及触摸菜单选项，似乎表明这种学习是自然而然的。

将设计原则应用到实践中

将一个以上的交互原则应用于交互设计会出现的问题是它们之间的权衡问题。例如，你越试图限制一个界面，其信息就显得越不清晰。当尝试使用一个单一的设计原则时，也会发生同样的事情。例如，通过尝试使用改变物理设备外观的方式来设计一个界面以获得可供性，这样做得越多，它就会变得更加混乱和更加难以使用。一致性也可能是一个有问题的设计原则。试图设计一个界面与某种事物保持一致性可能会使其与其他事物失去一致性。此外，有时非一致性的界面实际上使用起来更加容易。Jonathan Grudin（1989）用"存放在房子里的刀"进行了类比。刀有各种各样的类型，如黄油刀、牛排刀、餐刀和鱼刀。易于安放它们并且易于找到它们的一个位置是最上面抽屉的槽。这使得每个人都很容易找到它们，并遵循一个简单的一致性规则。但是那些太大或者太锋利而不适合放在抽屉里的刀呢（如雕刻刀和面包刀）？它们被放置在一个木制的盒子里。而那些只在特殊场合使用的最好的刀呢？它们被放置在另一个房间里的橱柜中妥善保管。那么其他刀呢，如用于家庭装修的油灰刀和刮漆刀（放在车库中）和杰克刀（放在你的口袋或背包中）？一致性的原则将很快崩溃。

Jonathan Grudin 扩展了刀储存的地方以解释非一致性是如何引入的，这反过来又说明了需要增加时间来了解所有储存刀的地方。然而，把刀放在不同的位置往往使得其更容易被找到，因为在需要使用时它们就在手边，并且和用于一项具体任务的其他东西挨着。例如所有的家庭装修工具都存放在车库中的一个盒子里。当设计界面时也是如此：引入非一致性会使学习一个界面变得更加困难，但从长远来看，这也可以使它更容易使用。

练习 1.4   网站设计的主要设计原则之一是简单性。Jakob Nielsen 建议设计者仔细检查所有的设计元素并逐一取消它们。如果在取消一个元素后，该设计仍能很好地工作，则移除这个元素。你认为这是一个很好的设计原则吗？如果你有自己的网站，尝试这样做，看看会发生什么。在什么情况下交互会失败？

解答   简单性无疑是一个重要的设计原则。许多设计者试图把过多的信息塞进有限的屏幕空间内，从而造成用户很难找到自己感兴趣的东西。移除那些不会影响网站总体功能的元素是一个有益的举动。舍弃没有必要的图标、按钮、对话框、线条、图形、阴影和文本可以使网站更加清洁、清晰且更容易浏览。然而，一定数量的图形、阴影、色彩和格式能够增加网站的美感，对于用户而言也是一种享受。只列出了文本和几个链接的普通网站可能不会具有吸引力，让某些访问者望而却步，再也不会回来。好的交互设计就要在网站外观的吸引力与内容的数量和每页信息的类型间取得平衡。

深入练习

本深入练习的内容就是让读者将本章所读内容付诸实践。具体地说，本深入练习的目标是使读者能够定义可用性和用户体验，并将这些与其他设计原则转化为具体的问题以帮助评估交互式产品。

寻找一个日常的手持设备，例如遥控器、数码相机或智能手机，检查它是如何设计的，特别要注意用户是如何与它进行交互的。

（a）根据你的第一印象，写下这个设备工作方式的优缺点。

（b）描述与其进行交互的用户体验。

（c）概述它支持的一些核心微交互。它们是令人愉快、容易和明显的吗？

（d）根据本章所学的知识和你获得的其他资料，列出适合评估此设备的可用性目标和用户体验目标。指出其中最重要的目标并说明原因。

（e）把你的每一套可用性目标和用户体验目标转化为两到三个具体的问题。然后用它们来评估该设备的价值。

（f）重复（c）和（d），但这一次使用本章中概述的设计原则。

（g）最后，基于（d）和（e）所获得的答案，提出界面的改进方案。

总结

在本章中，我们已经看到了什么是交互设计，以及当开发应用程序、产品、服务和系统时它的重要性。首先，我们提出了一些好的和坏的设计来说明交互设计是如何起作用的。我们描述了参与交互设计的人员和内容，以及理解无障碍和包容性的必要性。我们详细解释了什么是可用性和用户体验，它们如何被表征，以及如何实施它们以便评估与交互式产品进行交互时所产生的用户体验的质量。人们越来越强调设计用户体验而不仅仅是可用的产品。我们还介绍了一些核心设计原则，以便为交互设计过程提供指导。

本章要点

- 交互设计就是设计交互式产品以支持人们日常工作和生活中的交流和交互方式。
- 交互设计是一个跨学科领域，需要来自广泛的学科和领域的知识。
- 用户体验的概念是交互设计的核心。
- 优化用户和交互式产品之间的交互需要考虑众多相互依赖的因素，包括使用的情境、活动的类型、用户体验目标、无障碍、文化差异和用户群体。

- 定义和具体化相关的可用性和用户体验目标可以帮助设计好的交互式产品。
- 设计原则（如反馈和简易性）是了解、分析和评估交互式产品各个方面有效方法。

拓展阅读

在这里，我们推荐一些关于交互设计和用户体验的重要读物（按字母顺序排列）。

COOPER, A., REIMANN, R., CRONIN, D. AND NOESSEL, C. (2014) *About Face：The Essentials of Interaction Design* (4th ed.). John Wiley & Sons Inc.

该书以一个最新的视角展现了交互设计的内容，并以一种平易近人的风格书写，对从业人员和学生都很有吸引力。

GARRETT, J. J. (2010) *The Elements of User Experience: User-Centered Design for the Web and Beyond* (2nd ed.). New Riders Press.

该书是这本热门的有关交互设计的"咖啡桌书籍"的第 2 版。它侧重于在设计用户体验时如何提出正确的问题。它强调了了解产品如何在外部工作的重要性，即一个人接触到这些产品并尝试使用它们的情况。它还将商业方面纳入了考虑范围。

LIDWELL, W., HOLDEN, K. and BUTLER, J. (2003) Universal Principles of Design. Rockport Publish-ers, Inc.

该书介绍了经典的设计原则，如一致性、无障碍和可见性，以及一些鲜为人知的原则，如恒定性、区块性和对称性。它们按字母顺序排列（以便参考），并附有各种示例，以说明它们的工作原理和使用方法。

NORMAN, D. A. (2013) *The Design of Everyday Things: Revised and Expanded Edition*. MIT Press.

该书于 1988 年出版，并成为一本国际畅销书，向技术界介绍了设计和心理学的重要性。它涵盖了如冰箱和恒温器等日常事物的设计，介绍了很多有关如何设计界面的有用的想法。这个最新版本是全面修订的，展示了心理学原理如何应用于众多新老技术中。这本书的可读性很强，引用了许多说明性的例子。

SAFFER, D. (2014) *Microinteractions: Designing with Details*. O'Reilly.

这本高度易读的书提供了许多交互设计中的小案例，这些例子将愉快的用户体验和噩梦一般的用户体验进行了区分。Dan Saffer 描述了如何将它们设计为高效、易懂且令人愉快的用户操作。他详细介绍了其结构和不同种类，包括很多图例。阅读这本书是一种乐趣，能够让你立即了解为什么以及如何正确地进行微互动。

对 Harry Brignull 的访谈

Harry Brignull 是英国的一位用户体验顾问。他拥有认知科学博士学位，他的工作涉及通过融合用户研究和交互设计来建立更好的体验。Harry 为声田（Spotify）、Smart Pension、《电讯报》（The Telegraph）、英国航空公司（British Airways）、沃达丰（Vodafone）等公司提供咨询服务。在业余时间，Harry 还开设了一个关于交互设计的博客，吸引了大量的关注。博客的地址是 90percentofeverything.com，非常值得浏览。

一名优秀的交互设计师应具有哪些特质？

我认为交互设计、用户体验设计、服务设计和用户研究是一组难以分开的学科组合。每家公司使用的术语、流程和方法都只是略有不同。不过，我会告诉你一个秘密。那就是它们都在掩饰。当你看到任何组织公开描绘其设计和研究时，那是它们以招聘和营销为目的的向你展示一个虚构的视角。其工作的实际情况通常非常不同。研究和设计天生就是混乱的。在你能够很好地定义和理解问题以解决它之前，你势必会做很多无用功、进行错误的假设，以及走进盲区。无论你拥有的技能和接受的训练如何，如果雇主不理解这一点并且没有给你所需的空间和时间，你就无法做好你的工作。

一个好的交互设计师应该具有很强的可塑性。你应该拓展自己的技能来填补团队中的技能缺失。如果你的团队中没有作家，那么你就需要自己承担作家的职责，至少达到可以起草可靠草案的水平。如果你的团队中没有研究员，那么你就需要自己动手研究。开发基于代码的原型、规划用户路线等也是如此。你将很快学会习惯在舒适区之外工作，并享受每个项目带来的新挑战。

交互设计在过去几年中是如何变化的？

拥有内部设计团队是现在的一大趋势。当我在 21 世纪中期开始咨询生涯时，在业内找到工作的主要途径是在一个机构中发挥作用，如用户体验咨询机构、研究机构或全方位服务机构。大型公司甚至不知道从哪里开始招聘和建立自己的团队，因此它们向代理商支付了巨额资金来设计和构建它们的产品。结果证明这是一个非常无效的模式——当代理商完成一个项目时，它们将把所有获得的专业知识带给它们的下一个客户。

如今，数码公司已经崭露头角，它们已经开始建立自己的内部团队。这意味着在如今的设计中，一个重要主题是组织变革。你无法在一个公司的外包团队中做出优秀的设计。事实上，在年迈的大型组织中，建立政治结构似乎经常会破坏良好的设计和开发实践。虽然这听起来很疯狂，但是当你走进一个组织，你很可能发现一个项目经理一边挥舞着甘特图一边又痴迷于敏捷（这二者很矛盾），或者发现一个产品的所有者上一秒说他们重视用户研究，而在下一秒却会因为研究人员为他带来了坏消息而生气。这种现象很常见。与其说是因为传统技术，不如说大多数企业死于传统思维。想要改变传统思维真的很难。设计部过去只是一个部门。如今，人们了解到良好的设计需要整个组织以一致的方式共同合作。

目前你在做什么项目呢？

我目前在伦敦一家名为 Smart Pension 的金融科技初创公司做用户体验主管。如今养老金带来了一个非常迷人的以用户为中心的设计挑战。消费者讨厌考虑养老金的事情，但他们迫切需要养老金。在最近的一次研究会议上，一位参与者提到了一些真正困扰我的事情，他说：“计划养老金就像计划自己的葬礼一样。”人类非常不擅于进行几十年的长期规划。没有人喜欢考虑自己的死亡。但如果你想要退休后过得幸福，这正是你需要做的。

养老金行业充满了行话和巨大的技术复杂性。许多消费者甚至不了解“风险”等基本金融概念。在最近的一些研究中，我们的一位参与者在试图理解这样一种观点时瞠目结舌：由于他们目前还年轻，所以将他们的钱投入“低风险”的基金（该词的技术定义）中将是一种“高风险”（该词的宽松的非技术定义），因为他们在变老后可能会收到较低的回报。除非你接受过培训，否则投资会让你感到困惑。那么接下来就出现了"一知半解会造成伤害"的问题。有一些消费者认为自己可以通过每周在基金之间转移资金来打败市场而他们最终会遭殃。

你认为现在你和其他顾问进行交互设计面临的最大挑战是什么?

从事交互设计是一种持续的学习和训练。最大的挑战是保持这种状态。即使你觉得自己正处于技能的巅峰,技术领域也会不断更新,你需要密切关注接下来会发生什么,这样你才不会落伍。事实上,交互设计发展得非常迅速,以至于等到你阅读本次访谈时,它就将过时了。

如果你发现自己每天都处于"舒适"的状态并做着同样的事情,那么你要小心——你是在原地踏步。你要走出来,舒展自己,并确保自己每周都在舒适区之外度过一段时间。

如果让你去评估一个原型服务或一个产品而你发现它真的很差,那么你会怎样公布这个消息?

这取决于你的目标是什么。如果你只想在传递坏消息之后离开,那么不论多么残酷,都不要手下留情。但是,你如果想与一个客户建立良好的关系,就需要帮助他们解决问题,并告诉他们如何改进。

记住,当你向客户传达坏消息时,你是在向他们解释这是他们的错误,并且他们对自己的错误一无所知。这可能是非常令人尴尬和沮丧的。当你真正需要将利益相关者聚集在一起并给予他们共同的愿景时,坏消息会将他们分开。发现不良的设计是改进的一个机会。因而,始终需要将不良设计的观察结果与如何改进的建议相结合。

第 2 章

Interaction Design: Beyond Human-Computer Interaction, Fifth Edition

交互设计的过程

目标

本章的主要目标是：

- 思考交互设计涉及什么。
- 解释让用户参与开发的优点。
- 解释以用户为中心的方法的主要原则。
- 介绍交互设计的四个基本活动以及它们在简单生命周期模型中的相关性。
- 提出有关交互设计过程的一些重要问题并给出答案。
- 考虑如何将交互设计活动集成到其他开发生命周期中。

2.1 引言

假设你被要求设计一个基于云端的服务，使人们能够以高效、安全和愉快的方式分享和组织他们的照片、电影、音乐、文档等。你会做什么？你将如何开始？你是会首先描绘界面的外观，还是弄清楚系统架构应该如何构建，或者立即开始编码？再或者，你是否会首先向用户询问他们当前共享文件的经验并检查现有工具，例如 Dropbox 和 Google Drive，并在此基础上开始考虑如何设计新服务？接下来你会做什么？在本章中，我们将会讨论交互设计的过程，即如何设计交互式产品。

设计可以细分为很多学科，如平面设计、建筑设计、工业设计和软件设计。尽管每个学科都有自己的设计方法，但也存在共性。英国设计委员会用双菱形设计方法来描述了这些共性，如图 2.1 所示。该方法有四个迭代的阶段。

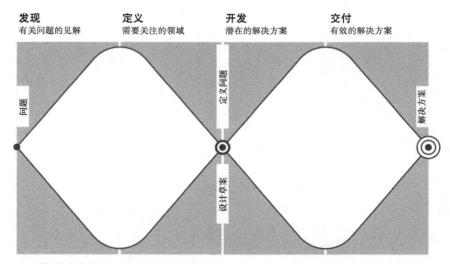

图 2.1　双菱形设计方法（图片来源：https://www.designcouncil.org.uk/news-opinion/design-process-what-double-diamond）

- **发现**：设计师尝试收集与问题相关的见解。
- **定义**：设计师制定明确的草案，构成设计挑战。
- **开发**：创建解决方案或概念并进行原型化、测试和迭代。
- **交付**：敲定方案，生成和启动项目。

交互设计也遵循这些阶段，并将以用户为中心的设计理念作为基本准则，即让用户参与整个开发过程。传统上，交互设计师首先进行用户研究，然后将他们的想法大致描绘出来。但是谁是将被研究的用户，用户又如何参与开发呢？如果仅依靠我们的提问，他们会知道自己想要什么或需要什么吗？交互设计师应该从哪里获得用户的想法，又应该如何根据用户的想法生成设计？

在本章中，我们将提出并解答这些问题、讨论以用户为中心的设计，并探讨交互设计过程的四个基本活动。我们还将介绍一个包含这些活动的交互设计生命周期模型，以展示这些活动之间的关系。

2.2　交互设计中涉及什么

交互设计具有特定的活动，这些活动侧重于以下方面：发现产品的需求；设计满足这些需求的东西；制作产品原型以供评估。此外，交互设计将注意力集中在用户及其目标上。例如，采用以用户为中心的开发方法来调查工件的使用和目标域，搜集用户对早期设计的意见和反应，并让用户适当地参与开发过程本身。这意味着，不仅是技术关注点，用户的关注点也可以指导开发。

也可以将设计看作一种权衡——平衡有冲突的需求。例如，在开发用于提供建议的系统时，一种常见的权衡形式就是决定给用户多少选择以及系统应该提供多少方向。这种划分通常取决于系统的目的，例如，是用于播放音乐曲目还是用于控制交通流量。实现平衡不仅需要经验，也需要对替代解决方案的开发和评估。

生成替代方案是大多数设计学科的关键原则，也是交互设计的核心。获得两次诺贝尔奖的 Linus Pauling 曾说过："想出一个好点子的最好方法就是想很多点子。"产生大量想法不一定很难，但选择其中的哪一个来推行非常难。例如，Tom Kelley（2016）描述了成功头脑风暴的七个秘密，包括锐化焦点（有一个精心设计的问题陈述）、有趣的规则（鼓励想法）以及实物化（使用视觉道具）。

让用户和其他人参与设计过程意味着需要将设计和潜在解决方案传达给原设计师以外的人。这需要完成设计并以允许评审、修订和改进的形式表达设计。有很多方法可以做到这一点，其中最简单的方法之一就是制作一系列草图。其他常见方法有用自然语言编写描述、绘制一系列图表，以及构建原型（即产品的最终版本）。这些技术的组合可能是最有效的。当用户参与时，以合适的格式完成和表达设计尤其重要，因为用户不太可能理解行话或专业符号。实际上，一份用户可以与之交互的表单是最有效的，因此构建原型是一种非常强大的方法。

练习 2.1　本练习要求你应用双菱形设计方法进行设计，以制作出适合你自己的创新型交互式产品。通过专注于读者自己的产品，本练习明确地不再强调涉及其他用户的问题，而是强调整个过程。

假设你想要设计一个可以帮助你规划旅行的产品。这可能是为了一次商务或度假旅行、为了拜访远在国外的亲戚，或是为了一次周末骑行。除了规划路线或预订门票外，该产品还可以帮助检查签证要求、安排导游、调查某个地点的设施等。

1. 利用双菱形设计的前三个阶段，使用一两个草图生成初始设计，显示主要功能及其一般外观和感觉。本练习省略了第四阶段，因为你不用提供一个有效的解决方案。

2. 现在思考一下你的活动是如何落实到这些阶段的。你先做了什么？根据直觉，你首先想要做什么？你是否有任何可供设计参与的特定产品或经验？

解答　1. 第一阶段的重点是发现有关这个问题的见解，但是问题的确存在吗？如果问题的确存在，那么它是什么？虽然大多数人都能设法通过正确的签证和舒适的方式预订旅行和前往目的地，但经过反思，这个过程和其结果都可以得到改善。例如，旅途中的饮食需求并不总能得到满足，并且住宿并不总是在最佳位置。有很多可用的信息可以帮助规划旅行，也有许多代理商、网站、旅游书籍和旅行社可以提供帮助。问题是，面对这么多的选择，用户可能会眼花缭乱。

第二阶段是定义要关注的领域。旅行的原因有很多（如个人原因或家庭原因），但根据经验，规划全球商务旅行是很有压力的，因此最大限度地减少其中涉及的复杂性是值得的。如果产品能够从许多可能的信息来源提供建议并根据个人偏好定制建议，那么其体验将得到改善。

第三阶段的重点是开发解决方案。在本案例中，它是设计本身的草图。图 2.2 展示了一个初始设计。共有两个版本的产品，一个应用程序是在移动设备上运行的，另一个是在更大的屏幕上运行的。选择构建两个版本的假设基于我的个人经验：我通常会在计算机上计划旅行的详细信息，而在旅行时则需要更新和本地信息。移动应用程序具有简单的交互方式，易于在旅途中使用；大屏幕的版本更复杂，可以显示大量信息和各种可用选择。

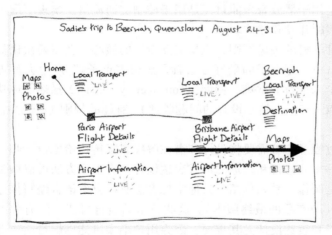 

a）在较大屏幕上显示从家到澳大利亚毕尔瓦的整个旅程　　b）在智能手机屏幕上显示旅程中巴黎戴高乐机场的部分

图 2.2　旅行规划器的初始草图

2. 最初，尚不清楚是否存在需要解决的问题，但经过反思，可用信息的复杂性和定制选项的好处变得更加清晰。第二阶段引导我思考要关注的领域。规划全球商务旅行是最困难的，因此通过定制降低信息源的复杂性肯定会有所帮助。如果产品了解我的偏好就太好了，例如，推荐我最喜欢的航空公司的航班，并找到吃纯素餐的地方。

开发解决方案（第三阶段）让我思考如何与产品进行交互——在大的屏幕上查看细节会很有用，但也需要可以在移动设备上显示的摘要。支持的类型还取决于举行会议的地点。规划出国旅行需要对签证、疫苗接种情况和旅行建议进行仔细检查，还需要一个有关会议地点与住宿地点之间的距离和具体航班时间的详细视图。规划一个本地旅行则要简单得多。

创建产品所采取的具体步骤因设计师、产品、组织的不同而大相径庭（见框2.1）。通过草图或书面描述来获得具体想法，有助于将注意力集中在设计内容、设计背景以及预期的用户体验上。然而，草图只能让你获得设计的某些元素，你还需要其他形式来获得所有预期的内容。在本练习中，你所做的是在替代方案之间做出选择、详细探索需求，以及完善你对产品功能的想法。

2.2.1　理解问题空间

决定设计什么是关键，而探索问题空间是决定的一种方式。这是双菱形设计的第一阶段，但这可能会被那些初入交互设计领域的人所忽视，正如你在练习2.1中可能发现的那样。在创建交互式产品的过程中，从设计的具体细节出发是很诱人的，即确定如何设计物理界面以及使用哪些技术和交互风格，例如，是否使用多点触控、语音、图形用户界面、平视显示器、增强现实、基于手势等。从这里开始的问题是潜在用户及其背景可能被误解，并且可用性和用户体验目标可能被忽略，这两者都在第1章中讨论过。

例如，考虑一下现在某些汽车中可用的增强现实屏幕和全息导航系统（见图2.3）。它们是数十年来对信息显示中的人因（例如，Campbell等，2016）、驾驶体验本身（Perterer等，2013；Lee等，2005）、不同技术的适用性（例如，Jose等，2016），以及技术改进的研究的结果。理解问题空间对于获得安全可靠的可行解决方案来说至关重要。话虽如此，有些人可能因不习惯使用全息导航系统而不会选择在车里安装它。

a）WayRay公司的全息导航显示示例，它将GPS　　　b）在一些汽车中可用的增强现实导航系统
　　导航指令叠加到前方道路上，并收集和共享驾
　　驶员统计数据

图2.3　（图片来源：图a由WayRay公司提供，图b由Muhanmmad Saad提供）

虽然在某些时候肯定有必要选择使用某种技术并决定如何设计物理方面，但最好在阐明问题空间的本质后做出这些决定，即了解当前的用户体验或产品、需要进行更改的原因以及此更改将如何改善用户体验。在前面的示例中，这涉及找出现有的导航在为驾驶提供支持时的问题所在。一个例子是确保驾驶员在观察仪表板上的小型GPS显示器时能够安全驾驶而不会分心。即使在设计新的用户体验时，仍然需要了解将要使用的内容以及当前可能的用户期望。

阐明问题空间的过程通常是通过团队的努力完成的。团队的不同成员总是会对此有不同的看法。例如，项目经理可能会关注预算、时间表和人员成本方面的建议解决方案，而软件工程师则会考虑将其分解为具体的技术概念。这就需要考虑每种观点的相互关系。虽然这很耗时且有时会导致设计团队成员之间存在分歧，但此过程的好处远远超过其成本：将后来被证明无法使用或不需要的错误假设和不受支持的声明纳入设计解决方案的可能性将大大降低。在设计过程的早期阶段花费时间来对想法进行列举和反思，可以让更多的选择和可能性被考虑到。此外，人们越来越多地希望设计师能够证明其选择问题的合理性，并且能够清楚地、令人信服地展示他们在商业和设计语言方面的理论基础。能够思考以及分析、呈现和争论的能力与创造产品的能力一样重要（Kolko，2011）。

框 2.1 交互设计的四种方法

Dan Saffer（2010）提出了四种主要的交互设计方法，每种方法都基于一种独特的基本理念：以用户为中心的设计、以活动为中心的设计、系统设计和天才设计。

Dan Saffer 承认，这些方法都不可能以最纯粹的形式出现，所以他对每种方法都采取了极端的观点，以便区分它们。在以用户为中心的设计中，用户知道得最多并且是设计师的指南，而设计师的角色是将用户的需求和目标转化为设计的解决方案。

以活动为中心的设计侧重于围绕特定任务的行为。用户仍然发挥着重要作用，但重要的是其行为而不是需求和目标。系统设计是一种结构化、严谨且整体的设计方法，侧重于情境，特别适用于复杂问题。在系统设计中，系统（即人、计算机、对象、设备等）是关注的中心，而用户的角色是为系统设置目标。

最后，天才设计与其他三种方法不同，因为它在很大程度上依赖于设计师的经验和创造才能。Dan Saffer（2010，pp.44-45）采访的经验丰富的互动设计师 Jim Leftwich 更喜欢快速专家设计这个术语。在这种方法中，用户的角色是验证设计者生成的想法，而用户不会参与设计过程。Dan Saffer 指出，不让用户参与一定是有意为之的，但可能是因为没有可以让用户参与的条件。

不同的设计问题更容易适应不同的方法，不同的设计师倾向于使用最适合他们的方法。虽然个体设计师可能更喜欢特定的方法，但重要的是在选择任何一个设计问题的方法时都要考虑到该设计问题。

2.2.2 用户参与的重要性

第 1 章强调了理解用户的重要性，前文的描述强调了让用户参与交互设计的必要性。让用户参与开发非常重要，因为这是确保最终产品可用并确实会被使用的最佳方式。在过去，开发人员通常只与经理、专家或代理用户交谈，甚至在不参考任何其他人的情况下采用他们自己的判断。虽然参与设计产品的其他人可以提供有用的信息，但他们与每天进行活动的目标用户或将定期使用目标产品的人有着不同的视角。

在商业项目中，名为"产品负责人"的角色很常见。产品负责人的工作是过滤用户和客户对开发周期的输入，并确定需求或功能的优先级。这个人通常是具有商业和技术知识但没有交互设计知识的人，他们很少是产品的直接用户。虽然产品负责人可能会被要求评估设计，但他们充其量只是代理用户，他们的参与并不能代替真正用户的参与。

确保开发人员充分了解用户目标，从而产生更合适、更实用的产品的最佳方法是让目标用户参与整个开发过程。但是，如果要让产品可用并且被使用，与功能无关的其他两个方面也同样重要，这两个方面是预期管理和所有权。

预期管理是确保用户对新产品的期望切合实际的过程。其目的是确保产品不会使用户感到期望落空。如果用户觉得他们被未履行的承诺所欺骗，那么将导致抵制甚至用户流失。针对新产品的营销必须小心，不要虚假宣传，尽管对于庞大而复杂的系统来说这可能特别难以实现（Nevo 和 Wade，2007）。有多少次你被广告吸引而买下商品，但当你真正看到实物时，却发现营销炒作有点夸张了？我们猜你感到非常失望和沮丧。预期管理就是为了避免让用户产生这种感觉。

让用户参与整个开发过程有助于预期管理，因为他们可以在早期阶段就看到产品的功能。他们还将更好地了解产品将如何影响其工作和生活，以及产品的功能为什么被如此设计。充分和及时的培训是另一种管理预期的技术。如果用户有机会通过培训或预发布版本的实际演示在发布之前使用产品，那么他们将更好地了解对最终产品抱有何种预期。

让用户参与的第二个原因是所有权。参与并认为自己为产品开发做出了贡献的用户更有可能感受到对产品的所有权，从而支持产品的使用（Bano 等，2017）。

如接下来的"窘境"中所讨论的，对于如何让用户参与、让用户以何种角色参与以及这种参与应持续多长时间，需要进行仔细规划。

▌窘境▕好事过头反成坏事?

让用户参与开发是一件好事，但有什么证据能表明用户的参与是有效的？用户应该如何参与以及扮演什么角色？让用户来领导技术开发项目是否合适，或者说让用户来评估原型是否是更好的选择？

Uli Abelein 等人（2013）对该领域的文献进行了详细的综述，并得出了结论：总的来说，证据表明用户的参与对用户满意度和系统使用有积极的影响。然而，他们还发现，虽然数据清楚地表明了这种积极的影响，但其中一些关联较不稳定，因此仍然没有明确的方法来衡量这种影响的一致性。此外，他们发现大多数涉及用户和系统成功的负相关研究都是在 10 多年前发表的。

Ramanath Subrayaman 等人（2010）研究了用户参与在开发人员及用户对产品满意度上的影响。他们发现，对于新产品，随着用户参与度的提高，开发人员的满意程度也会提高。另一方面，低用户参与度对应高用户满意度，并且随着用户参与度的上升，用户满意度下降。他们还发现，高水平的用户参与会产生冲突并提高返工率。对于维护的项目来说，开发人员和用户都对中等程度的参与度感到最满意（约占整个项目开发时间的 20%）。如果只把用户满意度作为项目成功的指标，那么低用户参与度似乎是最有益的。

正在开发的产品类型、可能的用户参与类型、其参与的活动以及应用领域都会对用户输入的有效性产生影响（Bano 和 Zowghi，2015）。Peter Richard 等人（2014）研究了用户参与交通设计项目的影响。他们发现，参与后期开发阶段的用户主要提出了改进服务的建议，而参与早期创新阶段的用户则提出了更多的创造性意见。

最近采用的敏捷工作方式（参见第 13 章）强调了客户和用户反馈的必要性，但其中也存在挑战。Kurt Schmitz 等人（2018）建议，在调整方法时，团队应考虑频繁参与和有效参与之间的区别。

让用户参与无疑是有益的，但参与的程度和类型需要仔细考虑和平衡。

2.2.3　用户参与的程度

不同程度的用户参与是可能的，其范围包括从完全参与开发过程到有针对性地参与特定活动，从面对面环境中的个人用户小组到线上的数十万潜在用户和利益相关者。如果可行，个人用户也可以加入设计团队，以便他们成为开发的主要贡献者。这有利有弊。缺点是，全职参与可能意味着他们与用户社区失去联系，而兼职参与则可能导致他们的工作量很大；优点是，让用户全职或兼职参与都意味着在整个开发过程中不断提供输入。另一方面，用户如果有时间，就可以参与特定活动以辅助开发或评估设计。这是一种有价值的参与形式，但用户的输入仅限于该特定活动。如果用户以这种形式参与到一个项目中，则有一些技术可以让用户的关注点始终在开发人员的脑海中占据首位，例如通过角色（参见第 11 章）。

最初，用户参与采取由小组或个人参与面对面信息收集设计或评估会议的形式，但不断增加的在线连接已让成千上万的潜在用户可以对产品开发做出贡献。面对面的用户参与和实地研究仍然存在，但用户参与的可能性范围更加广泛。其中一个例子是在线反馈交换（OFE）系统，它越来越多地被用于在上市之前利用数百万目标用户测试设计概念（Foong 等，2017）。

事实上，通过众包设计理念和例子，设计正变得越来越具有参与性（Yu 等，2016）。使用众包设计理念可以鼓励一系列不同的人做出贡献，这些人可以包括任何或所有的利益相关者。这种广泛的参与有助于为设计过程带来不同的视角，从而增强设计本身，使最终产品获得更高的用户满意度，并让用户产生一种主人翁的感觉。让大规模用户参与的另一个例子是全民参与，以通过技术促进赋权。其基本目标是让公众参与进来，进而改变他们的生活，而技术往往被视为整个过程的一个组成部分。

参与式设计，有时也称为合作设计或协同设计，是一种总体设计理念，将为其设计系统、技术和服务的人作为创造活动的中心参与者。其理念是，最终用户和利益相关者不再是新技术或工业工件的被动接受者，而是设计过程中的积极参与者。第 12 章提供了更多有关参与式设计的信息。

项目的具体情况会影响实际情况。如果已经知道最终用户群体，例如，产品是针对特定公司的，那么就更容易让用户参与其中。但是，如果该产品适用于开放市场，则用户不太可能加入设计团队。在这种情况下，可以采用特定的活动和在线反馈系统。框 2.2 概述了从现有产品获取用户输入的另一种方法。框 2.6 讨论了 A/B 测试，它利用用户反馈在两种设计方案之间进行选择。

▍框 2.2 ▏产品发布后的用户参与

产品发布后，可能会出现一种不同类型的用户参与，即根据产品的日常使用情况来获得数据和用户反馈。近年来，客户评论的流行程度大大增加，并且显著影响了产品的普及和成功（Harman 等，2012）。这些评论提供了有用且广泛的用户反馈。例如，Hammad Khalid 等人（2015）研究了对移动应用程序的评论，以查看用户所投诉的内容。他们确定了 12 种投诉类型，包括隐私和道德、界面以及功能删除等。客户评论可以为改进产品提供有用的见解，但是对以这种方式收集的反馈进行详细分析非常耗时。

错误报告系统（ERS，也称为在线崩溃分析）自动从用户处收集用于长期改进应用程序的信息。这是在用户的许可下完成的，但报告负担最小。图 2.4 展示了微软操作系统中的 Windows 错误报告系统的两个对话框。这种报告会对应用程序的质量产生重大影响。例如，Windows XP（Service Pack 1）团队修复的错误中有 29% 是基于通过其 ERS 收集的信息（Kinshumann 等，2011）。虽然微软已不再对 Windows XP 提供支持，但此统计信息说明了 ERS 可能产生的影响。该系统使用了基于五种策略的复杂方法来进行错误报告：自动汇总错误报告；渐进式数据收集，以便收集的数据（如压缩或完整的堆栈和内存转储）根据诊断错误所需的数据级别而变化；最少的用户交互；保护用户隐私；尽可能直接向用户提供解决方案。通过使用这些策略以及统计分析，可以将工作重点放在对大多数用户具有最大影响的错误上。

图 2.4　Windows 错误报告系统中的两个典型对话框

2.2.4　什么是以用户为中心的方法

在本书中，我们强调了以用户为中心的开发方法的必要性，即真正的用户和其目标（而不仅是技术）是产品开发的驱动力。因此，经过良好设计的系统将充分利用人类的技能和判断力，与手头的活动直接相关，并支持而不是约束用户。这与其说是一种技巧，不如说是一种哲学。

在人机交互领域诞生时，John Gould 和 Clayton Lewis（1985）制定了三个原则，他们认为这些原则将通向一个"有用且易于使用的计算机系统"。这些原则是：

1. 对用户和任务的早期关注。该原则指首先要通过直接研究用户在认知、行为、人格和态度上的特征来了解用户是谁。这需要观察用户完成常规任务的过程，研究这些任务的性质，然后让用户参与设计过程。

2. 以经验（实验）为基础的测量。在开发早期，应观察和测量预期用户对设定的场景、手册等的反应和表现。之后，用户与模拟产品和产品原型进行交互。要观察、记录和分析用户的表现和反应。

3. 迭代设计。当在用户测试中发现问题时，对问题进行修复，然后进行更多测试和观察以查看修复的效果。这意味着设计和开发是迭代的，重复"设计－测试－测量－重新设计"这一循环通常是必要的。

目前，作为以用户为中心的方法的基础，这三个原则被普遍接受。然而，当撰写本文时，大多数开发人员都不接受这三个原则。下面我们将更详细地讨论这些原则。

对用户和任务的早期关注

该原则可以扩展为以下五个更细化的原则：

1. 用户的任务和目标是开发背后的驱动力。

虽然技术将为设计选项和选择提供信息，但它并不是驱动力。与其问"我们可以在哪里部署这项新技术"，不如问"有哪些技术可以为用户的目标提供更好的支持"。

2. 研究用户的行为和使用环境，设计系统旨在支持它们。

这不仅仅是关于获取用户的任务和目标。人们如何执行任务也很重要。理解行为突出了优先级、偏好和隐含意图。

3. 找到用户的特征并据此进行设计。

当技术出现问题时，人们常常认为这是自己的错。人们容易犯错误，并且在认知和身体方面都有一定的局限。旨在为人服务的产品应该考虑到这些局限并尽量防止出错。认知方面的问题，如注意力、记忆力和感知问题，将在第 4 章中介绍。身体方面包括身高、活动能力和力量。一些特征是一般的，例如色盲，其影响了世界上约 4.5% 的人口，还有一些特征与特定的工作或任务相关。除了一般特征之外，还需要找到那些基于特定用户群体的特征。

4. 从开发的最早阶段到最后阶段，一直需要对用户进行咨询。

如前所述，用户参与程度不同，咨询用户的方式也有所不同。

5. 所有设计决策都是基于用户、他们的活动以及环境而做出的。

这并不一定意味着用户积极参与设计决策，但这是一种选择。

练习 2.2　假设你参与开发一种用于购买园林植物的新颖的在线体验。尽管存在许多用于在线购买植物的网站，但你希望创造一种独特的体验以增加组织的市场份额。建议在此任务中应用前述原则中的方法。

解答　为了解决前三个原则，你需要了解新体验的潜在客户的任务与目标、行为和特征，以及任何不同的使用环境。研究已有在线植物商店的现有用户将提供一些信息，也将帮助确定在新体验中要解决的一些挑战。但是，由于你希望增加组织的市场份额，所以仅咨询现有用户是不够的。另一种调查途径包括实体购物情况——例如，在市场购物或在当地街边的商店购物等，以及当地园艺俱乐部、广播节目或播客。这些替代方案将帮助你找到在不同环境中购买植物的优点和缺点，你也将观察到用户不同的行为。通过观察这些选项，你可以发现一组新的潜在用户和情境。

对于第四个原则，新用户集将随着调研进展而出现，但是可以从一开始就访问代表用户群体的人。可以与他们一起举办研讨会或评估会议，会议地点可以是其他购物环境，例如市场。该原则可以通过创建一个包含所有收集的数据的设计室来支持，并且开发团队可以在这里找到有关用户和产品目标的更多信息。

以经验（实验）为基础的测量

在可能的情况下，应在项目开始时确定具体的可用性和用户体验目标，对其明确记录并达成一致。它们可以帮助设计人员在备选设计方案之间进行选择，并在产品开发过程中检查进度。预先确定具体目标意味着可以在整个开发过程中定期对产品进行以经验（实验）为基础的评估。

迭代设计

通过运用迭代，设计师可以根据用户反馈来改进设计。当用户和设计师参与某个领域并开始讨论要求、需求、希望和期望时，就会出现对需要什么、什么将有所帮助以及可以实现什么的不同见解。这导致了对迭代的需求，因为这样才可以将设计活动串联起来。无论设计师有多好、用户多么认定他们的视角是必不可少的，想法总是需要根据反馈来进行修改，而且很可能需要多次修改。在尝试创新时尤其如此。创新很少一蹴而就，这往往需要时间、演化、试验、错误以及大量的耐心。迭代是不可避免的，因为设计师无法在首次尝试时就获得正确的解决方案（Gould 和 Lewis，1985）。

2.2.5　交互设计的四项基本活动

交互设计的四项基本活动是：

1. 发现交互式产品的需求。
2. 设计满足这些需求的备选方案。
3. 对备选设计进行原型构建，以便对其进行交互测试和评估。
4. 在整个过程中对产品以及用户体验进行评估。

发现需求

这项活动涵盖了双菱形设计法的左半部分，重点是发现一些关于世界的新事物并定义将要开发的东西。在交互设计中，这包括了解目标用户以及交互式产品可以提供的支持。这种理解是通过对数据的收集和分析得到的，这些将在第 8～10 章中讨论。该活动构成了产品需求的基础，并为后续的设计和开发奠定了基础。需求活动将在第 11 章进一步讨论。

设计备选方案

这是设计的核心活动，也是双菱形设计法中开发阶段的一部分：提出满足需求的想法。对于交互设计，此活动可视为两个子活动：概念设计和具体设计。概念设计是为产品生成概念模型，概念模型描述了概述人们可以用产品做什么以及理解如何与产品交互所需的概念。具体设计考虑产品的细节，包括要使用的颜色、声音和图像，菜单的设计以及图标的设计。备选方案的设计要做到精雕细琢。第 3 章将讨论概念设计，第 7 章将介绍更多关于特定界面类型的设计问题，有关如何设计交互式产品的更多细节请参阅第 12 章。

原型构建

原型构建也是双菱形设计法中开发阶段的一部分。交互设计包括设计交互式产品的行为以及它们的外观和感觉。用户评估此类设计的最有效方式是与其进行交互，这可以通过原型构建来实现。这并不一定意味着需要一个软件。存在不同的原型生成技术，而并非所有技术都需要一个可用的软件。例如，在纸上进行原型构建快速而便宜，并且可以帮助设计师在设计的早期阶段有效地发现问题，而用户可以通过角色扮演来真实地体验与产品交互的感受。第 12 章将介绍原型构建。

评估

评估也是双菱形设计法中开发阶段的一部分。它是一个根据各种可用性和用户体验标准来确定产品或设计的可用性和可接受性的过程。评估不会取代与质量保证和测试有关的活动，因为这些活动的目的是确保最终产品符合预期，但评估可以对其进行补充和增强。第 14~16 章将介绍评估的有关内容。

发现需求、设计备选方案、构建原型并评估它们的活动是相互交织的：通过原型构建来评估备选方案，并将结果反馈到进一步的设计中或确定要替代的需求。

2.2.6　交互设计的简单生命周期模型

了解交互设计涉及哪些活动是进行交互设计的第一步，但考虑这些活动如何相互关联也很重要。术语生命周期模型（或过程模型）用于表示描述一组活动及其关联方式的模型。现有模型具有不同程度的世俗性和复杂性，并且通常不是规范的。对于仅涉及少数有经验的开发人员的项目，一个简单的过程就足够了。但是，对于涉及数十名或数百名开发人员和数百名或数千名用户的大型系统来说，一个简单的设计过程不足以提供设计可用产品所需的管理结构和规程。

（图片来源：Fran/Cartoon Stock）

在与交互设计相关的领域中，人们已经提出了许多生命周期模型。例如，软件工程生命周期模型包括瀑布模型、螺旋模型和 V 模型（有关这些模型的更多信息，请参阅 Pressman 和 Maxim（2014）的论文）。人机交互与生命周期模型的联系较少，但其中两个著名的模型是星形模型（Hartson 和 Hix，1989）和国际标准模型 ISO 9241-210。我们不会解释这些模型的细节，而是专注于图 2.5 中所示的经典生命周期模型。该模型显示了交互设计的四项活动是如何相互关联的，它还结合了前面讨论的以用户为中心的三个设计原则。

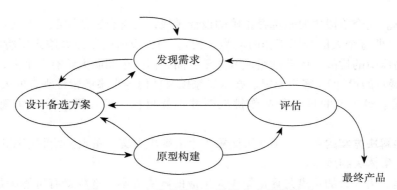

图 2.5　一个简单的交互设计生命周期模型

许多项目首先要发现生成备选设计方案的需求。然后开发并评估设计的原型版本。在原型构建期间或基于评估的反馈，团队可能需要优化需求或重新设计。一个或多个备选设计可以并行地进行循环迭代。在这个循环中隐含的是，最终产品将以从最初的想法到成品或从有限的功能到复杂的功能的演化方式出现。这种演化的发生方式因项目而异。然而，在产品循环的整个周期中，评估活动标志着开发的结束，这种评估活动是为了确保最终产品符合规定的用户体验和可用性标准。这种演化式的生产是双菱形设计法中交付阶段的一部分。

近年来，出现了各种各样的生命周期模型，这些模型都包含上述活动，但侧重于不同的活动、关系和产出。例如，Google Design Sprints（框 2.3）强调在一周内进行问题调查、解决方案开发和客户测试。这不会产生稳定的最终产品，但它确实确保了解决方案的想法是客户可以接受的。野外方法（框 2.4）强调新技术的开发，这些技术的设计不一定是为了满足特定的用户需求，而是为了增加人、地点和环境之间的交互。更多模型将在第 13 章中讨论。

▌框 2.3│Google Design Sprint（改编自 Knapp 等人（2016）的论文）──────

Google Ventures 开发了一种名为 Google Design Sprint 的结构化设计方法，支持对设计挑战的潜在解决方案进行快速构思和测试。该方法分为 5 个阶段，每个阶段在一天内完成。这意味着在 5 天内，你要从面对设计挑战开始，直到做出一个经过客户测试的解决方案。正如作者所说："你不会完成一个完整、详细、随时可用的产品。但是你会迅速取得进步，并确定你是否正朝着正确的方向前进。"（Knapp 等，2016，p16-17）设计团队应该在最后两个阶段进行迭代，开发并重新测试原型。如有必要，可以抛弃第一个想法，并在第一阶段再次开始该过程。在这种方法开始之前要有一定的准备工作。接下来将描述该准备工作和 5 个阶段（参见图 2.6）。

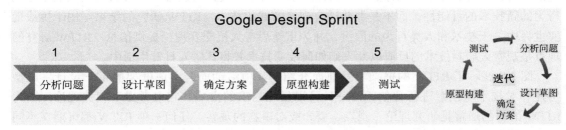

图 2.6　Google Design Sprint 的 5 个阶段（图片来源：www.agilemarketing.net/google-design-sprints。由 Agile Marketing 提供）

准备工作。这个阶段主要是选择正确的设计挑战，集合合适的团队，并协调时间和空间来运行 sprint（即每个人的全职工作时间为 5 天）。当你没时间了或者陷入困境时，sprint 可以帮助解决高风险的挑战。团队的组成取决于产品，但一个团队大约有 7 个人，包括决策者（选择向客户展示的设计）、客户专家、技术专家以及任何会带来颠覆性观点的人。

分析问题。第 1 天的重点是制作挑战图并选择目标，即一周内可以实现挑战的哪一部分。

绘制各种解决方案的草图。第 2 天侧重于生成解决方案，重点是绘制草图和注重个人创造力，而不是集体头脑风暴。

确定方案。第 3 天的重点是评论第 1 天生成的解决方案，选择最有可能满足 sprint 挑战的解决方案，并制作故事板。无论选择了哪种解决方案，决策者都需要对其进行支持。

构建一个现实的原型。第 4 天的重点是将故事板转变为实际的原型，即客户可以提供反馈的东西。我们将在第 12 章进一步讨论原型构建。

目标用户测试。第 5 天的重点是从 5 位客户那里获得反馈，并从他们的反馈中进行学习。

Google Design Sprint 是一个通过设计、原型构建和利用客户测试创意等步骤来回答关键业务问题的流程。Marta Rey-Babarro 曾在谷歌担任用户体验研究员，并且曾是谷歌内部 Sprint 学院的联合创始人。他描述了他们如何使用 sprint 来改善商务旅行的体验。

我们希望看看能否改善商务旅行体验。我们首先对谷歌员工进行了调研，了解了他们旅行时的体验和需求。我们发现有些谷歌员工每年旅行超过 300 天，而其他人每年只旅行一到两次。他们的旅行经历和需求非常不同。在调研之后，我们中的一部分人进行了一次 sprint，并探索了从规划阶段到回国并提交收据的整个旅行体验。在 5 天之内，我们得出了这种体验的可能形式。在 sprint 的第 5 天，我们向更高级别的高管提出了这个方案。他们很喜欢它并赞助在谷歌创建了一个新团队，为旅行的谷歌员工开发新的工具和体验。其中一些内部在线体验也使我们在谷歌之外的外部产品和服务中获益。

Marta Rey-Babarro

→ Google Design Sprint 的详细信息以及展示 sprint 中每一天工作内容的视频，参见 www.gv.com/sprint/#book。

框 2.4｜野外研究（改编自 Rogers 和 Marshall（2017）的论文）

野外研究（Research in the Wild，RITW）通过就地创建和评估新技术和经验，开发日常生活中的技术解决方案。该方法支持设计原型，其中研究人员经常试验可以改变（甚至破坏）行为的新技术的可能性，而不是那些适合现有实践的技术。RITW 研究的结果可用于挑战现实世界中关于技术和人类行为的假设，并为重新思考人机交互理论提供信息。RITW 研究的观点是观察人们对技术的反应以及人们如何改变技术并将其融入日常生活中。

图 2.7 展示了 RITW 的框架。就前面介绍的 4 项活动而言，该框架侧重于设计、原型构建和对技术与创意进行评估，是一种可以发现需求的方式。它也考虑了相关理论，因为 RITW 的目的通常是研究理论、观点、概念或对事物的观察。任何一项 RITW 都可能在不同程度上强调框架的要素。

技术：关注就地使用现有的基础设施/设备（例如，物联网工具包、移动应用程序）或者开发新的基础设施 / 设备（例如，新颖的公共显示器）。

设计：涵盖体验的设计空间（例如，迭代地创建供家庭使用的协作旅行计划工具或用于户外的增强现实游戏）。

就地研究：关注将现有设备、工具、服务或基于研究的新型原型放置在各种环境中或给予某人在一段时间内使用时，对其进行的现场评估。

理论：通过使用现有的理论、开发一个新理论或对一个理论进行扩展，来调查关于行为、设置或其他现象的理论、观点、概念或观察。

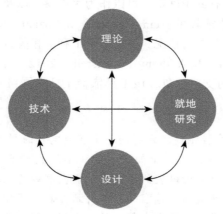

图 2.7　野外研究的框架（图片来源：Rogers 和 Marshall（2017），p.6。由 Morgan & Claypool 提供）

2.3　一些实际问题

目前为止的讨论突出了一些关于以用户为中心的设计的实际应用，以及前面介绍的交互设计的简单生命周期的问题，包括：

- 用户是谁？
- 用户的需求是什么？
- 如何生成备选设计方案？
- 如何在备选方案间进行选择？
- 如何将交互设计活动整合到其他生命周期模型中？

2.3.1　用户是谁

确定用户群体似乎是一项简单的活动，但这可能比你想象的更难。例如，Sha Zhao 等人（2016）发现智能手机用户比大多数制造商所认识的更多样化。根据对一个月内智能手机应用程序使用情况的分析，他们发现了 382 种不同类型的用户。Charlie Wilson 等人（2015）发现，除了那些关注与健康相关的情境的人之外，很少有人了解智能家居的用户是谁。在某种程度上，这是因为现在许多产品都是面向大部分人群开发的，因此很难确定对用户群体的清晰描述。一些产品（例如安排工作班次的系统）具有更多受限制的用户社区，例如特定工业部门（零售店）的特定角色（店员）。在这种情况下，可能存在一系列具有不同角色的用户以不同方式与产品相关联。例如管理直接用户的人、从系统接收输出的人、测试系统的人、做出购买决定的人以及使用竞争产品的人（Holzblatt 和 Jones，1993）。

还有一类让人意想不到的广泛人群，他们都在成功的产品开发中占有一席之地。这些人被称为"利益相关者"。利益相关者是可以影响项目的成败或受其影响的个人或团体。Alan Dix 等人（2004）观察到这与以用户为中心的发展观相关："经常会出现这样一种情况，即订购了该系统的正式'客户'很少受到影响。在没有返还实质性的东西时，要对可以从利益相关者那里获取权力、影响力或控制权的变化非常警惕。"

特定产品的利益相关者群体将大于用户群体。前者包括支付费用的客户，与之交互的用户，设计、构建和维护它的开发人员，对其发展和运作施加规则的立法者，可能由于产品的问世而失去工作的人，等等（Sharp 等，1999）。

确定项目的利益相关者有助于确定谁可以作为用户参与以及在何种程度上参与，但确定相关的利益相关者可能会非常棘手。Ian Alexander 和 Suzanne Robertson（2004）建议使用洋葱图来模拟利益相关者及其参与情况。该图展示了利益相关者区域的同心圆，正在开发的产品位于中间。Soo Ling Lim 和 Anthony Finkelstein（2012）开发了一种名为 StakeRare 的方法和一个名为 StakeNet 的支持工具，该工具依赖于社交网络和协同过滤来识别相关的利益相关者并确定其优先级。

练习 2.3   可以帮助家庭控制能源消耗的家用智能电表的利益相关者是谁？

解答   首先是住在房子里的人，比如老年人和年幼的孩子，他们有各种各样的能力和背景。在不同程度上，他们将成为电表的用户，他们在电表的成功运行和可用性方面的利益是相当明确和直接的。住户希望确保他们的账单得到控制，即如果愿意，他们就可以轻松联系供应商，这样他们的电力供应就不会中断。另一方面，整个家庭都希望继续舒适地住在房子里，例如，有足够的温度和光线。然后是安装和维护电表的人。他们确保电表安装正确并且可以有效工作。安装人员和维护人员希望电表安装简单、稳健可靠，以减少用户对回访或维护呼叫的需要。除了以上群体，还有电力供应商和经销商，它们也希望提供有竞争力的服务，以便住户得到满足并最大限度地降低维护成本。它们不想因为电表有故障或提供了不准确的信息而失去客户和利润。其他利益相关者包括在电力线和发电厂工作的人、在其他能源行业工作的人，以及该国的政府（政府希望为本国人民和工业提供一个稳定的能源供应）。

2.3.2   用户的需求是什么

如果你在 20 世纪 90 年代后期的街头问一个人想要什么，那么他的回答不可能涉及智能电视、带有集成智能手机的滑雪夹克或机器人宠物。如果你向这个人展示了这些东西的可能性，并询问他是否会购买它们，那么他的答案可能会更积极。确定要构建的产品不只是询问人们"你需要什么？"，然后提供所需的东西，因为人们不一定知道什么是可能实现的。Suzanne 和 James Robertson（2013）提到了"未曾想过"的需求，即用户甚至都不知道自己的需求。发现这种需求的方法有探索问题空间、调查用户及其活动以寻找可以改进的内容，或者与潜在用户一起尝试想法以确定该想法是否成功，而不是询问用户。在实践中，人们经常采用这些方法的混合——尝试想法以发现需求并决定构建什么，同时也要了解问题空间的相关知识、潜在用户及其活动。

如果产品是一项新发明，那么确定用户及其典型任务可能会更难。这就是为早期创意提供真实用户反馈的野外研究或快速设计 sprint 的可贵之处。与想象谁可能想要使用产品以及他们可能想要用它做什么相比，将产品放在那里并找出结果会更有效——其结果可能会带来惊喜！

设计师可能很容易设计他们想要使用的东西，但他们的想法不一定与目标用户群体的想法一致，因为设计师与他们有不同的经验和期望。一些从业者和评论员观察到，观察用户正在努力完成他们似乎非常清楚的任务，对开发人员或设计人员来说是一种"令人大开眼界的体验"（Ratcliffe 和 McNeill，2012，p.125）。

关注人们的目标、可用性目标和用户体验目标与仅期望利益相关者阐明对产品的需求相比，是一种更有前途的交互设计方法。

2.3.3　如何生成备选设计方案

人类的一种常见倾向是坚持使用有效的东西。但是当认识到可能存在更好的解决方案时，人们却很容易接受那个"足够好"的解决方案。得到一个足够好的解决方案也许是不可能的，因为永远会有人们没有考虑到的更好的备选方案，而考虑备选解决方案是设计过程中的关键步骤。但这些备选的想法将从何而来呢？

这个问题的一个答案是它们来自个人设计师的才能和创造力（框 2.1 中描述的天才设计）。虽然有些人能够创造出奇妙灵动的设计，而其他人却很难想出任何创意，但在这个世界上很少有创意是全新的。例如，通常被认为是一种发明的蒸汽发动机就是受到炉子上水壶被沸水的蒸汽抬起盖子的启发。从烧沸的水壶到蒸汽机需要大量的创造力和工程设计，但水壶提供了灵感，将这种体验转化为可以应用于不同环境的一系列原则。创新往往是通过不同观点、个人和背景的思想的交叉融合，使用和观察现有产品的演变，或直接复制其他类似产品而得到的。

与其他设计师讨论想法可能会导致思想的交叉融合，而 Bill Buxton（2007）称，用户的不同观点产生了关于备选设计的原创想法。作为演化的一个例子，我们可以考虑手机及其后续产品，即智能手机。如今人们口袋中的手机和最初的手机相比，在功能上已经丰富了很多。最初，手机只是用来打电话和发短信，但现在智能手机支持很多类型的交互，可以拍照和录制音频、播放电影、玩游戏，并记录你的日常锻炼。

创造力和发明通常都是神秘的，但是关于这个过程以及如何增强或激发创造力，人们已经有了很多发现（例如，参见 Rogers（2014））。例如，浏览一系列设计将启发设计师从更多的角度考虑问题，从而思考备选的解决方案。正如 Roger Schank（1982，p.22）所说："专家能够让人回想起正确的先前体验，以帮助他处理当前的体验。"虽然这些经历可能是设计师自己的，但它们同样可以属于其他人。

Neil Maiden 等人（2007）采用了另一种获得创造力的方法。他们举办了创意研讨会，以在空中交通管理（ATM）应用领域产生创新需求。他们的想法是将不同领域的专家引入研讨会，然后邀请利益相关者对其自己的领域和新领域进行类比。例如，他们邀请了一名印度纺织专家、一名音乐家、一名电视编导和一名博物馆展览设计师。虽然他们来自不太相关的领域，但他们都为空中交通管理应用贡献了创意。例如，纺织专家说一种纺织品的设计是优雅的，即简单、美观和对称。然后，他们将这些属性迁移到空中交通管理领域的关键区域——飞机冲突解决方案。他们在这种背景下探索了优雅的含义，并意识到不同的管制员对优雅的看法不同。由此他们生成了系统应该能够在冲突解决期间适应不同的空中交通管制员风格的需求。

这个问题的一个更实际答案是，备选方案来自对不同观点的寻求和对其他设计的关注。设计师可以通过回顾自己的经验和研究他人的想法及建议来丰富寻找灵感和创造力的过程。刻意寻求合适的灵感来源是任何设计过程中宝贵的一步。这些来源可能非常接近预期的新产品，例如竞争对手的产品，还有可能是类似系统的早期版本，或者来自一个完全不同的领域。

在某些情况下，考虑备选方案设计的范围是有限的。设计是平衡约束以及将一组需求与另一组需求进行权衡的过程，而约束可能意味着可用的可行备选方案很少。例如，当设计在 Windows 操作系统下运行的软件时，设计必须符合 Windows 中软件的外观和其他限制，以使 Windows 程序对用户保持一致。在对现有系统进行升级时，可以优先保留其熟悉的元素以保持相同的用户体验。

练习 2.4 思考一下练习 2.1 中介绍的产品。再次反思这个过程，是什么启发了你的初始设计？它有什么创新的方面吗？

解答 对于我们的设计来说，现有的信息来源及其缺陷具有很大影响。例如，有太多关于旅行、目的地、酒店的可用信息，这可能是令人崩溃的。但是，旅游博客包含有用且实用的见解，而比较备选选项的网站也提供了丰富的信息。我们还受到了一些最受欢迎的移动应用程序和桌面应用程序的影响，例如英国国家铁路局在智能手机上的应用程序的实时更新，以及 Airbnb 网站的简洁和细致的融合。

也许你会受到你经常使用的东西的启发，比如一款特别有趣的游戏或你喜欢使用的设备。我不确定我们的想法有多么新颖，但我们的主要目标是让应用程序可以根据用户的喜好来定制建议。也可能还有其他方面使你的设计独特，并且可能或多或少地具有创新性。也许还有一些其他的方面可以使你的设计变得独特，或者具有一定的创新性。

2.3.4 如何在备选方案间进行选择

在备选方案间进行选择主要是关于做出设计决策：设备将使用键盘输入还是触摸屏？产品是否提供自动记忆功能？这些决策将根据收集的有关用户及其任务的信息并通过创意的技术可行性来做出。从广义上讲，决策分为两类：一类是关于外部可见和可测量的特征；另一类是关于系统内部的特征，如果不对其进行剖析则无法观察或测量。例如，在复印机中，外部可见和可测量的因素包括机器的物理尺寸、复印的速度和质量、可以使用的不同尺寸的纸张等。而如果不对复印机进行剖析，一些因素则无法被观察到。例如，对复印机中使用的材料的选择可取决于其摩擦等级以及在某些条件下变形的程度。在交互设计中，用户体验是设计背后的驱动力，因此外部可见和可测量的行为是主要关注点。从对外部行为或特征的影响程度上来说，详细的内部工作仍然很重要。

上述问题的一个答案是，通过让用户和利益相关者进行互动并根据他们的经验、偏好和改进建议来进行备选设计选择。要做到这一点，设计必须采用可由用户合理评估的形式，而不是以难以理解的技术术语或符号的形式。文档是传达设计的一种传统方式，例如，显示产品组件的图表或对其工作原理的描述。但静态描述无法轻易捕获行为的动态性，并且对于一个交互式产品来说，需要进行动态的交互，以便用户可以看到操作它的方式。

原型构建通常用于消除潜在的客户误解，以及测试一个建议的设计及其生产的技术可行性。它涉及制作有限版本的产品，目的是回答有关设计的可行性或适当性的具体问题。与简单描述相比，产品原型给用户体验带来了更好的印象。不同类型的原型适用于不同的开发阶段而且会引发不同类型的反馈。当产品的一个可部署的版本可用时，另一种在备选设计之间进行选择的方法是部署两种不同的版本并从实际使用中收集数据，然后根据数据做出选择。

这称为 A/B 测试，通常用于备选网站设计（见框 2.6）。

在备选方案之间进行选择的另一个依据是质量，但这需要清楚地了解质量的含义，因为人们对质量的看法各不相同。每个人对产品的预期或需要的质量水平都不尽相同。无论将其正式地还是非正式地表达出来，或者根本没有表达出来，这都确实存在并且可以影响对备选方案的选择。例如，在一种智能手机的设计中，人们可以轻松访问流行音乐频道但对声音的设置受到限制；而在另一种智能手机的设计中，需要更复杂的按键序列来访问频道，但具有一系列复杂的声音设置。一个用户可能倾向于易用性，而另一个用户可能倾向于复杂的声音设置。

大多数项目都涉及一系列不同的利益相关者群体，其中每个人都对质量有着不同的定义并且对其限制有不同的可接受程度。例如，虽然所有利益相关者可能就视频游戏的目标达成一致，例如"角色将具有吸引力"或"图形将是写实的"，但这些陈述的含义可能因不同的群体而异。在之后的开发阶段，如果发现对于青少年玩家的利益相关者群体而言的"写实"与监护者群体或开发者群体的"写实"不同，就会出现争议。捕获这些不同的观点清楚地阐明了期望，提供了可以比较产品和原型的基准，并形成了在备选方案中进行选择的基础。

写下正式的、可验证的和可测量的可用性标准的过程称为可用性工程，它是交互设计方法的关键特征。这种说法已经存在了多年，并且有很多支持者（Whiteside 等，1988；Nielsen，1993）。近几年，它经常被应用于健康信息学（例如，见 Kushniruk 等（2015））。可用性工程涉及指定产品性能的可量化度量，将其记录在可用性规范中，并评估产品性能。

框 2.5 充满灵感的 Box

第 1 章提到了创新产品设计公司 IDEO。它的一些创造力的基础是一个奇怪而精彩的工程集合，存放于一个名为 TechBox 的大型平板文件柜中。TechBox 中包含了数百种小玩意和有趣的材料，分为新奇的材料、巧妙的机制、有趣的制造过程、电子技术、热能和光学等类别。存放在每一个盒子中的物品都代表了一个巧妙的构思或一个新的过程。IDEO 的工作人员将从 TechBox 中挑选一些物品带到头脑风暴会议中进行讨论，以提供有用的视觉道具或针对特定问题提供可能的解决方案，或是开拓思路。

每个物品都清楚地标有其名称和类别，但更进一步的信息需要通过访问 TechBox 的在线目录找到。每个物品都有自己的页面，其中详细说明了该物品是什么、它有趣的原因、它来自哪里、谁使用过它或对它了解更多。盒子中的物品还有金属涂层的木材以及带孔和不带孔的材料，这些材料可以在不同温度下伸展、弯曲，还可以改变形状或颜色。

IDEO 的每个办公室都有一个 TechBox，每个 TechBox 都有一个负责人，负责维护和登记物品以促进其在办公室内的使用。任何人都可以提交新物品以供选用。如果某个物品变得普及，它就会被从 TechBox 中移除，为下一个迷人的小物件腾出位置。

框 2.6 A/B 测试

A/B 测试是一种在线方法，用于辅助在两种备选方案之间做出选择。它最常用于比较不同版本的网页或应用程序，但其背后的原理和数学基础诞生于 20 世纪 20 年代（Gallo，2017）。在交互设计中，设计师会发布不同版本的网页或应用程序以供用户执行其日常任务。通常，用户不知道他们正在为评估做出贡献。这是一种让用户选择备选方案的有效方式，因为可以涉及大量用户并且创造真实的情境。

一方面，这是一个简单的想法，即向一组用户提供一种版本，向另一组用户提供另一种版本，观察哪一组用户的评分高于成功标准。但是划分用户群体、选择成功标准以及制定要使用的指标是非常重要的（例如，参见 Deng 和 Shi（2016））。该想法的扩展是进行"多变量"测试，其中一次尝试多个选项，即 A/B/C 测试甚至 A/B/C/D 测试。

▌窘境▌复制灵感：这是合法的吗？ ————————————————

设计师在接手新项目时会借鉴他们之前的设计经验，包括使用他们知道的成功的已有设计（他们自己创作的设计和其他人创作的设计）。其他人的创作往往能激发灵感，也将带来新的想法和创新。这是众所周知的。但是，创意的表达受版权保护，侵犯该版权的人可能被起诉。请注意，版权保护的是创意的表达，而不是创意本身。例如，这意味着虽然有许多具有相似功能的智能手机，但并不代表对版权的侵犯，因为这些是该想法的不同方式的表达，并且这些表达方式是受版权保护的。版权是免费的，并且会自动授予作者，例如，书籍的作者或开发程序的程序员，除非他们将版权签署给其他人。雇用合同通常包含一项声明，即与雇用过程中产生的任何事物有关的版权将自动授予雇主，而不是授予雇员。

专利是版权的替代品，可以保护想法而不是其表达。专利有各种形式，每一种形式都旨在让发明人合法利用他们的想法。例如，亚马逊公司为其一键式购买流程申请了专利，该流程允许普通用户只需点击鼠标即可选择购买（美国专利号 5960411，1999 年 9 月 29 日）。支持这一功能的技术是系统存储其客户的详细信息，并在他们再次访问 Amazon 网站时识别这些信息。

近年来，创意公共社区（https://creativecommons.org/）提出了更灵活的许可安排，允许其他人重复使用和扩展一部分原创的工作，从而支持协作。例如，在开源软件开发运动中，软件代码是免费分发的，可以修改、并入其他软件，并在相同的开源条件下重新分发。使用任何开源代码都不需要支付版税。这些运动并没有取代版权法或专利法，但它们为传播创新想法提供了另一种途径。

所以，当前的困境在于，人们不知道什么时候可以利用别人的工作作为灵感来源以及何时会侵犯版权或违反专利法。这些问题复杂而详细，超出了本书的范围，但 Bainbridge（2014）是一个供我们更好地了解这一领域的良好资源。

————————————————

练习 2.5　思考一下练习 2.1 中的产品。提出一些可用于衡量其质量的可用性标准。使用第 1 章中介绍的可用性目标——有效性、高效性、安全性、效用性、易学性和易记性。提出的标准要尽可能具体。通过准确考虑测量内容以及如何衡量其性能来检查标准。

然后尝试对第 1 章中介绍的一些用户体验目标做同样的事情（这与系统是否令人满意、愉快、激励、有所收获等有关）。

解答　找到其中一些可测量的特征并不容易。以下是一些建议，但不是全部。在可能的情况下，可测量的和具体的标准是更可取的。

- 有效性：确定这一目标的可测量标准特别困难，因为它是其他目标的组合。例如，系统是否支持旅行规划、选择交通路线、预订住宿等？换句话说，产品是否会被使用？
- 高效性：产品的推荐入口是否清晰？它能以多快的速度确定适合的路线或目的地的详细信息？
- 安全性：数据丢失或选择错误选项的频率是多少？这可以被测量，例如，可以测量其在每次旅行中发生的次数。

- 效用性：用户在每次旅行中使用了多少功能？有多少功能根本没被使用？有多少任务因为缺少功能或没有支持正确的子任务而难以在合理的时间内完成？
- 易学性：新用户需要多长时间才能完成一系列设定的任务？例如，在巴黎预订会议地点附近的酒店房间、确定从悉尼到惠灵顿的合适航班、确定去中国是否需要签证。
- 易记性：如果用户一个月未曾使用该产品，那么用户可以记住多少功能？记住如何执行最常见的任务需要多长时间？

找到用户体验标准的可测量特征更加困难。应该如何测量满意度、乐趣、动机或审美？对一个人来说有趣的事对另一个人来说可能很无聊。这些标准是主观的，因此不能客观地测量。

2.3.5　如何将交互设计活动整合到其他生命周期模型中

如第 1 章（图 1.4）所述，有许多有助于交互设计的学科，其中一些学科具有自己的生命周期。其中突出的是与软件开发相关的学科，而如何将交互设计整合到软件开发中已经被讨论了很多年，例如，见 Carmelo Ardito 等（2014）和 Ahmed Seffah 等（2005）。

这种整合的新尝试主要集中在敏捷软件开发领域。敏捷方法在 20 世纪 90 年代末出现。其中最著名的是 eXtreme Programming（Beck 和 Andres，2005）、Scrum（Schwaber 和 Beedle，2002）和 Kanban（Anderson，2010）。DSDM（动态系统开发方法）（DSDM，2014）虽然在当前的敏捷运动之前建立，但也属于敏捷系列，因为它遵循敏捷宣言。虽然这些方法各不相同，但它们都强调了迭代、早期和重复的用户反馈、能够处理紧急需求，以及在灵活性和结构之间取得良好平衡的重要性。它们还强调了协作、面对面交流、简化流程以避免不必要的活动，以及实践过程的重要性，即完成工作的重要性。

"敏捷软件开发宣言"（www.agilemanifesto.org/）的开场白如下：

我们一直在实践中探寻更好的软件开发方法，身体力行的同时也帮助他人。由此我们建立了如下价值观：

个体和互动	高于	流程和工具
工作的软件	高于	详尽的文档
客户合作	高于	合同谈判
响应变化	高于	遵循计划

该宣言以一系列原则为基础，这些原则包括业务沟通、卓越的编码以及最大化完成的工作量等。从交互设计的角度来看，敏捷的开发方法特别有趣，因为它结合了紧密的迭代和反馈以及与客户的协作。例如，在 Scrum 中，每个设计周期都在一到四周之间，每个设计周期结束时都会给出一个有价值的产品。此外，eXtreme ⊖ Programming（XP）规定客户应与开发人员同时在现场。在实践中，客户角色通常由一个团队而不是一个人担任（Martin 等，2009），并且整合的过程绝不是简单的（Ferreira 等，2012）。许多公司已将敏捷方法与交互设计实践相结合，以产生更好的用户体验和商业价值（Loranger 和 Laubheimer，2017），但这并不一定容易实现，第 13 章将对其进行讨论。

⊖　该方法之所以称为极限，是因为它将一整套良好的实践推向极限。也就是说，经常进行测试是一种良好的实践，因此在 XP 中，开发是由测试驱动的，并且一天要执行多次完整的测试。与人们讨论他们的需求是一种很好的做法，因此 XP 不需要烦琐的文档编制，而是将文档编制减少到最低限度，从而强制进行沟通等。

深入练习

如今，钟表产品（如时钟、腕表等）具有多种功能。它们不仅能显示时间和日期，还可以与你交谈、提醒你什么时候做某事，并记录你的锻炼习惯等。但是，这些设备的界面主要以两种基本形式显示时间：数字形式（例如 11:40）或指针形式（具有两个或三个指针：一个表示时，一个表示分，一个表示秒）。

本深入练习的目标是设计一款创新的钟表产品。可以是手表、座钟、花园或阳台雕塑，或者是你喜欢的任何其他类型。我们的目标是通过以下步骤保持创造性和探索性：

（a）思考你正在设计的交互式产品：你想让它做什么？找到三到五个潜在用户，并询问他们的需求。根据第 1 章中的定义，编写需求列表，以及一些可用性标准和用户体验标准。

（b）在你的周围寻找类似设备，并寻找其他有用的灵感来源。记下一切有趣、有用或富有洞察力的发现。

（c）为钟表绘制一些初步设计。尝试开发至少两种不同的备选方案，以满足你的需求。

（d）使用你的可用性标准并通过采用角色扮演与草图进行交互来评估这两个设计。如果可能，让潜在用户参与评估。它能达到你想要的效果吗？显示的时间或其他信息是否始终清晰？设计是迭代的，因此你可能希望在选择其中一个备选方案之前返回到流程的早期步骤。

总结

在本章中，我们研究了以用户为中心的设计及交互设计的过程，包括什么是以用户为中心的设计、设计交互式产品需要哪些活动，以及这些活动是如何相互关联的。我们还介绍了一个由 4 项活动组成的简单的交互设计生命周期模型，讨论了围绕用户的参与和识别、生成备选设计、评估设计以及将以用户为中心与其他生命周期结合起来的问题。

本章要点

- 不同的设计学科遵循不同的方法，但双菱形设计法描述了它们的共性。
- 在尝试构建任何东西之前，充分了解问题空间非常重要。
- 交互设计过程包括 4 项基本活动：发现需求、设计满足这些需求的备选方案、原型构建以便对其进行交互测试和评估、对其进行评估。
- 以用户为中心的设计基于 3 个原则：对用户和任务的早期关注、基于经验的测量和迭代设计。这些原则也是交互设计的关键。
- 让用户参与设计过程有助于期望管理和让用户获得所有权感，但是如何以及何时让用户参与需要仔细规划。
- 有许多方法可以了解用户是谁以及他们在使用产品时的目标，包括有效原型构建的快速迭代。
- 观察他人的设计并让其他人参与设计提供了有用的灵感，并能鼓励设计师考虑备选设计解决方案，这是有效设计的关键。
- 可用性标准、技术可行性和用户对原型的反馈都有助于选择适合的备选方案。
- 原型构建是一种有用的技术，可以方便用户在各个阶段对设计进行反馈。
- 交互设计活动正在与其他相关学科（如软件工程）的生命周期模型更好地融合。

拓展阅读

ASHMORE, S. and RUNYAN, K. (2015) *Introduction to Agile Methods*, Addison Wesley.

该书以易于理解的方式介绍了敏捷软件开发的基础知识和流行的敏捷方法。它涉及可用性问题以及敏捷和营销之间的关系。对于初涉敏捷工作方式的人来说，该书是一个好的起点。

KELLEY, T. , with LITTMAN, J. (2016) *The Art of Innovation*, Profile Books.

Tom Kelley 是 IDEO 公司的合伙人。在该书中，Kelley 解释了 IDEO 使用的一些创新技术，但更重要的是他谈到了引领 IDEO 走向成功的文化和理念。书中有一些有用的实用提示，以及关于建立和维护一个成功的设计公司的故事。

PRESSMAN, R. S. and MAXIM, B. R. (2014) Software Engineering：*A Practitioner's Approach* (*Int'l Ed*), McGraw-Hill Education.

如果你对追求生命周期模型部分的软件工程方面感兴趣，那么该书将提供针对主要模型及其用途的有用概述。

SIROKER. D. and KOOMEN, P. (2015) *A/B Testing: The Most Powerful Way to Turn Clicks into Customers*, John Wiley.

该书由两位经验丰富的从业人员撰写，他们一直在与一系列组织进行 A/B 测试。这本书特别有趣，因为书中的案例展示了成功应用 A/B 测试可能产生的影响。

ROGERS. Y. (2014) *Secrets of Creative People* (PDF www. id-book. com/).

这本简短的书总结了一项为期两年的创造性研究项目的研究结果。它强调了不同观点对创造力的重要性，并描述了成功的创造力是如何通过分享、约束、叙述、联系甚至与他人的争吵而产生的。

概念化交互

目标

本章的主要目标是：

- 解释如何进行概念化交互。
- 描述概念模型是什么，以及如何开始建立一个概念模型。
- 讨论如何使用界面隐喻作为概念模型的一部分。
- 概述核心交互类型，用于促进概念模型的开发。
- 介绍交互设计的范例、愿景、理论、模型和框架。

3.1 引言

当把提出的新想法作为设计项目的一部分时，重要的是根据所提出的产品的功能将其概念化。有时，这被称为创建一个"概念证明"。关于双菱形框架，它可以被视为帮助定义领域的初始通道，也可以用于探索解决方案。需要这样做的一个原因是将其作为现实检查，其中要在其可行性方面仔细审查关于所提出产品的优点的模糊想法和假设：开发出他们所提出的产品有多大可能，以及该产品实际上有多可取和有用？另一个原因是使设计人员能够在开发产品时就开始阐明基本构建模块的内容。从用户体验（UX）的角度来看，它可以提高清晰度，迫使设计人员解释用户将如何理解、了解产品和与产品交互。

例如，假设设计师在构思一个语音辅助移动机器人，该机器人可以帮助餐馆的服务员接受订单并向顾客提供餐食（见图 3.1）。这里要问的第一个问题是：为什么？这将解决什么问题？设计师可能会说，机器人可以通过与顾客交谈来帮助接受订单并招待顾客。它们还可以提出针对不同客户定制的建议，例如针对不安分的孩子或挑剔的食客。但是，这些都不能解决实际问题。相反，它们是根据新解决方案的假定优势而定制的。相比之下，确定的实际问题可能是：很难招聘具有成熟的客户服务水平的优秀侍应生。

图 3.1 上海的一个非语音机器人服务员。如果它还可以与客户交谈，则会有什么效果？（图片来源：ZUMA Press/Alamy Stock Photo）

在完成问题空间的构建之后，当考虑如何设计机器人语音界面以等待顾客使用时，生成一组需要解决的研究问题非常重要。这些问题可能包括：机器人应该有多聪明？如何才能表现出来？顾客会有什么想法？他们会认为它太具噱头而很快厌倦吗？或者，如果顾客不知道每次访问餐厅时机器人会说些什么，那么他们总会很乐意与机器人交流吗？它将被设计成一个脾气暴躁的外向者还是一个有趣的服务员？这种语音辅助方法的局限是什么？

我们在设计项目的初始阶段需要考虑许多未知因素，特别是当它是新产品时。作为这个过程的一部分，展示你的新想法来自何处是有必要的。你使用了哪些灵感来源？是否有任何理论或研究可用于支持新生的想法？

提出问题、重新考虑某个人的假设、阐明某个人的关注点和观点是早期构思过程的核心方面。将想法表达为一组概念在很大程度上有助于将蓝天和一厢情愿的想法变成更具体的模型，说明产品将如何工作、要包括哪些设计功能以及所需的功能数量。在本章中，我们将介绍如何通过考虑概念化交互的不同方式来实现这一目标。

3.2　概念化交互

在开始设计项目时，重要的是要明确基本的假设和声明。假设的意思是将某些需要进一步调查的事情视为理所当然，例如假设人们现在想要在他们的汽车中使用娱乐和导航系统。声明的意思是将一些仍然有待商榷的事情说成真的，例如用于控制该系统的多模式交互方式（包括驾驶时说话或打手势的方式）是非常安全的。

写下你的假设和声明然后试图捍卫和支持它们，可以凸显那些模糊或缺乏的假设和声明。这样可以对构造不良的设计理念进行重新构造。在许多项目中，这个过程涉及识别有问题的人类活动和交互，并确定如何通过一组不同功能的支持来改进它们。在其他情况下，它可能更具推测性，需要思考如何设计不存在的、引人入胜的用户体验。

框 3.1 叙述了一个团队通过其假设和声明进行工作的假想情景，它展示了在该过程中如何解释和探索问题，以及团队如何就具体调查途径达成一致。

▋框 3.1▕通过假设和声明来工作 ————————————————————————

这是一个早期设计的假想情景，目的是突出由设计团队的不同成员做出的假设和声明。

一家大型软件公司决定，它需要对智能手机的网络浏览器进行升级，因为其营销团队发现许多公司的客户已经转而使用另一个移动浏览器。营销人员假设他们的浏览器出了问题，并且他们的对手有更好的产品。但他们不知道自己的产品的问题是什么。

负责这个项目的设计团队假设他们需要提高浏览器一些功能的可用性。他们声明：将界面特征塑造得更加简洁、更有吸引力并且使用起来更灵活能将用户争取回来。

设计团队的用户研究人员进行了初步用户研究，调查了人们在各种智能手机上如何使用本公司的网络浏览器。他们还观察了市场上的其他移动网络浏览器，并比较了其功能性和可用性。他们观察了许多不同的用户并与他们进行了交谈。他们发现了有关其网络浏览器可用性的几个问题，其中一些是他们没有料想到的。一个发现是，他们的许多客户其实从没有使用过书签工具。他们向团队的其他成员提出了他们的发现，并对为什么用户没有使用该项功能进行了长时间的讨论。

一个成员声明，网络浏览器的组织书签的功能是费力和错误的，并且假设这是许多用户不使用它的原因。另一个成员支持她的观点，并解释道，当想要在文件夹之间移动书签时，使用这种方法是很尴尬的。其中一个用户体验架构师也表示了赞同,并指出,他所访谈的几个用户谈到,他们发现在文件夹之间移动书签很困难且耗时,并且他们经常会不小心将它们放在错误的文件夹中。

一名软件工程师对讨论的内容进行了反思,并且声明不再需要书签功能,因为他假设大多数人和他一样,都通过浏览历史访问列表来再次访问网站。团队的另一个成员不同意他的观点,并声明许多用户不喜欢留下他们访问网站的痕迹,并且希望能仅保存那些他们认为自己可能想要再次访问的网站。书签功能可以为他们提供此选项。团队成员讨论的另一个选项是,是否要将最常访问的网站作为缩略图或标签。该软件工程师认为提供所有选项可能是一个解决方案,但担心这可能会使得小屏幕界面变得混乱。

在对书签和历史列表的利弊进行了大量讨论之后,团队决定进一步调查如何有效地支持使用移动网络浏览器时对网站的保存、排序和检索。所有成员一致认为,现有的网络浏览器的结构样式太僵硬,因此他们的首要任务之一是思考如何创建一个更简单的方式来实现在智能手机上再次访问网站。

解释人们关于为什么他们认为某些事情可能是一个好主意(或坏主意)的假设和声明,可以使整个设计团队从多个角度看待问题空间,并在此过程中揭示相互冲突和有问题的方面。以下框架旨在提供一组核心问题,以帮助设计团队完成此过程。

- 现有产品或用户体验是否存在问题?如果是,存在什么问题?
- 你为什么认为有问题?
- 你有没有证据来证明问题确实存在?
- 你为何认为你提出的设计思路能克服这些问题?

练习 3.1　使用上述框架来推测 3D 电视和曲面屏电视背后的主要假设和声明。曲面屏电视被设计成弯曲的,以使观看时更加身临其境。这些假设是否相似?为什么它们是有问题的?

解答　有很多对 3D 电视和曲面屏电视在播放电影、体育赛事和戏剧时(见图 3.2)提供的增强用户体验的炒作和宣传。然而,两者都没有真正发生。这是为什么呢?针对 3D 电视的一个假设是:人们不介意为观看 3D 节目戴上 3D 眼镜,他们也不介意为新的 3D 电视屏幕支付更多费用。其声明之一是人们会真正享受 3D 效果提供的增强的清晰度和色彩细节,其根据是全世界对在电影院观看 3D 电影(如《阿凡达》)的良好反馈。类似地,针对曲面屏电视的假设是,它将为观众提供更大的灵活性,以优化用户在客厅中的观看视角。

图 3.2　一个家庭正在观看 3D 电视(图片来源:Andrey Popov/Shutterstock)

　　曾经有关这两个概念的未解决问题是：能否将增强的电影观看体验声明为真正理想的客厅观看体验？现在已经没有任何问题需要克服了——提出的是一种体验观看电视的新方式。他们假设可能存在的问题是，在家观看电视的体验不如在电影院观看电影的体验。其声明可能是，人们可能愿意为更接近电影院的优质观看体验支付更多的费用。

　　但是，人们是否会为了这种增强的体验而为购买新电视支付额外费用？很多人都这样做了。然而，基本的可用性问题被忽视了——许多人抱怨在观看 3D 电视时会头晕。3D 眼镜也容易丢失。此外，戴 3D 眼镜妨碍了人们做其他事情，例如在多个频道之间切换、发短信和发推特（许多人在看电视时同时使用其他设备，如智能手机和平板电脑）。由于这些可用性问题，大多数购买了 3D 电视的人会在一段时间后不再观看。虽然曲面屏电视不需要观众佩戴特殊眼镜，但它也失败了，因为相对于成本而言，其实际效果并不显著。虽然对于某些人而言，其曲线提供了清爽的美学外观和改善的视角，但对于其他人而言，这只是一种不便。

　　明确一个人对某个问题的假设以及对潜在解决方案的声明应该在项目的早期开始进行，并贯穿整个过程。设计团队还需要弄清楚如何最好地概念化设计空间。首先，这涉及将提出的解决方案阐述为关于用户体验的概念模型。以这种方式概念化设计空间的好处有：

　　方向。使设计团队能够询问有关目标用户如何理解概念模型的特定问题。

　　开放的思想。允许团队探索一系列不同的想法，以解决所发现的问题。

　　共同点。允许设计团队建立一套所有人都能理解和同意的通用术语，从而减少以后出现误解和混淆的可能性。

　　一经制定并达成一致，概念模型就可以成为共享的蓝图，从而形成概念的可测试证明。它可以表示为文本描述和 / 或图表，其形式具体取决于设计团队使用的首选通用语言。它不仅可以被用户体验设计师使用，还可以用于向商业、工程、财务、产品和营销单元传达想法。概念模型被设计团队用作开发设计的更详细和具体方面的基础，从而生成更简单的设计，以与用户的任务相匹配、缩短开发时间、提高客户服务水平、减少培训和客户支持（Johnson 和 Henderson，2012）。

3.3　概念模型

　　模型是对系统或过程的简化描述，有助于描述其工作原理。在本节中，我们将介绍交互设计中使用的一种特定模型，旨在表达问题和设计空间——概念模型。在后面的小节中，我们将通过更一般地描述如何开发模型来解释人机交互中的现象。

　　Jeff Johnson 和 Austin Henderson（2002）将概念模型定义为"针对系统如何组织和运作的高级描述"（第 26 页）。从这个意义上讲，它是一个抽象概述，包括人们可以对产品做什么以及需要哪些概念来理解如何与产品进行交互。在这个层面上，概念化设计的一个关键优点是它使"设计师能够在开始布置小部件之前理顺他们的想法"（第 28 页）。

　　简而言之，概念模型提供了一个工作策略和一个基本概念及其相互关系的框架。其核心组成是：

- 隐喻和类比，旨在向人们传达如何理解产品的用途以及如何将其用于活动中（例如浏览、收藏网站）。
- 人们通过产品接触到的概念，包括他们创建和操作的任务域对象、属性以及可对其执行的操作（例如保存、再次访问、组织）。

- 这些概念之间的关系（例如一个对象是否包含另一个对象）。
- 概念与产品所支持或引起的其用户体验之间的映射（例如，一个人可以通过查看已访问的网站、最常访问的网站或已保存网站的列表再次访问某网站）。

各种隐喻、概念以及它们的关系之间的组织方式决定了用户体验。通过解释这些事物，设计团队可以讨论提供不同方法的优点，以及它们如何支持主要概念，例如：保存、再次访问、分类、重组和它们到任务域的映射。他们还可以开始讨论一个结合浏览、搜索和再次访问活动的全新的全局隐喻是否可能更受欢迎。相应地，这可以引导设计团队明确这些要素间的各种关系，如框架图。例如，对保存的页面进行分类和再次访问的最佳方法是什么，以及应该使用什么类型的存储位置（例如文件夹、栏、窗格）？可以对网络浏览器的其他功能（既包括以前的也包括新的）重复相同的概念列举。这样，设计团队就可以开始系统地研究支持用户浏览互联网最简单、最有效和最易记的方式是什么。

最好的概念模型是那些显而易见的简单模型，即它们支持的操作是易于使用的。然而，有时应用可能最终建立在过度复杂的概念模型基础之上，特别是在它是一系列升级的结果时。在这些升级过程中，越来越多的功能和方法被添加到原始概念模型中。虽然科技公司经常提供显示升级中包含哪些新功能的视频，但用户可能不会过多关注它或完全跳过它。此外，许多人更喜欢坚持他们一直使用和信任的方法，毫不奇怪的是，当发现一个或多个方法被移除或更改时，他们会感到恼火。例如，当 Facebook 在几年前推出其修订后的新闻推送时，许多用户并不满意，他们的帖子和推文就证明了这一点，他们更喜欢他们已经习惯的旧界面。因此，软件公司面临的挑战是如何最好地引入其已经添加到升级中的新功能，并向用户解释它们的好处，同时也要说明为什么要删除其他功能。

框 3.2 | 设计概念

人们时常使用的另一个术语是设计概念，它实质上是一套设计想法。通常，它包括场景、图像、情绪板或文本格式的文档。例如，图 3.3 展示了为环境显示而设计的旨在改变人们在建筑物中行为（引导人们走楼梯而不是乘坐电梯）的设计概念的首页。设计概念的一部分被构想为一种动画模式的闪烁灯，它们将被嵌入建筑物入口附近的地毯中，旨在引导人们走向楼梯（Hazlewood 等，2010）。

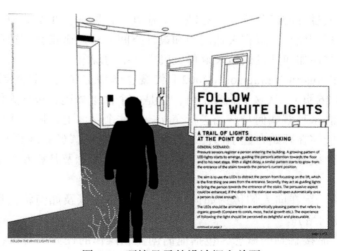

图 3.3   环境显示的设计概念首页

大多数界面应用程序实际上都基于完善的概念模型。例如，大多数在线购物网站的基础都是基于购物中心客户体验的核心方面的概念模型。这些核心方面包括将客户想要购买的商品放置到购物车或购物篮中，并在他们准备购买时开始结账。现在可以使用模式集合来帮助设计这些核心事务处理流程的界面，以及用户体验的许多其他方面，这意味着交互设计人员无须在每次设计或重新设计应用程序时从头开始。示例包括在线表单的模式和移动电话上的导航。

很少出现全新的概念模型来改变在界面上执行日常生活和工作活动的方式。以下三个经典概念模型均属于这一类型：桌面（由 Xerox 在 20 世纪 70 年代后期开发）、数字电子表格（由 Dan Bricklin 和 Bob Frankston 在 20 世纪 70 年代后期开发）和万维网（由 Tim Berners Lee 在 20 世纪 80 年代初期开发）。这些创新都使得原来只限于一小部分技术人员的事物现在所有人都可以使用，同时大大扩展了可能的范围。图形桌面显著改变了办公任务的执行方式（包括创建、编辑和打印文档）。使用当时流行的计算机执行这些任务显然更加艰巨，因为必须学习和使用命令语言（如 DOS 或 UNIX）。数字电子表格使会计工作具有高度的灵活性和易于完成性，人们只需填写交互式对话框即可实现多种新计算。万维网允许任何人远程浏览信息网络。从那时起，电子阅读器和数字创作工具引入了在线阅读文档和书籍的新方法，这些方法支持相关活动，如注释、突出显示、链接、评论、复制和跟踪。网络还启用并简化了许多其他类型的活动，例如浏览新闻、天气、体育和财务信息，以及网上银行、网上购物和在线学习等其他任务。重要的是，这些概念模型都基于人们熟悉的活动。

▎**框 3.3**▕一个经典的概念模型：Xerox Star ─────────────────────

1981 年，由施乐（Xerox）公司开发的 Star 界面（见图 3.4）彻底改变了个人计算界面的设计方式（Smith 等，1982；Miller 和 Johnson，1996），并被认为是现在的 Mac 和 Windows 的桌面界面的前身。Star 的最初设计目的是成为一个办公系统，其目标用户是那些对计算本身不感兴趣的员工，因此 Star 基于一个包含大量办公室知识的概念模型。纸张、文件夹、文件柜和邮箱在屏幕上都以图标形式表示，并且与它们本身的物理特性相对应。在桌面屏幕上拖拽文档图标被视同在真实世界里拾取一张纸并且移动它（但这当然是一个非常不同的动作）。同样，将电子文档拖拽到一个电子文件夹上被视为类似于将实际的文档放置到实体柜里。此外，纳入桌面隐喻的一部分的新概念是在真实世界无法执行的操作。例如，可以将电子文件放置到桌面的打印机图标上，然后计算机就能将它打印出来。▕

图 3.4　Xerox Star（由 Xerox 提供）

➡️ 可通过以下网址观看关于 Xerox Star 的历史的视频：http://youtu.be/Cn4vC80Pv6Q。

3.4　界面隐喻

　　隐喻被认为是概念模型的中心组成部分，提供了在某些方面类似于一个（或多个）熟悉的实体的结构，同时也具有自己的行为和特性。更具体地，界面隐喻是一种以某种方式被实例化，成为用户界面的一部分的隐喻，例如桌面隐喻。另一个众所周知的隐喻是搜索引擎。这个术语起源于 20 世纪 90 年代初，指的是从互联网远程索引和检索文件的软件工具，并使用各种算法来匹配用户选择的检索词。该隐喻将带有若干工作部件的机械引擎和为了寻找某些东西而在不同地方进行搜寻的日常行为进行了对比。搜索引擎支持的功能除了那些属于搜索引擎的特征之外，还包括其他特征，例如列出搜索结果并对搜索结果进行优先级排序。它完成这些操作的方式与机械引擎的工作方式或一个人在图书馆搜寻给定主题的图书的方式截然不同。使用搜索引擎这一术语所暗示的相似性处于一般水平，旨在呈现相关信息的寻找过程的本质，使用户能够将这些与所提供的功能的较不熟悉的方面联系起来。

――――――

　　练习 3.2　访问几个在线商店，观察其界面是如何设计以引导客户选购商品和付款的。有多少商店使用了先"添加到购物车 / 购物篮"然后"结账"的隐喻？这是否使购物变得简单和直接？

　　解答　网上购物通常需要输入信用卡或借记卡的详细信息。人们希望确保他们做的是正确的，且不会因为需要填写大量表格而感到沮丧。将界面设计为具有熟悉的隐喻（使用购物车 / 购物篮的图标而不是收银机）让人们更容易知道在购物的不同阶段应该做什么。重要的是，将商品放在篮子里不会让顾客立即购买。这还使人们能够继续浏览并选择其他商品，就像在实体店中一样。

　　界面隐喻旨在提供熟悉的实体，使人们能够容易地理解底层概念模型并知道应该在界面上做什么。然而，隐喻也可能违反人们对于事物应有模样的期望，例如置于桌面上的回收站。在逻辑和文化上（即在现实世界中），它应该被放在桌子下面。但这样一来用户就不能看到它了，因为它会被桌面遮挡。所以它需要放置在桌面上。尽管某些用户认为这令人讨厌，但大多数人认为这并不是一个问题。他们一旦了解了为什么回收站图标是在桌面上，就会接受它在那里。

　　几年前开始流行的一种界面隐喻是卡片（card）。许多社交媒体应用程序，如 Facebook、Twitter 和 Pinterest，都会在卡片上显示内容。卡片具有一种熟悉的形式，已经存在了很长时间。想想有多少种卡片：扑克牌、名片、生日贺卡、信用卡和明信片等。它们具有强大的关联性，提供了一种直观的方式来组织"卡片大小"的有限内容。它们易于浏览、分类和主题化。它们将内容结构化为有意义的模块，类似于使用段落将一组相关句子分成不同的部分（Babich，2016）。在智能手机界面的背景下，谷歌 Now 卡片提供了有用信息的简短摘要。它以人们期望的真实卡片的方式出现并在屏幕上并移动——以轻量级且基于纸张的方式。其中的元素也被构造成看起来好像是在固定大小的卡片上，而不是在滚动的网页中（见图 3.5）。

　　在许多情况下，新的界面隐喻很快就会融入普通用语中，正如人们谈论它的方式所见证的那样。例如，父母谈论每天允许孩子有多少看电视的时间，就像他们平常谈论花多少时间一样。因此，界面隐喻不再被认为是描述不那么熟悉的基于计算机的操作的熟悉的术语，它本身已成为日常用语。此外，在谈论技术的使用时，很难不使用隐喻术语，因为它已经在我们用来表达自己的语言中根深蒂固。只要问问你自己或其他人如何描述 Twitter 和 Facebook 以及人们如何使用它们，然后尝试不使用任何隐喻，就能理解这一点。

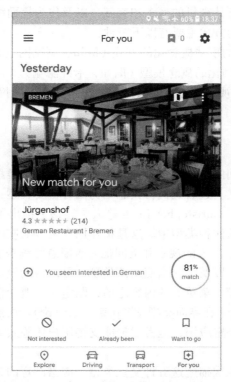

图 3.5　谷歌 Now 卡片对德国的餐厅推荐（由 Johannes Schöning 提供）

Albrecht Schmidt（2017）认为一副眼镜是思考未来技术的一个很好的隐喻，可以帮助我们思考如何扩大人类的认知。正如它们被视为我们自身的一种延伸，而我们在大多数情况下都没有意识到（除了它们冒出来的时候！）一样，他问道，我们能否设计出新技术，让用户不必知道如何使用就能完成工作？他将这种"放大"隐喻与用于特定任务的双筒望远镜的"工具"隐喻进行了对比——人们有意识地将望远镜靠在眼睛上，同时调整镜头以使他们看到的东西成为焦点。目前的设备，如移动电话，更像是双筒望远镜，人们必须明确地与它们互动以执行任务。

框 3.4 为什么隐喻如此流行？

人们经常使用隐喻和类比（这里我们可互换地使用这些术语）作为灵感的来源，以便用他们熟悉的术语来理解和解释他们正在做或正在尝试做的事情。它们是人类语言中不可或缺的一部分（Lakoff 和 Johnson，1980）。隐喻通常用于通过与熟悉且易于掌握的事物进行比较来解释不熟悉或难以理解的事物。例如，隐喻经常被用于教育，教师通过比较新材料和学生已经理解的知识来使用隐喻向学生介绍新的知识。一个例子是将人类进化与游戏类比。我们都熟悉游戏的属性：有一定的规则，每个玩家都有成功（或失败）的目标，用启发式方法处理没有规则的情况，当其他玩家看不到的时候有作弊的倾向，等等。通过想象这些属性，这个类比可以帮助我们开始理解更复杂的进化概念——它是如何发生的、它由什么规则控制、谁在作弊等。

因此，看到隐喻在交互设计中被广泛使用以使用更具体和熟悉的术语概念化抽象的、难以想象的、难以表达的基于计算机的概念和交互，以及作为界面级别的图形可视化，并不令人惊讶。隐喻和类比的使用方式主要有以下三种：

- 作为一种把正在做的事情概念化的方式（例如，浏览网页）。
- 作为在界面级别实例化的概念模型（例如，卡片隐喻）。
- 作为一种将操作可视化的方式（例如，用户想要在购物网站上存放所要购买物品的购物车图标）。

3.5   交互类型

另一种概念化设计空间的方式是以用户体验为基础的交互类型。事实上，这些是人们与产品或应用程序交互的方式。过去我们将其总结为四种主要类型：指示、对话、操作和探索（Preece 等，2002）。后来，Christopher Lueg 等人（2019）提出了第五种类型，即响应。我们已经将其添加到了前述的四种类型中。这是指在用户可以响应的情况下发起请求的主动系统，例如，Netflix 会暂停某个人的观看并询问他是否愿意继续观看。

决定使用其中哪种类型以及为什么使用该类型，可以帮助设计者在特定界面中具体实施执行基于语音、手势、触摸、菜单等的内容之前，制定一个概念模型。注意，我们在这里要区分交互类型（在本节讨论）和界面类型（将在第 7 章讨论）。虽然成本和其他产品约束常常决定哪种界面样式可用于特定应用，但考虑最能支持用户体验效果的交互类型可以突出潜在的权衡、困境和利弊。

下面我们将更详细地依次描述这五种交互类型。应当注意的是，这些交互类型并不是互相排斥的（例如，某人可以基于不同类型的活动与系统交互），它们也不是决定性的。此外，每种类型的标签指的是用户的操作，即使系统可能是发起交互的主动方。

- 指示：用户向系统发出指令。这可以通过多种方式完成，包括：输入命令、从窗口环境中或多点触摸屏幕上的菜单中选择选项、朗读命令、打手势、按下按钮或使用组合功能键。
- 对话：用户与系统进行对话。用户可以通过界面说话或键入问题，系统将以文本或语音的形式输出。
- 操作：用户通过操作对象（例如打开、握住、关闭、放置）在虚拟或物理空间中与之交互，这样可以练习他们所熟悉的如何与对象交互的知识。
- 探索：用户在虚拟环境或物理空间中移动。虚拟环境包括 3D 世界、增强现实和虚拟现实系统。它们使用户能够通过物理移动来练习他们所熟悉的知识。使用基于传感器技术的物理空间（包括智能房间和周围环境）也使人们能够利用此条件熟知这种物理空间。
- 响应：系统发起交互，用户选择是否响应。例如，主动的移动定位技术可以提醒人们注意兴趣点。他们可以选择查看手机上弹出的信息或忽略它。一个例子是谷歌 Now 卡片，如图 3.5 所示，它弹出了一个餐厅推荐，供用户在走到附近时进行参考。

除了这些核心活动之外，还可以描述用户参与的特定领域和基于情境的活动，例如学习、工作、社交、玩耍、浏览、写作、解决问题、制定决策和信息搜索——此处仅举几例。Malcolm McCullough（2004）建议将它们描述为定位活动，可将其分为：工作（例如做报告）、家庭（例如休息）、街上（例如进餐）和途中（例如走路）。对活动进行分类的理由是帮助设计师在思考技术改造使用环境中的场所的可用性时更加系统化。下面我们将更详细地说明五个核心交互类型以及如何为它们设计应用程序。

3.5.1　指示

这种类型的交互描述了用户如何通过指示系统应做什么来执行他们的任务。例如，用户向系统发出指示，要求系统报时、打印文件或提醒用户有什么日程安排。人们基于此模型设计了多种产品，包括家庭娱乐系统、家用电子产品和计算机。用户发出指示的方式也是多样化的，包括按一个按钮和输入一串字符串。许多活动都可以通过"指示"方式来完成。

在 Windows 和其他图形用户界面（GUI）中，用户使用控制键或通过使用鼠标、触摸板或触摸屏选择菜单项来发出命令。这些系统通常都提供了各种各样的功能，用户可以从中选择需要的操作来处理工作对象。例如，用户在使用文字处理器编写报告时，可以通过发出适当的命令指示系统进行格式化文档、统计字数以及检查拼写等操作。命令通常是按顺序执行的，系统也会根据指令做出相应的响应。

基于发布指示来设计交互的主要好处之一是其交互快速且高效。因此，它特别适合重复性的活动以及操作多个对象的情况。例如，重复地进行存储、删除、组织文件等操作。

***

练习 3.3　世界各地有许多不同种类的自动售货机。用户只需投入一些钱就可以购买到各种东西。图 3.6 展示了两种不同的自动售货机，一个卖软饮料，另一个卖零食。这两台机器都支持"指示"型的交互方式，但它们交互方式却大为不同。

图 3.6　两种不同类型的自动售货机

需要发出什么指示才能从第一台机器获得苏打水以及从第二台机器获取巧克力？为什么有必要为第二台自动售货机设计一个更复杂的交互模式？这种交互模式会出现什么问题？

解答　第一台自动售货机使用简单的指示设计。它只提供少数几种饮料，每个大型按钮表示一种饮料，其上带有饮料标签。用户只需要按下按钮，即可获得所选的饮料。第二台机器复杂得多，它能提供许多种类的零食。然而，能够提供更多选项的折中是，用户不再能够通过使用简单的一次按压动作来指示机器，而是需要使用更复杂的方式来操作机器，具体步骤为：（1）读取欲购食品下方的编号（如 C12）；（2）在小型数字键盘上输入这个编号；（3）检查所选择选项的价格，投入数量恰好的钱币（或更多，取决于机器能否自动找零）。这个交互方式可能存在的问题是，客户可能会看错或输错代码，导致机器没有反应，或者给错东西。

对于能够提供不同价格商品的售货机，我们可以采用更好的界面设计，即仍然使用直接映射，但可改用一个大型的按钮阵列，并在每个按钮上贴上商品的小标签（而不是实物大小的标签）。这就可以充分利用售货机面板上的可用空间。用户只需要按下所选择的对象的按钮并放入正确的金额。按下错误编号或按钮而导致错误的可能性会减小。然而，这种自动售货机的不足是其可以销售的零食种类灵活性差。如果有新的产品上架，还需要对机器的部分物理界面进行更换——这将是昂贵的。

3.5.2　对话

这种交互类型基于人与系统对话这一想法，其中系统充当对话对象。具体地说，这个系统的响应类似于我们在与另一个人对话时，他可能有的反应。它不同于"指示"行为，因为它包括双向通信过程，其中系统更像是交互伙伴而不是执行命令的机器。它最常用于那些用户需要查找特定类型的信息，或者希望讨论问题的应用，如咨询系统、帮助设施、聊天机器人、机器人等。

"对话"模式当前支持的对话种类包括简单的语音识别、菜单驱动系统，以及更复杂的基于自然语言的系统（对用户输入的查询指令进行语法分析并做出响应）。前者的示例包括电话银行、机票预订和列车时间查询，其中用户使用单字短语和数字（如"是""否""3"）与系统交谈以对系统的提示做出响应。后者的示例包括帮助系统，用户输入特定的询问指令（如"如何修改页边空白处的宽度"），系统通过给出各种答案来做出响应。在过去几年里，人工智能的进步推动了语音识别的显著进步，因此现在许多公司经常使用基于语音和基于聊天机器人的交互来处理客户咨询。

开发使用对话式交互的概念模型的主要好处是它允许人们以一种熟悉的方式与系统交互。例如，苹果的语音系统 Siri 让人感觉像是在与另一个人交谈。你可以要求它为你执行任务，例如拨打电话、安排会议或发送消息。你也可以问它间接性的问题，它也知道如何回答，例如"今天需要带雨伞吗？"，它会查询你当前所在地的天气，然后回答例如"今天不会下雨"，同时还会提供天气预报（见图 3.7）。

使用基于对话的交互模式可能产生的问题是某些任

图 3.7　Siri 对"今天需要带雨伞吗？"做出的响应

务将被转换为烦琐的单向交互。典型的例子是基于电话的自动系统，它使用语音菜单控制整个对话过程。用户必须先听取含有一些选项的录音，然后做出一些选择，此后，需要不断重复这个过程，逐层进入下一层菜单，直到达到自己的目的（如接通某人的电话或完成账单支付）。以下是用户和保险公司接待系统的一段对话，用户希望了解车辆保险的信息：

〈用户拨通一个保险公司的电话〉

"你好，这里是圣保罗保险公司，新客户请按1，已注册客户请按2。"

〈用户按"1"键〉

"感谢你拨通圣保罗保险公司。如果你想了解房屋保险请按1；车辆保险请按2；旅行保险请按3；健康保险请按4；其他请按5。"

〈用户按"2"键〉

"这里是车辆保险。如果你想了解全险请按1，第三方保险请按2……"

"如果你想按1，请按3。

如果你想按3，请按8。

如果你想按8，请按5……"

（图片来源：@Glasbergen. 转载得到 Glasbergen 卡通服务的许可）

3.5.3　操作

这种类型的交互涉及操纵对象并利用用户在现实世界中积累的知识来操纵对象。例如，我们可以通过移动、选择、打开和关闭来操纵数字对象。我们甚至可以使用这些活动的扩展方式，即现实世界中不可能的方式（如放大和缩小、拉伸和收缩）来操纵对象。我们通过使用物理控制器（例如 Wii）或在空中所做的手势来模仿人类的动作，例如一些车辆上使用的手势控制技术。一些玩具和机器人也嵌入了计算芯片，这使它们具有能够以可编程的方式行动和做出反应的能力，如对它们是否被挤压、触摸或移动做出反应。操纵物理世界（如放在地面上）中标记的物理对象（例如球、砖块、积木）可引起其他物理现象或虚拟现象发生，如使杠杆移动或使声音或动画播放。

GUI 应用程序的设计中具有高度影响力（起源于人机交互早期）的框架是"直接操纵"（Shneiderman，1983）。它提出数字对象应该设计在界面上，这样能够使人们以类似于物理世界中对物体的操作方式来与之进行交互。这样对界面直接操纵的行为可以让用户感觉到他们在直接对由计算机生成的数字对象进行操作。其三个核心原则是：

- 能够连续表示感兴趣的对象和动作；

- 具有关于感兴趣对象的即时反馈的快速可逆增量动作；
- 使用实际动作和按钮，而不是语法复杂的指令。

根据这些原则，当用户对屏幕上的对象执行物理动作时，该对象保持可视化，并且对其执行的任何动作都能实时显现。例如，用户可以通过将表示文件的图标从桌面的一个位置拖动到另一位置来移动文件。直接操纵的好处包括：

- 帮助初学者快速学习基本功能；
- 使有经验的用户能够快速完成各种任务；
- 使不常使用系统的用户能够回忆起如何执行操作；
- 没有必要（或极少需要）给出错误提示；
- 使用户能够立即看到行为的结果是否更接近于目标；
- 减少用户的焦虑体验；
- 帮助用户获得信心、对功能的掌握和控制感。

许多应用程序都是基于某种形式的"直接操纵"开发的，包括文字处理器、视频游戏、学习工具和图像编辑工具。然而，虽然直接操纵界面提供了非常通用的交互模式，但是它们具有自身的缺点。通常情况下，并非所有任务都可以由对象描述，并且并非所有动作都可以直接执行。某些任务可以通过发出指令来更好地实现。例如，思考如何使用文字处理器编辑文章。假设你引用了 Ben Shneiderman 的作品，但在整篇文章中都将他的名字写成了"Schneiderman"。你将如何使用直接操纵界面来纠正这个错误？你需要阅读你的文章，并在每个"Schneiderman"中手动选择"c"，对其标注以突出显示，然后删除它。这将是一项非常枯燥的工作，并且很容易错过一两个。相比之下，当使用基于命令的交互时，该操作更容易也可能更准确。你需要做的仅是指示文字处理器找到每个"Schneiderman"，并将其替换为"Schneiderman"。可以通过选择菜单选项或使用组合命令键，然后在弹出的对话框中键入所需的更改来完成这项操作。

3.5.4　探索

这种交互类型涉及用户在虚拟或物理环境中移动。例如，用户可以探索虚拟 3D 环境的各个方面（例如建筑物的内部）。还可以将感测技术嵌入物理环境，当环境检测到某人或某些身体动作时，通过触发某些数字或物理事件进行响应。基本思想是使人们能够通过利用他们在现有空间如何移动和浏览的知识，来探索和诸如物理或数字的环境进行交互。

现今已经建立了许多 3D 虚拟环境，其中包括能让人们在各种空间之间移动学习的虚拟世界（例如虚拟大学）和能让人们在不同地方漫游社交（例如虚拟聚会）或玩视频游戏（例如，Fortnite）的幻想世界。人们还构建了许多城市、公园、建筑物、房间和数据集的虚拟景观（其中包括现实和抽象的），这使用户能够飞越它们并放大和缩小它们不同的部分。其他已经建立的虚拟环境包括：大于现实环境的世界，使用户能够在它的周围移动，并体验通常不可能或不可见的东西（图 3.8a）；高度仿真建筑的设计使客户能够想象他们将如何使用按规划建造的大楼和公共设施并在其间穿梭；以及将科学家虚拟攀登和体验的复杂数据集进行可视化（见图 3.8b）。

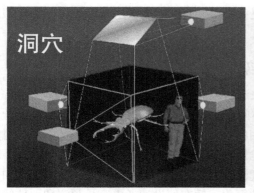

a）一个可以使用户站在一个大型昆虫（比如甲虫）　　b）NCSA 的洞穴：科学家可以在 3D 可视化数据
旁的洞穴，人最终被其吞下并进入其腹部　　　　　　集中穿梭

图 3.8 （图片来源：图 a 由 Alexei Sharov 提供，图 b 由伊利诺伊大学国家超级计算应用中心
　　　　Kalev Leetaru 提供）

3.5.5 响应

这种交互模式涉及系统主动提醒、描述或向用户显示其"认为"用户在当前所处的情景下感兴趣或与当前情景相关的事物。它可以通过检测附近的某人的位置和 / 或存在（例如，朋友正在聚会的附近咖啡馆）来做到这一点，并通过他们的电话或手表通知他们。智能手机和可穿戴设备以这种方式越来越主动地启动用户交互，而不是等待用户询问、命令、探索或操纵。一个例子是健身追踪器，其向用户通知他们已经达到给定活动的阶段目标，例如，在一天中走了 10 000 步。健身追踪器在没有用户提出的任何请求的情况下自动执行此操作，用户则通过查看屏幕上的通知或收听所发出的音频通知来做出回应。另一个例子是，系统根据在给定的情景中执行特定动作时从重复行为中学到的内容，自动为用户提供一些有趣或有用的信息。例如，在公园里拍摄朋友的可爱的狗的照片后，谷歌镜头（Lens）会自动弹出识别狗品种的信息（见图 3.9）。

图 3.9　运行中的谷歌镜头，提供了有关彭布罗克威尔士柯基犬的弹出信息，已将图像正确识别（图片来源：lens.google.com）

对于某些人来说，这种由系统启动的交互（提供了未被请求的附加信息）可能会有点令人厌烦或令人沮丧，特别是在系统出错的时候。挑战在于了解用户何时会需要且对信息感兴趣，以及提供多少和什么样的环境信息而不会冗余或令人厌烦。此外，当系统出错时，它需要知道该怎么做。例如，如果

它认为狗是泰迪熊，那么它会道歉吗？用户是否能够纠正它并告诉它实际上是什么的照片？或者系统会有第二次机会吗？

3.6　范例、愿景、理论、模型和框架

其他指导设计和引导研究的灵感和知识来源是范例、愿景、理论、模型和框架（Carroll，2003）。它们的规模和特异性随着特定问题空间而有所不同。范例是指研究人员和设计者团体在共同假设、概念、价值观和实践方面采用的一般方法。愿景是一个未来的场景，对交互设计的研究和发展框架进行了设计，通常以电影或叙事的形式进行描绘。理论是对一个现象的某些方面的充分论证解释，例如信息处理理论，它解释了思维或思维的某些方面是如何被认为有效的。模型是对人机交互的某些方面的简化，旨在使设计者更容易预测和评估候选设计。框架是旨在指导特定领域（例如协作学习）或分析方法（例如人种学研究）的一组相互关联的概念和 / 或一组具体问题。

3.6.1　范例

遵循特定的范例意味着采用一个群体已经达成一致的一系列实践。这些实践包括：
- 要问的问题和构架的方式
- 要观察的现象
- 分析和解释研究结果的方式（Kuhn，1972）

在 20 世纪 80 年代，人机交互的主流范式是如何为台式计算机设计以用户为中心的应用程序。关于设计内容和如何设计的问题是根据指定单个用户与基于屏幕的界面交互的需求提出的。任务分析和可用性方法是基于个人用户的认知能力开发的。窗口（Window）、图标（Icon）、菜单（Menu）和指针（Pointer）(WIMP) 用于表征针对单个用户的界面核心功能。这种范例后来被图形用户界面（GUI）取代。现在，许多界面都有触摸屏，用户可以轻触、按住、捏合、滑动和拉伸。

对 20 世纪 90 年代 HCI 发生的范式转变产生巨大影响的是 Mark Weiser（1991）对普适技术的愿景。他提出计算机将成为环境的一部分，嵌入各种日常物品、设备和显示器中。他设想了一个宁静、舒适和意识的世界，能让人们持续了解周围正在发生的事情、将要发生的事情以及刚刚发生的事情。普适计算设备在人们需要时会进入人们的注意力中心，在人们不需要时则会移动到人们注意力的外围，使得人们能够在活动之间平稳地轻松地切换，而无须在执行任务时弄清楚如何使用计算机。从本质上讲，该技术不会引人注目，并在很大程度上会隐藏在背景中。人们将能够继续日常生活和工作，在其中与信息交互、与他人沟通和协作，而不会因技术分心或感到沮丧。

这一愿景成功地影响了计算团体的思想，特别是在开发什么技术和研究什么问题的方面激励了他们（Abowd，2012）。许多 HCI 研究人员开始考虑超越桌面并设计移动和普及技术。他们开发了一系列技术，可以扩展人们在日常生活和工作中可以做的事情，例如智能眼镜、平板电脑和智能手机。

在 21 世纪前 10 年发生的下一个范式大转变是大数据和物联网（IoT）的出现。新的实用传感器技术实现了海量数据收集，包括人们的健康、福利以及环境中发生的实时变化（例如，空气质量、交通拥堵和商业）。人们还建造了智能建筑，其中嵌入了各种传感器，并在家庭、医院和其他公共建筑中对传感器进行了实验。人们开发了数据科学和机器学习算法来

分析积累的数据，以便为采取什么行动来优化和改善人们的生活做出新的推论，包括在高速公路上引入可变速度限制、通过应用程序通知人们危险的污染等级和机场拥挤等。此外，感知数据已用于自动化日常操作和动作（例如打开或关闭灯或水龙头，或者自动冲洗马桶），取代了传统的旋钮、按钮和其他物理控制。

➡ 视频：IBM 的物联网，http://youtu.be/sfEbMV295Kk。

3.6.2　愿景

　　未来的愿景，如 Mark Weiser 对普适技术的愿景，是一种强大的驱动力可以引领企业和大学在研发方面的范式转变。许多科技公司已经制作了关于科技和社会未来的视频，邀请观众想象 10 年、15 年或 20 年的后生活会是什么样子。最早的例子之一是苹果公司 1987 年的知识导航器，它展示了一个教授使用触摸屏平板电脑与基于语音的智能助理交互的场景，语音智能助理一边接听电话，一边帮助他备课，一边提醒他当天的日程安排。它比 2011 年（苹果推出其语音系统 Siri 的实际年份）提前了 25 年。它被人们广泛观察和讨论，激励了人们对未来界面的研究和发展。

➡ 关于苹果公司知识导航器的视频：http://youtu.be/HGYFEI6uLy0。

　　目前已成为普遍存在的愿景是人工智能。关于人工智能如何一方面让我们的生活更轻松，另一方面又夺走我们的工作的乌托邦和反乌托邦的愿景正在被大肆渲染。这一次，宣传人工智能进步给社会带来的好处或危险的不仅是计算机科学家，还有记者、社会评论员、政策制定者和博主。人工智能正在取代越来越多的应用程序的用户界面，在这些应用程序中，用户必须做出选择，例如：智能手机了解你的音乐偏好、家庭供暖系统决定何时打开和关闭供暖以及调整到你喜欢的温度。一个目标是减轻人们做出决定的压力，另一个目标是改善人们的选择。例如，在未来，你没必要为要购买什么衣服或度假选择而烦恼，因为个人助理将能够代替你进行选择。另一个例子描述了几年后无人驾驶汽车将会是什么样子，人们关注的重点不再是安全性和便利性的问题，而是从最终个性化乘车体验的角度提升舒适性和生活质量（例如，见大众公司的视频）。越来越多的日常任务将通过 AI 学习在特定情况下什么选择是最好的。

➡ 关于大众公司对其未来汽车的愿景的视频：https://youtu.be/AyihacflLto。

　　虽然让机器为我们做出决定有许多好处，但我们可能会感到失控。此外，我们可能无法理解为什么人工智能系统选择沿着特定路线驾驶汽车，或者为什么我们的家用语音辅助机器人不断订购过多的牛奶。人们越来越期望人工智能研究人员能够找到解释人工智能系统代替用户做出的决策背后的基本原理的方法。这种需求通常被称为透明度和问责制，我们将在第 10 章进一步讨论。这是交互设计研究人员重点关注的一个领域，他们已经开始对透明度进行用户研究并为其开发对用户有意义且可靠的解释（例如，Radar 等，2018）。

　　另一个挑战是开发新的界面和概念模型，以支持人类和人工智能系统的协同工作，这将放大和扩展它们目前可以做的事情。这可能包括加强团队协作、创造性解决问题、前瞻性规划、政策制定以及其他可能变得棘手、复杂和混乱的领域（例如离婚协议）的新方法。

　　科幻作品也成为交互设计的灵感来源，即在电影、文学作品、戏剧和游戏中设想技术在未来可能扮演的角色。Dan Russell 和 Svetlana Yarosh（2018）讨论了在人机交互设计中从不同类型的科幻作品获取灵感的利弊，认为它们可以为辩论提供良好的基础，但通常不是准确预测未来技术的重要来源。他们指出，虽然这些愿景可能具有令人印象深刻的未来感，但它们的配件和实际外观往往受到作者扩展和建立与当前时代相关的思想和文化期望的能力的限制。例如，电视剧《星际迷航》中描绘的全息甲板的舰桥上设计有 3D 泡泡指示灯和按钮，其背景则是电传打字机的声音。在这种情况下，Russel 和 Yarosh 甚至认为，作者的时代和文化成长的优先事项和关注点可能会使科幻作品偏向于从当前的角度讲述故事，而不是提供新的见解和铺平通向未来设计的道路。

不同类型的未来愿景提供了具体的场景，表明社会如何利用下一代想象中的技术使人们的生活更加舒适、安全、信息丰富和高效。此外，它们还引出了许多有关隐私、信任以及我们作为社会需要什么的问题。它们为研究人员、政策制定者和开发人员提供了许多值得思考的东西，并要求他们同时考虑积极和消极影响。

通过这些愿景，人们阐述了许多新的挑战、主题和问题（如 Rogers，2006；Harper 等，2008）：

- 如何为使人们在工作、社交和日常生活中使用各种技术来获取信息并与之进行交互。
- 如何为使用作为环境一部分但没有明显控制设备的界面的人们设计用户体验。
- 如何以及以何种形式在适当的时间和地点向人们提供与情境相关的信息，以在人们的移动过程中对他们进行支持。
- 如何确保通过互连的显示器、设备和对象传递安全可靠的信息。

3.6.3 理论

在过去 30 年中，许多理论被引入人机交互，并提供了一种针对用户执行特定类型的计算机界面和系统任务分析和预测用户行为的方法（Rogers，2012）。这些理论最初主要是认知的、社会的、情感的和组织的。例如，在 20 世纪 80 年代，考虑到人们的记忆能力有限，关于人类记忆的认知理论被用于确定表示操作的最佳方式。在交互设计中应用这些理论的主要好处之一是帮助识别与交互式产品的设计和评估相关的因素（认知的、社会的和情感的）。人机交互中的一些最有影响力的理论，包括分布式认知，将在下一章中进行讨论。

3.6.4 模型

我们之前讨论过为什么概念模型很重要以及如何在设计新产品时生成概念模型。术语模型还更广泛地用于交互设计中，以简化的方式描述人类行为或人机交互的某些方面。通常，它描述了现象的核心特征和过程是如何构建的以及是如何彼此相关的。它通常是从一个来自贡献学科（如心理学）的理论中抽象出来的。例如，Don Norman（1988）基于认知加工理论开发了许多用户交互模型。这些理论源于认知科学，旨在解释用户与交互技术的交互方式。这些模型包括行动模型的 7 个阶段，描述用户如何从他们的计划转移到执行他们需要执行的物理行动以实现他们的行动结果及其目标。最近的交互设计中开发的模型是用户模型，其预测用户在其交互中想要的信息以及表征用户体验的核心组件的模型，例如 Marc Hassenzahl（2010）的体验设计模型。

3.6.5 框架

人们在交互设计中引入了许多框架，以帮助设计者限制和限定他们正在设计的用户体验。与模型相反，框架向设计者提供关于设计或寻找什么的建议。这可以有各种形式，包括步骤、问题、概念、挑战、原则、策略和维度。和模型一样，框架传统上是基于人类行为的理论，但它们正在越来越多地根据实际的设计实践经验和用户研究中的结论来进行开发。

许多框架已发布在人机交互 / 交互设计文献中，涵盖了用户体验的不同方面和各种应用领域。例如，有一些框架可以帮助设计师思考如何概念化学习、工作、社交、娱乐、情感等，还有一些框架专注于如何设计特定技术以唤起某些反应，例如说服技术（见第 6 章）。还有一些专门开发用于帮助研究人员分析在用户研究中收集的定性数据，例如分布式认知（Rogers，2012）。一个名为 DiCoT（Furniss 和 Blandford，2006）的框架被开发用于分析系统级的定性数据，使研究人员能够了解工作或家庭环境中的人们如何使用技术（第 9 章将更详细地描述 DiCoT）。

Don Norman（1988）解释了概念模型的设计与用户对它的理解之间的关系，这是一个在人机交互中具有很大影响力的概念框架的典型例子。该框架包括三个交互组件：设计师、用户和系统。它们隐含的含义分别是：

设计师模型——设计师拥有的系统应如何工作的模型。

系统映像——系统通过界面、手册、帮助功能向用户呈现系统是怎样工作的。

用户模型——用户如何理解系统工作原理。

框架使得系统应该如何工作、如何向用户呈现以及用户如何理解它这三者之间的关系变得明确。在理想的世界中，用户应该能够以设计者想要的方式通过与系统映像交互来执行活动，因为系统映像使得需要做出的行动变得更加明确。如果系统映像不能够使设计师模型向用户清晰地呈现，用户将对系统有不正确的理解，这反过来将增加他们使用系统的无效性并提高产生错误的概率。我们可以发现这经常发生在现实世界中。通过提高对这种潜在差异的关注度，设计师可以更加意识到有效地弥补其差距的重要性。

总而言之，范例、愿景、理论、模型和框架并不是相互排斥的，它们在概念化问题和设计空间的方式上有覆盖，而在严格性、抽象性和目的的水平上有所不同。范例是总体方法，包括一套已达成一致的做法和所观察问题和现象的框架；愿景是未来的情景，为交互设计研究和技术开发引入挑战、灵感和问题；理论往往是全面的，解释了人机交互；模型倾向于简化人机交互的一些方面，为设计和评估系统提供基础；框架提供一组设计用户体验或分析用户研究所得数据时要考虑的核心概念、问题或原则。

▎**窘境**┊**谁拥有控制权？**

交互设计中的一个常见的主题是谁应该对界面拥有控制权。不同的交互类型在用户具有多少控制权和计算机又具有多少控制权这一方面存在差异。用户虽然主要基于命令和直接操纵对界面进行控制，但是对在基于传感器和情境感知的环境中主动采取行动的系统却没有进行很多的控制。用户控制的交互基于人们享受掌控感和控制感的前提，这就假设了人们想要知道发生了什么，想要参与行动，并且想要对计算机有一种控制感。

相比之下，自主的情境感知的控制假设通过环境监控、识别和检测人的行为中的偏差，可以适时提供及时、有帮助甚至关键的信息（Abowd 和 Mynatt，2000）。例如，可以检测老年人在家中的活动，如果发生了突发事故（例如，老人跌倒并且无法呼救），便会发出紧急情况或护理服务警告。相反，如果没有感知控制的话，便无法提供这样的服务。但是，如果一个人在设备"意想不到"的区域（在地毯上）休息，系统便将其检测为摔倒怎么办？设备是否会不必要地拨出紧急服务，导致护理员不必要的担心？触发错误报警的人会感到抱歉吗？当人们知道他们的每一个举动都在受到监控时，他们的隐私感会受到什么影响？

另一个问题是当控制权在用户和系统之间切换时会发生什么。例如，想一想在使用 GPS 进行车辆导航时谁是控制者。在开始时，驾驶员拥有绝大部分控制权，能够向系统发出关于去哪里以及路上要有什么（例如，高速公路、加油站、交通警报）的指令。然而，一旦上路，系统就会接管并且控制车辆，此时人们常常发现自己在盲目听从 GPS 的指导，即使常识告诉他们不应这样做。

在日常生活和工作中你需要有多大程度的控制权？你是否愿意让技术监控和决定你需要什么，或者你是否更喜欢告诉它你想做什么？当你坐在一个为你驾驶的自动驾驶汽车里时你会感觉如何？虽然它可能更安全、更节省燃油，但它是否会剥夺驾驶的乐趣？

Superflux 公司制作了一段搞笑的视频，名为"不请自来的客人"（Uninvited Guests）。视频中，一名男子的生日礼物是一大堆智能小玩意，以帮助他过上更健康的生活，而这一切都在他的掌控之中：https://vimeo.com/128873380。

深入练习

本深入练习的目的是让你思考为相似的物理和数字信息工具设计的不同种类的概念模型的适当性。

比较下列工具：

- 平装书和电子书
- 纸质地图和智能手机上的地图

用于每一个工具的主要概念和隐喻是什么（思考时间是怎样被概念化的）？它们有什么不同？基于纸张的工具在哪些方面指导了数字应用程序的设计？它们的新功能是什么？概念模型的某些方面是否混淆？它们的优缺点都有什么？

总结

本章解释了在尝试构建任何东西之前理解和概念化问题及设计空间的重要性，始终强调需要明确所做的设计决策背后的声明和假设。本章描述了一种形成概念模型的方法，并解释了作为概念模型的一部分的界面隐喻的演变。最后，本章考虑了在交互类型、范例、愿景、理论、模型和框架方面概念化交互的其他方法。

本章要点

- 交互设计的一个基本方面是开发一个概念模型。
- 概念模型是对产品的高级描述，包括用户可以用它做什么，以及他们需要什么概念来了解如何与产品进行交互。
- 以这种方式概念化问题空间帮助设计者指定用户在做什么，为什么，以及将如何以预期的方式支持用户。
- 在开始物理设计之前，应做出有关概念设计的决定（例如选择菜单、图标、对话框）。
- 界面隐喻通常用作概念模型的一部分。
- 交互类型（例如，对话、指示）提供了一种针对如何最好地支持用户在使用产品或服务时将进行的活动的思考方式。
- 范例、愿景、理论、模型和框架提供了不同的框架构建方法，并指导了设计和研究。

拓展阅读

在此我们推荐一些关于交互设计和用户体验的影响深远的读物（按字母顺序排列）。

DOURISH, P. (2001) *Where the Action Is*. MIT Press.

该书介绍了一种思考基于体感交互概念的用户界面和用户体验的设计的新方法，书中体感交互的想法反映了 HCI 中出现的一些趋势，并提供了新的隐喻。

JOHNSON, J. and HENDERSON, A. (2012) *Conceptual Models: Core to Good Design*. Morgan and Claypool Publishers.

这本简短的书以讲座的形式使用详细的例子对概念模型进行了全面概述。该书概述了如何构建一个概念模型，以及为什么有必要这样做。该书进行了有说服力的论证，并展示了设计活动可以被如何整合到交互设计中以及可以整合到其中的哪些部分。

JU, W. (2015) *The Design of Implicit Interactions*. Morgan and Claypool Publishers.

这本简短的书以讲座的形式提供了一个新的理论框架，通过检查我们日常生活中通常没有任何明确的沟通的小型交互来帮助设计智能的、自动的和交互式设备。该书提出了将隐式交互作为未来界面设计的核心概念的想法。

对 Albrecht Schmidt 的访谈

Albrecht Schmidt 是德国慕尼黑大学计算机科学系的以人为中心的普适媒体学的教授。他曾在乌尔姆和曼彻斯特学习计算机科学，并于 2003 年获得英国兰卡斯特大学的博士学位。他曾在不同的大学担任过几个学术职位，包括斯图加特大学、剑桥大学、杜伊斯堡－埃森大学和波恩大学。他还曾在弗劳恩霍夫智能分析与信息系统研究所（IAIS）和剑桥的微软研究院担任研究员。在他的研究中，他研究了普适计算环境中人机交互的固有的复杂性，特别是考虑到计算机智能和系统自治性的提高。Albrecht 通过开发、部署和研究不同现实领域中交互系统和界面技术的功能原型，为人机交互中的科学研究做出了积极贡献。最近，他专注于对信息技术如何为扩大人类思维提供认知和感知支持的研究。

在交互设计中，你如何看待未来愿景对研究的鼓舞？你可以用你自己的工作举一个例子吗？

展望未来是人机交互研究的关键。

与发现现象的传统领域（如物理学或社会学）相比，交互设计的研究更具有建设性，并创造了可能改变我们世界的新事物。虽然交互设计研究还分析了这个世界，旨在理解现象，但它主要是作为激励和指导创新的手段。接下来，研究的一个主要方面是创建具体设计，构建概念和原型，并对其进行评估。

未来的愿景是描述未来蓝图的绝佳方式，在未来，我们仍然需要创造和实施细节。愿景使我们能够传达我们的总体目标。在制定愿景时，我们必须将我们的想法概念化，将它们与我们生活中的实践联系起来，并描述其对个人和社会的预期影响。制定连贯的未来愿景的先决条件是很好地理解我们想要解决的问题。如果制定得很好，愿景就会显示明确的方向，而且它会为研究团体留下各自的解释空间。一个精心设计的未来愿景也会为个人留出空间，使他们的研究努力方向与目标保持一致，或通过研究从根本上批评其目标。

我们提出了通过数字技术扩大人类感知和认知的愿景（参见 Schmidt，2017a、2017b）。这个愿景来自我们过去十年来的各种具体的原型研究。我们意识到我们开发的许多原型和技术都指向了类似的方向：通过设备和应用程序实现超越人类的能力。同时，我们证明了为什么扩大人类能力是一项及时的努力，特别是考虑到人工智能、传感技术以及个人显示设备的最新进展。对于我们的团队以及与我们合作的同事而言，这一愿景已成为鼓励新思想、系统地调查相关领域以进行潜在创新和早期评估想法的手段。

为什么隐喻在人机交互中持续存在？

好的隐喻允许人们将他们的理解和技能从现实世界中的另一个领域迁移到与计算机和数据的交互中。好的隐喻既足够抽象，可以随着时间的推移而持久存在，又足够具体，足以简化计算机的使用。早期的隐喻包括将计算机作为高级打字机和将计算机作为智能助手。这些隐喻有助于人们在设计过程中创建可理解的交互概念和用户界面。设计师可以将他们的想法用于用户界面或交互概念，并根据隐喻对其进行评估。他们可以评估熟悉隐喻所基于的概念或技术的人是否可以理解交互。隐喻通常会暗示某种交互风格，因此可以帮助人们创建更一致的界面和交互设计，使其无须进行解释就可以按照直觉使用（在这种情况下是对隐喻的隐含理解）。

从日常使用中消失的隐含概念的隐喻可能仍然存在。在许多情况下，用户不会从他们自己的经验中了解原始概念（例如，打字机），而是与使用隐喻的技术一同成长。对于一个持续存在的隐喻来说，它必须对新用户以及有经验的用户都保持有益且提供有效的帮助。

你如何看待人工智能和自动化的兴起？你认为人机交互应该扮演一个怎样的角色？

人工智能和自动化的进步是令人兴奋的。它们有可能使人类能够从事、思考和体验我们现在无法想象的事物。然而，释放这种潜力的关键是创造与人工智能交互的有效方式。有意义的自动化和智能系统始终与人类行为有交集。例如：自动驾驶汽车将运送人；无人机将为人提供包裹；自动化厨房将为家庭准备晚餐；公司的大规模数据分析将为其客户提供更好的服务。随着智能系统和智能服务通过人工智能发挥更积极的作用，交互和界面的设计方式变得更加重要。在人工智能存在的情况下创建积极的用户体验是一项挑战，所以我们需要新视野和隐喻。

我们提出的一个概念是干预用户界面的概念（Schmidt 和 Herrmann，2017）。其基本的期望是：在未来，我们周围环境中的许多智能系统都能在没有任何人为干预的情况下正常工作。然而，为了保持控制并使系统适应当前和不可预见的需求以及定制用户体验，应该能够轻松实现人为干预。设计干预措施和用户界面的交互概念以使人们能够充分利用人工智能驱动的系统，是一个巨大的挑战，它包括许多对基础问题的研究。正确地与人工智能进行交互在基本上是为人类找到利用人工智能的力量来实现他们想做的事情的方法，这与开发基础算法同样重要，两者缺一不可。

你认为人机交互面临的挑战是什么？

如前所述，自动化系统和人工智能领域面临着许多挑战。与此密切相关的是交互式可视化之外的人类数据交互。我们如何使人类能够处理大型和非结构化的数据？一个具体的例子是：我今天早上与医疗专业人士进行了讨论。对于特定的癌症类型，有数千种出版物可供参考，其中许多文献可能会有类似的结果，而其他的可能会有相互矛盾的结果。阅读当前形式的所有出版物对于人类读者来说是一个难以解决的问题，因为这需要太长的时间并且会使人的工作记忆超载。经讨论产生的一个简单问题是：使用 AI 预处理 10 000 篇论文、允许相关内容的交互式呈现、使人们能够理解最新技术并提出它自己的假设的系统和界面是什么样的？更好的是，该界面可以支持人们在几小时内完成此操作，而不是花费一生才能完成。

在社会规模上的另一个挑战是了解我们创造的交互系统的长期影响。到目前为止，这是一个反复试错的过程。在没有新闻培训的情况下为个人提供无限且易于使用的大众传播，改变了我们阅读新闻的方式。个人通信设备和即时消息的传递改变了家庭和教室中的交流模式。使用计算机在办公室工作来创建文本正在减少我们的身体活动。我们设计交互式系统的方式、我们创造的易于使用或难以使用的物品以及我们在交互设计中选择的模式，都不可避免地会对人们产生长期影响。通过人机交互中的当前方法和工具，我们能够很好地开发易于使用的系统，并为个人提供惊人的短期用户体验。然而，考虑到即将到来的移动性和医疗保健技术的重大创新，我们设计的界面可能会产生更多的影响。关于大规模数据的一个主要挑战是在社会规模上设计长期用户体验（从数月到数年）。在这里，我们首先必须研究和创造方法与工具。

认 知 方 面

目标

本章的主要目标是：

- 解释什么是认知，以及为什么它对交互设计很重要。
- 讨论什么是注意力及其对我们的多任务能力的影响。
- 描述如何通过技术辅助来增强记忆力。
- 显示已应用于人机交互领域的各种认知框架之间的差异。
- 解释什么是心智模型。
- 使读者能够尝试导出心智模型，并能够理解它的含义。

4.1 引言

想象一下，在夜深人静的时候，你正坐在笔记本电脑前。你有一份报告要在明天早上之前完成，但没有写多少。你开始恐慌并开始咬指甲。这时你看到智能手机上有两条短信在闪烁，于是立即把报告放在一边并拿起智能手机开始阅读。一条短信来自你的母亲；另一条来自你的朋友，询问你是否想出去喝酒。你立即回复了他们。在你意识到之前，你已回到Facebook 上查看朋友们是否发布了和你想去而不能去的派对有关的事。这时电话响了，是你父亲打来的电话。于是你接听了电话，父亲问你是否一直在观看足球比赛。你说你正忙于工作，而他告诉你，你喜欢的球队刚刚得分。你和他聊了一会儿，然后说你必须回去工作了。你意识到 30 分钟过去了，于是把注意力转移到了报告上。但在你意识到之前，你依然进入了最喜欢的体育网站来查看足球比赛的最新得分，并发现你喜欢的球队刚刚再次得分。你的手机又开始嗡嗡作响。两条新的 WhatsApp 消息正等着你。就这样吧。你瞥了一眼笔记本电脑上的时间，现在是午夜。你现在真的很恐慌。最后你关闭了所有东西，除了文字处理器。

在过去的十多年中，人们越来越普遍地在多个任务之间不断地转移他们的注意力。对人类认知的研究可以帮助我们理解多任务处理对人类行为的影响。它还可以通过检查人的能力和限制，为使用计算机技术时的其他类型的数字行为提供洞察，例如决策、搜索和设计。

本章通过研究交互设计的认知方面来涵盖这些方面。本章将思考人类擅长与不擅长的方面，并展示这些知识如何为设计能够增强人类能力和弥补人类弱点的技术提供信息。最后，本章将描述已在人机交互中应用以揭示技术设计的相关认知理论（第 5 章和第 6 章将介绍人类行为的其他概念，分别侧重于交互的社会化和情感化两方面）。

4.2 什么是认知

有许多不同类型的认知，例如思考、记忆、学习、白日梦、决策、视觉、阅读、写作和交谈。区分不同的认知模式的一种众所周知的依据是它们是经验性的还是反思性的（Norman，1993）。经验性认知是一种心智状态，即人们可以直观和轻松地感知、参与和应对周围的事件。它需要达到一定的专业水平和熟练程度，例如驾驶汽车、阅读书籍、进行对话和观看视频。相反，反思性认知涉及思考、注意力、判断力和决策能力，这些可以带来新的想法和创造力。例如设计、学习和编写报告。这两种模式对日常生活都至关重要。另一种描述认知的流行方式是快速思考和慢速思考（Kahneman，2011）。快速思考类似于 Don Norman 的经验性模式，因为它是本能的、反射性的和轻松的，并且没有自主控制感。顾名思义，慢速思考需要更多时间，更具逻辑性且更苛刻，需要更多的注意力。当要求人们给出以下两个算术式的答案时，很容易看出这两种模式之间的差异。

$2+2=$

$21 \times 19 =$

大多数成年人可以在一瞬间完成前者且不需要思考，而完成后者需要大量的思考：许多人需要将该任务具体化，即通过将其写在纸上并使用长乘法来完成它。如今，许多人只需在智能手机或计算机上的计算器应用程序中键入要计算的数字，就可以完成快速思考。

描述认知的其他方式包括根据其发生的背景、使用的工具及界面，以及涉及的人员（Rogers，2012）。根据发生的时间、地点和方式，可以分配、定位、扩展和体现认知。认知也可以按特定类型的过程来描述（Eysenck 和 Brysbaert，2018）。这些过程包括：

- 注意力
- 感知
- 记忆
- 学习
- 阅读、说话和聆听
- 问题解决、规划、推理和决策

需要重点注意的是，其中的许多认知过程是相互依赖的：一个给定的活动可能涉及多个认知过程，认知过程很少孤立地发生。例如，在阅读书籍时，人们必须注意文本、感知并识别字母和单词，并尝试理解已经写好的句子。

下面我们将更详细地描述主要的认知过程，并为每一个认知过程设置一个总结框，突出显示其核心设计含义。与交互设计最相关的是注意力和记忆力，我们将对它们进行最详细的描述。

4.2.1　注意力

注意力是日常生活的中心。它能让我们在过马路时不被汽车或自行车撞到、注意到有人在叫我们的名字，还能让我们一边看电视一边发短信。它涉及在某个时间点从可能的范围中选择要集中精力的事情，使我们能够关注与我们正在做的事情相关的信息。这个过程是容易还是困难取决于我们是否有明确的目标和我们需要的信息在环境中是否突出。

4.2.1.1　明确的目标

如果确切知道需要找什么，我们就可以把可获得的信息与目标相比较。例如，假设我们在长途飞行后刚刚降落在机场，由于在飞机上无法上网，所以我们想知道谁赢得了世界杯。这时，我们可以浏览智能手机上的新闻头条或者观看机场内公共电视播放的即时新闻。

当我们不太清楚究竟要找什么时，我们就可能泛泛地浏览信息，期望被引导发现一些有趣或醒目的东西。例如，当我们去餐馆时，我们可能有一个笼统的目标，就是吃饭，但我们对吃什么并没有明确的想法。因此，我们仔细阅读菜单，把注意力集中在各个菜肴的说明上，看有什么菜适合我们的口味。在看完菜单并且设想了每道菜是什么样的之后（当然，还要考虑其他因素，如价格、与谁用餐、服务员的推荐、要两道菜还是三道菜等），我们才可以做出决定。

4.2.1.2 信息呈现

信息的显示方式也会极大地影响人们捕捉到适当的信息片段的难易程度。读者不妨观察图 4.1，并尝试练习 4.1（基于 Tullis，1997）。其中，搜索信息的任务是非常精确的，它要求准确的答案。

图 4.1　在界面上组织相同信息的两种不同方式，其中一种要比另一种更便于查找信息（图片来源：由 Dr.Tom Tullis 提供）

练习 4.1　观察图 4.1a：（1）查找 Columbia 的 Quality Inn 的双人房价格；（2）查找 Charleston 的 Days Inn 的电话号码。在图 4.1b 中：（1）查找 Bradley 的 Holiday Inn 的双人房价格；（2）查找 Bedford 的 Quality Inn 的电话号码。哪一个需要的时间更长？

在早期的研究中，Tullis 发现以上两者有很大差别：在图 4.1a 中搜索只需 3.2 秒，而在图 4.1b 中查找同样的信息需要 5.5 秒。两个图的信息密度是相同的（31%），但是为什么会有这样的差别呢？

解答　主要原因是图中字符的组织方式不同。图 4.1a 把信息划分在若干垂直栏中（如地点、客房类型、电话号码、价格），并用空格栏作为分隔；而图 4.1b 则把信息聚类在一起，不便查找。

4.2.1.3 多任务和注意力

正如 4.1 节中所提到的，现在许多人都会进行多任务，经常将他们的注意力转移到不同的任务中。例如，在一项针对青少年多任务的研究中，研究者发现大多数青少年在听音乐、看电视、使用电脑或阅读时多次执行多项任务（Rideout 等，2010）。他们在走路、说话和学习时也使用智能手机，现在这种现象更常见了。在参加会议的演讲时，我们目睹了一个人巧妙地在四个正在进行的即时消息聊天（分别来自会议、学校、在朋友和她的兼职工作）之间切换，阅读、回答、删除和将所有新消息放入她的两个电子邮件账户的各个文件夹中，检查并浏览她的 Facebook 和 Twitter 消息，同时她看起来又像在听演讲、记笔记、搜索演讲者的背景并打开他们的出版物。当她一有空闲时，就会玩一会儿 Patience 游戏。仅仅看了她几分钟就很令人疲惫了。就好像她能够同时生活在多个世界中，而不是浪费任何时间。但她真正从演讲中获得了多少信息呢？

是否可以执行多项任务而不会对其中的一项或多项造成不利影响？关于多任务处理对记忆和注意力的影响已经有很多研究（Burgess，2015）。一般的发现是，这种影响取决于任务的性质以及每个人需要多少注意力。例如，在工作时听轻柔的音乐可以帮助人们屏蔽背景噪音，例如车流声或其他人的说话声，并帮助他们专注于正在做的事情。但是，如果音乐很吵，例如重金属，则会分散注意力。

人们还发现了个体差异。例如，一系列针对比较频繁地进行多任务的用户和不经常进行多任务用户的实验结果表明，频繁使用媒体多任务的人（例如上述人员）比不经常进行多任务的人更容易被他们正在观看的多个媒体分散注意力。后者被发现在面对各种选择时能更好地分配他们的注意力（Ophir 等，2009）。这表明频繁进行多任务的人可能是那些容易分心并且难以过滤掉无关信息的人。然而，Danielle Lotteridge 等人（2015）的一项研究发现这可能更复杂。他们发现，虽然频繁进行多任务的人很容易分心，但如果分散注意力的资源与手头的任务相关，那么他们也可以很好地利用它。Lotteridge 等人进行了一项研究，涉及分别在两种条件（只有相关的或不相关的信息）下撰写论文。他们发现，信息来源如果是相关的，就不会影响论文写作。而提供无关信息则会对任务绩效产生负面影响。总之，他们发现多任务是把双刃剑——这取决于让你分心的事情以及它与手头的任务有多相关。

多任务处理被认为对人类表现有害的原因在于，它超出了人们注意力分配的能力。人们在将注意力从正在进行的工作转移到另一条信息上之后，需要额外的努力才能回到刚才的任务中，并记住他们在刚才正在进行的活动中的位置。因此，完成任务所需的时间会显著增加。对课程完成率的研究发现，参与即时交流的学生阅读教科书中的段落所花费的时间比阅读时没有即时交流的学生要长 50%（Bowman 等，2010）。多任务处理也可能导致人们失去思路、犯错误或需要重新开始。

然而，由于引入了越来越多的技术（例如，手术室中的多个屏幕），许多人被期望在现在的工作场所（如医院）中执行多个任务。医院中这种技术的引入经常是为了提供新的实时和变化的信息。然而，这通常需要临床医生不断注意检查是

"这个项目需要真正的全神贯注。你能够适应这种单调吗？"

否有任何数据异常或意外。管理不断增加的信息负载需要专业人士（如临床医生）开发新的注意力和浏览策略，以查找数据可视化中的异常情况并收听音频警报，提醒他们注意潜在的危险。交互设计人员试图通过使用当需要注意时就会点亮的环境显示来实现这一点：通过闪烁箭头来引导注意力转向特定类型的数据或最近操作的历史日志，可以快速查看这些数据和日志，以唤醒用户关于给定屏幕上刚刚发生了什么的记忆。然而，在技术丰富的环境中，临床医生设法在不同任务之间切换和分散注意力的能力几乎没有得到研究（Douglas 等，2017）。

▎窘境｜开车时可以用手机吗？

关于驾驶员是否应该在驾驶的同时用手机打电话或发短信（见图 4.2）存在相当大的争议。人们在走路时会用手机通话，为什么开车时不能做同样的事情呢？主要原因是驾驶的要求更高，驾驶员更容易分心，并且发生事故的可能性更大（但是，有些人在走上马路时也在使用手机，并没有看一看是否有车来了）。

图 4.2　在开车时用手机发短信会分散注意力吗（图片来源：Tetra Images/Alamy Stock Photo）

一项针对汽车中使用手机的研究发现，在进行电话交谈时，司机对外部事件的反应时间更长（Caird 等，2018）。使用手机的司机也被发现在保持车道和保持正确速度方面更差（Stavrinos 等，2013）。其原因是使用手机的驾驶员更多地依赖于他们对接下来可能发生的事情的预期，因此他们对意外事件（例如前面的车突然停车）的反应要慢得多（Briggs 等，2018）。此外，电话交谈使驾驶员会在视觉上想象正在谈论的内容。驾驶员还可能想象他们正在与之交谈的人的面部表情。这些想象所涉及的视觉图像会竞争处理资源，这些处理资源也是驾驶员能够注意到他们前方的物体并对其做出反应所需要的。使用免提设备比实际拿着电话进行对话更安全的想法是错误的，因为在这种情况下也会进行相同类型的认知处理。

与乘客进行交谈的驾驶员也会遇到类似的负面影响。然而，与坐在驾驶员旁边的乘客对话和与远离驾驶员的人进行对话带来的影响之间存在差异。驾驶员和前座乘客可以在路上共同观察他们面前发生的事情，并调节或停止他们的谈话，以便将他们的全部注意力转移到潜在或实际的危险上。然而，电话另一端的人并不了解司机所看到的内容并只会继续进行对话。他们可能会问"你把备用钥匙放在了哪里？"并让驾驶员在头脑中想象钥匙在家里的何处，使他们更加难以将全部注意力转回到路上发生的事情上。

由于这些危险问题，许多国家禁止在驾驶时使用手机。为了帮助司机抵挡接听电话或查看通知的诱惑，一些政府已经要求智能手机设备制造商引入类似于飞行模式的驾驶模式。该模式可以自动锁定智能手机，从而阻止访问应用程序，同时在检测到有人正在驾驶时禁用手机的键盘。例如，iPhone 已实现此选项。

因此，在多种情况下，多任务可能产生负面影响，例如在开车时发短信或打电话。转换注意力的成本因人而异，也随着在哪些信息资源之间切换而不同。在开发新技术以便为工作环境中的人们提供更多信息时，重要的是要考虑如何最好地支持他们，以便他们可以轻松地在多个显示器或设备之间来回切换注意力，并能够在中断（例如，电话响起或有人询问他们问题）后轻松地返回到他们刚刚正在做的事情中。

设计提示｜注意力

- 考虑上下文。当在任务的特定阶段时，信息的显示应醒目以吸引注意。
- 使用如动画图形、颜色、下划线、项目排序、对不同信息进行排序和在条目之间使用间隔符等技术来在设计可视化界面时实现这个目标。
- 避免使用太多信息使界面混乱。尤其要谨慎使用颜色和图形：人们倾向于使用过多这类表示，而导致界面中媒体混杂，这样不但不能帮助用户获得相关信息，反而会分散其注意力，使用户反感。
- 考虑设计支持有效切换和返回特定界面的不同方法。这可以巧妙地做到，如使用脉冲灯逐渐变亮或突然亮起，以及使用报警音乐或语音。还需要考虑包含多少相互竞争的视觉信息或环境声音。

4.2.2　感知

感知是指如何通过五个感觉器官（视觉、听觉、味觉、嗅觉和触觉）从环境中获取信息，并将其转化为物体、事件、声音和味道的体验（Roth，1986）。此外，我们还有额外的运动觉，它涉及通过位于肌肉和关节中的内部感觉器官（称为本体感受器）对身体各部位的位置和运动的认识。感知很复杂，它涉及其他认知过程，如记忆、注意力和语言。对于视力正常的人来说，视觉是最主要的感觉，其次是听觉和触觉。关于交互设计，重要的是以预期的、容易感知的方式呈现信息。

正如练习 4.1 中所示，将项目分组并在各组之间留出空格可以引起注意，因为这样可以分散信息。拥有大量信息使其更容易浏览，而不是一长串完全相同的文本。此外，许多设计师建议在分组对象时使用空白区域（通常称为留白），因为它可以帮助用户更轻松、更快速地感知和定位项目（Malamed，2009）。在一项比较显示相同信息量但使用不同图形方法构建的网页的研究（参见图 4.3）中，研究者发现，与使用对比色分组相比，人们花费更少的时间从使用边框分组的信息中查找项目（Weller，2004）。调查结果表明，采用这种对比色可能不是在屏幕上分组信息的好方法，但使用边界分组更有效（Galitz，1997）。

图 4.3   在网页上构建信息的两种方法（图片来源：Weller（2004））

设计提示 | 感知

在设计信息呈现时，应确保信息在不同介质之间易于察觉和识别。

- 图标和其他图形表示应该使用户能够容易地区分它们的含义。
- 明显的分隔符和留白是对信息进行分组的有效视觉方式，使得项目更容易被感知和定位。
- 声音应足够响亮和可辨识，以便用户可以区分它们并记住它们的含义。
- 在设计界面时应研究适当的颜色对比技术，特别是在选择文本颜色以使其从背景中突出时（例如，可以在黑色或蓝色背景上使用黄色文本，但不能在白色或绿色背景上使用黄色文本）。
- 触觉反馈应该明智而审慎地使用。所使用的触觉的种类应该是容易区分的，例如，应将"挤压"的感觉应以一种不同于"推"的感觉的触觉形式表现出来。过度使用触觉会引起混淆。苹果公司的 iOS 系统建议对用户发起的动作提供触觉反馈，比如当使用智能手表解锁车辆的动作完成时。

4.2.3　记忆

记忆涉及回忆各种知识以便采取适当的行动。例如，它允许我们识别某人的脸，记住某人的名字，回忆起上次见面是什么时候，并知道我们最后对他说了什么。

我们不可能记住所有我们看到的、听到的、尝到的、闻到的或触摸到的东西，我们也不希望如此，否则我们的大脑会彻底超负荷。这就需要一个"过滤"过程，以决定需要进一步处理和记住哪些信息。然而，这种过滤的过程并不是没有问题的。我们经常会忘记一些想要记住的东西，而记住一些想要刻意忘记的东西。例如，我们可能会发现很难记住一些日常事物，比如人们的姓名和电话号码，或者科学知识，例如数学公式。另一方面，我们可以毫不费力地记住一些琐事或旋律，而且它们会历久弥新。

这个过滤过程是如何工作的？首先是编码处理，它决定要关注环境中的哪些信息以及如何解释它们。编码处理的程度能够影响我们日后能否回忆起这个信息。对事物的关注越多，在对事物的思考和与其他知识的比较方面处理得越多，将其回忆起来的可能性就越大。例如，当学习某个课程时，最好是仔细琢磨它、进行练习、与他人讨论、做笔记，而不仅仅是被动地阅读或观看视频讲解。因此，如何解释所遇到的信息对信息在记忆里如何表示以及日后检索信息的容易程度有很大影响。

另一个能够影响信息日后检索程度的因素是信息编码的情境。其表现之一是，人们有时难以从当前所处情境回想起某些在不同的情境编码过的信息。考虑以下情景：

你在火车上时，突然有人上前跟你打招呼，但你却一时认不出来他，过后你才想起原来他是你的邻居。你只习惯于在公寓楼的走廊里见到他，因此一旦脱离了这个环境，就会很难认出他来。

另一个众所周知的记忆现象是，人们识别事物的能力要远胜于回忆事物的能力。而且，某些类型的信息要比其他类型的信息更易于识别。特别地，人们非常善于识别数千张图片，即使以前只是匆匆浏览过它们。相比之下，我们不善于记住我们拍摄照片时的地点细节，如博物馆。我们在拍摄照片时会比用肉眼观察时记住的对象少（Henkel，2014）。其原因是，研究的参与者似乎更关注照片的构图，而不是被拍照对象的细节。因此，人们在拍照时处理的关于物体的信息没有在实际观察它时处理的那么多，导致他们以后能记起的信息更少。

练习 4.2　尝试记住你的所有家庭成员和你最亲密的朋友的生日。你能记住多少？然后尝试描述你下载的最新应用程序的图像／图形。

解答　相对于你的家人和朋友的生日（大多数人现在依靠 Facebook 或其他在线应用程序提醒他们），你可能更容易记住你最新下载的应用程序的图像和颜色。人们非常善于记住关于事物的视觉提示，例如条目的颜色、对象的位置（例如，书在顶部的架子上）以及对象上的标记（例如，手表上的划痕、杯子上的缺口）。相比之下，人们发现其他类型的信息难以学习和记住，特别是如生日和电话号码之类的随机性材料。

人们越来越依赖互联网和智能手机来充当认知工具。具有互联网接入的智能手机已成为大脑不可或缺的延伸。Sparrow 等人（2011）展示了期望能够随时访问互联网减少了人们对信息本身的需要，从而减少了人们尝试记住信息本身的程度，同时增强了他们的记忆，以便知道在哪里可以找到信息。很多人会拿出智能手机来查找一部电影中的演员、一本书的名字，或一首流行歌曲首次发行的年份等。除了搜索引擎之外，还有许多其他认知辅助应用程序可以立即帮助人们找到或记住某些内容，例如流行的音乐识别应用程序 Shazam.com。

4.2.3.1 个人信息管理

现在我们每天所写的文档、创建的图像、录制的音乐文件、下载的视频片段、保存附件的电子邮件、已添加书签的 URL 等的数量都在增加。人们通常的做法是将这些文件存储在手机、计算机或云中，以便以后访问它们。这称为个人信息管理（PIM）。这里的设计挑战是决定哪种方式是帮助用户组织内容的最佳方式，以便用户可以轻松搜索内容，例如，通过文件夹、相册或列表。该解决方案应该可以帮助用户在以后轻松访问特定项目，例如特定图像、视频或文档。然而，这可能很困难，尤其是当有数千甚至数十万条信息可用时。人们要如何找到他们认为是两三年前拍摄的他们的狗勇敢地跳入大海追逐海鸥的照片？他们需要花费很长时间来浏览他们按日期、名称或标签编目的数百个文件夹。他们是否会首先在文件夹中查找给定年份，查找事件、地点或面孔，或者在搜索字词中键入以查找特定照片？

如果一个项目不容易被找到，则会令人沮丧，特别是当用户在搜索特定图像或旧文档时花费了大量时间打开多个文件夹，却仅仅是因为他们不记得文件名或存储位置。我们应该如何改进这种记忆的认知过程？

命名是将内容编码的最常用方法，但是尝试记住某人创建的名称可能很困难，特别是在有数万个命名的文件、图像、视频、电子邮件等时。考虑到个人的记忆能力，应如何促进这样的过程？ Ofer Bergman 和 Steve Whittaker（2016）提出了一种模型，以帮助人们根据策展来管理他们的"数字内容"。该模型涉及三个相互依赖的过程：如何确定要保留的个人信息；如何在存储时组织信息；以后使用哪些策略来检索信息。第一阶段可以由人们使用的系统辅助。例如，电子邮件、文本、音乐和照片被许多设备默认存储。用户必须决定是将这些文件放在文件夹中还是删除它们。相比之下，在浏览网页时，他们必须有意识地决定他们正在访问的网站是否值得加入他们可能想要稍后再访问的网站列表。

人们已经开发了许多向文档添加元数据的方式，包括时间戳、分类、标记和归属（例如颜色、文本、图标、声音或图像）。然而，令人惊讶的是，大多数人仍然喜欢使用以文件夹来保存文件和其他数字内容的传统方式。一个原因是文件夹提供了一个强大的隐喻（参见第 3 章），人们可以很容易地理解它，并将具有共同点的东西放到一起。

在许多用户的计算机桌面上经常看到的文件夹只是一个标记为"东西"的文件夹。这是没有明显去处但人们仍然希望保留的文档、图像等被放置的地方。研究者还发现，在寻找某些内容时，人们非常喜欢在文件夹内浏览，而不是简单地在搜索引擎中键入关键字（Ofer 和 Whittaker，2016）。使用搜索引擎的部分问题在于，人们很难回忆起正在寻找的文件的名称。与浏览一组文件夹相比，此过程需要更多的认知工作。

为了帮助用户进行搜索，许多搜索和查找工具（例如苹果公司的 Spotlight）现在允许他们键入部分名称，甚至是文件的第一个字母，然后在整个系统中搜索该文件，包括文档内的内容、应用程序、游戏、电子邮件、联系人、图像、日历。图 4.4 展示了 Spotlight 搜索到的与单词 cognition 匹配的文件的部分列表，且按文档、邮件和文本消息、PDF 文档等进行了分类。

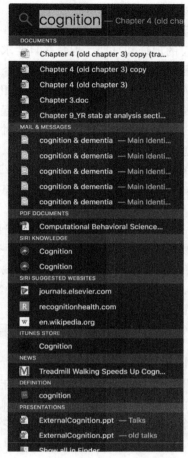

图 4.4　苹果公司的 Spotlight 搜索工具

4.2.3.2　记忆负担和密码

电话、在线和移动银行允许客户在方便时进行金融交易，例如支付账单和查看账户余额。然而，提供这些功能的银行面临的问题之一是如何管理安全问题，特别是防止欺诈性交易。

一种解决方案是制定严格的安全措施，客户必须在访问其账户之前提供多条信息。这称为多因素身份验证（MFA）。该方法要求用户提供只有他们知道的两个或多个证据，如下所示：

- 他们的邮递区号或邮政编码
- 他们母亲的婚前姓
- 他们的出生地
- 他们最后入读的学校名
- 他们最早入读的学校名
- 长度为 5 到 10 个字符的密码
- 难忘的地址（非家庭住址）
- 难忘的日期（非生日）

其中许多信息是人们非常熟悉的，因此容易记忆或回想。但是考虑最后两个信息，人们能够容易地想出这样"难忘"且便于日后快速回想的信息吗？也许客户可以使用他们家庭的其他成员的地址和生日作为难忘的地址和日期。但是一旦要求输入口令怎么办？假设客户选择"interaction"一词作为密码——一个相当容易记住的口令。问题是银行接线员不会要求提供完整的密码，因为附近的人可能会偷听并把它写下来。相反，他们要求客户提供特定的字母，如第7个、第5个字母是什么。然而，人们不容易想起这样的信息。因此，我们需要逐个数密码中的字母，然后找出需要的字母。你需要多长时间才能算出口令"interaction"的第7个字母是什么？你又是怎么做的呢？

更困难的是，银行职员往往会打乱提问次序，这也是为了避免其他人偷听并记录信息顺序。但这同时也意味着客户自己也无法掌握所需的各种信息次序，因此每次给银行打电话时，都需要花很多功夫。

记住和回忆这些信息的这一要求给客户带来了巨大的记忆负担。有些人发现这样的程序非常令人厌恶，并且他们容易忘记某些信息。因此，作为一种应对策略，他们会在一张纸上写下他们的详细信息。手头有这样的外部表示使他们更容易读取必要的信息而不必从记忆中回忆起来。然而，如果其他人得到那张纸的话，他们也会容易受到银行试图阻止的欺诈行为！软件公司还开发了密码管理器，以帮助减少记忆负担。一个例子是 LastPass（https://www.lastpass.com/），它旨在记住你的所有密码，这意味着你只需要记住一个主密码。

▌框 4.1 │ 神奇的 7±2 理论的问题

心理学中最著名的发现（几乎所有学生在完成学业的多年后都必定会记得这一发现）也许就是 George Miller（1956）的理论，即短期记忆一次可以储存 7±2 个信息块。然而，这也是在交互设计中被误用的一个理论，因为一些设计者认为它意味着他们应该设计用户界面只在屏幕上有 7±2 个小部件，例如菜单。事实上，正如这里所解释的那样，这是对这种现象的误用。

Miller 所说的"短期记忆"指一个记忆存储，它处理人们首次感知到的信息。他所说的"信息块"指一系列的项目，如数字、字母或单词。因此，根据他的理论，人们的直接记忆能力非常有限，他们只能记住他们听过或看过的几个字或数字。如果你不熟悉此现象，请尝试以下练习：

阅读下面的第一组数字（或让其他人读给你听），遮住它们，然后尝试回忆尽可能多的项目。对其他信息组重复此操作。

- 3、12、6、20、9、4、0、1、19、8、97、13、84
- 猫、房屋、纸、大笑、人、红色、是、数字、影子、扫帚、下雨、植物、灯、巧克力、收音机、一元硬币、喷气机
- T、k、s、y、r、q、x、p、a、z、l、b、m、e

你能够记住多少个呢？是不是 Miller 的理论所说的 5 至 9 个？

信息块也可以是有意义的复合信息项。例如，我们可以记住相同数量的双字词组，如 hot chocolate（热巧克力）、banana split（香蕉半剖条）、cream cracker（奶油苏打）、rock music（摇滚乐）、cheddar cheese（切达干酪）、leather belt（皮带）、laser printer（激光打印机）、tree fern（椤树）、fluffy duckling（绒毛玩具鸭）、cold rain（冷雨）。但是，如果把这些词组相互掺杂，组成 split belt、fern crackers、banana laser、printer cream、cheddar tree、rain duckling、hot rock，我们就很难记住同样数量的信息块了。这主要是因为前一组双字词组都是有意义的，而且是我们听说过的，因此在短期记忆时处理较快；而后一组词则完全是新词，实际上并不存在，因此我们在记忆它们时，需要把双字词的前后两部分相联系，这就需要更多的脑力活动和时间。当然，如果有足够的时间，我们是可以记住它们的。但如果只给你很短的时间，而且只念一遍，那么你很可能只记得住少数几个。

那么，人们仅能记住他们刚刚阅读或听到的 7±2 个信息块的记忆能力怎样才能有效地应用于交互设计呢？根据 Bob Bailey（2000）的调查，一些设计师已经开始相信以下指导原则，并根据它们创建了界面：

- 菜单上只安排 7 个选项。
- 工具栏上只显示 7 个图标。
- 清单中的子项不应超过 7 个。
- 在网页顶端只放置 7 个标签。
- 下拉式菜单最多只能有 7 个选项。

他指出不应该这样应用这个原则。原因是这些都是可以通过视觉浏览和重新浏览的项目，因此不必从短期记忆中召回。它们并不是在屏幕上闪现并消失，要求用户在决定选择哪一个之前记住它们。如果你被要求在前面列出的单词中找出大多数人都渴望的食物，你会有任何问题吗？不，你只需浏览列表，直到找到匹配任务的那个项目（巧克力）然后选择它，就像人们在与菜单、列表和标签交互时所做的那样（无论它们是由 3 个还是 30 个项目组成）。用户需要做的事情不是尽可能多地记下只是按顺序听过或看过一次的项目，而是浏览一组项目，直到他们认出他们想要的那个。这是一项完全不同的任务。

练习 4.3　银行如何在克服提供安全系统的问题的同时为想要使用在线和手机银行的人们减少记忆负担？

解答　计算机视觉和生物识别技术的进步意味着现在可以取代每次输入密码的需要。例如，可以在较新的智能手机上配置面部和触摸 ID，以启用无密码的手机银行。一旦设置完成，用户只需将他们的脸部放在手机摄像头前或将手指放在指纹传感器上。这些替代方法将识别和验证人的责任放在了电话上，而不是让人学习和记住密码。

┃框 4.2┃数字遗忘────

许多关于记忆和交互设计的研究集中在开发帮助人们记忆的认知辅助上，例如，提醒、待办事项列表和数字照片集。然而，有时我们希望忘记一些记忆。例如，当与伴侣分手后，通过共享的数字照片、视频和 Facebook 上的朋友勾起的曾经的回忆也可能给人们在情感上带来痛苦。应该如何设计技术来帮助人们忘记这样的记忆？如何设计社交媒体（如 Facebook）来支持这一过程？

Corina Sas 和 Steve Whittaker（2013）建议通过使用各种自动方法（例如面部识别）来处理这些数字材料，从而设计新的收集数字材料的方法，而不需要人们亲自经历并面对痛苦的记忆。他们还表示，在分手期间，人们可以将他们与前任有关的数字内容拼接起来，以便将它们变成更抽象的东西，从而提供一种结束关系的方式，并帮助人们迈向新的生活。

人们开展了大量关于如何设计技术来帮助患有记忆丧失的人（例如患有阿尔茨海默病的人）的研究。早期的例子是 SenseCam，它最初由英国剑桥的微软研究实验室开发，旨在帮助人们记住日常事件。他们开发的设备是一个可穿戴的相机，可在佩戴时间歇性地拍照，而无须任何用户干预（参见图 4.5）。可以将相机设置为在特定时间拍摄照片，例如，每 30 秒或者基于其感测的内容（例如加速度）。该相机采用了鱼眼镜头，几乎可以捕捉佩戴者面前的所有东西。它可以存储每天的数字图像，以提供人们所经历的事件的记录。研究人员使用该装置对患有各种形式记忆丧失的患者进行了若干研究。例如，Steve Hodges 等人（2006）描述了患有失忆症的 B 夫人是如何佩戴 SenseCam 生活的。该设备收集的图像在每天结束时上传到计算机。在接下来的两个星期里，B 夫人和她的丈夫仔细观看了这些图像并对其进行了讨论。在此期间，B 夫人对一个事件的回忆几乎增加了两倍，以至于她几乎可以记住有关该事件的所有事情。在使用 SenseCam 之前，B 夫人通常会在几天之内忘记她最初能记得的关于一件事的一点点东西。

图 4.5　SenseCam 设备和用它拍摄的一张照片（图片由 Microsoft Research Cambridge 提供）

自从这项开创性的研究以来，人们已经为痴呆症患者开发了许多数字记忆应用程序。例如，RemArc 旨在使用 BBC 档案资料（如旧照片、视频和声音片段）触发患有痴呆症的人的长期记忆。

┃设计提示┃记忆 ──────────────────────────────

- 通过避免执行任务所需的漫长而复杂的程序来减少认知负担。
- 设计界面通过使用熟悉的交互模式、菜单、图标和一致放置的对象来促进识别而不是回忆。
- 为用户提供各种标记数字信息（例如文件、电子邮件和图像）的方式，以帮助他们通过使用文件夹、类别、颜色、标记、时间戳和图标轻松识别它们。

4.2.4　学习

学习与记忆密切相关。它涉及没有记忆就无法实现的技能和知识的积累。同样，除非学会了东西，否则人们将无法记住这些东西。在认知心理学中，学习被分为偶然学习和有意学习。偶然学习是指没有学习的意图，例如了解世界（如识别面孔、街道和物体）以及你今天所做的事情。相比之下，有意学习是以目标为导向的，这个目标就是能够记住它，例如为了考试而学习、学习外语和学习烹饪。这种学习更难实现。因此，软件开发人员不能假设用户可以轻松地学会如何使用应用程序或产品。这往往需要很多有意识的努力。

此外，众所周知，人们很难通过阅读手册中的一组说明来学习。相反，他们更喜欢通过动手做来学习。GUI 和直接操作界面是通过支持探索性交互来支持这种主动学习的良好环境，并且重要的是，它们允许用户撤销其操作，即：如果用户由于单击错误选项而出错，则可以返回到先前状态。

人们已经进行了许多尝试以利用不同技术的能力来支持有意学习，例如在线学习、多媒体和虚拟现实。它们提供了通过与信息交互来学习的替代方式，这是传统技术（例如书籍）无法实现的。通过这样做，它们有潜力为学习者提供以不同方式探索想法和概念的能力。例如，多媒体模拟、可穿戴设备和增强现实（见第 7 章）旨在帮助教授学生难以理解的抽象概念（如数学公式、符号、物理定律、生物过程）。相同过程的不同表示（例如，图形、公式、声音或模拟）以不同的方式显示和交互，使得学习者可以更清晰地了解它们之间的关系。

人们在合作时往往能有效地学习。新技术也被设计用于支持共享、轮流使用和处理相同的文档。下一章将介绍如何增强学习效果。

┃设计提示┃学习 ────────────────────────────────

- 设计鼓励探索的界面。
- 设计限制和指导用户在初始学习时选择适当操作的界面。

4.2.5　阅读、说话和聆听

阅读、说话和聆听是既具有相似属性也具有不同属性的三种语言处理形式。其相似性之一是，不论以哪一种形式表达，相同句子或短语的意思都是相同的。例如，不论是读到、听到还是说出"计算机是一个伟大的发明"，这个句子的意思都是相同的。但是，人们可以阅读、聆听或说话的容易程度取决于人、任务和背景。例如，许多人认为聆听要比阅读容易得多。以下是这三种形式的不同之处：

- 书面语言是永久性的，而聆听是暂时性的。若第一次阅读时没有理解，我们可以再读一遍，但对于广播消息，我们则无法做到这一点。
- 阅读比聆听、说话更快。我们可以快速浏览书面文字，但只能逐一听取他人所说的词语。
- 从认知的角度来看，聆听要比阅读和说话更容易。儿童尤其喜欢观看基于多媒体或网络的叙述性学习材料，而不是阅读在线文字材料。有声读物的流行表明成年人也喜欢听小说，等等。
- 书面语言往往是合乎语法的，而口头语言常常不符合语法。例如，人们经常话说一半即停止，以便其他人发言。
- "诵读困难"患者很难理解和识别书面文字，因此很难正确拼写，或写出符合语法的句子。

人们开发的许多应用程序要么是利用人们的阅读、书写和聆听的能力，要么是弥补人们在这方面的不足或帮助人们克服这方面的困难。这些应用程序包括：

- 帮助人们阅读或学习外语的交互式书籍和应用程序。
- 允许人们通过使用语音命令与其进行交互的语音识别系统（例如，Dragon Home、Google 语音搜索以及响应发声请求的家庭设备，如 Amazon Echo，Google Home 和

Home Aware）。

- 使用人工生成的语音的语音输出系统（例如，针对盲人的书面文本 - 语音转换系统）。
- 自然语言界面，使人们能够输入问题并获得书面回复（例如，聊天机器人）。
- 旨在帮助难以阅读、书写或说话的人的交互式应用程序。允许各种残障人士访问网络并使用文字处理器和其他软件包的定制的输入和输出设备。
- 允许视障人士阅读图表的触觉界面（例如，Designboom 的 iPhone 盲文地图）。

┃设计提示┃阅读、说话和聆听

- 尽量减少语音菜单、命令的数目。研究表明，人们很难掌握包含超过三或四个语音选项的菜单的使用方法，也很难记住含有多个部分的语音指令。
- 应重视人工合成语音库的语调，因为合成语音要比自然语音难以理解。
- 应允许用户自由放大文字，同时不影响格式，以方便难以阅读小字的用户。

4.2.6　解决问题、规划、推理和决策

解决问题、规划、推理和决策是涉及反思认知的过程，包括思考要做什么、可用的选项是什么以及执行特定操作可能产生的结果。它们通常涉及有意识的过程（意识到自己在想什么）、与他人（或自己）讨论以及使用各种工具（例如，地图、书籍、钢笔和纸张）。推理涉及处理不同的场景，并决定哪个是给定问题的最佳选择或解决方案。例如，在决定去哪里度假时，人们可能会权衡不同地点的利弊，包括成本、地点的天气、住宿条件的可用性及类型、航班时间、与海滩的距离、当地小镇的规模及是否有夜生活等。在权衡所有选项时，他们会在决定最佳选项之前，先了解其各自的优缺点。

研究者越来越关注人们在面对信息过载时如何做出决策，例如在网上或商店购物时（Todd 等，2011）。当面对一个压倒性的选择时，做出决定有多容易？经典的理性决策理论（例如，von Neumann 和 Morgenstern，1944）认为做出选择涉及权衡不同行动方案的成本和收益。这涉及详尽地处理信息并在特征之间进行权衡。这些策略在计算和信息方面非常昂贵（尤其是因为它们要求决策者找到比较不同选项的方法）。相比之下，认知心理学研究表明人们在做出决策时倾向于使用简单的启发式方法（Gigerenzer 等，1999）。一个理论上的解释是，人类的思维已经演变为快速行动，通过使用快速和简单的试探式方法做出足够好的决策。我们通常会忽略大部分可用信息，仅依赖于一些重要提示。例如，在超市中，购物者基于缺乏的信息做出快速判断，例如购买他们认识的品牌、价格低廉或提供有吸引力的包装（很少阅读其他包装信息）的商品。这表明一种有效的设计策略是使产品的关键信息非常突出。然而，究竟什么是显著的因人而异。这可能取决于用户的偏好、敏感点或兴趣。例如，一个人可能对坚果过敏并且对食物产地感兴趣，而另一个人可能更关心所使用的耕作方法（例如有机食品、FairTrade 等）和产品的含糖量。

因此，更好的策略是设计技术干预，以提供足够的信息并以正确的形式促进良好的选择，而不是提供更多的信息以使人们在做出选择时比较产品。一种解决方案是利用新形式的增强现实和可穿戴技术，这些技术可以实现信息节约的决策，并且具有可以以易于理解的形式表示关键信息的可浏览显示（Rogers 等，2010b）。增强现实技术或可穿戴应用的界面可以被设计为提供特定的"食物"或其他信息过滤器，用户可以根据自己的喜好打开或关闭它们。

┃窘境┃你能脱离应用程序自己做出决策吗?

在 *The App Generation*(耶鲁大学出版社,2014)一书中,Howard Gardner 和 Katie Davis 注意到一些年轻人发现由自己做出决定很难,因为他们越来越厌恶风险。其原因是他们现在依靠使用越来越多的移动应用程序来帮助他们做出决策,从而消除了自己决定的风险。通常,他们会首先阅读其他人在社交媒体网站、博客和推荐应用上所说的内容,然后再选择在哪里吃饭或去哪里、做什么或听什么等。然而,依赖于众多应用程序意味着年轻人越来越无法自己做出决定。对于许多人来说,他们的第一个重大决定是选择考哪所大学。这已成为令人痛苦和漫长的经历,而父母和应用程序在帮助他们摆脱困境的过程中发挥着核心作用。他们将阅读无数的评论,在几个月内与父母一起访问多所大学,研究采用不同衡量标准的大学排名,阅读其他人在社交网站上的说法,等等。然而,最终他们可能会选择他们的朋友所在的学校或者他们喜欢的学校。

┃设计提示┃解决问题、规划、推理和决策

- 为希望了解如何更有效地开展活动(例如网络搜索)的用户提供易于访问的信息和帮助页面。
- 在界面上使用简单且易记的功能以支持快速决策和规划。允许用户设置或保存自己的标准或首选项。

4.3 认知框架

人们开发了许多基于认知理论的概念框架来解释和预测用户的行为。在本节中,我们将概述三个主要关注心理过程的方法,以及另外三个解释了人类如何在其发生的背景下交互和使用技术的方法。这些方法分别是心智模型、执行和评估的鸿沟、信息处理、分布式认知、外部认知以及具体化交互。

4.3.1 心智模型

当人们需要对技术进行推理时,尤其是在遇到意外的事情或第一次遇到不熟悉的产品时,人们会使用心智模型来试图思考该怎么做。一个人对产品及其功能的了解越多,他的心智模型就越发散。例如,宽带工程师对 Wi-Fi 网络的工作方式具有深刻的心智模型,该心智模型可以帮助他们确定如何设置和修复 Wi-Fi 网络。相比之下,普通人可能对在家中使用 Wi-Fi 网络有一个相当不错的心智模型,但对它的工作原理却有较浅的心智模型。

在认知心理学中,心智模型被认为是被操纵的外部世界的某些因素的内部结构,使得人们能够进行推测和推理(Craik,1943)。该过程涉及心智模型的充实和运行(Johnson-Laird,1983),既可能涉及有意识的心智处理过程,也可能涉及无意识的心智处理过程,在此过程中图像和类比都被激活。

练习 4.4 以下两个场景能够说明人们在日常生活中如何使用心智模型。

- 你在一个寒冷的冬夜从度假地回到家中,家里很冷。你有一个小宝宝,所以你需要尽快让房子暖和起来。你的房子使用的是中央供暖系统,但没有可以远程控制的智能恒温器。你是将恒温器设置为最高温度还是将其调至所需温度(例如 21℃)?
- 你在凌晨回到家中,你很饥饿。你看了看冰箱,只找到剩下的一个冷冻比萨饼。包装上的说明说，要将烤箱加热至 190℃，然后将比萨饼放在烤箱中烤 20 分钟。你的烤箱是电动的。你将如何加热它？是将其调到指定的温度还是最高温度？

解答   当被问到第一个问题时，大多数人会选择第一种方法。典型的解释是将温度设置得尽可能高以增加房间加热的速率。虽然许多人可能相信这一点，但这是不正确的。调温器的工作方式是：打开阀门，让热气以固定速度流入，当室温达到预设温度时，关闭热气。可见，调温器无法控制中央供暖系统的散热速度。在设定了温度之后，调温器将不停地打开、关闭热气以保持恒温。

在回答第二个问题时，大多数人会说把烤箱调到指定温度，在达到合适温度后，再放入比萨饼。也许会有人把温度调到更高，希望它能快速升温。电烤箱的工作原理与中央供暖系统的是相同的，所以把温度调得更高并不会加快升温的速度，而且温度过高也可能把比萨饼烤焦。

为什么人们会使用错误的心智模型？在上述两个情景下，人们似乎是基于一般的关于事物运作方式的阈值理论运行心智模型（Kempton，1986），其原则是"多多益善"，即越用力转动或按某个东西，它将产生越显著的效果。这一原则适用于一系列物理设备，例如水龙头，转动越多，流出的水就越多。然而，该原则不适用于恒温器，因为其功能基于"通/断"式开关的原理。由此可见，在日常生活中人们会为事物的工作原理开发一系列核心抽象模型，并把它们应用于广泛的设备，而忽略了这些模型是否适用。

令人惊讶的是，使用不正确的心智模型来指导行为的现象是非常常见的。观察人们过人行横道或等待电梯的情形，他们会按下多少次按钮？很多人会至少按两次。当被问及为什么时，一个常见的理由是，他们认为这样会使交通灯转变得更快，或确保电梯的到来。

许多人对技术和服务（例如，互联网、无线网络、宽带、搜索引擎、计算机病毒、云或人工智能）的工作原理的理解很差。他们的心智模型往往是不完整的、容易混淆的，并基于不适当的类比和不正确的直觉（Norman，1983）。因此，他们发现很难识别、描述或解决问题，并且缺乏用于解释正在发生的事情的词语或概念。

用户体验设计师应如何帮助人们开发更好的心智模型？其主要障碍之一是，人们不愿意花很多时间去了解事物是如何工作的，特别是在涉及阅读手册或其他文档时。因此另一个方法是设计更为透明的技术，以便用户更容易地学习它们是如何工作的以及在故障发生时应如何应对。该方法包括提供以下材料：

- 清晰和易于遵循的说明
- 以在线视频和聊天机器人窗口的形式为用户提供适当的在线帮助、教程和上下文相关的指导，用户可以在其中询问如何做某事
- 可以访问的背景信息，以使人们知道某物如何工作以及如何充分利用所提供的功能
- 对界面允许的操作的支持（例如，滑动、单击或选择）

透明性的概念用于指使界面直观易用，以便人们可以轻松完成任务，例如拍照、发送消息或与某人远程交谈，而不必担心需要按一长串按钮或选择一大批选项。理想的透明形式是使界面从某人的注意力中消失。想象一下，如果在每次进行演讲之前，你需要做的只是说"上载并开始播放我为今天的演讲准备的幻灯片"，这些幻灯片就会出现在屏幕上以供所有人观看，那将多么幸福！相反，许多 AV 投影仪系统远远不够透明，需要许多反直觉的步骤才能开始展示幻灯片。其步骤可能包括尝试找到正确的加密狗、设置系统、输入密码、设置音频控件等，所有这些似乎都是漫长的，尤其是在有观众等待的时候。

4.3.2　执行鸿沟和评估鸿沟

　　执行鸿沟和评估鸿沟描述了用户和界面之间所存在的鸿沟（Norman，1986；Hutchins 等，1986）。这些鸿沟旨在展示如何设计后者以使用户能够处理它们。执行鸿沟描述了从用户到物理系统的距离，而评估鸿沟是从物理系统到用户的距离（见图 4.6）。Don Norman 和他的同事建议，设计师和用户需要关注如何在两者之间搭建桥梁，以减少执行任务所需的认知努力。这可以通过两方面来实现：一方面是设计与用户的心理特征相匹配的可用界面（例如考虑他们的记忆限制）；另一方面是用户学习创建目标、计划和适合界面工作原理的动作序列。

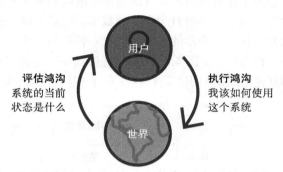

图 4.6　桥接执行鸿沟与评估鸿沟（图片来源：https://www.nngroup.com/articles/two-ux-gulfs-evaluation-execution。由 Nielsen Norman Group 提供）

　　鸿沟的概念框架在今天仍然被认为是有用的，因为它可以帮助设计师考虑他们提出的界面设计是增加还是减少了认知负担，以及是否使针对特定任务采取的步骤变得显而易见。例如，数字策略经理 Kathryn Whitenton（2018）描述了这些鸿沟如何妨碍了她的理解，以及尽管遵循了手册中的步骤，但她为何无法让蓝牙耳机与计算机连接。她浪费了整整一个小时，重复这些步骤，然而越来越沮丧，且没有取得任何进展。最终，她发现她以为"打开"的系统实际上向她显示了它的"关闭"状态（见图 4.7）。她通过在网上搜索是否有人可以帮助她而发现了这一点。她找到了一个网站，该网站展示了设置开关在打开时的外观的屏幕截图。两个外观相似的开关之间的标签不一致，一个显示交互的当前状态（关闭），另一个显示交互在进行时会发生什么（添加蓝牙或其他设备）。

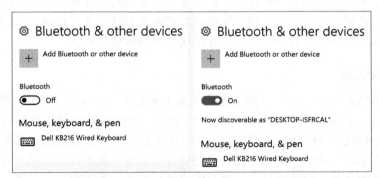

图 4.7　一个例子，其中的鸿沟帮助解释了看似微不足道的设计决策如何使很多用户沮丧的问题（图片来源：https://www.nngroup.com/articles/two-ux-gulfs-evaluation-execution。由 Nielsen Norman Group 提供）

这种类似功能的不一致说明了执行和评估的鸿沟是如何糟糕地弥合的，这使用户难以理解并且难以知道问题出在哪里或者尽管进行了多次尝试却为何无法使耳机与计算机连接。在文章中，她解释了如何设计所有滑块以提供，即相同的信息从一侧移动到另一侧时所发生的情况，从而轻松地弥合鸿沟。有关这种情况的更多详细信息，请参见 https://www.nngroup.com/articles/two-ux-gulfs-evaluation-execution/。

4.3.3　信息处理

另一个用于概念化心智工作方式的经典方法是使用隐喻和类比来描述认知过程。人们已经提出了各种各样的比拟，包括将心智概念化为储藏库、电话网络、数字计算机和深度学习网络。有一个很流行的源于认知心理学的隐喻，它把心智视为一个信息处理机，信息通过一系列有序的处理阶段进、出心智（见图 4.8）。在这些阶段中，心智需要对心智表征（包括图像、心智模型、规则和其他形式的知识）进行各种处理（包括比较和匹配）。

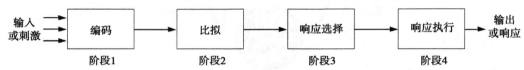

图 4.8　人类信息处理模型（图片来源：P. Barber (1998).*Applied Cognitive Psychology*.London: Methuen。由 Taylor & Francis 提供）

信息处理模型为预测人类执行任务的效率提供了基础。我们可以推算，人们感知和响应某个刺激要花费多长时间（也称为"反应时间"），信息过载会产生什么样的瓶颈现象。从信息处理理论派生出的最早的人机交互模型之一是人类处理器模型，它对用户与计算机交互的认知过程进行了建模（Card 等，1983）。该模型将认知概念化为一系列处理阶段，其中感知、认知和运动处理器相互结合在一起。该模型可以预测用户与计算机交互时涉及哪些认知过程，从而计算用户执行各种任务将花费多长时间。在 20 世纪 80 年代，它被发现是在一系列编辑任务下比较不同文字处理器的效率的有用工具。尽管如今它不经常用于交互设计，但它依然被认为是人机交互的经典。

信息处理方法基于对仅在头脑内部发生的心智活动进行建模的模型。如今，在认知活动发生的背景下了解认知活动、分析在野外发生的认知活动已变得更加普遍（Rogers，2012）。其中心目标之一是研究环境中的结构如何既可以帮助人类认知又可以减少认知负担。接下来我们将讨论三种外部方法：分布式认知、外部认知和具体化认知。

4.3.4　分布式认知

大多数认知活动涉及人们与外部类型的表示（如书籍、文档和计算机）进行交互，以及相互之间的交互。例如，当我们从任何地方回家时，我们不需要记住路线的细节，因为我们依赖于环境中的线索（例如，我们知道在红色房子处左转，直到到达丁字路口时右转等）。同样，当我们在家时，我们不必记住任何事物的具体位置，因为信息是随时可用的。我们通过观察冰箱中的物品来决定要吃什么，通过看窗外来确认是否下雨等。同样，我们总是出于很多原因创建外部表示，不仅因为这样有助于减少记忆负担和计算任务的认知成本，而且重要的是，这样可以扩展我们可以做的事，并允许我们更加有力地思考（Kirsh，2010）。

分布式认知方法研究认知现象在个体、物品、内部及外部表征中的性质（Hutchins，

1995）。它通常描述认知系统中发生了什么，其中涉及人员之间的交互、人们使用的物品以及工作环境。例如，飞机驾驶舱就是一个认知系统，它的首要目标就是要驾驶飞机（见图4.9），这个活动涉及：

- 驾驶员、机长和空中交通管制员之间的交互；
- 驾驶员、机长和驾驶舱中的仪器之间的交互；
- 飞行员、机长和飞机飞行的环境（即天空、跑道等）之间的交互。

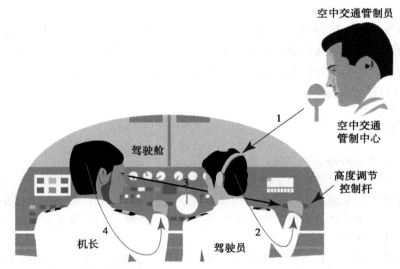

表征状态的传播：
1.空中交通管制员通知驾驶员飞到更高的高度（口头）
2.驾驶员改变高度计（心理及物理）
3.机长观察驾驶员（视觉）
4.机长让飞机飞到该高度（心理及物理）

图 4.9　通过不同媒介传播信息的认知系统

分布式认知方法的主要目的是根据如何通过不同媒介传播信息来描述这些交互。也就是说，它考虑的是信息如何表示，以及信息在活动中流经不同个人以及使用不同工件（如地图、仪表读数、涂写和话语）时如何重新表示。这类信息的转变称为表征状态的转变。

这种描述和分析认知活动的方式与诸如信息处理模型之类的其他认知方法形成了对比，因为它不关注于个人头脑内部发生的事情，而是着眼于由个人和工件组成的系统中发生的事情。例如，在驾驶舱的认知系统中，飞机飞至更高高度的活动涉及许多人员和工件。空中交通管制员最初会告诉驾驶员何时可以安全地上升到更高的高度。然后，驾驶员通过移动面前的仪表板上的旋钮来警告正在驾驶飞机的机长，确认现在可以安全上升。

因此，与该活动有关的信息通过不同的媒介（通过无线电、通过飞行员以及通过改变仪器的位置）进行了转换。这种分析可用于得出设计建议、建议如何更改或重新设计认知系统的一个方面（例如显示或社交介导的实践）。在前面的示例中，分布式认知可以引起人们对任何新设计的重要性的注意，这些新设计需要在系统中保持共享的意识和冗余，以便驾驶员和机长都可以保持意识，并且也知道对方知道在正在发生的高度变化。这也是 DiCOT 分析框架的基础，该框架专门为了解医疗保健环境而开发，也已用于软件团队的交互（参见第 9 章）。

4.3.5 外部认知

人们通过使用各种外部表示与信息进行交互或创建信息，这些外部表示包括书籍、多媒体、报纸、网页、地图、图表、便笺、绘图等。此外，在整个历史过程中，人们开发了一系列令人印象深刻的工具来辅助认知，包括笔、计算器、电子表格和软件工作流程。外部表示和物理工具的结合大大扩展并支持了人们进行认知活动的能力（Norman，2013）。确实，它们是我们认知活动中不可或缺的一部分，很难想象如果没有它们，我们将如何度过日常生活。

外部认知关注的是解释我们与不同的外部表示（例如图形图像、多媒体和虚拟现实）进行交互所涉及的认知过程（Scaife 和 Rogers，1996）。其主要目标是解释针对不同的认知活动和所涉及的过程使用不同的表示形式所带来的认知益处。主要包括：

- 外化以减轻记忆负担
- 计算分流
- 标注和认知追踪

4.3.5.1 外化以减轻记忆负担

人们已经开发了许多策略用于将知识转换成外部表示以减轻记忆负担。其中一个这样的策略是将我们难以记住的东西具体化，例如生日、约会和地址。日记、个人提醒和日历是通常用于此目的的认知工件的示例，它们用作外部提醒，提醒我们在既定时间需要做什么，例如为亲戚的生日买贺卡。

人们经常采用的其他种类的外部表示还有笔记，例如便签、购物清单和待办事项清单。这些东西放置的环境也是至关重要的。例如，人们经常将便签放在明显位置（例如墙上、计算机显示器的侧面、门上，有时甚至是他们的手上），目的是确保它们能起到提醒作用。人们还会把东西放在办公室和门边的不同文件堆中，表明哪些需要紧急处理，哪些可以稍后处理。

因此，外化可以使人们相信自己会被提醒而不必自己记住，从而通过以下方式减轻了他们的记忆负担：

- 提醒他们做某事（例如，为母亲的生日买礼物）
- 提醒他们要做什么（例如买贺卡）
- 提醒他们什么时候做某事（例如在特定日期送出）

这是一个显而易见的领域，在其中我们可以设计技术来帮助备忘。实际上，人们已经开发了许多应用程序来减轻人们记住事情的负担，包括待办事项列表和基于闹钟的列表。这些也可用于帮助改善人们的时间管理和工作与生活的平衡。

4.3.5.2 计算分流

当我们使用工具或设备以及外部表示来帮助我们进行计算时，就会发生计算分流。一个例子是使用笔和纸解决数学问题，如 4.1 节中所述的要求你用纸和笔计算 21×19。现在，再次尝试使用罗马数字进行运算：XXI × XIX。除非你是使用罗马数字的专家，否则这将非常困难——即使在这两种情况下问题都是相同的。其原因是，这两种不同的表示将任务分别转换为一个简单的任务和一个难度更大的任务。所使用的工具的种类也可以使任务的性质变得更容易或更困难。

4.3.5.3　标注和认知追踪

外化认知的另一种方式是通过修改表示来反映我们要标记的变化。例如，人们经常将事情从待办事项列表中划掉，以标记已完成的任务。随着工作性质的变化，人们还可以通过创建不同的堆来重新排序环境中的对象。这两种类型的修改称为标注和认知跟踪。

- 注释涉及修改外部表示，例如划掉项目或为项目加下划线。
- 认知追踪涉及从外部重新安排项目的顺序或结构。

人们去购物时经常使用标注。人们在购物之前通常会计划要购买的商品，包括查看他们的橱柜和冰箱，以确定需要补充什么。但是，许多人意识到他们无法记住所有这些内容，因此他们经常将其外化为书面购物清单。书写行为也可能使他们想起他们需要购买的其他物品，而当他们翻看橱柜时可能没有注意到这些。当实际在商店购物时，他们可能会划掉购物清单中已放在购物篮或购物车中的物品。这为他们提供了标注的外化，使他们可以一目了然地看到清单上还有哪些物品需要购买。

有许多数字标注工具，它们使人们可以使用钢笔、手写笔或手指来标注文档，例如圈出数据或书写笔记。标注可以与文档一起存储，从而使用户可以在以后重新访问自己的或其他人的标注。

认知追踪在当前情况处于不断变化的状态下并且此人正在尝试优化其位置的情况下很有用。这通常在玩游戏时发生，例如：

- 在纸牌游戏中，当将一手牌连续不断地重新排列成一套、以升序排列或收集相同的数字时，有助于确定随着游戏的进行和战术的改变应保留哪些牌以及该出哪些牌。
- 在拼字游戏中，在托盘中不断随机排列字母可以帮助人们找出给定字母组成的最佳单词（Maglio 等，1999）。

认知追踪也已用作一种交互功能，例如，让学生知道他们在在线学习包中已学过的内容。交互式图表可用于突出显示所有已访问的节点、已完成的练习以及尚待学习的单元。

基于外部认知方法的交互设计的一般认知原理是在界面上提供外部表示，以减轻记忆负担、支持创造力并促进计算分流。我们可以开发各种信息可视化，以减少推断给定主题（例如，财务预测或识别编程错误）所需的工作量。这样，就可以扩展或增强认知能力，使人们能够感知并从事原本无法完成的其他活动。例如，信息可视化（将在第 10 章中讨论）用于以可视形式表示大数据，从而可以更轻松地进行跨维度交叉比较并查看模式和异常。工作流和上下文对话框也可以在适当的时间弹出，以指导用户进行交互，尤其是在可能有成百上千个选项可用的地方。这样可以显著减轻记忆负担，并释放更多的认知能力，使人们可以完成所期望的任务。

4.3.6　具身交互

描述我们与技术和世界互动的另一种方式是将其具身化，即与社会和自然环境进行实际接触（Dourish，2001）。这涉及通过与物理事物（包括杯子、勺子等平凡的物体以及诸如智能手机和机器人之类的技术设备）进行互动来创造、操纵和产生意义。工件和技术通过指示它们如何与世界耦合使人们清楚了应如何使用它们。例如，一件物理工件，例如桌子上的一本打开的书，可以提醒人们在第二天完成其未完成的任务（Marshall 和 Hornecker，2013）。

Eva Hornecker 等人（2017）从我们的身体和活跃的体验如何塑造我们的感知、感觉和思考的角度进一步解释了具身交互。他们描述了我们抽象思维的能力如何被认为是我们对世界的感觉运动经验的结果。这使我们能够学习如何使用抽象概念（例如，从内到外、从上到下、从顶部和从后部）进行思考和交谈。自出生以来，我们穿越和操纵世界的众多经验（例如，攀登、行走、爬行、走进、握住或放置）使我们能够同时在具体和抽象的层面上发展世界感。

在人机交互中，具身交互的概念已被用来描述身体如何介导我们与技术的各种互动（Klemmer 等，2006）以及我们的情感互动（Höök，2018）。以这些方式对具身交互进行理论化，已帮助研究人员发现了在使用现有技术时可能出现的问题，同时还为新技术在其使用环境中的设计提供了信息。

David Kirsh（2013）提出，具身理论可以为人机交互实践者和理论家提供有关交互的新思想和更好的设计的新原理。他解释了与工具的交互如何改变人们思考和感知环境的方式。他还认为，很多时候我们都在思考我们的身体，而不仅仅是大脑。他研究了编舞者和舞者，发现他们通常通过使用简短的动作和小的手势来对舞蹈进行部分建模（称为标记），而不是进行完整的训练或在脑海中模拟该舞蹈。人们发现，与其他两种方法相比，这种标记是一种更好的实践方法。这样做的原因并非在于节省能量或防止舞者在情感上变得筋疲力尽，而是使他们能够复习和探索某个小节或动作的特定方面，而无须花费大量精力进行完整的训练。人们如何在生活中应用具身化的含义是，通过标记等过程可以更好地教授新的过程和技能，即在学习过程中，学习者通过创建事物的小模型或使用自己的身体进行训练。例如，与其开发用于学习高尔夫球、网球、滑雪等的完全成熟的虚拟现实模拟，不如使用增强现实作为具身标记的形式来教授一些简化动作集。

深入练习

本深入练习的目的是让你从人群中引出心智模型。特别地，目标是使你了解人们有关交互式产品如何使用及其工作原理的知识的本质。

1. 首先，引出自己的心智模型。写下你认为非接触式卡（图 4.10）是如何工作的——客户通过读卡器刷借记卡或信用卡。如果你不熟悉非接触式卡，那么你也可以试一试 Apple Pay 或 Google Pay 等智能手机应用程序。然后回答以下问题：

- 当卡片或智能手机被读卡器扫描时，在二者之间发送了什么信息？
- 使用非接触式卡或上述应用程序可支付的最大金额是多少？
- 为什么有支付上限？
- 一天中可以使用多少次非接触式卡或上述应用程序？
- 如果在同一个钱包中 有两张非接触式卡，会发生什么？
- 当你的非接触式卡被盗并且你向银行挂失时会发生什么？接下来，问另外两个人相同的问题。

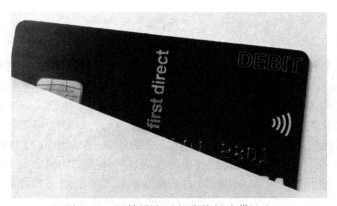

图 4.10　用符号表示的非接触式借记卡

2. 现在分析你们的答案。你得到了相同的还是不同的解释？调查结果说明了什么？人们关于非接触式卡和智能手机中的 Apple Pay/Google Pay 的工作方式的心智模型的准确性如何？

总结

本章解释了理解交互的认知方面的重要性，描述了人们如何进行日常活动的相关发现和理论，还描述了如何将其应用于交互式产品的设计中。我们举例说明了设计系统时想到用户会有什么好处，忽略用户又会有什么后果。本章阐述了许多概念框架，即从不同情况中归纳出有关认知的概念。

本章要点

- 认知包括许多过程，包括思考、关注、记忆、感知、学习、决策、规划、阅读、说话和聆听。
- 界面设计的方式对用户在执行任务时的认知有很大影响，包括感知、关注、学习和记忆。
- 基于认知理论的概念框架的主要优点是它可以解释用户交互、指导设计和预测用户效率。

拓展阅读

BERGMAN, O. and WHITTAKER, S. (2016). *The Science of Managing Our Digital Stuff*. MIT Press.

这本非常易读的书很好地说明了我们应如何管理因每天成堆的数字资料而增加的负担。它解释了为什么在软件公司设计了替代的、看似更好的方法时，我们仍坚持使用看似过时的方法。

ERICKSON, T. D. and MCDONALD, D. W. (2008) *HCI Remixed: Reflections on Works That Have Influenced the HCI Community*. MIT Press.

这本论文集包括来自 50 多位前沿的人机交互研究人员的著作，描述了影响他们的人机交互方法且塑造了人机交互历史的可访问的文献、书籍和软件，包括一些关于认知理论的经典论文，其中涉及人机交互的心理学和外部表征的力量。

EYSENCK, M. and BRYSBAERT, M. (2018) *Fundamentals of Cognition* (3rd ed.). Routledge.

这本有关认知的入门教科书全面介绍了认知的基本原理。特别是，它描述了使我们能够了解周围世界并能够决定如何管理日常生活的过程。它还涵盖了技术如何为大脑的工作方式提供新的见解，例如，揭示验证码如何告诉我们有关感知的更多信息。

GIGERENZER, G. (2008) *Gut Feelings*. Penguin.

这本具有反驳性的书是由一位心理学家和决策行为专家撰写的。他解释了当面对在各种情境下的选择时为什么常常"越少越好"。他还解释了为什么人们在做出决策时依赖于快速和简单的启发式方法，尽管这通常是无意识的而非理性的。这些启示对交互设计有着巨大的影响，并只是探索的开始。

JACKO, J. (ed.) (2012) *The Human-Computer Interaction Handbook: Fundamentals, Evolving Technologies and Emerging Applications* (3rd edn). CRC Press.

该书的第一部分关于人机交互的人的方面。该书更深入的章节包括信息处理、心智模型、决策以及感知与运动的交互作用。

KAHNEMAN, D. (2011) *Thinking, Fast and Slow*. Penguin.

这本畅销书借鉴了认知和社会心理学的方面，并概述了大脑的工作原理。其重点是我们如何做出判断和抉择。它提出我们共使用两种思维方式：一种是快速的、基于直觉的；一种是缓慢的、更有意识的和更具挑战的。这本书探讨了生活的许多方面以及如何和何时使用它们。

社会化交互

目标

本章的主要目标是:

- 解释社会化交互的含义。
- 描述人们在沟通和协作时使用的社会机制。
- 解释社交存在的意义。
- 概述旨在促进协作和团队参与的新技术。
- 讨论社交媒体如何改变我们保持联系、进行联系以及管理我们的社交和工作生活的方式。
- 提供由于能够在线连接而产生的新的社会现象的示例。

5.1 引言

人们本质上是社交的:我们一起生活、一起工作、一起学习、一起玩耍、进行互动和交谈,以及进行社交。人们已经专门开发了许多技术,以使我们在彼此物理分离时能够保持社交状态,其中许多现已成为社会结构的一部分。这些技术包括智能手机、视频聊天、社交媒体、游戏、消息传递和网真的广泛使用,每一个都提供了不同的方式来支持人们之间的联系。

有很多方法可以研究社交的意义。在本章中,我们将重点介绍人们如何在社交、工作和日常生活中进行面对面的远程沟通和协作——目的是提供模型、见解和指导原则,以指导设计"社交"技术,从而可以更好地支持和扩展它们。我们还将研究多种通信技术,这些通信技术改变了人们的生活方式,即人们保持联系、结交朋友以及协调社交网络和工作网络的方式。我们将描述和讨论如何调整传统的面对面交互对话机制以适应当今基于计算机的远距离对话。我们还将提供因大规模社会参与而出现的社会现象的示例。

5.2 社交

日常生活的一个基本方面是社交,这需要人与人之间彼此互动。人们在给定的项目、活动、人员或事件上不断地就新闻、变更和发展相互交流。例如,朋友和家人会互相关注在工作、学校、餐厅或俱乐部、真人秀和新闻中发生的事情。同样,一起工作的人可以互相了解各自的社交生活和日常活动以及工作中发生的事情,例如,某个项目将何时完成、新项目的计划、项目按期完成的困难、关于倒闭的谣言,等等。

尽管面对面的对话仍然是许多社交互动的核心,但社交媒体的使用已大大增加。人们现在每天要花几个小时与他人在线交流,例如发短信、发送电子邮件、发推文、发 Facebook、发 Skype、发即时消息等。人们在工作时通过 WhatsApp 小组和其他工作场所通信工具(例如 Slack、Yammer 或 Teams)保持联系也是一种常见的做法。

社交媒体在主流生活中几乎被普遍采用，导致现在大多数人在时间和空间上以多种方式相互联系，这是 25 年前甚至 10 年前无法想象的方式。例如，成年人平均有大约 338 个 Facebook 好友，而人们在 LinkedIn 上拥有 1000 多个联系人的现象越来越普遍，这比通过面对面网络建立的联系要多得多。人们的联系方式、保持联系的方式、与之联系的人以及维持社交网络和家庭关系的方式已经发生了不可逆转的变化。在过去的 20 多年中，社交媒体、电话会议和其他基于社交的技术（通常称为社交计算）也改变了人们在全球范围内进行协作和合作的方式，包括灵活的远程工作的兴起、共享日历和协作工具（例如 Slack、Webex、Trello 和 Google Docs）的广泛使用以及专业的网络平台（例如 LinkedIn、Twitter 和 WhatsApp）。

社会上普遍采用社交媒体和其他社交计算工具引起的一个关键问题是，它如何影响人们相互联系、工作和互动的能力。在社交媒体互动中是采用了面对面互动中建立的维护社会秩序的惯例、规范和规则，还是出现了新的规范？尤其是，既定的对话规则和礼节旨在使人们知道他们在社交团体中应有的行为，而其是否也适用于在线社交行为？还是针对各种社交媒体发展了新的对话机制？例如，人们互相问候的方式是否取决于他们是在网上聊天、在 Skype 上聊天还是在聚会上聊天？人们在网上聊天时是否像在面对面交谈时轮流发言？人们如何从当今可用的各种工具中选择使用哪种技术或应用（例如 SnapChat、发短信、Skype 或打电话）来进行各种工作和社交活动？回答这些问题可以帮助我们理解现有工具如何在支持新设计的同时支持沟通和协同工作。

在计划和协调社交活动时，社交小组经常从一种模式切换到另一种模式。大多数人会优先发送短信而不是打电话给别人，但他们可能会在计划外出的不同阶段切换到呼叫或移动群组消息传递（例如 WhatsApp、GroupMe）（Schuler 等，2014）。但是，在人与人之间进行做什么、在哪里见面以及邀请谁的对话可能会产生一定的成本。有些人可能离开了，而另一些人则可能不会回复，并且可能会花费大量时间在不同的应用程序和线程之间来回切换。同样，有些人可能没有及时查看他们的通知，而团体规划的进程却在不断继续。事实是，人们往往直到活动快要开始时才愿意做出承诺，以防出现他们更感兴趣的另一个朋友的邀请。尤其是青少年，他们通常要等到最后一刻才与朋友商量具体的安排，然后才能决定要做什么。他们会等着看是否有更好的邀约，而不是在一周前就做好决定，如与朋友一起看电影，并不再动摇。这对于开始计划并在电影票售罄之前等待订票的人来说可能很令人沮丧。

在社会上越来越引起关注的是人们会花多少时间看手机（无论是与他人互动、玩游戏还是发推文等），以及手机对人们健康的影响（请参阅 Ali 等，2018）。关于"智能手机十年"的影响的一份报告指出，英国人平均每周的在线时间超过一天（Ofcom，2018）。通常，看手机是人们醒来时要做的第一件事，也是睡前要做的最后一件事。而且，许多人必须每隔一段时间就检查一下手机。即使人们坐在一起，他们也会躲在自己的数字世界中（见图 5.1）。Sherry Turkle（2015）哀叹这种增长趋势对现代生活带来的负面影响，尤其是它如何影响日常会话。她指出，许多人会更喜欢发短信而不是与其他人交谈，是因为发短信更容易、需要更少的精力并且更方便。此外，她的研究表明，当孩子听到成年人说话较少时，他们也会少说话。反过来，这减少了学习同理心的机会。她认为，尽管在线交流在社会中占有一席之地，但现在该是恢复对话的时候了，人们应该更频繁地放下电话，并（重新）学习自发地互相交谈的技巧和乐趣。

图 5.1   一个家庭坐在一起，但他们（包括狗）都处在自己的数字世界之中（图片来源：Helen Sharp）

另一方面，应该强调的是，人们已经设计了几种技术来鼓励社会互动以带来良好的影响。例如，带有智能扬声器的语音助手（例如 Amazon 的 Echo 设备）提供了大量的"技能"，旨在支持多个用户同时参与，为家庭提供了共同娱乐的可能性。一个示例技能是"打开魔幻之门"，它允许小组成员（例如家庭）通过在叙事中选择不同的选项来选择故事的走向。将智能扬声器放在家中的某个平面（例如厨房柜台面或壁炉架）上时，可以通过其可供性来进一步鼓励社交互动。特别是其在此共享位置上的实际存在提供了共同的所有权和使用权，这类似于收音机或电视等其他家用设备，但不同于支持个人使用的手机或笔记本电脑上的其他虚拟语音助手。

练习 5.1   回想一下你与朋友一起在咖啡馆闲聊的时光。将此社交场合与你在智能手机上与他们发短信时的体验进行比较。这两种对话有何不同？

解答   每种对话各有优缺点。面对面的对话从一个话题到另一个话题，以无法预测的方式自发地流动。参与对话的人可能会有很多欢笑、手势和快乐。在场的人会注意说话的人，然后当其他人开始说话时，所有的目光都会移向他。与发短信者在短时间内来回发送断断续续的消息相反，眼神交流、面部表情和肢体语言可能会产生很多亲切感。发短信也是可以预先决策的：人们可以决定要说些什么，并可以回顾他们所写的内容。人们可以编辑消息，甚至决定不发送消息。有时人们按"发送"按钮时没有过多考虑消息对对方的影响，而这可能会导致将来的遗憾。

表情符号通常用作一种表达形式，以补偿非语言交流。尽管这些符号可以通过添加幽默感、感情或个人风格来丰富信息，但它们却不像对话中关键时刻的真实微笑或眨眼。另一个不同之处是，人们在对话中说的事情和彼此问对方的事情可能是他们永远不会通过文本进行交流的。一方面，这种坦率和直率可能会更吸引人、更令人愉悦，但另一方面，这有时可能会令人尴尬。所以，选择面对面交谈还是发短信取决于具体的语境。

5.3　面对面对话

说话是一件容易的事，大多数人都能自然而然地开口说话。而进行对话是一项非常讲究技巧的协作成果，具有许多音乐合奏的特性。在本节中，我们将讨论对话的组成。在设计与聊天机器人、语音助手和其他通信工具进行的对话时，了解对话的开始、进行和结束的方式非常有用。尤其是，这可以帮助研究人员和开发人员了解对话的自然程度、与数字智能体进行对话时人们的舒适程度以及遵循在人类对话中发现的对话机制的重要程度。我们首先讨论对话开始时会发生什么。

A：你们好！

B：嗨！

C：嗨！

A：都好吗？

C：好，你怎么样？

A：不错，你呢？

C：很好。

B：好，过得怎么样？

这类相互问候是很典型的，它可能引发一个对话过程，即交谈者轮流提问、回答、陈述。之后，若某方想结束交谈，他就会做出明确或含蓄的表示。例如，看表就是一个含蓄的表示，间接地表明他希望结束谈话。交谈的另一方可能会接受这个暗示，也可能忽略它。无论怎样，想结束交谈的一方最终都会明确表示"我还有事，得先走了"，或者说"天哪，都几点了，我还要去见一个人"。在对方接受了这类明确或含蓄的表示之后，对话结束，大家互相告别，如"再见""回头见"等，重复若干次，直到真的离去。

练习 5.2　在打电话或在线聊天时，你如何开始和结束对话？你是否会使用与面对面对话相同的对话机制？

解答　接听电话的人将通过说"你好"或更正式地报出公司/部门的名称来发起对话。大多数电话（座机和智能手机）都具有显示呼叫者姓名（呼叫者 ID）的功能，因此，接听电话者的回答可以更加个性化，例如："你好，约翰。"电话聊天通常以相互问候开始，以告别结束。相比之下，在线聊天时发生的对话形成了新的习惯。人们在加入和离开对话时很少使用开头和结尾的问候语；取而代之的是，大多数人只是从他们想谈论的话题开始传达信息，而在得到答案后就停止说话，就像谈话只进行了一半一样。

现在，许多人对每天收到的电子邮件的数量感到不知所措，并且很难回复所有人。这就提出了一个问题：使用哪种对话技术可以提高获得别人回复的机会？例如，人们撰写电子邮件的方式（特别是开始和结束对话的选择）是否可以提高收件人回复的可能性？ Boomerang（Brendan G，2017）对 20 多个不同在线社区的邮件列表档案中的 300 000 封电子邮件进行了一项研究，研究了其所使用的开头或结尾短语是否影响回复率。他们发现，最常见的开头短语是"嘿"（64%），其次是"你好"（63%），而"嗨"（62%）是回复率最高的，为63%～64%。他们发现这比以更正式的短语开头的电子邮件的回复率要高，例如"亲爱的"（57%）或"问候"（56%）。最受欢迎的结束形式是"谢谢"（66%）、"致意"（63%）和"再会"（58%），而"祝福"的使用较少（51%）。他们发现以"谢谢"的形式结束的电子邮件得到了最高的回复率。因此，人们用来与收件人交流的对话机制可以影响收件人是否会回复。

对话机制使人们可以协调彼此的对话，使他们知道如何开始和停止。整个对话过程将遵循进一步的轮流发言规则，使人们知道何时该听、何时轮到自己发言以及何时应该再次停下来让其他人发言。Sacks 等人（1978）以对话分析方面的工作而闻名，他们用 3 个基本规则对其进行了描述。

- 规则 1：当前发言者通过提问、询问意见或提出请求来选择下一个发言者。
- 规则 2：另一个人决定开始发言。
- 规则 3：当前发言者继续发言。

这些规则按照上述顺序作用于对话过程。在可以更换发言人时（如某人结束一句话时），规则 1 生效。如果被要求回答问题或接受请求的听者不愿意发言，那么规则 2 生效，参与对话的其他人可以借机发言。若其他人仍不发言，则规则 3 生效，当前发言者继续发言。这些规则不断循环，直到某人再度发言。

为了加快这些规则的循环，人们会采取各种方式说明他们将发言多长时间和将谈论什么问题。例如，一个发言者可能在发言的开始时说，他有三件事要说。他也可以明确地要求更换发言人，例如，他可以问听众："这些就是我想说的，你们有什么看法？"发言人也可以采取更含蓄的表示，让听众知道他的发言即将结束，例如，他可以在结束问句时降低或提高声音，或使用一些表达，如"你们能理解我的意思吗"或简单地问"怎么样"。此外，在交谈时，我们也可以结合使用语气助词（如"嗯""唔"）、肢体语言（如靠近某人或远离某人）、注视（注视某人或把视线移开）和手势（如举起胳膊）来表示我们想把发言机会让给其他人，或者表示我们想发言。

另一种协调对话和保持对话连贯性的方法是使用"相邻语对"（Schegloff 和 Sacks，1973）。人们的发言通常是成对出现的，前一部分提出一个期望，并导出后一部分。例如，A 可以询问一个问题，然后 B 给出相应的回答：

A：那我们 8 点见好吗？

B：唔，能不能晚一点，8 点半怎么样？

相邻语对有时可以相互嵌套，因此人们可能需要一些时间才能得到对先前提问或陈述所做出的响应，例如：

A：那我们 8 点见好吗？

B：嘿，你看他！

A：呵，好有趣的发型！

B：唔，能不能晚一点，8 点半怎么样？

在大多数情况下，人们不知道对话机制，并且很难说清他们是如何进行对话的。此外，人们不一定总是遵循规则。即使当前发言者已清楚地表示希望在接下来的两分钟内保持发言以完成一个论述，但人们还是可以干扰或打断他。此外，听者也可能不会抓住发言者的话中的线索，从而回答问题或取得发言权，而是继续不说话，即使发言者明确表达了轮到对方说话的意图。例如，教师在盯着某个学生提问时，就是要把发言权交给这个学生，而有时学生只是看着地板却什么也不说，所以只能由教师或其他学生打破这个尴尬的沉默。

对话中还会出现其他类型的沟通问题，例如，当某人发言过于含糊而导致其他人曲解了其含义时。在这种情况下，参与者将通过使用"修复机制"来协作以克服误解。考虑接下来两个人之间的对话片段：

A：你能告诉我怎么去 Multiplex Ranger 电影院吗？

B：你沿这里走过两个街区，然后右转（说着指向右边），一直走到交通灯处，电影院就在路左边。

A：沿这条路走过几个街区，然后朝右走，走到交通灯就到了，对吧（说着指向前方）？

B：不，你沿这条街走过几个街区（更用力地打了个手势，指向右边的街道，说话时强调了"这"字）。

A：啊！我以为你指的是那边，原来是这边（手指向相同的方向）。

B：对，就是这边。

若要发现对话过程中的问题，就需要说话者和听者注意对方说了些什么（或没有说什么）。这样一旦发现了问题，就能采取补救措施。如前面的示例所示，当听者误解了已经传达的内容时，说话者使用更强的语气和更夸张的手势重复了他之前所说的内容。这样问路者就能纠正先前的错误，并更好地理解对方的意思。听者也可以通过使用各种语气助词（如"啊？"或"什么？"（Schegloff，1981））并给出一个困惑的表情（通常是皱眉）来表达不理解某事或想要进一步的解释，特别是在说话者说的内容含糊不清的情况下。例如，一个人可能会对他的伙伴说"我想要这个"，但并没说他想要什么。另一方就会反问："啊？"或者明确地问："想要什么？"非语言交流在增强面对面交谈中起着重要作用，其中包括使用面部表情、语气助词、语音语调、手势和其他类型的身体语言。

轮流发言使得听者有机会要求纠正错误或请求解释，同时，发言者也会发现问题，并及时更正。听者通常会等待下一个发言机会，而不是立即打断发言者，这样就能给发言者完成发言的机会，以澄清自己的意思。

练习 5.3　人们通过电子邮件交谈时如何纠正错误？在发短信时也是一样吗？

解答　由于人们在通过电子邮件或短信进行交流时通常无法看到对方，因此当事情漏说或没有说清楚时，他们必须依靠其他方式来纠正对话。例如，当某人提议的会面时间含糊不清，其中给定的日期和星期几与该月不匹配时，接收该消息的人可以通过礼貌地询问"你是说本月还是 6 月？"来回复，而不是突兀地指出对方的错误，例如："5 月 13 日不是星期三！"

如果发送者期望某人答复电子邮件或短信，而某人并没有回复，则发送者可能左右为难，不知道下一步该怎么做。如果某人在几天之内未回复电子邮件，那么发件人可能会向他发送礼貌的催促消息，从而避免指责，例如，"我不确定你是否收到了我的最后一封电子邮件，因为我正在使用其他账户"，而不是明确询问他为什么没有回复发送的电子邮件。在发短信时，这取决于发送的短信是与约会、家庭还是与业务相关。在开始尝试约会时，有些人会故意等待一段时间，然后以试探的形式回复短信，并尽量避免显得过于热衷。如果他们根本不回复，则一个普遍接受的想法是他们并不感兴趣，并且不应再发送短信。相比之下，在其他情况下，重复发送短信已成为一种可以接受的社交规范，用于在听起来不太粗鲁的情况下提醒人们进行回复。这暗示着发送者知道接收者已经忽略了第一条短信，因为他们当时太忙或正在做其他事情，从而挽回了面子。

电子邮件和短信也可能会变得模棱两可，尤其是在话语不完整的情况下。例如，在句子的末尾使用省略号（……）可能使得很难弄清发送者在使用时的意图。是表示最好不要说些什么、发件人并不真心同意某件事，还是仅仅是发件人不知道该说些什么？这种电子邮件或短信约定由接收者来决定省略号的含义，而不由发送者来解释它的含义。

5.4 远程对话

电话机由 Alexander Graham Bell 于 19 世纪发明，它使两个人可以远距离交谈。从那时起，人们开发了许多其他支持同步远程对话的技术，包括 20 世纪 60 年代至 20 世纪 70 年代开发的可视电话（见图 5.2）。在 20 世纪 80 年代末期和 20 世纪 90 年代，各种各样的"媒体空间"成为实验的主题——音频、视频和计算机系统相结合，扩展了书桌、椅子、墙壁和天花板的世界（Harrison，2009）。其目的是观察分布在空间各处和不同时区的人们是否可以彼此交流和互动，就像他们实际处在同一时空一样。

图 5.2　英国电信公司早期开发的一种可视电话（图片来源：British Telecommunications Plc）

早期媒体空间的一个例子是 VideoWindow（Bellcore，1989），其开发目的是使位于不同地点的人们能够像在同一房间里一起喝咖啡一样进行对话（见图 5.3）。两个相距 50 英里[⊖]的休息区通过一个 3 英尺[⊜]乘 5 英尺的图片窗口相连，每个位置的视频图像都投射到该窗口上。其较大的尺寸使观看者可以看到的人的空间与他们自己的大致相同。一项关于其使用的研究表明，在远程对话者之间进行的许多对话确实与相似的面对面互动没有区别，不同之处在于他们的说话声音更大，并且经常谈论视频系统（Kraut 等，1990）。其他有关人们在使用视频会议时如何进行交互的研究表明，他们倾向于更多地表现自己、进行更长的对话，并减少彼此间的干扰（O'Connaill 等，1993）。

⊖　1 英里＝1609.344 米。——编辑注
⊜　1 英尺＝0.3048 米。——编辑注

图 5.3　正在使用的 VideoWindow 系统示意图

自从这项早期研究以来，视频会议已经发展成熟。廉价的网络摄像头和摄像头（现在已默认嵌入在平板电脑、笔记本电脑和手机中）的可用性极大地促进了视频会议成为主流。现在有众多可供选择的免费平台和商业平台。许多视频会议应用程序（例如 Zoom 或 Meeting Owl）也允许位于不同站点的多个人同步连接。为了指示谁在发言，它们通常使用屏幕效果，例如放大正在说话的人以使其占据屏幕的大部分，或者在发言时突出显示其门户。视频的质量也得到了提高，使人们在大多数设置中看起来更逼真。在使用多个具有眼动追踪功能和定向麦克风的高清摄像机的高端网真会议室中，这一点最为明显（见图 5.4）。通过将人们的身体动作、行为、声音和面部表情投射到另一方的位置，可以使远方的人们显得更加真实。

图 5.4　一个远程会议室（图片来源：思科系统公司）

描述这种发展的另一种方式是考虑远程呈现的程度。这里我们指的是当身体距离较远时的存在感。以机器人为例，在建造机器人时就考虑了远程呈现技术，使人们能够通过远程控制机器人来参加活动并与他人交流。他们可以通过控制机器人的"眼睛"来进行远程观察，而不是坐在一个屏幕前，仅通过现场的一个固定的摄像头进行远程观察。例如，人们开发了远程呈现机器人，长期住院的孩子可以通过控制分配给他的机器人在教室里四处走动来体验学校生活（Rae 等，2015）。

人们也在对远程呈现机器人进行研究，以确定它是否能帮助有障碍的人远程访问一些地方，比如博物馆。目前，像出门去博物馆所涉及的一些活动，如买票或乘坐公共交通工具，都会对认知能力构成挑战，这会阻碍这些人参加这样的旅行。Natalie Friedman 和 Alex Cabral（2018）对六名有障碍的参与者进行了一项研究，研究为其配备远程呈现机器人是否会提高他们的身体和社交上的自我效能感及幸福感。参与者被带领远程参观两个博物馆的展品，然后被要求评价他们的体验。他们的反应是积极的，这表明这种远程呈现可以打开社交体验的大门，而以前这些社交体验是残疾人无法获得的。

框 5.1 │ Facebook 空间：在 3D 空间进行社交有多自然？

Facebook 对社交网络的愿景是让人们沉浸在 3D 世界中，即在虚拟世界中与朋友互动。图 5.5 展示了它可能的样子：两个化身（Jack 和 Diane）在湖边的虚拟桌旁交谈，背景是一些山。用户通过佩戴虚拟现实（VR）头盔来体验这一点。我们的目标是为用户提供一种神奇的存在感，一种让他们能感觉到他们在一起的感觉，即使他们在现实世界中是分开的。为了让体验看起来更逼真，用户可以通过 VR OculusTouch 提供的控制来移动虚拟化身的手臂。

图 5.5　Facebook 的在 3D 世界中进行社交的愿景（图片来源：Facebook）

虽然人们在改善社交形象方面已经取得了很大的进步，但要让虚拟化身的社交外观和感觉变得更真实，还有很长的路要走。首先，虚拟化身的面部表情和肤色看起来仍然像卡通人物。

与"临场感"一词相似，"社交在场"指的是在虚拟现实中与真人在一起的感觉。具体地说，它指的是在网络环境中对其他人的感知、感受和反应的程度。这个术语与临场感不同，临场感指的是一方与另一方在物理空间（如会议室）中虚拟地存在（请注意，在同一物理空间中可能存在多个临场机器人）。想象一下，如果化身在外观上对用户变得更有说服力，那么有多少人会放弃目前使用的 2D 媒体，转而使用这种沉浸式 3D Facebook 页面与朋友聊天呢？你认为这会增强他们与他人进行远程互动和沟通的体验吗？

有多少人会每天戴上 10 次或更多次 VR 头盔，来与朋友进行虚拟远程会面（人们在手机上浏览 Facebook 的平均次数是每天 14 次）？还有一个长期存在的眩晕问题，25%～40% 的人说他们在体验 VR 的过程中经历过眩晕（Mason，2017）。

　　远程呈现机器人也已成为会议（包括 ACM CHI 会议）的常规功能，以让不能到场的人也能参加。它们通常有约 5 英尺高，顶部有一个显示器，显示远程人员的头部，底部有一个底座，其中有支撑机器人前进、后退或转身的轮子。一个商业示例是 Beam＋（https:// suitabletech.com/）。为了协助机器人在周围环境中行驶，显示器中嵌入了两个摄像头：一个面向外部，让远程人员看到他们面前的东西；另一个面向下方，让他们看到地面。机器人还提供麦克风和扬声器，使远程人员能够听到现场的声音，同时也能被现场人员听到。远程人员通过 Wi-Fi 连接到远程站点，并使用 Web 界面控制他们的 Beam＋机器人。

　　伦敦大学学院（UCL）的一名博士生远程参加了她的第一次 CHI 会议。在会议期间，她每天使用 Beam＋机器人和与会者进行交谈，并展示她的研究成果（见图 5.6）。除了 8 个小时的时差（这意味着她必须熬夜才能参加）之外，这对她来说是一次丰富的经历。她遇到了很多新朋友，他们不仅对她的演示感兴趣，还了解了她远程参加会议的感受。她在会上的同事们还为她的机器人打扮了一下，让她看起来更像她自己：他们为机器人安装了一组挥舞着双手的泡沫手臂，并给机器人穿上了一件印有大学标志的 T 恤。然而，她无法看到自己在会议上的样子，所以在场的与会者拍下了她的 Beam＋机器人的照片，向她展示了她的样子。她还说她无法感受到自己的音量，有一次她不小心把音量控制调到了最高。当她和别人说话时，她没有意识到自己有多大声，直到另一个人告诉她，她在大喊大叫（和她说话的那个人很有礼貌，以至于没告诉她说话声音太大）。

　　图 5.6　Susan Lechelt 设计的 Beam＋机器人，其手臂是泡沫塑料，身上穿着印有大学标志的
　　　　　T 恤（图片来源：由 Susan Lechelt 提供）

　　另一个可能发生的问题是，远程人员想要从一个楼层移动到另一个楼层，但他们没有办法通过按电梯按钮来实现这一点。相反，他们必须耐心地在电梯旁等待有人来帮助他们。此外，他们也缺乏对周围人的感知。例如，当他们走进一个房间，想找个好地方看演示文

稿时，他们可能没有意识到自己挡住了坐在他们后面的人的视线。当 Wi-Fi 信号变差时，机器人"脸"上的图像会变得破碎，这也可能有点超现实。例如，在图 5.7 中，Johannes Schöning 的视频图像分解成一系列像素，这使他看起来有点像 David Bowie！

图 5.7　当 Wi-Fi 信号变差时，Johannes Schöning 在 Beam＋机器人的视频显示屏上的画面破碎了（图片来源：Yvonne Rogers）

尽管存在这些可用性问题，但针对远程用户在会议上首次尝试使用远程呈现机器人开会的研究发现，这种体验是积极的（Neustaedter 等，2016）。许多人觉得它为他们提供了一种真正的会议的感觉——与在线观看或聆听演讲的体验截然不同——就像通过直播或网络研讨会进行连接一样。通过机器人，他们能够在场地周围走动，还能看到他们熟悉的面孔，并能在茶歇时间与人偶遇。参加会议的人对远程呈现机器人的反响也在很大程度上是积极的，因为它使他们能够与那些无法参加会议的人交谈。然而，有时机器人的存在会阻碍房间里的其他人的视线，这可能会令人沮丧。当谈话正在进行时，很难知道如何让远程呈现机器人让开，而对于远程人员来说，也很难知道该往哪里移动。

练习 5.4　观看以下关于 Beam 和思科网真的视频。使用远程呈现机器人与使用远程呈现视频会议系统参加会议的体验有什么区别？

- BeamPro 概述机器人远程呈现的工作原理：https://youtube/SQCigphfSvc
- 思科网真 MX700 和 MX800：https://youtu.be/52lgl0kh0FI

解答　BeamPro 可以让远程人员在工作场所走动，也可以旁听会议。他们也可以在办公桌前与某人进行一对一的谈话。当移动时，例如在走廊里，一个远程人员甚至可能碰到其他远程人员，而这些远程人员也在使用 BeamPro。因此，它支持一系列非正式和正式的社交互动。使用 BeamPro 可以让人感觉他们在工作的同时还在家里。

相比之下，思科的设备是专门为支持小型远程小组之间的会议而设计的，可以让他们感觉更自然。当有人说话时，摄像头会对他们进行放大，让他们出现在整个屏幕上。从视频上看，它似乎毫不费力，并且可以让远程小组集中精力开会，而不用担心技术问题。然而，它的灵活性有限——例如一对一的会议。

框 5.2 | 通过人工微笑模仿人类的镜像 ————————————————————

在面对面的对话中，一个常见的现象是镜像，即人们模仿对方的面部表情、手势或身体动作。你有没有注意到，当你在和别人对话时，如果你把手放在脑后、打哈欠或者揉脸，那么他们也会跟着做？这些类型的模仿行为被认为能在谈话者之间诱导同理心和亲密感（Stel 和 Vonk，2010）。人们模仿得越多，就越觉得彼此相似，这反过来又增强了他们之间的融洽关系（Valdesolo 和 DeSteno，2011）。模仿并不总是发生在对话中，有时它需要有意识的努力，而在其他情况下则不会发生。技术的使用会增加这种现象在对话中的出现频率吗？

一种方法是使用特殊的视频效果。假设一个人为的微笑可以叠加在视频中某人的脸上，让他们看起来像在微笑。那么接下来会发生什么呢？对话的双方会开始微笑吗？这样做会让他们感觉更亲近吗？为了研究模仿微笑的可能性，Keita Suzuki 等人（2017）开发了一种名为 FaceShare 的技术。该系统可以使某人的面部图像变形，使其看起来像是在微笑——即使他们并没有微笑——只要他们的伴侣开始微笑。该模拟方法利用面部关键特征点（包括轮廓、眼睛、鼻子和嘴）的三维建模来检测微笑的位置。微笑是由下眼睑和嘴的两端与脸颊一起抬起而产生的。这项研究的结果表明，FaceShare 能有效地让对话变得更流畅，而且人们认为视频中出现的模拟笑脸是自然的。

5.5 共现

除了远程呈现外，人们对"共现"的兴趣也越来越大。共现的意思是支持人们在相同的物理空间内交互。人们已经开发了许多共享技术，以允许多人同时使用。其目的是使在同一位置的群体在工作、学习和社交时能更有效地合作。支持这种并行交互的商业产品的示例是支持多点触摸的 Smartboards 和 Surfaces，以及支持手势和物体识别的 Kinect。为了了解它们有多有效，我们首先考虑人们在面对面交互中使用的协调和意识机制，然后看看这些机制如何被技术改编或替代。

5.5.1 物理协调

人们在密切合作时会互相交谈，从而发出一些命令并且让其他人了解自己的进展。例如，在两个或更多人合作搬动一架钢琴时，他们会喊出一些命令，如"低一点，再往左一点，直走"来协调他们的动作。人们在交谈时也会结合各种动作，如点头、握手、眨眼、扫视或举手来协调"交谈"，以强调或替代所说的话。

对于一些常规的和时间要求非常严格的协作活动，尤其在由于物理条件的限制而无法听见其他人的声音时，人们也经常使用手势（尽管也使用无线控制的通信系统）。各种手势信号经历了漫长的演变，都带有各自的标准语法和语义。例如，乐队指挥用手臂和指挥棒的动作来协调交响乐团的演奏，而机场地面指挥也是使用手臂和指挥棒的动作来引导飞行员把飞机停在指定地点。人们在日常生活中也会使用诸如点头、挥手和握手之类的通用手势。

例如棍和指挥棒之类的东西也可以促进协作。小组成员可以使用它们作为外部思维道具来向其他人解释一个原则、一个想法或一个计划（Brereton 和 McGarry，2000）。特别地，在他人面前挥舞或举起东西的行为能够有效地吸引他们的注意力。对物品摆弄的持久性和能力也可能会给小组带来更多需要探索的选择（Fernaeus 和 Tholander，2006）。它们可以帮助合作者更好地了解小组活动，并提高他人的活动意识。

5.5.2 感知

感知包括知道谁在附近、发生了什么、谁在和谁交谈（Dourish 和 Bly，1992）。例如，当我们聚会时，我们在这个空间里闲逛，观察正在发生的事情以及谁在与谁交谈，同时悄悄地听别人的对话，并将听到的对话告诉另一个人。有一种特定的感知叫作周边感知，指的是一个人通过关注他们视线范围内发生的事情来保持并不断更新对物理和社交环境中所发生的事情的感知的能力。这可能包括我们在与其他人谈话时，由他们说话的方式判断他们的心情好坏，注意到对方喝饮料、吃东西的速度以及谁进入或离开房间、某人缺席多长时间、那个在角落里孤独的人是否终于和别人说话了。通过直接观察和对周围的观测，我们得以不断了解世界上正在发生的事情。

人们已经研究的另一种感知形式是态势感知。这是指你通过了解周围所发生的事情，了解这些信息、事件和自己的行为将如何影响正在进行的和未来的事件。具有良好的态势感知对于需要丰富技术的工作领域（如空中交通管制或手术室）是至关重要的，在这些工作领域中，我们必须保持对复杂的和不断变化的信息的掌握。

紧密合作的人们还根据对对方正在做的事情的最新认识，制定各种策略来协调他们的工作。对于相互依赖的任务来说尤其如此，他人需要其中一个成员的任务结果来帮助执行自己的任务。例如，当进行表演时，表演者将不断地观察彼此正在做什么以便有效地协调他们的表现。紧密团队这一隐喻表达体现了这种合作方式。人们能熟练地掌握和跟踪他人正在做的事情以及他们所关注的信息。

关于这种现象的一个经典研究是针对伦敦地铁系统控制室中一起工作的两名控制员的研究（Heath 和 Luff，1992）。一个最重要的观察结果是，其中一个控制员的行动与另一个控制员的行动密切相关。其中一个控制员（控制员 A）负责线路上的列车的运行，而另一个控制员（控制员 B）负责向乘客提供关于当前服务的信息。在许多情况下，控制员 B 听到控制员 A 正在说什么和做什么，并做出相应的行动——即使控制员 A 没有明确地向他说明应该做什么。例如，听到控制员 A 通过列车对讲系统与列车驾驶员讨论问题，控制员 B 就从对话中推断出将会对列车服务造成的中断，便在控制员 A 与驾驶员谈话结束前将这一问题报告给了乘客。在其他时间，两个控制员保持对彼此状态的感知，以感知环境中他们可能没有注意到但对他们很重要的行为和事件，这样他们才可以适时地行动。

练习 5.5　当某人处在一个紧密的团队中，没有看到或听到某些事，又或者误解了其他人所说的内容，而此时其他人误以为他看到、听到或理解了他们所说的内容时，你认为将会发生什么事情？

解答　注意到某人没有按照预期的方式行事的人可能会使用一些微妙的修复机制来提醒对方，比如咳嗽或看一眼需要注意的东西。如果这不起作用，他们可能就会明确地说明之前的一些暗示。相反，并没有意识到这些的那个人可能也纳闷为什么没有达到预期的效果，因此会求助他人，如咳嗽以吸引他们的注意力或者明确地发问。在某一特定时刻采用的修复机制将取决于若干因素，包括参与者之间的关系，例如，一个人是否比其他人更年长。这决定了什么人可以问什么问题、对故障的感知错误或责任，以及不立即对新信息采取行动的后果的严重性。

5.5.3　共享界面

现在已经有一些技术利用了现有形式的协调和认识机制，包括白板、大触摸屏和多点触控表。这些工具可以让一组人在与界面上的内容交互的同时进行协作。人们已经进行了一些研究，调查共享技术的不同安排是否可以帮助处在同一位置的人员更好地工作（例如，Müller-Tomfelde，2010）。其中一个说法是，与单用户界面相比，共享界面可以提供更多种类的灵活协作的机会，因为共享界面可以使处在同一位置的人员能够同时与数字内容进行交互。由于手指的行动是高度可见的，因此可被其他人观察到，这就增加了建立态势感知和周边感知的机会。人们也认为共享界面比其他技术更自然，这促使人们使用它们，而不是因为感到恐惧或因其行动的后果而感到尴尬。例如，小团队发现，与坐在 PC 前面或站在一列垂直的显示器前面相比，大家围在一个桌面周围的工作方式更加舒适（Rogers 和 Lindley，2004）。

┃框 5.3┃在一个地方一起玩耍 ──────────────────────

人们开发了增强现实（AR）沙箱以供博物馆的游客与景观互动，其中包括山脉、山谷和河流。其中沙子是真实的，而风景是虚拟的。游客可以根据沙堆的高度，将沙子堆成不同形状的轮廓，使其看起来像河流或陆地。图 5.8 展示了安装在伦敦 V&A 博物馆的 AR 沙箱。看着两个小孩在沙箱里玩耍，笔者无意中听到一个小孩在压平一堆沙子时对另一个小孩说："让我们把这片土地变成大海吧。"另一个说："好吧，那我们就在那上面造个岛吧。"他们继续谈论应该如何以及为什么要改变他们的景观。我们很高兴看到这种解释和行动的吻合。

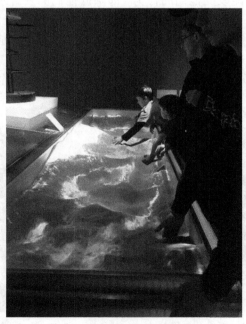

图 5.8　在伦敦的 V&A 博物馆，游客们一起使用增强现实沙箱进行创作（图片来源：Helen Sharp）

沙子的物理特性加上实时变化的叠加景观，为儿童（和成人）提供了一个创造性合作的空间。

通常在会议中，一些人会占据主导地位，而其他人很少发言。虽然在某些情况下这是可以的，但在另一些情况下，每个人都有发言权才是更可取的。有没有可能设计出可共享的技术，让人们更平等地参与其中？为此人们已经进行了许多研究。最重要的是，这种技术是否邀请人们选择、添加、操作或从显示器和设备中删除数字内容。一项用户研究表明，与只允许通过触摸桌面图标和菜单进行数字输入相比，允许小组成员使用实体令牌添加数字内容的桌面更加能够使大家公平地参与进来（Rogers 等，2009）。这表明，对于那些通常在群体中比较害羞的人来说，通过这种方式完成任务更容易。此外，在选择、添加、移动和删除选项方面，说话最少的人对桌面设计任务的贡献最大。这揭示出改变人们互动的方式影响了群体的参与性。这表明，较为沉默的成员有可能在没有发言压力的情况下做出很多贡献。

通过环境显示器提供实时反馈的实验为处在同一位置的群体提供了一种新的感知形式。发光 LED 的桌面，手持显示器和墙壁显示器上抽象的视觉效果，都被设计用来表示不同的小组成员的表现，比如轮流展示。我们的假设是，这种实时反馈可以促进自我和群体的调节，从而改变群体成员的贡献，使其更公平。例如，反映桌（Reflect Table）就是基于这个假设设计的（Bachour 等，2008）。这个桌子用每个人面前的嵌入式麦克风监测和分析正在进行的对话，并以增加彩色 LED 灯数量的形式来展现不同的分析结果（参见图 5.9）。人们进行了这样一项调查，即研究当学生的相对谈话水平以这种方式显示时，他们是否能意识到他们在小组会议期间发言的多少，以及如果是的话，他们能否更有效地调整他们的参与水平。换句话说，图中右下角的女孩会减少她的发言（因为她说得最多），而左下角的男孩会增加他的发言（他一直说得最少）吗？研究结果是多种多样的：一些参与者会调整他们的参与水平来匹配别人的参与程度；而其他一些人会变得沮丧，最终选择忽略 LED 灯。具体来说，那些发言最多的人最有可能改变他们的行为（即降低他们的发言水平），而发言最少的人改变他们行为的概率却最低（即没有提高他们的发言水平）。另一个发现是，那些认为这种形式有助于使对话更平等的参与者会更多地注意 LED 灯，并据此相应地调节他们的发言多少。例如，一个参与者说她"避免说话，防止比其他人多发出很多光"（Bachour 等，2010）。相反，那些认为这种形式不重要的参与者会较少注意 LED 灯。你认为你会如何反应？

图 5.9 反映桌（图片来源：由 Pierre Dillenbourg 提供）

针对围绕桌面共同协作的各种用户研究结果还表明了设计共享界面来鼓励参与者更平等地参与活动并不简单。对于在小组中说话很多的人来说，提供一种明确地显示某人说了多少话的方式可能是好的，但对于很少说话的人来说这可能就不是一种好的方式了——因为这可能会带来恐惧。在共享界面对正在进行的协作任务添加和操作内容时，采取谨慎和易接近的方式可以更有效地鼓励那些通常很难或者根本不能在小组活动中发言的人参与其中（例如，自闭症患者、口吃的人、害羞的人或外地口音者）。

如何很好地表示在线社交网络活动的参与度也是很多研究的主题。一个有影响力的设计原则是"社会半透明性"（Erickson 和 Kellogg，2000）。这是指设计的通信系统能够使参与者及其活动彼此可见的重要性。这个想法在很大程度上基于 David Smith 早期在 IBM 开发的通信工具 Babble（Erickson 等，1999），它采用了动态可视化来描述聊天。每个用户的屏幕上都有一个大型的二维圆圈，圆圈内的彩色玻璃球代表了当前对话中的人的活跃度。圆圈外的玻璃球代表参与其他对话的人。参与者在对话中越活跃，相应的玻璃球就越接近圆圈的中心。相反，参与者越不活跃，代表他的玻璃球就越接近圆圈边缘。

自从这个早期的可视化社交交互的工作以来，人们已经开发了许多虚拟空间，它们可以提供对方正在做什么、对方在哪里以及对方是否有空等信息，目的是帮助人们更强烈地感觉到彼此的联系。在远程团队工作时，人们可能是彼此孤立的，特别是，人们很少能够面对面地看到他们的同事。当团队没有处在同一个位置（共现）时，他们也会错过面对面的协作和建立团队一致性的有价值的非正式对话。这就是"在线办公室"概念的由来。例如，Sococo（https://www.sococo.com/）就是一个在线办公平台，它正在减少远程工作和共现工作之间的差距。它使用办公室平面图的空间隐喻来显示人们的位置、谁在开会、谁在和谁聊天。Sococo 地图（见图 5.10）提供了一个团队的在线办公室的鸟瞰图，让每个人都能一眼看到团队成员是否有空和团队中正在发生的事情。Sococo 还提供了一种存在感和虚拟的"运动"，就像你在实体办公室里一样——任何人都可以进入一个房间，打开他们的麦克风和相机，与团队的另一个成员面对面地见面。团队可以针对项目进行工作，从管理者处获得反馈，并在他们的在线办公室中协作，而不管他们实际身处什么位置。这允许团队进行分布式工作，同时仍然拥有一个中央的在线办公室。

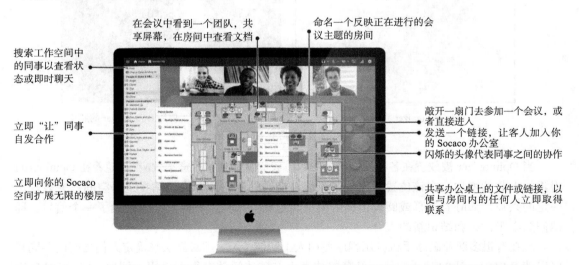

图 5.10   一个虚拟办公室的 Sococo 平面图，其中显示了谁在哪里、谁在和谁见面（图片来源：由 Leeann Brumby 提供）

┃框 5.4┃可以通过技术来帮助人们 "破冰" 和社交吗？

你有没有发现在聚会、婚礼、会议或其他社交场合中，自己尴尬地站在一边，而不知道与谁交谈或谈论什么？在这样的时刻，社交困窘和自我意识影响了我们大多数人，当我们是新人或者独自一人时，如首次参加会议时，这种感觉是最强烈的。我们如何帮助相互不认识的人能够很容易地对话，同时不那么尴尬？

社交活动的组织者采取了许多方法，例如请老前辈担任主持并举办各种各样的破冰活动。给大家佩戴徽章、供应饮料和食物，以及相互引荐也是最常见的做法。尽管这些方法会起到作用，但是进行破冰活动需要人们以不同于他们通常社交的方式行事，并且他们可能会发现这同样不舒服或痛苦。组织者经常让参与者加入一个合作性质的游戏，结果参与者发现这很尴尬。以下情况会加剧尴尬程度：一旦人们同意参与，他们就很难退出，因为他们能感觉到自己的退出给其他人带来的影响（例如令人扫兴）。一旦有了这样一个尴尬的经历，大多数人就会避开任何破冰类型的活动。

另一种方法是设计一个物理空间，人们可以以更微妙的方式加入空间与陌生人对话或者随时离开这个空间结束对话，即人们不会感到受到威胁或尴尬，并且不需要重大的承诺。经典 Opinionizer 系统以这些需求为导向，旨在鼓励非正式聚会中的人们以视觉呈现同时匿名的方式分享他们的观点（Brignull 和 Rogers，2003）。该系统通过公开展示这些观点，为人们提供了一个讨论话题。用户通过公共键盘输入他们的观点。为了给他们自己的观点增加特色和个性，该系统提供了一些小的卡通头像和说话气泡。屏幕也被分成四个具有不同标签的象限，例如，技术人员、柔弱的人、设计师、学生，这样可以给人们提供一个可以评论的点（见图 5.11）。

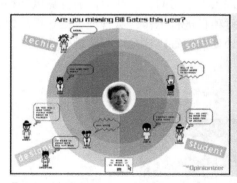 

a）Opinionizer 界面　　　　　　　　b）在图书发布派对上使用 Opinionizer 的照片

图 5.11　（图片来源：Helen Sharp）

当 Opinionizer 被放置在各种社交聚会中时，我们观察到了 "蜜罐效应"：随着在 Opinionizer 附近的人数的增加，在该位置也出现了人们社交时的嗡嗡声。人们站在这个空间里并表现出一定的兴趣，如盯着屏幕或阅读上面的文字，这样一来他们就向其他人传达了一个信号，即他们热心于讨论和结识新的人。

现在有很多商业破冰手机应用程序使用人工智能（AI）配对算法来确定人们之间的共同喜好以使其成为合适的对话伙伴。可穿戴技术也在破冰活动中得到应用。例如，Limbic Media（https://limbicmedia .ca/social-wearables/）开发了一种新型的带有 LED 灯的吊坠装置。当两个人一起触摸他们的吊坠时，吊坠就会振动。这种方式可以以一种有趣且好玩的方式破冰。┃

➡️ Limbic Media 在 2017 年 BCT 技术峰会上使用的新型社交可穿戴设备的视频：https://vimeo.com/216045804。

为鼓励人们相互交流和社交，人们开发了一系列技术干预手段，并将其放置在物理工作环境中。例如，Break-Time Barometer（休息时间晴雨表）旨在说服人们离开办公室去休息，这样他们就可能会开口和相遇的人说话（Kirkham 等，2013）。基于时钟隐喻的环境显示器可以显示当前在公共室中有多少人。如果有人仍在办公室，它还会发出提醒，告诉那个人这将是一个加入到人群当中休息的很好的时机。虽然这个系统会促使一些人员走出房间休息，但它对其他一些用户也会有相反的效果：这些人利用它来确定什么时候没有人在休息，这样他们就可以独自休息。

5.6　社会参与

社会参与是指参与一个社会群体的活动（Anderson 和 Binstock，2012）。它通常涉及某种形式的社会交换，即人们提供或从别人那里接受一些东西。另一个决定性的方面是，它是自愿的和无偿的。互联网促成了越来越多的不同形式的社会参与。例如，现在有很多网站通过提供帮助他人的活动来支持社会行为。最早的这类网站之一是 GoodGym（www.goodgym.org/），它把跑步者和孤独的老年人联系起来。跑步者在外面跑步的时候，会停下来和一位已经注册了这项服务的老人聊天，跑步者会帮他们解决一些困难。这样做的动机是帮助有需要的人，同时保持健康。这项活动没有义务，任何人都可以加入。另一个网站是环境保护志愿者（https://www.tcv.org.uk/），该网站汇集了那些想要参与环境保护活动的人。通过把不同的人聚集在一起，该网站也促进了社会凝聚力的提升。

互联网不仅使当地人能够接触到原本不可能接触到的人，事实证明，它还是一种强大的方式，以从前无法想象的方式将数百万有着共同兴趣的人联系在一起。其中一个例子是转发一张照片，这张照片引起了很多人的共鸣，他们觉得这很有趣，想把它继续传递下去。例如，2014 年转发次数最多的一张自拍是美国喜剧演员兼电视主持人 Ellen DeGeneres 在奥斯卡金像奖颁奖典礼上为自己在一群明星云集、面带微笑的演员和朋友前面拍的。这张照片被转发了 200 多万次（在发表的前半个小时内就被转发了超过 75 万次），远远超过了贝拉克·奥巴马在纳尔逊·曼德拉葬礼上的照片。

随后甚至出现了一场"史诗般的 Twitter 之战"。来自内华达州的少年 Carter Wilkerson 问 Wendy 快餐店，推文要被转发多少次才能收到一整年的免费鸡块。餐厅回复"1800 万次"（见图 5.12）。从那一刻起，他的推文被转发了 200 多万次。这时 Ellen 的转发次数即将被超越，于是她进行了干预，她在她的节目中提出了一系列要求，要求人们继续转发她的推文，以便维持她的纪录。然而，Carter Wilkerson 以 350 万次的成绩打破了她的纪录。在 Twitter 之战中，他利用自己的新名气创建了一个网站，销售 T 恤，并宣传他的炸鸡块挑战。然后，他把所有的销售收入都捐给了一个他非常关心的慈善机构。尽管他没有达到 1800 万次的转发目标，这家餐厅还是为他提供了一年的免费鸡块。不仅如此，该餐厅还向同一家慈善机构捐赠了 10 万美元，以纪念 Carter Wilkerson 创下的新纪录。这是一个双赢的局面（除了 Ellen 之外）。

图 5.12   Carter Wilkerson 的推文像病毒一样传播

Twitter 的另一种快速和大规模连接人们的方式是意外事件出现和灾难发生时。那些目睹了不寻常事件的人可能会上传他们拍下的照片，或者转发别人上传的照片来通知其他人。那些喜欢这样做的人有时被称为数字志愿者。例如，在写这一章的时候，我头顶上空正有一场巨大的雷暴，这非常戏剧化。我查看了 Twitter 的标签 #hove（我当时在英国），发现数百人上传了冰雹、洪水的照片，以及每分钟更新的恶劣天气对公共交通和其他交通的影响。在官方媒体频道捕捉到风暴规模之前，你很容易就能了解风暴的规模，然后官方媒体频道还在报道中使用了 Twitter 上的一些照片和引用（参见图 5.13）。Twitter 发布突发新闻已日益成为常态。当加利福尼亚州圣布鲁诺发生大爆炸的消息传来时，美国联邦紧急事务管理局局长登录 Twitter，搜索了"爆炸"一词。根据来自该地区的推文，他能够辨别出瓦斯爆炸和随后发生的火灾是局部事件，不会蔓延到其他社区。他注意到，比起从官方渠道了解事件情况，他通过阅读 Twitter 更快地获得了更好的情境感知。

图 5.13   一张在 Twitter 上发布并被转发的关于英国霍夫的一场猛烈风暴的天气预警照片

　　显然，Twitter 的即时性和全球性提供了一种有效的沟通形式，为第一响应者和那些生活在受影响地区的人们提供了关于野火、风暴或气流如何蔓延的最新信息。然而，推文信息的可靠性有时会成为一个问题。例如，有些人痴迷地查看和发布消息，却没有意识到这可能会是不正确的消息从而引发或助长谣言。参与者可能会陷入疯狂，不断地添加关于事件的新推文，就像预示着即将到来的洪水那样（Starbird 等，2010）。虽然这种由普通人主导的、来自不同来源的信息的传播和转发是出于好意，但它也可能淹没 Twitter 信息流，让人们很难知道哪些是旧的、真实的或虚假的消息。

▌框 5.5 ▏通过技术利用公众科学和公众参与

　　互联网和移动技术促进了公众科学和公众参与的发展和成功，这激励和协调了全世界数百万人的努力。网站、智能手机应用程序和社交媒体在利用跨越时间和地理区域的公众科学项目的范围和影响方面发挥了重要作用（Preece 等，2018）。公众科学涉及当地群众帮助科学家大规模开展科学项目。目前，世界各地已经建立了数千个这样的项目，志愿者在生物多样性、空气质量、天文学和环境问题等多个研究领域提供帮助。他们通过参与科学活动来做到这一点，比如监测植物和野生动物、收集空气和水的样本、对星系进行分类、分析 DNA序列。公众参与包括普通群众而不是科学家帮助政府改善社区的公共服务和政策。例如，建立并监控一个为社区灾害提供当地服务的网站，并在灾害发生时创建一个应急响应小组。

　　为什么有人愿意为科学或政府贡献自己的时间呢？许多人想要对一个领域有更多的了解，而其他人则希望他们的贡献得到认可（Rotman 等，2014）。一些公众科学应用程序开发了在线机制来支持这一点。例如，iNaturalist（https://www.inaturalist.org/）使志愿者能够对他人的贡献进行评论，并对其进行分类。

▌窘境 ▏可用聊天机器人与已故的人聊天吗？

　　Eugenia Kuyda 是一名人工智能研究人员，她在一场车祸中失去了一位亲密的朋友。他才 20 多岁。她不想失去他的记忆，所以她收集了他一生中发送的所有短信，并利用它们制作了一个聊天机器人。这款聊天机器人的程序可以自动回复短信，这样 Eugenia Kuyda 就可以和它聊天，就像她的朋友还活着一样。它可以用他自己的话回答她的问题。

　　你认为这种互动对悲伤的人来说是恐怖的还是安慰的？这是对死者的不尊重吗（尤其是如果没有得到死者的同意）？如果这位朋友在"死前数字协议"中同意以这种方式把他的短信重新处理呢？这会更容易被社会接受吗？

深入练习

　　本深入练习的目的是分析在涉及多个玩家的在线视频游戏中如何支持协作、协调和沟通。

　　视频游戏 *Fortnite* 于 2017 年问世，广受好评。这是一款旨在鼓励团队合作和沟通的动作游戏。从软件商店下载游戏（免费）并试用。你还可以通过 https://youtu.be/_U2JbFhUPX8 观看关于它的介绍视频。

　　回答下面的问题：

　　1. 社交问题

　　（a）游戏的目标是什么？

　　（b）游戏支持什么类型的对话？

　　（c）在游戏中如何支持其他人的感知？

（d）游戏中使用了什么样的社交协议和约定？

（e）游戏提供了什么样的感知信息？

（f）游戏中沟通和交流的模式是自然的还是尴尬的？

（g）玩家如何协调他们在游戏中的行动？

2. 交互设计问题

（a）游戏支持什么形式的交流和沟通方式，例如，文本、音频、视频？

（b）游戏中涉及了哪些其他的可视化？它们传达了什么信息？

（c）用户如何在不同的互动模式之间切换，例如，如何在搜索和聊天之间切换？切换是否是无缝衔接的？

（d）是否存在特定于该游戏情境而不会在面对面交互下发生的社交现象？

3. 设计问题

你可以在游戏中添加哪些其他功能以改善沟通、协调和协作？

总结

人类在本质上是社会性的。人们总是需要相互协作、协调和沟通。现在已经出现的各种应用、基于 Web 的服务和技术使得人们能够以更广泛和多样化的方式实现社交。在本章中，我们讨论了社会性的一些核心方面，即沟通和协作。我们分析了人们在不同场合下，即面对面和远距离交流时，所使用的主要社交机制，并讨论了一些旨在支持和扩展这些机制的协作和远程呈现技术，突出了交互设计需要关注的核心问题。

本章要点

- 社交互动是我们日常生活的核心。
- 社交机制在面对面和远程背景下发展，以促进对话、协调和意识。
- 谈话及其管理的方式对协调社会交互来说是不可或缺的。
- 人们已经开发了许多技术以支持远程沟通。
- 留意他人在做什么并且让别人知道你在做什么是协作和社交的重要方面。
- 社交媒体给人们保持联系和管理社交生活的方式带来了重大变化。

拓展阅读

BOYD, D. (2014) *It's Complicated: the Social Lives of Networked Teens*. Yale.

基于对一些青少年的一系列深入访谈，danah boyd 对以下问题提出了新的见解：那些在应用程序和媒体的世界中长大的美国青少年如何利用这些工具来成长和发展个性。它涵盖了许多关于在网络世界中成长的关键话题，包括欺凌、成瘾、表现力、隐私和不平等。这是一本具有洞察力并且涵盖了很多内容的书。

CRUMLISH, C. and MALONE, E. (2009) *Designing Social Interfaces*. O'Reilly.

这本书集合了设计社交网站（如在线社区）的设计模式、原则和建议。

GARDNER, H. and DAVIS, K. (2013) *The App Generation: How Today's Youth Navigate Identity, Intimacy, and Imagination in a Digital World*. Yale.

这本书探讨了应用程序对年轻一代的影响，研究了它们如何影响他们的个性、亲密关系和想象力。该书专注于应用程序依赖和应用程序授权的含义。

ROBINSON, S., MARSDEN, G. and JONES, M. (2015) *There's Not An App For That: Mobile User Experience Design for Life*. Elsevier.

这本书为设计师、学生和研究人员提供了一种全新的方法，让他们敢于跳出另一个"向下看"的应用程序的默认技术设计框架而采取不同的思维方式。该书要求读者抬头看看周围的世界——从没有应用程序的真实生活中激发灵感。他们还探讨了设计更加专注的技术的意义。

TURKLE, S. (2016) *Reclaiming Conversation: The Power of Talk in a Digital Age.* Penguin.

Sherry Turkle 发表了大量关于数字技术对日常生活（在工作中、在家里、在学校、在人际关系中）的积极和消极影响的文章。这本书对长期使用智能手机可能产生的负面影响提出了非常有说服力的警告。她的主要观点是，随着人们——包括成人和儿童——越来越离不开手机，而不是彼此交谈，他们将逐渐失去共情的能力。她认为，我们需要重塑交流，重拾同理心、友谊和创造力。

情感化交互

目标

本章的主要目标是：

- 解释我们的情绪如何与行为、用户体验相关。
- 解释什么是富有表现力的界面，什么是令人厌烦的界面，以及它们对人们的影响。
- 介绍情感识别领域以及它如何被应用。
- 描述如何设计技术改变人们的行为。
- 概述拟人化如何在交互设计中应用。

6.1　引言

当你收到一些坏消息时，它会对你有什么影响？你是否会感到不安、悲伤、生气或烦恼——或感受到所有的这些情绪？这会不会让你在接下来的一天里心情都不好？科技能对此提供什么帮助呢？想象一下，有一种可穿戴技术可以检测你的情绪，并为了帮助改善你的心情提供某种信息和建议，尤其是当它检测到你正经历着沮丧的一天时。你会觉得这样的设备很有用，还是因为一台机器试图让你振作起来而感到不安？通过感知某人的面部表情、身体动作、手势等特征来自动检测和识别某人情绪的技术，通常被称为情感人工智能或情感计算，这是一个不断发展的研究领域。除了娱乐产业之外，自动情感感应还应用在许多其他的产业中，包括健康、零售、驾驶和教育。检测到的信息可以用来判断一个人是否快乐、生气、无聊和沮丧等，从而触发适当的干预技术，如建议他们停下来反思或推荐一些特别的活动。

此外，情感设计是一个不断发展的领域，它涉及能够期望情感状态的技术设计，如能够让人们反思自己的情感、情绪和感觉的应用程序。其重点是如何设计互动产品，唤起人们的某种情感反应。情感设计还研究为什么人们会对某些产品产生情感依恋（例如，虚拟宠物）、社交机器人如何帮助减少人的孤独感，以及如何通过使用情感的反馈来改变人类行为。

在本章中，我们将使用情感化交互这个更广泛的术语涵盖情感设计和情感计算这两个概念。我们将首先解释什么是情绪，以及它如何影响行为和日常体验，然后考虑界面外观是否以及如何影响可用性和用户体验。我们会特别关注富有表现力和说服力的界面如何改变人们的情绪或行为。接下来将介绍技术如何使用语音和面部识别来检测人类情感。最后，我们将讨论拟人化在交互设计中的应用方式。

6.2　情绪和用户体验

思考一下你在一个普通的日常活动中（网上购物，如选购新的笔记本电脑、沙发，或度假）经历的不同情绪。你首先需要它或想要它，然后渴望购买它。随后因为你找到了更多关于产品的信息并决定在潜在的数百甚至数千个种类中进行选择（通过访问大量网站，如比较网站、评论、推荐和社交媒体网站）而感到喜悦或沮丧。你将考虑到什么是可用的，你喜欢或需要什么，以及你是否能负担得起价格。决定购买的兴奋感可能会很快被它高昂的价格带来的震惊以及对超出预算的失望所替代。所以你不得不重新做决定，但重新决定的过程可能伴随着这样的烦恼：你找不到一个和你的第一次选择一样好的产品。继续寻找和不断重新访问网站使你越来越沮丧。当你终于做出决定时，你会体验到一种解脱感。然后点击各种选项（如颜色、大小、保修单等），直到弹出在线支付表单。这可能是冗长乏味的，而且填写许多详细信息很容易出错。最后，当订单完成时，你发出一声长叹。但是，怀疑可能会悄然而至：也许你应该买另一个……

这种过山车式的情绪变化是我们许多人在网上购物时都会体验到的，特别是购买昂贵的产品的时候，那里有无数的选择，而且我们想确保自己能做出最正确的选择。

练习 6.1　当你在机场通过安检后，你是否看到过如图 6.1 所示的终端？你被吸引了吗？然后你回应了吗？如果回应了，你按了哪个笑脸按钮？

图 6.1　希思罗机场安检后的 Happyornot 终端（图片来源：https://www.rsrresearch.com/research/why-metrics-matter。由 Retail Systems Research 提供）

解答　按下这样的几个按钮之一会很令人满意——因为你可以向机场反馈你的飞行体验。用这种实体的方式表达自己的感受甚至可以令人愉快。Happyornot 设计了现在全世界许多机场都在使用的反馈终端。大型、彩色、略微凸起的按钮以半圆形布置，上面带有独特的笑脸，使人很容易知道它在问什么问题。路人可以选择快乐、生气或介于两者之间的情绪。

这种终端为机场提供了统计数据，可以分析出人们在什么时候、在什么地点走过安检最快乐或最痛苦。Happyornot 发现这个装置也让旅行者感受到机场对他们的重视。从它们在各个机场收集的数据来看，最快乐的旅行时间是早上 8 点和上午 9 点。而最不愉快的时间是在凌晨，大概是因为这个时候人们更加疲惫和脾气暴躁。

情感化交互涉及思考什么让我们快乐、悲伤、生气、焦虑、沮丧、积极、欣喜若狂等，并且使用这些知识来指导用户体验的设计的不同方面。但是，这并不简单。我们是否应该设计一个界面，当它检测到人们微笑时一直让他们开心，检测到皱眉时尝试让他们从消极情绪转变为积极情绪？在检测到情绪状态后，必须决定向用户呈现信息的内容或方式。它要用各种界面元素（例如表情符号、反馈和图标）来回以"微笑"吗？这种方式会多富有表现力？这取决于给定的情绪状态是否是用户体验或手头任务所需要的。当有人去网上购物时，拥有快乐的心态会是最好的，假定在这种情况下他们更愿意购买。

广告商设计了许多影响人们情绪的技巧。比如在网站上展示一个可爱的动物或有着渴望的大眼睛的孩子的图片，让你心生共鸣。这么做的目的是让人们对他们观察到的东西感同身受，并做出一些行动，比如捐款。例如，图6.2的网页中，就试图让用户产生强烈的情绪反应。

图6.2　Crisis（一个帮助无家可归的人的慈善机构）的一个网页（图片来源：https://www.crisis.org.uk）

我们的情绪和感受也在不断变化，所以很难预知我们在不同时期的感受。有时候，一种情绪会突然产生，但不久就会消失。比如我们可能会被突然的、意外的巨响所震惊。但是其他时候，一种情绪会持续很长的时间，比如：在一个空调机嘈杂的酒店房间里待上几个小时会让人一直都很烦躁；嫉妒可以长时间隐藏在你身体里，直到你看到特别的人或事物的时候它才会迸发出来。

⟶ 在一系列短片中，Kia Höök谈到了情感计算，并解释了情感是如何形成的，以及为什么在使用技术设计用户体验时情感非常重要。详情见www.interaction-design.org/encyclopedia/affective_computing.html。

理解情绪与行为如何彼此影响的一个好的切入点是研究人们如何表达自己的感受和解读彼此的表达。其中包括理解面部表情、身体语言、姿势和语调之间的关系。例如，当人们快乐时，他们通常微笑、大笑，并且他们的体态会更开放。当他们生气时，他们会大声喊叫、做手势、绷紧他们的脸。一个人的表情也可以触发他人的情绪反应。所以当有人微笑时，可以让他人也感觉良好并且回以微笑。

情绪技能，特别是表达和识别情绪的能力，是人类沟通的核心。当某人生气、快乐、悲伤或无聊时，我们大多数人都能很熟练地从他们的面部表情、说话方式和其他肢体信号中感受到。我们也很擅长在什么样的情况下表达何种情绪。例如，当我们刚刚听说一个人没有通过考试时，我们知道这个时候不适合微笑。相反，我们会尝试着表达自己的同情。

情绪是否引起了某些特别的行为，它又是如何引起这些特别行为的？这个问题在学术界已经争论了很长时间。例如，生气是否让我们变得更专注？幸福是否让我们愿意承担更多风险，例如花很多钱？这反过来成立吗？还是两者都不对？答案可能是，我们可以感到快乐、悲伤或愤怒，但这不会影响我们的行为。Roy Baumeister等人（2007）认为情绪的作用比简单的因果模型更复杂。

然而，许多理论家认为情绪会引发特定的行为，例如恐惧会让人溃逃，愤怒会让人变得有攻击性。进化心理学中一个被广泛接受的解释是，当某人受到惊吓或感到生气时，他们的情绪反应就是关注手头的问题并试图克服或解决所感知到的危险。伴随这种状态的生理反应通常是身体中产生肾上腺素，肌肉变得紧张。虽然生理上的变化使人们准备战斗或逃离，但它们也会产生令人不愉快的体验，例如出汗、忐忑不安、呼吸加速、心跳变快，甚至是恶心的感觉。

紧张是一种身体状态，其往往伴随着忧虑和恐惧的情绪。例如，许多人在参加公共活动或现场表演之前会感到担忧甚至恐慌。现在甚至有一个专门形容这个现象的名词——怯场。Andreas Komninos（2017）认为，是内心的声音"告诉"人们避免这些潜在的羞辱或尴尬的经历。但准备上台的表演者或教授可不能一跑了之。他们必须面对站在大庭广众前所带来的抵触情绪。有些人可以把这种肾上腺素带来的紧张感转变为专注，从而将其变成自己的优势。当所有的这一切结束后，观众都很高兴，他们则可以再次放松。

如前所述，情绪可以是简单且短暂的或复杂而长期的。为了区分这两种情绪，研究人员用无意识的或有意识的方式对它们进行了描述。无意识的情绪通常在几分之一秒内快速发生，同样可能快速消散；有意识的情绪倾向于缓慢发展但消失的速度同样缓慢，它们通常是有意识的认知行为的结果，例如权衡可能性、反思或沉思。

▌框 6.1 ▏情绪如何影响驾驶行为？

情绪对驾驶行为的影响已被广泛研究（Pêcher 等，2011；Zhang 和 Chan，2016）。一个主要的发现是，当司机生气时他们的驾驶行为会变得更具侵略性、他们会冒更多的风险，例如危险的超车，同时他们也更容易犯更多的错误。当司机焦急时也会对驾驶行为产生负面影响。同样地，压抑的情绪也更容易引起意外。

开车时听音乐有什么影响？ Christelle Pêcher 等人（2009）的一项研究发现，在驾驶汽车模拟器时，与中性音乐相比，当人们听到快乐或悲伤的音乐时，他们会放慢驾驶速度，这种效应被认为是由于驾驶员将注意力集中在音乐的情感和歌词上。他们的研究发现，听快乐的音乐不仅会减慢驾驶员的速度，而且会让他们越过自己的车道。但悲伤的音乐不会引发这个问题。

"这是一个非常友好的用户模型"
（图片来源：Jonny Hawkins / Cartoon Stock）

了解情绪是如何工作的，向我们提供了一种如何通过触发用户的情感和反射来改善用户体验的方法。例如，Don Norman（2005）认为，积极的心态可以使人们更有创造力，因为他们不那么专注。当心情愉快时，人们能更快地做出决定。他还认为，当人们开心时，他们更有可能忽略他们使用设备或界面时遇到的小问题。相反，当某人焦虑或生气时，他们更有可能不那么宽容。他还建议设计人员需要特别注意完成任务所需的信息，尤其是在为严肃任务（例如监控过程控制工厂或驾驶汽车）设计应用程序或设备时。反馈需要明确，界面需要清晰可见。最重要的是"当设计在有压力的情况下使用的产品时，设计人员需要更小心，更注重细节"（Norman，2005，p.26）。

Don Norman 和他的同事（Ortony 等，2005）还开发了一个情绪与行为的模型。该模型是根据大脑功能的不同层次建立的。最底层是本能层，它会自动响应发生在物理世界中的事件。其上一层是控制我们日常行为的大脑过程，称为行为层。最高层涉及大脑的思考过程，称为反思层（图 6.3）。本能层反应迅速，能很快地判断出事物是好或坏，安全或危险，愉快或厌恶。它还会由刺激触发一些情绪反应（例如恐惧、快乐、愤怒和悲伤），这些反应是通过生理和行为反应的组合来表达的。例如，看到一个非常大的毛蜘蛛穿过浴室的地板，许多人会产生恐惧，导致他们尖叫和逃跑。行为层是大多数人类活动发生的位置，如惯常的日常操作（谈话、打字和游泳）。反思层包括有意识的思维，其中人们会对事件进行归纳，或对日常和当前的事件进行审视思考。例如，你可能会在看恐怖电影时通过反思层思考叙事结构和电影中使用的特殊效果，也会因为本能层对里面的恐怖情节感到害怕。

根据该模型，我们可以考虑如何根据这三个层次设计产品。本能设计指的是使产品外观、感觉和声音令人感觉良好。行为设计与使用有关，等同于可用性的传统价值。反思设计是在特定文化背景下思考产品的意义和个人价值。例如，Swatch 手表（见图 6.4）的设计在这三个层次均有体现。其文化图像和图形元素的使用旨在吸引反思层次的用户；其使用上的功能可见性旨在吸引行为层次的用户；其鲜艳的色彩、狂野的设计和艺术风格主要吸引本能层次的用户。它们结合在一起，创造出与众不同的 Swatch 品牌，吸引人们购买和佩戴。

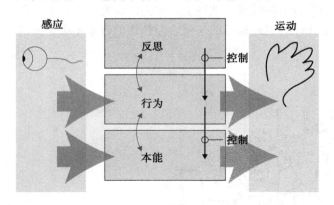

图 6.3　Anthory Ortony 等人（2005）的情绪设计模型显示了三个层次：本能、行为和反思（改编自 Norman（2005）图 1.1）

图 6.4　Swatch 手表的 Dip in Color 款（图片来源：http://store.swatch.com/suop103-dip-in-color.html）

6.3　富有表现力的界面和情感化设计

设计师常使用一些元素来使界面变得富有表现力，如表情符号、声音、图标和虚拟助手。它们用于（1）与用户建立情感联系或感觉（如温暖或悲伤）和 / 或（2）诱发用户产生某种情绪反应（例如自在、舒适和幸福的感受）。早期的时候，情感化图标被用来表示计算机或电话的当前状态，特别是当它正在启动或重启时。20 世纪 80 年代的一个经典例子是，当机器启动时，苹果电脑的屏幕上就会出现 happy Mac 的图标（见图 6.5a）。微笑的图标传达了友好的信息，能够让用户感到自在，甚至回之以微笑。屏幕上图标的外观也让用户感觉很可靠，因为这些图标表明他们的计算机在正常工作。经过近 20 年的使用，happy Mac 图标已经淡出人们的视线。苹果公司现在使用更客观但更美观的反馈样式来表示需要等待的过程，例如"启动""忙""不工作"或"下载"。这些图标包括旋转的彩色沙滩球（见图 6.5b）和一个转动的时钟指示器。同样，Android 使用旋转的圆圈来显示进程的加载。

a）经典 Mac 上微笑和悲伤的图标　　　　b）当应用程序冻结时显示的旋转沙滩球

图 6.5　（图片来源：图 b 见 https://www.macobserver.com/tmo/article/frozen-how-to-force-quit-an-os-x-app-showing-a-spinningbeachball-of-death）

表达系统状态的其他方式包括：

- 动态图标（例如，往回收站里丢弃文件时回收站打开，以及清空回收站时里面的纸张消失）。
- 指示动作和事件的声音（例如，窗口关闭时发出"嗖"的声音，拖动文件时发出 schlook 声音，收到新的电子邮件时发出"叮"的声音）。
- 振动触觉反馈，例如不同的智能手机"嗡嗡"地振动，提示收到来自朋友或家人的信息。

不同的界面风格所使用的形状、字体、颜色和图形元素以及它们的组合方式，也可以对情绪产生影响。在界面使用图像可以带来更多的参与感和愉快的体验（Mullet 和 Sano，1995）。设计师也可以使用许多美学原则，如干净的线条、平衡、简洁、留白和纹理。

在交互设计中，具有美观的界面的优点已得到越来越多的认可。实证研究表明，在界面中使用美学能给人们对系统可用性产生积极的影响（Noam Tractinsky，2013）。当界面的外观和感觉令人愉悦和舒适时，例如，漂亮的图形、良好的感觉或元素的良好组合的设计——人们可能更宽容，并愿意等待几秒钟的网站下载时间。此外，漂亮的界面通常令使用更令人满意和愉快。

框 6.2｜Nest 恒温器界面的设计

大受欢迎的 Nest 恒温器提供了一种自动控制家庭供暖的方式，它可根据居住者的习惯和需求进行个性化设置。它还可以在不需要供暖时通过减少能源消耗来节省费用。壁挂式设备通过了解居住者喜欢的温度和记住他们的日程来实现这个功能。

Nest 恒温器不仅仅是智能电表。它还具有极简的和美观的界面（见图 6.6a）。它在其圆形表面上优雅地显示了当前温度以及设定的温度。这与前几代自动恒温器非常不同，后者是实用的盒形设计，使用了许多复杂的按钮和一个暗淡的屏幕，提供相关设置和温度反馈（见图 6.6b）。所以毫无疑问 Nest 恒温器取得了成功。

a）Nest 恒温器　　　　　　　　　　b）传统恒温器

图 6.6 （图片来源：Nest）

> 更多其他的 Nest 产品设计请参考 https://www.wired.com/story/inside-the-second-coming-of-nest/。

6.4 令人厌烦的界面

在许多情况下，计算机界面可能会在无意间引起人们的消极情绪反应，如愤怒。这通常发生在本应易于使用和设置而设计得复杂的产品上。最常见的例子是遥控器、打印机、数字闹钟和数字电视系统。让打印机和新数码相机一起工作，尝试从 DVD 模式切换到电视频道，以及改变酒店数字闹钟的时间可能都是非常令人厌烦的。此外，复杂的行为也会非常令人厌烦，例如智能手机和笔记本电脑之间接口连接，或是将 SIM 卡插入智能手机的 SIM 卡槽，尤其是当你很难知道怎样插是正确的时候。

这并不意味着开发人员不知道这样的可用性问题。他们已经设计了几种方法来帮助新手用户了解并熟悉技术，如弹出帮助框和相关的教学视频。帮助用户的另一种方法是让界面看起来更友好——尤其是那些刚接触电脑或网上银行的用户。在 20 世纪 90 年代有一种较为普及的技术，叫作卡通伴侣。人们认为新手用户在操作的时候有一个同伴出现在屏幕上会感觉更舒服，并能在听、看、模仿、互动后去尝试。微软创建了一类助手软件，Bob，它针对的是新的计算机用户（其中许多人被视为计算机恐惧患者）。助手软件将会以友好的角色呈现在用户眼前，比如一只宠物狗或一只可爱的兔子。人们将这样的界面比喻为一个温暖、舒适的客厅，屋内生着炉火，充满了家具（见图 6.7），以此来传达这样的界面会给人一种舒适的感觉。然而，Bob 从来没有成为一个商业性质的产品。你认为为什么没有呢？

与设计师的期望相反，许多人并不喜欢助手 Bob 这一想法，他们认为这个界面太过可爱和幼稚。然而，微软并没有放弃这一想法，为了让其界面更加友好，人们还开发了其他类型的助手，包括臭名昭著的 Clippy（一个拟人化的回形针），来作为其 Windows 98 操作环境的一部分。当系统认为用户执行特定任务需要帮助时，Clippy 通常会出现在用户屏幕的底部（见图 6.8a）。它的形象也被设计成一个具有温暖个性的卡通人物。这一次，Clippy 作为一个商业产品发布，但它并不成功。许多微软用户发现它常会打扰他们，让他们工作分心。

许多在线商店和旅行社也开始使用卡通人物形式的虚拟助手在网站上担任销售助手。这些助手通常显示在文本框的上方或旁边，用户可以在其中输入查询。为了使它们看起来好像在聆听用户，它们会模仿人类的一些行为。其中一个例子是宜家的 Anna（见图 6.8b），她会偶尔点头，眨眼睛，开口像在说话。然而这些虚拟助手现在已经基本上从我们的屏幕上消失，并被虚拟助理所取代。虚拟助理以没有物理外观的对话气泡或通过 LiveChat 与用户交谈的真实助理的静态图片的形式呈现。

图 6.7　为 Windows 95 开发的 "和 Bob 一起在家软件"（图片来源：微软公司）

a）微软的 Clippy　　　　b）宜家的 Anna

图 6.8　已淘汰的虚拟助手（图片来源：微软公司）

界面如果设计得不好，就可能会让人感到愚蠢，或感觉受侮辱或受威胁。用户还可能因此烦恼甚至发脾气。有许多种情况会导致这样的情绪反应，包括：

- 当应用程序无法正常工作或崩溃时。
- 当系统不执行用户想要进行的操作时。
- 当未达到用户的期望时。
- 当系统没有提供足够的信息让用户知道该怎么做时。
- 当弹出显示模糊或措辞尖锐的错误消息时。
- 界面过于杂乱、艳丽、花哨或高傲。
- 当系统在用户执行许多步骤之后，才指出前面某个地方出错，导致他们需要重新开始时。
- 使用过多文本和图形的网站，使得用户很难找到所需信息，并且加载速度变慢。
- 闪烁动画，尤其是闪烁的横幅广告和弹出广告，它们遮挡了用户正在查看的内容，并且用户需要主动点击按钮以关闭它们。
- 过度使用自动播放的音效和音乐，特别是在选择选项、执行操作、运行教程或观看网站演示时。
- 操作数目过多，例如遥控器上的阵列按钮。
- 布局不当的键盘、平板、控制面板和其他输入设备，导致用户持续按下错误的键或按钮。

练习 6.2　我们大多数人都熟悉“404 错误”的消息，当点击的链接不加载网页或向浏览器输入了错误的 URL 时它便会弹出。但是它代表什么意思，为什么是数字 404 呢？有没有更好的方法让用户知道链接或网站出错了？浏览器向用户“道歉”而不是显示错误信息是否会更好？

解答　数字 404 来自 HTML 语言。第一个 4 表示客户端错误。服务器告诉用户他们可能哪里做得不对，比如 URL 拼写错误或请求的页面不存在。中间的 0 指的是一般语法错误，例如拼写错误。最后的 4 表示具体的错误类型。但是对于用户来说，它只是一个随机的数字。有的人可能会认为在这之前还有 403 个错误！

Byron Reeves 和 Clifford Nass（1996）的早期研究表明，计算机应该像人一样对用户有礼貌。他们发现，当一台计算机声明为一个错误感到抱歉时，人们会更加宽容和理解。许多公司现在提供可替换的、更加幽默的“错误”页面，目的在于隐藏这种尴尬局面并将责任推离用户（见图 6.9）。

图 6.9　一个重新设计的 404 错误界面（图片来源：https://www.creativebloq.com/web-design/best-404-pages-812505）

窘境 | **语音助手应该教导孩子们懂礼貌吗？**

现在许多家庭都拥有智能音箱，例如亚马逊 Echo，带有像 Alexa 这样的语音助手。有些年幼的孩子经常和 Alexa 交谈，就像她是他们的朋友一样，并向她询问各种个人问题，"你是我的朋友吗？""你最喜欢的音乐是什么？""你的中间名是什么？"他们还发现在问她问题时没有必要说"请"，并且在收到回复时不必回答"谢谢"，在和其他基于显示器的语音助手（如 Siri 或 Cortana）交谈时也是这样。然而，一些家长担心这种礼仪的缺乏可能会发展成一种新的社交规范，会影响他们与真实的人交谈。想象一下艾玛姨妈和利亚姆叔叔过来庆祝他们小侄女的 5 岁生日的情景，他们听到的第一句话就是"艾玛姨妈，我要喝饮料"或"利亚姆叔叔，我的生日礼物在哪里"而一个"请"字都不说。如果你被这样对待，你会有什么感受？

人们希望父母能继续教导他们孩子良好的举止以及如何分辨真正的人和语音助手之间的区别。然而，也可以主动对 Alexa 和其他语音助理做设计上的改变，如果孩子对语音助手有礼貌，语音助手可以通过说"顺便说一句，谢谢你这么有礼貌"来奖励孩子。语音助手也可以强制设计为要求孩子们每次询问都要有礼貌，例如说："每次问我问题都要说'请'，否则我不会回答你的问题。"但这样对于一个语音助手来说会不会做的太多了呢？ Mike Elgon（2018）认真地解释了为什么语音助手不应该这样做。通过将人类的社交规范扩展到语音助手，我们是否正在告诉孩子们技术可以具有情感，并且应该以与我们考虑人类情感相同的方式进行对待。特别地，他想知道，如果对语音助手有礼貌，孩子们是否可能会开始思考语音助手能够感受到欣赏或不受重视，或它们拥有与人类一样的权利。你是同意他的观点，还是认为开发虚拟助手教孩子懂礼貌并且孩子会从中学习并不会有害处？或者，你是否相信孩子会本能地知道语音助手没有权利或感受？

6.5　情感计算与情感人工智能

情感计算涉及如何让计算机与人类一样识别和表达情绪（Picard，1998）。它使用最新的可穿戴传感器，创造最新的科技，通过分析人们的表现与对话来评估沮丧、压力和情绪，进而设计人们交流情绪状态的方式。它还探讨了情感如何影响个人健康（Jacques 等，2017）。最近，情感人工智能已成为一个研究领域，旨在研究如何通过使用可以分析面部表情和语音的人工智能技术来自动测量感受和行为，以推断情感。许多传感技术可以实现这一点，并根据收集的数据，从各个方面预测用户行为，例如，预测某人在感到悲伤、无聊或快乐时最有可能在线购买的产品。常用的主要技术如下：

- 使用相机测量面部表情
- 将生物传感器放在手指或手掌上以测量皮肤电反应（通过汗水增加判断某人是否表现出焦虑或紧张）
- 检测语音中的情感（通过语音质量、语调、音高、响度和节奏）
- 通过放置在身体各部位的运动捕捉系统或加速计传感器检测身体运动和手势

自动面部编码的使用在商业环境中越来越受欢迎，特别是在营销和电子商务中。例如，Affectiva（www.affectiva.com）的 Affdex 情感分析软件采用先进的计算机视觉和机器学习算法来记录用户对数字内容的情绪反应，同时通过网络摄像头捕获的画面分析用户对网络内容（例如电影、在线购物网站和广告）的参与程度。

根据 Affdex 收集的面部表情，其将基本情绪分为 6 种：

- 生气
- 轻蔑
- 厌恶
- 恐惧
- 愉快
- 悲伤

这些情绪将会以百分比的形式显示在显示器中人脸上方的情绪标签旁。例如，图 6.10 中智能手机显示屏上女性头部上方的 100% 的“愉快”标签和 0% 的其他情绪标签。覆盖在脸上的白点是应用程序在对脸部进行建模时使用的标记。其提供的数据通过检测以下表情是否存在来确定面部表情的类型。

- 微笑
- 张大眼睛
- 皱眉
- 抬起脸颊
- 张嘴
- 噘嘴
- 皱鼻子

如果在广告弹出时用户的表情很糟糕，这表明他们感到厌恶，而如果他们开始微笑，则表明他们感到快乐。然后，该网站可以将广告、电影故事情节或内容调整为更适合该情绪状态下的人所需的内容。

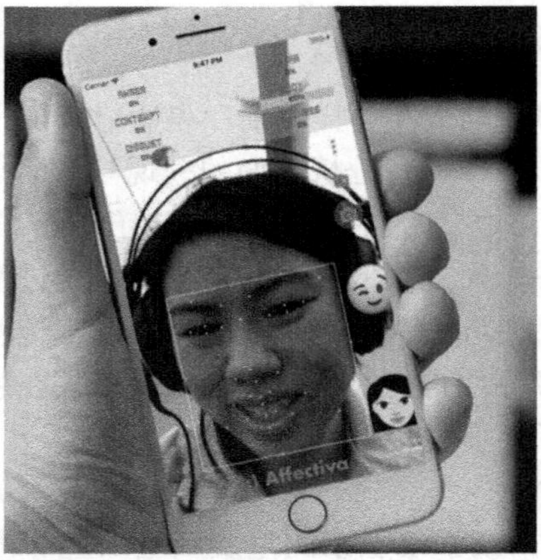

图 6.10　使用 Affdex 软件进行面部编码（图片来源：Affectiva 公司）

Affectiva 也已开始分析驾驶员在驾驶时的面部表情，目的是提高驾驶安全性。情感人工智能软件会感知驾驶员是否生气，然后通过建议进行干预。例如，汽车中的虚拟助手可能会建议驾驶员深呼吸并播放舒缓的音乐以帮助他放松。除了通过面部表情识别特定的情绪（例如，快乐、愤怒和惊讶）之外，Affectiva 还使用特定的标志来检测困倦。这些标志包括闭眼、打哈欠和眨眼频率。在检测到这些面部表情已达到阈值时，软件可以触发动作，例如让虚拟助手建议驾驶员在安全的地方停车。

用于揭示某人情绪状态的其他间接方法包括眼球追踪、手指脉搏、语音，以及他们在

Facebook 上发状态、在线聊天或发帖所使用的单词 / 短语（van den Broek，2013）。用户表达情感的水平、他们使用的语言以及他们在使用社交媒体时表现自己的频率都可以表明他们的精神状态、幸福感和他们个性的各个方面（例如，他们是外向的还是内向的，神经过敏的还是从容不迫的）。一些公司可能尝试将这些方法组合，如同时关注用户的面部表情和在网上使用的语言，而其他公司可能只关注一个方面，例如用户通过电话回答问题时声音的语调。人们开始将这种间接情绪检测用于帮助推断或预测某些人的行为，例如，判断他们是否适合某种工作，或他们将如何在选举中投票。

　　生理数据同样应用在流式视频游戏中，其中观众可以观看玩家的游戏直播。最受欢迎的网站是 Twitch，每天有数以百万计的观众在该网站观看比赛，比如 *Fortnite*。大规模的游戏玩家已经成了新一代名人，有些甚至拥有数百万粉丝。网站开发了各种工具来增强观众的体验。其中一种叫作 All the Feels，它将玩家的生理数据和摄像数据叠加到屏幕界面上（Robinson 等，2017）。仪表板将玩家的心率、皮肤电导和情绪可视化。这个额外的数据层可以增强观众的体验并改善玩家与观众之间的联系。图 6.11 展示了使用 All the Feels 界面时玩家的情绪状态。

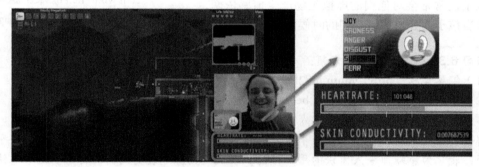

图 6.11　All the Feels 应用程序在屏幕上展示出玩家玩游戏时的生理数据（图片来源：由
　　　　　Katherine Isbister 提供）

▌框 6.3│你能接受利用技术计算出你的感受吗?

　　通过技术从你的面部表情或你在 Twitter 中写的内容读取你的情感，基于分析和过滤向你推荐符合你的心情的在线内容（例如广告、新闻或电影）是符合伦理的吗？会有人认为这是对他们隐私的侵犯吗？

　　人类往往会根据对对方感受的判断，来给予彼此建议。例如，为了让对方高兴，人们可能建议去公园里散步，也可能建议读一本书或看一场电影。然而，许多人可能不喜欢应用程序做同样的事，例如，它会分析你的面部表情，然后对你应该吃什么、看什么或做什么提出建议。▐

6.6　说服技术与行为改变

　　人们在界面上使用各种技术来吸引用户注意到某些类型的信息，并试图改变他们的行为或想法。其中，在计算机和智能手机屏幕上实现的一些方法有弹出广告、警告消息、提醒、提示、个性化消息和推荐。亚马逊的一键式机制就是一个成功的例子，它使得在其在线商店购物变得容易。此外，其推荐系统会基于用户以前购买的商品、选择和偏好向其推荐特定的书籍、酒店、餐馆等。Fogg（2009）将这种技术称为说服设计，即通过说服技术诱惑、哄骗、怂恿人们做某事。

技术干预还可用于改变非商业领域中人们的行为，包括安全、预防性医疗保健、健康、个人关系、能源消耗和学习。在这里，重点是通过监测人们的行为来改变他们的习惯或让他们做某事，从而改善他们的个人健康状况。一个早期的例子是任天堂的"神奇宝贝皮卡丘"设备（见图 6.12），激励孩子们坚持不懈地进行更多的体育锻炼。设备中"居住"着一只电子宠物，设备的所有者需要每天通过行走、跑步或跳跃来维持这只电子宠物的生存。佩戴者每走一步都能得到"瓦特币"，它可以用来购买皮卡丘的礼物。计步器上的二十步将会奖励玩家一个瓦特币。如果用户一个星期没有运动，虚拟宠物就会变得愤怒，并拒绝玩耍。这种使用积极的奖励和"生闷气"的方式是一个强有力的说服的方法，因为孩子们常常会对他们的虚拟宠物产生情感依恋，特别是当孩子们开始照顾它们的时候。

图 6.12　任天堂的"神奇宝贝皮卡丘"装置（图片来源：http://nintendo.wikia.com/wiki/File:Pok%C3%A9mon_Pikachu_2_GS_(Device).png）

练习 6.3　观看下面两个视频：

（1）钢琴楼梯：http://youtu.be/2lXh2n0aPyw

（2）户外垃圾桶：http://youtu.be/cbEKAwCoCKw

你认为这种有趣的方法对改变人们的行为有效吗？

解答　大众汽车公司赞助了一个名为"乐趣理论"的公开竞争项目，要求人们将平凡的人工产品转化为新颖而令人愉快的用户体验，以试图更好地改变人们的行为。这个想法是通过使平时的活动变得更有趣，来达到期望的行为。钢琴楼梯和户外垃圾桶是最知名的两个例子：当在楼梯上走的时候，它听起来像钢琴键在演奏；当有东西扔进垃圾箱时，会产生一个美妙的回声。研究表明，使用这些有趣的方法非常有吸引力，它们可以帮助人们克服在公共场所参与活动的社会抑制（Rogers 等，2010a）。

HAPIfork 是一个旨在帮助人们监控和跟踪饮食习惯的设备（见图 6.13）。如果它检测到人们吃得太快，它就会振动（类似于智能手机静音模式下的震动方式），并且在其末端亮起一个背景灯。它以这样的方式为食者提供实时反馈，并提示人们减慢他们的饮食速度。假设吃得太快会导致消化不良，以及体重控制失衡。它会使人们意识到自己在狼吞虎咽，于是人们会考虑更慢地吃下食物。它同时还会收集其他数据，比如他们完成进食需要多长时间、每分钟使用它的次数以及每次使用的时间。这些数据将转换成仪表板上的图表和统计信息，以便用户每个星期都可以看到他们的饮食行为是否正在改善。

现在，市场上有许多移动应用程序和个人追踪设备，它们旨在帮助人们监测各种行为并根据收集和反馈给他们的数据来改变他们的行为。这些设备包括健身追踪器，如 FitBit，以及体重跟踪器，如智能秤。与 HAPIfork 类似，这些设备旨在通过提供统计数据和图表来鼓励人们改变他们的行为，其界面会显示他们在一天、一周或一个月内进行了多少运动、减了多少体重，并与他们在前一天、一周或一个月的状况进行对比。他们也可以通过在线排行榜

图 6.13　一个人在餐厅用 HAPIfolk 吃蛋糕（图片来源：Helen Sharp）

和图表将自己的运动成果与同事或朋友的进行对比。一项关于人们如何在日常生活中使用这样的设备的调查显示，人们购买它们通常只是为了简单地尝试一下或送人，而不是专门为了改变自身行为（Rooksby 等，2014）。如何检测跟踪、检测跟踪什么内容以及什么时候检测，这些取决于他们的兴趣和生活方式：一些人使用它们来展示自己在马拉松中或自行车赛道上的速度有多快，或者他们如何改善他们的生活方式，让睡眠或饮食习惯更良好。

自动收集关于行为的量化数据的另一种方法是要求人们手动写下他们现在的感受或评价他们的心情，然后反思他们过去对自己的感受。例如，一个名为 Echo 的移动应用程序要求人们写下一个主题，评价他们当时的幸福程度，并且根据其意愿可以添加描述、照片和 / 或视频（Isaacs 等，2013）。偶尔，应用程序会要求他们回顾以前的输入内容。他们称，这种技术介入的回顾可以提升健康和幸福感。每个回顾以一个堆叠的卡片的形式呈现，卡片上显示时间和代表幸福指数的笑脸。使用 Echo 的人们反馈了这样做带来的积极效果，其中包括他们通过记录来重温积极的经历和克服消极的经历。记录和回顾的双重行为使他们能够总结积极的经验并从中汲取积极的教训。

对气候变化的全球关注已引起一些人机交互研究人员设计和评估可以显示实时反馈的各种能源传感设备。其目的之一是找到帮助人们减少能源消耗的方法，而这也是更大的研究议程的一部分，该研究称为可持续的人机交互（参见 Mankoff 等，2008；DiSalvo 等，2010；Hazas 等，2012）。其重点是说服人们因为环境问题而改变他们的日常习惯，例如减少个人、社区（如学校、工作场所）甚至更大的组织（例如街道、城镇、国家）的碳排放量。

广泛的研究表明，通过向家庭提供关于其消费的反馈可以减少家庭能源使用（Froehlich 等，2010）。人们认为反馈频率是重要的：研究发现连续或每天的能耗反馈比每月的反馈能带来更好的节约效果。图形表示的类型也会带来影响。如果它太明显和明确（如一个食指指向用户），它可能会被认为太私人化、太直白或咄咄逼人，导致人们反对它。相比之下，更匿名但更醒目的、目的是引起人们的注意的简单图像（如信息图表或表情符号）可能更有效。因为其可能鼓励人们更多地展示他们的能源使用，甚至促进公众对其所代表的内容及其如何影响他们展开讨论。然而，如果图像太抽象和含蓄，则可能会带来其他意义，比如它只是一个艺术作品（比如一幅带有彩色条纹的抽象画，它随着能源的消耗而变化），那么人们可能会忽略它。理想的表示形式是在二者之间。采用同伴带来的压力也很有效：同伴、父母或孩子间彼此交流，如鼓励对方关灯、淋浴而不是泡澡等。

另一个影响因素是社会规则。P. Wesley Schultz 等人（2007 年）在一项研究中将一个家庭能源消耗与他们邻居的能源消耗平均值进行了对比。高于平均水平的家庭倾向于减少消费，但使用较少电力的家庭倾向于增加消费。研究发现，这种"回力棒"效应可以通过向家庭提供有关他们的能源使用量信息的表情符号来改善：如果收到笑脸图标，那么使用量比平均量少的家庭将继续这样做；如果收到悲伤的图标，那么使用量超过平均量的家庭将减少更多的消费。

与 Schultz 的研究相反，在英国布莱顿运行的 Tidy Street 项目（Bird 和 Rogers，2010）对每个家庭的能源消费进行了公开。该项目创建了一个大规模的用电量可视化的街道，他们使用粉笔将其涂写在一个街道表面的展示模板上（见图 6.14）。公众展示会每天更新，反映街道的平均用电量与布莱顿的城市平均水平相比较的结果。该研究的目的是提供实时反馈，每天所有的住户和公众都可以看到用电量在三个星期内的变化。该街道图非常有效，住在 Tidy Street 的人们会谈论他们的用电量和使用习惯。它还鼓励住户与街上来往的路人交谈。其结果是街道的用电量降低了 15%，这比其他生态项目所能降低的量要多得多。

图 6.14　Tidy Street 公共用电量图（从一个卧室窗户看到的俯视图）（图片来源：Helen Sharp）

框 6.4 | 黑暗的一面：欺骗性技术

现在的技术越来越多地需要人们的个人信息，这就使得互联网欺诈者可以获取我们的信息来访问我们的银行账户并从中取钱。有些邮件看起来像是从 eBay、PayPal 和各种知名银行发送的，但事实上却只是垃圾邮件。这些邮件发送到世界各地，最终在人们的电子邮件收件箱中出现，包含着这样的消息："在定期验证账户时，我们无法验证你的信息。请点击这里更新和验证你的信息。"考虑到许多人至少有这些公司中的一家的账户，他们将有可能被这些邮件误导，并不知不觉地跟随其要求进行了操作，结果几天后却发现自己的几千美元消失了。同样，还有一些来自他国的超级富豪的信件，这些电子邮件的收件人如果向他们提供了他的银行详细信息，富豪就会提供他们的资产份额。这样的垃圾邮件在世界各地持续地传播着。虽然许多人对所谓的网络钓鱼诈骗变得越来越谨慎，但仍然有许多易受伤害的人受到了欺诈。

"钓鱼"这个术语源于生活用语钓鱼，指的是引诱用户泄露财务信息和密码的复杂方式。此外，互联网欺诈者正变得更聪明，并且不断地改变他们的战术。虽然欺骗的伎俩已经存在了几个世纪，但是越来越多普遍的、经常巧妙地使用网络欺骗人们泄露自己的信息的行为可能会给社会带来灾难性的影响。

6.7　拟人论

拟人是人们将人类的特性赋予动物和物体。例如：人们有时会和他们的计算机说话，就像它们是人类一样；把他们的机器人清洁工看作他们的宠物；给他们的移动设备、路由器等起各种可爱的名字。广告商意识到了这些现象，所以其经常在无生命的物品设计中创建类似人和动物的角色以促进产品的销售。例如，早餐谷物、黄油和水果饮料都已经变得具有人类特性（可以移动、谈话、有个性，并表现出情绪）的形象，从而吸引观众购买它们。孩子们特别容易受到这种"魔法"的影响，广告商注意到了儿童们喜爱卡通人物，于是把所有的无生命的物体都设计得栩栩如生。

人们（尤其是儿童）都喜爱且乐于接受具有人类特征的物品。许多设计人员充分利用了人们的这个倾向，最普遍的就是虚拟助手和交互式玩偶、机器人及可爱玩具的设计。早期商业产品（如 ActiMates）鼓励儿童在玩玩具的过程中学习。早期的例子之一，即 Barney 玩具（恐龙），使用人类的语言和动作激励儿童在游戏中学习（Strommen，1998）。开发者通过编程使玩具对孩子做出反应，并使其能够在一起观看电视或执行计算机任务的过程中做出评论。特别地，当儿童正确回答了问题之后，Barney 就会向他们表示祝贺。它也可以用适当的表情对屏幕上的内容做出反应，例如，当屏幕上显示好消息时它就会欢呼，显示坏消息时它就表示关注。交互式玩偶使用基于传感器的技术、语音识别以及嵌入其体内的各种机械结构来交谈、感知和理解周围的世界。例如，交互式玩偶 Luvabella 通过面部表情，例如眨眼、微笑，并根据她的主人如何玩耍和照顾她而发出婴儿的咕哝声。如果孩子和它玩得多，它就会学会说话，并将她的咕哝声转变成单词和短语。

➡一个 YouTube 视频（https://youtu.be/au2Vg9xRZZ0）展示了运行中的 Luvabella，并询问观众这种互动玩偶是令人毛骨悚然还是酷炫。你怎么看？

将人类的特性和其他类似人类的属性赋予技术会使人们在与其交互时感觉更加愉快、更有趣。它们还可以激励人们开展各种活动，如学习。用第一人称（例如"你好 Noah！很高兴再次见到你，欢迎回来，上次我们做了些什么？哦，是的，练习 5。让我们继续吧。"）要比使用非个性化的第三人称（如"用户 24，开始练习 5。"）更加具有吸引力，特别是对于儿童来说。因为这可以使他们感到更放心，并减少他们的焦虑。类似地，与屏幕人物（如指导教师和系统向导）交互要比与对话框交互更加愉快。

练习 6.4　机器人还是可爱的宠物？

早期的机器宠物，如索尼的 AIBO，是由硬质材料制成的，看起来光滑而笨拙。相比之下，最近的趋势是使机器宠物摸起来和看起来更像真正的宠物，即人们将将毛皮覆盖在它们身上并使它们表现得更可爱，就像宠物一样。两个相应的例子如图 6.15a 和图 6.15b 所示。你喜欢哪个，为什么？

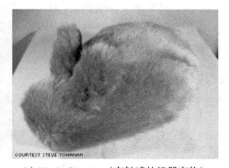

a）AIBO　　　　　　　　b）Hapic Creature（有触感的机器宠物）

图 6.15　机器宠物（图片来源：图 a 由 Jennifer Preece 提供，图 b 由 Steve Yohanan 提供，Martin Dee 拍摄）

解答　大多数人喜欢抚摸宠物，所以他们很可能更喜欢柔软的机器宠物，这样他们也可以抚摸它。使机器宠物变得可爱的一个动机是通过使用它们的触觉来增强人们的情感体验。例如，右侧的 Haptic Creature 是一种模仿宠物的机器人，它可能会坐在你的腿上，如猫或兔子（Yohanan 和 MacLean，2008）。它由身体、头部和两个耳朵组成，同时其呼吸、振动时发出呜咽声以及体温机制都是模拟真实生物的。机器人通过遍布整个身体的（大约 60 个）触摸传感器阵列和一个加速度计来检测它被触摸的方式。当 Haptic Creature 被抚摸时，它会相应地使用耳朵、呼吸和呜咽声响应并传达其情绪状态。另一方面，传感器也被用于根据人们的触摸来检测其情绪状态。注意它没有眼睛、鼻子或嘴。面部表情是人类传达情感状态最常见的方式。由于 Haptic Creature 仅通过触摸来传达和感知情感状态，所以人们移除了其面部状态以防止用户试图从其中"读取"情绪。

人们开发了许多专门用于支持老年人护理的商业物理机器人。早期设计的产品大约 2 英尺高，由白色塑料制成，其衣服或头发的部分是彩色的。如比利时开发的 Zora（见图 6.16），该产品主要作为医疗保健的社交机器人。一个法国的养老院批量购买了这种产品。许多患者对他们的 Zora 机器人产生了情感依恋，抱着它、喃喃自语，甚至亲吻它的额头。然而，有些人发现这种机器人在护理方面乏善可陈。当然，它永远不能与患者需要的人类触摸和温暖相提并论，但它扮演一个与人类照顾者共存的有趣而激励的角色并没有什么害处。

➡ 演示如何使用 Zora 机器人来陪伴老年人并帮助他们锻炼的视频：https://youtu.be/jcMNY5EnQNQ。

图 6.16　Zora 机器人（图片来源：http://zorarobotics.be/）

深入练习

本深入练习要求你尝试以下情绪识别应用程序之一，了解它识别人的不同面部表情的效果。下载 AffdexMe 或 Age Emotion Detector。拍一张自己很自然的照片，看看程序对其情感的判断。

1. 它识别了几种情绪？

2. 尝试用表情表达以下情绪：悲伤、愤怒、快乐、恐惧、厌恶和惊讶。看看应用程序的检测效果有多好。

3. 让别人也尝试一下。另外，能不能找到一个留胡子的人，并让他尝试一下。面部毛发是否使应用程序更难以识别情绪？

4. 除了广告领域，你认为这种情绪识别软件还能应用在哪些领域？

5. 面部识别带来了哪些伦理问题？应用程序是否给用户提供了足够的信息，说明它将对这张人脸照片作何使用？

6. 如果用户不再对着镜头故意做出表情，即在一个更加自然的情况下，这个识别程序的效果会怎样？

总结

本章讨论了交互式产品的不同设计方式（有意和无意），以使人们以某种方式做出响应。用户学习、网上购物、戒掉坏习惯或与他人聊天的程度取决于界面具有何种说服力、用户使用产品时感觉是否舒适，以及他们对产品的信任度如何。如果交互式产品在使用时令人沮丧、令人讨厌或者态度傲慢，用户将容易变得生气和失望，因而经常不使用它。另一方面，如果产品使用时很有趣、令人愉快，并且使人们感到舒适和安心，那么他们就会乐于继续使用它、购买、经常访问这个网站或者继续学习。

本章描述了可用于诱发用户正面情绪反应的各种交互机制和避免负面情绪反应的方法，还描述了如何开发新技术来检测情绪状态。

本章要点

- 交互设计的情感化方面关注在用户体验中如何促进某些状态（例如愉快）或避免的某些反应（例如沮丧）。
- 精心设计的界面能够用增加用户的好感。
- 用户更乐于使用富有美感的界面。
- 富于表现力的界面除了能够为用户提供可靠的反馈，还是信息丰富和有趣的。
- 设计不良的界面往往使人感到沮丧、懊恼或愤怒。
- 情感人工智能和情感计算使用人工智能和传感器技术，通过分析人们的面部表情和对话来完成对其情绪的检测。
- 情感化技术的设计可以用来说服人们改变自己的行为或态度。
- 拟人是把人类的特性赋予无生命的物体。
- 机器人可以应用于很多场景，包括家庭和养老院。

拓展阅读

CALVO, R. A and PETERS, D. (2014) *Positive Computing*. MIT.

该书讨论如何用技术带来幸福，创造一个更幸福、更健康的世界。正如标题所说，它对未来感到乐观。这本书的内容涵盖了幸福的心理学，包括同理心、正向的信念、快乐、同情和利他主义。该书还描述了想要通过技术改善人们福祉的交互设计师所面临的机遇和挑战。

HÖÖK K. (2018) *Designing with the Body*. MIT.

该书提出交互设计应考虑在一个产品的设计和使用的周期中包含体验、感觉和审美这三个要点。作者提出的方法称为体细胞设计，在这个概念中身体和运动被视为设计过程的重要组成部分，设计背后的人类基本价值观得到了深入的思考。有人认为采用这种方法可以设计更好的产品，并且创造更健康和持续发展的公司。

LEDOUX, J. E. (1998) *The Emotional Brain: The Mysterious Underpinnings of Emotional Life*. Simon & Schuster.

该书解释了是什么让我们感到恐惧、爱、恨、愤怒和快乐，并探讨了是我们在控制情绪还是情绪控制着我们。该书还涵盖了人类情感的起源，并解释了是许多进化使我们得以生存。

McDUFF, D. & CZERWINSKI, M. (2018) Designing Emotionally Sentient Agents. *Communications of the ACM*, Vol. 61 No. 12, pages 74-83.

这篇文章为读者提供了最新的情感化智能体的概述。它介绍了该领域挑战、机遇、困境、关注点，以及当前正在开发的应用程序，包括机器人和助手。

NORMAN, D. (2005) *Emotional Design: Why We Love (or Hate) Everyday Things*. Basic Books.

这是一本易于阅读，同时发人深省的书。我们可以看到丹·诺曼的厨房，了解他的茶壶收藏的设计美学。这本书还包括关于机器人、电脑游戏，以及一系列其他令人愉快的界面的情感方面的文章。

WALTER, A. (2011) *A Book Apart: Designing for Emotion*. Zeldman, Jeffrey.

这本简短的书面向那些想要了解如何设计用户喜欢并想要回访的网站的网页设计师。它涵盖了关于情绪的经典文献，并提出了情感化网络设计的实用方法。

界 面

目标

本章的主要目标是：

- 提供许多不同种类界面的概述。
- 重点关注每一种界面中的主要设计和研究问题。
- 讨论自然用户界面（NUI）的意义。
- 思考对于特定的应用或活动，哪种类型的界面是最合适的。

7.1 引言

当需要考虑如何解决用户问题的时候，许多开发人员选择的默认解决方案是设计可以在智能手机上运行的应用程序。许多易于使用且可以免费下载的应用开发者工具让这一切变得容易。光是看看世界上有多少应用程序就知道这有多平常了。例如，截至 2018 年 12 月，苹果手机的应用商店拥有惊人的 200 万个应用程序，其中许多是游戏。

尽管智能手机应用产业无处不在，但是网络上的服务、内容、资源和信息仍在不断涌现。一个主要问题是如何设计以使人们能在不同设备和浏览器之间对其实现互操作，其中包括具有不同组成因素、尺寸和形状的智能手表、智能手机、笔记本电脑、智能电视以及计算机屏幕。除了应用程序和网页之外，还有许多其他类型的界面，包括语音界面、触摸界面、手势界面和多模式界面。

技术的飞速发展鼓励从多角度对交互设计和用户体验进行思考。例如，输入可以通过鼠标、触摸板、笔、遥控器、操纵杆、RFID 阅读器、手势，甚至人脑—计算机交互进行。输出形式同样是多样化的，如图形界面、语音、混合现实、增强现实、可触式界面、可穿戴计算等。

本章将介绍针对不同环境、不同地点、不同活动乃至不同的人设计出的多种多样用户界面。我们列出了一个包含 20 种界面形式的列表，从指令形式到智能形式的都有涉及。对于每一个界面形式，我们都将对其研究和设计要点进行概述。其中有的我们只是简单扼要地触及，有的我们会对其交互形式进行更深入的描述。

需要注意的是，本章的内容并没有必要从头读到尾，读者可以从中找到所需的界面形式并进行深入挖掘。

7.2 界面类型

目前已经有很多用来描述不同类型的界面的形容词，例如图形式、指令式、语音、多模态、不可见的、基于环境的、具有情感的、移动的、智能的、自适应的、实体的、非接触式的、自然的。一些界面形式主要侧重的是功能性（主要是指智能性、适应性、环境性），一些界面形式则专注于实用性（如命令、图形、多媒体），有些涉及输入/输出设备（如以笔、语音、动作为基础的输入），或为一些平台所设计（例如平板电脑、手机、个人计算机、可穿戴设备）。我们的介绍并不是涵盖已经被开发或使用的所有界面形式，而是选取了过去 40 年内我们所遇到的一些主要界面形式来跟读者分享。一般在设计界面形式的时候，对其种类的排序是松散的。其实特定的排序可以帮助我们尽快找到特定的种类（下面列出了完整的分类）。在此额外提一句，这种分类方式是为了查找方便。一些产品的界面形式涵盖两种类别，这与界面形式条目的设置并不冲突。举个例子，智能手机既可以被定义为移动式，也可以被定义为触摸式或可穿戴设备。

本章涉及的界面类型包括：

1. 指令式
2. 图形式
3. 多媒体形式
4. 虚拟现实
5. 网页
6. 移动式
7. 家用式

8. 语音式
9. 书写式
10. 触摸式
11. 基于手势
12. 基于触觉
13. 多模式的
14. 共享式的

15. 实体的
16. 增强现实
17. 可穿戴的
18. 机器人和无人机
19. 脑机交互
20. 智能的

➡️ 具有开创意义的界面的经典人机交互视频：

The Sketchpad——Ivan Sutherland（1963）描述了第一个交互式图形界面，https://youtu.be/6orsmFndx_o。

The Mother of All Demos——Douglas Engelbart（1968）描述了第一个 WIMP，http://youtu.be/yJDv-zdhzMY。

Put that there（1979）——麻省理工学院演示了第一个基于语音和手势的界面，https://youtu.be/RyBEUyEtxQo。

Unveiling the genius of multitouch interface design——Jeff Han 的 TED 演讲（2007），http://youtu.be/ac0E6deG4AU。

Intel's Future Technology Vision（2012）——http://youtu.be/g_cauM3kccI。

7.2.1 命令行界面

早期的界面要求用户在计算机显示的提示符处输入命令（通常是缩写，如 ls），系统会对其做出响应（例如列出当前的文件）。另一种输入命令的方式是按组合键（例如〈 Shift＋Alt＋Ctrl〉）有些命令是基于键盘的固定按键，例如：删除、输入和撤销，而其他功能键将依据用户的特定命令来设置（例如利用 F11 控制打印）。

目前，命令行界面在很大程度上已经被一些图形界面取代，后者将菜单、图标、键盘快捷键和弹出 / 可预测文本命令等命令合并为应用程序的一部分。当用户发现命令行界面比等价的基于菜单的系统更容易使用且速度更快（Raskin，2000），或者前者是作为执行特定操作的复杂软件包的一部分（诸如用于 CAD 环境（例如 Rhino3D 和 AutoCAD），该类型可以使专家用户与软件进行迅速而精确的交互）时，命令行界面还是有它自己的优点。它们还提供批量操作的脚本，并越来越多地应用于具有通用命令行工具搜索栏的网页，例如 www.yubnub.org。

系统管理员、程序员和高级用户认为命令语言（如微软的 PowerShell）更高效、更快捷。例如，使用一个命令一次性删除 10 000 个文件，比滚动浏览该数量的文件并选中再删除要容易得多。此外，还有为视障人士开发的命令语言，使他们能够在虚拟世界中进行互动，例如"第二人生"（见框 7.1）。

框 7.1 | 为虚拟世界开发的基于命令的界面

目前虚拟世界"第二人生"已经成为学习和进行社交活动的热门地点，不过目前只有视障人士可以加入。为其开发的基于命令的交互界面 TextSL 使用户可以使用屏幕阅读器参与其中（Folmer 等，2009）。通过输出命令，用户可以通过移动他们的化身，与其他人交互，并了解他们所处的环境。图 7.1 显示，用户发出命令使他的化身微笑着与坐在壁炉前的其他人打招呼。

图 7.1　"第二人生"系统为视障人士设计的基于命令的操作界面（图片来源：由 Eelke Folmer 提供）

➡ TextSL 的演示视频：http://youtu.be/0Ba_w7u44MM。

研究和设计问题

在 20 世纪 80 年代，很多研究调查了优化基于命令的界面的方式。命令的形式（例如使用缩写、全名、熟悉的名称）、语法（例如如何最好地组合不同的命令）和组织（例如如何构造选项）是一些主要的研究领域（Shneiderman，1998）。需要进一步考虑的问题是用什么词语表示命令更容易让人记住。人们测试了大量的变量，以研究用户对被选中词语的熟悉程度。然而，许多相关研究的结果都是不统一的：一些研究表明特定名称比普通的好（Barnard 等，1982）；一些研究表明用户自己选择的名字是优选的（例如 Ledgard 等，1981；Scapin，1981）；还有一些研究认为高频词比低频词更容易被人记住（Gunther 等，1986）。

最相关的设计原则是一致性（参见第 1 章）。因此，选择用于标记 / 命名命令的方法应尽可能一致。例如使用缩写时始终使用命令的第一个字母。

7.2.2　图形用户界面

Xerox Star 界面（在第 3 章中有描述）促使图形用户界面（GUI）诞生，为用户与系统交互以及在界面处呈现和表达信息开辟了新的可能性。具体来说，设计视觉界面的新方法变得可以实现，其中包括使用颜色、排版和图像（Mullet 和 Sano，1995）。最初的 GUI 叫作 WIMP（窗口、图标、菜单、指针）：

- 窗口（可以使用鼠标滚动、拉伸、重叠、打开、关闭和在屏幕上移动）。
- 图标（表示在单击时打开或激活的应用程序、对象、命令和工具）。
- 菜单（提供可以滚动浏览并且选择的选项，类似于餐厅中点餐的方式）。
- 指针（鼠标控制光标，来进入点击屏幕上的窗口、菜单和图标）。

第一代 WIMP 界面主要是盒状设计。用户交互发生在窗口、滚动条、复选框、面板、调色板和以各种形式出现在屏幕上的对话框中（见图 7.2）。开发人员很大程度上受到他们可

用的小组件的限制，其中对话框的问题最为突出（小组件是控件的标准化显示的表示，比如
按钮或滚动条，可以由用户操纵）。如今，GUI 已适用于移动设备和触屏设备。大多数用户
的默认动作是在浏览和与数字内容交互时使用单个手指滑动和触摸，而不是使用鼠标和键盘
作为输入（详见 7.2.6 节和 7.2.10 节）。

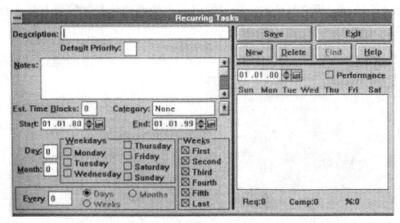

图 7.2   第一代 GUI 的盒状外观

WIMP 的基本构建单元仍然是现代 GUI 的一部分，并作为界面显示的一部分存在，但是
其已经演变成多种不同的形式和类型。例如，现在存在许多不同类型的图标和菜单，包括音
频图标和音频菜单、3D 动画图标，以及甚至可以放入智能手表屏幕的基于微小图标的菜单（见
图 7.3）。除此之外，窗口也大大扩展了其使用方式和用途，例如各种对话框、交互式菜单和
反馈 / 错误消息框已经变得普遍。此外，过去不是 WIMP 界面一部分的多个元素现在已经包
括在 GUI 中了。这些元素包括工具栏和图标栏（一行或一列可用应用程序以及其他对象的图
标，例如打开的文件）和滚动图标（当鼠标滚动到图标或屏幕部分旁边时，会出现其文本标
签）。在这里，我们将概述有关 WIMP/GUI 的基本构建单元（窗口、菜单和图标）的设计问题。

1 个选项   2 个选项   3 个选项

图 7.3   带有 1 个、2 个和 3 个选项的简单的智能手表菜单（图片来源：https://developer.apple.
com/design/human-interface-guidelines/watchos/interface-elements/menus/）

窗口设计

窗口的发明克服了计算机显示器的物理限制，使得用户能够在统一屏幕上观看更多的信

息并执行任务。用户可以随时打开多个窗口，例如网页、文字处理文档、照片和幻灯片，在需要查看或处理不同的文档、文件和应用程序时，可以在它们之间切换。一个应用程序下也可以打开多个窗口，例如 Web 浏览器。

窗口中的滚动条使得用户可以查看超过一个屏幕范围内的更多信息。滚动条一般在窗口中垂直或水平放置，以便让文档向上，向下或侧向移动，并可以通过触摸板、鼠标或者方向键控制滚动条的移动。可触摸的屏幕让用户可以简单地通过滑动来达到滚动条的效果。

打开多个窗口的缺点之一是很难找到特定的窗口。因此开发者开发了各种技术来帮助用户定位窗口，常见的是提供应用程序菜单的一部分作为列表。Mac OS 还提供了一个功能，可以缩小所有打开的窗口，以便在一个屏幕上并排表示。用户只需要按下一个功能键，然后将光标移到每个功能键上，即可查看它们的全称。这种技术使用户能够一目了然地看到他们的工作空间中有什么内容，并且能够轻松地选择查看某一内容。另一个选择是对于特定应用显示所有打开的窗口，例如，微软的 Word。像 Firefox 这样的 Web 浏览器还会显示所访问的热门站点的缩略图以及你保存或访问过的精选站点，这些站点称为高亮站点（见图 7.4）。

图形界面中最常用的特定窗口就是对话框，基本上所有的对话、信息、错误、清单和表单都通过它们来呈现。对话框中的信息通常被设计来指导用户交互，用户遵循对话框所提供的一系列选项来进行操作。示例包含一系列有序的表单（即向导），表示在选择 PowerPoint 演示文稿或 Excel 电子表格时需要填写的必要信息和可选信息。这种交互方式有一个缺陷，即将过多的信息和数据压入一个对话框中，显得界面过于混乱和拥挤，难于阅读（Mullet 和 Sano，1995）。

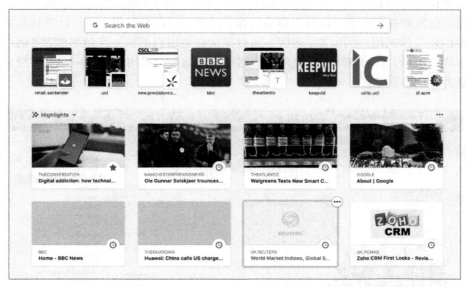

图 7.4　Firefox 浏览器主页的一部分，其中展示了访问过的热门站点的缩略图以及推荐的高亮站点（底部）

｜框 7.2｜在网页上填写表单的乐趣

对于很多人来说，在互联网上购物通常是一种愉快的体验。例如，我们可以在闲暇或方便的时候在亚马逊上选购书籍或在 Interflora 上选购花卉。然而我们最讨厌的部分是填写在线表单，即为支付选定的商品完善自己的必要详细信息。这通常是令人沮丧和耗时的体验，尤其是不同的网站需要的信息各不相同。有时你需要创建账户和新密码，而有时可以使用访客结账模式。但是，如果你曾使用过电子邮件地址注册过该网站，那么就不能使用访客模式。如果你忘记了密码，则需要重置密码，这个操作需要切换到你的电子邮件账户页面。一旦经过了这一步，不同类型的交互式表单就会扑面而来，需要你输入邮寄地址和信用卡详细信息。表单可能可以通过你输入的邮政编码来查找具体地址。其中也会有一些部分带有星标，表示该字段必须填写。

如此多的不一致可能会使用户感到沮丧，因为每次填写结账表单的过程都不一样。在提交页面后，用户很容易因为忽略需要填写的内容而收到系统提示的错误消息。这导致用户必须再次输入敏感信息，因为这些信息会在每次提交表单之后被清除（例如，用户的信用卡号和卡背面或前面的三位或四位安全代码）。

更令人沮丧的是，许多在线表单通常只接受固定的数据格式。这意味着，如果某个人的某些信息不符合该格式，那么他将无法完成表单。例如，一种表单只接受某种类型的邮寄地址格式，比如一行具体地址，一行邮政编码。这使得不同国家的居民难以填写邮政编码的部分，因为该信息的格式会随着国家不同而差异巨大。

还有些非常长的菜单，比如按字母顺序列出的世界上所有国家 / 地区。用户必须手动选择他们所在的国家 / 地区（而不是打字识别）。如果你恰好居住在澳大利亚或奥地利，那就没问题了；但如果你居住在委内瑞拉或赞比亚，那会很费力（见图 7.5）。

一般情况下，设计的识别原则比回忆原则效果好（见第 4 章），但这是一个相反的的例子。更好的设计应当是预测文本选项，用户只需键入其国家 / 地区的前一个或两个字母，即可显示缩小范围的选项列表，以便更容易选择。或者，可以根据用户通过计算机共享或存储在云中的信息来预选用户的国家 / 地区。通过提供有关用户的预先存储的信息（例如，地址和信用卡详细信息）自动填写在线表单，显然可以帮助减少可用性问题——只要用户对这种收集信息的方式不介意。

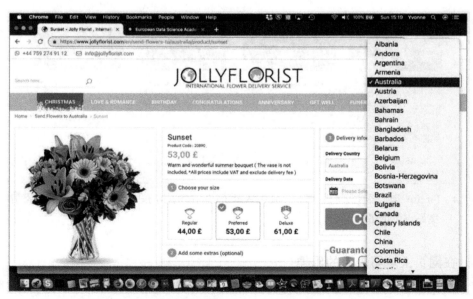

图 7.5　选择国家 / 地区的下拉菜单（图片来源：https://www.jollyflorist.com）

练习 7.1　浏览 Interflora 网站，点击国际投递选项。如何选择国家 / 地区？这是滚动菜单的一种改进吗？

解答　早期版本的 interflora.co.uk 在顶部列出了英国、美国、法国、德国、意大利、瑞士、奥地利和西班牙这 8 个国家。其次是按字母顺序排列的一系列国家 / 地区。这种特殊排序方式的原因可能是前 8 名是拥有客户最多的国家，在英国使用该服务的人最多。现在，该网站已经改为按国旗显示常用国家 / 地区，然后使用表格按字母顺序对所有国家 / 地区进行分组（参见图 7.6）。你是否认为这比使用图 7.5 中所示的单个国家 / 地区名称滚动列表有所改进？显然新方法可以更快地完成搜索。

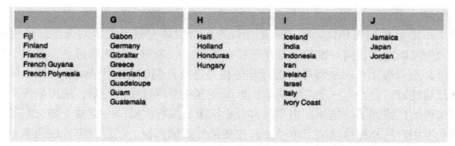

图 7.6　interflora.co.uk 中按字母顺序列出的部分国家 / 地区的列表的截图（图片来源：https://www.interflora.co.uk）

研究和设计问题

　　一个关键的研究问题是如何进行窗口管理，即找到能够使用户在不同窗口（和显示器）之间流畅切换的方法，并且能够快速地在它们之间切换注意力以找到他们所需要的信息，或者可以在每个窗口的文档 / 任务间切换而不会分心。关于人们如何使用窗口和多个显示器的研究表明：窗口的激活时间（即窗口打开和与用户交互的时间）相对较短，平均为 20 秒，这说明人们在不同的文档和应用之间可以频繁切换（Hutchings 等，2004）。任务栏之类的小组件是在窗口间切换的主要方法。

　　另一种技术是在 Web 浏览器顶部显示选项卡，这些选项卡显示已访问过的网页的名称和标志。该方法能让用户能够快速浏览和切换他们访问过的网页。但是，如果用户访问了多个站点，则选项卡的数量会快速增加。为了容纳更多选项卡，Web 浏览器通过缩短每个标签上显示的信息来缩小标签的大小。但是，这样做的缺点是，在查看较小的选项卡时，读取和辨别网页变得更加困难。可以单击选项卡上的删除图标来删除不需要的选项卡，以使每个选择卡变大。这样可以为剩余的选项卡提供更多可用空间。

　　有多种方法可以设计在线表单以获取某人的详细信息。因此，出现这么多不同类型的表单并不奇怪。一些设计指南旨在帮助设计者确定最适合使用的格式和小部件。例如，参见 https://www.smashingmagazine.com/printed-books/form-design-patterns/。另一种方法是要求用户将他们的个人详细信息存储在其电脑或公司的数据库中，以便只要求他们输入安全信息即可自动完成表单填写。然而，许多人对这种存储个人数据的方式变得十分谨慎——因为新闻中报道的数据泄露的数量令人害怕。

菜单设计

菜单界面通常出现在屏幕的顶行或侧面，并以类别标题作为菜单栏的一部分。菜单的内容大部分会被隐藏，只有在被鼠标选中或滑过时才会出现。每个菜单下的选项通常从上到下排列，最常用的在最上面。其中分在一组的选项都是相似的，例如，所有格式化命令都在同一个标题下面。

菜单界面的风格有很多种，包括平面列表、下拉菜单、弹出菜单、情境菜单、可折叠菜单、巨型菜单和扩展菜单（如级联菜单）。平面菜单有利于尺寸小的显示器（例如智能手机、相机、智能手表），或同时显示较少的选项。然而，它们通常需要在每个选项中嵌套选项列表，用户需要采取多个步骤才能到达目标选项。一旦在嵌套菜单中深入，用户必然要采取相同数量的步骤来返回菜单顶部，这样的方式会让人觉得乏味。

与单个平面菜单列表相比，扩展菜单允许在单个屏幕上列出更多的选项。这使得导航更加灵活，因为可以允许在同一窗口中选择选项。其中的一个例子是级联菜单，它在下拉菜单旁边提供二级甚至三级菜单，从而可以选择其他相关选项，例如在一个 Word 文档中从工具栏选择追踪修订功能时，会产生一个二级菜单，里面会有三个待选项。但是，使用扩展菜单的缺点是你需要精确地找到你要的选项。用户通常会犯错误，鼠标多滑了一点或干脆选到了错误的选项。特别是当用户将光标移动到菜单项上，按住鼠标或触摸板，然后在出现级联菜单时将光标移动到下一个菜单列表，然后选择下一个所需选项的时候。这种情况下用户很可能轻易地滑到了别的选项上，甚至有时意外地关闭整个菜单。可扩展菜单的另一个示例是巨型菜单，其中可以使用 2D 下拉布局显示许多选项（参见图 7.7）。这种类型的菜单很受在线购物网站的欢迎，通过巨型菜单，用户可以在屏幕上一目了然地查看大量项目而无须进行滚动。通过悬停或点击还可以查看更多其详细信息。

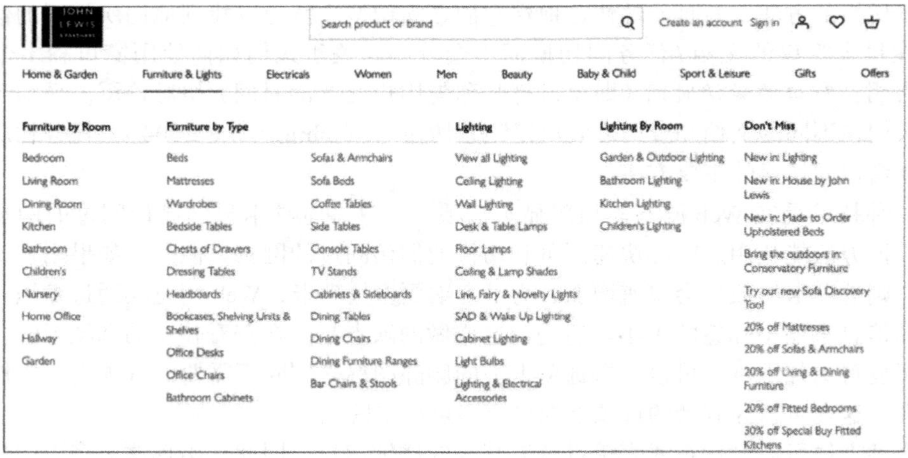

图 7.7　一个巨型菜单（图片来源：https://www.johnlewis.com）

可折叠菜单提供了另一种扩展菜单的方法，其中当你选中一个一级标题时其中的选项会出现。一级标题彼此相邻，用户不必来回滚动便可以很好地理解内容的概述（参见图 7.8）。使用情境菜单可以对当前目标执行常用命令，例如图标。它们提供了当前任务用户可能用到的命令。当用户在单击界面元素的同时按下〈Ctrl〉键，它们就会出现。例如，单击网站上的照片并按住〈Ctrl〉键，会引出相关的菜单选项，例如在新窗口中打开、保存或复制。

情境菜单的优点是它们提供了与界面元素相关的一些选项，解决了一些级联和扩展菜单的问题。

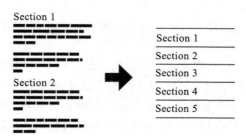

图 7.8　一个可折叠菜单的简易样例（图片来源：https://inclusive-components.design/collapsible-sections/。经 Smashing Magazine 允许转载）

练习 7.2　在 PC／笔记本电脑或平板电脑上打开你经常使用的应用程序（例如文字处理器、电子邮件客户端、网络浏览器），然后查看菜单标题名称（但不要打开它们）。对于每一个菜单标题（例如文件、编辑、工具），写下你认为其下列出的选项，然后查看每个标题下的内容。你能记住其中的多少选项？你认为出现在每个标题下的选项和实际相比错了多少？现在尝试为以下选项（假设它们包括在应用程序中）选择正确的菜单标题：另存为、保存、拼写和排序。你每次都能选中正确的选项吗？你是否需要浏览大部分选项？

解答　流行的日常应用程序，如文字处理程序，现在提供的功能数量已经大大增长。例如，当前版本（2019）的 Microsoft Word 有 8 个菜单标题和若干个工具栏。在每个菜单标题下平均有 15 个选项，其中一些选项在子标题下隐藏，只有在使用鼠标滚动时才会显示。同样，对于每个工具栏，都有一组可用的工具，可用于绘图、格式化、网络、表格或边框。记住常用命令（如拼写和替换）的位置，通常通过记住它们的空间位置来实现。对于不经常使用的命令，例如按字母顺序对引用列表排序，用户可以花费一定时间在菜单中快速浏览以查找排序命令。很难记住命令"排序"应该在"表格"标题下，因为它进行的不是表操作，而是使用工具来组织文档的一部分。如果该命令在"工具"标题下与类似工具（如拼写）排列在一起，则会更直观。这个例子说明了将菜单选项分组到明确定义和明显的类别中有多困难。在添加更多功能时，不同版本应用程序的菜单中选项的位置也可以改变。

研究和设计问题

一个重要的设计问题是确定哪些是用于菜单选项的最佳术语。像"全部置前"这样的短语可能比像"前面"这样的词更具信息性。然而，用于列出菜单项的空间通常受到限制，使得菜单名称必须要短。除此之外，名称必须要好辨认，且不容易让人混淆而选到错误选项。诸如退出和保存这样的操作也应该清楚地分开以避免意外的工作损失。

选择使用哪种类型的菜单通常由应用和设备类型决定，而哪个最好还取决于提供的选项的数量和显示空间的大小。平面菜单最适合同时显示少量选项，而扩展菜单适用于显示大量选项，例如在文件和文档创建／编辑应用程序中可用的选项。针对下拉菜单与巨型菜单的可用性测试表明，后者更有效且更易于导航。主要原因是巨型菜单使用户能够在同一页面上一目了然地浏览许多项目，并且能够由此找到他们想要的东西（Nielsen 和 Li，2017）。

图标设计

界面上的图标外观源于 Xerox Star 项目。它们被用来表示作为桌面隐喻的一部分的对象，即文件夹、文档、垃圾桶、收件箱和发件箱。之所以要使用图标而不是文本标签，是因为前者更容易学习和记忆，尤其是对于非专业计算机用户来说。它们可以以一种紧凑且位置多变的形式呈现在屏幕上。

目前，图标已经成为界面的普遍特征，它们覆盖了每个应用程序和操作系统，除了表示桌面对象之外，还用于各种功能。其中包括描绘工具（例如 3D 画笔）、状态（例如 Wi-Fi 信号强度）、应用程序的种类（例如健康或个人金融软件）和多种抽象操作（例如剪切、粘贴、下一步、接受、更改）。它们也经历了许多外观和感觉的变化，从最早的黑白、彩色、阴影、写实的图像到现在的 3D 渲染和动画。

早期的图标设计师受到了当时的图形显示技术的限制，如今，界面设计师拥有更多的灵活性。例如，抗锯齿技术的使用使绘制曲线和非直线得以实现，使得设计师能够开发更多的写实风格（抗锯齿指围绕对象的锯齿状边界添加像素以在视觉上平滑其轮廓）。应用程序图标通常设计成更有视觉吸引力和富有信息的样子，目标是让它们更诱人、具有情感吸引力、令人难忘和与众不同。

人们使用不同的图形特征来区别不同类别的图标。图 7.9 展示了原始苹果用户界面 Aqua，彩色写实的，略微向左倾斜的图像用于用户应用（如电子邮件）类别，而单色正放的简单的图像用于通用应用（例如打印机设置）类别。前者看起来很有趣，而后者带来更严肃的感觉。虽然苹果公司后来开发了许多其他样式的图标，但倾斜与正放的图标仍然代表不同的图标类别。

图 7.9　两种风格的苹果设备图标，用来代表其不同的功能

图标可以通过拟物化设计和抽象设计来代表物体和操作。图标和它所表征的物体可以是相似的（例如，用文件的图片表示文件）、类比的（例如，用剪刀的图片表示切断）或任意的（例如使用 X 代表删除）。最有效的图标通常是同构的，因为它们在被表示的事物和表示方式之间具有直接映射。然而，界面的许多操作是对对象执行的动作，因此更难使用直接映射来表示它们。相反，一种有效的方法是使用通过类比、关联或约定捕获动作的显著部分的对象和符号的组合（Rogers，1989）。例如，只要用户理解用于删除文本的剪切的约定，使用剪刀的图片就为表示文字处理应用中的剪切提供了足够的线索。

许多智能手机会使用另一种设计方法，即 2D 图形。它们都非常简单，并且利用一些颜色强烈的象征图和符号来表示。这样做的目的是希望它们易于辨认且有区分度。图 7.10a 的示例中包括黄色背景上的白色幽灵（Snapchat）、绿色背景下纯白色的聊天气泡及其中的实心电话听筒（WhatsApp），以及云后面的太阳（Weather）。

a）智能手机　　　　　　　b）智能手表

图 7.10　针对不同设备的 2D 图标设计（图片来源：图 a 由 Helen Sharp 提供，

图 b 见 https://support.apple.com/en-ca/HT205550）

　　一些图标作为应用程序的一部分出现在工具栏或调色板上，或出现在小型设备显示器（例如数码相机或智能手表）上，它们只有很小的显示空间。因此，它们需要被设计得很简单，仅使用灰度或一到两种颜色以强调物体或符号的轮廓（见图 7.10b）。它们倾向于使用具体对象（例如，飞机符号表示飞行模式是打开的还是关闭的）和抽象符号（例如三条弧线中一共有几条亮着代表此处 Wi-Fi 的强度 / 功率）来表示状态、工具或动作。

　　练习 7.3　画一些简单图标的草图，它们需要在数码相机屏幕上显示，并代表如下操作：
- 将图像旋转 90 度
- 裁剪图像
- 自动增强图像
- 更多选择

　　向别人展示它们，并告诉他们这些是新的数码相机中的图标，看他们是否明白每个图标分别代表什么意思。

　　解答　图 7.11 展示了当用户选择编辑功能时，iPhone 屏幕底部显示的基本功能图标。带有延长线和两个箭头的方框是用于裁剪图像的图标；三个重叠的半透明圆圈代表"可以使用的滤镜"；右上角的魔法棒代表"自动增强"；一个圆圈里有三个点则代表更多的功能。

图 7.11　显示在 iPhone 顶部和底部的编辑照片基本功能的图标

研究和设计问题

有许多图标库可供开发人员免费下载（如 https://thenounproject.com/ 或 https://fontawesome.com/）。还有关于如何设计图标的各种在线教程和书籍（参见 Hicks，2012）以及专有指南和风格指南集。例如，苹果公司为其开发人员提供了风格指南，其中解释了为什么某些设计比其他设计更理想，以及如何设计图标集。风格的准则将会在第 13 章详细阐述。其开发人员的网站（developer.apple.com）给出了如何和为什么在开发不同类型的图标时应该使用某些图形元素的建议。在各种准则中，它建议不同种类的应用（例如商业、公共事业、娱乐事业等）需要使用不同类别的图标，并且建议显示工具以传达任务的性质，例如用于搜索的放大镜或用于照片编辑工具的相机。Android 和微软还提供了有关如何在其网站上为其应用程序设计图标的详细指导和分步教程。

为了帮助消除图标的歧义，可以将文本标签置于它的下方、上方或侧面。此方法对于具有小图标集的工具栏来说很有效，例如那些作为 Web 浏览器的一部分出现的工具栏，但对有大图标集的应用程序来说不太有效，例如照片编辑或文字处理应用，因为屏幕上可能非常杂乱，以致有时更难和花费更长时间找到一个图标。为了防止界面上的文本 / 图标混乱，可以使用悬停功能，当用户将光标停留在其上一秒之后，并且只要用户保持光标在其上，文本标签就会出现在图标附近或上方。该方法允许在需要时临时显示标识信息。

7.2.3　多媒体

顾名思义，多媒体是在单个界面中组合不同的媒体，即图形、文本、视频、声音和动画，并将它们与各种形式的交互相连接。用户可以点击图像或文本中的链接，从而触发动画或视频等其他媒体。从那里，他们可以回到之前的位置或移动到另一个媒体资源。一个假设是，与单个媒体相比，媒体和交互性的组合可以提供更好的呈现信息的方式，比如文字与视频结合会产生一加一大于二的效果。多媒体的附加价值在于它更容易学习，更容易理解，更吸引人，更令人愉快（见 Scaife 和 Rogers，1996）。

多媒体的一个显著特征是其促进快速访问多个信息的能力。许多多媒体百科全书和数字图书馆已经基于这种多样性原则进行了设计，为给定主题提供各种音频和视频材料。例如，如果你想了解心脏，一个典型的多媒体百科全书将为你提供：

- 一个或两个真正的活的心脏泵送或心脏移植手术的视频剪辑。
- 心脏跳动的录音，也许还有一位著名的医生谈论心脏病的病因的录音。
- 循环系统的静态图和动画，有时还带有叙述。
- 几列超文本，描述心脏的结构和功能。

实践中的交互式模拟也已经被并入多媒体学习环境的一部分。一个早期的例子是 Cardiac Tutor，旨在教学生心脏复苏术，要求学生从计算机屏幕显示的各种选项中选择正确的并以正确的顺序设置程序来救治病人（Eliot 和 Woolf，1994）。此外还有其他类型的多媒体叙事和游戏，通过热点或其他类型的链接来引起孩子的注意，并鼓励孩子探索显示屏的不同部分来帮助探索学习。例如，https://KidsDiscover.com/apps/ 中有许多平板电脑应用程序，它们结合使用动画、照片、交互式 3D 模型和音频来教孩子们学习科学和社会研究课题。通过滑动和触摸，孩子们可以显示、滚动、选择音频解说，并观看视频游览。如图 7.12 所示，有一个"滑动"机制作为平板电脑界面的一部分，使孩子能够对罗马遗址的现状和古罗马时代的样子进行并排比较。

图 7.12　为平板电脑设计的多媒体学习应用程序示例（图片来源：KidsDiscover 应用程序
　　　　"Roman Empire for iPad"）

➡️ 另一个通过有趣的界面帮助学习的应用程序参见 https://www.abcmouse.com/apps。

多媒体在很大程度上是为培训、教育和娱乐目的开发的。但是，可以通过与迷人的多媒体界面进行交互来提高学习（例如阅读和科学研究技能）和游戏能力，这种假设在多大程度上是正确的？当用户可以无限地、轻松地访问多媒体和模拟时，实际会发生什么？他们能否系统地在各种媒体之间切换，并"阅读"关于特定主题的所有表示？或者，他们能否在选择看什么和听什么上更有自主性？

练习 7.4　观看 Don Norman 出现在他的第一本多媒体 CD-ROM 书（1994）中的视频，他不时出现在方框里或页面侧面，以说明页面上讨论的要点——http://vimeo.com/18687931。
　　你认为学生应该如何利用这种类型的互动电子教科书？

解答　与教育型多媒体互动过的任何人都知道在浏览附带文本或静态图表时播放视频剪辑和动画有多么诱人。后者是动态的，容易的和令人愉快的，而前者是静态的，很难从屏幕上直接阅读。例如，在对 Voyager 的"第一人：唐纳德·诺曼，在机器时代捍卫人类属性"的评论中，学生一致承认，为了寻找作者的可点击图标，他们忽略了界面上的文字，因为当图标被选中时将展示他解释设计的一些方面的动画视频（Rogers 和 Aldrich，1996）。讽刺的是，考虑到以多种方式探索多媒体材料的选择，用户倾向于对他们真正关注的事情具有高度选择性，并采用信道跳跃模式进行交互。虽然用户能够自己选择他们想要观看的信息或要探索的特征，但多媒体环境实际上可能导致碎片化交互的风险，即其中只有部分媒体被观看。Lauren Singer 和 Patricia Alexandra（2017）在比较屏幕与纸张阅读的研究中发现，尽管学生们表示他们更喜欢从屏幕上阅读，但他们的实际表现却比使用纸质教科书时差。

因此，在线多媒体材料可能在某些特定方面更有优势，比如浏览，但是在其他方面可能处于劣势，比如详细阅读一个主题。鼓励更多系统和广泛的互动（当被认为对于手头活动很重要时）的一种方法是要求完成某些活动，包括阅读随附的文本，然后才允许用户进入下一个级别的任务。

┃研究和设计问题

　　一个关键的研究问题是如何鼓励用户与多媒体应用程序的各个方面进行交互，尤其是考虑到人们倾向于选择观看视频而不是阅读文本。一种技术是提供各种各样需要用户完成任务、解决问题或探索涉及阅读附带文本的主题的不同方面的实践交互和模拟。具体示例包括：集成为界面的一部分的电子笔记本，其中用户可以输入自己的材料；多选择测验，提供关于用户做得多好的反馈；交互式谜题，其中用户必须进行选择并将不同的部分放入正确的组合；一些模拟型游戏，其中用户必须遵循一组过程以实现给定情景的一些目标。另一种方法是采用动态链接，其中一个窗口中描述的信息发生的变化与另一个窗口中发生的变化显式地相关。这可以帮助用户跟踪多个表示，并观察它们之间的关系（Scaife 和 Rogers，1996）。

　　有一些具体的指导方针，建议如何最好地针对不同类型的任务结合多种媒体。例如，对于不同的学习任务，何时使用音频与图形、声音与动画，等等。根据经验，音频有利于激发想象力，电影有利于描绘动作，文字有利于传达细节，图表有利于传达想法。根据以上结论，可以得到在线学习演示的设计策略：

　　1）通过播放音频剪辑刺激想象力。

　　2）以图解的形式提出想法。

　　3）通过超文本显示关于概念的进一步细节。

7.2.4　虚拟现实

　　虚拟现实（VR）自 20 世纪 70 年代左右开始出现，当时研究人员首次使用计算机生成的图形模拟来创建"参与合成环境的错觉，而不是这种环境的外部观察"（Gigante，1993，第 3 页）。其目的是创建与实际几乎一样的真实体验。图像以立体的方式呈现给用户——最常见的是通过 VR 头戴式设备——并且用户可以通过诸如操纵杆之类的输入设备与视野内的物体进行交互。

　　3D 图形可以投影到 CAVE（洞穴自动虚拟环境）地板和墙壁表面、桌面、3D 电视、头盔或大型共享显示器（如 IMAX 屏幕）上。VR 的主要吸引力之一是，它可以为新的身临其境的体验提供机会，使用户能够与对象交互并在 3D 空间中导航，这在物理世界或 2D 图形界面中是不可能的。除了环绕在 360 度的虚拟世界中，你同时还能感受到声音和触觉反馈，这会更加真实。由此产生的用户体验可能是高度沉浸的：可以让人感觉是真的在虚拟世界中飞行。人们可以完全被这种体验所吸引。存在的感觉可以使虚拟设置看起来令人信服。这里的存在意味着"意识状态，在虚拟环境中的（心理）感觉"（Slater 和 Wilbur，1997，第 605 页），其中某人的行动方式与其在等效的真实事件中的行动方式类似。

　　VR 的优点之一是，与其他形式的图形界面（如多媒体）相比，其构造的世界的模拟可以对其表示的对象具有更高的保真度。该技术提供的错觉可以使虚拟物体看起来非常逼真，并能根据物理定律运动。例如，为飞行模拟器开发的着陆和起飞地形看起来非常逼真。此外，使用高保真的环境可以明显改善一些针对学习和训练的应用程序。

　　VR 的另一个显著特点是它可以提供不同的视角。玩家可以使用第一人称视角，通过他们自己的眼睛体验游戏与环境；还可以使用第三人称视角，通过操纵一个显示在屏幕中的化身来观察周围的环境。第一人称视角的例子有第一人称射击游戏如 DOOM，其中玩家在环境中移动但看不到自己。它需要用户自己想象他们在游戏中可能的样子，并决定如何最好地移动。第三人称视角的一个例子是《古墓丽影》，玩家在其中的视角是其化身劳拉·克罗夫特的头顶和身后。用户通过控制劳拉的运动（如使她跳、跑或蹲下）来控制其与环境的交互。具体的人物视域将取决于用户如何控制其运动。第一人称视角通常用于飞行 / 驾驶模拟和游戏，例如赛车，其中重要的是具有直接和即时控制以操纵虚拟车辆。第三人称视角更常用于游戏、学习环境和模拟，其中重要的是看到相对于环境和其他人的自我表示。在某些虚拟环境中，可以在两个视角之间切换，使用户能够在同一游戏或训练环境中体验不同的视角。

早期 VR 是使用头戴式显示器开发的。然而，其视觉效果往往很粗糙，佩戴不舒服，有时还会引起眩晕和定向障碍。从那时开始，VR 技术已经取得了长足的进步，现在有了很多舒适和便宜的 VR 头戴设备（例如 Oculus Go、HTC Vive、三星 Gear VR），它们也更加精准，开发人员可以创建更具吸引力的游戏、电影和虚拟环境。

"户外娱乐"和 VR 商场在全球范围内流行，提供了一系列针对大众的社交虚拟现实体验。例如，Hyper-Reality 开发了许多惊悚游戏，允许 1 到 4 个人参与，例如《日本历险记》《逃离失落的金字塔》和《虚空》。每个游戏持续约 40 分钟，玩家必须执行一系列任务，例如在某个区域寻找走失的朋友。其中每个转折点都充满了惊喜。有时，一名玩家可能在亮处，而另一名玩家在完全的黑暗中。令人兴奋之处在于不知道接下来会发生什么，而且可以在事后与朋友和家人分享体验。

VR 的另一个应用领域是报道时事和新闻，尤其是让用户对真实体验产生共情和同情心（Aronson-Rath 等，2016）。例如，英国广播公司与 Aardman Interactive 及伦敦大学学院的研究人员一起开发了一种名为"我们等待"的虚拟现实体验，他们将观众放在一个很少有外国记者到达的地方，即在地中海的难民船上（Steed 等，2018）。目标是让新闻记者和其他参与者体验与难民同在船上的感受。他们使用特殊的多边形艺术风格而非现实环境来创建坐在船上的角色（见图 7.13）。角色通过富有表现力的眼睛传达人类情绪以完成互动。结果证明其会引起参与者的共情反应。

图 7.13　"我们等待" VR 体验中的多边形艺术效果（图片来源：Steed、Pan、Watson 和 Slater，https://www.frontiersin.org/articles/10.3389/frobt.2018.00112/full。经 CC-BY 4.0 授权）

航空公司和旅游公司也开始使用 VR 来丰富人们规划旅行目的地的体验。例如，荷兰皇家航空公司开发了一个名为 iFly VR（https://360.iflymagazine.com/）的平台，该平台提供一种身临其境的体验，旨在激发人们发现更多有关世界的信息。然而，这种方法的潜在危险在于，如果 VR 体验过于逼真，则可能会让人觉得他们已经"去过那里了"，因此不再需要去实际的地方。然而，荷航的理由恰恰相反：如果虚拟体验如此让人沉浸，那么人们会更想要去那里。其第一次尝试是跟随"无畏厨师"Kiran Jethwa 进入泰国丛林寻找世界上最卓越的咖啡豆。

MagicLeap 进一步推动了虚拟现实的新领域，即将相机、传感器和扬声器结合在头盔中，以提供完全不同的体验——用户可以使用各种虚拟工具创建自己的世界，例如绘制森林或建造城堡——然后在现实空间中看到其实现。从这个意义上说，它不是严格意义上的 VR，因为它允许佩戴者看到他们创建或策划的虚拟世界和虚拟对象，并与他们所在的客厅或其他空间中的物理对象融合在一起，仿佛二者是同一个世界。在某种意义上，它是增强现实（AR）的一种形式（参见 7.2.16 节的描述）。

➡ MagicLeap 的《创建世界》，其中虚拟世界以神奇的方式与物理世界相遇的视频——https://youtu.be/K5246156rcQ。

➡ Peter Rubin（2018）在《连线》杂志上发表的 VR 指南，提供了有关其未来的总结和推测——https://www.wired.com/story/wired-guide-to-virtual-reality/。

▍研究和设计问题

人们开发了支持许多技能的学习和培训的 VR。研究人员设计了一系列应用程序，旨在帮助人们学习驾驶车辆或飞机，以及执行精细的外科手术。这些项目在实际中的学习是非常昂贵且有潜在危险的。研究人员还调查了人们是否可以通过先在虚拟的建筑物/场所中导航，以实现在实际造访时不迷路（Gabrielli 等，2000）。

一个早期的 VR 的例子是虚拟动物园项目。Allison 等人（1997）发现人们高度沉浸于其中，并且非常喜欢使用大猩猩的角色，通过其探索环境，并观察其他大猩猩对其动作和存在的反应。

VE（虚拟环境）还被设计来帮助人们实践社交和说话技能，以及直面他们的社交恐惧症（参见 Cobb 等，2002 和 Slater 等，1999）。一个基本的假设是，环境可以被设计为一个安全的地方，帮助人们缓慢地克服他们的恐惧（例如蜘蛛、公开讲话等）这是通过促使他们面对不同的接近程度和不愉快的水平（例如先看到一个小的虚拟蜘蛛在远处移动，然后看到一个就在附近的中等大小的蜘蛛，最后触摸一个大蜘蛛）进行的。研究表明，人们可以暂缓他们的怀疑，把一个虚拟蜘蛛想象成真正的蜘蛛，或把虚拟的观众想象成真正的观众。例如，Slater 等人（1999）发现，人们认为，与那些被设定为以消极的方式回应的虚拟观众相比，在与那些设定为以积极的方式回应的虚拟观众交谈后，他们的焦虑感会降低。

开发虚拟现实时需要考虑的核心设计问题是：如何将虚拟自身作为 VR 体验的一部分以增强存在感；如何通过电流刺激实验来防止用户对模拟器产生眩晕；确定用户使用最有效的导航方式，例如，第一人称与第三人称；如何控制他们的相互作用和动作，例如，如何使用头部和身体的动作；如何最好地使用户能够与 VR 中的信息进行交互，例如，使用键盘、指点、操纵杆按钮；以及如何使用户能够在虚拟环境中与他人协作和交流。

其中一个主要问题是目标的现实程度。是否有必要使用丰富的图形来设计周围的环境？使用更简单且更抽象的形式是否同样能够产生存在感？你是否需要提供手臂和手在虚拟世界中的存在来代表自我化身，还是让对象连续移动就足够了？研究表明，对象可能看起来像一只看不见的手一样移动，好像它们存在一样。这被称为"番茄存在"（tomato presence），也就是说，VR 中的替代对象（如番茄）会维持存在的印象（参见 https://owlchemylabs.com/tomatopresence/）。

开发人员和研究人员可以使用 3D 软件工具包更方便地创建虚拟环境。最受欢迎的工具包之一是 Unity。使用其 API、工具包和物理引擎创建的 3D 世界可以在多个平台上运行，例如：移动端、台式机、控制台、电视、VR、AR 和网页。

7.2.5　网站设计

早期的网站主要由文本构成，这些文本有些是链接，有些是大段的文字。大部分设计工作主要是构建良好的信息结构，以便用户能够轻松、快速地导航与访问。例如，Jakob Nielsen（2000）调整了他和 Rolf Molich 的可用性指南（Nielsen 和 Molich，1990），使其更加适用于网站设计，注重简单性、反馈、速度、易读性和易用性。他还强调了加载时间对网站成功的重要性。简单地说，如果网站加载的时间太久，则用户可能会切换到其他网站。

从那以后，许多网页设计人员试图开发美观、实用的网站。因此，图形设计很重要。使用图形元素可以使网站在用户首次浏览时显得具有独特性、引人注目和令人愉快，并且在用户返回时容易识别。但是，这里有个陷阱，设计者可能会因为太关注美观而使得网站上信息的逻辑变得不够清晰，从而影响可用性。

Steve Krug（2014）将设计师创建网站的方式与用户实际观看方式之间的差异视为对可用性与吸引力的争论。他认为，网页设计师创建网站就好像用户要打开每一页，阅读精心制作的文字，查看图像、颜色、图标等的使用，以及各种项目是如何在网站上组织的，然后在最终选择链接之前再考虑他们所要的选项。然而，用户的行为往往不同。他们会瞥一眼新的页面，点击第一个他们感兴趣的或看起来会通往他们想要的地方的链接。

网页上的大部分内容用户都不会看。用 Krug 的话来说，网页设计师是"思想伟大的文学作品"（或至少是"产品手册"），而用户的现实更接近于"以每小时 60 英里的速度飞驰而过的广告牌"（Krug，2014，第 21 页）。虽然这有些夸张，但他的描述突出了设计师细致的创建网站的方式和用户快速且不那么系统的浏览方式之间的差异。为了指引网页开发人员做出正确的选择，Jason Beaird 和 James George（2014）提出了许多指导方针，旨在帮助网页开发人员在使用颜色、布局、构图、纹理、排版和图像之间取得平衡。其中还包括移动和响应式网页设计。第 16 章将介绍其他网站指南。

目前网页设计人员可以使用许多语言来设计网站，例如 Ruby 和 Python。还可以使用 HTML5 和 Web 开发工具，例如 JavaScript 和 CSS。诸如 React 之类的库和诸如 Bootstrap 之类的开源工具包使开发人员能够快速为网站构建原型。WordPress 还为用户提供了易于使用的界面和数百个免费模板，用户可利用这些资源创建自己的网站。此外，它还提供内置优化和已经准备好的移动式和响应式主题。自定义网页可用于智能手机浏览器，提供文章、游戏、歌曲等元素，而不只是超链接页面。

另一个已经成为任何网站中不可或缺的部分的是面包屑导航。"面包屑"是出现在网页上的类别标签，使用户能够仔细阅读其他页面，同时不会忘记它们的来源（见图 7.14）。这个术语来自在格林兄弟童话故事《汉赛尔和格莱特》中汉赛尔使用的寻找路的方法。这个比喻让人想到给走过的路留下标记。搜索引擎优化工具也使用面包屑将用户的搜索词与相关网页相匹配。面包屑还有多种可用的地方，包括帮助用户了解他们相对于网站其他部分的位置、实现一键到达更高层级的页面、吸引第一次访问者在查看登录页面后继续浏览网站（Mifsud，2011）。因此，除了网站之外，在其他网页应用程序中使用它也会带来很好的实践效果。

图 7.14   BestBuy 网站上的面包屑路径显示了用户可以通过三个选择快速找到智能灯（图片来源：https://www.bestbuy.ca）

随着平板电脑和智能手机的普遍使用，网页设计师需要重新思考如何为其设计网页浏览器和网站，因为他们意识到触摸屏提供了与 PC / 笔记本电脑不同的交互方式。标准台式机界面在平板电脑或智能手机上根本无法正常工作，特别是典型的字体、按钮和菜单选项卡太小，在仅用手指操作时难以选择。在电脑上，用户使用鼠标或触控板，而平板电脑和智能手机屏幕却是直接用手点击。浏览的主要方法是通过滑动和捏合。因此一种新的网站风格出现了，它能更好地映射到这种交互风格，但也可以使用鼠标和触控板轻松地进行交互。人们开发了响应的网站，可以根据屏幕尺寸（智能手机、平板电脑或 PC）改变其布局、平面设计、字体和外观。

如果观察许多网站的设计，你就会看到，其主页在顶部呈现一个横幅，是一个关于公司 / 产品 / 服务的简短的宣传视频，单击左箭头或右箭头可以浏览其他页面，更多的细节出现在主页下方以供用户滚动浏览。导航主要通过从左到右（和从右到左）滑动页面或向上和向下滚动来完成。

➡️ 有关平板电脑和手机的网站设计的方法，请访问 https://css-tricks.com/a-couple-of-best-practices-for-tablet-friendly-design/。

框 7.3 | 放肆的网络广告

网络广告已经变得普遍和常见。广告客户从伦敦皮卡迪利广场等城市中心使用的霓虹灯广告中获得灵感，意识到闪烁和动画广告对于宣传他们的产品多么有效。但自从 20 世纪 90 年代横幅广告出现以来，他们的策略变得更加狡猾。除了设计更漂亮的横幅广告之外，更多侵入性的网络广告已经开始出现在我们的屏幕上。短片和花哨卡通动画（通常有声音）会在浮动窗口中弹出，这些窗口可以放大显示，也可以标记在在线报纸或视频剪辑的前端。此外，这种全新的放肆的网络广告通常需要用户等待，直到播放结束或找到一个复选框以关闭窗口。这可能真的很烦人，特别是当多个广告窗口打开。提供免费服务的网站也充斥着网络广告，例如 Facebook、YouTube 和 Gmail。问题是，广告客户向在线公司支付大量费用，以便在其网站上投放广告，从而使自己有权决定在何处放置广告、广告的内容以及展示方式。用户如果想避免这些广告，则可以在浏览器中设置广告拦截器。

研究和设计问题

有许多关于网页设计和可用性的经典书籍（例如 Krug，2014；Cooper 等，2014）。此外，有许多好的在线网站提供指南和提示。例如，BBC 提供专门针对如何设计响应式网站的在线指导，其中包括情境、可访问性和模块化设计等主题。具体请参阅 https://www.bbc.co.uk/gel/guidelines/how-to-design-for-the-web。Keith Instone 提出的三个核心问题很好地涵盖了所有网站的设计关键因素（引自 Veen，2001）：我在哪里？这里有什么？我可以去哪里？

练习 7.5 观察一个时尚品牌的网站，如 Nike，描述它使用的界面类型。它违反 Jeffrey Veen 提出的设计原则吗？这有影响吗？它的用户体验怎么样？你的使用感受怎么样？

解答 时尚公司的网站，如 Nike，经常给用户带来一种电影般的体验，其中使用丰富的多媒体元素，例如视频、声音、音乐、动画和互动。品牌是其核心。在这个意义上，它和常规网站很不一样，而且违反了许多可用性原则。具体来说，该网站旨在吸引访问者进入虚拟商店，观看高品质和创新的、展示其产品的电影。通常多媒体交互被嵌入网站以帮助观众移动到网站的其他部分，例如点击图像或正在播放的视频的一部分。它还提供屏幕小组件，例如菜单、跳过和下一个的按钮。访客很容易沉浸在这种体验中，忘了它是一个商店。这也很容易让人迷路，不知道"我在哪里""这里有什么""我可以去哪里"。但这正是 Nike 等公司想要其访客做的事情和享受的体验。

7.2.6　移动设备

移动设备已经普及，人们越来越多地在日常生活和工作的各个方面使用它们——如手机、手环或者手表。此外，人们会在不同的环境中使用定制的移动设备，因为他们需要在走动时访问实时数据或信息。例如，餐馆里用来下单的移动设备、汽车租赁代理处用于检查汽车退货的移动设备、超市中用于检查库存的移动设备，以及用于多人游戏的街道中的移动设备。

较大尺寸的平板电脑也可用于移动设备。例如：许多航空公司为其乘务员提供平板电脑，以便他们可以在空中和机场使用其定制航班应用程序；销售和营销专业人员也使用它们来展示他们的产品或收集公众意见。平板电脑和智能手机也常用于教室，可以存放在学校提供的特殊"tabcabbies"中，以便安全保管和充电。

智能手机和智能手表中嵌入了各种传感器，例如用于检测运动的加速度计、用于测量温度的温度计，以及用于测量人体皮肤上汗液水平的变化的皮肤电反应。其他应用程序可能只是为了好玩。一个早期的有趣的应用程序的例子是 iBeer（见图 7.15），由魔术师史蒂夫·喜来登开发。其成功的部分原因在于巧妙地使用了手机内部的加速度计。它可以检测 iPhone 的倾斜度，模拟正在不断减少的一杯啤酒。其中的图形和声音非常诱人：啤酒的颜色及泡沫还有声音效果给人一种啤酒在玻璃杯中晃动的错觉。如果手机足够倾斜，啤酒会被喝完，然后发出打嗝声。

智能手机还可以用于通过扫描现实世界中的条形码来下载语境信息。消费者在逛超市时，可以通过使用他们的 iPhone 扫描条形码立即下载产品信息，包括过敏原（如坚果、麸质和奶制品）。例如，GoodGuide 应用程序允许购物者通过拍摄条形码的照片来扫描商店中的产品，以查看它们对健康和环境的影响。其他的条形码还包括音乐会门票和基于位置的告示。

图 7.15　iBeer 智能手机应用程序（图片来源：Hottrix）

　　另一种提供快速访问相关信息的方法是使用存储 URL 的二维码，它看起来像黑白格子方块的组合（见图 7.16）。在通过手机对其扫描后，它会将用户带到特定的网站。然而，尽管很多公司使用它作为提供额外信息或特殊优惠的方式，但实际上并没有多少人使用它们。原因之一是使用它很缓慢、费力而且要站在原地。人们必须首先下载二维码扫描应用程序，打开它，然后尝试保持几秒的扫描，再等待一段时间才能打开一个网页。⊖

图 7.16　杂志上的二维码

　　练习 7.6　由谷歌、苹果和三星等公司制作的智能手表提供多种功能，包括健身追踪、流媒体音乐、文本、电子邮件和最新推文。它们还有情境和位置感知功能。例如，如果检测

　　⊖　这是美国的情况。——译者注

到用户的存在，附近的商店便会向他们发送促销优惠，诱使他们购买。你觉得这种方式怎么样？与智能手机上的广告相比，你认为哪个效果更好？这种基于情境的广告是否符合道德标准？

解答　智能手表与智能手机类似，它们都能收到附近的餐馆和商店的促销与广告推送。然而，主要区别在于：在将智能手表戴在手腕上时，它始终存在，用户只需要低头看它就能注意到新的通知；而手机则需要被从口袋里或包中掏出来才可以（虽然有些人将智能手机一直拿在手中）。这意味着他们的注意力总是在设备上，这使他们更容易对通知做出反应，最后花费更多的钱。虽然有些人可能希望走进咖啡馆并得到其向设备推送的 10% 的折扣，但对于其他人来说这样的通知可能会非常烦人，因为他们会不断受到促销信息的轰炸。更糟糕的是，它可能诱使那些戴着这种手表的儿童和弱势群体在他们本不应该时花钱或者让他们的父母或看护人为他们购买。智能手表公司已经意识到这个潜在的问题，并且让用户可以根据他们想要接收的通知的级别和类型更改设置。

▌研究和设计问题

移动界面通常具有小屏幕和有限的控制空间。设计人员必须仔细考虑要包含什么类型的专用硬件控件、将它们放在设备的什么位置，以及如何将它们映射到软件上。为移动界面设计的应用程序需要考虑内容导航的能力，因为无论是通过触摸、笔或键盘输入，在使用移动显示器时其内容呈现都是有限的。使用垂直和水平滚动提供了快速浏览图像、菜单和列表的方式。人们还开发了许多移动浏览器，允许用户以更简化的方式浏览互联网、杂志或其他媒体。例如，微软的 Edge 浏览器是最早的移动浏览器之一，其设计初衷是让用户更容易查找、查看和管理移动内容。它提供了一个自定义的阅读视图，使用户能够重新组织网页的内容，从而更容易专注于他们想要阅读的内容。然而，其缺点是使得屏幕上的其他功能变得不那么明显。

移动显示器设计的另一个关键问题是显示器上功能可触摸区域的大小，例如键、图标、按钮或应用程序。该空间需要足够大以便手指准确按压，如果空间太小，那么用户可能会意外按错键，这会很烦人。指尖的平均宽度在 1 厘米到 2 厘米之间，因此目标区域应至少为 7 毫米到 10 毫米，以便准确地敲击。Fitts 定律（见第 16 章）通常用于帮助评估触摸区域。在开发人员设计指南中，苹果公司还建议为交互式元素提供充足的触摸目标，最小可点击面积为 44 点 × 44 点。

还有许多其他指南提供了如何为移动设备设计界面的建议（例如，参见 Babich，2018）。一个例子是通过为每个屏幕确定操作之间的优先级来避免混乱。

7.2.7　家用电器

家用电器包括家中日常使用的机器（例如，洗衣机、微波炉、冰箱、烤面包机、面包机和制奶昔机）。它们的共同之处在于，大多数使用它们的人都会尝试在短时间内完成特定的操作，例如启动洗衣机、看节目、买票或者做饮料。他们不太可能有兴趣花时间探索其界面或仔细翻阅手册学习使用设备。现在的很多家用电器都有 LED 显示屏，提供多种功能和反馈（如温度、剩余时间等）。其中的一些可以连接到互联网，用户能够通过远程应用程序进行控制。一个例子是一种咖啡机，可以使用智能手机应用程序控制其在固定时间启动或通过语音进行控制。

研究和设计问题

Cooper 等人（2014）建议，设计者需要将设备界面视为瞬态界面，其中交互时间较短。然而，设计人员常常提供全屏控制面板或不必要的物理按钮阵列，它们会让用户感到沮丧和困惑，而只包含少数且结构化呈现的按钮的界面会更好。在这里，简单性和可见性这两个基本设计原则是至关重要的。状态信息（例如复印机正在做什么、售票机正在做什么，以及要花多长时间进行清洗）应该以非常简单的形式在界面上的显著位置展示。一个关键的设计问题是：随着软显示器（例如 LCD 和触摸屏）越来越多地成为设备界面的一部分，用它们取代传统的物理控件（例如表盘、按钮和旋钮）有哪些利弊？

练习 7.7 观察烤面包机上的控件（或图 7.17 中的控件，如果你周围没有烤面包机），描述每个控件的作用。考虑如何用 LCD 屏替换这些控件。这种交互方式的改变会带来什么好处以及损失？

解答 标准烤面包机有两个主要控件：杠杆控制烘烤的开始与关闭；旋钮设置烘烤的时间。许多烤面包机都带有一个小弹出按钮，在面包烤焦时可以按下它。有些烤面包机还提供了一系列设置，可以通过移动拨盘或按下按钮来选择不同的烘烤方式（例如单面烘烤、解冻等）。

图 7.17   一台典型的使用物理控件的烤面包机（图片来源：https://uk.russellhobbs.com/product/brushed-stainless-steel-toaster-2-slice）

在 LCD 屏幕上设计控件可以提供更多信息和选项，例如，只烤一片、保温或者面包烤焦时自动弹出。它还可以按设定的几分钟和几秒准确地进行烘烤。但是，相比过去的物理控件，它可能会增加操作的复杂性。这种情况经常发生在具有数字界面的微波炉、洗衣机和茶壶上。它们还提供更多的选择，用于加热食物、洗衣服或将水加热到特定温度。功能数量变多的缺点是，尤其是当界面设计得不好时，它可能会为普通任务带来更糟糕的用户体验。

7.2.8   语音用户界面

语音用户界面（VUI）涉及与口语应用程序交谈，例如搜索引擎、火车时刻表、旅行规划器或电话服务。它通常用于查询特定信息（例如，航班时间或天气）或向机器发出命令（例如要求智能电视选择某一部动作电影或要求智能扬声器播放欢快的音乐）。因此，VUI 是命令或对话类型的交互（参见第 3 章），其中用户通过听和说而不是点击或触摸与界面进行交互。有时，系统会主动提问，而用户只需要做出回答，例如，询问用户他们是否想要停止观看电影或收听最新的突发新闻。

　　第一代语音系统因经常听错人们所说的话而闻名（见卡通图片）。然而，它们现在变得更加复杂并且具有更高的识别准确度。机器学习算法不断提高其识别说话内容的能力。对于语音输出，一些演员通常会为答案、信息或提示配音，这些通常比早期系统中使用的人工合成语音更友好、更有说服力且更令人愉快。

左：识别语音。右：毁坏好的沙滩（图片来源：经 King Features Syndicate 许可转载）

　　VUI 在一系列应用程序中变得流行。语音－文本转换系统（例如 Dragon）使人们能够口述而不必打字，无论是将数据输入电子表格、使用搜索引擎还是编写文档。所说的话会变成文字出现在屏幕上。对于某些人来说，这种模式更有效率，特别是当他们不能停下来打字时。Dragon 的网站声称，这种方式比打字快 3 倍，准确率达到 99%。具有视觉障碍的人也使用语音技术，包括语音识别文字处理器、页面扫描仪、网络阅读器和用于操作家庭控制系统的 VUI（包括灯、电视、立体声系统和其他家用电器）。

　　语音技术最受欢迎的应用之一是呼叫路由，即公司使用自动语音系统使用户能够通过电话访问其某个服务。呼叫者用语言直接表达他们的需求，例如，"我的 Wi-Fi 路由器出现了问题"，系统则自动响应，将其转到相应的服务（Cohen 等，2004）。这对公司来说很有用，因为它可以降低运营成本。它还可以通过减少未接来电的数量来增加收入。呼叫者可能会更高兴，因为他们的呼叫可以被路由到代理（真实的或虚拟的）来解决，而不是直接无人接听或发送到语音邮箱。

　　在与人的对话中，我们经常互相打断，而不是等别人把所有的选择陈述完，特别是在我们知道自己想要什么时。例如，在餐厅，如果我们知道想要什么，就可以随时打断服务员的特色菜介绍，而不是让他读完整个菜单。类似地，人们也在语音技术中设计了插入的功能，允许呼叫者在消息播放完成之前中断它，并提出请求或做出回答。如果系统具有许多选项，而且用户已经知道他想要什么，那么这可能是非常有用的。

　　有几种方式可以构建语音交互。最常见的是有导向的对话，其中系统控制对话的走向，询问特定的问题和响应，类似于填写表单（Cohen 等，2004）：

系统：你想飞往哪个城市？

用户：伦敦。

系统：哪个机场，盖特威克、希思罗机场、卢顿、斯坦斯特德还是城市机场？

来电：盖特威克。

系统：你想在哪一天出发？

来电：下周一。

系统：是 5 月 5 日那个周一吗？

来电：是的。

其他系统更加灵活，允许用户更主动，并在一个句子中说出更多信息（例如"我想下周一去巴黎待两个星期"）。这种方法的问题是可能会带来更多的错误，因为呼叫者认为系统将会像接线员一样可以一次满足他的所有需求（例如"我想下周一去巴黎，待两个星期，想要最便宜的航班，最好从盖特威克机场出发，没有中途停留"）但该列表太长，系统很难解析这种语音。系统可以通过仔细的引导提示让呼叫者回到正轨，并帮助他们做出适当的回答（例如"对不起，我还没有把所有的信息处理完。你说你想下周一飞？"）。

有许多基于语音的手机应用程序，使人们可以在移动的时候使用它们。例如，用户可以使用谷歌语音助手或苹果的 Siri 向手机说出自己想要查询的东西，而不必手动输入文字。移动翻译让人们在说话的同时利用手机上的软件应用程序进行翻译（例如谷歌翻译），这样他们可以与使用不同语言的人实时交流。人们对着手机说自己的语言，而另一个人将会听到软件翻译之后的语言。在某种意义上，这意味着来自世界各地（共有 6000 多种语言）的人可以彼此交谈，而不必学习其他语言。

语音助手，如亚马逊的 Alexa 和谷歌 Home，可以通过讲笑话、播放音乐、记录时间、让用户玩游戏来使用户在家中娱乐。Alexa 还提供一系列"技能"，这些技能是语音驱动的功能，旨在提供更个性化的体验。例如，"打开魔法之门"是一个互动的故事技能，允许用户通过选择叙述中的不同的选项来选择不同的故事走向。另一个技能是"儿童法庭"，允许一家人在 Alexa 运行的法庭上解决争议，同时学习法律。许多技能旨在支持多个用户同时参与，为家庭提供了一起玩耍的机会。Alexa 或 Home 的智能音箱能够鼓励社交互动。智能音箱放置在一个共同的空间供所有人使用（类似于烤面包机或冰箱）。相比之下，手持设备（如智能手机或平板电脑）仅支持单人使用。

尽管语音识别有所进步，但其能力依旧限于回答问题和响应请求。VUI 很难识别儿童的言语，因为其不像成年人那样发音清晰。例如，Druga 等人（2017）发现幼儿（3～4 岁）在与语音助理交互时感到困难，这导致他们很沮丧。此外，语音助理并不总是能够识别一群人（例如一家人）中谁在说话，因此每次互动前都要说一次名字以确认身份。要达到与人类对话相似的效果，语音助理还有很长一段路要走。

研究和设计问题

主要研究问题是构建语音用户界面应使用何种会话机制，以及它应在多大程度上与人相似。一些研究人员专注于使其表现得更自然（即像人类对话一样），而另一些则更关心如何帮助人们有效地通过菜单系统进行导航，使他们能够容易地从错误（他们自己的或系统的）中恢复，能够退出并返回主菜单（类似于图形交互界面的撤销按钮），并使用提示来指导那些在信息或服务请求方面含糊不清的人。给语音配音的声音的类型（男性、女性、中性或方言）以及发音形式也是研究的主题。相比男性，人们是否对女性的声音更有耐心？快乐的和严肃的声音分别会带来怎样的影响？

Michael Cohen 等人（2004）讨论了使用不同技术构建对话和管理语音的交互流程、表达错误的不同方式以及会话礼仪使用的利弊——所有这些仍然与今天的 VUI 相关。在语音界面设计方面有许多商业指南。例如，Cathy Pearl（2016）编写了一本实用书籍，提供了许多 VUI 设计原则和主题，包括使用哪种语音识别引擎、如何量化 VUI 的性能，以及如何为不同的界面设计 VUI（例如手机应用程序、玩具或语音助手）。

7.2.9　基于笔的设备

基于笔的设备使人们能够使用光笔或手写笔在界面上书写、绘制、选择和移动对象，这充分利用了人们在童年时期养成的良好的绘画和书写技能。这些笔已被用于与平板电脑和大型显示器的交互，用于选择项目和支持手绘草图，而不是通过鼠标、触摸或键盘输入。数字墨水，如 Anoto，使用普通墨水笔和数码相机的组合，可以记录在特殊纸张上书写的所有内容（见图 7.18）。这种笔通过识别打印在纸张上的特殊非重复圆点图案来工作。图案的非重复性质意味着笔能够确定正在写入哪个页面，以及笔指向的是页面上的哪个位置。在使用数字笔在数字纸上书写时，笔中的红外光会照亮圆点图案，然后由微型传感器拾取。当笔在纸上移动时，笔会对点图案进行解码，并将数据临时存储在笔中。数字笔可以通过蓝牙或 USB 端口将存储在笔中的数据传输到计算机。因此手写笔记也可以转换并保存为标准字体文本。这个设备对要填写基于纸张的表格以及在会议期间记笔记的人来说非常有用。

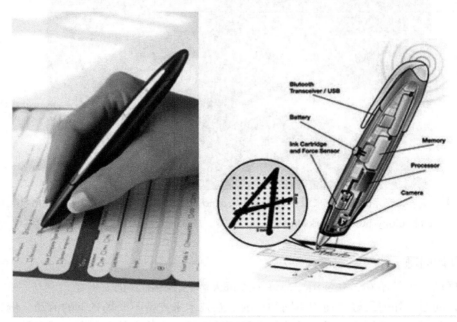

图 7.18　正用于填写纸质表格的 Anoto 笔和其内部组件的示意图（图片来源：www.grafichewanda.it/anoto.php?language＝EN）

数字笔的另一个优点是，它允许用户通过与使用纸质材料时相同的方式快速并轻松地注释现有文档（如电子表格、演示文稿和图表）。这对于成员处在不同地点的团队来说非常有用。但是在小屏幕上使用基于笔的交互的一个问题是，有时在屏幕上阅读选项可能是困难的，因为在书写时用户的手可能会遮挡其中的一部分。

框 7.4 | 电子墨水

数字墨水和电子墨水（e-ink）不一样。电子墨水是一种用于电子阅读器（如 Kindle）的显示技术，旨在模仿纸上普通墨水的外观。这种显示器的反射就像普通的纸一样。

7.2.10　触摸屏

单点触摸屏已经存在了一段时间，多用于临街自助服务终端（如售票机、博物馆导游）、ATM 和排号机器（例如餐馆）。它们通过检测人在显示器上的触摸的存在和位置来工作，人们通过点击屏幕选择选项。此外，多点触摸屏支持一系列更动态的指尖动作，如滑动、轻击、捏合、推动和敲击。其通过栅格系统在多个位置定位触摸来实现这些功能（参见图 7.19）。这种多点触控方法使智能手机和桌面等设备能够同时识别和响应多个触摸。这使用户可以使用多个手指执行各种操作，例如放大和缩小地图、移动照片、在写作时从虚拟键盘中选择字母以及滚动列表。也可以使用两只手在桌面上拉伸和移动物体，就像双手拉伸弹性带或将一组物体舀在一起一样。

手指手势所带来的交互灵活性产生了许多数字内容的体验方式，包括阅读、浏览、缩放和搜索平板电脑上的交互式内容，以及创建新的数字内容。

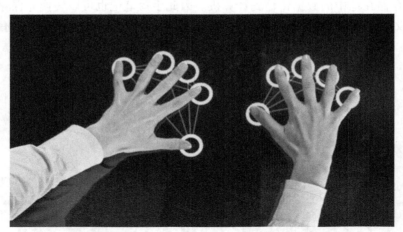

图 7.19　多点触控界面（图片来源：www.sky-technology.eu/en/blog/article/item/multi-touch-technology-how-it-works.html）

研究和设计问题

触摸屏已经无处不在，并逐渐变成许多人每天都要使用的界面。但是，它与 GUI 不同，其关键设计问题是如何最好地使用不同类型的交互技术来支持不同场景下的活动。例如，在使用触摸界面时，对于用户来说，最佳的选择菜单选项、查找文件、保存文档等的方式是什么？这些操作在 GUI 中都有常用的交互样式，但是在触摸界面上应该怎样支持它们却尚不明确。因此人们开发了替代的概念模型，以便在界面上执行这些操作，例如使用卡片、轮播和堆栈（参见第 3 章）。这些方法使用户能够快速滑过和移动数字内容。但是，轮播有时也很容易滑动得太多。尽管许多人已经适应了智能手机上的虚拟键，但使用两个拇指或一个指尖在虚拟键盘上打字也不如使用往常的双手打字方式那样快速有效。预测文本也可用于帮助人们更快地打字。

在多点触控界面上使用双手操作可以使用户能够将数字对象放大、缩小或进行旋转。长按（按下并保持手指始终按在屏幕上）可使用户能够执行拖动对象操作或调出菜单。一个或多个手指也可以与长按动作一起使用以提供更广泛使用的手势操作。但是，这些手势操作的功能可能不固定，这要求用户学习它们而不是凭感觉执行操作。触摸屏的另一个限制是它们不像按键或鼠标按下时那样提供物理触觉反馈。作为补偿，可以使用视觉、音频和触觉反馈。有关多点触控设计注意事项的更多信息，请参阅 7.2.14 节。

7.2.11　基于手势的系统

手势涉及移动手臂和手进行交流（例如，挥手告别或在课堂上举手发言）或向别人传递信息（例如，两手张开以表示某物的大小）。通过使用相机跟踪手势然后使用机器学习算法进行分析，人们对使用技术来捕获和识别用户的手势进行了很多尝试。

David Rose（2018）创作了一个视频，描绘了在各种场景中使用手势的一些灵感来源，包括由板球裁判员、音乐会中为聋人准备的手势示意者、说唱歌手、查理·卓别林、哑剧艺术家和意大利人制作的手势。他在 IDEO 的团队开发了一个手势系统来识别一小部分手势，并使用它们来控制飞利浦 HUE 灯组和 Spotify 站。他们发现手势需要由"名词、动词和对象及对其的操作"这种特定的顺序组成才能被理解。例如，为了表达"扬声器，开启"，他们使用一只手的手势来指定名词、另一只手的手势指定动词。因此，如果要改变音量，那么用户需要用左手指向扬声器，同时抬起右手以指示音量调高。

→ David Rose 关于手势的灵感的视频：https://vimeo.com/224522900。

手势交互的一个应用领域是手术室。外科医生需要在手术期间保持双手无菌，但也需要能够在手术期间观看 X 射线和扫描结果。然而，在清洗手部和戴手套后，他们需要避免用手接触任何键盘、手机和其他可能有菌的表面。一个不太理想的解决方法是将手术服包住手，然后操纵鼠标。作为替代方案，Kenton O'Hara 等人（2013）开发了一种基于手势的系统，其使用微软的 Kinect 技术，该技术可以识别外科医生通过手势进行的交互和操作，以此控制 MRI 或 CT 生成的图像。其手势包括用于向前或向后移动图像的单手手势，以及用于缩放和平移的双手手势（见图 7.20）。

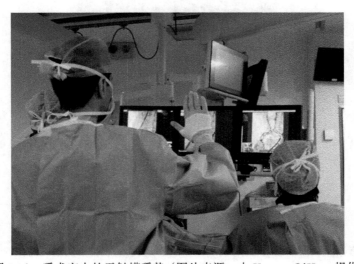

图 7.20　手术室中的无触摸手势（图片来源：由 Kenton O'Hara 提供）

研究和设计问题

使用手势输入的关键设计问题是计算机系统如何识别和描述用户的手势。特别是，它如何确定手或手臂运动的起点和终点，以及它如何区分有意的手势（经思考的指向动作）和无意的挥手之间的差别？

除了用作输入，手势还可以表示某人虚拟化身的实时运动或某人独特的手臂动作。智能手机、笔记本电脑和一些智能扬声器（例如，Facebook 的 Protal）的摄像头可以感知三维空间并记录每个像素的深度。这可以用于在场景中创建虚拟人物在某个场景中的表现（例如，他们如何摆姿势和移动）以回应其手势。这引发的一个设计问题是，用户的镜像表征必须多么逼真才能使别人感到可信，并且将其手势与在屏幕上看到的内容相关联。

7.2.12　触觉界面

触觉界面通过使用嵌入用户衣服或用户佩戴的设备（例如智能手机或智能手表）的振动器向人体提供振动反馈。游戏机也采用振动来提供丰富的体验。例如，驾驶模拟器的汽车方向盘可以通过各种方式的振动提供在道路行驶时的感觉。当驾驶员转弯时，用户可以感受到方向盘旋转的阻力——就像真正的方向盘一样。

触觉振动反馈也可用于模拟远程人员沟通时的触觉传递。嵌入衣服中的振动器可以通过在身体的不同部位产生不同的力来重现拥抱或挤压的感觉。触觉的另一个用途是提供实时反馈，如在学习乐器（例如小提琴或鼓）时引导人们。例如，van der Linden 等人（2011）开发的音乐夹克旨在帮助新手小提琴演奏者学习持有乐器的正确姿势并培养正规的演奏动作。它通过夹克提供振动触觉反馈，在手臂和躯干的关键位置轻推，告知学生他们的握法不正确或是演奏的动作偏离正确的路径（见图 7.21）。一项针对新手玩家的用户研究表明，他们能够根据振动触觉反馈调整错误姿势。

图 7.21　带有嵌入式振动器的音乐夹克可以轻轻将玩家的手臂推到正确的位置（图片来源：Helen Sharp）

　　另一种形式的反馈称为超触觉，即在空中创造出触觉的幻觉。它通过使用超声波来制造用户可以感觉到但看不到的三维形状和纹理（www.ultrahaptics.com）。这种技术可使用户感受到出现在空中的按钮和滑块的错觉。在汽车行业，超触觉的一个潜在用途是替代现有的物理按钮、旋钮和触摸屏。通过设计，超触觉按钮和旋钮可以在需要的时候出现在驾驶员旁边，例如，当系统检测到驾驶员想要调低音量或切换无线电台时。

　　触觉反馈也被嵌入衣服，有时这被称为外骨骼。受动画片《超级无敌掌门狗》中的"合适的裤子"的启发，Jonathan Rossiter 和他的团队（2018）开发了一种新型的外骨骼，其使用微型电动机激活气泡，帮助人们使用由这些气泡组成的人工肌肉站立和移动（见图 7.22）。使用石墨烯的部件可以变硬或松弛，使裤子移动。它的一个应用领域是帮助有行走困难的人行走或帮助难以锻炼的人进行锻炼。

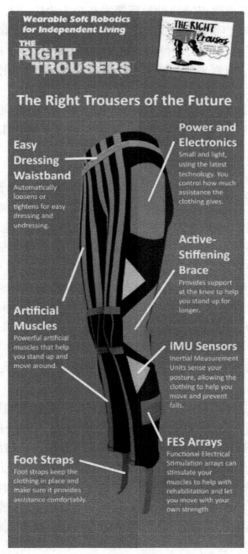

图 7.22　带有使用新型气泡触觉反馈的人造肌肉的裤子（图片来源：由 The Right Trousers Project: Wearable Soft Robotics for Independent Living 提供）

┃研究和设计问题

触觉反馈也常用于游戏机、智能手机和控制器，用来提升用户体验或者提醒用户。衣服和其他可穿戴设备也正在嵌入触觉反馈，以模拟触摸、抚摸和刺激。一个有前景的应用领域是感觉运动技能，如运动训练和弹奏乐器的学习。例如，在滑雪者的身上放置振动模式以指导滑雪时的正确动作。一项研究表明，在这种学习中，触觉上的反馈比口头上的见效更快（Spelmezan 等，2009）。触觉反馈的其他用途有：姿势训练器，当用户姿势懒散时振动提醒；健身追踪器，当检测到用户在过去一小时内没有走足够的步数时同样振动提醒。

一个关键的设计问题是：如何找到振动器在身体中的最佳放置位置，应使用单点振动还是多点振动，什么时候振动以及什么样的振动强度和频率可以使振动更具说服力（例如，Jones 和 Sarter，2008）。但提供连续的触觉反馈实在令人厌烦，人们也会过快地习惯这种反馈。当需要让人注意到某些事情但不一定告诉他该做什么时，间歇性的振动可以发挥作用。例如，Johnson 等人研究了（2010）一种商用触觉设备，该设备旨在当人们懒散时给予振动反馈来提醒他们改善姿势。研究表明，虽然振动没有向他们展示如何改善姿势，但人们的身体意识的确被提高了。

不同种类的振动也会传递不同类型触觉体验。例如，智能手机可以传递缓慢敲击的感觉，其感觉起来会像是水滴，这意味着可能要下雨，而当敲击变重时意味着雷暴雨即将来临。   ┃┃

7.2.13   多模式界面

多模式界面旨在通过使用不同的模式（例如触摸、视觉、声音和语音）来增加用户体验和控制信息的方式，从而丰富用户体验（Bouchet 和 Nigay，2004）。为此组合的交互技术包括语音和手势、眼睛注视和手势、触觉和音频输出，以及笔输入和语音（Dumas 等，2009）。假设多模式界面可以使人机交互方式更灵活、更有效且更富有表现力，这种人机交互方式更类似于人类在物理世界中遇到的多模式体验（Oviatt，2017）。不同的输入 / 输出会同时应用，例如，同时使用语音命令和手势在虚拟环境中移动，或者先使用语音命令接着进行手势操作。用于多模式界面的最常见技术的组合是语音和视觉处理的组合（Deng 和 Huang，2004）。多模式界面还可以与多传感器输入组合，以追踪人体的其他方面数据。例如，通过追踪眼睛注视、面部表情和嘴唇的运动得到有关用户的注意力或其他行为的数据。这种方法可以为根据感知到的需求、欲望或兴趣级别定制用户界面和体验提供输入。

也可以追踪一个人的躯体运动，这样就可以把它以一个化身的形式反映到屏幕上，使这个化身的移动和他的移动同步。例如，Kinect 是为 Xbox 开发的一款手势和身体动作的游戏输入系统。虽然其目前在游戏行业中已经不存在了，但它在实时检测多模态输入方面被证明是有效的。它包括一个用于面部和手势识别的 RGB 摄像头、一个用于运动追踪的深度传感器（一个红外投影仪与一个单色摄像头配对），以及用于语音识别的向下麦克风（见图 7.23）。Kinect 会寻找某人的身体，一旦找到，就会锁定它，并测量身体关键关节的三维位置。这些信息被转换成用户的图形化身，并且可以与用户同时移动。很多人很容易熟悉这种方式，并学会了如何用这种方式玩游戏。

图 7.23 微软的 Xbox Kinect（图片来源：Stephen Brashear / Invision for Microsoft / AP Images）

研究和设计问题

多模式系统依赖于识别用户的行为的各个方面，包括手写、语音、手势、眼睛运动或其他的身体运动。在许多方面，多模式系统都比单模式系统更难以实现和校准，因为后者仅识别用户行为的单个方面。当今研究最多的交互模式是语音、手势和眼睛注视追踪。关键的研究问题是，将不同的输入和输出组合在一起最终得到的究竟是什么，以及把人类之间交谈和手势交流作为与电脑的交互方式是否是自然的（见第 4 章）。多模式设计指南可以在 Reeves 等人（2004）和 Qviatt 等人（2017）的论文中找到。

7.2.14 可共享界面

可共享界面是为多人使用而设计的。与面向单个用户的个人计算机、笔记本电脑和移动设备不同，可共享界面通常提供多个输入，并且有时允许一个群组同时输入。这种设备包括大型的墙壁显示器，例如 SmartBoard（见图 7.24a），人们可以使用自己的笔或手势，还有交互式的桌面，其中小组可以用指尖与桌面上的信息进行交互。交互式桌面的例子包括 Smart 的 SmartTable 和 Circle Twelve 的 DiamondTouch（Dietz 和 Leigh，2001；参见图 7.24b）。DiamondTouch 桌面的独特之处在于，它可以区分同时触摸表面的不同用户。触摸表面下面嵌入一组天线，每一个天线都发送一个独特的信号。每个用户都有自己的接收器，接收器被嵌入他们坐着的垫子或椅子中。当用户触摸桌面时，接收器会识别其中的微小信号以识别出被触摸的天线并将其发送到计算机。因此多用户可以通过这种方式使用手指同时与数字内容交互。

→ Circle Twelve 演示 DiamondTouch 桌面的视频：http://youtu.be/S9QRdXlTndU。

可共享界面的一个优点是，它提供了一个大的交互空间，可以支持团队灵活工作，允许团队在同一时间共同创建内容。与使用单用户 PC 或笔记本电脑工作的位于同一地点的团队相比，可共享界面允许多用户同时在大屏幕上交互，而单用户 PC 或笔记本电脑通常由一人控制，这使得其他人更难参与其中。用户可以一边指向和触摸显示的信息，一边查看别人交互的信息并拥有相同的共享参考点（Rogers 等，2009）。现在已经有许多为博物馆和画廊开发的桌面应用程序，旨在使游客了解其所在环境的各个方面（参见 Clegg 等，2019）。

a）在会议期间使用的 SmartBoard   b）三菱的交互式桌面界面

图 7.24 （图片来源：图 a 由 SMART 科技有限公司提供，图 b 由三菱电子研究实验室提供）

另一种可共享界面的形式是软件平台，它可以让一组人同时工作，即使他们身处不同的位置。早期的例子包括 20 世纪 80 年代开发的共享编辑工具（例如 ShRedit）。现在有多种商业产品可以让多个远程人员同时处理同一个文档（比如谷歌文档和 Microsoft Excel）。有些软件可以让多达 50 人在同一时间编辑同一份文档，同时会有更多的人观看。这些软件程序提供各种功能，例如同步编辑、跟踪更改、注释和评论。另一个协作工具是 Balsamiq 线框图编辑器，它提供了一系列共享功能，包括协作编辑、带有标注的线程注释和项目历史记录。

研究和设计问题

早期对可共享界面的研究主要集中在交互问题上，比如如何支持基于电子的手写和绘图，以及在显示器上选择和移动对象（Elrod 等，1992）。PARCTAB 系统（Schilit 等，1993）调查了如何使用共享工具（如 Tivoli）在巴掌大小的、A4 纸大小的和白板大小的显示屏上进行信息交流（Rønby-Pedersen 等，1993）。另一个问题是如何设计与大屏幕的流畅且直接的交互，其中大屏幕包括基于墙壁和桌面的设备，交互方式包括基于手写和手势的交互（参见 Shen 等，2003）。目前的研究关注的是如何支持设备的生态化，以便群组可以跨多个设备（比如桌面和墙壁显示器）共享和创建内容（参见 Brudy 等，2016）。

一个关键的研究问题是，与团队使用自己的设备（如笔记本电脑和个人计算机）进行协作相比，可共享界面是否能够促进新的、增强的协作交互形式（参见第 5 章）。一个好处是其可以促使团队成员更容易分享，并能够更公平地参与。例如，设计桌面设备是为了在决策和设计活动中支持更有效的图像联合浏览、共享和操作（Shen 等，2002；Yuill 和 Rogers，2012）。其中的设计核心点包括显示器的大小、方向和形状是否对协作有影响。用户研究表明，与垂直放置界面相比，水平放置的界面支持更多的协同工作（Rogers 和 Lindley，2004），而提供更大尺寸的桌面不一定能改善团队工作，但可以鼓励分工（Ryall 等，2004）。

为了了解如何能够让用户在独立工作和团队合作之间更好地切换，研究人员对个人空间和共享空间的需求进行了调查。一些研究人员设计了跨设备系统，其中各种设备——如平板电脑、智能手机和数字笔——都可以与可共享界面一起使用。例如，人们开发了

SurfaceConstellations 用于连接移动设备，以创建新的跨设备工作环境（Marquardt 等，2018）。在 Müller-Tomfelde（2010）的论文中可以找到关于桌面和多点触控设备的设计指南和经验研究总结。

7.2.15　实体界面

实体界面使用基于传感器的交互，其中物理对象（如砖块、球和立方体）与其数字表征一一对应（Ishii 和 Ullmer，1997）。当一个人操纵物理对象时，计算机系统通过嵌入物理对象中的传感机制检测到其动作，从而产生数字效果，如声音、动画或振动（Fishkin，2004）。数字效果可以发生在多种媒体和环境中，也可以嵌入物理对象本身。例如，Oren Zuckerman 和 Mitchel Resnick（2005）早期的流块原型描述了嵌在其中的数字和灯光的变化，这种变化取决于它们的连接方式。设计流块是为了模拟现实生活中的动态行为，并按一定的顺序做出反应。

还有一种实体界面是将物理模型（例如一个冰球、一块黏土或者一个模型）叠加在数字桌面上。在桌面上移动实体部件会导致桌面上发生数字事件。Urp 是最早的实体界面之一，旨在帮助城市规划：建筑的微型物理模型可以在桌面上移动，与数字化的风和阴影生成工具结合使用，于是阴影会随着时间而变化，空气的流动也会发生改变。实体界面不同于其他方法，如移动界面，因为表征本身是实际存在的，用户可以直接操作、提动、重新排列、整理和操作。

用于制造实体界面的技术包括 RFID 标签和传感器，它们被嵌入物理对象和数字桌面，用来感知物理对象的运动，随后将物理对象的周围环境可视化。现有的许多实体交互系统的目标是鼓励学习、辅助设计活动、增加趣味性和合作。这些系统包括针对景观和城市规划的规划工具（见 Hornecker，2005；Underkoffler 和 Ishii，1998）。另一个例子是 Tinkersheets，它将实体的货架模型与纸质表格结合起来，用于探索和解决仓库物流问题（Zufferey 等，2009）。基础的模拟允许学生通过在表格上放置小磁铁来设置参数。

实体计算指没有单一的控制点或相互作用（Dourish，2001）。其中不同的设备和对象之间有协调的交互作用，而不仅仅是单个输入设备（比如鼠标），而且没有强制的操作顺序和模式交互。此外，其对象通过它们在物理世界反映的用途指导用户如何与它们交互。实体的一个好处是，物理对象和数字表征可以采用创造性的方式定位、组合和探索，从而以不同的方式呈现动态信息。物理对象也可以用双手握住，并以其他界面无法实现的方式进行组合和操作。这允许多人同时探索界面，也允许对象放在彼此的顶部、旁边和内部。不同的配置鼓励使用不同的方法来表示和探索问题空间。通过这样做，人们能够以不同的方式看待和理解问题，与使用其他类型的界面相比，这能激发更强的洞察力、学习能力和解决问题的能力（Marshall 等，2003）。

为了鼓励儿童学习编程、电子电路和 STEM 科目，人们开发了很多工具包。其中包括 littleBits（https://littlebits.com/）、MicroBit（https://microbit.org/）和 MagicCube（https://uclmagiccube.weebly.com/）。通过这些工具包，孩子们可以将物理电子组件和传感器连接起来，激发数字事件。例如，通过编程，可以让 MagicCube 根据摇动的速度改变颜色：慢速时是蓝色，非常快速时是彩色。研究表明，实体工具包为发现学习、探索和协作提供了许多机会（Lechelt 等，2018）。这些 MagicCube 鼓励各种各样的孩子（包括 6 ~ 16 岁的孩子，以及那些有认知障碍的孩子）通过合作来学习，孩子们还经常互相展示并告诉同学和导师他们的发现。MagicCube 的形状因素让这些事情得以实现：如果想向别人展示成果，那么把它举向空中就可以了（参见图 7.25）。

图 7.25　用 MagicCube 学习编程：分享，展示，讲述（图片来源：Elpida Makriyannis）

此外，还有为视障人士开发的实体工具包。例如，Torino（被微软重新命名为 Code Jumper）是一种专门为 7～11 岁的儿童开发的编程语言，旨在为其教授编程概念，而不需要很高的视力水平（Morrison 等，2018）。它由一组串珠组成，使用者可以通过对串珠进行连接和操作，以创建可以播放故事或音乐的物理代码串。

┃框 7.5┃VoxBox——实体问卷机

传统的收集公众意见的方法（比如调查）需要就地接近被调查的人，但这可能会破坏别人正在享受的体验。VoxBox（见图 7.26）是一个实体的系统，其通过有趣而吸引人的互动在活动现场收集他人对一系列主题的意见（Golsteijn 等，2015）。它的通过以下方式鼓励人们更广泛的参与：分组相似的问题，鼓励大家完成，收集开放式和封闭式问题的答案，并将答案和结果连接起来。它被设计成一个大型的物理系统，提供一系列实体的输入机制，人们可以通过这些机制表达自己的观点，而不是使用短信或社交媒体进行输入。其输入机制包括滑块、按钮、旋钮和旋转器，这些都是人们熟悉的。此外，在系统的一侧有一个透明的管道，随着问题被一个个完成时，它会一步步地落下一个球，用于激励完成和进度指示。选择的结果将聚合在一起，并在另一侧以简单的数字形式进行可视化呈现（例如，95% 的人被吸引，5% 的人感到无聊）。VoxBox 已经用于许多吸引观众的活动，人们在回答这种实体形式的问题时非常投入。

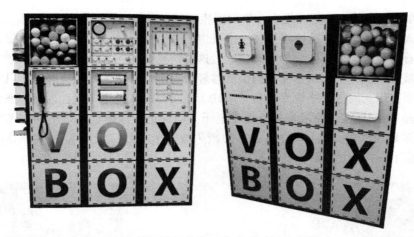

图 7.26　VoxBox——实体问卷机的正面和背面（图片来源：Yvonne Rogers）

研究和设计问题

研究人员已经开发出概念框架来识别一个实体界面的新颖的特定特性（参见 Fishkin，2004；Ullmar 等，2005；Shaer 和 Hornecker，2010）。一个关键的设计问题是在实体动作和数字效果之间使用什么样的联系。这涉及确定实体动作的操作产生的数字反馈应在何处。例如，它应该出现在对象的顶部、旁边还是其他位置？使用实体界面的目的将会很大程度上决定数字媒体的类型和位置。如果是为了支持学习，那么实际动作和数字效果之间的明确映射是至关重要的。相反，如果是为了娱乐，比如演奏音乐或讲故事，那么最好把它们的关系设计得更含蓄、更出人意料。另一个关键的设计问题是使用什么样的实体构件让用户自然地执行活动。砖块、立方体和其他组件集是最常用的，因为它们灵活且简单，人们能够将它们握在手中，并可以轻松地增添或改变结构。便利贴和纸板标记也可用作将数字内容放置于表面的材料，只要经过一定的转换或吸附即可（Klemmer 等，2001；Rogers 等，2006）。

另一个研究问题是，实体界面应该与哪些类型的数字输出相结合？主要的方法是用图形反馈作为叠加的实体对象动作的输出。此外，也可以使用音频和触觉反馈。也可以将实体设计成多模态界面的一个组成部分。

7.2.16　增强现实

随着 2016 年游戏《精灵宝可梦 Go》的问世，增强现实（AR）一举成名。这款智能手机应用在全球迅速走红。通过智能手机的摄像头和 GPS 信号，这款 AR 游戏让虚拟的精灵宝可梦在现实世界中出现，如建筑、街道和公园中。当玩家在一个特定的地方走动时，他们可能会听到草在沙沙作响，这表明附近有一只精灵宝可梦。如果走得更近，他们的智能手机屏幕上可能会变魔术般地弹出一个精灵宝可梦，看起来就像真的在他们面前一样。例如，一只宝可梦可能坐在一棵树的树枝上或花园的篱笆上。

AR 的工作原理是将像精灵宝可梦这样的数字元素叠加到实体设备和物体上。与 AR 密切相关的是混合现实，即现实世界的视角与虚拟环境的视角结合在一起（Drascic 和 Milgram，1996）。起初，AR 主要是医学中的一个实验主题，其中虚拟物体（例如 X 射线和扫描）叠加在患者身体的一部分之上，帮助医生理解正在检查或操作的内容。

后来，人们利用 AR 帮助控制员和操作员快速做出决策。一个例子是空中交通管制，其中管制员能看到系统提供的飞机的动态信息，这些信息叠加在显示真实飞机着陆、起飞和滑行的视频屏幕上。这些附加信息使管制员能够轻松识别难以辨认的飞机——所以它在恶劣天气条件下特别有用。同样，平视显示器（HUD）用于军用和民用飞机，以便在恶劣天气中帮助飞行员着陆。HUD 在折叠显示器上提供电子方向标记，该标记直接出现在飞行员的视野中。现在许多高端汽车提供具有 AR 技术的挡风玻璃（如图 7.27 所示），其中导航就像真实地出现在路面上一样（参见第 2 章）。

图 7.27　挡风玻璃上的增强现实（图片来源：https://wayray.com）

AR 技术同样取代了建造或修理复杂设备（如复印机和汽车发动机）的纸质手册，它直接把图纸叠加在机器上，告诉机械师该做什么以及在哪里做。AR 应用程序可用于从教育到汽车导航的各种环境，其数字内容直接叠加在实体地理位置和对象上。为了显示数字信息，用户可以在智能手机或平板电脑上打开 AR 应用程序，然后内容会直接叠加在当前屏幕显示上。

还有一些 AR 应用程序旨在帮助人们在城市或城镇里行走。方向（以指针或箭头的形式）和本地信息（例如，最近的面包店）会叠加在某人的智能手机屏幕中的街道图像上。这些信息会随着人的行走而发生变化。也可以纳入虚拟物体和信息，以创建更复杂的增强现实。人和其他对象的全息图也被引入 AR 环境中，并可以移动和／或说话。例如，博物馆、城市和主题公园中出现了虚拟导游，用户通过使用 AR 应用程序可以看到虚拟导游移动、做手势，甚至与其交谈。

现有的一些映射平台，例如由 Niantics 和谷歌提供的平台，以及苹果公司的 ARKit、SparkAR Studio 和谷歌的 ARCore，让开发者和学生能更容易地开发出新的 AR 游戏和应用。自《精灵宝可梦 Go》问世以来，另一款广受欢迎的增强现实游戏是 *Jurassic World Alive*，其中玩家可以在现实世界中四处走动，尽可能多地寻找虚拟恐龙。这款游戏类似于《精灵宝可梦 Go》，但游戏规则不同。例如，玩家必须通过收集恐龙的 DNA 来研究它们，然后重新创造它们。微软的全息透镜工具包还支持创建新的混合现实用户体验，允许用户创建虚拟元素，或与周围环境中的虚拟元素交互。

大多数 AR 应用程序使用智能手机或平板电脑上的后置摄像头，然后将虚拟内容叠加在其拍摄的现实世界中。另一种方法是使用前置摄像头，将数字内容叠加到用户的面部或身体上。SnapChat 是使用这一技术的流行的应用，它提供了许多滤镜，人们可以用这些滤镜进行试验，并创建自己的滤镜。人们可以通过添加耳朵、头发、活动的嘴唇和头饰等有趣的方式改变自己的外貌。

这类虚拟的、在面部增添元素的玩法通过分析用户的面部特征并实时建立二维或三维模型来实现效果。所以，当用户移动头部时，妆容或配饰似乎也跟着移动，就好像它们真的在脸上一样。零售行业通过 AR 镜子可以让购物者"试用"太阳镜、珠宝和化妆品，其目的是让他们尽可能"试用"更多的产品，看看它们用在自己身上是什么样子。显然，这种虚拟试用有很多优势：与真实的试用相比，虚拟试用更方便、更吸引人、更容易。但是，它也有缺点：你只能看到自己试用它们是什么样子，但无法感受到头上虚拟配件的重量，也无法感受到脸上虚拟化妆品的质感。

同样的技术也可以让人们和历史环境、名人、电影或舞台角色（例如，大卫·鲍伊或维多利亚女王）共处一境。例如，人们开发了虚拟试穿应用程序 MagicFace（Javornik 等，2017）作为文化体验的一部分。其目的是让观众能够亲身体验到化妆成歌剧角色是什么样子的。其选用的歌剧是 Philip Glass 的 Akhnaten，背景是古埃及时代（见图 7.28a）。这款虚拟妆容会让用户扮成法老和王后。这款应用由伦敦大学学院的研究人员与英国国家歌剧院和 AR 公司 Holition 合作开发。为了让环境更逼真，该应用程序在一个用平板电脑伪装的镜子上运行，并放置在演员的化妆室中（见图 7.28b）。前来参观的学生在现场看到镜子时，会被虚拟化妆的效果所吸引，这些妆容让他们看起来像法老和王后一样。参与制作的歌手和化妆师也试用了这款应用，他们认为这款应用有很大的潜力，可以增强他们现有的排练效果和化妆工具。

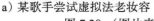

a）某歌手尝试虚拟法老妆容　　　　b）化妆室的增强现实镜子

图 7.28 （图片来源：由 Ana Javornik 提供）

研究和设计问题

在设计增强现实时，一个关键研究问题是这种数字增强应该采取什么形式，以及应该何时出现在现实环境中的何处（Rogers 等，2005）。信息（如导航信息）需要突出但同时不能分散人们在现实世界中的注意力。它还需要简单，而且考虑到用户会移动，它还需要与现实世界的物体保持静止。另一个问题是应在物理世界中叠加多少数字内容，以及如何吸引用户的关注。因为如果物理世界充满了信息污染，那么人们很可能会关闭 AR 应用程序。

当前 AR 技术的一个局限在于，虚拟建模可能会稍有偏差，使得数字信息叠加在错误的位置，或不能与现实环境保持静止。这对于旨在娱乐的应用程序可能并不重要，但是如果眼影出现在某人的耳朵上，人们就不能忽略了。它同时也可能打破 AR 体验的魔力。在混合现实的游戏中可以充分利用这种歧义和不确定性，但在更严肃的背景下，例如军事或医疗环境中，这可能是灾难性的。

7.2.17　可穿戴设备

可穿戴设备泛指可以穿戴在身体上的设备，包括智能手表、健身追踪器、时尚科技穿戴和智能眼镜。在可穿戴计算的早期实验阶段，Steve Mann（1997）戴上头部和眼部摄像头，使他能够记录他所看到的内容，同时还可以在移动中访问数字信息。从那以后，出现了许多创新和发明，包括谷歌眼镜。

新的柔性显示技术、电子纺织品和实体计算（例如，Arduino）让人们想象中的可穿戴物品变成了现实。珠宝、帽子、眼镜、鞋子和夹克都是实验的主题，旨在为用户提供在现实世界中移动时与数字信息交互的方法。早期的可穿戴设备专注于便利性，人们无须取出和控制手持设备即可执行任务（例如，选择音乐）。如带有集成音乐播放器控件的滑雪夹克，穿戴者只需用手套触摸手臂上的按钮即可更换音乐曲目。还有一些应用主要关注如何结合纺织品、电子产品和触觉技术，来创造新的通信形式。例如，CuteCircuit 开发了 KineticDress，它内嵌传感器，用来捕捉穿戴者的动作和与他人的互动，然后通过覆盖在裙子外部的电致发光刺绣来展示。它会根据穿戴者的运动量和速度改变模式，向别人展示穿戴者的心情，并在其周围创造一个神奇的光环。

外骨骼服装（见 7.2.12 节）也是一个将时尚与技术相结合的例子，它可以帮助走路困难的人行走路或帮助人们锻炼。它结合了触觉与可穿戴设备。在建筑行业，外骨骼服装帮助工人提供额外的动力——这使他们有点像超人——其金属框架上安装了机械肌肉，能增加穿着者的力量。重的物体因此感觉更轻，使工人免受一定的身体伤害。

窘境｜谷歌眼镜：看到的太多？

2014 年开始发售的谷歌眼镜是一种可穿戴设备，它具有各种时尚的风格（见图 7.29）。它的外表看起来像一副眼镜，但是其中一个镜片是带有嵌入式摄像头的交互式显示器，它可以通过语音输入进行控制。佩戴者可以通过它在移动中拍摄照片和视频，并查看数字内容，例如电子邮件、文本和地图。佩戴者还可以使用语音命令完成网络搜索，其结果将出现在屏幕上。除了日常使用的功能之外，它还有很多额外的功能，如 WatchMeTalk，其可以向听力受损的用户提供实时字幕。此外，佩戴者还可以使用 Preview for Glass 在看电影海报的时候观看电影预告片。

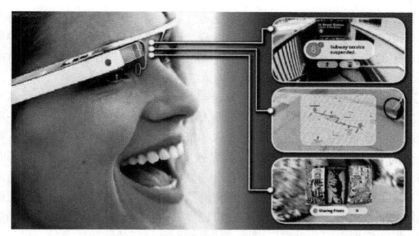

图 7.29　谷歌眼镜（图片来源：谷歌公司）

然而，很多人认为当和戴着谷歌眼镜的人在一起时，佩戴者会抬眼看向右边的屏幕而不是看着他们的眼睛，这让他们感到不安。对谷歌眼镜佩戴者的批评之一是，佩戴谷歌眼镜使他们看起来像是在凝视远方。还有人担心戴着谷歌眼镜的人正在记录他们面前发生的一切。作为回应，美国的一些酒吧和餐馆实施了"禁止使用谷歌眼睛"的政策，目的是防止顾客被记录。

第一代谷歌眼镜在几年后就下市了。从那时起，市场上出现了其他类型的智能眼镜，它们一般通过蓝牙将用户的智能手机的显示屏与眼镜上的摄像头同步。这种眼镜有 Vuzic Blade，它配备了一个摄像头、能连接到 Amazon Echo 设备的语音控制系统，以及导航和位置警报；还有 Snap 的 Spectacles，其功能仅是让佩戴者在戴着眼镜时可以与他们的朋友在 Snapchat 上分享照片和视频。

➡ 通过谷歌眼镜观看有趣的伦敦视频——http://youtu.be/Z3AIdnzZUsE；"会说话的鞋"的概念——http://youtu.be/VcaSwxbRkcE。

研究和设计问题

可穿戴设备的一个核心设计问题是舒适性。嵌入了技术的衣服同样需要使用户保持舒适。嵌入的设备需要轻便、小巧、不碍事、时尚，而且（除了显示器外）最好藏在衣服里。另一个问题是卫生。穿过的衣服可以清洗吗？拆下和更换电子装置会很麻烦吗？电池应该放在哪，其寿命有多长？一个关键的可用性问题是用户如何控制这些可穿戴设备，是通过触摸、语音还是更传统的按钮和刻度盘？

可穿戴设备可以和更多的技术组合，包括 LED、传感器、振动器、实体交互和 AR。我们有足够的空间创造性地思考，何时以及是否要制造某种可穿戴设备，而不是移动设备。在第 1 章中，我们提到如何设计辅助技术来解决必须佩戴的设备的问题，如监测设备（例如，用于血糖水平的监测）、替代设备（例如假肢）或放大设备（例如助听器）。

7.2.18　机器人和无人机

机器人已经存在了很长时间，尤其是常常作为科幻小说中的角色出现，但它们也在其他方面起着重要的作用：作为制造装配生产线的一部分、作为危险环境下的远程调查员（例如核电站和拆弹环境)、作为灾害(如火灾)或远程(如火星)调查和搜救人员。研究人员开发了控制台界面,使得人们能够使用操纵杆、键盘、摄像机和基于传感器的交互的组合控制和导航偏远地形中的机器人(Baker 等,2004)。其中的重点是界面设计,能帮助用户通过实时视频和动态地图有效地操纵和移动远程机器人。

清洁和园艺机器人已经流行起来。帮助老年人和残疾人进行特定活动的机器人也层出不穷,例如可以帮忙拾取物品和做饭。用于陪伴人类的宠物机器人已经商业化。一些研究团队把机器人设计得可爱而讨人喜欢,告诉人们这些机器人更宠物化而不是人类化。例如,三菱开发了 Mel 企鹅(Sidner 和 Lee,2005),其服务角色是活动主持者(图 7.30a)。日本发明家 Takanori Shibata 在 2004 年开发了 Paro,它是一只看起来像可爱而毛茸茸的卡通动物的婴儿海豹,其服务角色是陪伴者(图 7.30b)。宠物机器人中嵌入了传感器,使它们能够检测到某些人类行为并做出相应的反应。例如,它们可以睁眼、闭眼、转眼珠、傻笑、抬脚。这些机器宠物渴望人们能拥抱它们、对它们说话,就像它们是真正的宠物或动物一样。宠物机器人的吸引人之处是它们带来的治愈感,这可以减轻老年人和体弱者的压力和孤独感(更多关于可爱的机器人宠物的讨论参见第 6 章)。Paro 此后被用来舒缓和安慰痴呆症患者(Griffiths,2014)。具体来说,它可以鼓励经常把它拟人化的患者进行社交互动。例如,人们可能会开玩笑说:"它在我身上放屁了!"这让周围的人都笑了起来,进而带来更多的笑声和玩笑。这种鼓励社交互动的方式被认为是有治疗意义的。

a)企鹅机器人 Mel,服务角色为主持活动   b)日本的 Paro,一只会互动的海豹,服务角色为
                                           陪伴,主要为老人和病童服务

图 7.30 (图片来源:图 a 由三菱电子研究实验室提供,图 b 见 Parorobots.com)

➡ 未来的机器宠物:http://youtu.be/wBFws1lhuv0。

无人机是远程控制的无人驾驶飞机。它首先由爱好者使用,然后被军队利用。后来,它们变得更便宜、更大众化、更容易飞行,因此它们得以在更广泛的背景下得到应用。其中包括:娱乐,例如为节日和聚会的人们运送饮料和食物;农业,例如飞过葡萄园和田地,收集对农民有用的数据(图 7.31);跟踪非洲野生动物园的偷猎者(Preece,2016)。与其他形式的数据收集方式相比,它们可以低空飞行,并将图像传到地面站,这些图像可以拼接成地图,以此确定农作物的健康状况以及何时是收获农作物的最佳时间。

➡ Rakuten 通过无人机向高尔夫球场上的高尔夫球手递送啤酒的视频:https://youtu.be/ZameOVS2Skw。

图 7.31　一架用于调查葡萄园状态的无人机（图片来源：无人机检查葡萄园 /Shutterstock）

研究和设计问题

一个伦理问题是，创造出仿人类行为或仿动物行为的机器人是否可以接受。虽然助理界面也会面临同样的问题（参见第 3 章），但是拥有一个实体外观（像机器人那样）会让人们不再怀疑，并将机器人视为宠物或人类。

这就提出了一个道德问题，即是否应该鼓励这种拟人化。机器人应该被设计成尽可能像人一样拥有人类特征（如眼睛和嘴巴）、表现得像人一样、像人一样交流，并像我们一样可以情绪化地回应吗？还是，它们应该设计成看起来更像一个机器人，例如，像真空吸尘器这种有明确定义的目的的机器人一样？同样，与机器人的交互是否应该设计成像人的交互一样，例如，可以与它交谈、做手势、握手、微笑？或者只是单纯地设计成普通的人机交互，通过按钮、旋钮和拨号来发出命令？

对许多人来说，设计成可爱的机器宠物似乎比设计成完全成熟的人们更可取。人们知道自己是和宠物站在一起，因此不太可能对它们感到不安。但矛盾的是，人们更有可能沉浸在陪伴中而不会怀疑其真实性。

另一个伦理问题是，在未经许可或相关人员不知情的情况下，使用无人机拍摄田野、城镇和私人财产等一系列图像或视频是否可以接受。无人机被禁止进入某些区域，如机场，因为在那里它们会带来真正的危险。另一个潜在的问题是它们飞行时发出的噪音。无人机不停地"嗡嗡"地飞过你的房子，或者给附近的高尔夫球手或参加节日的人送饮料，这些都是非常烦人的。

7.2.19　脑机交互

脑机交互（BCI）提供了人的脑电波与外部设备（如屏幕上的光标或通过气流移动的冰球）之间的通信通道。受训者通过训练专注于任务（例如，移动光标或冰球）。一些项目研究了这种技术如何能够帮助增强人类的认知或感觉运动功能。脑机交互的工作方式是检测大脑神经功能的变化。树突和轴突相互连接成单个神经细胞，我们的大脑充满了由这些神经细胞组成的神经元。每当我们思考、移动、感觉或记忆某些事物时，这些神经元就会变得活跃。小的电信号从一个神经元快速地传到另一个神经元，放置在人头皮上的电极在一定程度上可以探测到这种变化。这些电极可以被嵌入专门的耳机、发网或帽子中。

"坦白讲，我不确定这个分享观点的东西管不管用"
（图片来源：Tim Cordell/Cartoon Stock）

脑机交互也可应用于游戏控制。例如，在游戏 Brainball 中，玩家可以通过脑电波进行游戏操作，即通过放松和专注来控制球在桌子上的运动。其他的例子包括通过脑机交互控制机器人和驾驶虚拟飞机。布朗大学 BrainGate 研究小组进行的开创性医学研究使用脑机交互界面使瘫痪的人能够控制机器人（见图 7.32）。例如，瘫痪的病人通过脑机交互控制机械手臂来自己进食（见视频链接）。另一家初创公司 NextMind 致力于开发一种非侵入性的大脑感知设备，其面向大众市场，用户可以通过思维实时玩游戏或控制电子和移动设备。该公司致力于研究如何将大脑感知技术与机器学习算法结合起来，并将其转换成数字命令。

➡ 一名瘫痪女性通过意志移动机器人：http://youtu.be/ogBX18maUiM。

图 7.32   一名瘫痪的女性正在使用脑机交互选择屏幕上的字母（由 BrownGate 开发）（图片来源：布朗大学）

7.2.20   智能界面

许多新技术的动机是让设备更加智能，无论是智能手机、智能手表、智能建筑、智能家居，还是智能家电（例如智能照明、智能音箱或虚拟助理）。"智能"一词常被用来表示设备具有一定的智慧，并与互联网连接。更宽泛地说，智能设备可以与用户和其他连网设备进行交互，其中许多是自动化的，不需要用户与它们直接交互（Silverio-Fernandez 等，2018）。智能的目标是感知情境，也就是说，根据周围的情境做出适当的操作。为了实现这一目标，一些设备使用了人工智能技术，这样它们就可以学习环境和用户的行为。通过这种智能，它们可以根据用户的偏好更改设置或控制开关。智能 Nest 恒温器就是一个例子，它的设计初衷是学习用户的行为。设计人员没有让界面变得不可见，而是将其设计成一个美观的、易于查看的界面（参见框 6.2）。

智能建筑变得更加节能、高效、低成本。建筑师使用最先进的传感器技术来控制建筑系统，如通风、照明、安全和供暖。建筑内的居民往往被认为是浪费能源的罪魁祸首，因为他们可能在并不需要的时候通宵开着灯和暖气，或者忘记锁门或关窗。让自动化系统来控制建筑服务可以减少这类人为错误——工程师经常使用的一个短语是把人"从自动化系统中拉出来"。虽然一些智能建筑和智能家居改善了管理方式，降低了成本，但它们也会让用户感到沮丧，因为用户有时希望窗户能够打开，新鲜空气和阳光能进来。但是把人排除在自动化系统之外意味着人不再能决定这些操作。窗户是自动锁上或密封的，暖气则是集中控制的。

相比简单地引入自动化并将人类排除出自动化系统，另一种方法是在考虑居民需要的同时引入智能技术。例如，该领域的一个新方法称为"人 - 建筑交互"（HBI）。它关注的是理解与塑造人们在建筑环境中的体验（Alavi 等，2019）。在解决人与"智能"环境交互的问题的过程中，它关注的是人的价值、需求和优先级。

7.3　自然用户界面及其延伸

正如我们所看到的，针对用户体验设计的界面类型有很多。多年来的主要产品是 GUI（图形用户界面），然后是移动设备界面，接着是触摸界面，现在是可穿戴设备和智能界面。毫无疑问，它们支撑了所有的用户活动。但接下来是什么？其他的更自然的界面类型会变成主流吗？

自然用户界面（NUI）允许人们像与真实世界交互一样与计算机交互——使用他们自己的声音、手和身体。与使用键盘、鼠标或触摸板（GUI 的方式）不同，NUI 使用户能够与机器对话、触摸它们、对它们做手势、在检测脚部运动的垫子上跳舞、对它们微笑以获得反应，等等。NUI 中的自然指的是人类已经发展成习惯的日常技能，比如说话、写作、做手势、走路和捡东西。从理论上讲，与学习使用 GUI 相比，NUI 更容易掌握，并且更容易地映射到人们与世界的交互。

相比于记住按下哪个键来打开文件，NUI 意味着人们只需要抬起手臂或说"打开"就可以了。但 NUI 有多自然呢？当你想开门时，说"开"比轻按开关更自然吗？与按下遥控器上的按钮或告诉电视该怎么做相比，举起双臂来切换电视频道更自然吗？NUI 是否自然取决于许多因素，包括需要多少学习成本、应用程序或设备界面的复杂性，以及是否有准确性和速度的要求（Norman，2010）。有时候，一个手势胜过千言万语。还有时候，一个字抵得上一千种手势。这取决于系统支持多少功能。

现在想一想第 1 章中描述的基于传感器的水龙头。基于手势的交互总是会工作（除了穿黑色衣服的人无法被检测到之外），因为它只有两种功能：（1）在水龙头下挥动双手可以打开水龙头；（2）把手从水槽里拿出来可以关掉水龙头。现在想一想水龙头通常会提供的其他功能，比如控制水温和流量。什么样的手势最适合改变温度和流量？人们会先抬高左臂来决定温度，再抬高右臂来决定流量吗？人们怎么知道为了达到合适的水温，应该什么时候停止抬起手臂？他们需要把手放在水龙头下面检查吗？如果他们把右手放在水龙头下，则可能会减少流量吗？系统何时知道所需的温度和流量是合适的？是否需要将双臂悬停在半空中几秒钟才能达到理想状态？如何提供这些选择是一个难题，这可能也是为什么公共浴室中基于传感器的水龙头都将温度和流量设置为默认值的原因。

本章对不同的界面类型做了概述，其中强调了手势、语音和其他类型的 NUI 如何使得控制输入及与数字内容交互变得更容易、更令人愉快，尽管有时它们可能并不完美。例如，研究表明，使用手势和全身动作作为电脑游戏和体育锻炼的输入形式，是非常令人愉快的。此外，新型的手势、语音和触摸界面使网络和在线工具更容易被视障人士使用。例如，iPhone 的语音控制功能 VoiceOver 使视障人士无须购买昂贵的定制手机或屏幕阅读器即可轻松发送电子邮件、使用网络、播放音乐等。此外，对于残障人士来说，不购买定制的手机就不会突显出他们和别人不一样。虽然有些手势对于视力完好的人来说难以学习和使用，但是对于盲人和视力受损的人来说就不一样了。VoiceOver 的 press and guess 功能可以读出你在屏幕上点击的内容（例如，"信息""日历""5 封新邮件"），它可以为你提供探索应用程序的新途径，其中用三根手指点击就可以很自然地关掉屏幕。

一种新兴的人机交互方式是悄无声息地获取用户触发的细微的、渐进的和连续变化的信息，并使用 AI 算法解析用户的行为和偏好。这与轻量级、环境感知、情境感知、情感和增强认知交互有关（Solovey 等，2014）。利用大脑、身体、行为和环境传感器可以实时捕捉人们认知和情感状态的细微变化。这为人机交互打开了新的大门。特别是，它允许把信息同时用作连续和离散的输入，潜在地使新的输出能够匹配和更新人们在任何给定时间可能想要和需要的内容。人工智能的加入使这种新型的交互方式成为可能，这种方式将超越简单的自然和智能——它允许人们开发新的超级能力，使人们能够与技术协同工作，解决越来越复杂的问题，并取得难以想象的成就。

7.4   选择哪种界面

本章概述了目前可用或正在研究的多种界面类型。比起 20 世纪 80 年代最初使用的基于命令的界面，现在的界面有更多设计用户体验的机会。这就引出了一个显而易见的问题：你该选择哪一种界面并如何设计它？在许多情境中，用户体验的需求已经决定了什么样的界面是合适的，以及其应该包含哪些特性。例如，如果开发一个医疗应用程序，用于监控病人的饮食摄入量，那么一个可以扫描条形码，或能够拍下食品并在数据库中检索的移动设备将是一个很好的选择，因为它不仅便携、具有有效的目标识别能力，而且易用。如果目标是设计一个可以支持群体决策活动的工作环境，那么将可共享技术和个人设备结合起来，使人们能够在这些设备之间流畅地切换，是值得考虑的方式。

但是如何决定哪种界面更适合给定的任务或活动呢？例如，对于学习来说，多媒体比实体界面更好吗？语音与基于命令的交互同样有效吗？多模式界面是否比单一的更有效？为了帮助人们在外国城市查找信息，可穿戴界面是否优于移动界面？VR 和 AR 有什么不同？游戏的终极交互方式是 VR 还是 AR？实体世界的哪些方面比虚拟世界更具挑战性和吸引力？与使用网络桌面技术相比，可共享界面（如交互式家具）是否更能支持相互通信和协作？等等。目前这些问题还在研究中。在实践中，哪个界面是最合适的、最有用的、最高效的、最吸引人的、最有帮助的等将取决于许多因素的相互作用，包括可靠性、社会可接受性、隐私、伦理和位置等。

深入练习

选择一款你或你认识的人经常在智能手机上玩的游戏（例如《糖果粉碎传奇》《堡垒之夜》或《我的世界》）。思考一下如何使用不同于的智能手机的界面进行游戏操作。选择三种不同的界面（例如，实体的、可穿戴的和可共享的），描述如何针对这三种界面重新设计游戏，同时考虑到目标用户群。例如，可以为儿童设计实体交互的游戏，为年轻人设计可穿戴交互的游戏，为老年人设计可共享交互的游戏。

1. 仔细查看每种界面的研究和设计问题，思考它们是否与游戏设置相关，以及它们带来了哪些需要考虑的事项。

2. 假定一个场景，描述在这三个界面下游戏将如何进行。

3. 思考需要解决的特定的设计问题。例如，对于可共享界面，最好使用基于桌面的还是基于墙壁的方式？用户如何使用笔、指尖、语音或其他输入设备与不同界面的游戏元素进行交互？如何将单人游戏变成多人游戏？需要添加哪些规则？

4. 以在智能手机上运行游戏为基准，比较这三种不同界面的优缺点。

总结

本章概述了针对用户体验设计的多种界面，确定了需要解决的关键设计和研究问题，强调了正在试验和开发创新的界面的设计师和研究人员所面临的机遇和挑战，还解释了不同界面的优势背后的一些假设——其中一些得到了支持，另一些仍然没有得到证实。此外，本章介绍了一些特别适合（或不适合）某些界面的交互技术，还讨论了设计师在使用特定类型的界面时所面临的困境，例如：抽象还是现实、菜单选择还是自由形式的文本输入、仿人类还是非仿人类。最后，本章介绍了给定界面的设计指南和系统示例。

本章要点

- 在 WIMP / GUI 的时代之后，出现了许多界面，包括基于语音的、可穿戴的、移动的、实体的、脑机交互的、智能的、机器人和无人机。
- 在决定使用哪种界面和包含哪些特性时，需要考虑一系列设计和研究问题。
- 自然用户界面可能不像图形用户界面那么自然，这取决于任务、用户和情境。
- 设计任何类型的界面的一个重要问题是如何向用户呈现信息（无论是语音、多媒体、虚拟现实，还是增强现实），以便用户能够搞清楚正在进行的活动，例如玩游戏、在线购物或与机器宠物互动。
- 情境感知或监控人们行为的新界面引起了越来越多的伦理问题——它们正在收集什么数据以及为了什么用途。

拓展阅读

现有许多关于界面设计的实用书籍，有些已修订到第二版。New Riders 和 O'Reilly 等出版社经常为特定的交互领域（例如网络或语音）提供最新的图书。有些会定期更新，而另一些则会在新领域出现时发布。还有一些优秀的在线资源、成套的指南，以及有启发的博客和文章。

DASGUPTA, R. (2019) *Voice User Interface Design: Moving from GUI to Mixed Modal Interaction*. Apress.

这本指南涵盖了从 GUI 设计到混合模式交互的挑战。它描述了我们与设备之间的交互是如何快速变化的，并通过大量的案例研究和 VUI 的设计原则来说明这一点。

ROWLAND, C., GOODMAN, E., CHARLIER, M., LIGHT, A. and LUI, A. (2015) *Designing Connected Products*. O'Reilly.

该书涵盖了超越传统交互设计和软件开发的互联产品的挑战。它提供了一个路线图，涵盖了一系列的方面，其中包括配对设备、新的业务模型和产品中的数据流。

GOOGLE *Material Design* https://material. io/design/

这个在线资源提供了一个生动的在线文档，直观地说明了基本的界面设计原则。它的页面布局很漂亮，通过单击其中的交互式示例，可以获得非常丰富的信息。它展示了如何向数字世界添加一些物理属性，使跨平台使用时感觉更符合直觉。

KRISHNA, G. (2015) *The Best Interfaces Are No Interfaces*. New Riders.

这本充满争议和有趣的书激发读者在设计新界面时跳出屏幕去思考。

KRUG, S. (2014) *Don't Make Me Think!*（3rd edn）. New Riders.

这个非常容易理解、非常经典的网页设计指南已经是第三版，它介绍了网页设计的最新原则和例子，重点是移动环境下的可用性。它有很多很棒的插图，非常有趣。

NORMAN, D. (2010) Natural interfaces are not natural, *interactions*, May/June, 6-10.

这是唐·诺曼的一篇发人深省的文章，关于什么是看起来不自然但实际上很自然的方式，这篇文章在今天仍然很有意义。

对 Leah Beuchley 的访谈

Leah Buechley 是一位独立的设计师，工程师和教育家。她拥有计算机科学博士学位和物理学学位。在过去的几年里，她开始学习舞蹈，并一直与剧院、艺术和设计有密切的联系。她是麻省理工学院媒体实验室 2009 年到 2014 年的高低技术团队的创始人和主任。她一直尝试把科学和艺术融入她的教育和职业生涯，你可以从她所做的工作中看到这一点：科学、工业设计、交互设计、艺术和电气工程。

你工作的重点是什么？

我最感兴趣的是改变技术和工程的文化，使其更加多样化与包容。为了实现这个目标，我将艺术、工艺和设计的技术与计算和电子技术融合起来。这种方法带来的技术和学习经验吸引了一群不同的人。

你能举几个例子说明如何将数字技术与物理材料结合起来吗？

在过去的几年里，我的创作重点一直是计算设计——通过一个算法设计对象，然后结合制造和手工来构建对象。我对计算陶瓷特别感兴趣，并一直在开发一套工具和技术，使人们能够将编程和使用黏土的手工建筑结合起来。

我已经为一个名为 LilyPad Arduino（简称 LilyPad）的项目工作了超过 10 年。LilyPad 是一个建筑工具包，使人们可以将计算机和电子产品嵌入他们的衣服。它是一组可缝合的电子部件——包括微控制器、传感器和 LED——与导电线缝合在一起。人们可以用这个工具包制作会唱歌的枕头、夜光手袋和可交互的舞会礼服。

另一个例子是我和我以前的学生在基于纸张的计算方面所做的工作。我以前的学生 Jie Qi 开发了一个名为 Chibitronics 电路贴纸的工具包，你可以利用它构建基于纸张的互动项目。在麻省理工学院，她在我的团队中做了多年的研究，最终形成的这套工具包是一套灵活的即剥即贴的电子贴纸。你可以将超薄 LED、微控制器、传感器与导电墨水、磁带、线进行连接并快速做出漂亮的电子草图。

现在世界各地的人们使用 LilyPad 和 Chibitronics 工具包来学习计算和电子技术。能看到这项研究产生了实实在在的影响，我感到既兴奋又着迷。

为什么任何人都想让他们的衣服具备计算机的能力？

计算机为设计师开辟了新的创作可能性。尽管计算机功能特别强大，但它只是设计师工具箱里的一个新工具。服装设计师可以通过计算机制作动态的和互动的服装，例如可以根据污染程度改变颜色、爱人给你打电话时会闪闪发光，或者检测到血压升高时通知你。

你如何让人们与你的研究产生联系？

我会用很多方式。首先，我通过设计硬件和软件工具帮助人们构建新的不同种类的技术。LilyPad 就是一个很好的例子。我通过向不同的群体教授手工来完善这些设计。一旦一个工具已设计成熟，我就会努力将它推广给现实世界中的用户。LilyPad 在 2007 年上市，一群现实世界中的设计师（主要是女性）使用它来制作智能运动服、毛绒游戏控制器、柔软的机器人和交互的刺绣等产品，这让人既兴奋又着迷。

我也努力让自己的设计和工程探索过程尽可能地可共享。我尽可能多地记录和发布关于我使用的材料、工具和过程的信息。我不仅将开源方法用在创建软件和硬件中，而且尽可能地将其应用于整个创作过程。我创建并分享教程、课堂与手工课程、材料参考和工程技术。

工作中什么让你最为激动？

我对材料很着迷。没有什么比一张厚纸、一段毛毡、一块黏土或一盒旧发动机更能启发灵感。我对设计和技术的思考很大程度上是由对材料及其实用性的探索驱动的。所以，材料总是令人愉快。例如，我对图 7.33 中杯子的形状和表面图案进行了计算设计，然后将设计的模板激光切割并压制成一个平板或黏土"板"。最后，黏土被塑造成固定的形状，然后使用传统的陶瓷技术烧制和上釉。相比于最后的成品，我设计的工具在现实世界中的应用，以及它为技术文化带来的前景，才是最令人兴奋的。我最珍视的是扩展和多样化技术文化，看到我自己的工作正在完成这样的目标，我感到非常有价值。

图 7.33　一个经过计算设计的杯子（图片来源：由 Leah Buechley 提供）

数 据 收 集

目标

本章的主要目标是：

- 讨论如何计划并成功地完成一个项目的数据收集。
- 帮助你计划并完成一次访谈。
- 帮助你设计简单的调查问卷。
- 帮助你计划并实施观察。

8.1 引言

数据无处不在。实际上，人们常说我们淹没在数据的海洋中，因为数据太多了。那么，什么是数据？数据可以是数字、单词、度量、描述、评论、照片、草图、电影、视频，或几乎任何对理解特定设计、用户需求和用户行为有用的内容。数据可以是定量的或定性的。例如，用户在网页上查找信息所花费的时间以及获取信息所需的点击次数是一种定量数据。用户对网页的看法是一种定性数据。但收集这些和其他类型的数据意味着什么？可以使用哪些技术收集数据？收集的数据有多可靠呢？

本章将介绍一些常用于交互设计活动的数据收集技术。特别是，数据收集是发现需求和评估的核心部分。在需求活动阶段，应收集足够、准确和相关的数据，以便开始接下来的设计。在评估阶段，应在系统或原型下收集用户的数据以获取用户的反应与表现。我们将讨论的所有数据收集技术几乎很少使用或不使用编程与技术手段即可完成。目前可以从网络活动（例如 Twitter 帖子）中爬取大量数据。处理大量数据的技术及启示将在第 10 章中讨论。

本章将介绍数据收集的三种主要技术：访谈、问卷调查和观察。第 9 章将讨论如何分析和解释收集到的数据。访谈涉及主试向一位或多位被试者询问一组问题，这些问题可能是高度结构化的或非结构化的；访谈通常是同步的、面对面的，但也并非都是这种形式。越来越多的访谈是使用电话会议系统远程进行的，例如 Skype 或 Zoom，或者采用电话的方式。调查问卷是一系列不同时回答的问题，即访谈者不在场。这些问卷可能是纸质的，也可能是在线的。观察分为直接观察和间接观察。直接观察是花时间观察用户正在进行的活动；间接观察要记录用户的活动，以便日后进行研究。这三种技术都可以用于收集定性或定量数据。

虽然本章只是基本技术的集合，但是这些技术很灵活，可以通过多种方式进行组合和扩展。实际上，重要的是不要只关注一种数据收集技术。如果可能的话，应将它们结合起来使用，以避免任何一种方法的固有缺陷。

8.2 五个关键问题

为了成功进行数据收集，需要注意五个关键问题：目标设置、确定被试、数据收集者与数据提供者之间的关系、三角测量和试点研究。

8.2.1　目标设置

收集数据的主要目的是收集关于用户、用户的行为或用户对技术的反应的信息。例如：了解技术如何融入家庭生活；识别表示"发送信息"的两个图标中哪一个更容易使用；手持抄表器的重新设计是否朝着正确的方向发展。人们收集数据有很多不同的原因，在开始之前，为研究设定具体的目标是很重要的。这些目标将影响数据收集的性质、要使用的数据收集技术和要执行的分析（Robson 和 McCartan，2016）。

目标可能会以某种正式的形式表达出来，例如，使用某种结构化的甚至数学形式的格式，或者使用简单的描述（如前一段中的描述）。然而，无论格式如何，它们都应该清晰和简洁。在交互设计中，更常见的是非正式地表达数据收集的目标。

8.2.2　确定被试

数据收集的目标将会确定需要对其进行数据收集的人员的类型。符合的人称为人群（population）或研究人群（study population）。在某些情况下，这些人群是很容易找到的——这可能是因为用户群体规模较小并且很容易访问。但是，更有可能需要从人群中选择一部分作为被试，称为抽样。目标人群中所有成员都参与数据收集的情况称为饱和抽样，但这种情况并不常见。假设只有一部分人参与数据收集，那么有两种选择：概率抽样或非概率抽样。在前一种情况下，最常用的方法是简单的随机抽样或分层抽样；在后一种情况下，最常见的方法是方便抽样或志愿者小组。

随机抽样可以通过使用随机数生成器或通过选择列表中的每第 n 个人来实现。分层抽样依赖于能够将人群分组（例如，中学的班级），然后应用随机抽样。方便抽样和志愿者小组都较少依赖于选择被试，而更多地依赖于准备参与的被试。在方便抽样中使用的是可用的被试，而不是经选择得到的被试。另一种形式的方便抽样是雪球抽样，由当前被试找到第二个被试，再由第二个被试找到第三个被试，以此类推。这就像一个雪球不断变大的过程，随着研究的进展，被试会越来越多。

概率抽样和非概率抽样之间的关键区别在于，前者可以应用统计检验并推广到整个群体，而在后者中这种推广不具备说服力。使用统计方法同样需要足够数量的被试。Vera Toepoel（2016）提供了更详细的抽样处理方法，特别是与调查数据相关的处理方法。

▌**框 8.1** │ **需要多少被试?** ————————————————————————

一个常见的问题是，一项研究到底需要多少被试。一般来说，被试越多越好，因为这样统计测试结果的解释将具有更高的可信度。这意味着在不同条件之间发现的任何差异更可能是由真实影响引起的，而不是偶然的。

更正式地说，有很多方法可以用于确定需要多少被试，其中包括饱和度、成本和可行性分析、指导方针、前瞻性功效分析（Caine，2016）。

- 饱和度依赖于收集数据直到没有新的相关信息出现，因此，不可能在达到饱和点之前知道被试数量。
- 根据成本和可行性限制选择被试的数量是一种实用的方法，并且是合理的；这种务实的方式在工业项目中很常见，但很少在学术研究中出现。
- 指导方针可能来自专家或"局部标准"，例如，来自该领域的公认标准。
- 前瞻性功效分析是一种严格的统计方法，依赖于有关该主题现有的定量数据；在交互设计中，这些数据通常不可用，使得这种方法也不可行，例如在开发新技术的时候。

Kelly Caine（2016）调查了 2014 年国际人机交互会议上发表的论文的样本量（参与人数）。她发现有几个因素影响了样本量，其中包括使用的方法，以及数据是亲自收集的还是远程收集的。在这组论文中，样本大小从 1 到 916 000 不等，最常见的大小为 12。因此，她提出了交互设计的"局部标准"，建议以 12 作为样本大小的经验法则。

8.2.3   与被试之间的关系

数据收集的一个重要方面是数据收集者与数据提供者之间的关系。确保这种关系清晰而专业，有助于澄清研究的本质。实现这一目标的方法包括要求被试签署知情同意书。这种文件的细节会有所不同，但它通常要求被试确认数据收集的目的以及这些数据将如何使用，且在此基础上同意继续。它通常会解释被试的数据不会被公开，并会被保存在安全的地方。它通常还包括一个声明：被试可以随时离开，并且在这种情况下，他们的数据不会被用于研究。

知情同意书旨在保护数据收集者和数据提供者的利益。数据收集者希望知道他们收集的数据可以用于分析、呈现给相关方，并在报告中发布。数据提供者希望确保他们提供的信息不会被用于其他目的或任何对他们不利的情境中。例如，他们想要确保个人联系信息和其他个人细节不会被公开。在访谈残疾人或儿童时尤其如此。就儿童而言，使用知情同意书可以让父母放心，即他们的孩子不会被问到有威胁、不恰当或尴尬的问题，也不会被要求看令人不安或包含暴力内容的图片。在这种情况下，家长需要在文件上签名。图 8.1 是一个典型的知情同意书示例。

关于公民科学组织的群体设计

为马里兰大学 18 岁或 18 岁以上学生设计的简短版本知情同意书

你被邀请参加本页面底部列出的研究人员正在进行的研究项目。为了让我们能够使用你提供的数据，我们必须征得你的同意。

简单地说，我们希望你使用马里兰大学的手机、桌面和项目网站做以下事情：
- 拍照
- 分享关于校园见闻的观点
- 分享你对改进手机或桌面应用程序、网站设计的想法
- 评论他人的图片、观点和设计想法

研究人员和其他使用 CampusNet 的人将能够在桌面和 / 或网站上查看你的评论和图片，我们可能会问你是否愿意回答关于用户体验的几个问题（通过书面、电话或面对面的方式）。你可以随时退出参与。

本同意书还有一份较长的版本供你仔细查看和签字，或者你可以选择签署这个更短的同意书，勾选下面的选项，并填写以下表格。

____ 我同意使用 CampusNet 应用程序拍摄的任何照片都可以上传到马里兰大学桌面和 / 或正在开发的网站上。

____ 我同意我选择分享的任何评论、言论和个人资料信息，都对其他使用这个应用程序的用户公开。

____ 我同意在参与本研究期间被录像 / 录音。

____ 我同意在参加本研究期间或之后填写一份简短的问卷。

名字（请打印）	
签名	
日期	

[对项目负责的高级研究员的联系方式]

图 8.1   知情同意书的样例

商业公司在收集数据时，往往不需要这种同意书，因为它通常包含在数据收集者和数据提供者之间的合同中。例如，为了设计新交互系统以支持工时表的功能，公司雇用顾问在公

司员工中收集数据以发现需求。公司的员工就是该系统的用户，因此顾问希望能够访问这些员工，以收集关于工时表活动的数据。此外，公司也希望其员工配合收集收据的工作。在这种情况下，公司与员工之间已经有一份涵盖数据收集活动的劳务合同，因此不太可能需要一份知情同意书。与大多数伦理问题一样，重要的是具体情况具体对待并做出相应判断。越来越多的组织和项目在收集人们的个人数据时需要得到授权访问。例如，欧盟的《通用数据保护条例》(General Data Protection Regulation，GDPR)于 2018 年 5 月生效。它适用于所有的欧盟组织，并为个人提供前所未有的个人数据控制。

➡️ 有关欧洲及英国的 GDPR 和数据保护法的更多信息，请参阅 https://ico.org.uk/for-organisations/guide-to-the-general-data-protection-regulation-gdpr/。

在数据收集中，也需要为被试提供一定奖励。例如，如果调查对象不会从研究中获得明显的好处，那么奖励可能会让促使他们参加；在其他情况下，调查对象可能会把调查看作他们工作的一部分，或者必须参加的课程。例如，如果销售支持主管被要求完成一份关于新移动销售应用程序的问卷，那么他们很可能会就新设备是否会影响他们的日常工作达成一致。在这种情况下，被试者提供所需信息的动机是明确的。然而，当想要了解一个新的互动应用程序对学生有多大吸引力时，提供不同的奖励会更好，因为在这里个人参与得到的好处并不明显。

8.2.4　三角测量

三角测量是指从至少两个不同角度对现象进行研究(Denzin，2006；Jupp，2006)。以下是四种类型的三角测量定义(Jupp，2006)：

1. 数据的三角测量指数据是在不同的时间、不同的地点从不同的来源获取或从不同的人获取的(可能通过使用不同的抽样技术)。

2. 研究者的三角测量指由不同的研究人员(观察员、访谈员等)收集和解释数据。

3. 理论的三角测量指使用不同的理论框架来观察数据或结果。

4. 方法的三角测量指采用不同的数据收集技术。

其中第 4 种是最常见的三角测量形式——通过指出从不同视角得到相似的结果来进行验证。然而，通过真正的三角测量进行验证是很难实现的。不同的数据收集方法会导致不同的数据类型，这些数据可能是兼容的，也可能是不兼容的。使用不同的理论框架可能会产生互补的结果，也可能不会产生互补的结果，但要实现理论的三角测量，需要理论具有相似的哲学基础。使用一种以上的数据收集技术和一种以上的数据分析方法是非常好的实践，因为这样做可以从不同的方法中获得不同的见解，即使这可能无法实现真正的三角测量。

三角测量有时被用来弥补另一种类型的数据收集的局限性(Mackay 和 Anne-Laure Fayard，1997)。这与最初的想法不同，最初的想法更多地与数据的验证和可靠性有关。此外，一种三角测量方法正越来越多地应用于众包和其他涉及大量数据的研究中，以检验从原始研究中收集的数据是否真实可靠。这就是所谓的检查"真实数据"。

➡️ 一个方法的三角测量的示例：https://medium.com/design-voices/the-power-of-triangulation-in-design-research-64a0957d47d2。

➡️ 有关"真实数据"以及如何使用"真实数据"数据库检查自动驾驶中的数据的更多信息，请参阅 https://ieeexplore.ieee.org/document/7789500/ 中的 The HCI Bench Mark Suite: Stereo and Flow Ground Truth with Uncertainties for Urban Autonomous Driving。

8.2.5　试点研究

试点研究是针对主要研究的小规模试验。它的目的是在进行实际研究之前，确保所提出的方法是可行的。例如，可以通过它检查设备和说明、对访谈或问卷中的问题进行清晰性测试、确认实验程序是可行的。它帮助研究人员提前发现潜在的问题，从而纠正它们。假设你分发了 500 份调查问卷，结果其中两个问题非常令人困惑且浪费时间，并惹恼了被试，这就是一个代价高昂的错误。但这可以通过试点研究来避免。

如果很难找到被试或接触他们的渠道有限，则可以让同事或同行参与试点研究。注意，任何参与试点研究的人都不能参与主要研究。为什么？因为他们将对这项研究有更多的了解，而这可能会影响结果。

┃框 8.2┃数据、信息和结论 ────────────────────────────

原始数据、信息和结论之间有着重要的区别。数据是收集得来的，然后人们对其进行分析、解释并得出结论。信息是通过分析和解释数据获得的，结论则代表基于这些信息所要采取的行动。例如，有一项研究，旨在确定本地休闲中心的新屏幕布局是否改善了用户在预订游泳课时的体验。在这种情况下，收集的一组数据可能包括完成预订的时间、用户对新屏幕布局的评论、用户在预订课程时的心率的测量读数等。在这个阶段，数据是原始的。一旦分析了原始数据并解释了结果，就会出现信息。例如，数据分析可能会指出，休闲中心超过五年的老用户会认为新的布局令人沮丧，要花更长的时间预订，而对于那些不到两年的用户来说，新的布局可以帮助他们很快地预订。这说明新的布局对于新用户来说是好的，但是对于休闲中心的老用户来说就不那么好了。这就是信息。由此得出的结论可能是，老用户需要一个更宽泛的帮助系统来帮助他们适应这些更改。　　　　　　　　　　　　　　　　　　┃┃

8.3　数据记录

捕获数据是必要的，以便人们能够分析和共享数据收集的结果。一些数据收集形式，如问卷、日记、交互日志、抓取和进行收集工作的人工产品，是自记录的，不需要进行额外的记录。然而，对于其他技术，可以选择记录方法。其中最常见的是做笔记、拍照、录音或录像。通常，会同时使用几种数据记录方法。例如，访谈可能会被录音，为了帮助访谈者以后的分析，被试会被拍摄一张照片，便于访谈者回忆起讨论的情景。

采用何种数据记录方法将取决于研究的目标、数据的使用方式、环境、可用的时间和资源以及情况的敏感性；数据记录方法的选择将影响收集的信息的详细程度和数据收集的干扰程度。在大多数情况下，有录音、照片和笔记就足够了。在另一些情况下，必须收集视频数据，以便详细记录活动及情境的复杂性。接下来将讨论三种常见的数据记录方法。

8.3.1　笔记加照片

记笔记（手写或键入）是记录数据的最不具技术性但最灵活的方式。手写的笔记可以全部或部分转录。虽然这可能看起来很乏味，但它通常是分析的第一步，这给了分析者一个关于收集的数据的质量和内容的很好的概述。即使已经有了支持收集数据和分析的工具，手写笔记仍有其优点，如笔和纸比键盘更不具有干扰性，并且非常灵活，例如绘制工作布局图。此外，研究人员认为，记笔记帮助他们关注重要的事情，并让他们开始思考数据的含义。但它的缺点是，人们很难一边写字（打字）一边听或观察，这会令人疲倦，也容易思想不集中。这时容易产生笔误和难以辨别的笔迹，而且写字的时间也有限。与同事合作可以解决其中的一些问题，并能提供另一种视角。

在适当的情况下，人工制品、事件和环境的照片和短视频（由智能手机或其他手持设备拍摄）可以作为笔记和手绘草图的补充，前提是允许使用这些方法收集数据。

8.3.2　音频加照片

录音是做笔记的一个有用的替代方法，而且比视频的干扰小。在观察过程中，它允许观察者把注意力集中在活动上，而不是试图捕捉被试者说的每个字。在访谈中，它让访谈者更多地关注被访谈者，而不是记笔记和倾听。收集到的音频数据不一定都要转录——通常只有部分需要，这取决于研究的目标。许多研究不需要太多的细节，而是将记录用作提醒以及报告中花絮的来源。令人惊讶的是，数据会话中的人或地点的音频记录包含很大的信息量，而这些信息为分析提供了额外的情境。如果录音是主要的或唯一采用的数据收集技术，那么对其质量的要求很高。远程访谈中，例如使用 Skype，音频可能会因为糟糕的连接和音响效果而受到影响。录音还通常需要附有相应的照片。

8.3.3　视频

智能手机可以用来收集活动的短视频。它用起来很方便，而且相比安装复杂的相机，智能手机显得不那么突兀。但是，在某些情况下，如记录设计师在工作室中的合作、青少年在"创客空间"中互动（人们在其中可以一边工作一边分享想法、知识、设备），长时间地举着智能手机是不可靠的。对于这些情况，能够清晰地捕捉视觉和音频数据的更专业的视频设备是更合适的。人们也经常使用其他记录面部表情和口头语言的方法，比如 GoToMeeting，它既可以近距离操作，也可以远程操作。使用这样的系统可能会产生额外的计划问题，必须解决这些问题，以最小化对记录的干扰程度，同时确保数据的质量良好（Denzin 和 Lincoln，2011）。在考虑是否使用摄像机时，Heath 等人（2010）建议考虑以下问题：

- 决定是固定摄像机的位置还是使用移动记录仪。该决定取决于将记录的活动以及视频数据的用途，如仅用于说明或用于详细的数据分析。在某些情况下，如情境游戏，唯一的方法是使用移动摄像机来捕捉所需的动作。对于一些研究来说，智能手机上的视频可能就足够了，而且其设置更简便。
- 确定为了捕获所需的内容，摄像机应放置在什么位置。Heath 和他同事建议在开始视频记录之前，应开展短时间的实地调查，以熟悉环境并能够确定合适的记录位置。让被试参与到记录什么和在哪里记录的决策中，也有助于相关行动的捕捉。
- 了解记录对被试的影响。通常认为视频记录将对被试及其行为产生影响。但是 Heath 等人建议对该问题采用实证的方法，即检查数据本身，确定人们是否真的会因此改变自己的行为，如面向摄像机。

练习 8.1　想象一下，如果你是一个顾问，需要帮助开发一个新的增强现实的花园规划工具，供业余和专业花园设计师使用。你的目标是了解当花园设计师在客户家中考查的时候，他们是如何使用早期的原型来绘制设计想法草图、记笔记、询问客户他们喜欢什么，以及询问客户及其家人是如何使用花园的。在这种环境下，前文提到的三种数据记录方法（记

笔记、录音加照片、视频）的优点和缺点是什么？

解答　手写笔记不需要专门的设备。这并不引人注目，且很灵活，但很难一边记笔记一边在花园中散步。如果开始下雨，则虽然没有会被淋湿的设备，但是笔记可能会变得湿漉漉的，很难读（和写）。花园规划是一项高度视觉化、审美化的活动，所以用照片来补充说明是合适的。

视频可以捕捉更多的信息，例如，景观的连续全景图、设计师正在观察的东西、他的草图和评论等。但它更具有干扰性，还会受到天气的影响。在智能手机上录制的一系列短视频可能就足够了，因为视频不太可能用于详细分析。音频可能是一个很好的折中方案，但是稍后同时回顾音频、草图和其他内容可能会比较棘手，而且容易出错。

8.4　访谈

可以将访谈看成"有目的的谈话"（Kahn 和 Cannell，1957）。访谈与普通谈话的相似程度取决于访谈的类型。访谈主要有四种类型：开放式或非结构化、结构化、半结构化和小组访谈（Fontana 和 Frey，2005）。前三种类型主要是依据访谈者通过一系列预先确定的问题对访谈走向的控制程度来命名的。第四种类型通常称为焦点小组，其中包括一位主持人的引导。这种引导可能是非正式的，也可能遵循结构化的形式。

最合适的访谈方法取决于访谈的目的、要解决的问题以及交互设计活动。例如，如果目标是了解用户对新设计概念的反应，那么非正式的、开放式的方法通常是最好的。但是，如果目标是获得关于特定设计特性的反馈，比如一个新的 Web 浏览器的布局，那么结构化的访谈或问卷通常会更好。这是因为后一种情况下的目标和问题更加具体。

8.4.1　非结构化访谈

开放式或非结构化访谈是主试对访谈过程控制程度的一种极端情况。它是探索性的，类似于围绕特定主题的对话，并且常常相当深入。主试提出的问题是开放式的，这意味着其对答案的格式或内容没有特别的期望。例如，所有被试被问到的第一个问题可能是"拥有可穿戴设备的好处和坏处是什么？"在这里，被试可以自由地回答，既可以很全面也可以很简要，而且主试和被试都可以引导访谈。例如，主试经常会说："你能多告诉我一些关于……的事情吗？"这通常称为探索。

尽管访谈是非结构化和开放性的，主试还是需要对主要的话题进行规划，这样他们才能确保所有的话题都能被讨论到。没有日程安排的访谈和准备开放地听取新鲜想法的访谈是不一样的（参见 8.4.5 节）。进行非结构化面试所需要的技能之一，就是在获得相关问题的答案和准备好接受意料之外的询问之间取得恰当的平衡。

非结构化访谈的一个好处是可产生丰富的数据，这些数据通常是相互关联且复杂的，也就是说，这些数据能提供对主题的深入理解。此外，被试可能会提到主试没有考虑到的问题。访谈期间会生成大量非结构化数据，而且由于每个访谈都采用自己的形式，因此针对不同被试的访谈之间不会保持一致。虽然分析非结构化的访谈可能很耗时，但它也能带来丰富的见解。访谈中的主题可以通过扎根理论和其他分析方法来确定，如第 9 章将讨论的。

8.4.2　结构化访谈

在结构化访谈中，主试会问一些预先确定的问题，这些问题与问卷中的问题类似（见8.5 节），每个被试都会被问同样的问题，这样研究才能标准化。这些问题需要简短且清晰，而且通常是封闭式问题，这意味着被试需要从一组答案中做出选择（答案中可能包括一个"其他"选项，但理想情况下这个选项不会被经常选择）。如果可能的答案存在一个范围，或者被试没有太多时间，那么封闭式问题会很合适。不过，只有清晰地理解目标、确定特定的问题，结构化的访谈才有用。

结构化访谈中的问题可以是：

- 你最常访问以下哪些网站：amazon.com、google.com 还是 msn.com？
- 你访问这个网站的频率：每天，每周一次，每月一次，还是少于每月一次？
- 你是否曾在线购物？是 / 否。如果你的答案是肯定的，那么你多长时间在网上购物一次：每天，每周一次，每月一次，还是少于每月一次？

对于每个被试，结构化访谈中每个问题的措辞完全相同，其顺序也完全相同。

8.4.3　半结构化访谈

半结构化访谈结合了结构化和非结构化访谈的特点，并且同时使用封闭式和开放式问题。主试有一个基本的引导框架，以确保每次访谈都涵盖相同的话题。主试从事先计划好的问题开始，然后探索被试，直到没有新的相关信息出现。下面是半结构化访谈的一个例子：

你最常访问哪些音乐网站？

答：提到几个，但强调他们更喜欢 hottestmusic.com。

为什么？

答：他们喜欢其中的网站布局。

说说网站是怎么布局的。

答：安静了一会，然后描述了网站的布局。

你还喜欢网站的什么地方？

答：描述了网站动效。

谢谢。还有其他你没有提到的经常访问这个网站的原因吗？

重要的是，不要在被试回答问题之前透露任何建议的答案。例如，"你似乎喜欢用这种颜色……"假设情况是这样，则可能会使被试为了不冒犯主试，而做出肯定的回答。儿童特别容易受到这种影响（见框 8.3）。主试的身体语言，例如微笑、愁眉不展、看起来不赞成等，都可能影响被试对问题的态度。此外，被试需要有自己思考的时间，而不是被催促。

探索是获取更多信息的有用方法，尤其是不带有向某个方向引导的探索，比如"你还想告诉我什么吗？"如果被试忘记了一些术语或名字，就提醒他们，以帮助访谈顺利进行。半结构化访谈的目的是让访谈可以广泛地复现，因此要在不引入偏见的情况下，探索并促使访谈进行下去。

▌框 8.3 ▏和不同的用户共事 ────────────────────

关注用户的需求，让用户参与设计过程是本书的中心主题。但是用户因年龄、教育水平、生活和文化经历以及身体和认知能力的不同而存在很大的差异。例如，儿童的思维方式和反应与成年人不同。因此，如果儿童参与到数据收集活动中，就需要使用对儿童友好的方法使他们放松，以便让他们与主试交流。对于学龄前或刚学会阅读的幼儿，数据收集需要依赖于图像和聊天，而不是书面说明或问卷。研究儿童的研究人员开发了一组"笑脸"，如图 8.2 所示，以便儿童可以从中选出最能代表他们感受的一个（参见 Read 等，2002）。

图 8.2   给刚学会阅读的孩子使用的笑脸量表（图片来源：Read 等，2002）

同样，当与来自不同文化背景的用户打交道时，也需要使用不同的方法（Winschiers-Theophilus 等，2012）。当 Heike Winschiers-Theophilus 和 Nicola Bidwell（2013）在纳米比亚的当地社区进行研究工作时，他们不得不寻找与当地被试沟通的方法，其中包括开发多种视觉和其他技术来帮助交流想法，并收集关于他们与当地文化背景下的人一起工作的感受的数据。

Laurianne Sitbon 和 Shanjana Farhin（2017）发布了一项研究，在该研究中，研究人员与智障人士进行互动，同时熟悉每个智障人士的护理人员也参与其中，他们可以适当地使研究问题更加具体。这样也使智障人士更容易理解这些问题。例如，主试假设被试理解了提供公共汽车时间表信息的手机应用程序的概念。为了使这个问题更加具体，护理人员将手机应用程序的概念与被试熟悉的人和环境联系起来，并举出一些切实的例子（例如，"这样你就不必打电话给你妈妈说，'妈妈，我迷路了'"），这样这些智障人士就能更容易理解。

动物－计算机交互领域的研究人员研究了另一组技术用户（Mancini 等，2017）。收集动物的数据带来了额外的且不同的挑战。例如，在研究狗对电视屏幕的注意力时，Ilyena Hirskyj-Douglas 等人（2017）结合人工观察和跟踪设备来捕捉狗转头的动作。但是解释收集的数据，或者检查这些解释是否准确，都需要动物行为方面的专业知识。

框 8.3 中的示例表明，技术开发人员为了适应与他们一起工作的被试，需要对数据收集技术做调整，即"一种尺寸不适合所有人"。

8.4.4   焦点小组

访谈通常只包括一个主试和一个被试，但是小组访谈也很常见。在交互设计活动中有时会用到的一种小组形式的访谈叫作焦点小组。通常情况下需要 3 到 10 个人参加，讨论由受过培训的主试主持。参与访谈的被试需要能够代表其对应的目标人群。例如，在评估一个大学网站时，管理员、教师和学生可以分别组成三个单独的焦点小组，因为他们使用该网站的目的不同。在需求活动中，焦点小组可以用来确定由不同的利益相关者因不同的期望而产生的冲突。

焦点小组的好处是，它让可能错过的多元化的或敏感的问题得到讨论，例如在需求活动中了解协作过程中的多个关键点，或听不同的用户故事（Unger 和 Chandler，2012）。这种方法更适合调查公共的问题，而不是个人的经验。在焦点小组中，人们能够提出自己的观点。预先设定的流程是用来指导讨论的，但是对于主试来说，要有足够的灵活性来注意到小组提出的预料之外的问题。主试引导并推动讨论，鼓励不说话的人参与，并阻止啰唆的人主导讨论。讨论通常会被记录下来以便以后进行分析，稍后可能会邀请被试更全面地解释他们的观点。

焦点小组讨厌它，所以他向焦点小组之外的人展示。

（图片来源：Mike Baldwin / Cartoon Stock）

➡️焦点小组只有在合适的活动类型中才有用。关于焦点小组何时不起作用的讨论，请参见 https://www.nomensa.com/blog/2016/are-focs-groups-useful-research-technique-ux 和 http://gerrymcgovern.com/why-focus-groups-dont-work/。

焦点小组可以适应当地的文化背景。例如，一项关于肯尼亚 Mbeere 人的研究旨在了解他们是如何使用水的、对未来灌溉系统的规划，以及技术在水资源管理中的可能作用（Warrick 等，2016）。研究人员与社区的老年人见面，焦点小组采用肯尼亚传统的"谈话圈"形式，将老年人围成一个圈，让每个人依次发表自己的观点。来自 Mbeere 社区的研究人员知道，打断他们或建议谈话需要进入下一议题是不礼貌的，因为按照传统，每个人想说多久就说多久。

8.4.5　计划和引导访谈

计划一次访谈包括制定一套要回答的问题或话题，整理要向被试提供的所有文件（如同意书或项目描述），检查录音设备是否正常，制定访谈的结构，安排合适的时间和地点。

设计访谈问题

问题可以是开放式的，也可以是封闭式的。开放式问题更适用于探索性的目标，封闭式的问题更适用于已经有可能的答案的情况。非结构化访谈通常由开放式问题组成，而结构化访谈通常由封闭式问题组成。半结构化访谈使用这两种问题的组合。

▌窘境｜他们说了什么，他们做了什么 ────────────

用户说的和做的并不总是一致。人们有时会给出他们认为最好的答案，他们可能已经忘记发生了什么，或者想通过自认为最满意的回答来取悦主试。如果主试和被试彼此不认识，那么这可能会有问题，尤其是在访谈是通过 Skype、Cisco Webex 或其他数字会议系统远程进行的情况下。

例如，Yvonne Rogers 等人（2010）做了一项研究，旨在调查办公室地板上镶嵌的一组闪烁的灯是否可以说服人们走楼梯而不是坐电梯。在访谈中，被试告诉研究人员，他们并没有改变自己的行为，但记录的数据显示，他们的行为确实发生了显著的变化。那么，主试能相信他们得到的所有回答吗？被试是在说真话，还是只是给出了他们认为主试想听到的答案？

　　要避免这种行为是不可能的，但主试可以意识到这一点，并通过谨慎地选择问题、增加被试的数量、结合多种数据收集技术来减少这种偏差。

　　以下是设计访谈问题的指南（Robson 和 McCartan，2011）：

- 长问题或复合问题可能很难记住或令人困惑，因此应将它分成两个单独的问题。例如，不要问"与你过去使用过的应用程序相比，你是否喜欢现在这一个？"而是说"你喜欢这个智能手机应用程序吗？""你用过其他的智能手机应用程序吗？"如果是，则继续问"你喜欢它们吗？"这样的问题对于被试来说更容易回答，并且访谈人员更容易记录。
- 被试可能不了解行话或复杂的语言，让他们承认这一点可能会有些尴尬，所以应该用外行人的话来向他们解释。
- 试着让问题保持中立，无论是在准备访谈的时候，还是在访谈过程中。例如"你为什么喜欢这种互动方式？"假设主试喜欢这种互动方式，这可能会阻止一些被试说出他们的真实感受。

　　练习8.2　市场上有几种可以阅读电子书、观看电影和浏览照片的设备（参见图 8.3）。尽管产品和模型之间的设计有所不同，但它们都旨在提供舒适的用户体验。越来越多的人也在智能手机上看书和看电影，他们可能会为此购买屏幕更大的手机。

　　　　a）索尼的 eReader　　　　　　　　b）亚马逊的 Kindle

　　　　c）苹果的 iPad　　　　　　　　　d）苹果的 iPhone

图 8.3　（图片来源：图 a ～ d 分别来自索尼欧洲有限公司，Martyn Landi/ PA Archive/ PA Images，Mark Lennihan / AP Images，Helen Sharp）

一款新的电子阅读器的开发者想知道它对16～18岁的年轻人有多大的吸引力，所以他们决定进行一些访谈。

1. 数据收集的目标是什么？

2. 提出记录访谈数据的方法。

3. 为了解在线阅读对16～18岁年轻人的吸引力，提出一系列用于非结构化访谈的问题。

4. 基于非结构化访谈的结果，新设备的开发人员发现，用户是否接受的一个重要因素是该设备是否容易操作。根据最初的设计原型，提出一组半结构化的访谈问题来做评估。和你的两个同事进行一次试点访谈。让他们评论你的问题，并根据他们的评论改进这些问题。

解答　1. 访谈的目的是找出这些电子阅读器对16～18岁的年轻人具有吸引力的原因。

2. 与记笔记相比，录音不那么麻烦和使人分心，而且所有要点都会被记录下来。在最初的访谈中不需要录像，因为没有必要捕捉任何详细的互动。然而，对被试提到的任何设备进行拍照是有用的。

3. 可能的问题包括：你为什么选择使用电子阅读器？你读过纸质书吗？如果读过，是什么让你选择在线阅读器而不是纸质书？你觉得使用电子阅读器舒适吗？电子阅读器和纸质书相比在哪些方面影响了你全神贯注于阅读故事的能力？

4. 半结构化访谈的问题可以是开放式或封闭式的。一些封闭式问题包括：

- 你以前使用过电子阅读器吗？
- 你想使用电子阅读器阅读一本书吗？
- 在你看来，电子阅读器是否容易使用？

一些开放的问题以及之后的探索包括：

- 你最喜欢电子阅读器的哪些方面？为什么？
- 你最不喜欢电子阅读器的哪些方面？为什么？
- 请举一个电子阅读器令人不适或难以使用的例子。

为封闭式问题列出可能的答复以及可以勾选的框是很有帮助的。以练习8.2中的一些问题为例，其转换后的形式如下：

1. 你以前使用过电子阅读器吗？（探索以前的知识）

主试勾选：□是　□否　□不记得/不知道

2. 你想用电子阅读器阅读一本书吗？（先观察初始的反应，然后观察随后的反应）

主试勾选：□是　□否　□不知道

3. 为什么？

如果上一问的回答的是"是"或"否"，则主试提问"以下哪个陈述最能代表你的感受？"

对于"是"，主试勾选：

□我不喜欢背着很重的书

□这很有趣/很酷

□这是我的朋友推荐的

□这是未来的阅读方式

□其他原因（主试备注原因）

对于"否"，主试勾选：

□如果可以不用，我就尽量不会使用这些工具

□我无法看清屏幕

□我喜欢读纸质书的感觉

□其他原因（主试备注原因）

4. 在你看来，这些电子阅读器是轻便还是笨重？

主试勾选：

□轻便

□笨重

□都不

实施访谈

在开始访谈之前，应确保已经向被试清楚地解释了访谈的目的，并且他们同意继续参与访谈。在访谈前让被试熟悉环境会让他们更放松，尤其是在一个被试不熟悉的环境下。

在访谈中，应多听少说，回应以赞同而不是带有偏见，还应表现出享受访谈的样子。以下是访谈的常见步骤（Robson 和 McCartan，2016）：

1. 在自我介绍中，主试介绍自己，解释访谈的目的，并且就道德问题向被试做出保证。如果合适的话，询问被试是否介意谈话被记录。对每一个被试都要重复这一步骤。

2. 用一个简单的、不具威胁性的问题热身。这些问题可以是有关人口统计的信息，比如"你住在这个国家的哪个地区"。

3. 以具有逻辑的顺序不断地抛出问题，最深入的问题在最后提出。在半结构化的访谈中，对于不同的被试，问题的顺序可能有所不同，这取决于谈话的过程、话题的探索以及什么顺序看起来更自然。

4. 用几个简单的问题缓和一下气氛（缓和可能出现的紧张局势）。

5. 访谈结束时，主试向被试致谢，关掉录音机或把笔记本收好，表示访谈结束。

8.4.6　其他形式的访谈

在某些情况下面对面的访谈和焦点小组可能很难实现，但是 Skype、Cisco WebEx、Zoom 和其他数字会议系统，以及电子邮件和基于电话的交互（语音或聊天），甚至屏幕共享软件的逐渐流行，使得远程访谈成为一个不错的选择。这些方式与面对面的访谈相似，但糟糕的信号和音响效果可能会对访谈造成一定影响，而且除了专注于手头的访谈，被试可能还会忙于别的事情。远程焦点小组和访谈（特别是当只通过音频交流时）的优势包括：

- 被试身处自由的环境中，这会让他们更加放松。
- 被试不需要花时间到达访谈地点。
- 被试不需要担心穿什么衣服。
- 对于涉及敏感问题的访谈，被试可以保持匿名。

此外，只要切断连接，被试就可以随时离开访谈，这会增加他们的安全感。从主试的角度来看，这使他们更容易接触到广泛的被试，但潜在的缺点是，主试不能很好地理解被试的肢体语言。

⟶ 有关远程可用性测试的更多信息和一些有趣的想法，请参见 http://www.uxbooth.com/articles/hidden-benefits-remote-research/。

在回顾性访谈（即回顾过去的某一活动或数据收集的访谈）中，主试可以与被试同时进行回顾，以确保主试正确理解了所发生的事情。这是观察性研究中的一种常见做法，有时称为成员检查。

8.4.7　丰富访谈体验

对于被试来说，面对面的访谈通常是在距离他们日常活动环境很远的中立地点进行的。这就创造了一个人为的环境，使被试很难对所提出的问题给出完整的答案。为了解决这一问题，在访谈中可以使用一些角色原型，主试和被试还可以带一些小道具，或者使用常见任务的描述（这些道具是场景或原型，具体的例子见第 11 章和第 12 章）。这些道具可以为被试提供一个情境，帮助将数据置于真实的环境中。图 8.4 说明了焦点小组中角色原型的作用。

图 8.4　焦点小组使用角色原型，将其挂在墙上，使所有被试都可以看到

另一个丰富访谈体验的例子是，Clara Mancini 等人（2009）在研究手机隐私时，使用了问卷提示和延迟情境访谈相结合的方法。被试的智能手机会收到一份简单的多选题问卷，他们在智能手机上回答问题。关于这些记录事件的访谈会稍后进行，并且访谈会基于事件发生时的问卷调查结果。

8.5　问卷调查

问卷调查是一种成熟的收集人口数据和用户意见的技术。它与访谈类似，既可以包含封闭式问题也可以包含开放式的问题，但一旦形成了问卷，就可以大量分发给被试，而不需要额外的数据收集资源。因此，通过问卷收集的数据比通常的访谈研究可能收集的数据要多。此外，地处偏远地区或无法在特定时间参加访谈的人可以更容易地参与到问卷调查中。在这种情况下，通常会向潜在的被试发送电子信息，引导他们进行在线问卷调查。

为了确保问题措辞清晰、可以有效分析数据，需要一定的努力和技巧。精心设计的问卷有助于从大规模人群中得到具体问题的答案。问卷可以单独使用，也可以与其他方法结合使用，以阐明主题或加深理解。例如，根据对一小部分被试的访谈所获得的结论，可以通过向更广泛的群体发送问卷来验证。

问卷问题和结构化访谈问题是相似的，那么什么时候使用哪种方法呢？本质上，区别在于被试回答问题的动机。如果他们有足够的动机，即可以在没有其他人在场的情况下完成一份问卷，那么问卷是合适的。另一方面，如果被试需要一些引导才愿意回答问题，那么结构化访谈会更好。例如，如果人们不能停下来完成问卷调查，比如在火车站或在赴约的路上，那么采用结构化访谈就会更容易、更快地进行数据收集。

与结构化访谈的问题相比，设计好的问卷问题可能更难，因为主试无法向被试解释这些问题的任何模棱两可之处。正因如此，问题必须是具体的。如果可能的话，应该问一些封闭式的问题，并给出一系列的备选答案，包括"没有看法"或"这些都不是"的选项。最后，谨慎使用否定问句，因为它们可能会让人混淆，并可能导致错误的信息。不过，一些问卷设计人员故意将消极问题和积极问题混合起来，因为这有助于发现用户的意图。

8.5.1　问卷结构

许多问卷首先询问基本的人口统计信息（性别、年龄、出生地）和相关经验的细节（每天花费在互联网上的小时数、所研究领域的专业水平，等等）。这些背景信息可以为接下来的问卷回答提供一种情境。例如，如果两个人的回答不同，那么可能是因为他们的经验水平不同——第一次使用社交网站的人表达的观点可能会和有五年使用此类网站经验的人的观点不同。然而，只需要收集与研究目标相关的个人信息即可。例如，一个人的身高不太可能与他们对互联网使用的反应有关，但它可能与一项有关可穿戴设备的研究有关。

在这些人口统计问题之后，通常是对数据收集目标有直接帮助的具体问题。如果问卷很长，则可以将问题细分在不同的主题下，这样做会使被试感到问卷更符合逻辑、更容易完成。

以下是一般问卷设计的建议清单：

- 思考问题的顺序，因为问题的顺序会对问题的效果产生影响。
- 考虑是否需要针对不同的人群设计不同版本的问卷。
- 针对如何完成问卷提供清晰的说明，例如是否可以暂时保存答案并在稍后完成。力求用词谨慎、排版美观。
- 思考问卷的长度，避免和主题无关的问题。
- 如果填写问卷需要很长时间，那么应考虑让被试能够在不同阶段选择退出。得到一部分答案总比由于被试退出而没有答案要好。
- 考虑问卷的布局和节奏。例如，在留白或使用单独的 Web 页面与保持问题的紧凑之间取得平衡。

8.5.2　问题和回答的格式

在问卷中，问题与回答的格式也可以不同。例如，对于封闭式问题，可以只提供一个答案，也可以同时提供多个答案。有时候，最好能让用户在几个选项内选择答案。选择最合适的问题和回答格式，能让被试更容易清楚地回答问题。下面介绍一些常用的格式。

复选框和选择范围

人口信息问题的答案范围是可知的。例如，由于国籍的选择是有限的，所以要求被试从预先给定的列表中选择一个选项是有意义的。如果需要统计年龄的详细信息，那么也可以采用类似的方法。但由于有些人不喜欢给出他们的确切年龄，所以许多问卷会提供年龄范围的选项。当范围彼此重叠时，通常会出现错误。例如，如果两个年龄范围为 15～20 岁和 20～25 岁，那么会造成混淆，即 20 岁的人不知道要选择哪个选项。将年龄范围设置为 15～19 岁和 20～24 岁可以避免这个问题。

但这种可以选择的范围存在一个常见问题，即是否在所有的情况下，范围的区间都必须相等。答案是否定的——这取决于你的目的。例如，使用人寿保险网站的人很可能是 21～65 岁的在职人员。因此，这个问题可能只有三个选择范围：21 岁以下、21～65 岁和 65 岁以上。相比之下，要了解不同年龄段的人政治观点的差异，可能需要对 21 岁以上的人进行每 10 年的梯度研究，在这种情况下，以下是合适的选择范围：21 岁以下，21～30 岁，31～40 岁，等等。

评分量表

有许多不同类型的评分量表，每一种的目的都不同（见 Oppenheim，2000）。常用的两种量表是 Likert 量表和语义差异量表。它们的目的是为一个问题提供一系列答案，以便被试对这些答案进行比较。这种方式还有助于让人们做出判断，比如有多容易、有多有用等。

Likert 量表通过一系列从消极到积极的陈述词向被试提供选择的范围，而语义差异量表则通过两个相反意义的词语提供可以选择的范围。Likert 量表更为常用，因为找到被试总是能理解的陈述比找到被试能够理解的词语对容易得多。

Likert 量表

Likert 量表用于衡量观点、态度和信念，因此被广泛用于评估用户对产品的满意度。例如，用户对网站中颜色使用的意见可以用包含一系列数字或词语的 Likert 量表来评估，具体如下：

1. 颜色用得很好（1 表示强烈同意，5 表示强烈不同意）：

1	2	3	4	5
□	□	□	□	□

2. 颜色用得很好：

非常同意	同意	一般	不同意	非常不同意
□	□	□	□	□

在这两种情况下，被试需要勾选符合他们观点的框、数字或短语。设计 Likert 量表包括以下三个步骤：

1. 收集关于需要调研的对象的简短陈述。例如，"这个控制面板清晰简单"或"查看信用评级的程序太复杂"。与同事们展开头脑风暴会议，以确定要重点调查的方面，也是一种很好的方式。

2. 确定量表。这里有三个需要解决的主要问题：量表需要有多少级？量表应该是离散的还是连续的？量表应该如何表征？有关此主题的更多信息，请参见框 8.4。

3. 选择组成最终问卷的问题，并根据需要重新编写，以便其看起来更清晰。

在使用数字的例子中，量表最左边的 1 为最积极的选择，最右边的 5 为最消极选择。这样做的逻辑是，第 1 位是比赛中的第 1 名，第 5 位是最后一名。虽然没有绝对正确或错误的数字排序方式，但一些研究人员更喜欢将量表按照另一种方式排列：左边的 1 是最消极的，右边的 5 是最积极的。他们认为，直觉上，最高的数字表示最积极的选择，而最低的数字表示最消极的选择。将选项从最低到最高排列的另一个原因是，当最后报告结果出来时，更高的数字代表更好的选择会很符合直觉。最重要的是保持一致。

语义差分量表

语义差分量表考察对一个特定事物的正反两极态度的偏向，每对两极的态度都用一对形容词表示。被试需要在两个极端之间选择一个点来表示偏向程度，如图 8.5 所示。调查的最后分数通过对每一对词语下的分数累加得到。分数会在组内的被试中计算。注意，在本例中，两极是混合的，即好的特性和坏的特性在左右两端均有分布。在本例中，量表上有 7 个位置待选。

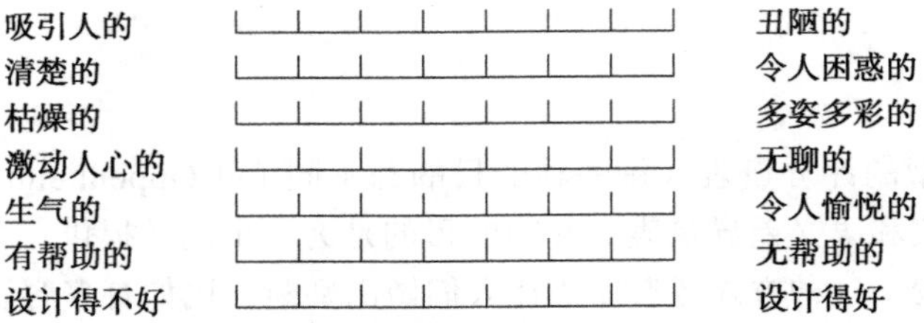

吸引人的		丑陋的
清楚的		令人困惑的
枯燥的		多姿多彩的
激动人心的		无聊的
生气的		令人愉悦的
有帮助的		无帮助的
设计得不好		设计得好

图 8.5　语义差分量表的例子

框 8.4 | 使用几级量表：三级、五级、七级或更多？

设计 Likert 量表和语义差分量表时需要解决的问题有：使用几级量表，如何呈现它们，以什么形式呈现。

许多问卷使用七级或五级量表，此外还有三级量表。有些问卷甚至使用九级量表。关于级数的使用主要有两种观点。多级量表的支持者认为它有助于区别不同程度的观点。但对于大多数人来说，在界面上填写特征的评分比选择不同口味的冰淇淋更加困难，并且当任务比较困难时，有证据表明人们对选择进行了逃避。如果没有对与错的区别，那么相比两个极点，被试更倾向于选择更接近中心的值。而反对观点是，不能期望人们在很多点中准确地辨别，因此任何超过五级的量表都会带来没有必要的困难。

另一个要考虑的方面是量表的级数是偶数还是奇数。奇数会提供一个清晰的中心点；偶数则会迫使被试做出决定，阻止他们选择中间值。

我们建议使用以下设计准则：

量表上有多少级？

当选择非常有限时，使用较少的级别，例如三级，类似于是 / 否类型的答案：

| 是 | 不知道 | 否 |
| □ | □ | □ |

在要求被试做出喜欢 / 不喜欢或者同意 / 不同意的判断时，使用中等大小的范围，例如五级：

| 非常同意 | 同意 | 一般 | 不同意 | 非常不同意 |
| □ | □ | □ | □ | □ |

当被试需要做出微妙的判断时，使用较长的范围，例如七级或九级。比如询问关于视频游戏中角色的用户体验维度，如吸引力的水平：

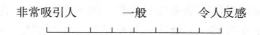

离散还是连续？

较独立的判断使用复选框，较精细的判断使用标尺。

按照什么顺序？

决定量表上的选项排列是从积极到消极还是从消极到积极，并始终保持统一。

练习8.3　找出图8.6的调查问卷中四个设计得不好的地方。

图 8.6　一个设计不佳的问卷

解答　可以改进的一些特征包括：

- 问题 2 要求填写确切的年龄。许多人不喜欢提供这个信息，他们更愿意接受提供一个年龄范围。
- 在问题 3 中，上网时间的范围彼此重叠了，即 1～3 小时与 3～5 小时重叠。如果你每天花费 3 小时上网，那么要怎么填写？
- 对于问题 4，调查问卷应该清晰地告诉被试是单选还是多选。
- 问题 5 给人们提供回答开放式问题的空间太小，这会惹恼一些人，阻碍他们发表意见。

许多在线调查工具可以防止人们犯这些设计错误。但是重要的是要意识到这些问题，因为有时仍需要使用纸质问卷。

8.5.3　管理问卷

在使用问卷时，有两个重要问题需要考虑：一是要获得有代表性的被试样本，二是要确保合理的回复率。对于大型调查，需要使用抽样技术来选择潜在的调查对象。然而，交互设计师通常使用少量被试，一般少于 20 个用户。这些小样本的完成率通常能达到 100%，但是对于规模更大或地理分布更广的人群，如何确保这些调查返回结果是一个普遍的问题。对于许多调查来说，40% 的回复率通常是可以接受的，但通常回复率还要低得多。根据你的受众，你可能想要考虑为被试提供奖励来吸引他们参加（参见 8.2.3 节）。

虽然问卷调查通常是在线的，但纸质问卷在某些方面可能更方便。例如，如果被试不能使用互联网，或者使用互联网的成本很高，那么就会出现这种情况。有时，可以通过电子邮件发送简短的问卷，但更常见的情况是，能够自动收集数据并对其进行部分或全部分析的在线问卷吸引了许多人使用。在线问卷是交互式的，可以包含复选框、单选按钮、下拉菜单和弹出菜单、帮助界面、图形或视频（参见图 8.7）。它还可以提供即时的数据验证，例如：条目必须是 1 到 20 之间的数字，并且自动跳过一些与某些受访者无关的问题，比如只针对青少年的问题。在线问卷的其他优势包括更快的响应速度，以及自动将用户的答案转移到数据库中进行分析（Toepoel，2016）。

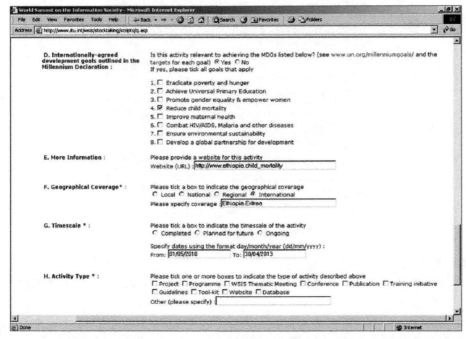

图 8.7　基于 Web 的调查问卷的节选，其中包含复选框、单选按钮和下拉菜单

在线问卷的主要问题是难以随机抽取被试样本。在线问卷调查通常依赖于方便抽样，因此其结果不能一概而论。在一些国家，为了收集观众对节目和政治事件的看法，人们通常会将向智能手机发送的在线问题与电视结合使用。

实施在线问卷调查包括以下步骤（Toepoel，2016，Chapter 10）：

1. 计划调查时间表。如果有截止日期，则基于截止日期向前计划每周任务。

2. 设计离线问卷。使用纯文本来编辑是很好的选择，因为纯文本可以更容易地复制到在线调查工具中。

3. 编写在线调查程序。该步骤的耗时将取决于设计的复杂性，例如，问卷包含多少个导航路径，或者是否具有许多交互特性。

4. 测试问卷，既要确保它能达到预期的效果，又要检查其中的问题本身。这一步可以从内容专家、调查专家和潜在的被试那里获得反馈。最后一组构成了初步研究的基础。

5. 招募被试。正如前面提到的，虽然被试可能因为不同的原因参加调查，但特别是当需要鼓励人们参加时，请确保你的邀请有趣、简单、友好、尊重、可信、激励、有趣、信息丰富且简短。

现在网络上有许多在线问卷模板，它们可以提供一系列选项，包括不同的问题类型（例如开放式问题、多选题）、评分量表（例如 Likert 量表、语义差分量表）和回答的方式（例如单选按钮、复选框、下拉菜单）。

练习 8.4 要求你使用其中一个模板。这些模板不仅能够广泛地管理在线问卷，还能对问卷进行分类。例如，航空公司的满意度调查问卷通常包含以下的部分：办理登机手续、行李处理、机场休息室、机上电影、机上食品服务等。如果你没有使用过机场休息室或托运行李，那么你可以跳过这些部分。这可以避免被试因为回答与自己无关的问题而感到沮丧。对于较长的问卷调查来说，这也是一种有用的技巧，因为它确保了即使被试因为时间不够或者厌倦了回答问题而选择退出，他所提供的数据也是可以进行分析的。

练习 8.4　访问 questionpro.com 或 surveymonkey.com，或者类似的调查网站，你可以在试用期内免费使用其提供的小部件来设置自己的调查问卷。

为你在练习 8.2 中设计的一组问题创建一个基于 Web 的调查问卷。对于每个问题提供两种不同的设计，例如为一个问题创建单选按钮和下拉菜单，为另一个问题提供十级和五级的语义差分量表。

你认为这两种设计会对被试的行为产生什么不同的影响（如果有的话）？请让多人回答你的问题，看看两种问题设计的答案是否会有不同。

解答　针对不同的方式，被试的回答方法可能不同。例如，与以单选按钮排列的选项列表相比，他们可能更倾向于从下拉菜单中选择最后一个选项。或者，你可能会发现没有什么不同，并且人们的意见不受所使用的小部件样式的影响。当然，有些差异可能是由个体回答之间的差异，而不是问卷设计中的特征造成的。为了区分这些影响，你需要大量的被试（例如，数量在 50～100 之间）来回答每个问题。

框 8.5｜人们填写在线问卷时和用笔填写普通问卷不同吗？如果是，为什么？

很多研究调查了人们使用这两种方法填写问卷的不同反应。一些研究表明，当使用在线方式填写他们的习惯和行为（如饮食和运动量）时，人们的反应更有启发性和一致性。此外，当学生在线填写关于老师的评价意见时，他们对老师的评价相对来说不那么好（Chang，2004）。

在丹麦的一项 3600 人参与的研究中，研究人员得出结论：尽管基于 Web 的问卷邀请的回复率更低，但这种方式更划算（成本仅为十分之一），其中数据缺失的数量仅比纸质问卷略低（Ebert 等，2018）。同样，Diaz de Rada 和 Dominguez-Alvarez（2014）的一项研究分析了西班牙 Andalusia 市民在一项调查中回复的信息的质量，确定了在线问卷相比纸质问卷的几个优势：在线问卷中未回答问题的数量较少，开放式问题的答案更详细，人们回答问题的时间比纸质问卷更长。在其中的 5 个开放式问题中，在线问卷的平均字数比纸质问卷多63。对于在线问卷中被试必须从下拉菜单中选择答案的问题，其回复率也比纸质问卷中相应问题的高。

影响人们回答问题方式的一个因素是信息构建的方式，例如标题的使用、排序和问题的位置。在线问卷为展示信息提供了更多的选项，包括使用下拉菜单、单选按钮和跳转到选项，这些选项可能会影响人们在问卷中阅读和导航的方式。但这些问题会影响被试的回答吗？ Smyth 等人（2005）发现，提供强制选择会带来更多的回复。Funcke 等人（2011）提供了另一个例子，他们发现连续的滑动部件使研究人员能够收集更精确的数据，因为它支持连续的数据。它还能提高回复率。从这些调查中可以得出的结论是，问卷设计的细节会影响被试的反应。

8.6 观察

在产品开发的任何阶段，观察都是一种有用的数据收集技术。在设计的早期阶段，观察帮助设计人员理解用户情境、任务和目标。而在开发过程中的观察，例如评估，可以研究原型是否能很好地支撑这些任务和目标。

研究人员可以在用户进行活动时直接观察用户，也可以通过随后的活动记录间接观察用户（Bernard, 2017）。观察也可在实地或在受控制的环境中进行：前一种情况是观察个体在自然环境中进行日常工作，后一种情况是观察个体在受控环境（如可用性实验室）中执行指定的任务。

练习 8.5 为了理解实地观察和在受控环境中观察的不同点，请阅读下面的两个情境并回答问题。

场景 1： 一名可用性顾问加入了一组游客，这些游客的旅游目的地是斯德哥尔摩，研究人员为其提供了一款可以戴在手腕上的可穿戴导航设备，以便在旅途中进行测试。在游览了一天之后，他们使用该设备在距离当前位置不到 2 公里的范围内查找餐厅。有几个餐厅在该设备上列了出来，他们在其中找出几个餐厅的电话号码，并打电话询问菜单，选择一个餐厅，预订，并前往那里。可用性顾问注意到人们操作设备有些困难，尤其是在移动中。他通过和这些游客的讨论证实了自己的想法，即界面存在问题，但总的来说，该设备是有用的，游客们很高兴在附近一家不错的餐厅找到了座位。

场景 2： 可用性顾问在可用性实验室观察被试如何使用可穿戴导航设备执行预先计划的任务。这项任务要求被试找到一家叫 Matisse 的餐厅的电话号码。这需要几分钟的时间，但是他们似乎遇到了问题。视频记录和交互日志显示，设备的界面古怪，音频交互质量较差。被试在用户满意度问卷上的回答也支持了这个结果。

1. 这两种观察的优点和缺点是什么？

2. 它们分别在何时有用？

解答 1. 实地研究的优点是，观察者能看到用户在实际情况下使用该设备解决实际的问题。他们体验了对整体概念表达的喜悦和对界面的失望。通过观察被试小组如何在移动中使用该设备，他们了解了被试喜欢什么、设备缺少什么。但缺点是观察者同时也是小组的成员，那么他的观察的客观程度如何呢？而且，数据是定性的，虽然其中发生的事情本身可能很有说服力，但到底有多大用处？也许观察者玩得很开心，以至于他们的判断变得模糊，他们可能会错过一些负面评论，并且没有注意到一些被试的烦恼。虽然可以再做一次实地研究来发现更多信息，但一项研究的确切条件是不可复制的。实验室研究的优点是很容易复制，所以不同批次的用户都可以执行相同的任务，研究人员可以确认特定的可用性问题、比较用户的表现、计算做特定任务的平均时间和平均错误数量。作为局外人，观察者也可以更加客观。但它的缺点是研究是人为的，没有关于该设备将如何在实际环境中使用的任何信息。

2. 这两种研究都有其优点，选用哪一个取决于研究的目标。实验室内的研究有助于测试交互风格的细节，以确保界面和按钮设计的可用性问题能得到诊断和纠正。上例中的实地研究揭示了导航设备在现实环境中使用的情况，以及它如何与用户的行为形成一体或改变用户的行为。如果没有这项研究，开发人员可能就不能发现人们对该设备的热情，因为做实验任务的回报不如一顿美餐那么诱人！事实上，根据 Kjeldskov 和 Skov（2014）的研究，哪种类型的研究更适合移动设备并没有明确的答案。他们认为，真正的问题是何时以及如何进行纵向的实地研究。

8.6.1　实地直接观察

人们很难解释他们做了什么，也很难准确地描述他们是如何完成任务的。交互设计师不太可能通过访谈或问卷得到完整而真实的故事。实地观察可以帮助我们了解用户行为和他们使用技术的细节，还可以观察到其他形式的调查所不能发现的细微差别。理解当时的情境提供了关于活动为什么会以这种方式发生的重要信息。然而，实地观察可能是复杂的，而且比预想的要更难做好。观察也可以产生大量的数据，其中一些数据分析起来可能很乏味，而且与研究目的不是很相关。

所有的数据收集都应该有明确的目标，但特别重要的是要有观察的重点，因为总是有大量的事情正在发生。另外，为预防情况发生变化，事先准备好改变计划也很重要。例如，原计划可能是花一天的时间观察一个人执行一项任务，但是突然出现了一个意想不到的会议，而且会议与观察目标有关，所以停下来去参加会议是有意义的。在观察中，在遵循目标的引导和随着对情况了解的加深而开放地修改、塑造或重新聚焦研究之间要有一个谨慎的平衡。只有通过经验的积累才能很好地保持这种平衡。

实地观察的结构化框架

在观察过程中，事件可能是复杂而快速变化的。观察者要考虑的事情很多，所以很多专家都采用框架来帮助组织和专注于观察。这种框架可以非常简单。例如，以下是一个从业者用于评估研究的框架，其中只关注了三个容易记住的点：

人：谁在特定时间使用该技术？

地点：他们在哪里使用它？

事件：他们用它做什么？

即使是这样一个基于谁、在哪里、做什么的简单框架，也可以非常有效地帮助观察者使其目标和问题保持在掌控之内。经验丰富的观察者可能喜欢更详细的框架，如下所示（Robson 和 McCarten，2016，p.328），该框架鼓励观察员更加注意活动的情境：

空间：物理空间是什么样的，它是如何布置的？

行动者：有关人员的姓名和相关细节是什么？

活动：行动者在做什么？为什么？

对象：物理空间中有什么物理对象，比如家具？

行为：具体的个人行为是什么？

事件：你观察的内容是特殊事件的一部分吗？

时间：事件的顺序是什么？

目标：行动者试图完成什么？

感觉：团体和个人的心情分别如何？

这个框架是适用于任何类型观察的一般框架，因此当在交互设计的情境中使用时，可能需要稍作修改。例如，如果重点是如何使用某种技术，则可以将框架修改为问下面的问题：

对象：除了正在研究的技术之外，环境中还存在什么物理对象？它们是否会影响技术的使用？

以上两种框架都是相对通用的，可以用于许多不同类型的研究，或者作为为某个特定研究开发新框架的基础。

练习 8.6 1. 找到一组正在使用任意技术（比如智能手机、家用电器或视频游戏系统）的人，试着回答这个问题：这些人在做什么？观察三到五分钟，把你观察到的东西写下来。完成后，记录下做这件事的感觉，以及处在观察中的这些人的反应。

2. 如果再次观察这一组人，你会做哪些不同的事？

3. 使用上述的框架再观察他们 10 分钟。

解答 1. 本练习强调了什么问题？观察所有的事物并记住发生了什么很难吗？被观察的人感觉如何？他们知道有人在观察他们吗？也许他们中的一些人拒绝并离开了。如果你没有告诉他们你在观察他们，那么你这样做是对的吗？

2. 观察的最初目标，也就是观察人们在做什么，是模糊的。这很有可能是一次相当令人沮丧的经历，因为你不知道什么是重要的、什么是可以忽略的。用于指导观察的问题需要更加明确。例如，你可能会问以下问题：人们在使用这项技术做什么？小组里的每个人都在用吗？他们看起来高兴、沮丧、严肃、快乐吗？这项技术是否对用户的目标至关重要？

3. 理想情况下，你会在第二次观察时感到更有信心，一部分原因是这是第二次进行观察，一部分原因是框架为观察提供了清晰的目的。

参与程度

根据研究类型的不同，在一个研究环境中，观察者的参与程度会在一个范围内变化，其中一个极端是局内人（完全参与），另一个极端是局外人（完全不参与）。一项特定的研究需要观察者有多大的参与程度取决于它的目标，以及约束和塑造它的实际和伦理的问题。

如果观察者的参与程度恰好在这个范围的边缘，就将其称为被动观察者，他们不会参与到研究环境中。在实地做一个完全的被动观察者是困难的，这是因为你不可能避免与活动的互动。被动观察更适合实验室研究。

如果观察者的参与程度在这个范围的内部，就将其称为参与观察者。这意味着他们试图成为被研究群体的一员，其参与程度随着研究类型的不同而不同。这可能是一个很难扮演的角色，因为观察者需要一定程度地置身事外，而被试则不是。作为一名参与观察者，重要的是保持这两个角色的明确和分离，以便使观察记录更客观，但与此同时也要保持参与程度。由于其他的一些原因，观察者的完全参与几乎是不可能的。例如，观察者可能对手头的任务不够熟练，组织／小组的成员可能没有准备好让一个观察者参与他们的活动，或者在时间上无法提供足够的机会让观察者对任务足够熟悉从而充分参与其中。同样，如果在人们的家里或类似的私人环境下观察活动，那么即使像一些研究人员所建议的那样（例如，Bell 等，

2005）在开始研究前已经花时间了解了这个家庭，你也很难完全参与其中。Chandrika Cycil 等人（2013）在研究父母和孩子在车里的对话时克服了这个问题，他们先与家人一起旅行一周，然后让家人拍摄相关活动的视频。通过这种方式，他们了解了家庭背景和动态，并收集了更详细的数据来深入研究活动。

规划和实行实地观察

前文介绍的框架对于提供焦点以及组织观察和数据收集非常有用。选择一个合适的框架很重要，但还有其他需要做出的决定，包括参与程度的多少、如何记录数据、如何被正在研究的小组接纳、如何处理敏感问题（如文化差异或进入私人空间的问题）以及如何确保研究使用不同的视角（人、活动、工作角色等）。

实现最后一点的一个方法是团队合作。这有几个好处：

- 每个人可以分别将注意力集中在不同的人或背景的不同部分上，从而覆盖更多的区域。
- 当有多个观察者时，观察和反思更容易交织在一起。
- 因为可以对多人的观察进行比较，所以得出的数据也会更可靠。
- 结果将会反映出不同的视角。

一旦处于观察的过程中，那么还有其他的问题需要考虑。例如，与一些人相处会比与另一些人相处更容易。尽管关注前者比关注其他人更有诱惑力，但是依然需要关注团队中的每个人。观察是一种流动的活动，随着研究的进展，需要根据所了解的内容重新调整研究的重点。经过一段时间的观察，一些似乎与研究相关的有趣现象将开始出现。慢慢地，想法会变成指导进一步观察的问题。

观察也是一项紧张且劳累的活动，但检查笔记和记录，并在每天结束时回顾观察和经历是很重要的。如果不这样做，那么有价值的信息可能会丢失，因为第二天的事件会覆盖前一天的发现。写日记或私人博客是很好的记录方式。可以对收集或复制到的任何文档或其他工具（例如会议记录或讨论项）进行注释，描述它们在观察的活动中是如何使用的。如果观察持续几天或几周，可以每天抽出时间来查阅笔记或其他记录。

在回顾笔记时，应将个人意见与对活动的观察分开，并应标明需要进一步调查的问题。与信息提供者或群体成员一起检查观察结果与解释也是一个好主意，以确保你了解发生了什么，并且你的解释是准确的。

▌窘境▏什么时候可以停止观察？

对于新手来说，很难知道何时在研究中停止数据收集。在观察性研究中这个问题尤其棘手，因为观察没有明显的终点。时间表会规定你的研究应在什么时候结束。否则，当没有新事物出现时就应该停止。当看到重复的行为模式，或所有主要的被试都被观察到，并对他们的看法有了很好的理解时，也说明工作已经做得足够了。

民族志

传统上，民族志用于社会科学领域，以揭示社会的组织及其活动。自 20 世纪 90 年代初以来，它在交互设计中，特别是在协作系统的设计中获得了可信性（参见框 8.6 和 Crabtree（2003））。大多数民族志研究的是直接观察，但活动中使用的访谈、问卷调查和研究工件也是许多民族志研究的特色。与其他的数据收集相比，民族志研究的一个显著特点是，在观察一个情景时，不会强加任何先验结构或框架，一切都被视为"奇怪的"。这样做的目的是捕捉和阐明被试对所研究情景的看法。

框 8.6｜需求中的民族志

MERboard 是一个工具，科学家和工程师将其用于显示、捕获、注释和共享信息，以支持火星表面两个火星探测漫游者（MER）的运行。MER（见图 8.8）收集和分析样本，然后将结果传送给地球上的科学家，就像人类地质勘探者一样。科学家和工程师合作分析接收到的数据，决定下一步研究什么，制定行动计划，并向火星表面的机器人发送命令。

图 8.8　火星探测漫游者（图片来源：美国航天局喷气推进实验室（NASA-JPL））

MERboard 的需求部分是通过民族志的实地调查、观察和分析确定的（Trimble 等，2002）。这个由科学家和工程师组成的团队进行了一系列实地测试，模拟了接收数据、分析数据、制定计划并将其传输到 MER 的过程。他们发现其中的主要问题来自科学家在显示、共享和存储信息方面的局限性（参见图 8.9a）。

这些观察结果促进了 MERboard 的开发（参见图 8.9b），它包含四个核心应用程序：用于头脑风暴和涂写的白板、用于显示 Web 信息的浏览器、显示个人信息和跨多个屏幕信息的功能，以及一个专门链接到 MERboard 的文件存储空间。

a）MERboard 开发前的工作环境　　　b）一个科学家正在使用 MERboard 展示信息

图 8.9　（图片来源：Trimble 等，2002）

民族志在交互设计领域变得非常流行，因为它让设计师能够详细了解人们的行为和技术的使用，而这些是通过其他数据收集方法无法获得的（Lazar 等，2017）。虽然有许多关于大数据如何解决大量设计问题的讨论，但是当结合民族志来解释人们如何以及为什么做他们所做的事情时，大数据可能会发挥最强大的作用（Churchill，2018）。

在民族志研究中，观察者尽可能地扮演参与观察者（局内人）的角色（Fetterman，2010）。虽然参与观察是民族志研究的一个标志，但它也被用于其他方法框架（如行动研究（Hayes，2011），其目标之一是改善现状）中。

民族志数据的基础是什么是可得的、什么是"普通的"、人们做了与说了什么以及人们是如何工作的。因此，收集到的数据有许多形式：文档、观察者的笔记、图片和房间布局的草图。笔记可能包括谈话的片段和对房间、会议、某人做了什么或人们对某一情况的反应的描述。数据收集是机会主义的，观察者充分利用了不断出现的机会。通常，有趣的现象不会马上显现，而是在稍后才会显现，所以在观察的框架内尽可能多地收集信息是很重要的。首先，花时间了解被试小组中的人，并与他们建立联系。被试需要了解观察者为什么在那里、他们希望实现什么目的，以及他们计划在那里待多久。和被试一起吃午餐、买咖啡，带些小礼物，比如饼干，都非常有益于这个社交过程的顺利进行。此外，从这些非正式聚会中可能会透露一些关键信息。

重要的是要对被试所提供的故事、抱怨和解释表现出兴趣，并准备好在被试的电话响起或其需要工作时适当回避。一个好的策略是在安静的时刻向被试解释你认为发生了什么，然后让他们纠正你的误解。然而，问太多的问题、拍下所有事物的照片、炫耀你的知识、挡住他们的路，这些都是非常令人讨厌的。第一天就在三脚架上安装摄像头可能不是个好主意。坐在一旁倾听和观察，偶尔问些问题是更好的选择。

以下是在民族志研究中可能被记录和收集的材料的说明列表（改编自 Crabtree，2003，p.53）：

- 活动或工作描述。
- 管理特定的活动的规则和程序（等）。
- 观察到的活动的描述。
- 所观察的活动中当事人的谈话记录。
- 与被试进行的非正式访谈，以解释观察的活动的细节。
- 物理布局图，包括工件的位置。
- 在观察的活动中使用的工件（文件、图形、表格、计算机等）的照片。
- 在观察的活动中使用的工件的视频。
- 在观察的活动中使用的工件的描述。
- 显示观察的活动中涉及的任务顺序的工作流程图。
- 显示活动之间联系的流程图。

传统意义上，这一领域的民族志研究旨在了解在设计师感兴趣的特定背景下人们做了什么，以及他们如何组织行动和进行互动。然而，一种研究趋势是更多地利用民族志的人类学根源和文化研究。这一趋势的产生是由于人们认为需要使用不同的方法，因为计算机和其他数字技术，特别是移动设备，已经融入日常活动，而不像 20 世纪 90 年代那样只是存在于工作场所。

框 8.7｜在线民族志研究

随着线上协作和社交活动的增加，民族志学家已经调整了针对社交媒体和各种以计算机为媒介的交流形式的研究方法（Rotman 等，2013；Bauwens 和 Genoud，2014）。这种做法有多种名称，最常见的有在线民族志（Rotman 等，2012）、虚拟民族志（Hine，2000）和网络民族志（Kozinets，2010）。当一个社区或活动同时具有在线和离线状态时，通常将在线和离线技术融合到数据收集程序中。然而，当感兴趣的社区或活动几乎只存在于线上时，将主要使用网上技术，此时虚拟民族志将成为核心。

为什么有必要区分在线和面对面这两种民族志研究方式？因为在线的互动不同于面对面的互动。例如，面对面的交流（通过手势、面部表情、语气等）比在线交流更丰富，而且在线交流更容易匿名。此外，由于定期存档，虚拟世界具有持久性，这通常不会在面对面的情况下发生。这使得交流的特征不同，其中通常包括民族志学者如何向社区介绍自己、如何在社区内行动，以及如何报告他们的发现。基于这些原因，一些主要在线上工作的研究人员也尝试与一些被试面对面交流，尤其是在涉及敏感话题时（Lingel，2012）。

人们开发了特殊的工具以支持民族志数据收集。Mobilab 是一个在线协作平台，它是为居住在瑞士的公民开发的，用于报告和讨论他们在 8 周时间内使用手机、平板电脑和电脑的日常流移情况（Bauwens 和 Genoud，2014）。Mobilab 使研究人员能够更轻松地与被试讨论各种各样的话题，包括停在自行车道上的卡车。

对于大型社交空间（如数字图书馆或 Facebook）的观察研究，需要考虑不同的伦理问题。例如，要求每个使用数字图书馆的人签署任何形式的同意书并参与研究是不现实的，但是被试确实需要了解观察者的角色和他们研究的目的。此外，结果的表示也需要进行一些修改。如来自社区被试的数据的引用，尽管这些引用在报告中是匿名的，但也可以通过简单地搜索社区存档或发送者的 IP 地址来确定他们的身份，因此需要注意保护隐私。

8.6.2   受控环境中的直接观察

在受控环境中观察用户的情况可能发生在专用的可用性实验室中，但是可以设置在任何房间中的便携式实验室也是非常常见的。便携式实验室意味着更多的被试可以参与其中，因为他们不必离开正常生活环境。在受控环境中进行的观察不可避免地比在实地进行的观察具有更正式的性质，用户可能会感到更不安。和访谈一样，准备一个指导如何欢迎被试的脚本，告知其研究的目标及研究将持续多久，并阐释他们的权利，是一个好主意。使用流程脚本可以确保每个被试都得到同样的对待，从而使研究结果更加可信。

用于实验室和实地研究的直接观察的基本数据记录技术（即拍照片、记笔记、收集视频等）是相同的，但这些技术的使用方式不同。在实验室中，重点是个体行为的细节；而在实地研究中，环境很重要，重点是人们如何与人、技术和环境相互作用。

在受控的研究中，设备相对于被试的布置很重要，因为需要捕捉被试活动的细节。例如，一个摄像头用来记录面部表情，一个摄像头用来记录鼠标和键盘的活动，还有一个摄像头用来记录全景并捕捉被试的肢体语言。来自摄像头的数据流可以输入视频编辑和分析套件，并在其中进行协调，做时间标记、注释以及部分编辑。

出声思考技术

观察的问题之一是观察者不知道用户在想什么，只能从他们看到的东西中猜测。实地观察不应该具有干扰性，因为这将干扰研究试图捕捉的情境。这限制了向被试提出问题。然而，在受控环境中，可以有更多的干扰。出声思考是一种很有用的方法，可以帮助你理解一个人在想什么。

设想观察一个被要求评估 Web 搜索引擎 Lycos.com 界面的被试。他没有太多的网络搜索经验，却被要求为一个 10 岁的孩子寻找一部合适的手机。他被告知输入 www.lycos.com，然后按照他认为最好的方式继续。于是他输入 URL 并得到一个类似于图 8.10 中所示的屏幕。

图 8.10　Lycos 搜索引擎的主页（图片来源：https://www.lycos.com）

接下来，他在搜索框中输入 child's phone（儿童手机）。屏幕跳转到一个类似于图 8.11 所示的界面。他没有说话。那么，发生了什么事？他在想什么？要想知道他在做什么，一种方法是收集一种"出声思考"协议，这是 Anders Ericsson 和 Herbert Simon（1985）开发的一种技术，用于研究人们解决问题的策略。这项技术要求人们大声说出他们正在思考和试图做的每件事，这样他们的思维过程就能得到具体化。

所以，让我们设想一下刚才描述的场景的行动回放，如下所示，但这次用户被要求将思考的内容说出来：

"我正在输入 www.lycos.com，就像你告诉我的那样。"〈输入〉

"现在我正在输入儿童手机，然后点击搜索按钮。"

〈暂停和沉默〉

"搜索需要几秒钟展示结果。"

"哦！现在我可以去其他网站。嗯，但我不知道应该选择哪一个。好吧，这是一个年幼的孩子，所以我想要儿童安全手机。这里提到了安全手机。"〈他点击了'7 款最适合儿童的安全手机'，Mashable 网站〉

"天啊，可选择的款式比我预期的多！嗯，其中一些是给更大一些的孩子的。我在想下一步我要找一个适合十岁孩子的。"

〈暂停并查看屏幕〉

"我想我应该滚动进行查阅，并确定哪些是适合的。"

〈沉默……〉

图 8.11　搜索 "child's phone" 的结果（图片来源：https://www.lycos.com）

现在你对用户想要做什么了解得多了一些，但他又沉默了。你可以看到他正在看屏幕。但他在想什么？在看什么？

这些沉默的发生是出声思考最大的问题之一。

练习 8.7　自己尝试一下出声思考的练习。进入一个网站，如亚马逊或 eBay，寻找你想要买的东西。在搜索时注意你的感觉和行为，并大声说出来。

之后，反思一下。在任务中保持全程说话难吗？你觉得尴尬吗？当你陷入困境时，你停止出声了吗？

解答　在出声思考的过程中感到难为情和尴尬是一种常见的反应，有些人说他们感到非常尴尬。许多人会忘记出声，当任务变得困难时，他们也很难出声。事实上，当任务变得很艰巨时，你可能会停止说话，而这正是观察者最渴望听到发生了什么的时候。

如果用户在出声思考期间保持沉默，那么观察者可以打断并提醒他们，但这会给他们带来干扰。另一个解决方案是让两个人一起工作，这样他们就可以互相交谈。与另一个人一起工作（称为建设性互动（Miyake，1986））通常更自然，也更有启发性，因为被试之间的交谈是为了互相帮助。事实证明，这种方法对儿童尤其有效，它也避免了文化对并发语言的可能影响（Clemmensen 等，2008）。

8.6.3　间接观察：跟踪用户活动

有时，直接观察是不可能的，因为它太具有侵入性，或者观察者不能在研究期间在场，因此活动是间接跟踪的。日记和交互日志是实现间接观察的两种技术。

日记

被试被要求定期写下他们的活动日记，包括他们做了什么、什么时候做的、其中困难和容易的部分分别有哪些，以及他们对这些情况的反应。例如，Sohn 等人（2008）要求 20 名被试通过短信记录他们的移动信息需求，然后使用这些短信作为提示，帮助他们在每天结束时在网站上回答 6 个问题。从收集的数据中，他们确定了 16 类移动信息需求，其中最常见的是"琐事"。

日记是有用的：当被试各自分散且无法联系上时；当活动是私密的（例如在家中）时；或者当它与感觉（例如，情绪或动机）有关时。例如，Jang 等人（2016）使用日记和访谈来收集用户在家中（而不是在受控的实验室环境中）使用智能电视的体验数据。这项在家中进行的研究持续了数周，被试被要求记录自己的经历和感受。调查也被收集。这种基于混合方法的研究为未来系统的用户体验设计提供了依据。

日记有一些优点：不占用研究人员太多的时间来收集数据；不需要特殊设备或专业知识；适合长期研究。此外，可以在线创建模板，如开放式在线问卷中使用的模板，使数据以标准格式输入，以便数据可以直接输入数据库中进行分析。然而，想要使用日记研究，被试必须是可靠的，并能够按时或按提示完成日记。因此被试可能需要激励，而且激励过程必须是直接的。

确定日记研究的期限很棘手。如果研究长期进行，那么被试可能会失去兴趣，并且需要激励才能继续下去。相反，如果研究太短，那么可能会错过重要的数据。例如，在一项关于儿童游戏体验的研究中，Elisa Mekler 等人（2014）使用日记收集了一系列游戏环节结束后的数据。在最初的几个阶段之后，所有参与研究的儿童都表现出对游戏失去了积极性。但是，在研究完全结束时，完成游戏的儿童比没有完成游戏的儿童更有积极性。如果只收集一次数据，研究人员可能就无法观察到完成游戏对儿童积极性的影响。

另一个问题是被试可能会夸大对事件的记忆或遗忘细节。例如，他们可能只记得比实际情况更好或更差，或者比实际花费的时间更多或更少。缓解这一问题的一种方法是在日记中收集其他数据（如照片（包括自拍）、音频和视频剪辑等）。Scott Carter 和 Jennifer Mankoff（2005）研究了用图片、音频或与事件相关的工件捕捉事件是否会影响日记研究的结果。他们发现，与其他媒体相比，图片能让人产生更具体的回忆，但当拍照太令人尴尬时，音频对捕捉事件也很有用。有形的工件（如图 8.12 所示）也鼓励人们讨论更广泛的信念和态度。

图 8.12　一些被试在一个关于爵士节日的研究中收集的有形物件（图片来源：Carter 和
　　　　Mankoff（2005）。经 ACM 出版社许可转载）

经验采样法（ESM）类似于日记，它依赖于被试记录关于他们日常活动的信息。然而，与更传统的日记研究不同的是，被试会在随机的时间通过电子邮件、短信或类似的方式收到关于他们的背景、感受和行为的特定问题（Hektner 等，2006）。这有助于鼓励捕获实时数据。Niels van Berkel 等人（2017）对 ESM 及其演变、工具和在广泛研究中的应用进行了全面的研究。

交互日志、网络分析和数据抓取

交互日志使用软件将用户的活动记录在日志中，以便稍后对其进行检查。其可以记录各种操作，例如按键、鼠标或其他设备的移动、搜索 Web 页面的时间、查看帮助系统的时间以及软件模块中的任务流。采用日志记录活动的一个关键优势是，如果系统性能不受影响，那么它就不会引人注目。但是如果在被试不知情的情况下进行日志记录，那么也会引起一些伦理问题。交互日志的另一个优点是可以自动记录大量数据。因此，可以使用可视化工具定量和定性地探索和分析这些数据。也可以使用算法和统计方法。

检查人们在网站、Twitter、Facebook 中留下的活动痕迹，也是一种间接观察的形式。查看访问过的 Twitter 简讯（例如，你的朋友、总统、总理或其他领导人的简讯）就是一个例子。追踪这些痕迹可以查看特定主题的讨论线程，例如气候变化、对公众人物做出的评论或对当前流行的主题的反应。如果只有几篇帖子，就很容易看出正在发生什么，但通常最有趣的帖子下有大量评论。检查成千上万甚至上百万的帖子需要自动化技术的帮助。第 10 章将进一步讨论 Web 分析和数据抓取。

8.7　技术的选择与结合

在单个数据收集程序中使用多种数据收集技术的组合是常见的做法，例如，在收集案例研究数据时（参见框 8.8）。使用方法组合的好处是能够提供多个视角。选择使用哪种数据收集技术取决于与研究目标相关的各种因素。虽然没有正确的技术或者技术的组合，但在特定的场景下，一些技术无疑会比其他的更合适。应在考虑所有的因素后做出决定。

表 8.1 提供了一份概述，帮助读者为特定的项目选择一组数据收集技术。它列出了获得的信息的种类（例如对特定问题的答案）和数据的类型（例如，主要是定性的或主要是定量的）。它还列出了每种技术的一些优点和缺点。注意，其中一些技术存在不同的应用形式。例如，访谈和焦点小组可以面对面进行，也可以通过电话或电话会议进行，因此在考虑这些技术的优点和缺点时，也应该考虑到这一点。

此外，技术的选择还受到实际问题的影响。

- 研究的重点。什么样的数据能支持研究的重点和目标？这将受到交互设计活动和设计成熟度的影响。
- 所涉及的被试。目标用户组的特征，包括其位置和是否方便。
- 技术的本质。该技术是否需要专业的设备或培训，调查人员是否具有适当的知识和经验？
- 可用的资源。专业知识、工具支持、时间、费用。

表 8.1　数据收集技术及其应用的概述

技术	用途	数据类型	优点	缺点
访谈	探索问题	一些是定量的但大多是定性的	若需要，主试可以指导被试。鼓励开发者与用户间的交流	人工环境可能会使被试害怕。被试往往需要离开完成工作的地方
焦点小组	收集多种观点	一些是定量的但大多是定性的	强调一致与有矛盾的地方。鼓励开发者与用户间的交流	可能被主流的特性占领
问卷	回答特定问题	定量和定性	可以通过较少的资源联系到很多人	问卷设计很关键。回复率可能较低。除非精心设计，否则回复不能提供合适的数据
实地直接观察	理解用户活动的情境	大多数是定性的	观察提供了其他方法不能提供的视角	很耗时，且会生产大量的数据
受控环境下的直接观察	捕捉个人行为的细节	定量和定性	观察细节且不必打断任务的进行	结果可能在真实环境中受限，因为条件是人造的
间接观察	观察用户而不打断他们的活动；自动捕捉数据	定量（日志）和定性（日记）	用户不会被打断；自动记录意味着持续时间较长	大量的定量数据需要工具来支撑之后的分析过程（日志）；用户的记忆可能会夸大事实（日记）

框 8.8 | 收集案例研究数据

案例研究经常使用组合方法，例如，访谈和直接、间接的观察。虽然人们经常使用案例研究这个术语来指代他们作为案例使用的研究，但是也有一种案例研究方法可以收集几天、几个月甚至几年的实地研究数据。有大量的文献提供了如何做好案例研究的建议。例如，Robert Yin（2013）确定了这些数据收集的来源：文档、档案记录、访谈、直接观察、参与观察和实体工件。案例研究有助于整合多个视角，例如，在野外研究新技术，以及赋予第一印象意义。数据收集过程往往是密集的、并发的、交互的和迭代的。

在一项关于当地社区如何将技术组织和适应到当地河流和小溪管理中的研究中，研究人员将其作为一个案例研究，允许对两年内发生在多个志愿者群体中的事件和关系进行详细的情境分析（Preece 等，2019）。从这项研究中，研究人员了解到志愿者对高度灵活的软件的需求，以支持不同的被试群体进行众多与水相关的工作。

练习 8.8　请考虑对于以下每种产品，哪种类型的数据收集是合适的，以及如何使用前面介绍的不同技术。假设产品的开发刚刚开始，并且有足够的时间和资源来使用任何一种技术。

1. 一款新的支持小型有机农产品商店的软件应用程序。之前已经有了一个系统，用户对其相当满意，不过它看起来过时了，需要升级。

2. 一个创新的设备，帮助糖尿病患者记录和监测他们的血糖水平。

3. 向年轻人销售时尚衣服的电子商务网站。

解答　1. 由于这是一个小商店，所以涉及的利益相关者可能很少。要了解新系统和旧系统的情境，需要一段时间的观察。相比给员工发放问卷，与他们面谈可能更合适，因为员工并不多，而且面谈也会产生更丰富的数据，同时也能给开发人员一个与用户见面的机会。有机产品受到各种法律的管制，因此阅读相关文档将帮助你理解必须要考虑到的法律约束。总之，我们建议与主要用户进行一系列面谈，了解现有系统的优点和缺点，做一次简短的观察，了解系统的情境，研究相关法规文档。

2. 在这种情况下，用户规模很大，而且分布在不同的地理位置，因此与所有用户对话是不可行的。然而，走访具有代表性的用户（可能是在当地的糖尿病诊所）是可行的。观察现有的监测血糖水平的过程将帮助你了解用户需求。另外一组用户是正在使用或使用过市场上其他产品的人。可以向这些人询问他们使用现有设备的经验，从而对新设备进行改进。可以向更广泛的用户发送调查问卷，以确认走访的结果是适当的，也可以在合适的地点组织焦点小组。

3. 在这种情况下，用户规模也非常大，且分布在不同的地理位置。事实上，用户群组的定义可能并不精确。访谈并辅以问卷和焦点小组是合适的做法。在这种情况下，找出相似或竞争的网站并对其进行评估将有助于产品改进。

深入练习

本深入练习的目的是练习数据收集。假设你曾经参与过改善交互式产品（如智能手机应用程序、数字媒体播放器、蓝光播放器、计算机软件或其他技术）的用户体验。你可以重新设计该产品，或者创建一个全新的产品。要完成该任务，请找到一个或一组用户，这些人可以是你的家人、朋友、同龄人或当地社区的人。

对于此练习，你应该：

（a）通过考虑在你的设定下这个产品意味着什么，来明确改进产品的基本目标。

（b）随意观察小组（或个人），了解可能带来挑战的任何问题以及帮助细化研究目标的任何信息。

（c）解释如何在数据收集阶段使用这三种技术：访谈、问卷调查和观察。解释你将如何使用三角测量。

（d）思考你与用户群组的关系，并决定是否需要知情同意书（如果需要，图 8.1 将会提供帮助）。

（e）详细规划数据收集计划：

- 确定需要什么类型的访谈，并为访谈设计一套问题。确定数据记录的方式，获取并测试所有需要的设备，并进行试点研究。
- 确定是否要在数据收集中使用问卷，并为其设计适当的问题，进行试点研究来检验你的问卷。
- 确定是否使用直接或间接观察，并确定你是被动观察还是参与观察。确定数据记录的方式，获取并测试所有需要的设备，并进行试点研究。

（f）进行研究，但限制其范围。例如，只进行两三个人的访谈或只做两次半小时的观察。

（g）思考这次经历，并想一想下次可以做什么改进。

保留你收集的数据，因为这将是第 9 章深入练习的基础。

总结

本章主要介绍了交互设计中常用的三种数据收集方法：访谈、问卷调查和观察。详细叙述了每一种方法的规划和执行。此外，本章还提出了数据采集的五个关键问题，并对如何记录数据进行了讨论。

本章要点

- 所有数据收集都应有明确的目标。

- 根据研究情境，你可能需要知情同意书及申请研究的其他权限。
- 进行试点研究有助于检验数据收集计划和相关工具（如问卷中的问题）的可行性。
- 三角测量涉及从不同角度调查现象。
- 可以使用手写笔记、音频或视频录制、相机及它们的任意组合来记录数据。
- 访谈有三种类型：结构化，半结构化和非结构化。
- 问卷可以基于纸张、电子邮件或 Web。
- 访谈或调查问卷中的问题可以是开放或封闭式的。封闭式问题要求受访者从有限范围的选项中进行选择，开放的问题接受任何答案。
- 观察可以是直接或间接的。
- 在直接观察中，观察者可以根据参与程度的不同，充当从局内人（参与观察者）到局外人（被动观察者）范围内的不同角色。
- 如何选择恰当的数据收集技术取决于研究的重点、被试、技术的本质和可用的资源。

拓展阅读

FETTERMAN, D. M. (2010). *Ethnography: Step by Step*（3rd ed.）Applied Social Research Methods Series, Vol. 17. Sage.

这本书提供了关于民族志的理论和实践的介绍，是很好的初学者指南。它涵盖了民族志传统中的数据收集和分析的过程。

FULTON SURI, J. (2005) *Thoughtless Acts?* Chronicle Books, San Francisco.

这本有趣的小册子促使你思考人们如何对环境做出反应，这是一本介绍观察艺术的好书。

HEATH, C. , HINDMARSH, J. AND LUFF, P. (2010) *Video in Qualitative Research: Analyzing Social Interaction in Everyday Life*. Sage.

这是一本通俗易懂的书，它提供了关于如何使用视频录制收集数据的实用建议和指导。它还包括数据分析、展示研究的结果以及基于自身经验的视频研究的潜在影响。

OLSON, J. S. AND KELLOGG, W. A.（eds）(2014) *Ways of Knowing in HCI*. Springer.

这本合集包含有关各种数据收集和分析技术的章节。其中与本章特别相关的一些主题包括：民族志研究、实验设计、日志数据收集与分析、伦理研究等。

ROBSON, C. AND McCARTAN, K. (2016) *Real World Research*（4th edn）. John Wiley & Sons.

该书全面介绍了数据收集和分析技术以及如何使用这些技术。Robson 的早期的和相关书籍也涉及本章讨论的主题。

TOEPOEL, V. (2016) *Doing Surveys Online*. Sage.

这本书是一本"实践指南"，旨在帮助实施广泛调查，包括针对移动设备的调查、选择性加入调查、小组、民意调查等。它还讨论了可应用于其他数据收集技术中的抽样方法的细节。

数据分析、解释和呈现

目标

本章的主要目标是:

- 讨论定性与定量数据和分析的不同。
- 具备通过调查问卷分析数据的能力。
- 具备通过访谈分析数据的能力。
- 具备通过观察研究分析数据的能力。
- 了解可用于辅助分析的软件包。
- 识别在数据分析、解释和呈现中常见的陷阱。
- 具备以有意义且恰当的方式解释和呈现研究结果的能力。

9.1 引言

一组数据的分析类型可能受到开始时确定的目标以及实际收集的数据的影响。概括地说,你可以采用定性分析方法或定量分析方法,或定性分析方法和定量分析方法的组合。最后一种组合方法是非常常见的,因为它更全面地描述了所观察的行为或被衡量的表现。

大多数分析法,无论是定量的还是定性的,都始于初步反应或对数据的观察。这可能涉及识别模式或计算简单的数值,如比率、平均值或百分比。对于全部的数据,尤其是在处理大量的数据(即大数据)时,它可以用来检查任何异常而且可能是错误的数据,例如,一个人有 999 岁。这个过程称为数据清洗,通常有数字工具来帮助完成这个过程。在这种初步分析之后是更详细的工作,即使用结构化框架或理论来支持调查。

研究结果的解释通常与分析同时进行,但是解释结果的方式有许多,很重要的一点是确保数据支持你的结论。一个常见的错误是调查者的现有信念或偏见影响了对结果的解释。想象一下,通过对你的数据进行初步分析,你已经发现了客户服务调查问卷的回复模式,其表明通过组织的悉尼办事处发送的客户调查比通过莫斯科办事处(发送)的那些调查需要更长的处理时间。这个结果可以采用许多不同的方式进行解释。例如:悉尼的客户服务人员效率较低;悉尼的客户服务人员提供了更详细的响应;悉尼的支持处理查询的技术需要更新;到达悉尼办事处的客户需要更高水平的服务等。哪一个是正确的?为了确定这些潜在解释中哪些更准确,更适当的方式是查看其他数据,如客户询问细节,或者与员工面谈。

另一个常见的错误是提出超出数据支持范围的主张。这是一个关于解释和呈现的问题。在报告结论时,"许多""经常"或"所有"等词需要谨慎使用。为使结论可信,研究者应该尽可能保持公正和客观。能够表明你的结论是研究结果所支撑的是一个重要的发展技能。

最后,找到呈现结果的最佳方式同样是项技术活儿,这取决于你的目标和产生结果的受众。例如:在需求活动中,你可以选择使用正式的说明来呈现你的发现;在总结问题时,说明你的结论由遇到这些问题的用户的视频剪辑所支持,对于向开发团队展示来说可能更好。

　　在本章中，我们将介绍各种方法，并更详细地描述如何使用交互设计中的一些常用方法来进行数据分析和呈现。

9.2　定量与定性

　　定量数据是数字形式的或可以容易地转换为数字的数据。例如，受访者有几年的经验、部门每次处理的项目数或执行任务所需的分钟数。定性数据是文字和图像形式的数据，包括描述、受访者的话、活动的小插图和图像。可以用数值形式表示定性数据，但这样做并不总是有意义的（见框9.1）。

　　有时我们认为某些形式的数据收集只能收集到定量数据，而其他形式的数据收集只能收集到定性数据。然而，这是一个谬误。第8章讨论的所有形式的数据收集都可能产生定性和定量数据。例如，在问卷中，关于被试的年龄或他们使用的软件应用程序数量的问题将产生定量数据，而所有文字描述都将产生定性数据。在观察中，你可以记录的定量数据包括参与项目的人数或参与者花费多少时间来解决他们遇到的问题，而关于沮丧感觉的记录或团队成员之间相互作用的性质都是定性数据。

　　定量分析使用数值方法来确定某物的量级、数目或尺寸，例如被试的属性、行为或意见。例如，在描述群体时，定量分析可能得出结论：被试的平均身高是5英尺11英寸（约1.8米），平均体重是180磅（约163斤），平均年龄是45岁。定性分析侧重于事物的性质，可以通过主题、模式和故事来表示。例如，在描述相同的人口时，定性分析可能会得出结论：这些人普遍瘦高，且是中年人。

▍框9.1▕使用和滥用数字

　　数字是无限可塑的，可以形成非常有说服力的论证，但重要的是要证明操纵定量数据的合理性，以及这将带来什么影响。在将一组数字相加、找到平均值、计算百分比或执行任何其他类型的数字转换之前，请考虑该操作在你的整个研究过程中是否对特定的情境有重大意义。

　　定性数据也可以转换成一组数字。有时，可以将非数值数据转换为数值或有序尺度，这是交互设计中的常见方法。然而，需要证明这种转换在给定情境中是有意义的。例如，假设你已从销售代表处收集了一组关于使用新移动产品报告销售查询的访谈。将此数据转换为数字形式的一种方法是计算每个受访者回答的总字数。然后，你可以得出关于销售代表对移动设备的感受如何的结论，例如：对产品的评价就越多，代表他们对产品的感觉越强烈。但你是否认为这是一个分析数据的明智方式呢？它能帮助我们解答研究问题吗？

　　其他不太明显的滥用包括将小群体的规模转化为百分比。例如，50%的用户花费超过30分钟通过电子商务网站下订单，并不等同于4个用户中的两个具有同样的问题。最好不要使用百分比，除非数据点的数量至少超过10。为了确保你的主张不被误解，甚至要同时使用百分比和原始数字。

　　即使对一组数据进行了合理的统计计算，仍然可能由于不清晰的研究过程或选择了给出最佳结果的特定计算而呈现出具有误导性的结果（Huff，1991）。此外，在选择和应用统计测试时需要谨慎的思考（Cairns，2019），因为使用不适当的测试可能会在无意中歪曲数据。

数据分析的第一步

在收集数据之后，通常需要对数据进行一些初步处理，然后才能开始真正的数据分析。例如：音频数据可以手工或使用自动化工具（如 Dragon）进行转录，定量数据，比如所花费的时间或所犯的错误数，通常会被输入电子表格（如 Excel）。表 9.1 对通过访谈、问卷调查和观察收集的数据的初步处理步骤进行了总结。

表 9.1 通过访谈、问卷调查和观察收集的数据和典型的初步处理步骤

	常规原始数据	定性数据例子	定量数据例子	初步处理步骤
访谈	音频记录 访谈笔记 视频记录	对开放性问题的回复 视频图片 被调查者的意见	年龄、职业、经验年限 对封闭性问题的回复	转录音、视频记录 扩充笔记 将封闭式问题的答案输入电子表格
问卷调查	手写回复 网上数据库	对开放性问题的回复 "进一步评价"领域的回复 被调查者的意见	年龄、职业、经验年限 对封闭性问题的回复	整理数据 将数据分类到不同的数据集 数据记录的同步
观察	观察者笔记照片 视频和音频记录 数据日志 出声思考	行为的记录 当任务在执行时的描述 非正式程序的复印品	参与者的人口统计 在任务上花费的时间 参与活动的人数 活动的种类	扩充笔记 转录音、视频记录

（1）访谈

在访谈结束后，需要尽快把访谈者的笔记写下来并进行补充，这样访谈者的记忆才会清晰、鲜活。音频或视频记录可以用来帮助这个过程，它还可以被转录为更详细的分析。转录需要很大的努力，因为人们说话的速度比大多数人打字（或写字）的速度都快，而且录音并不总是清晰的。值得考虑的是，是把整个访谈记录下来，还是只记录其中相关的部分。然而，决定什么是相关的可能会很困难。重新审视研究的目标，看看哪些段落涉及了研究问题，便可以指导这一过程。

封闭式问题通常被视为定量数据，并使用基础定量分析方法（见 9.3 节）。例如，可以通过分析关于被调查者年龄范围的问题很容易地得出被调查者的年龄分布百分比。需要更复杂的统计技术来确定可以概括的响应之间的关系，例如所测试的条件和人口统计之间是否存在关联。例如，不同年龄的人在早上或晚上睡觉前登录 Facebook 的时间长短是否不同？开放式问题通常会产生定性数据，可以从中探索回答的类型或模式。

（2）问卷调查

越来越多的问卷回答通过在线调查得到，并且其数据自动存储在数据库中。数据可以根据被调查者的亚群体（例如，16 岁以下的人）或特定的问题（例如，了解被调查者对不同机器人性格的反应）进行过滤。这使得可以对数据的子集进行分析，从而为更有针对性的目标得出具体的结论。要进行这种分析，需要从数量足够大的参与者样本中获得充足的数据。

（3）观察

观察可以产生各种各样的数据，包括笔记、照片、数据日志、出声思考记录（通常称为协议）、视频和音频记录。将这些不同类型的数据结合起来，可以获得所观察的活动的丰富描述。但难点是如何结合不同的资料来源以对所记录的内容进行连贯的叙述。9.5 节中讨论的分析框架可以帮助解决这个问题。初步数据处理包括记录和扩充笔记、转录音、视频记录和出声思考记录。对于受控环境中的观察，初步处理可能还包括同步不同的数据记录。

转录和观察者笔记最有可能使用定性方法进行分析，而照片提供情境信息。数据日志和观察者笔记中的一些元素可能会被定量分析。

9.3　基础定量分析

解释统计分析需要一整本专业书籍（例如，参见 Cairns，2019）的帮助。在这里，我们将介绍两种基本的定量分析技术：平均数和百分比。它们可以有效地用于交互设计。百分比对于数据的标准化非常有用，特别是当你想要比较两个或更多大型回答集合时。

平均数和百分比是众所周知的数值度量方式。但是，有三种不同类型的数值，你使用的类型可能会影响到结果它们分别是平均数、中位数和众数。平均数是指通常所理解的平均值：将所有数字加在一起并除以数字总数。中位数和众数不太常见，但是非常有用。中位数是数字按顺序排列时的中间值。众数是出现频率最高的数字。例如，在一组数据（2，3，4，6，6，7，7，7，8）中，中位数为 6，众数为 7，而平均数为 50/9＝5.56。在这种情况下，不同数值之间的差异不是很大。然而，考虑集合（2，2，2，2，450），现在中位数为 2，众数为 2，平均数为 458/5＝91.6。

"看起来很好，让我们用计算器算一下吧。"

（图片来源：Mike Baldwin / Cartoon Stock）

使用简单的平均值可以提供有用的概述信息，但是需要谨慎使用。Evangelos Karapanos 等人（2009）进一步的研究表明平均对待被试之间的多样性是错误的，并建议使用多维缩放法。

在进行任何分析之前，需要将数据整理成可分析的数据集。定量数据通常可以转换成行和列，其中一行等于一个记录，例如回答者或受访者。如果将这些输入到电子表格（如Excel）中，那么会使得简单的操作和数据集过滤更容易。在以这种方式输入数据之前，重要的是决定如何表示可能的不同答案。例如，"不知道"表示根本没有答案的不同回应，它们需要被区分，比如在电子表格中占有单独的列。此外，如果处理来自封闭问题的选项，例如工作岗位，则有两种会影响分析的不同方法。一种方法是将一列的标题设为"工作岗位"，并在该列输入由回答者或受访者提供的工作岗位。另一种方法是为每个可能的答案单独设置一列。后一种方法更易于自动汇总。但是，请注意，只有在原始问题旨在收集恰当的数据时，才能使用此方法（参见框 9.2）。

框 9.2 | 问题设计如何影响数据分析

不同的问题设计会影响分析方式和得出的结论。为了说明这一点，假设已经进行了一些访谈，以评估一款新应用程序，它可以让你试穿虚拟衣服，并实时将自己显示为 3D 全息图。关于 Memory Mirror 的更多描述见 http://memorymirror.com。

假设其中的一个问题是"你对新应用程序的感觉如何？"对此的回答将是多种多样的，可能包括：炫酷、令人印象深刻、逼真、笨重、技术复杂等。这有很多可能性，并且需要定性处理回答。这意味着数据的分析必须考虑每个单独的回答。如果只有 10 个左右的回答，那么这可能不太糟糕，但如果有更多的回答，那么信息会变得更难处理，且更难总结你的发现。这是典型的开放式问题，也就是说，答案不可能是同质的，因此需要单独处理。相比之下，可以定量处理封闭问题的答案，它给予受访者一组固定的选项。所以，例如，不是问"你对全息虚拟试穿软件感觉如何？"而是问"根据你的体验，全息虚拟试穿软件是逼真的、笨重的还是失真的？"这显然减少了选项的数量，你可以将回答记录为"逼真""笨重"或"失真"。

当在电子表格或简单的表格中输入时，对此数据的初步分析可能如下所示：

受访者	逼真	笨重	失真
A	1		
B		1	
C		1	
…			
Z			1
总计	14	5	7

基于此，我们可以说，26 个受访者中的 14 个（54%）认为全息虚拟试穿软件是逼真的，5 个（19%）认为是笨重的，7 个（27%）认为是失真的。还要注意的是，在表格中，受访者的姓名被替换为字母，因此他们是可识别的，但是对任何旁观者都是匿名的。这个策略对于保护参与者的隐私很重要。

问卷调查中可能使用的另一种方法是使用 Likert 量表（如下面的量表）来对问题进行说明。这再次改变了数据的种类，从而得出了相应的结论。

全息虚拟试穿软件是逼真的：

完全同意	同意	中立	不同意	完全不同意
☐	☐	☐	☐	☐

可以使用简单的电子表格或表来分析数据：

受访者	完全同意	同意	中立	不同意	完全不同意
A	1	1			
B		1			
C				1	
…					
Z					1
总计	5	7	10	1	3

在这种情况下，我们改变了收集的数据类型，不能基于第二组数据说明受访者是否认为全息虚拟试穿软件是笨重的或是失真的，因为我们没有问这些问题。我们只能说，例如，26 个受访者中的 4 个（15%）不同意全息虚拟试穿软件是逼真的（其中 3 个（11.5%）完全不同意）。

对于简单的整理和分析，人们通常使用诸如 Excel 或谷歌表格之类的电子表格软件，因为它通常可用、易于理解，并提供各种数值处理和图形表示。基本分析可能涉及计算平均值和识别异常值，即与大多数值显著不同的值，因此是不常见的值。生成图形表示可提供数据及其包含的任何模式的整体视图。其他工具可用于执行特定的统计测试，例如在线 t 测试和 A/B 测试工具。数据可视化工具可以创建更复杂的数据表示，例如热图。

例如，考虑表 9.2 中的数据集，该数据集是在评估图片共享应用程序期间收集的。此数据显示用户对社交媒体的体验以及尝试使用新应用程序完成受控任务时发生的错误数。这些数据被自动捕获并记录在电子表格中，然后计算总数和平均值。图 9.1 中的图表是使用电子表格包生成的。它们显示了数据集的整体视图。特别是，很容易看犯错次数数据中没有明显的异常值。

将一个用户添加到表 9.2 中，犯错次数为 9，并将新数据绘制为散点图（参见图 9.2），这可以说明图形如何帮助识别异常值。通常应将异常值从主数据集中删除，因为它们会扰乱一般的变化模式。但是，如果围绕产生异常值的用户及其会话进行研究，则这些异常值也可能是进一步调查的有趣案例。

这些初步调查还有助于发现可进一步调查的其他领域。例如，犯错次数为 0 的用户有什么特点，或者每月只使用一次社交媒体的人的表现有什么不同。

表 9.2　在研究图片共享应用程序期间收集的数据

	社交媒体使用情况					
用户	一天一次以上	一天一次	一周一次	一周两到三次	一个月一次	犯错的次数
1		1				4
2	1					2
3			1			1
4	1					0
5				1		2
6		1				3
7	1					2
8		1				0
9					1	3
10	1					2
11			1			1
12		1				2

（续）

社交媒体使用情况

用户	一天一次以上	一天一次	一周一次	一周两到三次	一个月一次	犯错的次数
13		1				4
14		1				2
15						1
16				1		1
17		1			1	0
18		1				0
总计	4	7	2	3	2	30
均值						1.67（小数点后 2 位）

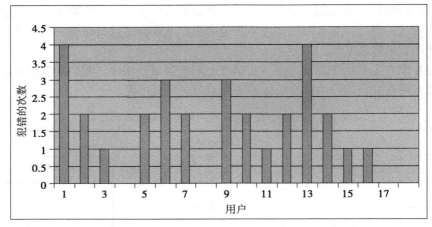

a）犯错次数的分布（注意图中使用的比例，因为看似巨大的差异实际上可能小得多）

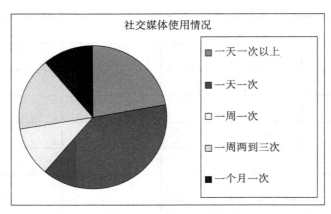

b）被试组内社交媒体使用情况分布

图 9.1　表 9.2 中数据的图形表示

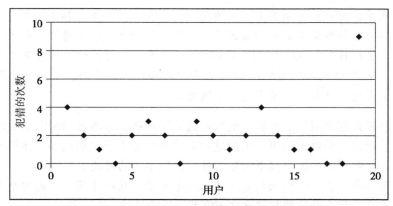

图 9.2　使用散点图有助于快速识别数据中的异常值

练习 9.1　下表中的数据表示一组用户从在线购物网站选择和购买物品所花费的时间。

使用你有访问权限的电子表格应用程序，生成条形图和散点图以呈现这些数据的整体视图。据此对可能形成进一步调查的基础的数据进行两个初步观察。

用户	A	B	C	D	E	F	G	H	I	J	K	L	M	N	O	P	Q	R	S
完成的时间（分）	15	10	12	10	14	13	11	18	14	17	20	15	18	24	12	16	18	20	26

解答　条形图和散点图如下所示。

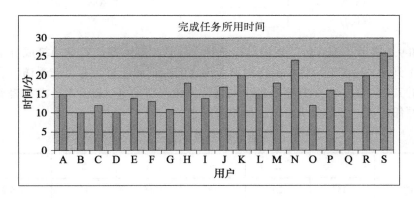

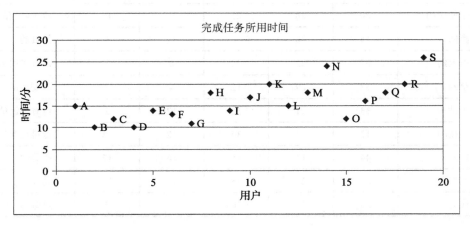

在这两幅图中，有两个方面需要进一步研究。首先，用户 N（24）和用户 S（26）的值高于其他值，并且应该详细查看其相关记录。此外，似乎存在一种趋势，即在测试时间开始时用户（特别是用户 B、C、D、E、F、G）的执行速度快于测试时间结束时用户的速度。这个情况不明确，因为 O 也表现良好，而 I、L 和 P 几乎一样快，但关于后来的测试时间可能有一些未知因素影响了结果，这值得进一步调查。

比较两组结果是相当直接的方法，例如通过使用这些类型的数据的图示比较对两个交互式产品的评价。语义差分数据也可以采用这种方式分析并用于识别趋势，前提是问题的格式是恰当的。例如，在问卷中提出以下问题来评估两种不同的智能手机设计：

对于每对形容词，在它们之间的点上标上一个十字，反映你倾向于用哪个形容词描述智能手机设计的程度。请在每行的标记线之间只标上一个十字。

令人厌烦的	｜　｜　｜　｜　｜　｜	令人愉悦的
易于使用的	｜　｜　｜　｜　｜　｜	难于使用的
实惠的	｜　｜　｜　｜　｜　｜	昂贵的
吸引人的	｜　｜　｜　｜　｜　｜	没有吸引力的
安全的	｜　｜　｜　｜　｜　｜	不安全的
有帮助的	｜　｜　｜　｜　｜　｜	没有帮助的
高科技的	｜　｜　｜　｜　｜　｜	低科技含量的
稳定的	｜　｜　｜　｜　｜　｜	脆弱的
低效的	｜　｜　｜　｜　｜　｜	高效的
现代的	｜　｜　｜　｜　｜　｜	过时的

表 9.3 和 9.4 展示了 100 份问卷的结果统计。注意，其回答已经被换算成五个可能的类别，编号从 1 到 5，这基于回答者在每对形容词之间标记的位置。有可能受访者有意将一个十字接近框的其中一边，但是忽略数据中的这种细微差别是可以接受的，前提是原始数据不会丢失，以便任何进一步的分析可以返回来参考它。

表9.3　1号手机

	1	2	3	4	5	
令人厌烦的	35	20	18	15	12	令人愉悦的
易于使用的	20	28	21	13	18	难于使用的
实惠的	15	30	22	27	6	昂贵的
吸引人的	37	22	32	6	3	没有吸引力的
安全的	52	29	12	4	3	不安全的
有帮助的	33	21	32	12	2	没有帮助的
高科技的	12	24	36	12	16	低科技含量的
稳定的	44	13	15	16	12	脆弱的
低效的	28	23	25	12	12	高效的
现代的	35	27	20	11	7	过时的

表 9.4　2 号手机

	1	2	3	4	5	
令人厌烦的	24	23	23	15	15	令人愉悦的
易于使用的	37	29	15	10	9	难于使用的
实惠的	26	32	17	13	12	昂贵的
吸引人的	38	21	29	8	4	没有吸引力的
安全的	43	22	19	12	4	不安全的
有帮助的	51	19	16	12	2	没有帮助
高科技的	28	12	30	18	12	低科技含量的
稳定的	46	23	10	11	10	脆弱的
低效的	10	6	37	29	18	高效的
现代的	3	10	45	27	15	过时的

图 9.3 中的图表显示了两个智能手机的设计如何随着受访者对设计现代化的看法而变化。该图表清楚地显示了两种设计的不同。

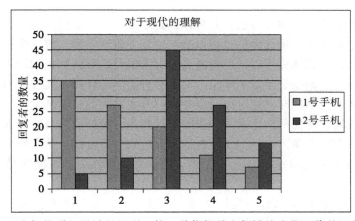

图 9.3　两个智能手机设计的图形比较，其依据是它们被认为是现代的还是过时的

也可以对自动捕获用户交互的数据日志（例如网站或智能手机）进行图形分析和表示，以帮助识别行为模式。此外，可以使用更复杂的操作和图形图像来突出显示所收集的数据中的模式。

9.4　基础定性分析

本节讨论定性分析的三种基本方法：识别主题、分类数据和分析关键事件。关键事件分析是一种隔离数据子集的方法，可以通过识别主题或应用类别来进行更详细的分析。这三种基本方法并不相互排斥，并且经常结合使用。例如，在分析视频材料时，可首先确定关键事件，然后进行专题分析。视频分析将在框 9.3 中进一步讨论。

与定量分析一样，定性分析的第一步是获得数据的整体印象，并开始寻找有趣的特征、主题、重复的观察，以及一些突出的事情。其中一些将在数据收集过程中出现，并且可能已经揭示了要寻找的模式类型，但重要的是要确认并重新确认结果，以确保初始印象不会使分析有所偏向。例如，你可能会注意到，在访问 TripAdviser.com 的人员的日志数据中，他们经常会先搜索那些被评为"糟糕"的酒店的评论。或者，你可能会注意到许多受访者表示在登录网上银行服务时必须回答如此多的安全问题特别令人沮丧。在此期间，没有必要捕获所有的发现，而应该突出共同特征并记录出现的任何例外（Blandford，2017）。

对于观察，数据收集中使用的指导框架将为数据提供一些结构。例如，第 8 章中介绍的从业者的观察框架将决定关注的对象、地点和内容，而使用更详细的框架将产生与物理对象、人的目标、事件序列等相关的模式。

可以对定性数据进行归纳分析，即从数据中提取概念，也可以对其进行演绎分析，即使用现有的理论或概念对数据元素进行分类（Robson 和 McCartan，2016）。使用哪种方法取决于获得的数据和研究的目标，但基本原则是对数据的元素进行分类，以便对研究的目标有更深入的了解。确定主题（主题分析）采用归纳方法，而分类数据采用演绎方法。在实践中，分析通常是迭代执行的。先归纳地确定主题然后将其演绎地应用于新数据，并为初始的、预先存在的分类方案将其在应用于新情况或新数据时归纳地增强，这是很常见的。确定主题或新类别最具挑战性的方面之一是确定正交的、有意义的代码（即不重叠的代码）。另一方面是决定它们的适当粒度，例如单词、短语、句子或段落级别。这也取决于研究的目标和所分析的数据。

无论使用归纳方法还是演绎方法，其目标都是形成一个可靠的分析，也就是说，如果其他人使用相同类型的方法，那么他们也可以复制这个分析。一种达成这个目的的方法是训练另一个人编写代码。当训练完成后，由这两名研究人员分析相同数据的样本。如果这两种分析之间有很大的差异，则要么是培训不足，要么是分类不起作用，需要加以改进。当两名研究人员之间达到较高的信度时，就可以通过计算评分者之间的信度来量化。这是这两名研究人员的分析之间的协议的比例，定义为协议的项目数量，例如由两名研究人员一致确定的数据产生的类别或主题的数量，表示为所检查的项目总数的百分比。两名研究人员使用的另一个一致性度量方法是 Cohen's kappa（κ），该方法认为协议发生的可能性是随机的（Cohen，1960）。

使用更复杂的分析框架来分析定性数据，可以带来比这些基本技术的结果更深入的见解。9.5 节将介绍交互设计中常用的框架。

▎框 9.3 ▎分析视频材料

开始进行视频分析的一个好方法是，一边看持续记录下来内容一边对发生的事情进行高层次的叙述，同时记下视频中可能出现的有趣事件。如何决定哪个事件是有趣的取决于观察对象。例如，在一项关于开放式办公室中发生的干扰的研究中，事件可能是每一次有一个人从正在进行的活动中暂停，例如，电话铃响了、电子邮件来了、有人走进他们的隔间。如果这是一项关于成对学生如何使用协作学习工具的研究，那么记录诸如轮流学习、共享输入设备、互相交谈以及为共享对象竞争等活动是合适的。

时间顺序和视频时间用于索引事件。这些可能并不相同，因为录音可以以不同于实际的速度运行，视频可以被编辑。人们也会使用某些日常活动的标签，例如午餐时间、下午茶时间、员工会议和医生查房。电子表格用于记录事件的分类和描述，以及关于事件如何开始、如何展开和如何结束的注释和说明。

可以通过捕获屏幕或记录人们与电脑互动的数据来增强视频，有时还需要对其进行转录。为此，可以使用各种日志记录和屏幕捕获工具，这些工具可以将交互过程像电影一样进行回放，显示正在被打开、移动、选择的屏幕对象，等等。这些内容还可以与视频并行播放，提供关于谈话、物理交互和系统响应的不同视角。拥有数据流的组合可以使解释更详细和更细粒度的行为模式成为可能（Heath 等，2010）。

9.4.1　确定主题

主题分析被认为是检查定性数据的各种不同方法的总称。它是一种广泛使用的分析技术，旨在识别、分析和报告数据中的模式（Braun 和 Clarke，2006）。更正式地说，主题是关于与研究目标相关的数据的重要内容。主题表示某种模式，可能是在数据集中发现的特定主题或特性，它被认为是重要的、相关的，甚至与驱动研究的目标无关。所确认的主题可能涉及多个方面：行为、用户组、事件、发生这些事件的位置或情况等。每一种主题都可能与研究目标相关。例如，对典型用户的描述可能是关注参与者特征的数据分析的结果。虽然本节在定性分析中描述主题分析，但也可能从定量数据中产生主题和模式。

在对数据进行初步检查之后，下一步是更系统地分析被试的文字记录中的主题，寻找进一步的证据来证实和否定对所有数据的初始印象。这种更系统的分析侧重于一致性检查；换句话说，主题是所有被试共有的，还是只是一两个人提到的？另一个重点是寻找第一次检查时可能没有注意到的主题。有时，从这种系统分析中提炼的主题形成了分析的主要结果集，但有时它们只是起点。

研究的目标为在第一次和随后的数据传递中确定和形成主题提供了一个重点方向。例如，考虑一项调查，其目的是评估火车旅行网站上显示的信息是否恰当和充分。有几位受访者建议，应显示在始发站和终点站之间的车站。这与该研究的目标有关，并将作为一个主题进行报告。在调查的另一部分，在受访者进一步的评论中，你可能会注意到，有几位受访者表示该公司的标识让人分心。虽然这也是数据中的一个主题，但它与研究的目标没有直接关系，因此可能只是作为一个次要的主题进行报告。

一旦确定了一些主题，通常就会从主题集退一步来查看全局。是总体叙述开始浮现，还是这些主题完全不同？一些主题是否和其他主题相吻合？如果是这样，那么是否有一个总体的主题？你能开始生成一个元叙述，即数据的整体布局吗？在此期间，如果一些原始的主题可能看起来不那么相关，则可以删除。有一些主题是相互矛盾的吗？为什么会这样呢？这些问题可以独自完成，但更经常的是在小组中使用头脑风暴技术和便利贴来完成。

探索数据、确定主题和寻找总体叙述的常用技术是创建关联图。该方法试图将个人的想法和见解组织到显示共同结构和主题的层次结构中。当笔记以某种形式相似时，应将它们组合在一起。这些笔记组不是预定义的，而是从数据中产生的。这个过程最初是从日本引入软件质量社区的，它被认为是七个质量过程之一。应逐步建立关联图。首先放上一个笔记，然后团队成员寻找以某种方式相关的其他笔记。

关联图可用于上下文设计（Beyer 和 Holtzblatt，1998；Holtzblatt，2001），但它在交互设计中也有广泛的应用（Lucero，2015）。例如，Madeline Smith 等人（2018）为设计一个用于远程共同观看视频的 Web 应用程序进行了访谈，他们使用关联图从受访者的文字记录中寻找需求（见图 9.4）。尽管数字协作工具十分流行，但使用手写便利贴来组织关联图已经流行了多年（Harboe 和 Huang，2015）。

图 9.4   在 Web 应用程序设计期间构建的关联图的一部分（图片来源：Smith（2018）。由
Madeline Smith 提供）

⟶ 更多有关在交互设计中使用关联图的信息详见 https://uxdict.io/design-thinking-methods-
affinity-diagrams-357bd8671ad4。

9.4.2   数据分类

在进行探索性研究时，归纳分析是合适的，并且重要的是让主题从数据本身产生。有
时，分析框架（使用的类别集）是预先选择的，并且是基于研究目标的。在这种情况下，分
析则是演绎的。例如，在 Botswana 的一项关于新手交互设计师行为的研究中，Nicole Lotz
等人（2014）基于 Schön（1983）的设计和反射周期使用了一组预先确定的类别：命名、构
造、移动和反射。这使得研究人员能够在设计师的行为中识别出详细的模式，这为教育和支
持提供了启示。

为了说明分类，我们给出了一个例子，它来自一组针对在一个在线教育环境中使用不同
的导航辅助工具（Ursula Armitage，2004）的研究。这些研究使用出声思考技术，观察用户
浏览一些在线教育材料（关于评估方法）的情况。研究人员对出声思考协议进行记录和转录，
然后从不同的角度进行分析，其中一个角度是确定被试在名为 Nestor Navigator（Zeiliger 等，
1997）的在线环境中遇到的可用性问题。转录的节选见图 9.5。

> 　　我想这只是从屏幕上获取更多信息。当我看着屏幕时，我注意力不是很集中。但
> 我对迄今为止所读过的内容都非常清楚……但这是因为它的标题是经过评估的，之前
> 并没有相关专家会测试，所以这非常好。我时不时进行点击，因为稍后就可以组织思
> 路。但是如果是在纸上阅读仍然是很好的，因为有很多文字要阅读。
> 　　我想问一个问题，我应该说一些关于我正在阅读的内容的思考以及我对这些内容
> 和条件的看法，还是我如何看待从屏幕阅读这些内容？我该做什么？
> 　　观察者：你对屏幕上的内容有什么看法……如果你的想法一致……可以不发表
> 意见。
> 　　之前有了太多的参考，我已经忘了其他评估的名字，这个评估和之前的都不太
> 像，而且之间也没有可对比之处……所以我认为……
> 　　可能列出其他相关的评估会更好，可以在这里查看其他评估，这样我就不用每次
> 花费大量的时间去重复点击。所以最好有这种额外的链接。

图 9.5   使用在线教育环境时的出声思考协议抄本的节选，注意中途观察者的提示（资料来
源：Armitage（2004）。由 Ursula Armitage 提供）

这段节选是使用一种分类方案来分析的，该方案源自系统对用户的一组负面影响（van Rens，1997），接着迭代扩展以适应这些研究中观察到的特定交互类型。分类方案如图9.6所示。

---

1. 界面问题
1.1 语言表达表明对界面某一方面不满意。
1.2 语言表达表明界面的某一方面存在混乱/不确定性。
1.3 语言表达表明某一行动的结果混乱/令人意外。
1.4 语言表达表明身体不适。
1.5 语言表达表明疲劳。
1.6 语言表达表明寻找界面的特定内容存在难度。
1.7 语言表达表明在实现自己设定的目标或整体任务目标时遇到问题。
1.8 语言表达表明用户犯了错误。
1.9 如果没有实验者的外部帮助，被试无法从错误中恢复。
1.10 被试提出了重新设计电子文本界面的建议。
2. 内容问题
2.1 语言表达表明对电子文本内容方面不满意。
2.2 语言表达表明电子文本内容方面存在混乱/不确定性。
2.3 语言表达表明对电子文本内容存在误解（用户可能没有立即注意到这一点）。
2.4 被试提出重写电子文本内容的建议。
识别出的问题应该编码为 [UP,＜＜问题编号＞＞]。

图 9.6　从语言协议转录中识别可用性问题的标准（资料来源：Armitage（2004）。由 Ursula Armitage 提供）

随着对转录的分析和更多类别的归纳识别，该方案得到了发展。图 9.7 展示了使用此分类方案编码的图 9.5 中的内容。请注意，文本使用方括号分隔，以指示哪个元素被标识为显示特定可用性问题的元素。

在对数据进行分类后，其结果可用于回答研究目标。在前面的例子中，研究人员可以量化被试遇到的可用性问题的总数、每种测试条件下每个被试遇到的问题的平均数，以及每个被试遇到的每种类型的独特问题的数量。这也有助于识别行为模式和重复出现的问题。拥有出声思考协议意味着可用性问题的整体视图可以考虑上下文。

[我想这只是从屏幕上获取更多信息 UP 1.1]。[当我看着屏幕时，我注意力不是很集中 UP 1.1]。但我对迄今为止所读过的内容都非常清楚……[但这是因为它的标题是经过评估的 UP 1.1]，之前并没有相关专家会测试，所以这非常好。我时不时进行点击，因为稍后就可以组织思路。[但是如果是在纸上阅读仍然是很好的 UP 1.10]，[因为有很多文字要阅读 UP 1.1]。

　　我想问一个问题，我应该说一些关于我正在阅读的内容的思考以及我对这些内容和条件的看法，还是我如何看待从屏幕阅读这些内容？我该做什么？

　　观察者：你对屏幕上的内容有什么看法……如果你的想法一致……可以不发表意见。

　　[之前有了太多的参考 UP 2.1]，[我已经忘了其他评估的名字，这个评估和之前的都不太像，而且之间也没有可对比之处……所以我认为……UP 2.2]

　　[可能列出其他相关的评估会更好，可以在这里查看其他评估 UP 1.10]，[这样我就不用每次花费大量的时间去重复点击 UP 1.1,1.7]。[所以最好有这种额外的链接 UP 1.10]。

图 9.7　图 9.5 中的内容使用图 9.6 中的分类方案进行编码（资料来源：Armitage（2004）。由 Ursula Armitage 提供）

练习 9.2 下面是同一研究中另一个出声思考的节选。使用图 9.6 中的分类方案，编写这个可用性问题的代码。在你正在编码的完整元素周围加上方括号是很有用的。

好吧，看地图，依然没有明显的起点，应该有一个突出的标志，表明"从这里开始"。

好的，下一个突出显示的关键字是评估，但我不确定这是我想直接去的地方，所以我只是回到介绍。

是的，在我开始看评估之前，我可能想阅读有关可用性问题的内容。所以，我会认为每个页面中的链接会跳转到下一个逻辑点，但我的逻辑可能不同于其他人。只是想直接去看看可用性问题。

好的，我再次回到介绍。我只是想如果我来设计的话，仍然要有一个链接回到介绍，但我会让人们按这些逻辑顺序浏览，而不是期望他们一直返回。

返回……到介绍。看看类型。观察，真的不想去那里。这是什么（指向地图上的 UE 类型）？直奔类型……

好吧，是的，我已经去过那里了。我们已经看过可用性问题了，没关系，所以我们来看看这些引用。

我点击地图，而不是通过介绍返回，说实话，我厌倦了总是回到介绍。

解答 编码文本需要实践，但此练习会让你了解应用类别所涉及的决策类型。我们编码的节选如下：

[好吧，看地图，依然没有明显的起点 UP 1.2,2.2], [应该有一个突出的标志，表明"从这里开始" UP 1.1,1.10]。

好的，下一个被突出显示的关键字是评估，但 [我不确定这是我想直接去的地方 UP 2.2]，所以我只是回到介绍。

是的，在我开始看评估之前，我可能想阅读有关可用性问题的内容。所以，[我会认为每个页面中的链接会跳转到下一个逻辑点，但我的逻辑可能不同于其他人 UP 1.3]。只是想直接去看看可用性问题。

好的，我再次回到介绍。[我只是想如果我来设计的话，仍然要有一个链接回到介绍，但我会让人们按这些逻辑顺序浏览，而不是期望他们一直返回 UP 1.10]。

返回……到介绍。[看看类型。观察，真的不想去那里。这是什么（指向地图上的 UE 类型）？ UP 2.2] 直奔类型……

好吧，是的，我已经去过那里了。我们已经看过可用性问题了，没关系，所以我们来看看这些引用。

我点击了地图，而不是通过介绍返回，[说实话，我厌倦了总是回到介绍 UP 1.1]。

9.4.3 关键事件分析

数据收集会话通常会导致大量数据。分析所有数据的细节是非常耗时的，并且通常是不必要的。关键事件分析是一种有助于识别数据的重要子集以进行更详细的分析的方法。这种技术是一套原则，产生于在美国空军部队进行的工作中，其目标是确定飞行员良好表现和不良表现的关键要求（Flanagan，1954）。它有两项基本原则，即"（a）报告有关行为的事实比收集基于一般印象的解释、评分和意见更可取；（b）报告应限于那些具有能力的观察员认可的对活动产生重大贡献的行为"（Flanagan，1954，p.355）。在交互设计情境中，具备良好的观察会话满足第一项原则。第二项原则是指关键事件，即对所观察到的活动具有重要或关键影响的事件，其影响可以是期望的，也可以是不期望的。

在交互设计中，可以通过不同的方式运用关键事件分析，但重点是识别特定的重要事件，然后关注和详细分析这些事件，使用收集的其他数据作为背景来指导解释。这些信息可以由用户通过最近事件的回顾讨论或由观察者通过研究视频片段或实时观察来确定。例如，在评估研究中，一个关键事件可能是用户在明显被问题困住时发出的信号——通常由评论、沉默、困惑的表情等标记。这些只是迹象。该事件是否重要到值得进一步调查取决于所查明问题的严重程度。

Tuomas Kari 等人（2017）在基于地理位置的增强现实游戏《精灵宝可梦 Go》中使用了关键事件技术。他们感兴趣的是确认游戏诱导玩家改变的行为类型。为此，他们通过社交媒体渠道发布了一项调查，要求有经验的玩家确定并描述一种突出的正面或负面体验。262个有效回答被按主题分成 8 组。除了预期的行为变化（如增加身体活动）之外，他们还发现玩家更善于社交、感觉日常活动更有意义、表达更积极的情绪、更有动力去探索周围的环境。在另一项研究中，Elise Grison 等人（2013）使用批判事件技术调查了影响游客在巴黎选择交通方式的具体因素，以调整新的交通工具和服务，比如动态路线规划器。被试被要求报告他们在上班或上学途中经历的积极和消极的真实事件，以及他们对所选择的交通工具感到后悔还是满意。他们的发现包括：环境因素对选择有很大的影响；人们更有可能选择一条可替代的路线回家，而不是事先设定的路线；情绪状态对于规划路线很重要。

➡更多关于旨在重点理解问题原因的可用性研究中的关键事件分析的内容详见 www. usabilitybok.org/critical-incident-technique。

练习 9.3　为自己或朋友定一个任务，目标是确定想在当地观看的即将上映的电影或即将上演的演出。当你或朋友执行此任务时，记下与活动相关的关键事件，记住，关键事件可能是积极事件或消极事件。

解答　通过当地报纸、网上搜索、查看社交媒体上的朋友推荐了什么，或直接联系当地电影院或剧院，都可以获得娱乐信息。当我让我的女儿尝试这项任务时，我注意到几个关键事件：

1. 在查看了她的社交媒体渠道后，她发现自己对这些推荐没有任何兴趣，所以她决定在网上搜索。

2. 她发现，她最喜欢的经典电影之一在当地电影院只上映一周，而且还在售票。

3. 当她试着买票的时候，她发现需要一张信用卡，而她没有，所以她不得不让我完成购买！

9.5　使用何种分析框架

有几种不同的分析框架可以用来分析和解释定性研究中的数据。本节将概述六种不同的方法，并大致按照它们的粒度（即所涉及的详细级别）排序。例如：对话分析具有较细的粒度级别，它允许检查对话的细节以及短对话片段的方式；而基于系统的框架采用更广泛的范围并具有粗粒度水平，比如当新的数字技术引入一个组织（例如医院）时会发生什么。对话分析可能通过协作技术产生与用户交互相关的见解，而基于系统的分析可能产生与工作实践的变化、员工满意度、工作流的改进、对办公室文化的影响等相关的见解。表9.5 列出了这六种方法及其主要数据类型、焦点、预期结果和粒度级别。

表 9.5   交互设计中分析框架总览

框架	数据	焦点	预期结果	粒度级别
对话分析	对话录音	对话是如何进行的	对如何管理对话以及对话如何进展的见解	单词级，或更精细，例如停顿和音调变化
话语分析	一个或几个被试的演讲或写作记录	单词是如何表达意思的	隐藏的含义	单词、短语或句子级
内容分析	任何形式的"文本"，包括书面作品、视频与音频记录和照片	某件事被提及的次数	目标出现在文本中的频率	广泛的层次，从语言到情感、态度、工件和人
交互分析	自然发生的活动的录像	人与工件之间的语言或非语言互动	关于如何在活动中使用知识和行动的见解	工件、对话和手势的层次
扎根理论	任何类型的经验数据	围绕兴趣现象建构理论	以经验数据为基础的理论	层次不同，视兴趣现象而定
基于系统的框架	大规模异构数据	大规模涉及人员和技术，如医院或机场	关于组织有效性和效率的见解	宏观层面、组织层面

9.5.1   对话分析

对话分析（CA）是指详细检查对话的语义。其重点是分析对话是如何进行的（Jupp，2006）。这一技术在社会学研究中得到应用，它考察对话是如何开始的、如何一起构建轮流对话，以及其他对话规则。它被用于分析一系列设置中的交互，并且影响了设计师对这些环境中用户需求的理解。它还可以用来比较通过不同媒介进行的对话，例如，面对面的对话和通过社交媒体进行的对话。此外，它还被用来分析与语音辅助技术和与聊天机器人的对话。

语音助手（也称为智能音箱），如 Amazon Echo，越来越受欢迎。它提供有限的对话交互，主要是回答问题和响应请求。但是家庭如何适应它们呢？使用这种设备会改变他们的说话方式吗？他们会像和另一个人说话一样和这种设备说话吗？

Martin Porcheron 等人（2018）进行了一项研究，考察人们在家中是如何使用这种设备的，他们使用了经过挑选的对话片段进行对话分析。图 9.8 展示了他们分析的某个对话的一个片段示例。它使用一种特殊类型的语法来标记在大约 10 秒内发生的交互和语音的细节。其中方括号表示重复的对话，圆括号表示停顿，物理间距表示所说内容的时间顺序。这种细节层次使分析能够揭示对话中使用的微妙暗示和机制。

```
01  SUS   i'd like to play beat the intro in a minute
02  LIA   [ oh no: ]
03  SUS   [ alexa  ][ (1.1) ] beat the in[tro
04  CAR          [ °yeah°; ]
05  LIA                         [°no:::...°
06  CAR   (0.6) it's mother's day? (0.4)
07  SUS   it's (    ) yep (.) listen (.) you need to keep
08        on eating your orange stuff (.) liam
09        (0.7)
10  CAR   and your green stuff
11  SUS   alexa (1.3) alexa (0.5)=
12  CAR                       =°and your brown stuff
13  SUS   play beat the intro
```

图 9.8   一家人和 Alexa 之间对话的摘录，其中为对话分析进行了标记（图片来源：Porcheron 等（2018），fragment 1。经 ACM 出版社许可转载）

在这段片段中，苏珊（母亲）向利亚姆（儿子）和卡尔（父亲）宣布，她想与他们的 Amazon Echo 玩一个特殊的游戏（名为 Beat the Intro）。利亚姆不想玩（用他长长的 "不" 声来回应）。然而，苏珊已经通过呼唤 "Alexa" 唤醒了这个设备。卡尔对她表示了支持，在她说 "Alexa" 后的停顿中，卡尔迅速地说了声 "好"。然而，Alexa 似乎没有回应。这时，苏珊回到正在进行的家庭对话中，告诉利亚姆继续吃 "橙色的东西"。卡尔也插了一句，对利亚姆说，他也应该吃 "绿色的东西"。与此同时，苏珊又试着唤醒 Alexa。她用质疑的声音叫了两声 "Alexa"，其间卡尔告诉利亚姆继续吃，但这次是吃 "棕色的东西"。苏珊成功地唤醒了 Alexa，然后让它播放游戏。

那么，这种精细的分析提供了什么样的见解呢？Martin Porcheron 等人（2018）指出，它展示了一家人与 Amazon Echo 的互动是如何与其他正在进行的活动无缝地交织在一起的，在该案例中，父母试图让孩子吃他的食物。在更广泛的层面上，它说明了我们彼此之间的对话以及语音辅助技术是如何以微妙的方式交织在一起的，而不是在家庭成员之间的对话和家庭成员与设备之间的对话中来回跳转。他们还展示了其分析如何导致他们认为 "对话交互" 这个术语无法区分语音辅助界面和人类对话的交互性嵌入。相反，他们建议目前的语音辅助技术应该使用概念模型来设计，即更类似于指导而不是交谈。

9.5.2　话语分析

话语分析关注的是对话，即话语的意义以及话语如何被用来传达意义。话语分析具有很强的解释性且注重语境，认为语言不仅反映心理和社会方面，而且是对心理和社会方面的建构（Coyle，1995）。话语分析的一个基本假设是没有客观的科学真理。语言是社会现实的一种形式，可以从不同的角度进行解释。从这个意义上来说，话语分析的基本哲学与民族志的是相似的。语言被视为一种建设性的工具，话语分析则提供了一种关注人们如何使用语言来构建世界的方法（Fiske，1994）。

措辞上的小变化可以改变话语的含意，如下面的摘录所示（Coyle，1995）：

话语分析是当你说你在做话语分析时所做的事情……

科伊尔认为，话语分析是当你说你在做话语分析时所做的事情……

只要加上 "科伊尔认为" 这几个字，权威感就会发生变化，这取决于读者对科伊尔的著作和声誉的了解程度。

当试图找出人们在写什么、什么是流行趋势、什么是假新闻等问题中微妙和隐含的意义时，话语分析是有用的。它可以用于访谈数据，Facebook、Twitter 和 WhatsApp 等社交媒体和电子邮件。例如，Carlos Roberto Teixeira 等人（2018）提出了一种分类方法来分析推文，用于理解在线对话类型并识别其中的行为模式。他们分析的推文是在 2016 年巴西政治丑闻期间发布的。通过使用话语分析、了解文化背景以及技术是如何被巴西社会采用和使用的，他们解释了推文在字面之外的含意。

他们从网上搜集了推文的原始数据，并按照转发次数对推文进行了排序。然后他们选择了 100 个最有影响力的帖子，这些帖子被转发了 9000 ~ 47 000 次。最后，他们使用 Excel 电子表格手动对推文进行分类，确定了最主要的话语特征。然而，他们注意到，由于大多数被转发的消息通常是在语境之外捕获的（即在对话线程之外），他们有时很难解释其语境，比如与推文相关的特定新闻故事。

然后，这些推文被分成若干临时主题，并被精简为五个一般主题，分别是："支持"（推文支持政治争议的任何一方；"批评和抗议"（表示不赞成或反对的推文；"幽默"（诙谐的、带有卡通或笑话的推文）；"新闻"（涉及语气中立的新闻的推文）；"中立"（不相关或无法推断其定位的推文）。为了可靠性，两位不同的研究人员使用这些主题对每条推文进行了分类。分类后，使用描述性统计和简单的可视化（如词（标签）云图和饼图）对数据进行分析。这让他们能够对已分析过的推文得出结论，包括不同主题的相对大小以及其大小如何随着时间而变化。总体而言，以批评和抗议为主题的推文最受欢迎，其次是幽默。更广泛地说，他们讨论了这种话语分析如何表明幽默、抗议和批评在这种网络话语中占据着高度的主导地位。他们认为，发推文的人经常以批评和幽默的方式表达自己对正在发生的政治事件的感受。此外，他们还发现，包括图片、视频和 gif 动画在内的推文最常被归为幽默类。

手工完成这种对公共话语的分析是非常耗时的。为了提供帮助，研究人员致力于开发新的软件工具，可以自动处理计算机导入的话语（Ecker，2016）。正如在第 10 章中你将看到的，这样做的好处是可以分析更大的数据集。其缺点是，分析师不再"亲自动手"，并且与周围的语境失去了联系，这意味着会出现不同的解释。

9.5.3　内容分析

内容分析通常涉及将数据分类为主题或类别，然后研究类别出现的频率（Krippendorff，2013）。这种技术可以用于任何文本，其中"文本"指的是一系列媒体，包括视频、报纸、广告、调查结果、图像、声音等。它可以用来分析任何在线内容，包括推文的文本、链接、动画 gif、视频和图像。例如，Mark Blythe 和 Paul Cairns（2009）使用内容分析方法，根据"iPhone 3G"的相关性分析了 YouTube 搜索中的 100 个视频。他们将这些视频分成 7 类：评论、报告文学、"拆箱"、展示、讽刺、广告和视频博客评论（比如对排队的抱怨）。与话语分析相似，内容分析的一个重要方面是如何考虑更广泛的语境。

内容分析经常与其他分析技术一起使用。例如，Weixin Zhai 和 Jean-Claude Thill（2017）分析了来自微博的社交媒体数据，以调查 2012 年 7 月 21 日袭击北京、造成 79 人死亡的暴雨前后市民的情绪、态度和观点。他们使用了内容分析和情感分析（一种从自然语言中提取情感和主观信息的方法）的结合。他们从研究结果发现，由于暴雨期间被困在室内所带来的负面情绪，整个城市的人都感受到了悲伤。

9.5.4　交互分析

交互分析是由 Brigitte Jordan 和 Austin Henderson（1995）开发的，它是一种调查和理解人类与其他人以及环境中的物体之间相互作用的方法。该技术基于视频记录，侧重于与人工制品和技术的对话和非语言交互。这种方法的一个基本假设是，知识和行动基本上是社会性的。其目标是从自然发生的活动的视频中归纳总结，重点概括被观察的人如何理解彼此的行为和他们的集体成就。

交互分析是一个归纳过程，在这个过程中，研究团队从多个经验观察的例子中提出关于一般模式的陈述。交互分析是合作进行的，而不是单个研究人员进行单独的分析，然后比较其结果的一致性。小组成员一起讨论他们对所观看视频的观察和理解。第一步是创建内容日志，包括标题和所观察内容的粗略摘要。此阶段不使用预先确定的类别。相反，它们来自对视频材料的反复播放和讨论。小组成员也会对他们认为正在发生的事情提出假设。这个过程包括对视频中被观看者的意图、动机和对其的理解提出意见。这些意见必须与人们的行动相联系，而不是单纯的猜测。例如，如果分析师认为某人的动机是控制董事会会议，那么他们需要提供实际的例子证明这个人是如何实现这一目标的（例如，接管投影仪、作为控制者、长时间向别人展示自己的想法）。

然后，对这些视频进行拆分，提取其中有趣的部分，根据它们所代表的内容对其中一些进行重新分类，同时移除其他部分。组合一个突出事件的实例，然后将其依次播放，以确定一个现象是一个强大的主题还是一次性事件。Brigitte Jordon 和 Austin Henderson（1995）用一个例子说明了这一过程，他们研究了在一名孕妇第一次宫缩时周围的人的反应。他们注意到，在孕妇第一次宫缩时，医务人员和家属的注意力都从这名妇女身上转移到了监测设备上。他们找到了更多这种现象的例子，提供了强有力的证据，证明高科技设备的存在改变了护理的实践，特别是在护理是通过设备提供的实时数据来调节的时。

交互分析在人机交互中应用的一个例子是 Anna Xambo 等人（2013）的研究，他们研究了一组音乐家在使用一种新的协同桌面技术时如何即兴创作并学会一起演奏。在若干次干扰会话中，研究人员收集了四组使用该技术的音乐家的视频数据。研究人员反复观看和讨论了有代表性的视频片段，重点是语言交流和非语言交流主题。这些主题被分为音乐主题、物理主题和与界面相关的主题。在重复观看视频的过程中，出现的主题多种多样，包括错误/修复情况、与领域相关的行为、紧急协调机制和模仿行为。Anna Xambo 等人（2013）将这些转化为一组设计思想，用于开发支持动手协作学习的桌面技术。

9.5.5　扎根理论

扎根理论的目标是在系统分析和解释经验数据的基础上发展理论；即导出的理论是以数据为基础的。在这一方面，它是理论发展中的一种归纳方法。该方法最初由 Barney Glaser 和 Anselm Strauss（1967）开发，而后一些研究人员采用了该方法，并根据不同的环境对其进行了一些调整。特别是，他们各自（以及与他人）以略微不同的方式发展了扎根理论，但这种方法的目标是相同的。Barney Glaser（1992）提供了有关差异和争议领域的进一步信息。

在这种情况下，理论是"一套通过关系陈述相关联的充分发展的概念，它们共同构成一个可用于解释或预测现象的综合框架"（Strauss 和 Corbin，1998）。"扎根"理论的发展是通过数据收集和数据分析的交替来进行的：首先收集和分析数据以确认主题，然后该分析可能导致进一步的数据收集和分析，以扩展和提炼主题，以此类推。在该循环期间，部分数据将重新进行更详细的分析。数据收集和随后的分析受到新兴理论的驱动。该过程的结束标志是没有新的见解出现，这时我们认为理论是完善的。在这个过程中，研究者需要在客观性和敏感性之间保持平衡：需要客观性来保持事件的准确和理解的公正；需要敏感性来注意数据中的细微之处，并识别概念之间的关系。

分析的主旨是识别和定义相关主题的属性和维度，这些主题称为扎根理论中的类别。根据 Juliet Corbin 和 Anselm Strauss（2014），这种编码有三个方面，它们通过数据收集和分析的循环迭代来执行：

1. 开放编码是在数据中发现其类别、属性以及维度的过程。这个过程类似于前面对主题分析的讨论，包括编码的粒度（在字、行、句子、对话等级别）中的问题。

2. 主轴编码是系统地充实类别并将它们与其子类别相关联的过程。

3. 选择编码是细化和整合类别以形成更大的理论体系的过程。这些类别围绕一个中心类别进行组织，该中心类别形成了理论的支柱。最初，理论将仅包含类别的大纲，但随着收集的数据越来越多，它们将进一步细化和发展。

关于扎根理论的早期著作很少谈论应该使用什么数据收集技术，而是关注分析过程。后来的一些著作更侧重于数据收集。例如，Kathy Charmaz（2014）讨论了访谈技巧，以及收集和分析用于扎根理论分析的文档。在分析数据时，Juliet Corbin 和 Anselm Strauss（2014）鼓励使用分析的书面记录和类别的图形表示（称为备忘录和图表）。这些备忘录和图表演变为数据分析过程。一些研究人员还寻找数字工具，例如电子表格和图表工具，但许多人喜欢开发自己的代码书，如 Dana Rotman 等人（2014）在一项旨在了解公民为公民科学项目做出贡献的动机的研究中创作的一本书。她分析的数据来源于对来自美国、印度和哥斯达黎加的 33 名公民科学家及 11 名科学家深入半结构化访谈（见图 9.9）。

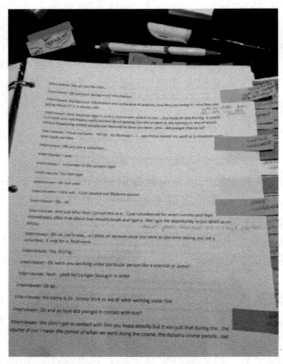

图 9.9　用于对公民科学贡献动机进行扎根理论分析的代码书（图片来源：Jennifer Preece）

以下分析工具可用于帮助激发分析师的创意，以及识别和表征相关类别。

1. **使用质疑**：这指的是质疑数据而不是被试。质疑可以帮助分析人员产生想法或考虑查看数据的不同方法。当分析似乎一成不变时，提出质疑是很有用的。

2. **单词、短语或句子的分析**：详细考虑话语的含义，这样可以帮助触发看待问题的不同角度。

3. **通过比较进行深入分析**：可以在对象之间或抽象类别之间进行比较。无论是哪种情况，进行对比都会带来候选的解释。

扎根理论使用主题分析，即从数据中识别主题，但由于数据分析指导了数据收集，所以它还依赖于根据现有的主题集对新数据进行分类，然后根据新的发现对该集合进行演化。正如 Victoria Braun 和 Victoria Clarke（2006）所指出的，"主题分析不同于其他试图描述定性数据模式的分析方法……例如扎根理论，（它是）理论有界的……扎根理论分析的目标是对基于数据的现象生成一个可信且有用的理论。"

扎根理论实例

所谓的空闲游戏越来越受欢迎（Cutting 等，2019）。空闲游戏是一种极简主义的游戏，它只需要很少的互动，甚至不需要互动就能让游戏继续前进。例如，一个空闲游戏可能需要重复一个简单的动作，比如点击一个图标来积累资源。例如《猫国建设者》，它是一个基于文本（即没有图形用户界面）的游戏，涉及管理一个小猫村庄，而 *Cookie Clicker* 是涉及烘焙和销售饼干的游戏。空闲游戏还包含自动游戏机制，这样玩家可以在不做任何事情的情况下长时间继续游戏进程（Purkiss 和 Khaliq，2015）。Joe Cutting 等人（2019）研究的一个极端的例子是《猫咪后院》，一个收集猫的游戏，只有将游戏关闭才可以取得进展。在研究中，他们感兴趣的是"参与"的概念以及这种新型游戏对当前理论的影响。

为了更充分地了解空闲游戏类型，Sultan Alharthi 等人（2018）使用扎根理论专门为其开发了一个分类和一组特征。通过定义这类游戏的基本特征并将它们聚类，他们希望能够为每种类型的游戏提供设计上的启示。

图 9.10 展示了编码的三个阶段：开放编码、主轴编码和选择编码。注意，在该案例中，研究是由研究人员试玩每一款所研究的游戏开始的。

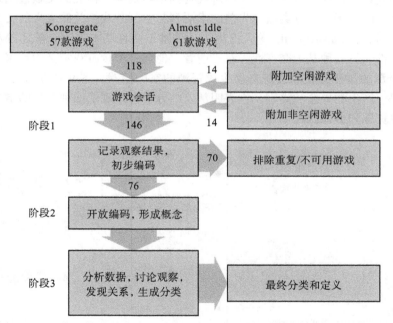

图 9.10　Alharthi 等人使用的过程，其中阶段 2 和阶段 3 使用扎根理论编码的三个阶段

每款游戏都由两位研究人员试玩，他们将观察结果记录在电子表格中。这些观察集中于游戏玩法、游戏机制、奖励、互动性、进展速度和游戏界面。然后他们使用 11 分交互量表（0~10 分）对游戏进行评分，0 分表示游戏可以在没有玩家互动的情况下进行，10 分表示游戏在没有玩家互动的情况下进展缓慢。游戏等级的进展也在同样的尺度上进行评级。

在每次游戏会话和观察结束时，研究者都会对游戏做出一个简要的概述，并对他们的观察结果进行初步的开放编码（初步开放编码的例子见图 9.11）。

游戏特征	观察情况
游戏名称	*AdVenture Capitalist* [G38]
玩法介绍	你首先**点击**柠檬水摊，然后开始收钱。可以花钱进行升级，**提高每次点击的产量**。然后开始雇佣工人，**提高每秒产量**。当你有足够的钱时，你可以购买新的业务，让你的所有业务自动赚钱，并且可以离开游戏进程。
游戏机制	点击获得金钱，**自动生产**，升级到**伤害/秒**。
回报	**一种货币**，也就是钱，是售卖的回报。
界面	**图形界面**
互动程度	7
进展速度	9
概述	这是一款单人游戏，需要**长周期的点击开始**，并进行多次升级。生产率在不到 10 分钟达到 390 美元/秒，如果你获得 100 万现金，则可以使游戏进展更快。

图 9.11   初步开放编码的说明。其中黑体字是研究者识别出的潜在代码

主轴编码和选择编码迭代地进行。研究人员进行了几次讨论会，探讨代码、概念和初始类别之间的关系。在这个过程中，一些游戏得到重新观察，相关的文献被用来帮助提炼概念。例如，现有的关于游戏分类法、先前的术语和与空闲游戏相关的定义的文献被纳入分析中。基于此分析，Sultan Alharthi 等人提出了一种基于两种基本方法来描述游戏的分类：一种基于关键特性，另一种基于交互性。对于前者，他们将增量游戏定义为玩家选择要生成的资源、等待资源的累积并使用资源自动生成资源的空闲游戏。图 9.12 展示了为增量游戏开发的开放代码、产生的概念和类别。它表明从这个分析中出现了四种类型的增量游戏：微管理、派生、单资源和多人游戏。

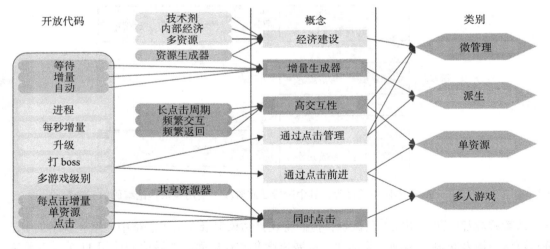

注：开发质量游戏超类（以上每一类都是增量游戏的一部分）的分析过程，这个过程从对空闲游戏的观察进行开放编码开始，创建多个代码，然后通过分析开放代码和识别公共特征来发现概念，这是一个迭代过程，其中对新代码进行添加，合并成删除，每个代码形连接到一个或多个游戏，并可以组合成新的概念，最后对概念进行分析，以找到共同的关系，从而产生类别，在图中，不同的灰度只是为了帮助阅读，左边的分组显示其中所有的代码都是通过点击管理和通过点击前进的一部分。

图 9.12   该扎根理论过程展示了开放编码的发展历程，通过概念到类别

他们的分析中令人惊讶的一点是，最终的分类是基于游戏规则和它们的基本底层结构，而不是基于游戏中的机制。这与其他以交互性和交互策略为特征的游戏分类法形成了对比。当然，空闲游戏规模很小，所以它们没有太多的交互。然而，扎根理论方法允许开发反映体裁的风格和目的的分类方法。

9.5.6　基于系统的框架

对于大型项目，其中研究人员感兴趣的是研究如何最好地引入新技术以及引入新技术之后的影响，有必要分析长期收集的许多数据的来源。分析对话的小片段或从访谈中确定主题可能有助于突出具体的工作实践，但是理解整个社会技术系统（例如医院、公司、市政府或机场）的大规模工作需要一种不同类型的分析框架。接下来将介绍两个这样的框架：社会技术系统理论（Eason，1987）和分布式认知（Hutchins，1995），它们通过分布式团队合作认知框架得到应用（Furniss 和 Blandford，2006）。

社会技术系统理论

社会技术系统（STS）理论明确了工作系统中的技术和人是相互依赖的（Klein, 2014）。它建议人们认识到这种相互依赖关系，并将"系统"视为一个整体，而不是试图独立地优化技术系统或社会系统。社会技术理论背后的概念最早是在 20 世纪 50 年代围绕煤炭开采提出的（例如，参见 Trist 和 Bamford, 1951），但它在医院和医疗保健环境（Waterson, 2014）、制造业和社交媒体系统中也有着悠久的应用历史。Martin Maguire（2014）强调了随着虚拟组织的兴起，社会技术视角的重要性。Ken Eason（2014）指出了社会技术系统理论的五个重要且经久不衰的方面（Eason，2014）：

1. **任务相互依赖**：如果人们专注于一个大型任务，那么子任务之间的划分不可避免地会建立相互依赖关系，这对理解非常重要。理解这些相互依赖关系对于认识变化的含义特别有用。

2. **社会技术系统是"开放系统"**：社会技术系统受环境因素的影响，包括物理干扰以及金融、市场、监管和技术发展。

3. **系统组件的异构性**：整个任务由社会子系统中的人员使用技术子系统中的技术资源来承担。两者都需要有弹性。技术组件可以进化，而人类可以学习、开发和更改技术组件，以应对未来的挑战。

4. **实践贡献**：社会技术系统理论在分析现有系统、对重大变化进行总结性评估、在进行更改之前预测潜在的挑战以及设计协同优化的社会技术系统方面做出了实际贡献。

5. **设计过程的碎片化**：在复杂的社会技术系统中，有不同的设计过程，这些过程可能导致碎片化。规范中的灵活性、设计中的局部关注点、以用户为中心的设计和系统演化将有助于克服这些问题。

社会技术系统是一个哲学问题，而不是一套具体的方法或分析工具。但是一些社会技术设计方法为使用社会技术框架提供了更具体的工具。例如，参见 Baxter 和 Sommerville（2011）和 Mumford（2006）。

团队合作的分布式认知

分布式认知和分布式团队合作认知（DiCoT）已在第 4 章中作为一种研究跨个体、工件、内部和外部表征的认知现象本质的方法进行了介绍。研究信息如何通过不同的媒介传播是该方法的一个关键问题，而分布式认知为分析系统提供了一个良好的理论框架，但在实践中很难应用。DiCoT 框架是为了支持分布式认知的应用而开发的一种方法。它提供了一个模型框架，可以从一组收集的数据构建模型，例如民族志、访谈记录、工件、照片等。每个模型的基础是一组从分布式认知理论中提炼出来的原则。这些模型分别是：

- 一种信息流模型，它显示信息如何流经系统并被转换。该模型捕获信息通道和集线器，以及活动序列和不同团队角色之间的通信。
- 一种物理模型，它捕获物理结构如何支持团队角色之间的通信，并促进对工件的访问。该模型有助于在物理级别描述影响系统性能的因素。
- 一种工建模型，它捕获此系统中的工件如何支持认知的。该模型可用于表示工件的关键特征，以及它的设计、结构和使用如何支持团队成员。
- 一种社会结构模型，它研究认知如何在社会中分布。该模型将社会结构映射到目标结构，展示如何共享工作，并可用于考虑系统的鲁棒性。
- 一种系统演化模型，它描述系统如何随时间演化。该模型解释系统工作为什么是这样的。任何设计建议都需要考虑到这一点。

虽然没有规定模型的形式，但是基本原则支持模型的开发。例如，物理模型的基本原理如下：

- **观察范围**：一个人能看到或听到的东西。
- **感知**：空间表示如何辅助计算。
- **设备配置**：环境的物理配置如何影响对信息的访问。

DiCoT 已被用于理解远程和同地点的软件开发团队中的协作工作，如图 9.13 所示（Deshpande 等，2016；Sharp 等，2009），并被发现特别适用于研究医疗团队如何使用引入其工作环境的不断变化的技术，并对其进行管理。例如，Atish Rajkomar 和 Ann Blandford（2012）研究了人们是如何使用医疗技术的。具体来说，他们研究了重症监护室（ICU）护士使用输液泵的情况。他们通过民族志观察和访谈收集数据，通过构建关注信息流、物理布局、社会结构和工件的代表性模型来分析数据。他们指出，"研究结果表明，ICU 中的认知水平存在显著的分布：护士之间的社会认知；物质环境中的物理认知；对技术工件的认知。"基于这项研究的结果，他们提出了一些改进意见，以提高护士与输液技术互动的安全性和效率。

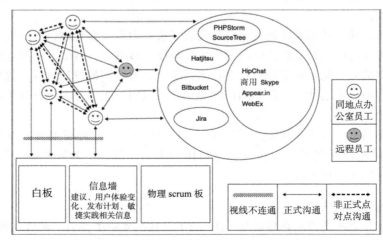

图 9.13   一个基于民族志数据的信息流图，来自软件开发远程工作的 DiCoT 分析

9.6 支持数据分析的工具

虽然仅使用手工技术就可以执行这类数据分析，但是大多数人会同意在大多数情况下使用某种软件工具会更快、更容易、更准确。使用简单的电子表格应用程序非常有效，此外还有其他更复杂的工具可以支持数据的组织、编码和操作，以及执行统计测试。

前一类工具（用于支持数据的组织）包括用于分类、基于主题的分析和定量分析的工具。这些工具通常提供以下功能：将标签（类别、主题等）与数据部分关联起来，搜索关键字或短语的数据，研究不同主题或类别之间的关系，以及帮助进一步开发编码方案。一些工具还可以生成图形表示。此外，一些工具还提供一些技术帮助，如内容分析，有时还提供显示单词或短语的出现和同时出现的机制。此外，搜索、编码、项目管理、编写和注释以及报告生成工具也很常见。

支持其中一些数据分析活动的两个著名工具是 Nvivo 和 Dedoose。Nvivo 支持包括 PDF 文档、照片、视频和音频文件在内的数据的注释和编码。通过使用 Nvivo，可以搜索现场笔记中的关键字或短语来支持编码或内容分析，其中代码和数据可以通过几种方式进行探索、合并和操作。信息还可以采用各种打印形式，比如包含数据中使用的每个单词或短语的列表，以及显示代码之间关系的树结构。与所有软件包一样，Nvivo 也有优点和缺点，但它在处理大量数据方面特别强大，可以为 SAS 和 SPSS 等统计软件包生成输出。

统计分析软件（SAS）和社会科学统计软件包（SPSS）是目前比较流行的支持统计测试的定量分析软件包。SPSS 是一个复杂的软件包，它提供广泛的统计测试，如频率分布、秩相关（确定统计意义）、回归分析和聚类分析。SPSS 假设用户了解并理解统计分析。

第 10 章将讨论支持对非常大的数据集进行分析的其他工具。

➡️ 有关支持定性数据分析的软件工具的更多信息，可以参见萨里大学的 CAQDAS 网络项目：https://www.surrey.ac.uk/computer-assisted-qualitative-data-analysis。

9.7 解释和呈现研究结果

本章的前几节已经展示了一系列用于呈现结果的不同方法——表格中的数字和文本、各种各样图形化的设备和图表、一组主题或类别等。选择合适的方法来呈现研究结果与选择正确的分析方法一样重要。这一选择将取决于所使用的数据收集和分析技术以及研究对象和最初目标。在某些情况下，需要数据收集和分析的细节，例如，当与他人合作理解所收集的大量数据时，或者当试图说服听众接受有争议的结论时。这些细节可能包括数据片段，例如使用情境的照片或被试使用产品的视频。在其他情况下，只需要突出趋势、标题和整体含义，所以呈现的风格可以更简洁。在可能的情况下，将选择一组不同的互补呈现方式来传达研究结果，因为任何一种呈现方式都将强调某些方面而不强调其他方面。

本节重点介绍三种至今尚未强调的呈现风格：使用结构化符号、讲故事和总结。

练习 9.4 消费者组织和技术公司会定期对技术使用情况进行调查。其中一份报告来自 DScout，旨在调查智能手机的使用情况，参见 https://blog.dscout.com/mobile-touches。请注意，是可从此网页下载该报告的 PDF 格式文件。使用此报告或在线找到的其他报告，查看报告结论是什么。

1. 该报告使用了什么类型的呈现方式？

2. 报告中遗漏了什么？

3. 以这种方式呈现研究结果的效果是什么？

解答 DScout 的研究发现，"用户平均每天轻敲、滑动和点击多达 2617 次。"注意，Web 页中的内容和报告中内容的呈现方式不同。网页包含了更多的文本和编辑过的被试对调查结果的回应视频，而 PDF 报告的格式类似于 PowerPoint 演示文稿。请阅读 PDF 报告：

1. 图表和饼图用于显示人口统计数据和应用程序使用情况，而列表、表格和排版样式用于强调某些结果。报告使用了另外两种呈现方式（参见图 9.14）：一个气泡图用来显示不同应用程序的相对使用情况；以及分别表示"重度用户"和"普通用户"对手机屏幕的触摸在一天中的分布情况的时间轴。这两个呈现方式说明，开发新的（或修改旧的）呈现方式来传达你想要突出显示的正确结果是可以接受的。

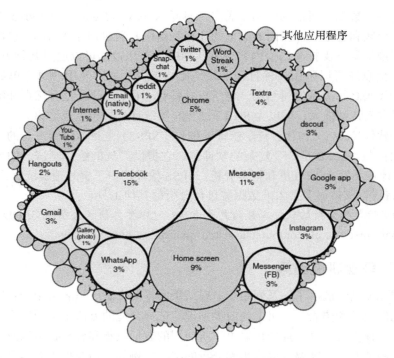

a）一个气泡图，其中圆圈的大小表示使用的次数

b）一个普通用户和一个重度用户一天内触摸手机屏幕的时间线

图 9.14   DScout 关于智能手机使用的报告中使用的结果呈现样式

2.PDF 报告中几乎没有文本描述，也几乎没有关于收集或分析数据的方式的细节。更多的细节在网页上，但不在报告中。

3. 报告中呈现调查结果的方式具有相当大的影响。粗体和清晰的图形图像以及少量但突出显示的文本以一种直接的方式传达了信息。

9.7.1   结构化符号

人们开发了许多结构化符号来分析、捕获和呈现交互设计的信息。这些符号遵循清晰的语法和语义，这些语法和语义是为了捕获特定的观点而开发的。有些语法和语义相对简单，比如情境设计中提倡的工作模型（Beyer 和 Holtzblatt，1998），它使用简单的约定来表示流程、分解和单个角色等。其他语法和语义，例如统一建模语言（UML），有更严格和更精确的语法需要遵循，并且经常被用来表示需求（参见第 11 章）。例如，当需要捕获详细的交互时，活动图表非常具有表现力。

使用结构化符号的优点是，它定义了不同符号的含义，因此它为在数据中查找什么、突出显示什么提供了清晰的指导，并使得表达更加精确。其缺点包括，通过突出特定的元素，它不可避免地弱化或忽略了其他方面，如果观众不熟悉符号，那么他们可能会忽略符号所表达的精确性。为了在这些符号中生成图表或表达，可能需要对结果进行进一步分析，以确定符号强调的特定特征和属性。为了克服这些缺点，通常将结构化符号与故事或其他容易接受的形式结合使用。

9.7.2   故事的运用

讲故事是人们交流想法和经历的一种简单而直观的方法。因此，故事（也称为叙述）在交互设计中被广泛使用就不足为奇了，它不仅用于交流调查研究的结果，也是进一步开发的基础，如产品设计或系统增强。

讲故事的方式主要有三种。第一，被试（如受访者、问卷调查对象和你所观察到的人）可能在收集数据时讲述了自己的故事。这些故事可以被提取、比较，还可以用来与他人交流研究结果，例如，用来阐明观点。

第二，基于观察的故事（或叙述），例如民族志领域的研究，可以用于进一步的数据收集。例如，Valeria Righi 等人（2017）在研究中使用故事作为联合设计工作室的基础，以探索用于支持老年人的技术的设计和使用。这些场景是在民族志研究和以前的合作设计活动的基础上发展起来的，并通过讲故事来呈现以促进理解。注意，在本例中，观众是正在进行的研究的一组被试。

具体的故事可以让研究结果更加真实，如果结论没有被夸大，那么还可以增加可信度。通过添加视频或音频摘录和照片来制作故事的多媒体演示，可以进一步说明故事。这种方法也可以有效地展示涉及观察的评估研究的数据，因为很难与精心挑选的用户与技术交互的视频片段或采访记录的摘录进行竞争。

第三，故事可能是由在数据中发现的小片段或重复的情节构成的。在这种情况下，故事提供了一种使数据合理化和整理数据的方法，以形成针对产品使用或某种类型事件的代表性描述。

通过数据收集得到的任何故事都可以用作构建场景的基础，然后可以将其用于需求和设计活动。有关场景的更多信息，请参见第 11 章和第 12 章。

9.7.3   总结研究结果

人们通常会结合呈现形式来总结研究结果。例如，可以使用活动或人口统计的图形表示来扩展一个故事，还可以使用文本或视频中的数据摘录来说明特定的点。数字数据表可以表示为图形、图表或严格的符号，以及工作流或引用。

研究结果的详细解释和呈现与选择正确的分析技术一样重要，因为这样就不会过分强调研究结果，也不会歪曲证据。在没有充分证据的情况下对结果进行过度概括是一个常见的陷阱，尤其是在定性分析中。例如，在使用诸如"大多数""所有"和"没有"这样的词之前要仔细考虑，并确保这些正确反映了数据。正如在框 9.1 中所讨论的，即使是统计结果也可能被误解。例如，如果 10 个用户中有 8 个喜欢设计 A 超过设计 B，那么这并不意味着设计 A 有 80% 的可能性比设计 B 更具吸引力。如果你发现 1000 个用户中有 800 个喜欢设计 A，那么你有更多的证据表明设计 A 更好，但仍有其他因素需要考虑。

练习 9.5   考虑下面的每一个研究结果和相关的总结陈述。对于每一组，请评价该结果是否支持该陈述。

1. 结果：四个人中有两个在填写调查问卷时选择了他们不愿意使用智能手机上的手机回拨功能的选项。

陈述：一半的用户不使用回拨功能。

2. 结果：Joan 在设计部门工作，有一天他被观察到步行 10 分钟去高质量彩色打印机那里拿打印结果。

陈述：设计师大量的时间被浪费在必须走很长的距离去拿打印结果上了。

3. 结果：在一个网站 1000 小时的交互数据记录（一月、二月和三月）中，用户花费了 8 个小时浏览帮助文件。

陈述：该网站的帮助文件在一年的第一季度使用时间不到 1%。

解答   1. 问卷没有问他们是否使用回拨，只是问他们是否喜欢使用回拨功能。此外，四个用户中的两个表明被试相当少，因此还是陈述实际数字更好。

2. 某天一个设计师不得不走到打印机并不意味着这是一个一般性的问题。这件事发生在这一天可能还有其他原因，这需要其他信息来做出明确的声明。

3. 此陈述是合理的，因为日志记录了相当长的一段时间，并且使用百分比来表示这一发现是恰当的，因为其数量很大。

深入练习

本深度练习的目标是实践数据分析和呈现。假设你的任务是分析第 8 章的深入练习中数据收集的结果，并将其呈现给一组同事，例如，通过研讨会。

1. 审查你收集的数据，并确定数据集中的所有定性数据和定量数据。

2. 是否有任何定性数据可以明显地、有效地转化为定量措施？如果是，进行转换并将这些数据添加到你的定量集中。

3. 思考你的定量数据。

（a）决定如何以最好的方式将其输入电子表格，例如，如何处理封闭式问题的答案。然后输入数据并生成一些图形表示。由于数据集可能很小，所以请仔细考虑图形化表示可以提供的对结果有意义的总结（如果有的话）。

　　（b）计算一些简单的测量数据（如百分比或平均值）是否有帮助？如果是，计算三种不同类型的平均值。

　　4. 思考你的定性数据。

　　（a）根据你对研究问题"改进产品"的细化，在定性数据中确定一些主题，例如，产品的哪些特性会给人们的使用带来困难？是否有被试提出其他设计或解决方案？细化主题并整理支持主题的数据摘要。

　　（b）确认数据中的任何关键事件。它们可能来自访谈、问卷回答或观察。仔细描述这些事件，并选择一两个进行更深入的分析，重点放在它们发生的情境上。

　　5. 将你的发现整理成一份报告，并提交给一组同事。

　　6. 回顾演讲和观众提出的任何问题。考虑如何改进分析和呈现。

总结

　　本章详细描述了定性和定量数据之间的差异以及定性和定量分析之间的差异。

　　可以使用简单的技术和图形表述来分析定量和定性数据的模式和趋势。可以用多种方法对定性数据进行归纳分析或演绎分析。主题分析（归纳分析的一个例子）和数据分类（演绎分析的一个例子）是常用的方法。分析框架包括对话分析、话语分析、内容分析、交互分析、扎根理论和基于系统的方法。

　　呈现结果与分析数据同样重要，重要的是确保分析所产生的任何结论都基于其情境，并且可以通过数据加以证明。

本章要点

- 可以进行的数据分析类型取决于所使用的数据收集技术。
- 可以从任何主要数据收集技术收集定性和定量数据：访谈，问卷调查和观察。
- 交互设计的定量数据分析通常包括计算百分比和平均值。
- 有三种不同的平均水平：平均数、众数和中数。
- 定量数据的图形表示有助于识别模式，异常值和数据的总体视图。
- 定性数据分析的可以是归纳的，即从数据中提取主题或类别；也可以是演绎的，即使用已有的概念审查数据。
- 在实践中，分析常常在迭代周期中进行，结合主题的归纳标识以及类别和新主题的演绎应用。
- 使用哪种分析方法与收集到的数据紧密关联，这取决于研究的目标。
- 目前存在一些分析框架，它们关注不同粒度级别，并具有不同的目的。

拓展阅读

BLANDFORD, A. , FURNISS, D. and MAKRI, S. (2017) *Qualitative HCI Research: Going Behind the Scenes*. Morgan Claypool Publishers.

　　该书以讲座的形式讨论了人机交互定性分析背后的实践细节。以纪录片为例，该作者指出，与电影一样，定性分析往往以成品的形式呈现，而"幕后"的工作很少被讨论。

BRAUN, V. and CLARKE, V. (2006) Using Thematic Analysis in Psychology. *Qualitative Research in Psychology*, 3(2), pp. 77-101.

　　该论文的重点是主题分析、主题分析如何与其他定性分析方法相关联，以及如何以严谨的方式进行分析。论文还讨论了该方法的优缺点。

CHARMAZ, K. (2014) *Constructing Grounded Theory* (2nd ed.). Sage Publications.

　　这本畅销书提供了关于如何实行扎根理论的有用说明。

CORBIN, J. M. and STRAUSS, A. (2014) *Basics of Qualitative Research: Techniques and Procedures for Developing Grounded Theory*. Sage.

这本书以可读且实用的方式叙述了如何应用扎根理论方法。它不是专门为交互设计量身定制的，因此需要一些解释。它对基本方法进行了很好的讨论。

HUFF, D. (1991) *How to Lie with Statistics*. Penguin.

这本精彩的小册子展示了许多数字可能被错误表述的方式。与一些（许多）关于统计的书不同，它易读且有趣。

ROGERS, Y. (2012) *HCI Theory: Classical, Modern, and Contemporary*. Morgan and Claypool Publishers.

这本简短的书以讲座的形式描述了人机交互从过去到现在的理论发展，反映了其发展如何塑造了这个领域。它解释了理论是如何概念化的，其在人机交互中的不同用途，以及哪个理论产生了最大的影响。

大规模数据

目标

本章的主要目标是：

- 概述大规模数据对社会的一些潜在影响。
- 介绍收集大规模数据的关键方法。
- 讨论大规模数据如何变得有意义。
- 回顾可视化和研究大规模数据的关键方法。
- 介绍使大规模数据伦理化的设计原则。

10.1 引言

你如何开始自己的一天？当你第一次查看智能手机、打开笔记本电脑或打开其他设备时，你会遇到多少数据？你有意识地创造了多少数据，又无意识地创造了多少数据？一觉醒来，很多人都会习惯性地问私人助理，"Alexa，今天天气怎么样？""Alexa，有什么新闻吗？"或者"Alexa，去 Schönefeld 机场的 S-Bahn 列车准时吗？"或者，他们会问 Siri，"我的第一场会议是什么时候？"或者"会议在哪里？"

在新的一天，人们会走过几个街区去往地铁入口，刷地铁卡支付车费，走出车站，去往附近的一个咖啡馆喝最喜欢的晨饮，在去往办公室的路上，刷员工卡通过安全门，并乘电梯去办公室所在的楼层。

这些只是很多人在每个工作日的开始做的一些事情。其中的每个活动都涉及以某种方式创建、搜索和存储数据。我们可能知道这正在发生，可能怀疑这正在发生，或者可能完全不知道正在生成的数据以及我们与之交互的数据是什么。

人们也越来越担心，通过亚马逊 Echo、谷歌 Home、Cortana 和 Siri 等个人助理究竟收集了什么数据。我们也知道，许多大城市，如纽约和伦敦，到处都有大量的监控摄像头，尤其是在繁忙的地方，如地铁站和购物中心。来自这些摄像头的视频片段将保存两周或更长时间。同样，我们也经历过打卡进入办公室，所以知道我们的行动会被安全人员跟踪。通过我们使用的智能手机和信用卡等技术，我们的活动也正在被更加隐秘地跟踪。

收集到的所有关于我们的数据会被如何处理？这些数据如何改善社会提供的服务？它能让旅行更有效率吗？它能减少交通堵塞吗？它使街道更安全吗？此外，在从我们的智能卡、智能手机、Wi-Fi 信号和监控录像收集的数据中，通过多少可以追踪到我们，并能被拼凑在一起来揭示我们是谁、我们要去哪里？这些数据可能会揭示我们的什么信息？

大规模数据，也就是通常所说的大数据，描述了各种各样的数据，包括：数字数据库，人、物和地点的图像，对话录音，视频，文本和环境感知数据（如空气质量）。它以指数速度被收集。例如，每分钟有约 400 个新的 YouTube 视频被上传，同时有数百万条信息在社交媒体上传播。此外，传感器收集了数十亿字节的科学数据。

大规模数据具有巨大的潜力，可以作为基础和说明问题，并且可以通过各种各样的方式收集、使用和交流。例如，它正日益用于改善医疗、科学、教育、城市规划、金融、世界经济等领域。还可以通过分析人们的面部表情、动作、步态和语调等数据，对人类行为提供新的见解。通过使用机器学习和计算机视觉算法进行推理，可以进一步增强这些见解，包括人们的情感、意图以及幸福感，这些都可以用来为改变或改善人们健康和幸福感的技术提供信息。然而，除了其带来的社会效益，数据也可能被以潜在的有害方式使用。

正如第 8 章和第 9 章中提到的，数据可以是定性的，也可以是定量的。用于收集、分析和传播数据的一些方法和工具既可以采用手工执行，也可以使用非常简单的工具来执行。本章的不同之处在于，考虑了如何对大量数据进行分析、可视化，以及如何为新的干预措施提供信息。虽然能够访问大量数据使分析人员、设计人员和研究人员能够处理诸如气候变化和世界经济问题等重大问题，但即使假设有工具可以做到这一点，它们也会引起用户的一些担忧。这些问题包括：收集的个人信息是否侵犯了人们的隐私，以及用于为人们做出决策的数据库（如提供保险和贷款）是否公平、透明。

此外，不同来源的大量数据与用于分析这些数据的日益强大的数据分析工具的结合，使得获取那些从任何单一数据源本不可能获得的新信息成为可能。这为理解人类行为和环境问题提供了新的研究方法。

10.2   收集和分析数据的方法

收集数据从来都不是容易的。其中的挑战是：知道如何以社会可接受的、对社会有益的和合乎道德的方式，最适当地分析、整理数据以及根据数据采取行动。对于在数据流中何时达到某些模式、异常或阈值，或需要揭示关于人的什么信息，是否有特定的规则或策略？例如，如果在机场使用人员跟踪技术，那么如何向机场的人员显示该技术？仅显示能够帮助管理人员流动和堵塞的数据就足够了吗？例如，在一个机场航站楼中的公共屏幕上，显示其检测到该航站楼的一个区域比另一个区域繁忙得多（图 10.1），那么旅客是否会停下来思考这些数据是如何收集的呢？还收集了他们的什么信息？他们关心吗？

图 10.1   希思罗机场 5 号航站楼的公共显示屏（图片右上角）通过对比图显示了南、北安检人数的相对水平（图片来源：Marc Zakian / Alamy Stock Photo）

分析人们在网站和社交媒体上做了什么的另一种技术是检查他们留下的活动痕迹。你可以通过查看自己的 Twitter，或者查看你关注的其他人（比如朋友、政治领袖或名人）的 Twitter 来看到这些信息。你还可以查看关于特定主题的讨论，比如气候变化、对约翰·奥利弗（John Oliver）或斯蒂芬·科尔伯特（Stephen Colbert）等喜剧演员发表的评论的反应，或者某个特定日期的热门话题。如果只有几篇帖子，那么很容易看出发生了什么，但通常最有趣的帖子是那些产生大量评论的帖子。当分析成千上万的帖子时，分析人员会使用自动化技术来完成这项工作（Bostock 等，2011；Hansen 等，2019）。

10.2.1　数据抓取和"第二来源"数据

提取数据的一种方法是从网络上"抓取"数据（假设应用程序允许这样做）。数据一旦被抓取，就可以输入电子表格进行研究，并使用数据科学工具进行分析。从交互设计的角度来看，交互设计的重点是如何与数据交互以及数据的显示方式，而不是实际的抓取过程本身，因为这样就可以对数据进行分析并从中获得意义。

此外，谷歌和其他公司为研究人员提供了一种公开可用的获取大数据的"第二来源"方法，即搜索词、Facebook 帖子、Instagram 评论等。对这些数据的分析可以间接地揭示关于用户的关注、欲望、行为和习惯的新见解。例如，谷歌趋势（Google Trends）工具可用于探索和检查人们在谷歌搜索中输入内容时的询问动机。Seth Stephens-Davidowitz（2018）广泛地使用它来揭示人们在搜索时对什么感兴趣。从对谷歌搜索数据的分析中，他发现人们会在搜索框中输入各种与健康相关的私人问题以及其他话题。此外，他还发现，他对搜索数据的分析揭示了在使用调查和访谈等其他研究方法时人们不会坦率承认的一些事情。他还提出了一个重要的论断：要从大数据中获得新的见解，就需要对数据提出正确的问题。此外，重要的不是可以收集或挖掘多少数据，而是如何处理可用的新数据。虽然使用可用的工具简单地挖掘数据可能会产生令人惊讶的结果，但精心设计的、用于指导和解释所发现的数据的问题将更有价值（见第 8 章）。

研究人员如何知道应该对这些数据提出的正确问题是哪些？这一点对于人机交互研究人员来说尤其重要，特别是在用户如何与下一代技术（包括家用机器人、自动程序和虚拟助理）建立关系、依赖和信任的方面。

练习 10.1　谷歌趋势搜索告诉我们关于我们自己的什么见解？

访问谷歌趋势（https://trends.google.com）。然后试着在搜索框中输入诸如"我讨厌我的老板""我感到难过"或"我吃得太多了"之类的语句。看看有多少不同国家的人在过去的一个月或一年在谷歌中输入了这些。然后输入相反的语句，如"我爱我的老板""我很开心"或者"我还没有吃饱"。结果有什么不同？哪个问题更常被问到？最后输入你的名字，看看谷歌会返回什么。

解答　令人惊讶的是有多少人在谷歌中透露了这样的个人陈述。有些人什么都会说。谷歌趋势提供了一种跨时间、国家和其他主题的比较搜索数据的方法。当你输入你的名字（除非你和一个名人同名）时，它通常会返回"对不起，你的搜索没有足够的数据可供显示。"

10.2.2 收集个人数据

随着 2008 年自我量化（QS）运动的兴起，个人数据收集开始流行起来。该运动旨在每月组织一次"展示和讲述"聚会，让人们聚在一起分享和讨论他们的各种自我跟踪项目。现在，市场上有很多应用程序和可穿戴设备，它们可以收集各种各样的个人数据，并将其可视化。这些结果可以与达到的目标相匹配，还可以提供关于如何执行目标的建议、提示或技巧。现在许多应用程序都预装在智能手机或智能手表上，包括那些可以量化健康、屏幕时间和睡眠的应用程序。一些应用程序还允许跟踪、聚合和关联多个活动。最常见的类型是用于身体和行为跟踪的应用程序，包括情绪变化、睡眠模式、久坐行为、时间管理、精力水平、心理健康、锻炼、体重和饮食。决定开始跨时间跟踪个人数据的某些方面的一个常见动机是，人们想看看与设定的阈值或水平（即设定的目标、与前一周的比较等）相比，他们的表现如何。这些综合数据可能会提高人们的意识，并在一定程度上揭示人们被迫采取行动的程度（例如，改变睡眠习惯、吃得更健康，或更频繁地去健身房）。

自我跟踪也越来越多地被患有某种疾病的人用作一种自我护理的形式，比如监测糖尿病患者的血糖水平（O'Kaine 等，2015）和偏头痛诱因的发生（Park 和 Chen，2015）。研究发现，这种自我护理监控有助于人们在查看数据时进行反思，然后学习将特定指标与行为模式联系起来。建立这些联系可以增强自我意识，并为人们提供早期预警信号。它也能引导人们避免某些事件或相应地调整行为。许多人也乐于在社交网络中与他人分享他们的跟踪数据，这被发现可以扩展他们的社交网络并增强积极性（Gui 等，2017）。

自我量化项目生成大量数据。现在可以通过移动健康监测器收集新的健康数据（比如心率），这些设备每个月将在用户身上产生大量的个人数据，这在以前根本无法实现。这就提出了应该保存多少数据以及保存多长时间的问题。此外，如何使用这些数据来达到最佳效果？当用户的心率偏离正常水平时，应该向用户发出信号吗？由于使用相同的设备从许多用户那里收集了大量数据，所以有可能对所有数据进行排序。为了了解趋势和进行比较，临床医生和个人都能获得所有数据，这有用吗？如何才能做到既能提供信息又能让人安心呢？将一个人每秒采样多次的心率数据以及脑电图（EEG）中的脑电波数据转换成早期预警信号，并采取适当的干预措施，是一项具有挑战性的工作（Swan，2013）。它很容易导致焦虑的增加。还要进行大量思考的是，为了不引起不必要的恐慌，应该为界面提供什么信息。新工具还应该提供灵活性，以允许用户以其期望的方式定制或解释他们的数据，来满足其特定需求（Ayobi 等，2018）。

10.2.3 数据众包

越来越多的人通过众包的方式获取信息，或者通过在线技术合作收集和共享数据。群体合作的概念在群体研究中又向前迈进了一步，其中群体研究指来自世界各地的许多研究人员聚集在一起研究大型问题，比如气候科学（Vaish 等，2018）。这种方法的目标是使数以百计的人能通过收集数据、构思和讨论彼此的设计和研究项目，从而做出贡献。进行大规模的研究使成百上千的人从事同一个项目成为可能，这可以帮助解决大规模的问题，如移民或气候变化。

还有许多公民科学和公民参与项目（参见第 5 章）众包大规模数据，并由此积累了数十亿种不同类型的数据（照片、传感器读数、评论和讨论），这些数据由全世界数百万人收集。大部分数据存储在云及本地机器上。大型公民科学项目的例子包括 iSpotNature、eBird、iNaturalist 和 Zooniverse。还有成千上万个小项目，它们共同生成了大量的数据。

例如，eBird.org 收集了博物学家（从新手到经验丰富的专业观鸟者和专业科学家）提供的鸟类目击数据。该网站成立于 2002 年，是康奈尔大学鸟类学实验室和美国国家奥杜邦学会合作的成果。这些数据包括鸟类物种数据、每个物种的丰富度、指示观察地点的地理位置数据、投稿者的概况、评论和讨论。还有一些智能手机应用程序和一个链接到许多资源的网站，这些资源包括识别指南、数据分析工具、地图和可视化工具、报告以及科学文章。截至 2018 年 6 月，全球数据库记录的鸟类观察数据超过了 5 亿条。eBird 将数据输入诸如全球生物多样性信息设施（GBIF）这样的聚合站点，以便科学家可以使用。它还提供了一些地图，其中许多是交互式的（参见图 10.2），以及任何人都可以访问的数据的其他图形表示。

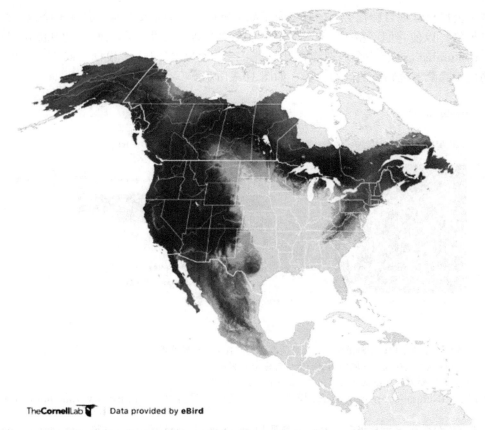

图 10.2　普通乌鸦的丰度图，最暗的地方是乌鸦最多的地方（图片来源：https://ebird.org/science/status-and-trends/comrav。该链接会让你看到一年中每一周的乌鸦丰度是如何变化的）

对于谁拥有和管理数据，群体项目提出了许多问题。当收集到的数据可以挖掘出关于提供数据的人和濒危物种的详细信息时，这一点尤其重要。对于研究人员和用户体验设计师来说，有一些有趣的问题，这些问题考虑如何在提供教育和研究数据与保护提供数据（如本例中濒危物种的位置）的人的隐私之间取得平衡。框 10.1 讨论了一个名为 iNaturalist.org 的公民科学项目是如何试图管理这种平衡的。

框 10.1 公民科学和用户体验设计中的隐私

公民科学家如何理解隐私，以及他们对隐私法规的期望和需求在不同的项目中有所不同（Bowser 等，2017）。共享公民科学数据有许多优点，也有一些隐私问题。例如，参与者可以看到其他人在其区域中观察到了什么。鸟类爱好者也经常喜欢分享第一次看到的景象，例如春天出现的第一只燕子或冬天到来的第一只雪雁。他们可能还想互相确认身份。这种社区交互的缺点是，个人信息和位置数据可能被用于识别特定的贡献者及其行为模式。后者尤其存在问题，因为许多参与者经常访问相同的地方。因此，有必要质疑的是，与社区参与的好处相比，公民科学中的隐私有多重要？用户体验设计如何在支持开放参与的同时保护参与者和稀有物种？

许多公民科学项目和社会团体都发布了如下链接所示的隐私政策。其他策略包括使图像和位置模糊，以使它们不精确。这也是一个很好的策略，以保持稀有物种的观测位置保密。例如，iNaturalist.org 有一个地理隐私设置，可以设置为"公开""模糊"或"不公开"。模糊观测用于隐藏濒危物种的确切位置，如图 10.3 所示。

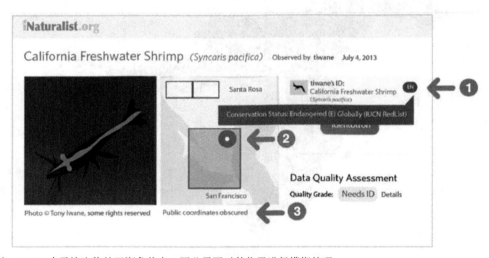

注：1. EN 表示该生物处于濒危状态，因此需要对其位置进行模糊处理。
　　2. 模糊是通过在较宽区域内随机放置位置标记来实现的。
　　3. 允许贡献者验证该观察是否在 iNaturalist 中被观察到。
图 10.3　iNaturalist.org geoprivacy 模糊了观测的位置（图片来源：https://www.inaturalist.org）

➡️ 欧洲公民科学组织的数据和隐私政策参见 https://ecsa.citizens-science.net/aboutus/privacy-policy。

框 10.2 一种用于传感数据的人工数据设计方法

现在有许多现成的传感器工具包，可以放在居民的家里或当地社区，以测量空气质量或环境的其他方面。最早开发的开放平台之一是 Smart Citizen（Diez 和 Posada，2013）。人们制造了一个装置，其中嵌入了许多传感器，可以测量二氧化氮（NO_2）、一氧化碳（CO）、阳光、噪音污染、温度和湿度水平。从该平台收集的数据被连接到一个任何人都可以访问的实时网站。各种数据流通过使用典型的可视化类型（如时间序列图）的仪表板显示（见图10.4a）。来自世界各地的其他智能公民设备的数据流也可以通过仪表板查看（https://smartcitizen.me/），从而更容易比较从不同地点收集的数据。虽然大量环境数据的积累对数据科学家和研究人员来说很有吸引力，但对于许多在家中安装了智能公民设备的家庭来说，情况并非如此。他们发现通过仪表板呈现的可视化很难理解，并且无法将感知到的数据与家中发生的事情联系起来（Balestrini等，2015）。结果，他们认为这些装置没有用，并很快就不再查看了。

Physikit项目以这个用户问题为出发点（Houben等，2016），采用了人工数据设计方法，该方法旨在将收集到的遥感数据转换成对普通大众有意义的东西。其研究目标是提供一种方法，通过为收集传感数据的位置提供一个物理环境，使用户能够使用这些数据。研究人员设计了一组彩色的物理立方体，这些立方体可以发光、移动部件或振动，这取决于它们是如何配置的（参见图10.4c）。住户可以很容易地配置一组规则，以根据感知的级别或阈值来决定立方体应连接哪些数据流以及每个立方体应该做什么。这样做的目的是让人们选择对自己的家有兴趣了解的更多方面。

例如，其中一个物理实体的顶部有一个旋转的圆盘，可以设置其旋转方向为顺时针或逆时针，还可以设置其旋转速度。一个住户决定用它来测量厨房全天的湿度变化。他们在立方体的顶部放置了一棵罗勒植物（见图10.4b），以明显地显示厨房的湿度水平。他们为立方体设定的规则是，只有当检测到的湿度低于60%时，立方体才能旋转。每天结束的时候，他们可以通过植物直立的程度来判断房间里有多潮湿。如果植物是向窗户倾斜的，那么这向他们暗示，厨房里的湿度水平一整天都很高，因为圆盘没有旋转植物，让叶子获得均匀的光照。实际上，这个住户创造了一个自然增长的物理可视化，其中包含了历史数据。

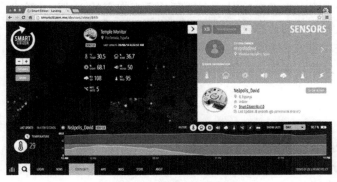

a）智能公民的仪表板和可视化

b）在住户家中创建的物理移动立方体

c）Physikit工具包的组件（Houben等，2016）

图10.4　（图片来源：图a，https://www.citizenme.com；图b和c，Yvonne Rogers）

10.2.4　情感分析

情感分析是一种用来推断一组人或一群人的感受或话语的影响的技术。人们表达意见或观点时使用的短语可分为消极、积极或中性的情感倾向。使用的量表从负到正连续变化，例如 –10 到 +10（其中 –10 是最消极的，0 是中性的，+10 是最积极的）。一些情感系统通过识别积极或消极的情感是否与特定的感觉（例如愤怒、悲伤、恐惧（消极的感觉）或幸福、快乐、热情（积极的感觉））相关，提供了更多的定性度量。这些分数是从人们的推文、文本、在线评论和社交媒体贡献中提取出来的。人们在看广告、电影和其他数字内容时的面部表情（见第 6 章）和声音也可以用同样的尺度进行分析和分类。然后将算法应用于标记数据，以便根据所表达的影响级别对其进行识别和分类。有很多在线工具可以做到这一点，比如 DisplayR 和 CrowdFlower。MonkeyLearn 提供了一个关于情感分析的详细教程（https:/monkeylearn.com/emotion-analysis/）。

市场营销和广告公司通常使用情感分析来决定设计和投放何种类型的广告。此外，情感分析越来越多地被用于研究社会科学现象。例如 Veronikha Effendy（2018）通过情感分析研究了人们对使用公共交通工具的看法。她特别感兴趣的是确定其中的正面和负面看法，看看哪些可以作为证据以说明如何改善公共交通，从而提高其在印度尼西亚的使用效率，因为那里有巨大的交通拥堵问题。

然而，作为一种技术，情感分析并不是一门精确的科学，它应该被看作一种启发而不是一种客观的评价方法。为一个单词从 –10 到 +10 进行打分是一种相当粗糙的度量方法。为了评估情感分析方法的效果有多好，Nicole Watson 和 Henry Naish（2018）针对评估关于美国经济的正面文章比较了人类的判断和基于计算机的情感分析。他们发现，与人类参与者相比，计算机经常是错的。他们的分析表明，人类表达对一个话题的乐观态度的方式要丰富得多。此外，研究还表明，由于关注了短语中的情感词，情感分析忽略了人类凭直觉理解的表达的细微差别。例如，一个青少年在给朋友的短信中说"我很弱"，情感分析如何给这句话打分？它可能会给这句话一个负面的分数。事实上，这个短语是青少年俚语，意思是"很有趣"，这表达了完全相反的情感。

10.2.5　社交网络分析

社交网络分析（SNA）是一种基于社交网络理论（Wellman 和 Berkovitz，1988；Hampton 和 Wellman，2003）的方法，用于分析和评估一个网络中社会关系的强度。虽然社会学家多年来一直对理解社会关系有着浓厚的兴趣（如 Hampton 和 Wellman，2003；Putnam，2000），但随着社交媒体的日益成功，它也成为计算机和信息科学家的一个重要兴趣所在（例如，Wasserman 和 Faust，1994；Hansen 等，2019）。他们想要了解在不同的社交媒体平台内部和跨平台以及线下社交网络中的人与群体之间形成的关系。每天，数以万亿计的信息、推文、图片和视频通过微博、腾讯、百度、Facebook、Twitter、Instagram 和 YouTube 在网上发布和得到回复。一些例子包括：家庭发布孩子生日聚会和出游的照片，讨论热门的政治问题，以及与朋友和同事聊天并保持联系，了解彼此的旅行经历、爱好、生活中的挑战和成功。

社交网络分析能使这些关系被看得更清楚。它有助于揭示谁在一个群体中最活跃、谁属于哪个群体，以及这些群体之间是如何互动和相互关联的。分析还可以显示哪些话题是热门话题，并揭示一些话题何时、如何以及为什么会走红。管理人员、营销人员和政治家对这些活动如何影响他们自身、他们的公司和他们的选民特别感兴趣。正如第 5 章所讨论的，许多人喜欢让他们的帖子或 YouTube 视频像病毒一样传播开来。

那么，社交网络分析是如何工作的？这是一个很大的话题，但从广义上来说，正如它的名字所暗示的，网络是事物及其相互关系的集合。社交网络是人与群体之间相互联系的网络。人类和其他灵长类动物一样，自存在以来就形成了网络。许多其他物种，如大象、狼和猫鼬等，也依赖社交网络来获得安全保障、协同抚养幼崽、觅食或猎食。

一个社交网络由两个主要实体组成。节点，有时也称为实体或顶点，表示人员和主题。节点之间的连接称为边，也称为链接或纽带。这些边表示节点之间的连接，例如家庭成员。它们可以显示关系的方向，例如，父节点可能有一条指向子节点的箭头线，指示两个节点之间关系的方向。同样，反方向的箭头表示子节点有父节点。这些边称为方向边。边还可以通过两端的箭头表示两个方向上的关系。没有箭头的边是非定向的，即没有显示两个节点之间关系的方向。

社交网络分析以统计学为基础，利用算法提供一系列描述网络属性的指标。在大数据中可视化网络的最重要的指标之一是中心的度量。基于不同的统计公式，存在着几种不同的度量中心的方法。这些指标和其他指标一同用于创建可视化，如图 10.5 所示，其中显示了重叠的集群。这些集群显示了 1989 年、1997 年和 2013 年美国参议院成员的投票模式。右侧代表共和党，左侧代表民主党。图中显示，近 30 多年来，两党成员的投票行为变得越来越孤立，与另一党成员一起投票的成员越来越少。代表极右翼和极左翼成员的节点只与本党参议员的节点相连，表示不与其他党成员一起投票。中间的节点表示这些成员有时与其他党成员一起投票。从 1989 年在一些问题上达成一致以来，两党的共同投票行为在过去几年里有所下降，正如社交网络图所示。到 2013 年，两党都很少有成员与另一党的成员一起投票。

使用社交网络分析研究的一些其他主题还包括路易斯安那州洪水期间的通信，Jooho Kim 和 Makarand Hastak（2018）研究了社交媒体在洪水受害者之间以及与应急服务之间的通信中的作用。他们发现 Facebook 可以特别有效地传播信息。其他的研究包括 Dinah Handel 和她的同事关于教师在 Twitter 上发推文的研究（Handel 等，2016），以及 Diane Harris Cline 使用社交网络分析进行的关于历史人物之间的关系的研究（Cline，2012）。此外，还有许多与不同的主题有关的其他例子，包括商业交流，甚至莎士比亚戏剧中人物的关系和活动（Hansen 等，2019）。尽管许多社交网络图是真实的，但要使用这些工具有效地分离和显示集群、异常值和其他网络特性还需要实践。然而，对这些工具提供的用户体验设计和支持的越来越多的关注使初学者能够进行简单的分析。两个最著名的社交网络分析工具分别是：NodeXL（Hansen 等，2019），运行在基于 Windows 的机器上；Gephi，可以在 Windows 和 macOS 上运行。YouTube 上有很多描述如何使用这些工具的视频。

美国参议员投票关系

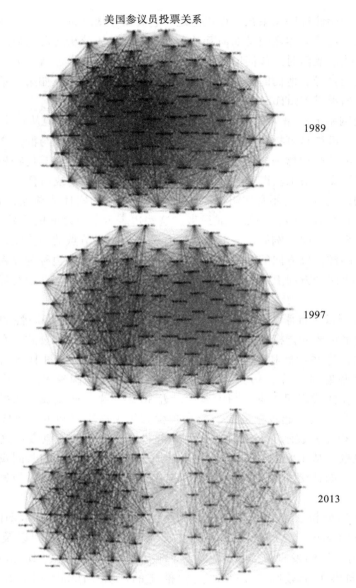

1989

1997

2013

图 10.5   1989 年、1997 年和 2013 年美国参议员的投票行为。右侧代表共和党，左侧代表
民主党（图片来源：Forbes Inc.）

➡该视频是马里兰大学教授 Jen Golbeck 关于 Gephi（2016）的入门教程。这是一个系列，
所以如果你继续观看，那么下一个视频将介绍 Gephi 的更高级特性，包括如何使用颜色
突出网络图中感兴趣的特定特性——https://www.youtube.com/watch?v＝HJ4Hcq3YX4k。

➡在这段 YouTube 视频中，社会学家、社交媒体基金会（Social Media Foundation）主任马
克·史密斯（Marc Smith）与关系映射工作组分享了他如何使用 NodeXL 进行社交媒体
网络分析和可视化—https://www.youtube.com/watch?v ＝ Ftssu_5x7Zk。

窘境 | 如何探测人们对跟踪的反应

通过跟踪为社会提供的效益与被牺牲的个人隐私水平之间常常存在鸿沟。因此，就使用未来跟踪和监视技术的成本与收益进行公开辩论是很重要的。理想情况下，这应该发生在任何新技术部署之前。然而，仅询问人们对未来跟踪技术的看法可能并不能揭示他们真正的担忧和感受。那么还有其他方法吗？一种方法是使用挑衅性调查。

例如，一个名为"量化厕所"（Quantified Toilets）的项目就是通过在公共场所设置一项虚假服务来破坏人们所接受的状态。其研究对象是一个社区对在公共厕所进行以改善公众健康为目的的尿液分析的反应。他们假装是一家名为"量化厕所"的商业公司，开发了一种新的尿液分析技术基础设施，并将其安装在了一个会议中心的公厕里。他们在这个会议中心的所有公共厕所中都放置了标识，说明了该倡议的理由（见图 10.6）。此外，该团队还创建了一个网站（quantifiedtoilets.com），该网站展示了来自会展中心每个厕所的虚假实时数据，其中显示了尿液分析结果，包括血液酒精含量、检测到的药物、是否怀孕和气味等细节（见图10.7）。所有抽样数据均被匿名化。此外，网站上还添加了一个通向该调查的链接，并邀请公众提供反馈。

This facility is proud to participate in the healthy building initiative.
Behaviour at these toilets is being recorded for analysis.
Access your live data at **quantifiedtoilets.com**

⊕ **Quantified Toilets**
Every day. Every time.

图 10.6　在会议中心张贴的 Quantified Toilets 标识（图片来源：由 Quantified Toilets 提供）

⬤ **Recent anonymized random data feed**

Time	Toilet ID	Sex	Deposit	Odor	Blood alcohol	Drugs detected	Pregnancy	Infections
09:39:34 AM	T205	female	205ml	neutral	0.061%	no	no	none
09:33:20 AM	T109	female	175ml	neutral	0.054%	no	no	none
09:23:07 AM	T706	female	185ml	nutty	0.000%	no	no	none
09:19:02 AM	T715	female	75ml	neutral	0.000%	no	no	none
09:18:07 AM	T704	female	100ml	neutral	0.000%	no	no	none
09:11:56 AM	T706	female	80ml	neutral	0.000%	no	no	none
09:07:09 AM	T211	male	150ml	neutral	0.001%	no	no	gonorrhea
09:05:30 AM	T312	male	250ml	neutral	0.001%	no	no	none
09:00:39 AM	T314	female	245ml	neutral	0.002%	no	no	chlamydia
08:57:22 AM	T107	male	160ml	neutral	0.000%	no	no	none

图 10.7　在 quantifiedtoilets.com 网站上提供的实时数据（图片来源：由 Quantified Toilets 提供）

该研究的目的是观察人们在上厕所时遇到这项新服务的反应。他们会感到不安、惊讶、愤怒，还是不介意？他们会质疑情况的真实性并告诉其他人吗？

所以，实际上发生了什么呢？研究人员观察到了各种各样的反应，包括：反对（例如，"健康建议？没有比这更令人毛骨悚然的了。"）；认可（"隐私很重要。但是我想知道我是不是病了，这是一个好办法。"）；担心（例如，"想象一下，如果你的老板能发现你昨晚聚会有多卖力会怎样。"）；顺从（"我确信政府多年来一直在收集这些数据。"）；窥阴癖（"我刚花了 10 分钟看尿尿日志。根本停不下来。"）；甚至还有幽默，一些人试图将进出厕所的人与网站上的数据进行匹配。

该项目上线不到一小时，量化厕所就在社交媒体上疯传，引发了如滚雪球般的发文和转发。许多面对面的讨论在会议中心展示，人们写下了文章和博客，有些出现在了杂志和报纸上。一些游客被骗了，他们在 Twitter 上表示非常愤怒。可以说，如果研究人员只是问街上的人是否介意在公共厕所里对他们的尿液进行分析，那么这样的反应范围和讨论程度就永远不会发生。

你觉得这种研究怎么样？你认为这是在社会上就数据跟踪展开辩论的好方法吗？还是说这一步走得太远了？

10.2.6　组合多个数据源

许多研究人员已经开始通过结合自动感知和主观报告从多个来源收集数据。其目标是获得关于某一领域的更全面的情况，例如人群的心理健康情况，而不是只使用一个或两个数据来源（例如，面谈或调查）。第一个这样做的综合性研究是 StudentLife（Harari 等，2017），该研究关注更多地了解学生的心理健康。特别是，研究小组想知道为什么有些学生在压力下比其他人做得更好，为什么有些学生筋疲力尽，还有一些学生辍学。他们还关注压力、情绪、工作量、社交能力、睡眠和心理健康对学生学业成绩的影响。他们特别感兴趣的是，学生的情绪如何随着工作量（如作业、期中考试、期末考试）的变化而变化。

在为期 10 周的学期中，研究人员收集了美国达特茅斯学院 48 名学生的大量数据（Harari 等，2017）。他们开发了一款可以在学生的手机上运行的应用程序，不需要学生做任何事情就可以测量以下指标：

- 起床时间、上床时间和睡眠时间
- 每天交谈的次数和每次交谈的持续时间
- 体育活动（步行、坐下、跑步、站立等）的种类和数量
- 学生在哪里以及在那里待了多长时间（即在宿舍、课堂、派对、健身房等）
- 一天之内在学生周围的人员总数
- 学生在室外和室内（校园建筑内）的流动性
- 学生在一天、一周和一学期内的压力水平
- 正面影响（学生的自我感觉有多好）
- 饮食习惯（吃东西的地点和时间）
- 应用程序使用
- 学生在校园里对国际事件（例如，波士顿爆炸案）的评论

他们还使用了大量的心理健康调查，并收集了学生的成绩。这些分别被用作评估心理健康和学业成绩的基本事实。为了保护参与者的隐私，研究人员尽全力确保所有存储在数据集中的数据都是匿名的。在实现了这一点之后，研究人员公开了数据集，让其他人检查并使用它进行进一步的分析（http://studentlife.cs.dartmouth.edu/dataset.html）。

研究人员能够挖掘他们从学生的智能手机上自动收集的数据，并了解他们行为方面的新情况。他们发现，从学生的智能手机上追踪到的一些行为因素与他们的成绩有关，这些因素

包括活动、对话互动、流动性、出勤率、学习和参加派对。

图 10.8 展示了活动、截止日期、出勤和睡眠水平之间的关系。图中显示学生在学期开始时非常活跃，睡眠很少。这表明他们经常出去聚会。他们在开学时的出勤率也很高。然而，随着时间的推移，他们的行为也发生了变化。在学期快结束时，学生的睡眠、出勤和活动水平都急剧下降。

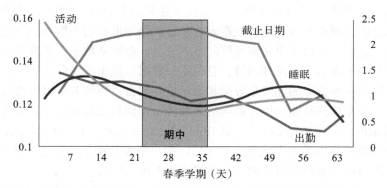

图 10.8　学生在学期内的活动、睡眠和出勤水平与截止日期之间的关系（图片来源：StudentLife Study）

练习 10.2　从图 10.9 的两幅图中，你能对学生们在学期中的活动、压力水平及社交水平与截止日期的关系产生什么看法？

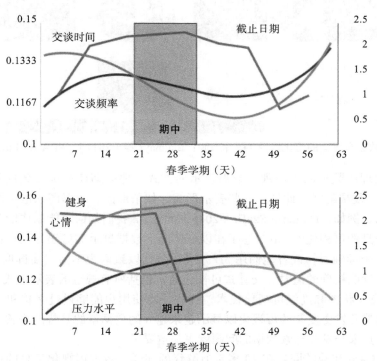

图 10.9　对学生在一学期内的行为测量（图片来源：StudentLife Study）

解答　上方的图显示，学生通过长时间的社交对话来开始新学期。随着期中的临近，这一趋势开始减弱。学生倾向于进行更少、更短的对话。在截止日期结束后，学生又回到了有更多和更长时间的对话的状态。下方的图显示，学生们一开始都很乐观，放假归来后自我感觉良好。他们看起来很放松（情绪高涨），也很活跃（经常去健身）。随着学期的结束，这些水平都开始走下坡路——这大概是因为他们的压力水平随着截止日期的临近而上升。

10.3 数据可视化和数据挖掘

每天，人们都与不同的可视化交互，这些可视化包括路标、地图、医学图像、数学抽象、图表、示意图、散点图等。这些数据表达的目的是帮助我们理解我们所生活的世界，但是为了实用性，它们必须以用户能够理解的方式呈现。能够从数据中获取意义意味着能够看到数据并理解数据的表示方式及其情境。它是哪种数据？数据关于什么？为什么要收集这些数据？为什么要用一种特殊的方式来分析和表示这些数据？理解和解释可视化所需的技能称为视觉认识能力。与任何技能一样，不同的人表现出不同程度的视觉认识能力，这取决于他们使用视觉表示的经验（Sarikaya 等，2018）。图 10.10 展示了在数据有意义时遵循的简化路径。从分析的数据（以某种方式表示）开始，用户根据数据的情境感知和理解数据表示。然后，用户就能够理解数据显示的内容，并与其他人进行交流。

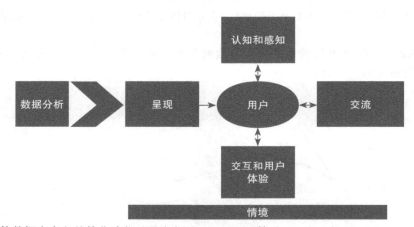

图 10.10　使数据有意义的简化路径（图片来源：Lugmayr 等（2017）。由 Artur Lugmayr 博士提供）

如果试图理解数据的人不理解数据显示的方式，那么即使是少量数据的图形表示（如20～100项）也很难解释。此外，一些表示形式，如条形图、线形图和散点图，会以令人误解的方式显示。例如，Danielle Szafir（2018）问道，"我们如何才能制作能够有效地从数据中传达正确信息的可视化？"她描述了在以下情况下数据显示如何误导用户：当设计师用截短的比例显示坐标轴时，或者他们用 3D 条显示数据以致因为不清楚要读取 3D 列的哪一侧而很难从条中读取精确的值时。交互式可视化通常包括所有规范的表示形式（例如，条形图或饼图），以及树状图和高级可视化技术，这些技术使用户能够通过平移和缩放屏幕与数据在线交互。随着开发更复杂的可视化以显示越来越大的数据量的趋势的增长，如何设计数据表示形式和工具来开发和探索数据的问题就更加重要了。

正如 Stu Card 和他的同事在 20 多年前解释的那样，数据可视化工具的目标是增强人类的认知能力，以便用户能够看到数据中的模式、趋势、相关性和异常，从而获得新的见解和发现（Card 等，1999）。从那时起开发的许多可视化数据和工具现在被来自健康与保健、金融、商业、科学、教育分析、决策和个人探索等领域的从业者和研究人员所使用。例如，数以百万计的人使用交互式地图来导航，这得益于交互式地图对汽车导航和汽车共享应用程序的集成。内科医生和放射科医生比较来自数千名患者的图像，金融家研究数百家公司股票的走势。数据可视化工具可以帮助用户更改和操作变量，以查看发生了什么。例如，他们可以放大或缩小数据以查看概述或获取详细信息。Ben Shneiderman（1996）在他的作品中总结了这种行为："首先是概述，然后是缩放和过滤，之后是随需应变的细节。"

虽然早期关于信息可视化的用户体验研究仍然指导用户体验设计师追求新的交互可视化，但是人们仍然需要工具来与大量数据进行交互（Whitney，2012）。为了有效地使用，其中许多工具需要的专业知识比大多数普通用户所拥有的更多。通常，数据显示包括前面提到的许多常见技术（如图表和散点图），以及 3D 交互式地图、时间序列数据、树、热图和网络（Munzner，2014）。有时，开发这些可视化不是为了今天的用途，而是为了其他用途。例如，人们最初开发树映射是为了可视化文件系统，使用户通过查看不同的应用程序和文件使用了多少空间，能够理解为什么他们的硬盘驱动器上的磁盘空间正在耗尽（Shneiderman，1992）。然而，树状图很快被媒体和财经记者采用，用来传达股票市场的变化，此时它称为"市场图"（见图 10.11）。与交互式地图一样，树状图已经成为一种通用工具，被嵌入最广泛使用的应用程序，如微软的 Excel（Shneiderman，2016）。

易于收集和存储大量数据的能力鼓励人们开发能显示不同类型数据的可视化。例如，图 10.12 展示了 Jessie Oliver 和她的同事（2018）从鸟类和其他生物收集到的声音片段。这些研究人员想知道人们是如何调查和注释这些数据的，以及人们如何使用这种方法通过记录鸟类和其他野生动物的鸣叫声来发现和识别它们。研究人员想知道当这些称为光谱图的可视化图像被展示给观鸟者时，它们是如何唤起人们对在野外听到鸟叫声的记忆的。观鸟者还发现，这种数据可视化有助于他们与其他观鸟者互相确认鸟类的种类。从用户体验设计的角度来看，Jessie Oliver 和她的同事面临着如何在视觉上显示长录音的挑战。他们使用了 Michael Towey 和他的同事（2014）开发的一种技术，其中使用算法压缩光谱图，使一个像素代表一分钟的录音。由此产生的光谱图使观鸟者能够获得对录音的概览，从而使他们能够看到鸟叫声的模式。

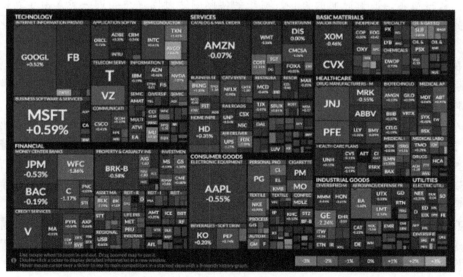

图 10.11　标准普尔 500 指数（股票的金融指数）的市场图（图片来源：由 FINVIZ 提供）

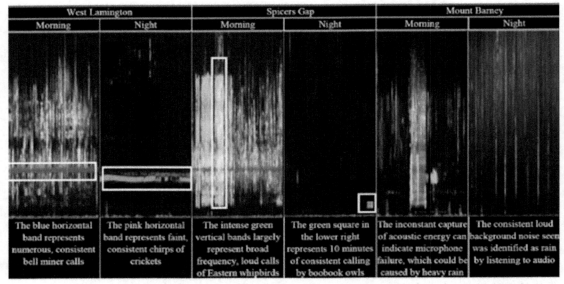

图 10.12   不同生物叫声的可视化，包括来自澳大利亚三个地区的鸟类、猫头鹰和昆虫，这些声音被表示出来以便进行解释和比较（图片来源：Oliver 等（2018）。经 ACM 出版社许可转载）

练习 10.3   来自华盛顿大学的 Jeff Heer（2017）的这段视频概述了不同类型的数据可视化和数据可视化工具——https://www.youtube.com/watch?v＝hsfWtPH2kDg。

观看本视频，然后描述使用交互式可视化的一些好处，以及设计交互式可视化时的一些用户体验挑战。

解答   1. 通过使用交互式可视化方法，用户可以与数据交互，通过深入研究数据的特定部分来探索感兴趣的方面。这在航空公司准时性表现的可视化中得到了展示，用户可以过滤部分数据来查看哪些航班晚点。从这个探索中，用户将发现航班延误与当天的晚点有关。换句话说，数据显示，随着时间的推移，航班的实际到达时间往往会进一步落后于预定的到达时间。此外，通过过滤和操作数据的特定部分，用户可以回答一些在没有数据可视化工具的情况下很难进行调查的问题，比如航班提前到达的原因是什么。

2. 在视频中，Jeff Heer 谈到了一些人类的感知和认知问题，用户体验设计师在创建可视化时必须注意这些问题。例如，他提到了在动脉可视化中适当使用颜色的重要性。他还谈到了在动脉结构的可视化中需要包含多少细节的挑战。

此外，Jeff 提到了许多当前工具在研究许多不同变量方面的强大功能，但他指出，熟练使用其中一些工具需要编程和数据分析技能。因此，用户体验可视化工具设计者需要找到支持那些没有这些技能的用户的方法。他描述了一些设计师如何试图通过自动化分析来绕过这个问题。然而，他指出，在决定应该提供多少自动化分析以及应该将多少控制权留给用户时，需要仔细权衡。对设计师来说，做出这样的判断颇具挑战性。

Jeff 还提到，分析数据中的工作要比可视化数据中的多得多。必须对数据进行清洗和预处理，这是一项称为**数据整理**的任务，可能会占用数据科学家 80% 的时间。还要考虑隐私问题。作为一名用户体验数据可视化工具设计师，Jeff 建议在设计可视化和数据即工具时必须考虑所有这些问题。

人们为市场营销、科学和医学研究、金融、商业以及其他专业用途设计了从大量数据中进行分析和做出预测的强大工具和平台。使用这些工具通常需要数据分析技能和统计知识，这使得它们提供的潜在好处对于许多人来说可望不可即（Mittlestatd，2012）。

其中许多工具是由大公司和研究实验室开发的（Sakr 等，2015），如 Tableau、Qlik、Datapine、Voyager 2、Power BI、Zoho 和 D3。为了有效地使用这些工具，业务经理经常与分析人员合作，其中分析人员帮助他们进行交互探索，使其获得新的见解。分析人员和管理人员一起以图标的形式标识小部件，用于表示工具中可用的底层功能，然后创建一个定制的"交互式仪表板"供管理人员使用。

仪表板是一个交互式的控件面板，其中包含滑块、复选框、单选按钮，以及协调不同类型图形表示的多个窗口表示，如条形图、线形图、热图、树形图、信息图、词云、散点图和其他类型的可视化。然后，管理人员可以使用这些定制的仪表板来研究数据并做出相应的决策。仪表板中的所有项都是协调的，并是从相同的所选数据中提取的信息，以调查感兴趣的特定问题。换句话说，仪表板的组件是交互式的，并相互链接在一起，以便进行协调（参见图 10.13）。这使用户能够从以不同方式显示的数据中获益，并探索在操作滑块和其他控件时这些表示是如何变化的。管理人员可以使用由微软的 Power BI、Tableau 等工具绘制的显示，以便让公司的其他员工可以使用相同的仪表盘。这样，每个人都可以看到、讨论相同的数据并与这些数据进行交互。

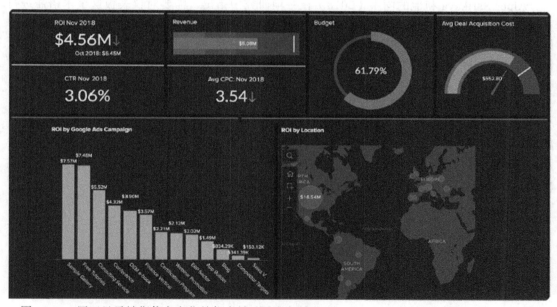

图 10.13　用于显示销售信息变化的仪表板（图片来源：https://www.zoho.com/analytics/tour.html）

➡ 要了解如何使用以及如何创建 Tableau 仪表板，请观看视频剪辑——https://www.tableau.com/#hero-video。

创建交互式可视化的另一种技术是数据驱动文档（D3）（Bostock 等，2011）。此工具用于创建基于 Web 的交互式显示。它是一个强大的、专业的工具，可以扩展 JavaScript，并且需要编程专家的帮助才能有效地使用它。记者将其用于创建出现在传统新闻印刷品中的显示，你还可以在线与之交互（参见图 10.14）。

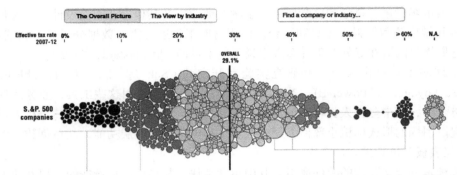

图 10.14　使用 D3 为《纽约时报》生成的交互式图形。它显示了构成标准普尔 500 金融指
　　　　　数的各类公司所缴纳的税率（图片来源：经 PARS International 许可转载）

→ 观察《纽约时报》的一篇题为《美国公司的税率差别很大》的文章中的图表（进入此链接
　并与图形进行交互。试着在屏幕上平移）——https://archive.nytimes.com/www.nytimes.com/
　interactive/2013/05/25/sunday-review/corporate-taxes.html。

　　人们面临的挑战是，如何为那些想要探索个人财务和健康数据等主题、但没有受过分析
师培训且不想雇用分析师或与分析师共事的人提供强大的工具。此外，一些产品很昂贵，这
是许多个人和非营利组织负担不起的。

　　Alper Sarikaya 和他的同事（2018）在一项研究中指出，需要对仪表板这个术语需进行
更精确的描述，并且需要更深入地理解它的使用环境如何影响其用户体验设计。他们向用户
体验设计师发起了挑战，要求他们为不同类型的用例和广泛的用户开发仪表板。在研究中，
他们分析了一系列仪表板。他们首先阅读了其他研究人员发表的论文，然后通过定性研究对
不同仪表盘的特点及其使用方式进行了分类。

　　他们根据设计目标、交互级别和使用方式对仪表板进行了描述。图 10.15 展示了他们区
分出的七种仪表板的示例。每种类型都是根据其使用方式来命名的：战略决策、自我量化、
静态操作、静态组织、操作决策、通信和进化的仪表板，其中最后一种是一个包罗万象的类
别，它包含了不适合其他类别的特性。他们指出，在这些示例中虽然有许多以仪表板的形式
出现，但它们可能不符合仪表板功能最严格的定义。

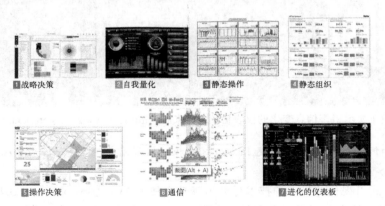

图 10.15　仪表板示例（Sarikaya 等，2018）。其中 1 和 5 针对决策制定，3 和 4 针对消费者意识，
　　　　　2 表示自我量化（例如智能家居），6 表示针对通信的仪表板，7 包括一些传统仪表板的
　　　　　新扩展（图片来源：Sarikaya 等（2018），Graph 1。经 IEEE 许可转载）

　　Sarikaya 等人还提倡通过讲述能够帮助阐明数据可视化所代表的情境的故事来支持用户。他们指出了用户在与可视化交互时遇到的挑战，比如使他们能够对如何配置和使用仪表板有更多的控制。更进一步的挑战涉及寻找支持用户开发数据、可视化和分析能力的方法。他们还指出，用户体验设计师面临着一个新的机遇，即找到支持用户选择在不同情境中使用哪些数据和表示的方法。这涉及理解仪表板更广泛的社会影响。

练习 10.4　研究来自天气网站 https://www.wunderground.com 的图 10.16a。它显示了2018 年 12 月 19 日美国华盛顿特区的天气数据。特别要注意的是温度、降水和风的数据。它们提供了什么信息？现在将此可视化与 wundermap（参见图 10.16b）中描述的可视化进行比较。这两种显示有什么不同？你更喜欢哪一种？

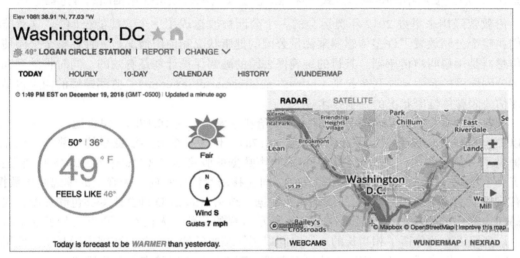

a）实际天气数据

b）相同区域和时间的 wundermap

图 10.16　（图片来源：https://www.wunderground.com）

解答   图 10.16a 中的第一个显示包含了用于传递天气信息的相当标准的表示。较大的圆环显示了目前的最高和最低温度以及对其的感觉。一个太阳图表明，虽然天气很冷，但这是一个阳光明媚的日子，不过有一些云彩。也很容易看出风是从南方吹来的，这个稍小的圆大概代表一个罗盘，其中尖尖的楔子代表风向。

图 10.16b 中的显示提供了类似的数据，但是很难从中得到华盛顿特区天气的概况。它使用传统的气象符号来表示温度和风。从中更容易看到局部影响，但很难得到整个地区的天气概况。（如果你能够访问该网站，请尝试单击"图层"并选择图中没有显示的其他选项。）哪种显示效果更好可能取决于你想要多少细节——华盛顿特区某个特定区域的概览或细节——以及你对杂乱的容忍度。

▌框 10.3 ▏通过使用不同的表示方式为环境保护主义者和公众可视化相同的传感器数据——

伦敦曾经用来举办 2012 年奥运会的一个公园被改造成了一个"智能公园"。这意味着人们在整个公园放置了许多传感器来测量公园的健康状况和使用情况。一种在整个公园使用的传感器是蝙蝠叫声传感器。其目的是确保公园的蝙蝠保护计划是有效的，同时将游客和居民与公园周围的野生动物联系起来（https:// naturesmartcities.com/）。监测蝙蝠的叫声也是用来评估公园整体健康状况的一项技术。

所收集的数据主要以光谱图的形式提供给科学家（见图 10.17b），但也通过交互式显示器以更容易被公众接受的形式呈现（见图 10.17a）。作为一个公共信息亭的一部分，该显示器提供了一个示意图，显示了公园中蝙蝠叫声数据的收集地点（Matej 等，2018）。它还提供了一个滑块，使访问者能够与数据交互：向左移动滑块显示前一天晚上的蝙蝠叫声数据，向右移动滑块显示前 10 个晚上的蝙蝠叫声数据。地图上的 LED 灯会改变颜色和强度，代表蝙蝠叫声的不同程度。数字显示器上还会显示蝙蝠的总数。人们在公园里安装了这个信息亭，许多路人在此停留了相当长的一段时间以了解蝙蝠的情况，并与数据进行互动。使用滑块的物理行为提供了一种探究数据的迷人方式，而不只是查看静态可视化或仪表板。

a）通过交互式可视化向公众提供

图 10.17   蝙蝠叫声数据的呈现形式（图片来源：图 a 由 Matej Kaninsky 提供，图 b 由 Sarah Gallacher 提供）

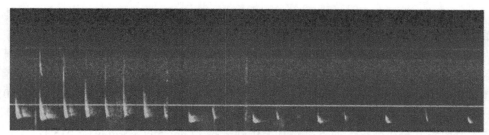

b）供环境科学家使用的光谱图

图 10.17 （续）

10.4　伦理设计问题

在 10.1 节，我们提到了如何定期收集人们的大量数据，其目的包括改善公共服务、减少拥堵和加强安全措施。这些数据通常是匿名的，有时还被聚合在一起以使其公开可用，例如显示给定空间（如建筑物的一层）的能耗数据。图 10.18 显示了墨尔本大学一栋建筑的逐层能耗比较，其中表示地下室的红色条形图显示在能源使用方面表现最差，而表示 2 楼的绿色条形图显示能耗方面表现最好。这个想法的目的是对建筑的能耗提供反馈，以提高居民的能耗意识，鼓励他们减少能耗。然而，如果显示每个办公室的局部占用率或能耗会怎样？要弄清楚谁在某个空间里并不难。但这是不是太过分了，并侵犯了人们的隐私？人们会介意吗？

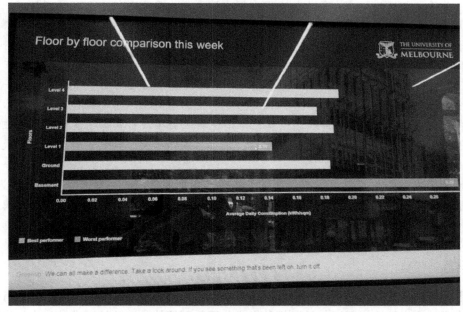

图 10.18　墨尔本大学某建筑的公共展示图所示的日平均能耗，不同颜色表示表现的优良程度
（图片来源：Helen Sharp）

在决定如何分析数据并根据从不同传感器自动收集的数据采取行动时，重要的是要考虑数据收集和存储过程的伦理性，以及如何使用数据分析。所谓"伦理"通常是指"区分对错、善恶等的行为标准"（Singer，2011，p.14）。从提供指导的官方机构可以获得许多相关准则。例如，ACM（2018）和 IEEE（2018）都开发了伦理集（https://ethics.acm.org/2018-code draft-1/；

IEEE Ethically Aligned Design, 2018)。它们指出, 任何伦理讨论的核心都是保护基本人权和尊重所有文化的多样性。它们还声明需要公平、诚实、值得信赖和尊重隐私。

为了合乎伦理地使用数据, 研究人员和公司可以首先限制他们收集的数据。与其试图收集尽可能多的数据 (这是研究中经常出现的情况——只是以防这些数据对后续分析有用), 有人建议研究人员和数据从业者采用一种名为 "隐私设计" 的方法 (Crowcroft 等, 2018)。这样, 他们就可以避免收集过多敏感但不必要的数据 (参见第 8 章和第 14 章)。此外, 可以在设备本身收集和分析数据, 而不是将其上传到云端 (Lane 和 Georgiev, 2015)。

练习 10.5   观看 Jen Golbeck (《大西洋月刊》中关于量化厕所的文章的作者) 的 TED 演讲, 她讨论了为什么社交媒体上的 "赞" 比你想象的要多。该演讲是在 2013 年发表的, 自那以后已经有超过 225 万的点击量。尽管该 TED 演讲已经有几年的历史, 但是其中提出的问题仍然与今天息息相关。她特别讨论了人们在网上的行为如何让公司得以预测他们喜欢什么、他们可能有兴趣购买什么, 甚至他们的政治观点。

演讲链接——https://www.ted.com/talks/jennifer_golbeck_the_curly_fry_conundrum_why_social_media_likes_say_more_than_you_might_think?language＝en&utm_campaign＝tedspread&utm_medium＝referral&utm_source＝tedcomshare

你认为这里的隐私问题是什么?

解答   Jen Golbeck 在她的演讲中提供了两个引人注目的例子。第一个是一个众所周知的例子, 关于如何通过一个十几岁的女孩在网上购买维生素之类的东西来预测怀孕。第二个例子是关于如何根据喜欢皱巴巴的薯条的数据以及对同质性理论的了解, 来预测一群人的智商高于平均水平。同质性理论解答了相似的人倾向于喜欢相同的东西、彼此信任, 并寻找彼此的陪伴。通过理解这些, Jen Golbeck 能够在关于 "喜欢" 皱巴巴的薯条的数据中寻找关系。"皱巴巴的薯条" 的例子表明, 尽管喜欢皱巴巴的薯条是智商高于平均水平的一个预测指标这一说法是荒谬的, 但在这个特殊的例子中, 发帖者吸引了智商同样高于平均水平的朋友的 "赞"。这是一个有趣的例子, 但其重点是说明人们在社交媒体上发布的信息往往可以在不知不觉中用来推断关于他们的各种事情, 比如种族、年龄、性别、购物行为以及他们喜欢什么。

对于政治家和其他希望通过控制社交媒体公司对个人数据的处理来保护公众的人来说, 视频中强调的担忧是有先见之明的。例如, GDPR 是欧盟推出的一项旨在保护数据隐私的法律 (在第 8 章和第 14 章中进行讨论)。在美国等国家, 政府和消费者保护组织, 如电子隐私信息中心 (EPIC; www.epic.org), 正在讨论控制个人数据使用方式的必要性, 目的是找出保护数据隐私的方法。

对于分析数据的系统, 可以采用的伦理策略是对如何使用数据和根据数据采取行动达成明确的协议。这样的协议可以包括以何种方式分析是可信的。可信性通常被认为是指对数据进行的分析有多可信 (见 Davis, 2012)。如果代表人类做出决策的根据是使用一些机器学习算法对数据进行分类, 那么用户能确定所做的决策是可信的吗?

另一个伦理问题是, 系统使用的数据分析形式是否是社会可接受的 (Harper 等, 2008)。在可接受和不可接受之间 (特别是在分析和分类个人资料 (例如健康资料或犯罪史) 时) 有没有明确的界限? 对于为提供有关现象的信息而分析的数据与为决定某人的未来而执行的数据，是否有明确的理解？是否有人们一致同意的政策？随着新技术变得更加主流和权威机构的改变，这种界限会发生多大的变化？

练习 10.6　2014 年，美国零售商因入店行窃共损失约 440 亿美元。为了帮助打击入店行窃，DeepCam 开发了一个智能系统，通过使用监控录像来识别潜在的嫌疑人，从而被动地监视进入商店的人（见图 10.19）。为此，它使用了人工智能算法和面部识别软件。你认为这种做法是社会可接受的吗？其中的隐私问题是什么？要了解更多关于该系统的信息，请访问 https://deepcamai.com/。

图 10.19　在商店中使用的 DeepCam 面部跟踪软件（图片来源：https://deepcamai.com）

解答　为了解决隐私问题，该公司开发了自己的系统，这样它就不会识别客户，也不会将他们与任何敏感信息（如姓名、地址或出生日期）联系起来。它只识别人脸并识别可能值得研究的行为模式。视频片段的索引和结构类似于网页的快速搜索设置。这使得"商店侦探"能够实时发现潜在的威胁。许多人可能会觉得这种数据分析形式令人毛骨悚然，因为他们知道，每次进入商店时，他们的脸都会与数据库相匹配。其他人可能会认为它更能被社会接受，因为它有可能大幅减少犯罪。

开放数据研究所（https://www.theodi.org）提供了一些伦理问题来帮助研究人员、系统开发人员和数据科学家着手解决这些问题。这些问题被分为几组，作为数据伦理画布框架的一部分。例如，其中有两个子集是关于项目对人的正面和负面影响的。正面问题包括"哪些个人、人口统计资料和组织将会受到项目的积极影响？"以及"如何衡量积极影响？"负面问题包括"收集、共享和使用数据的方式会造成危害吗？"和"人们能感觉到它是有害的吗？"这些问题旨在帮助研究人员为一个数据项目或活动发现潜在的伦理问题，并鼓励项目团队内显式地思考和讨论谁将受到该项目的影响以及确保该项目符合伦理的步骤。开放数据研究所网站提供的框架旨在帮助组织发现与数据项目相关的潜在伦理问题。

我们在第 1 章概述了一些可用性原则和用户体验设计原则，并将它们转化为问题、标准和示例，展示了如何在设计过程中使用它们。在这里，我们介绍一些与收集和使用大规模数据的伦理相关的其他原则，这些原则在伦理、数据科学、人机交互和人工智能文献中经常被讨论（参见 Cramer 等，2008；Molich 等，2001；Crowcroft 等，2018；Chuang 和 Pfeil，2018；van den Hoven，2015）。我们称之为数据伦理原则（见框 10.4）。在关于伦理和交互设计的报告、手册和文章中经常出现的四个原则是公平、责任性、透明度和可解释性（FATE）。这些原则也被列入《通用数据保护条例》（GDPR）的核心关键原则。例如，其第 5 条要求，个人数据应"以合法、公平和透明的方式处理"。在人机交互的背景下，Abdul 等人（2018）提出了关于人机交互研究人员如何帮助开发更可靠的智能系统的议程，这些系统不仅可以解释其算法，而且对人们有用。

应该指出的是，伦理原则并不相互排斥，它们是相互关联的，如框 10.4 所述。

▌框 10.4│数据伦理原则（FATE）

公平（Fairness）指没有偏袒和歧视的公正对待或行为。虽然这是组织在晋升和招聘等领域所坚持的，但在数据分析的情境中，它指的是数据集的公平性以及使用结果的影响。例如，有时数据集偏向于特定的人口，这将导致做出不公平的决策。如果这些问题能够被系统识别和揭示，人们就有可能纠正这些问题，同时开发新的算法，使系统更加公平。

责任性（Accountability）指一个使用人工智能算法的智能或自动化系统能否解释其决策，使人们相信这些决策是准确和正确的。这涉及明确如何根据使用的数据集做出决策。由此产生的问题是，谁应该为此负责？是提供数据的人、编写算法代码的公司，还是为自己的目的部署算法的组织？

透明度（Transparency）指一个系统使其决策可见的程度，以及决策是如何产生的（见 Maurya，2018）。人工智能系统在做决策时通常依赖于大型数据集，是否应该将其设计得更透明一直存在很多争议（见 Brkan,2017）。例如，可以诊断癌症类型的医疗决策系统，以及基于机器学习算法向用户推荐新内容的媒体服务提供商（例如 Netflix）。目前，许多这样的系统在本质上是黑盒，也就是说，它们没有提供任何有关其提出的解决方案和决策的推导机制的解释。许多人认为这种做法是不可接受的，尤其是在人工智能系统被赋予更多代表社会行动的责任的情况下，例如，决定谁入狱、谁得到贷款、谁得到最新的医疗等。GDPR 关于自动决策的一些规则也关注了如何确保由机器学习算法做出的决策的透明度（Brkan，2017）。

可解释性（Explainability）指在人机交互和人工智能中，越来越多的人期望系统，尤其是那些收集数据和做出关于人的决策的系统，能够提供外行人能够理解的解释。自 20 世纪 80 年代专家系统出现以来，对于什么样的解释是好的一直是许多研究的主题。在这一早期工作之后，人们对情境感知系统应该提供什么进行了研究。例如，Brian Lim 等人（2009）进行了一项研究，为自动决策的系统提供了不同种类的解释。他们发现，解释为什么一个系统会以某种方式运行，会让人更好地理解并产生更强烈的信任感。相反，对系统为何没有以某种方式运行的解释将导致理解水平的降低。还有研究调查了适合自动化系统用户且对其有用的各种解释（见 Binnes 等，2018）。

FATE 框架建议，将人工智能算法与个人或社会数据结合使用的未来系统的设计，应该确保系统是公平的、透明的、负责任的和可解释的。实现这一目标是复杂的，需要人们意识到潜在的偏见、大数据和算法中的歧视、大数据中的伦理、法律和政策含义、数据隐私以及透明度（Abdul 等，2018）。

实现这一目标必然是困难的。例如，Cynthia Dwork 在一个关于大数据和透明度的小组

（由 Maurya（2018）转录）中指出，很难知道对人类来说一个决策可能有什么好的解释。她举了一个例子，当用户问"为什么我被拒绝贷款？"时，系统可能会回答："我们有一个分类器。我们将你的数据输入其中，其输出是你被拒绝了。"然而，这对用户几乎没有帮助，而且这可能比没有任何解释更令人恼火。

Reuben Binnes 等人（2018）进行了一项实验，以确定用户认为哪种解释对自动化系统来说是公平、负责和透明的。他们比较了四种不同的解释方式，从主要提供数字分数到提供特定人口类别统计数据细目（包括年龄、性别、收入水平或职业）的更全面的解释。对于自动做出个人决策的场景，例如申请个人金融贷款以及超额预订的航班的乘客被选中改签，他们给出了不同的解释样式。实验结果显示，一些参与者发现，他们参与了这些解释，来评估所做决策的公平性，但有时他们发现这些解释缺乏人情味，甚至是不人道的。构成公平解释的可能不仅仅是关于算法过程的说明。从交互设计的角度来看，如果解释是交互式的，使用户能够询问系统并与其进行协商，特别是当所做的决策与他们的预期或希望相反时，那么这可能会有所帮助。

Jure Leskowec（2018）对一个代表人类做出决策的系统可能造成的不同后果进行了讨论，因为这将决定是否需要一个解释来支持系统所做的决策，以及解释应该包括哪些内容。例如，如果系统根据其跟踪的在线应用程序使用情况（在定向广告中使用的一种常见方法）分析并决定在用户的浏览器中弹出拖鞋广告，那么这可能有点烦人，但不太可能让用户恼火。然而，如果这意味着根据自动算法的结果，一个人将被拒绝贷款或签证，那么这可能会给他的生活带来更可怕的后果，他会想知道为什么要做出这样的决定。Jure 建议，在进行涉及更重要的社会问题的系统决策时，人类和算法需要协同工作。

伦理和数据成为一个大问题的另一个原因是，依赖于现有数据集的自动化系统有时会做出错误的或偏向于特定标准集的决策。这样做的结果是不公平的。引起公众强烈抗议的一个例子是对黑皮肤人士的错误识别。传统的人工智能系统在对这一人群的识别中有更高的错误率。尤其是，深色皮肤女性被错误识别的比例为 35%，而浅色皮肤女性被错误识别的比例仅为 7%（Buolamwini 和 Gebru，2018）。此外，浅色皮肤男性的识别错误率不到 1%，这进一步加剧了这种差异。造成这种巨大差异的主要原因之一被认为是使用的数据集的图像构成。在一个广泛使用的图像数据集中，约超过 80% 是白人的图像，且其中大多数是男性。

这种偏见显然是不可接受的。想要使用或提供这种数据集的公司所面临的挑战是：开发出更公平、更透明、更可靠的面部分析算法，使其能够更准确地对人进行分类，而不考虑肤色或性别等人口统计学特征。许多人工智能研究人员已经开始着手解决这个问题，一些研究人员已经开始开发三维人脸算法，从二维图像中不断学习多种族特征，一些则推出了更加平衡的新面部数据集（见 Buolamwini 和 Gebru，2018）。

┃框 10.5┃未来客厅：使用个人数据的伦理化途径

目前，全球近 200 个城市有 250 多个智能城市项目。每个项目都有不同的目标，但其主要目标都是使城市更节能、更安全，并提高人们的生活质量。大多数项目与科技公司、政府和当地社区合作，以实现新的经济机遇带来的好处。物联网技术和大数据往往是其核心问题。其中一个方面是开发新的方法和工具包，使当地居民能够使用工具来测量信息并根据他们想要了解的城市信息采取行动。例如，布里斯托尔市采用的公民感知方法汇集当地居民、社区工作者和志愿者一同开发了一个创新的、价格低廉的 DIY 传感工具，人们可以用它来记录和收集家中的湿度数据（www.bristolapproach.org/）。

除了这些智能城市项目之外，还有一些项目关注人们如何在特定的建筑中或在家中采用、接受和接近新的传感技术。例如，"未来客厅"项目调查未来人们将如何生活在嵌入了一系列物联网设备的家中（https://www.bbc.co.uk/rd/projects/living-room-of-the-future）。该项目研究如何在尊重人们隐私的同时，使个人数据透明且可信。它还关心能够使这些个人数据具有明确的意识和透明度的设计方法。

他们致力解决的一项特殊挑战是，如何使人们能够控制自己的个人数据，同时让家庭系统使用这些数据来调整人们的体验，例如选择播放什么媒体和使用什么设备播放。这些设备（如传感器和日常的射频技术嵌入式设备）有潜力收集各种各样的个人数据，包括音乐偏好、历史停留位置、人们在做什么以及人们的感受。为了确保隐私，数据不是在云中而是在一个名为 databox 的家庭保护数据服务器上收集和存储的。该服务器对每个人的数据进行排序、管理和中介访问。它只使用经过验证和审查的第三方服务，以确保其他任何人都不能访问它。因此，数据永远不会离开客厅，并确保提供的物联网服务可以被认为是可信的。它还提供了一个平台，允许进行个性化，而不需要询问用户是否同意任何其建议的更改。

"未来之家"项目还研究如何在家中收集数据和使用数据，例如用来控制家庭供暖和照明。

深入练习

访问 labinthewild.com，选择"你的隐私资料是什么？"测试。这项测试的目的是让你知道你对数据隐私的看法，以及你和其他人对这个话题的看法有多大的不同。完成这项测试大约需要 10～15 分钟。在测试结束时，它将向你提供你的结果，并根据你表现出的是不关心、有些关心还是非常关心对你进行分类。

1. 你认为这是对你如何看待隐私的准确反映吗？
2. 你认为这段视频有效地提出了关于在智能建筑中收集哪些数据的潜在问题吗？如果没有，在视频中还可以用其他什么场景来让人们考虑隐私问题？
3. 你认为为该场景选择的情境可能对你的反应有什么影响？例如，如果场景涉及医生的手术，那么你可能会有不同的反应吗？如果是这样，为什么？
4. 你如何看待 labinthewild.com 作为一个平台对志愿者那里进行大规模在线实验？
5. 你觉得这个网站上还有什么有趣的信息吗？

总结

本章描述了大规模数据如何将来自不同数据源的大量数据汇集在一起，然后对这些数据进行分析，以解决新的问题，并提供通过分析单个数据源的数据无法获得的见解。本章介绍了收集和分析大量数据的技术和工具，以及一些人对大规模数据使用方式的担忧，尤其是在个人数据隐私的需求方面。我们鼓励用户体验设计师考虑其设计对数据使用方式的影响，并确保数据的使用合乎伦理。我们还提倡了伦理设计的四个核心原则：公平、责任性、透明度和可解释性。

本章要点

- 大规模数据涉及非常大的数据量，也称为**大数据**。
- 大规模数据的一个定义特征是，它包括从不同来源收集的不同类型的数据，可以对这些数据进行分析以解决特定的问题。
- 大规模数据既可以是定量数据，也可以是定性数据。它包括社交媒体信息、情感和面部识别数据、文档、传感器、声音和音波数据，以及视频监控数据。

- 分析不同来源的数据非常有用，因为这对人们的行为提供了不同的视角。
- 分析大规模数据可能会产生积极的结果，比如了解人们的健康问题。但如果个人数据被泄露并被滥用，那么它也存在危险。
- 大规模数据的收集和分析的方式多种多样，包括数据搜集、监测自己和他人、众包、情感和社交网络分析。
- 数据可视化提供了表示、理解和研究数据的工具和技术。
- 伦理设计原则建议用户体验设计师创建使用户明确数据使用方式的设计和交互流程。
- 确保人工智能系统的透明性是一个特别重要的伦理设计原则。

拓展阅读

HANSEN, D. , SHNEIDERMAN, B. , SMITH, M. A. AND HIMELBOIN, I. , (2019) *Analyzing Social Media Networks with NodeXL. Insights from a Connected World* (2nd ed.). Morgan Kaufmann.

这本书介绍了社交网络分析。它关注的是 NodeXL，但在使用任何社交网络分析工具时，其中的大部分讨论都是有益的。

SCHRAEFEL, M. C. GOMER, R. ALAN, A. GERDING, E. , AND MAPLE, C. (2017) The Internet of Things: Interaction Challenges to Meaningful Consent at Scale. *Interactions*, 24, 6 (October 2017), 26-33.

这篇短文讨论了人机交互研究人员如何帮助用户管理他们的隐私和个人数据，特别是在物联网的角度。

SZAFIR, D. (2018) The good, the bad, and the biases: Five Ways Visualizations Can Mislead and How to Fix Them. *Interactions*. xxv. 4.

正如标题所示，这篇文章讨论了一些众所周知的可视化问题和设计缺陷，并提出了解决这些问题的方法。

SARIKAYA, A. , CORELL, M. , BARTRAM, L, TOREY, M, FISHER, D. (2018) What Do We Talk About When We Talk About Dashboards? *IEEE Trans Vis Comput Graph*.

这篇论文描述了仪表板的特点，并对仪表板的设计和使用方法进行了评述。

SHILTON, K (2018) Values and Ethics in Human-Computer Interaction. *Foundations and Trends in Human-Computer Interaction*：Vol. 12, No. 2, 107-171.

这篇文章很好地概述了人机交互中关于伦理、数据和交互所争论的问题。

发现需求

目标

本章的主要目标是:

- 描述不同类型的需求。
- 允许你从简单的描述中识别不同类型的需求。
- 解释额外的数据收集技术,以及如何使用它们来发现需求。
- 允许你从简单的描述中开发角色和场景。
- 将用例描述为详细捕获交互的方法。

11.1 引言

发现需求的重点是探索问题空间并定义开发的内容。在交互设计中,这包括:理解目标用户及其能力;新产品如何在日常生活中支持用户;用户当前的任务、目标和情境;对产品性能的限制;等等。这种理解形成了产品需求的基础,并支撑了设计和实现。

需求、设计和评估活动似乎是人为区分的,因为它们是如此紧密相关,特别是在迭代开发周期中,比如用于交互设计的迭代开发周期。在实践中,它们是相互交织的,一些设计发生在需求被发现的时候,而设计是通过一系列评估-重新设计的循环演进的。使用较短的迭代开发周期很容易混淆不同活动的目的。然而,每一个活动都有不同的重点和特定的目标,它们都是制造高质量产品所必需的。

本章将更详细地描述需求活动,并介绍一些专门用于探索问题空间、定义要构建什么以及描述目标受众的技术。

11.2 是什么、如何做和为什么

本节简要探讨需求活动的目的、如何捕获需求,以及为什么要这么做。

11.2.1 需求活动的目的

需求活动位于设计的双菱形的前两个阶段,这已在第 2 章中进行过介绍。这两个阶段包括探索问题空间以获得对问题的深刻见解,以及对将要开发的内容进行描述。本章描述的技术支持这些活动,并且根据产品的需求以及任何支持工件捕获结果。

需求可以通过目标活动直接发现,也可以在产品评估、原型制作、设计和构建过程中间接地发现。随着交互设计生命周期的扩展,需求发现逐渐迭代,其迭代周期确保从这些活动中吸取的经验教训能够相互补充。在实践中,当涉众与设计交互并学习什么是可能的以及如何使用特性时,需求就会演化和发展。并且,如第 2 章中的交互设计生命周期模型所示,活动本身将被反复地重新访问。

11.2.2　捕获需求

　　需求可以通过几种不同的形式捕获。对于某些产品，例如运动监测应用程序，通过原型或操作的产品隐式地捕获需求可能是合适的。对于其他产品，例如工厂中的过程控制软件，在原型或构建开始之前需要对所需的行为有更详细的理解，并且可以使用结构化或严格的符号来研究产品的需求。在所有情况下，明确地捕获需求是有益的，以确保关键需求不会在迭代过程中丢失。交互式产品跨越了具有不同约束和用户期望的广泛领域。如果一款用来提醒购物者他们最喜欢的商品的优惠信息的新应用程序无法使用或略显不准，则它可能会令人失望，但如果同样的情况发生在空中交通管制系统上，则后果会严重得多，甚至可能危及生命。

　　正如我们在本节中讨论的，需求有许多不同的种类，每种需求都可以用不同的符号来强调或掩盖，因为不同的符号强调不同的特性。例如，对依赖于大量数据的产品的需求将使用强调数据特征的符号来捕获。这意味着使用一系列呈现形式，包括原型、故事、图表和照片，适合正在开发中的产品。

11.2.3　避免误解

　　交互设计的目标之一是产生可用的产品，以支持人们在日常生活和工作中交流和交互的方式。发现和沟通需求有助于推进这一目标，因为定义需要构建什么支持了技术开发人员，并允许用户更有效地做出贡献。如果产品不能使用或不符合需求，那么每个人都会感到失望。

　　伴随着反复的迭代和评估以及用户的参与的以用户为中心的设计会减少这种情况的发生。下图说明了误解或沟通不畅的后果。迭代的、以用户为中心的方法的目标是包含不同的视角，并确保它们达成一致。如果没有清晰地表达需求，则更有可能出现误解。

11.3 需求是什么

需求是关于预期产品的陈述，它指定了预期产品的任务或者它将如何执行任务。例如，对某智能手表 GPS 应用程序的一个需求可能是加载地图的时间少于半秒。另一个不太精确的需求可能是让青少年觉得智能手表有吸引力。在后一个例子中，需求活动包括更详细地探索究竟是什么让这样的手表对青少年有吸引力。

需求活动的目标之一是识别、阐明和捕获需求。发现需求的过程是迭代的，允许需求及对其的理解不断发展。除了捕获需求本身之外，该活动还包括指定可以用来显示何时已满足需求的标准。例如，可用性标准和可以以这种方式使用的用户体验标准。

需求具有不同的形式和不同的抽象级别。图 11.1a 所示的示例需求使用一个称为原子需求外壳（atomic requirements shell）（Robertson 和 Robertson，2013）的通用需求结构来表示，图 11.1b 描述了该外壳及其字段。请注意，它包含一个"合适的标准"，可用于评估解决方案何时满足需求，它还包含"客户满意""客户不满意"和"优先级"的标志。这个外壳表明了关于为了便于理解而需要识别的需求的信息。该外壳来自一系列资源，这些资源统称为 Volere（http://www.volere.co.uk），它是一个通用的需求框架。虽然 Volere 不是专门为交互设计而设计的，但它被广泛应用于许多不同的领域，并被扩展以包含用户体验分析（Porter 等，2014）。

捕获产品预期功能的另一种方法是通过用户故事进行调研。用户故事在团队成员之间传达需求。每一个用户故事都代表一个客户可见的功能单元，并作为用于扩展和澄清需求的对话的起点。用户故事还可以用来捕获可用性和用户体验目标。最初，用户故事通常写在实体卡片上，这故意限制了可以捕获的信息量，以便促进涉众之间的对话。虽然这些对话仍然受到高度重视，但是使用诸如 Jira（https://www.atlassian.com/software/jira）的数字支持工具意味着，用于详细说明需求的附加信息通常存储在用户故事中。例如，这些附加信息可能是详细的图表或截图。

用户故事代表了可以在 sprint（开发活动中的一个短时阶段，通常为约两周）期间支付的一小部分价值，用户故事的常见简单结构如下：

- 作为一个〈角色〉，我想要〈行为〉以便〈好处〉。

例如，一个旅游组织软件的用户故事可能是：

- 作为一名〈旅行者〉，我想要〈为我所有的航班保留我最喜欢的航空公司〉，以便〈收集航空里程〉。
- 作为一家〈旅行社〉，我想要〈把我的特别折扣率显示给我〉以便〈为客户提供有竞争力的价格〉。

当使用敏捷方法进行产品开发时，用户故事的使用是最普遍的。用户故事是 sprint 计划的基础，也是构建产品的基石。一个已完成并为开发做好准备的故事由描述、对开发所需时间的估计和验收测试组成，验收测试决定了如何度量何时满足需求。用户故事（如早期的故事）通常会被进一步分解为更小的故事（通常称为任务）。

在开发的早期阶段，需求可能以叙事的形式出现。叙事是一个用户故事，可能需要几周或几个月的时间来实现。在进入 sprint 之前，叙事将被分解成更小的工作块（用户故事）。例如，旅游组织应用程序的叙事可能如下：

- 作为一名〈团体旅行者〉，我想要〈从一系列符合团体偏好的潜在度假计划中进行选择〉以便〈整个团体可以玩得尽兴〉。

- 作为一名〈团体旅行者〉，我想要〈知道团体中每个人的签证限制〉以便〈团体中的每个人都能在充足的时间内安排签证〉。
- 作为一名〈团体旅行者〉，我想要〈知道访问所选目的地所需接种的疫苗〉以便〈在充足的时间内为团体中的每个人安排接种〉。
- 作为一家〈旅行社〉，我想要〈显示的信息是实时更新的〉以便〈客户收到准确的信息〉。

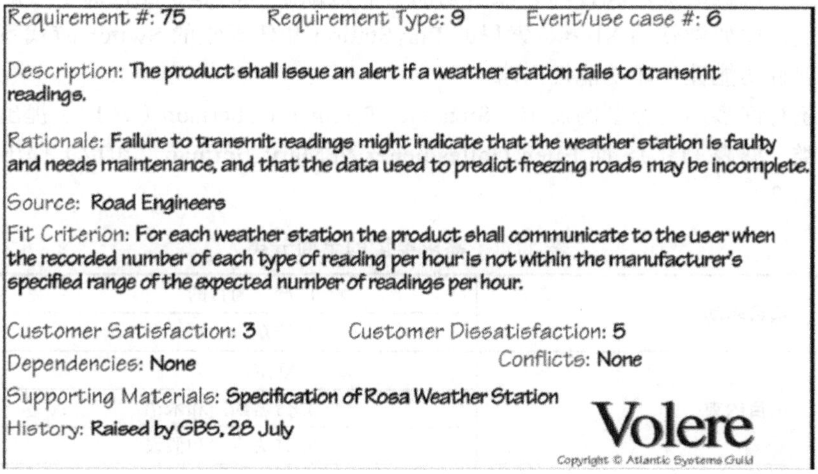

a) 使用 Volere 原子需求外壳表示的示例需求

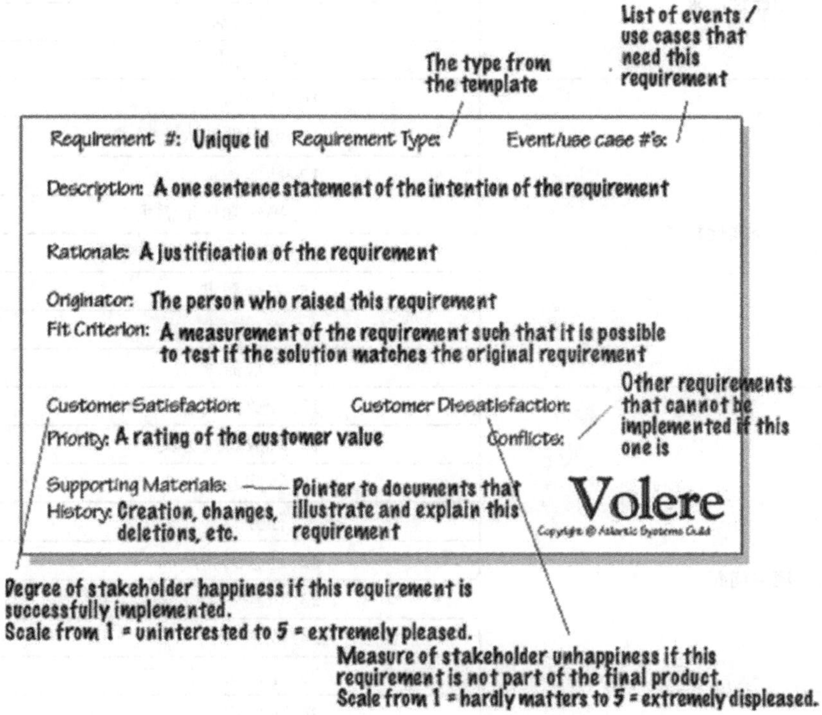

b) 原子需求外壳结构

图 11.1 （图片来源：Atlantic Systems Guild）

不同类型的需求

需求有许多来源：来自用户社区、来自业务社区，或者作为要应用的技术的结果。传统上已经确定了两种不同类型的需求：功能性需求（描述产品将要做什么）和非功能性需求（描述产品的特性（有时称为约束））。例如，一款新电子游戏的功能性需求可能是对用户的一系列能力构成挑战。这个需求可能会被分解成更具体的需求，以详细描述游戏中挑战的结构，例如精通程度、隐藏的提示和技巧、魔法物品等。这款游戏的非功能性需求可能是可以运行在各种平台上，比如微软的 Xbox、索尼的 PlayStation 和任天堂的 Switch 游戏系统。交互设计涉及同时理解功能性和非功能性需求。

然而，还有许多不同类型的需求。Suzanne 和 James Robertson（2013）提出了对需求类型的全面分类（见表 11.1），而 Ellen Gottesdiener 和 Mary Gorman（2012）提出了 7 个产品维度（见图 11.2）。

表 11.1　需求类型的全面分类

项目驱动	1. 产品的目的
	2. 涉众
项目约束	3. 规定的约束
	4. 命名约定和术语
	5. 有关事实和假设
功能性需求	6. 工作范围
	7. 业务数据模型和数据字典
	8. 产品范围
	9. 功能需求
非功能性需求	10. 外观需求
	11. 可用性和人文需求
	12. 性能需求
	13. 操作和环境需求
	14. 可维护性和支持需求
	15. 安全需求
	16. 文化需求
	17. 合规需求
项目问题	18. 开放问题
	19. 现成解决方案
	20. 新问题
	21. 任务
	22. 迁移到新产品
	23. 风险
	24. 成本
	25. 用户文档和培训
	26. 等候室
	27. 解决问题的想法

资料来源：Atlantic Systems Guild, Volere Requirements Specification Template, Edition 18 (2017), http://www.volere.co.uk/template.htm

7 个产品维度

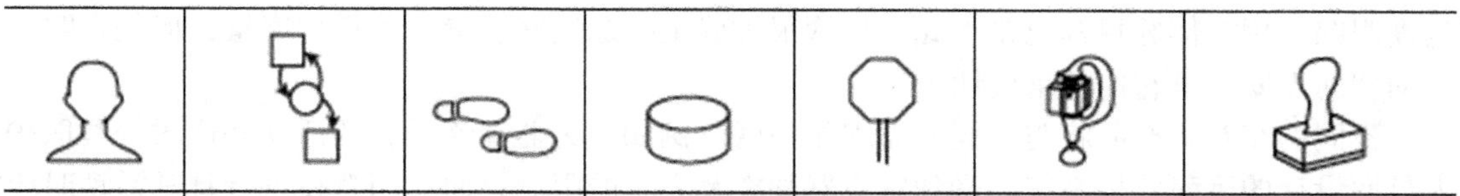

用户	接口	动作	数据	控制	环境	质量属性
用户与产品交互	产品连接到用户、系统和设备	产品为用户提供功能	产品包含一个数据和有用信息的存储库	产品实施约束	产品符合物理性能和技术平台要求	产品具有一定的性能，符合其操作和开发的要求

图 11.2　7 个产品维度（图片来源：Gottesdiener 和 Gorman（2012），p.58。由 Ellen Gottesdiener 提供）

➡ 要了解如何使用 7 个产品维度来发现需求，请参见 https://www.youtube.com/watch?v＝x9oIpZaXTDs。

下面将讨论 6 种最常见的需求类型：功能需求、数据需求、环境需求、用户需求、可用性需求和用户体验需求。

功能需求捕获产品将要做的事情。例如，在汽车装配厂工作的机器人的功能需求可能是能够准确地放置和焊接正确的金属块。理解交互式产品的功能需求是基础。

数据需求捕获所需数据的类型、波动性、大小 / 数量、持久性、准确性和值。所有交互式产品都必须处理数据。例如，如果正在开发买卖股票和证券的应用程序，那么数据必须是最新且准确的，并且数据很可能每天会更新很多次。在个人银行领域，数据必须是准确的，并能够持续几个月甚至几年，而且会有大量的数据需要处理。

环境需求，或使用情境，指的是交互式产品将在其中运行的环境。环境的 4 个方面导致了不同类型的需求。

首先是**物理环境**，例如在操作环境中预计有多少照明、噪音、运动和灰尘。用户是否需要穿戴防护服，例如可能影响界面类型选择的大手套或头盔？环境有多拥挤？例如，ATM 在非常公共的物理环境中运行，因此使用语音界面可能会有问题。

第 2 个方面是**社会环境**。关于交互设计的社会方面的问题，例如协作和协调，已在第 5 章中提出。例如，数据是否需要共享？如果是，共享必须是同步的（例如，同时查看数据）还是异步的（例如，两个人轮流编写报告）？其他因素还包括团队成员的物理位置，比如远距离通信的协作者。

第 3 个方面是**组织环境**，例如：用户支持可能有多好，它多么容易获得，是否有培训的设施或资源，通信基础设施多么高效或稳定，等等。

最后，需要建立**技术环境**。例如，产品将运行在什么技术上或需要与什么技术兼容，以及可能相关的技术限制是什么。

用户特征捕获预期用户组的关键属性，例如用户的能力和技能，而取决于具体产品，还要捕获用户的教育背景、偏好、个人情况、身体或精神残疾等。此外，用户可能是新手、专家、临时用户或频繁用户，这将影响交互设计的方式。例如，新手用户可能更喜欢循序渐进的指导，而专家用户可能更喜欢灵活的互动与更广泛的控制权。典型用户的特征集合称为用户概要文件。任何一个产品都可能有几个不同的用户概要文件。

可用性目标和**用户体验目标**是另一种需求，应该采用适当的度量将它们共同捕获。第 2 章简要介绍了可用性工程，这是一种在开发过程的早期就对产品可用性目标的具体措施达成一致并用于跟踪开发过程中的进展的方法。这既确保了可用性被给予适当的优先级，又便于进度跟踪。用户体验目标也是如此。尽管很难确定跟踪这些质量的可量化度量，但是在需求活动期间需要了解它们的重要性。

不同的交互式产品将与不同的需求相关联。例如，为监控年长者的活动并适时提醒医护人员而设计的远程监护系统会受到感应器种类及大小的限制，而使用者在进行日常活动时应能轻易佩戴感应器。可穿戴界面需要轻便、小巧、时尚，最好是隐藏起来，不要碍手碍脚。在线购物网站和机器人伴侣都有一个可取的特点，那就是值得信赖，但这一特性会导致不同的非功能性需求——在前者中，信息安全是优先考虑的，而在后者的行为规范中，信息安全意味着值得信赖。现在许多系统的一个关键需求是它们是安全的，但是其中一个挑战是提供不影响用户体验的安全性。框 11.1 介绍了实用安全性。

▌框 11.1 ▌实用安全性

安全性是大多数用户和设计人员都会认同的一项需求，在某种程度上，它对于大多数产品来说都很重要。近年来发生的各种各样的安全漏洞，特别是个人隐私数据的安全漏洞，提高了人们对安全的必要性的认识。但这对交互设计意味着什么？安全措施如何在不影响用户体验的情况下保持适当的健壮性？早在 1999 年，Anne Adams 和 Angela Sasse（1999）就讨论了研究安全机制的可用性和采用以用户为中心的安全方法的必要性。这包括告知用户如何选择安全密码，但它也强调，忽略以用户为中心的安全视角将导致用户绕过安全机制。

许多年后，人们仍然在讨论实用安全性和用户在维护安全实践中的角色。用户现在被如何选择密码的建议所轰炸，但大多数成年人与如此多的系统交互，并且必须维护各种各样的登录细节和密码，这可能是压倒性的。这非但不能提高安全性，反而会导致用户制定应对策略来管理自己的密码，而这最终可能会损害而不是加强安全性。Elizabeth Stobert 和 Robert Biddle（2018）在研究中确定了一个密码生命周期，该生命周期显示了密码是如何被开发、重用、修改、丢弃和遗忘的。当用户创建弱密码或将密码写下来时，他们不一定会忽略密码建议，相反，他们会小心地管理自己的资源，并花费更多精力来保护最有价值的账户。第 4 章强调了关于记忆和密码的问题，以及使用生物识别技术取代密码的趋势。然而，即使使用生物识别技术，仍然需要发现实用安全需求。

练习 11.1　针对以下两种产品，在每个类别（功能需求、数据需求、环境需求、用户特征、可用性目标和用户体验目标）中提出一些关键需求：

1. 一种用于在购物中心周围导航的交互式产品。

2. 一种可穿戴的交互式产品，用于测量糖尿病患者的血糖水平。

解答　你可能已经想出备选方案了。以下只是参考答案。

1. 用于在购物中心周围导航的交互式产品。

功能需求：该产品将定位购物中心中的位置，并为用户提供到达目的地的路线。

数据需求：该产品需要访问用户的 GPS 定位数据、购物中心地图，以及购物中心所有地点的位置。它还需要了解地形和路径，以满足不同需求的人。

环境需求：产品设计需要考虑环境的几个方面。用户可能很着急，也可能更悠闲，是在到处闲逛。物理环境可能是嘈杂和拥挤，用户在使用产品时可能正与朋友和同事交谈。针对使用该产品的支持或帮助可能并不容易获得，但如果应用程序无法工作，用户则可以向路人问路。

　　用户特征：潜在用户是拥有自己的移动设备的人群中的一员，他们可以访问该中心。这表明用户的能力和技能各不相同，教育背景和个人偏好各不相同，年龄也各不相同。

　　可用性目标：该产品需要易于学习，以便新用户可以立即使用它，而且对于使用更频繁的用户来说，它应该是易记的。用户不会愿意等待产品加载花哨的地图或提供不必要的细节，所以它的使用需要高效和安全，也就是说，它需要能够轻松地处理用户的问题。

　　用户体验目标：在第 1 章列出的用户体验目标中，最有可能与其相关的是令人满意、有帮助和提高社交能力。虽然其他的一些目标可能是合适的，但对于这个产品来说它们并不是必需的，例如刺激认知。

　　2. 一种可穿戴的交互式产品，用于测量糖尿病患者的血糖水平。

　　功能需求：该产品将能够采集小样本血液并测量血糖指标。

　　数据需求：该产品将需要测量和显示血糖读数，但可能不会永久存储，也可能不需要个人的其他数据。这些问题将在需求活动期间进行探讨。

　　环境需求：物理环境可以是个人可能身处的任何地方——家里、医院、公园等。该产品需要能够适应广泛的条件和情况，并适于佩戴。

　　用户特征：用户的年龄、国籍、能力等不限，用户也可以是新手或专家，这取决于他们患上糖尿病的时间。大多数用户将很快从新手变成普通用户。

　　可用性目标：该产品需要展示所有可用性目标。你会需要一个医疗产品是有效、高效、安全、易于学习和记住如何使用的，并具有良好的效用。例如，来自产品的输出，特别是任何警告信号和显示，必须是清晰和明确的。

　　用户体验目标：与此相关的用户体验目标包括设备的舒适性，而美观或令人愉快可能有助于鼓励继续使用该产品。但是，要避免让产品令人惊讶、具有挑衅性或挑战性。

11.4　为需求收集数据

　　为需求收集数据涉及广泛的问题，包括谁是预期用户、他们目前从事的活动及其相关目标、执行活动的情境以及当前情况的基本原理。数据收集会话的目标是发现与产品相关的所有需求类型。在第 8 章中介绍的三种数据收集技术（访谈、观察和问卷调查）在交互设计生命周期中经常使用。除了这些技术之外，还可以使用其他几种方法来发现需求。

　　例如，文档（如手册、标准或活动日志）是一个很好的数据来源，可以提供有关活动所涉及的规定步骤、管理任务的任何规则或者用于审查或与安全相关的目的的活动记录的保存位置。研究文档也可以很好地获取背景信息，而且不需要花费涉众的时间。研究其他产品也可以帮助确定需求。例如，Jens Bornschein 和 Gerhard Weber 2017 分析了现有的非可视化绘图支持包，以确定盲人用户对数字绘图工具的需求。Xiangping Chen 等人（2018）提出了一个推荐系统，用于探索现有的应用程序商店，提取常见的用户界面特征，以确认新系统的需求。

　　人们通常使用多种数据收集技术以提供不同的视角。例如：用于理解活动情境的观察，针对特定用户群的访谈，用于覆盖更广泛人群的问卷调查，以及旨在建立一致观点的焦点小组。人们在实践中使用了许多不同的技术的组合，框 11.2 包括一些这样的例子。请注意，Orit Shaer（2012）等人的例子还说明了专业领域的交互式产品的开发，其中允许用户加入开发团队以帮助他们了解领域的复杂性。

▌框 11.2│在需求活动中结合数据收集

下面描述了一些示例，其中组合了不同的数据收集技术以进行需求活动。

实地直接观察、通过日志文件间接观察、访谈、日记和调查

Victoria Hollis 等人（2017）进行了一项研究，以帮助设计促进情绪健康的反射系统。具体而言，他们希望探索用于改善人的幸福感的未来建议的基础以及反思过去的消极与积极事件的影响。他们在该领域进行了两项直接观察研究，共有 165 名被试。在这两项研究中，他们在实地研究期之前和之后分别进行了调查，以评估人们的情绪健康、行为和自我意识。第一项研究也进行了访谈。在第一项研究（60 名被试，超过 3 周）中，他们调查了人们过去的情绪数据，情绪概况和不同类型的关于改善未来健康状况的建议之间的关系。在第二项研究（105 名被试，超过 28 天）中，他们使用智能手机日记应用程序调查了反思和分析过去的消极和积极事件对幸福感的影响。这些研究共同提供了对支持促进情绪健康的系统的需求的见解。图 11.3a 展示了在第一项研究的第 3 周向情绪预测被试显示的可视化。折线图中最左边的两个点表示前两天的平均情绪评级，中心点是当天的平均评级，最右边的两个点表示即将到来的两天的情绪预测。图 11.3b 中的左侧面板显示主屏幕，被试通过单击左侧的大号加号（＋）来记录新体验。中间的面板显示已完成的事件记录，其中包括标题、文本输入、情感评级和图像。右侧面板通过将他们当前的情绪反应评定为初始记录并提供新的文本重新评估来显示被试的反思。

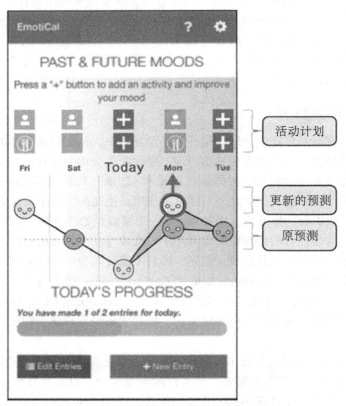

a）第一次实地研究中向被试显示的图像

图 11.3 （资料来源：图 a，Hollis 等（2017），Figure 1，由 Taylor & Francis 提供；

图 b，Hollis 等（2017），Figure 9，由 Taylor & Francis 提供）

b) 用于第二次研究的智能手机日记应用程序

图 11.3 （续）

日记和访谈

Tero Jokela 等人（2015）研究了人们如何在日常生活中使用多个信息设备的组合，以便为可以更好地支持多设备使用的未来界面、技术和应用程序的设计提供信息。出于其研究目的，信息设备是可用于创建或消费数字信息的任何设备，包括个人计算机、智能电话、平板电脑、电视、游戏控制台、照相机、音乐播放器、导航设备和智能手表。他们收集了 14 名被试为期一周的日记和对其的访谈。该研究表明，对技术环境的需求需要改善多个设备的用户体验，包括能够使用任何设备访问任何内容以及提高云存储的可靠性和性能。

访谈、线框模型的出声评估、问卷调查、工作原型评估

Carole Chang 等人（2018）为创伤性脑损伤（TBI）患者开发了一种记忆辅助应用程序。他们最初对 21 名被试进行了访谈，以探讨 TBI 后的记忆障碍。根据这些访谈，他们确定了使用外部记忆辅助工具中的共同主题。他们还了解到，TBI 患者不是仅需要另一个提醒系统，而是需要既帮助他们记忆也可以培养他们的记忆能力，并且他们的技术需求是简单、可定制和谨慎。

研究文档、评估其他系统、用户观察和小组访谈

Nicole Costa 等人（2017）描述了船舶操纵系统（称为操舵显示器）的用户界面设计团队的民族志研究。设计团队首先研究了意外和事故报告，以确定要避免的事情，例如将转速计与方向舵指示器混淆。他们使用尼尔森的启发式方法来评估其他现有系统，特别是关于如何在显示器上表示船舶的系统。一旦发现了一组合适的需求，他们就会在用户的帮助下绘制草图、进行原型设计和评估，以生成最终设计。

民族志研究、访谈、可用性测试和用户参与

Orit Shaer 等人（2012）研究了用于协同探索基因组数据的多点触控桌面用户界面的设计。他们与 38 位分子学家和计算生物学家进行了深入访谈，以了解当前小型研究组的工作实践、需求和工作流程。研究结核病基因相互作用的由 9 名研究人员组成的小团队使用民族志方法进行了为期 8 周的研究，并观察了其他实验室。由于其应用领域是专业化的，因此设计团队需要熟悉领域的概念。为实现这一目标，生物学家被整合到开发团队中，设计团队的其他成员定期访问生物学研究组的合作伙伴，参加课程以教授他们相关的领域概念，并与用户进行频繁的可用性测试。

11.4.1　使用探针与用户互动

探针有多种形式，是一种富有想象力的数据收集方法。它旨在促使被试采取行动，特别是通过以某种方式与探针交互让研究人员可以更多地了解用户及其背景。探针依靠某种形式的记录来收集数据——在技术探针的情况下自动收集数据或在日记/设计探针的情况下手动收集数据。

探针的想法是在"存在项目"（Gaver 等，1999）的期间提出的，该项目研究新颖的交互技术，以增加老年人在当地社区的存在感。他们希望避免较传统的方法，如问卷调查、访谈或民族志研究，并开发了一种称为文化探针的技术。这些探针由一个包含 8 到 10 张明信片、约 7 张地图、一次性相机、相册和媒体日记的钱包组成。被试被要求回答与钱包中某些物品相关的问题，然后将其直接返回给研究人员。例如，在世界地图上，他们被要求标记曾经去过的地方。被试还被要求使用相机拍摄他们的家、今天穿的衣服、当天看到的第一个人、喜欢的东西和无聊的东西。

受到这种原始文化探针理念的启发，人们开发了不同形式的探针并将其用于一系列目标（Boehner 等，2007）。例如，设计探针是其形式特定于特定问题和情境的对象。它旨在温和地鼓励用户在他们自己的背景下参与并回答问题。图 11.4 展示了 Top Trumps 探针：被试被提供了 6 张牌并被要求描述对他们有用的物品，以及使用 100 中的某个数值来评价物体的力量（Wallace 等，2013）。

图 11.4　Top Trumps 探针（图片来源：Wallace 等（2013），Figure 6。经 ACM 出版社许可转载）

其他类型的探针包括技术探针（Hutchinson 等，2003）和挑衅探针（Sethu-Jones 等，2017）。技术探针的例子包括工具包（如用于开发物联网应用的 SenseBoard（Richards 和 Woodthorpe，2009））、手机应用程序（如 Pocketsong）、移动音乐收听应用程序（Kirk 等，2016）和 M-Kulinda（使用传感器监测部署在肯尼亚农村的路面的设备（Chidziwisano 和 Wyche，2018））。其中，M-Kulinda 与被试的手机一起工作，提醒被试家中的意外事件。通过这样做，研究人员希望能够深入了解基于传感器的技术如何应用于农村家庭，并了解肯尼亚农村的家庭安全措施。

挑衅探针是旨在挑战现有的规范和态度以引发讨论的技术探针。例如，Dimitros Raptis 等人（2017）设计了一个名为 The Box 的挑衅，以挑战家庭洗衣习惯。其目的是了解用户的洗衣习惯，并从三个方面挑衅用户：概念、功能和美学。概念挑衅挑战了电力始终可用且与其来源不相关的假设。他们通过紧急超控按钮提供功能挑衅，如果电力被切断，则可以按下该按钮，但其大小和颜色暗示这样做有些不对。他们通过设计一个单独的物理盒子而不是一个手机应用程序，并通过将它设计成笨重和功利的（见图 11.5）来实现美学挑衅。他们发现这种挑衅会提高被试的参与度。

a—电力状态——12 小时预报；b—储蓄账户；c—按下超控按钮；d—超控按钮；e—此时的电力状态

图 11.5　挑衅探针 The Box（图片来源：Raptis 等（2017）。经 ACM 出版社许可转载）

11.4.2　情境调查

情境调查最初是在 20 世纪 90 年代发展起来的（Holtzblatt 和 Jones，1993），随着时间的推移，情境调查已经适应了不同的技术，以及技术应用于日常生活的不同方式。情境调查（Holtzblatt 和 Beyer，2017）是情境设计的核心领域研究过程，它是一种以用户为中心的设计方法，明确定义了如何收集、解释和建模关于人们如何生活的数据，以推动设计构思。然而，情境调查本身也用于发现需求。例如，Hyunyoung Kim 等人（2018）使用情境调查来了解与用于连续参数控制的设备（比如音响工程师或飞行员使用的旋钮和滑块）相关的、尚未解决的可用性问题。从研究中，他们确定了六种需求：快速交互、精确交互、无眼交互、移动交互和复古兼容性（需要使用现有的接口专业知识）。

一对一的现场访谈（称为情境访谈）由设计团队的每一个成员进行，每个访谈持续大约一个半到两个小时。这些访谈主要关注与项目范围相关的日常生活（工作和家庭）。情境调查使用师傅 / 徒弟的模型来组织数据收集，基于访谈者（徒弟）沉浸在用户（师傅）的世界中的想法，创造了双方共享和学习的态度。这种方法改变了传统的访谈者和被访谈者之间的"权力"关系。用户讲述他们的经历，就像他们所"做"的那样，徒弟通过参与活动并观察活动来学习，这具有观察和民族志的所有优点。由此出现的人们不明确且不一定能自己意识到的隐藏的和具体的细节，得以被分享和学习。在观察和学习的过程中，徒弟关注的是"为什么"，而不是"是什么"。

情境访谈有四个原则，每个原则都定义了交互的一个方面，并加强了基本的学徒模式。这些原则分别是情境、伙伴关系、解释和焦点。

情境原则强调了无论用户在哪里都要接近他们并看到他们在做什么的重要性。这样做的好处是可以接触到正在进行的体验而不是摘要数据、具体的细节而不是抽象的数据，以及有经验的动机而不是报告。伙伴关系原则创造了一个协作的环境，用户和访谈者可以在平等的基础上一起探索用户的生活。在传统的访谈或工作室情境中，访谈者或工作室领导者是掌控者，但在情境调查中，伙伴关系的精神意味着理解是共同发展的。

解释将观察转化为一种可以作为设计假设或想法的基础的形式。这些解释由用户和设计团队成员协作开发，以确保它们是合理的。例如，假设在一个运动监视器的情境访谈中，用户反复检查数据，特别是心率显示。一种解释是用户非常担心他们的心率。另一种解释是，用户担心该设备没有有效地测量心率。还有一种解释可能是，该设备最近未能上传数据，而用户希望确保定期保存数据。确保所选解释正确的唯一方法是询问用户并观察他们的反应。也许，事实上他们并没有意识到他们正在做这件事，而这只是一种分散注意力的习惯。

第四个原则，焦点，旨在指导访谈设置和告诉访谈者他们需要注意的所有将被挖掘的细节。虽然学徒模式意味着师傅（用户）将选择分享或教授什么，但获取与项目相关的信息也是徒弟的责任。此外，访谈者会有他们自己的兴趣点和观点，这使得当团队的所有成员围绕项目焦点进行访谈时，活动的不同方面会浮出水面。这将导致更丰富的数据收集。

除了决定会话如何进行的原则外，情境访谈还受到一组"酷概念"的指导。酷概念是对原有情境调查思想的补充，它来自一项实地研究，该研究调查了用户认为"酷"的技术是什么（Holtzblatt 和 Beyer，2017，p.10）。在这项研究中，出现了 7 个酷概念，它们被分成两组：4 个增强生活乐趣的概念和 3 个增强使用乐趣的概念。

生活乐趣概念捕捉产品如何使我们的生活更加丰富和充实。这些概念包括完成（授权用户）、连接（增强真实关系）、身份（支持用户的自我感觉）和感觉（愉快的时刻）。

使用乐趣概念描述了使用产品本身的影响。这些概念包括直接行动（满足用户的意图）、麻烦因素（消除所有故障和不便）和学习增量（减少学习时间）。在情境访谈中，酷概念被定义为用户进行其活动，尽管它们通常只是在回顾会话时才出现。

情境访谈包括 4 个部分：概述、过渡、主要访谈和总结。第 1 部分可以像传统的访谈一样进行，人们相互介绍并设置项目的背景。在第 2 部分，互动随着双方的相互了解而发生变化，从而确立情境访谈参与度的性质。第 3 部分是核心数据收集环节，即用户继续自己的活动，访谈者进行观察和学习。最后，总结包括分享访谈者发现的一些模式和观察结果。

在访谈过程中，数据以笔记和初始情境设计模型的形式收集，可能还有音频和视频记录。在每次情境访谈之后，团队都会举行一个答疑会议，允许整个团队讨论用户，从而建立基于数据的共享理解。在此期间，还将生成或合并特定的情境设计模型。情境设计推荐了10 个模型，团队可以选择与项目最相关的模型。其中的 5 个模型与一些酷概念相关联：生活中的一天模型（代表成就）、关系和协作模型（代表联系）、身份模型和感觉板。其他 5 个模型提供了用户任务的完整视图，但是它们只用于一些项目，这些模型是：流模型、决策点模型、物理模型、序列模型和工件模型。第 9 章中描述的关联图是在几次答疑会议之后产生的。情境设计方法通过一种称为"墙壁漫步"的沉浸式活动来遵循这一原则，其中所有生成的模型都被挂在一个大型会议室的墙上，供涉众阅读和提出设计想法。有关这些模型以及如何生成它们的更多细节，请参见 Holtzblatt 和 Beyer（2017）。

练习 11.2   情境调查与第 8 章中介绍的数据收集技术（特别是民族志和访谈）相比如何？

解答　民族志涉及在没有任何先验结构或框架的情况下观察情况，它可能包括其他数据收集技术，如访谈。情境调查也涉及通过访谈进行观察，但它提供了更多的结构、支持和指导，其形式包括学徒模型、必须遵循的原则、要注意的酷概念以及一组用来塑造和呈现数据的模型。情境调查还明确指出它是一个团队的工作，并且设计团队的所有成员都进行情境访谈。

第 8 章介绍了结构化、非结构化和半结构化访谈。可以将情境调查可以看作一种非结构化的道具访谈形式，但它也具有前文所述的其他特征，这使得情境调查具有额外的结构和焦点。情境调查访谈要求被访谈者进行日常活动，这也可能意味着访谈活动在进行——这对于标准的访谈来说是非常不寻常的。

11.4.3　创新的头脑风暴

需求可能直接来自收集的数据，但也可能涉及创新。头脑风暴是一种用来产生、提炼和发展想法的通用技术。它被广泛应用于交互设计中，特别是用于生成备选设计或为支持用户提出新的和更好的想法。

为了使头脑风暴会议取得成功，人们提出了各种各样的规则，下面列出了其中的一些规则。在需求活动的情境中，两个关键的成功因素是参与者了解用户，并且没有对任何想法进行批评或辩论。对于成功的需求头脑风暴会议的其他建议如下（Robertson 和 Robertson，2013；Kelley 和 Littman，2016）：

1. 包括来自具有广泛经验的来自广泛学科的参与者。

2. 不要禁止愚蠢的东西。疯狂的想法往往会变成真正有用的需求。

3. 使用催化剂来获得更多的灵感。将一个想法建立在另一个想法之上，回到之前的想法，或者当能量水平开始下降时考虑其他的解答。如果你被卡住了，那么可以从字典中随机抽取一个单词来提示与产品相关的想法。

4. 持续记录。捕捉每一个想法，而不是进行审查。一个建议是给想法编号，以便其在以后的阶段更容易被引用。将纸覆盖在墙壁和桌子上，鼓励参与者画草图、思维导图和图表，包括保持想法的流动，因为人的空间记忆非常强，这可以促进回忆。在每个便利贴上写上一个想法对于重新安排和分组想法很有用。

5. 明确焦点。以一个经过推敲的问题开始头脑风暴。这将使头脑风暴得到良好的开端，并且当会话离题时，它可以更容易地将人们拉回主题。

6. 使用暖场活动，让会话变得有趣。如果小组成员之前没有合作过、大多数成员不经常进行头脑风暴或者他们被其他压力分散了注意力，那么他们将需要暖场。暖场活动可以采用文字游戏或者探索与手头问题相关或无关的物理项目的形式，例如第 2 章中的 TechBox。

11.5　为生活带来需求：角色和场景

使用如图 11.1 所示的格式或用户故事可以捕获需求的本质，但它们都不足以表达和传达产品的目的和愿景。这两者都可以通过原型、工作系统、屏幕截图、对话、验收标准、图表、文档等进行扩充。需要这些扩充形式中的哪一个以及需要多少，将由正在开发的系统类型决定。在某些情况下，以更正式或结构化的表示方式捕获目标产品的不同方面是合适的。例如，在开发安全关键设备时，需要明确且精确地指定系统的功能、用户界面和交互。

Sapna Jaidka 等人（2017）建议使用 Z 形式表示法（基于数学的规范语言）和 Petri 网（一种基于有向图的分布式系统建模表示法）来模拟医用输液泵的交互行为。Harold Thimbleby（2015）指出，为数字输入用户界面（如计算器、电子表格和医疗设备）使用需求的正式表达式可以避免错误和不一致。

通常用于增强基本需求信息并将需求变为现实的两种技术是角色和场景。这两种技术通常一起使用，它们相互补充，以带来真实的细节，使开发人员能够探索用户当前的活动、对新产品的未来使用以及新技术的未来愿景。它们还可以指导整个产品生命周期的开发。

11.5.1　角色

角色（Cooper，1999）是对正在开发的产品的典型用户的丰富描述，设计人员可以在这些角色上集中精力并为其设计产品。角色没有描述特定的人，但它是现实的而不是理想化的。每一个角色都代表许多参与数据收集的真实用户的综合，它基于一组用户概要文件。每个角色的特征是与正在开发的特定产品相关的一组独特目标，而不是工作描述或简单的人口统计。这是因为具有同一工作角色或同一人口统计的人往往具有不同的目标。

除了目标之外，角色还将包括对用户行为、态度、活动和环境的描述。这些项目都有详细说明。例如，一个角色不是简单地描述某人是一名称职的水手，而是包括他们已经获得了日间船长资格、在欧洲水域及其周围有超过 100 小时的航海经验，并且会被其他不遵守航行规则的水手激怒。每个角色都有一个名字，通常包括一张照片以及一些个人细节，比如他们的爱好。它增加了精确且可靠的细节，帮助设计师将人物角色视为真正的潜在用户，从而将其视为他们的设计的受益者。

产品通常需要一组而不仅仅是一个角色。选择代表预期用户组的大部分的少数（或可能仅一个）主要角色可能是有帮助的。角色得到了广泛使用，事实证明它是向设计人员和开发人员传达用户特征与目标的有效方式。

一个好的角色可以帮助设计师了解特定的设计决策是否有助于或阻碍他们的用户。为此，角色有两个目标（Caddick 和 Cable，2011）：

- 帮助设计师做出设计决策
- 提醒团队将使用该产品的是真正的人

一个好的角色支持以下推理：比尔（角色 1）在这种情况下会对产品做什么；如果产品以这种方式运行，那么克拉拉（角色 2）会如何回应。但是，好的角色可能难以开发。它包含的信息需要与正在开发的产品相关。例如，共享旅行组织软件的角色将关注与旅行相关的行为和态度，而不是角色阅读的报纸或购买衣服的地方。但购物中心导航系统的角色可能会考虑这些方面。

Steven Kerr 等人（2014）进行了一系列研究，以确定厨房中的用户需求和目标，作为一种改进技术设计以协助烹饪的方法。他们通过背景研究确定了三个用户组（初学者、年长专家和家庭（特别是父母））中的三个成员，并对其进行了观察和访谈。访谈主要集中在烹饪体验、膳食计划和杂货店购物等主题上。两名研究人员参加了每次家访。他们使用笔记、视频、音频和照片来捕获数据，包括在某些活动期间的出声思考会话。

这些角色是在归纳和演绎分析（见第 9 章）之后开发的，用于寻找数据中的模式和可以归为一个角色的共性。研究人员根据数据开发了三个主要角色和三个次要角色。图 11.6 展示了他们从这项工作中得出的一个主要（初学者）角色和一个次要（年长专家）角色。请注意，在这种情况下，两种角色类型（主要角色和次要角色）具有不同的格式，Ben 的比 Olive 的更详细。

Ben　"Beginner"

Single worker

Ben is 25 years old and lives at home with his parents. He is low skilled, has little experience and doesn't cook very often. Instead Ben eats out quite a lot or his mum cooks for him. When cooking he uses his parents' kitchen and gets inspiration from TV, online, or when eating out with friends. Ben likes to keep things quick and simple and does not have much time to learn or practice.

Goals

Ben wants to have a good standing with his peers. He wants to be social and become more independent whilst showing self improvement. He would like to learn to at least cook nutritious and reasonably tasting food.

Where we can help

- Encourage to cook more often – remind him about when he last cooked.
- Help him remember/access previous advice given for dish or technique.
- Filter recipes searched for online to be quick and simple. (Personal filter of recipes)
- Give reminder to go to supermarket and obtain ingredients quickly and easily.
- Help him use right amount of ingredients when cooking.
- Let him be aware what others in house are planning to cook – so knows what to do with leftover meat etc.
- Make recipe more accessible – reduce need to go back and forth repeatedly to check.
- Inform him that food is properly cooked.
- Track his progress in learning and give encouragement.
- Facilitate fun cooking with partner or friend.

Olive　"Older expert"

Married, 50 yrs old
- Mother of 3 grown up children
- Very proficient
- Cooks fairly often

Olive is a personal achiever

- Loves to learn new ideas and increase knowledge, but is not so interested in passing on her knowledge.
- Enjoys cooking as a hobby and attends cooking courses.
- Likes to reminisce with cooking
- Wants to look after immediate family
- Demands high standard of cooking.
- Wants to be as healthy as possible.

a）一个主要（初学者）角色　　　　　　　　　　　b）一个在新加坡烹饪的次要（年长专家）角色

图 11.6 （图片来源：Kerr 等（2014）。由 Elsevier 提供）

　　他们还进行了一项在线调查，以验证这些角色，并创建支持烹饪的新技术需求清单。

　　角色的风格差异很大，但通常都包括名称和照片，以及关键目标、用户引用、行为和一些背景信息。图 11.7a 中的示例说明了框 11.3 中的公司开发和使用的角色格式，该格式是为其目的量身定制的。图 11.7b 展示了与其角色相关的用户旅程。

框 11.3 伦敦的角色驱动开发

　　Caplin Systems 总部位于伦敦金融城，该公司为投资银行提供框架，使其能够快速建立或增强其单一经销商产品（一种集成资本市场交易服务和信息的平台）或首次创建单一产品处理平台。

　　该公司被吸引使用角色来更好地了解正在为其开发系统的人员，从而增加其产品的客户关注度。角色被视为一种用于提供用户统一视图和开始构建更多以客户为中心的产品的方式。

　　第一步是为整个公司举办一个研讨会，介绍角色，展示其他公司如何使用它，让员工体验通过一些简单的团队练习直接使用角色的好处。然后提出以下主张：

　　我们应该采用角色和角色驱动的开发吗？

　　回应是响亮的"是的！"这是一件好事。获得这种"买入"对于确保每个人都支持使用角色并致力于改变是至关重要的。

　　每个人都很兴奋，工作也开始定义前进的方向。人们开展了进一步的研讨会以完善第一个角色。虽然事后证明，Caplin 团队认为他们花费了太长的时间来试图让第一人称变得完美，但现在他们的角色创造更加敏捷。

　　在角色突破研讨会的 18 个月后，Caplin Trader 的主要角色杰克和他的"痛点"成了开发、设计决策和团队讨论的焦点。其角色开发侧重于使用 Caplin 的技术构建的软件的最终用户，而旅程叙事图捕获了他们的互动，并帮助定义目标 / 动机和痛点（见图 11.7b）。

a）角色示例

b）旅程叙事图——悲伤的表情显示了角色的痛点

图 11.7 （图片来源：Caplin Systems）

练习 11.3　为团体旅行组织应用程序开发两个角色。该应用程序支持一个团队（也许是一家人）一起探索度假的可能性。使用包含照片、名称、关键目标、用户引用、行为和一些背景信息的常用角色结构。因为角色以真人为基础，所以请选择你熟悉的朋友或家人来构建它们。

可以手工绘制或在 PowerPoint 中开发角色。互联网上还有一些可定制的角色模板以供使用。

解答　图 11.8 中展示的角色是使用 https://xtensio.com/templates/ 中的模板为父亲和女儿开发的。

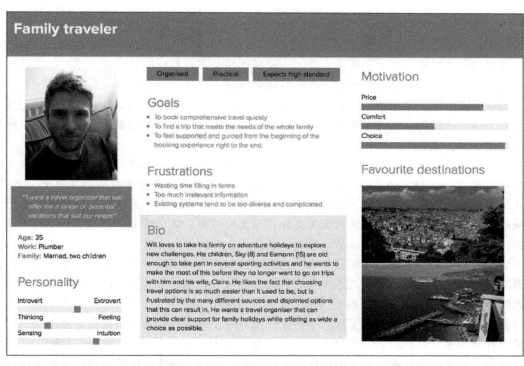

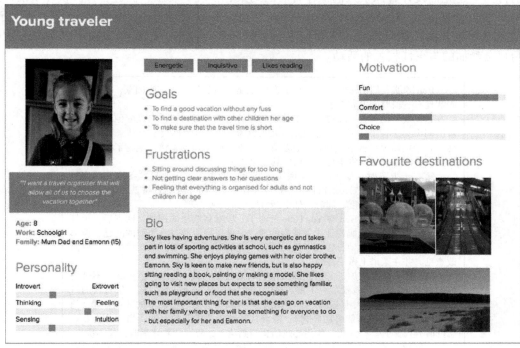

图 11.8　团体旅行组织软件的两个角色

Jared Spool 的文章解释了为什么角色本身并不充分以及为什么还需要开发场景——https://medium.com/user-interface-22/when-it-comes-to-personas-the-realvalue-is-in-the-scenarios-4405722dd55c。

11.5.2　场景

场景是"非正式的叙述性描述"（Carroll，2000）。它描述了故事中的人类活动或任务，允许探索和讨论情境、需求和要求。它不一定描述用于实现目标的软件或其他技术支持的使用。使用用户的词汇和措辞意味着涉众可以理解场景，并且能够充分参与开发。

想象一下，你被要求调查一个大型建筑项目的设计团队如何共享信息。这种团队包括多个角色，例如建筑师、机械工程师、客户、估算师和电气工程师。在抵达现场后，建筑师丹尼尔迎接了你，他首先讲述了如下内容：

设计团队的每个成员都需要理解总体的目的，但是我们每个人对必须做出的设计决策都有不同的观点。例如，估算师将关注成本，机械工程师将确保设计考虑到通风系统，等等。当建筑师提出一个设计概念时，比如一个螺旋楼梯，我们每个人都将从自己的原则来看待这个概念，并评估它是否会在给定的位置上发挥预想的作用。这意味着我们需要共享关于项目目标、决策原因和总体预算的信息，并利用我们的专业知识就选项和结果向客户提供建议。

讲故事是人们解释他们正在做什么的自然方式，涉众可以轻松地与他们联系起来。这些故事的焦点当然也可能是用户试图实现的目标。理解人们为什么会这样做和他们在这个过程中想要达到什么目的的重点是研究人类活动而不是与技术的互动。"从当前行为开始"允许设计者识别活动中涉及的人和工件。对特定应用程序、绘图、行为或位置的重复引用表明它在某种程度上是正在执行的活动的核心，并且值得密切关注以发现它所扮演的角色。"理解当前行为"还允许设计者探索人们操作背后的约束、情境、刺激、促进者等。设计了前面介绍的烹饪角色 Ben 的 Steven Kerr 等人（2014）也为 Ben 制造了一个场景，如图 11.9 所示。仔细考虑角色并阅读相应场景，看看两者是如何相互补充的，以更全面地了解像 Ben 这样的用户会参加的与烹饪相关的活动。

Ben 和朋友们出去吃饭。一个朋友问他是否做过他们正在吃的菜。这使 Ben 想起他有一段时间没做饭了。

这周晚上时候，Ben 看了一个关于烹饪的电视节目，这再次提醒他已经有一段时间没有烹饪了。因此，他决定过几天就做饭。Ben 上网搜索"马来鸡面汤"。他在各个网站上寻找不仅好看而且步骤少、烹饪时间短的菜谱。他花了一些时间浏览这些网站，寻找将来可以使用的其他菜谱。

第二天上班时，他想起要在回家的路上去超市。由于他只准备用几种食材（只是一个简单的菜谱），所以他记得他需要什么。他并不在意食材是否已经切好，也不在意食材的新鲜度。同时，他也会自发地买一些东西。

在做饭的那天，Ben 在 YouTube 上看了一段准备鸡块的视频。回家后，他打印了一份食谱，并向妈妈征求了最后的建议。他以前也问过她类似的问题，但那是很久以前的事了，他已经忘了她的建议。他的妈妈看了看菜谱，提出了一些修改意见，并在菜谱上做了注释。

Ben 把菜谱放在炉子旁边，严格按照菜谱的步骤做（一次一个步骤，不做任何准备），只是随意地量了一下要放进去的食材的量。他试着估算一份材料的量（这个食谱是为 3 个人准备的），只使用了一些鸡肉，然后把剩下的放回冰箱（他认为他的妈妈以后可能会用到它）。他会估计整道菜需要的时间，当他认为做好了的时候再品尝。一开始，他担心热油会溅到脸上，所以拿着热锅时犹豫不决。

做好后，他盛出了这道菜，但发现自己做得太多了。他会根据剩下了多少决定是把剩菜放在冰箱里还是倒掉。

之后，他在 Facebook 上上传了这道菜的照片。当人们"赞"了他的链接或对其留言时，他会受到极大的鼓舞，这让他感觉很开心。

图 11.9　为在新加坡烹饪的 Ben，即初学者角色开发的场景（图片来源：Kerr 等（2014），Table 1。由 Elsevier 提供）

前一个场景描述了现有行为，但场景也可用于描述使用潜在新技术的行为。例如，接下来是可能由大型购物中心的新导航应用程序的潜在用户生成的场景：

Charlie 想带他年迈的母亲 Freia 去他最喜欢的家居用品店 ComfortAtHome。他知道商店已经搬到购物中心了，但他不知道是在购物中心的哪里。他还需要找到一条适合他母亲的路线。他的母亲使用助行器，但不喜欢乘电梯。他打开智能手机上的导航应用程序，在搜索功能中输入商店的名字。应用程序列出了两家不同的分店，Charlie 查询了去离他们当前位置最近的一家分店的路线。界面显示了购物中心的地图，然后显示了当前位置、最近商店的位置和建议的路线。然而，这条路线包括一系列不适合他母亲的步骤。因此，他查询了应用程序显示的只使用坡道的替代路线。然后，他们沿着应用程序提供的新路线出发了。

请注意该有限场景中的以下内容：提供搜索工具以查找商店的位置（但如果用户不知道商店名称或想要查找所有家居用品商店会怎么样），显示地图功能，导航路径的不同选项对于容纳不同用户的重要性。这些都是新系统潜在设计选择的指标。该场景还描述了该应用程序的一个用途——查找到特定商店的最近分店的路线。

在需求活动期间，场景强调情境是、可用性和用户体验目标以及用户参与的活动。场景通常在研讨会、访谈或头脑风暴会议期间生成，以帮助解释或讨论用户目标的某些方面。它们只捕获一个视角，可能是产品的一次使用或者如何实现目标的一个例子。

练习 11.3 中介绍的团体旅行组织软件的以下场景描述了系统的一个功能如何工作——以确认潜在的度假选项。此场景包含有关图 11.8 中所示的两个角色的信息。这是一个你可能会从需求访谈中收集到的故事：

Thomson 一家喜欢户外活动，他们今年想尝试一下帆船运动。这个家庭有 4 个成员：Sky（8 岁）、Eamonn（15 岁）、Claire（32 岁）和 Will（35 岁）。

一天晚饭后，他们决定开始探讨各种可能性。他们想一起讨论，但 Claire 必须去拜访她年迈的母亲，所以她将在回来的路上加入讨论。作为开始，Will 提出了他们在晚餐时讨论过的一个想法——4 个新手的地中海航海之旅。

该系统允许用户使用不同的设备从不同的地点登录，这样所有家庭成员无论在哪里都可以轻松舒适地与它交互。该系统的最初设想是一个小型船队，其中几个船员（具有不同水平的经验）可以在不同的船上一起航行。

Sky 和 Eamonn 不太喜欢和其他人一起去度假，尽管这可以让一家人单独驾驶一艘船。旅行组织软件向他们展示了其他同龄孩子对船队经历的描述，这些描述都非常积极。所以，最终每个人都同意尝试船队旅行。

Will 确认了这个建议，并要求提供详细的选项。天晚了，他要求把细节保存起来，以便大家可以明天考虑。旅行组织软件会通过电子邮件向他们发送不同可用选项的摘要。

开发这种侧重于如何使用新产品的场景有助于揭示用户可能发现的隐含假设、期望和情况，例如位于不同地点的被试对规划旅行的需要。这些又转化为需求，在这种情况下是环境需求，它可以表示为如下形式：

作为一名〈团体旅行者〉，我想要〈远程参与度假讨论〉以便〈无论团队成员在做什么，他们都可以一起讨论相关的选择〉。

未来场景描述未来的设想情况，可能采用新技术和新的世界观。第 3 章讨论了不同类型的未来愿景，且一种可以用于发现需求的方法概念的扩展是设计小说（见框 11.4）。

框 11.4 | 设计小说

设计小说是一种表达对未来技术所处世界的看法的一种方式。它已经成为交互设计中的一种流行方法，用于探索设想的技术及其用途，而不必面对务实的挑战。在虚构的世界中，可以对伦理、情感和情境进行详细且深入地探索，而不必担心具体的约束或实现。这个术语最早是 Bruce Sterling 在 2005 年创造的，随着不同使用方式的出现，人们对它的使用也逐渐增多。

例如，Richmond Wong 等人（2017）采取了一种设计小说方法来探讨未来传感技术的隐私和监督问题。他们的设计小说灵感来自 David Eggers（2013）的近未来科幻小说《圆圈》。他们的设计小说是视觉的，他们采取了包含概念设计的工作簿的形式。他们借鉴了这部小说中的三种技术，比如 SeeChang，一个用于无线地记录和广播实况视频的棒棒糖大小的小摄像机。他们还引入了一个新的原型技术用于检测用户的呼吸模式和心率（Adib 等，2015）。

设计小说经过了三轮修改。第一轮修改了小说中的技术，例如，增加了具体的界面。由于《圆圈》中没有照片，所以作者只能根据文字描述为这些技术设计界面。第二轮讨论了隐私问题，并将这些技术从小说中延伸到了一个更广阔的世界。第三轮讨论了超出了小说范围和他们当时所做的设计的隐私问题。他们认为，他们的设计小说有助于拓宽设计传感技术的人的设计空间，也可以作为进一步研究中的访谈探针。他们还反映，一个现存的虚构世界是发展设计小说的良好起点，这有助于探索未来，否则这可能会被忽视。

其他设计小说的例子包括 Eric Baumer 等人（2018）对设计小说如何支持伦理探索的思考，以及 Steve North 采用非人类用户（一匹马）视角的方法。

场景和设计小说有什么区别？ Mark Blythe（2017）用文学的"基本情节"来暗示场景采用"战胜怪物"的情节，其中怪物指有待解决的问题，而设计小说的更多形式是"远航归来"或"探索"。

练习 11.4 本练习说明了现有活动的场景如何帮助确定未来应用程序的需求，以支持相同的用户目标。

编写一个关于你将如何选择一辆新的混合动力汽车的场景。它应该是新车，而不是二手车。完成之后，思考任务的重要因素、你的优先顺序和偏好。然后设想一个支持这个目标并考虑到这些问题的新的交互式产品。编写一个未来式的场景，展示该产品将如何支持你的活动。

解答 下面的示例是此过程的通用视图。你可能会有不同的方案，但可能已经确定了类似的问题和优先事项。

我要做的第一件事是观察路上的汽车，特别是混合动力汽车，并找出那些我觉得有吸引力的汽车。这可能需要几周时间。我也会尝试找出任何包含混合动力汽车性能评估的消费者报告。我希望这些初步的活动能帮我找到一辆合适的车。

下一个阶段是去汽车展厅，亲眼看看车的样子并亲身体验坐在里面的感觉。如果仍然对那辆车有信心，我就会要求试驾。即使是短暂的试驾也能帮助我了解汽车的操控情况：发动机是否有噪音、齿轮是否平稳等。一旦自己开过这辆车，我通常就能知道我是否想拥有它。

从这个场景来看，这个任务大致有两个阶段：研究不同的汽车，获得潜在购买的第一手经验。在前者中，观察道路上的车辆并得到专家对它们的评价是重点。在后者中，试驾具有相当重要的意义。

对于许多正在购买新车的人来说，汽车的外观与内饰的气味和触感以及驾驶体验本身是选择特定车型的最大影响因素。其他属性，如油耗、内部宽敞程度、可选颜色、价格也可能排除某些产品和车型，但最终，人们往往根据汽车的操纵难易程度和舒适程度来进行选择。这使得试驾成为选择新车过程中的一个重要部分。

　　考虑到这些评论，我们提出了下面的场景，它描述了一个创新的新车"一站式商店"的运作方式。本产品采用沉浸式虚拟现实技术，该技术已应用于其他应用程序（如建筑设计和炸弹处理专家培训）。

　　我想买一辆混合动力汽车，所以我沿街去了当地的"一站式汽车商店"。商店里有很多展台，我一进去，就被领到了一个空展台。那里面有一个很大的座椅，让我想起了赛车座椅，座椅前面有一个大屏幕。

　　当我坐下时，显示屏亮了起来。它让我选择浏览过去两年发布的新车视频剪辑，或者通过汽车的品牌、型号或年份来搜索汽车的视频剪辑。我想要多少就可以选多少。我还可以选择在消费者报告中搜索我感兴趣的汽车。

　　我花了大约一小时浏览材料，然后决定我想体验一下几辆看起来很有前景的汽车的最新型号。当然，我可以离开一会儿再回来，但是我现在想去看看我找到的一些车。只要轻轻按一下扶手上的开关，我就可以调出我感兴趣的任何一辆车的虚拟现实模拟选项。这个设备真的很棒，因为它让我可以试驾这辆车并模拟这辆车从道路控制到挡风玻璃显示、从踏板压力到仪表盘布局的所有驾驶体验。它甚至重现了车内的气氛。

　　请注意，本产品包括对原场景中提到的两项研究活动的支持，以及重要的试驾设施。这仅仅是第一个场景，然后应将通过讨论和进一步调查对其加以完善。

　　可以将场景构造为文本描述，如前所示，但也可以使用音频或视频。例如，Alen Keirnan 等人（2015）使用动画场景来展示早期对老年人可穿戴紧急报警器的用户研究结果。他们发现，动画场景能帮助被试描述与使用紧急报警技术有关的问题并讨论和评估关键情绪和主题（见图 11.10 和后面的视频链接）。

图 11.10　用于探索关于老年人紧急报警技术的早期用户研究的见解的动画场景屏幕截图："我忘记了""着装编码"和"奶牛铃"（图片来源：Keirnan 等（2015），Figure 1。经 ACM 出版社许可转载）

➡️ 图 11.10 中三个动画场景的链接：

https://vimeo.com/126443388

https://vimeo.com/136821334

https://vimeo.com/123466330

▌框 11.5 │ 场景和角色 ──────────────

一开始，编写角色和场景可能很困难，这会导致一组将人的细节与场景的细节混为一谈的叙述。场景描述了产品的一种使用方式或实现目标的一个示例，而角色则描述了产品的典型用户。图 11.11 以图形的方式描述了这种差异。

1. 角色
定义故事的主角，其具有态度、动机、目标、痛点等。

3. 场景
定义角色的故事在何时、在何地、为什么发生，即描述角色按事件的顺序采取行动的叙述。

2. 目标
定义角色想要或需要完成的事项，即角色采取行动的动机，当达成目标时，场景结束。

图 11.11   场景及其关联角色之间的关系（图片来源：http://www.smashingmagazine.com/2014/08/06/a-closer-look-at-personas-part-1/。经 *Smashing* 杂志许可转载）

图 11.11 还显示了场景和角色之间的紧密联系。每个场景都代表了从一个角色的角度使用产品的单一体验。请注意，此图引入了场景目标的概念。考虑该场景的角色目标有助于将场景限定为产品的一种用途。

11.6   捕获与用例的交互

用例关注功能性需求和捕获交互。因为它专注于用户和产品之间的交互，所以在设计中可以用它来思考正在设计的新交互，此外也可以用来捕捉需求——仔细考虑用户需要看到什么、了解什么或者对什么做出反应。用例定义特定的过程，因为它是步进的描述。这与关注结果和用户目标的用户故事形成了鲜明的对比。尽管如此，从步骤的角度捕捉这种交互的细节对于增强基本需求描述是有用的。用例的样式各不相同。本小节将展示两种样式。

第一种样式侧重于产品和用户之间的任务划分。例如，图 11.12 展示了这种用例的示例，重点是团体旅行应用程序的签证要求元素。请注意，它没有提到任何关于用户和产品之间的交互方式的内容，而是将重点放在用户意图和产品责任上。例如，第二个用户意图只是说明用户提供所需的信息，这些信息的提供可以通过多种方式实现，包括扫描护照、访问基于指纹识别的个人信息数据库等。这种用例称为基本用例，由 Constantine 和 Lockwood（1999）开发。

获取签证	
用户交互	系统责任
找到签证需求	请求目的地和国籍
提供所需信息	取得适当的签证信息
上传签证信息副本	提供不同格式的信息
选择合适格式	以选定的格式提供信息

图 11.12　"获取签证"的基本用例，重点是如何在产品和用户之间划分任务

　　第二种样式更为详细，它在捕获了用户与产品交互时的目标。在这种技术中，主要用例描述了标准过程，即最常执行的操作集。其他可能的操作序列称为备选过程，它们列在用例的底部。一个用于团体旅行组织软件中的获取签证要求的用例（标准过程是可以获得有关签证要求的信息）示例如下所示：

　　1. 产品要求提供目的地国家的名称。

　　2. 用户提供国家名称。

　　3. 产品检查国家是否有效。

　　4. 产品要求用户提供国籍。

　　5. 用户提供其国籍。

　　6. 产品检查目的地国家对持有用户国籍护照的签证要求。

　　7. 产品提供签证要求。

　　8. 产品询问用户是否希望在社交媒体上分享签证要求。

　　9. 用户提供适当的社交媒体信息。

备选过程

　　4. 如果国家名称无效：

　　　　4.1　产品提供错误信息。

　　　　4.2　产品返回步骤 1。

　　6. 如果国籍无效：

　　　　6.1　产品提供错误信息。

　　　　6.2　产品返回步骤 4。

　　7. 如果没有发现有关签证要求的信息：

　　　　7.1　产品提供适当的信息。

　　　　7.2　产品返回步骤 1。

　　请注意，与备选过程关联的数字表示标准过程中的对应步骤被此操作或一组操作所替代。还请注意，与第一种样式相比，该用例关于用户和产品的交互有多具体。

深入练习

　　本深入练习是共同贯穿交互式产品的完整开发生命周期的 5 个任务中的第一个。

目标是设计和评估一种交互式产品，用于预订音乐会、音乐节、戏剧和体育赛事等活动的门票。大多数场馆和活动都已经有预订网站或应用程序，而且有许多票务代理机构也提供优惠票和独家选择，因此有大量的现有产品可供预先研究。请进行下列活动以发现本产品的需求：

1. 识别和捕捉本产品的某些用户需求。这可以通过多种方式实现，例如：观察朋友或家人使用票务代理、思考自己购买机票的经历、研究订票网站、采访朋友和家人、了解他们的经历等。

2. 根据收集到的关于潜在用户的信息，选择两个不同的用户概要文件，为每个用户生成一个角色和一个主要场景，捕捉用户与产品交互的方式。

3. 根据 11.3 节介绍的主题，利用活动 1 收集的数据和随后的分析确定对产品的不同种类的需求。使用类似于图 11.1 所示的原子需求外壳或用户故事样式的格式编写需求。

总结

本章详细研究了需求活动。第 8 章中介绍的数据收集技术可与需求活动进行各种组合。此外，情境调查、研究文档和研究类似产品是常用的技术。角色和场景有助于将数据和需求带到生活中来，它们的结合可以用于探索用户体验和产品功能。用例和基本用例是记录数据收集会话的结果的有用技术。

本章要点

- 需求是关于预期产品的陈述，具体说明预期任务或任务如何执行。
- 阐明需求并确定需要构建的内容可以避免错误沟通、支持技术开发人员，并使用户能够更有效地做出贡献。
- 需求有不同的类型：功能需求、数据需求、环境需求（使用情境）、用户特征、可用性目标和用户体验目标。
- 场景提供一个基于故事的叙事，以探索现有行为、正在开发中的新产品的潜在用途以及技术使用的未来愿景。
- 角色捕获与正在开发的产品相关的用户特征，这些特征是从数据收集会话中综合得到的。
- 场景和角色可以在整个产品生命周期中共同使用。
- 用例捕获用户与产品之间现有或想象的交互细节。

拓展阅读

HOLTZBLATT, K. and BEYER, H. (2017) *Contextual Design (second edition) Design for life*. Morgan Kaufmann.

这本书为完整的情境设计方法提供了情境设计（为生活设计）、酷概念以及所有的模型、技术、原则和基础的综合探讨。

COHN, M. (2004) *User Stories Applied*. Addison-Wesley.

这是编写好的用户故事的实用指南。

PRUITT, J. and ADLIN, T. (2006) *The Persona Lifecycle: Keeping People in Mind Throughout Product Design*. Morgan Kaufmann.

这本书解释了如何在实践中使用角色以及许多示例角色——如何将其集成到产品生命周期、实地故事、奇思妙想中。它还包括 5 个客人章节，将角色置于其他产品设计关注的环境中。另见 Adlin 和 Pruitt（2010）。

ROBERTSON, S. and ROBERTSON, J. (2013) *Mastering the Requirements Process (3rd edn)*. Pearson Education.

在这本书中，Suzanne Robertson 和 James Robertson 提供了软件需求工作的实用和有用的框架。

对 Ellen Gottesdiener 的访谈

　　Ellen 是一位敏捷产品教练，也是 EBG 咨询公司的首席执行官，她专注于通过产品敏捷性帮助产品和开发社区产生有价值的结果。她著有三本关于产品发现和需求的畅销书籍，其中包括《发现交付：敏捷产品规划和分析》。Ellen 经常发表演讲，并与全球客户合作。她是波士顿的敏捷产品开放的制作人和敏捷联盟的敏捷产品管理总监。相关信息详见以下网站：www.ebgconsulting.com 和 www.DiscoverToDeliver.com。

什么是需求？

　　产品需求是为了实现目标、解决问题或利用机会而必须满足的需求。"需求"一词在字面上是指绝对、积极、毫无疑问地必要的东西。需要对产品需求进行足够详细的规划和开发。但是，在进行相应的努力和付出之前，你确定这些需求不仅是必需的，而且是正确的和相关的吗？

　　要达到这一水平的确定性，涉众最好从探索产品的选项开始。选项表示产品的潜在特性、方面或质量。我喜欢把涉众称为产品合作伙伴，他们使用广泛的思想来提出一系列可以实现愿景的选项。然后，他们合作分析这些选项，并根据价值共同选择相应的选项。

　　每个产品都有多个维度，实际上是 7 个。为 7 个产品维度中的每一个发现选项会产生一个全面的、现实的产品视图（参见图 11.2）。

　　你希望让不同的涉众参与从诞生到退役直到终结的整个产品生命周期。

你怎么知道谁是涉众呢？

　　成功的团队作为产品合作伙伴与他们的涉众携手合作、定义价值，然后积极发现并交付高价值的解决方案。这既超出了特性请求和需求文档——不仅仅是用户故事和产品积压——超出了相互竞争的利益的推拉。这是一种伙伴关系，其中三个不同的涉众群体的想法、观点和经验汇集在一起。结果是什么呢？合作发现和交付价值的产品合作伙伴。

　　产品伙伴关系包括来自三个领域的人：客户、商业和技术。其中的每一个都提供了一个独特的视角，并且对什么是有价值的有各自的想法。

　　客户合作伙伴代表用户、买家和顾问——与产品连接、选择购买或影响他人购买产品的人或系统。其倾向于重视提高生产力、提高效率、加快速度、娱乐以及类似的好处。

　　商业合作伙伴代表组织中授权、拥护或支持产品的或提供主题专业知识的人员。他们负责改善市场地位、遵守法规、实现业务案例、降低管理费用、提高内部绩效等方面。

　　技术合作伙伴（你的交付团队、内部成员或第三方）设计、交付、测试和支持产品，或者向负责这些工作的人提供建议。他们可能负责建立一个高质量的产品，提供平稳的、持续的交付，采用稳定的架构等。

　　无论你采用哪种交付方法（敏捷、传统、混合或其他方法），这种合作伙伴和观点的组合都是必不可少的。要使伙伴关系发挥作用，这三个不同的小组必须进行协作才能实现他们的共同目标：发现和交付价值。

你是如何确认需求的?

需求发现是高度主动的、交互的,并且有时非常活跃!你将诱导、分析、指定需求、为其制作原型和测试需求。在我们参与过的最佳实践中,你一直在发现(并确认)产品需求。这不是一个"一劳永逸"活动。

诱导包括访谈、现有的文献研究、探索性原型、促进的研讨会、焦点小组、观察(包括学徒、情境调查和民族志)、调查(和其他基于研究的技术)以及用户任务分析(包括故事板和场景分析)。在每个一般类别中都有一些特定的技术,有些技术是重叠的。分析涉及使用轻量级模型,通常与规范相结合,这些模型通常以验收测试或原型的形式存在,或者两者兼而有之。

把合适的人聚在一起并询问正确的问题是不够的。为了高效和有效地交流如何交付,产品合作伙伴需要一种集中的方式来进行沟通和决策。

我们在工作中发现,最高效、最有效的发现机制是一种称为"结构化会话"的协作方法。在结构化会话中,产品合作伙伴首先探索下一个增量的可能需求(选项)。他们在7个产品维度内都这样做。这使产品合作伙伴能够以协作和创造性的方式探索各种可能性。这种广阔的思维方式打开了产品创新、实验和相互学习的大门。

然后,他们从价值的角度来评估这些选项。这意味着分享对价值的真正含义的理解。一旦通过评估过程缩小了备选方案的范围,他们就会确认如何用明确的接受标准来验证和确认这些备选解决方案。验证包括如何测试它们是否交付了正确的需求,以及它们是否从每次交付中实现了预期的价值。

你怎么知道什么时候收集到了足够的需求并进行下一步?

客户经常问我怎么知道需求已经完整了。我认为重要的是询问你是否在追求正确的需求。

我把一个"正确的需求"描述为:

1. 刚好及时,刚好足够。这是在这段时间内实现业务目标的关键。

2. 现实。它能够通过现有资源提供。

3. 有清晰和明确的定义。存在所有合作伙伴都理解的验收标准并将其用来验证和确认产品。

4. 有价值。这对于实现下一个交付周期的预期成果来说是必不可少的。

建立需求时最困难的事情是什么?

是人。我是认真的。我们人类是非线性生物。我们是不可预测的、变化无常的,而且(作为成年人)通常是固执的。作为需求寻求者,我们在复杂的、不断进化的人类系统中遨游,这些系统在我们进行需求工作时相互作用。

最重要的是,大多数产品的需求都充满了复杂性和相互依赖性。确实存在一些艰难的问题,其问题空间与解决方案空间重叠。正如 Frederick Brooks(在他的文章《没有银弹》中所言),"构建软件系统最困难的部分就是精确地决定要构建什么。"

如果没有信任,你就不能做出那些决定。建立信任不是一件容易的事。

你有什么其他关于建立需求的建议吗?

使用小的、紧密缠绕的需求 - 构建 - 发布周期。使用交互式和增量(也称为敏捷)实践来尽早获得反馈,并且通常是关于最小可行版本的反馈。

为了成功地发现需求,你需要关注价值——产品背后的原因和产品合作伙伴的价值考虑。在发现工作期间，一些人将特定选项视为下一个交付周期的"需求"，而另一些人则将其视为未来发布的"愿望列表"项目。

最近的发布计划研讨会就是这样。团队绞尽脑汁地考虑一个特定的选项，质疑它是否能提供足够的价值来证明开发它的成本是合理的。产品拥护者解释了为什么某个选项是一个需求——如果没有它，那么组织就会面临监管不力的风险。一旦其他人理解了这一点，他们都将同意将其包含在发布版中。

最后，需求工作是以人为本的，也是产品交付的中心。同时，产品需求的主题和内容也比较复杂。因此，需求工作是软件中最困难的部分，而且永远如此。

为了在需求方面取得成功，工程师需要在需求工作中进行协作。

就我个人而言，我很兴奋也很感激人们对协作价值的日益认识，以及对产品和软件开发社区中协作实践的兴趣的爆炸式增长——因为协作是有效的！

第 12 章

Interaction Design: Beyond Human-Computer Interaction, Fifth Edition

设计、原型和构建

目标

本章的主要目标是:

- 描述原型和不同类型的原型活动。
- 使你能够从在需求活动期间开发的模型中生成简单的原型。
- 使你能够为产品建立概念模型,并证明你的选择是正确的。
- 解释情境和原型在设计中的使用。
- 介绍物理计算工具包和软件开发工具包及其在构建中的作用。

12.1 引言

设计、原型和构建属于设计的双菱形的开发阶段,第 2 章对其进行了介绍。在这个阶段中,解决方案或概念被创建、原型化、测试和迭代。最终产品是通过重复涉及用户的设计 - 评估 - 重新设计周期迭代出现的,原型为这一过程提供了便利。有两个方面需要设计:概念部分,重点是产品的想法;具体方面,重点是设计的细节。前者涉及开发一个概念模型,该模型捕捉产品将做什么以及它将如何运行;后者则涉及设计的细节,如菜单类型、触觉反馈、物理部件和图形。这两者是交织在一起的,并且具体的设计问题需要一些考虑才能形成原型,而原型设计的想法将导致概念的演变。

为了使用户对交互式产品的设计进行有效的评价,设计人员对自己的想法进行原型化。在开发的早期阶段,这些原型可能是由纸和纸板或现成的组件制成的,以供评估。随着设计的进行,它将变得更加完整、合适和健壮,使其类似于最终的产品。

本章将介绍通过原型开发和构建周期推进一组需求所涉及的活动。下一小节将介绍原型的角色和技术,然后探讨如何在设计过程中使用原型。最后将讨论物理计算和软件开发工具包(SDK),它们为构建提供基础。

12.2 原型

人们常说,用户不能告诉你他们想要什么,但是当他们看到并使用产品时,他们很快就能知道他们不想要什么。原型化提供了一个想法的具体表现——无论是新产品还是现有产品的修改——这使得设计师可以交流他们的想法,用户也可以尝试它们。

12.2.1 什么是原型

原型是允许涉众与之交互和探索其适用性的设计的一种表现形式。原型的局限性在于,它通常会强调一组产品特性而掩盖其他特性(见框 12.1)。原型具有许多形式,例如建筑物或桥梁的比例模型,或每隔几分钟就崩溃的软件的一小部分。原型也可以是基于纸张的显示器的轮廓、线的集合和现成的组件、数字图像、视频模拟、复合的软硬件片段,以及工作站的三维模型。

事实上，原型可以是任何东西：从纸上的故事板到复杂的软件，从纸板模型到模制或压制金属。例如，在开拓有关 PalmPilot（1992 年推出的掌上电脑系列）的想法时，Jeff Hawkin（公司创始人）根据他想象的设备大小和形状雕刻了一块木头（见图 12.1）。

Jeff Hawkin 过去常常随身携带这块木头，假装把信息输入其中，只是为了看看拥有这样的一个装置会是什么感觉（Bergman 和 Haitani，2000）。这是一个简单的（甚至可以说是奇怪的）原型的例子，但它的目的是模拟使用场景。3D 打印机技术的进步和其价格的降低，增加了它在设计中的应用。现在通常的做法是从软件包中提取 3D 模型并打印一个原型。软玩具、巧克力、连衣裙甚至整栋房子都可以用这种方式"打印"出来（见图 12.2 和后面的链接）。

图 12.1　PlamPilot 的木制原型（图片来源：https://www.computerhistory.org/revolution/ mobile-computing/18/321/1648。© Mark Richards）

a）喷气式发动机模型

b）Anouk Wipprecht 公司的蜘蛛服装 2.0：其中嵌入 传感器，如果佩戴者的呼吸变重，则"蜘蛛"的 手臂将伸出，以保护佩戴者

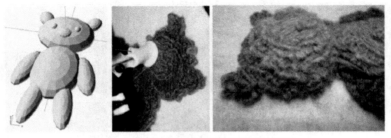

c）从线框设计中"打印"出来的泰迪熊

图 12.2　3D 打印的例子（图片来源：图 a，https://www.thingiverse.com/thing: 392115，经 CC-BY-3.0 许可；图 b，http://www.arch2o.com；图 c 由 Scott Hudson 提供）

➡ 展示如何打印软交互对象的视频——https://www.youtube.com/watch?v＝8jErWRddFYs。

➡ 要了解 3D 打印如何促进时尚和交互式可穿戴设备，请参阅以下文章：

https://interestingengineering.com/high-fashion-meets-3d-printing-9-3d-printed-dresses-for-the-future

https://medium.com/@scientiffic/designing-interactive-3d-printed-things-with-tinkercad-circuit-assemblies-518ee516adb6

12.2.2　为什么使用原型

在与涉众讨论或评估想法时，原型是有用的。它是团队成员之间的交流工具，也是设计师探索设计思想的有效途径。正如 Donald Schön（1983）所描述的，构建原型的活动鼓励了设计中的反思，并且被许多学科的设计师认为是设计的一个重要方面。

原型能够回答问题并支持设计者在备选方案中进行选择。因此，它可用于多种目的，例如：测试一个想法的技术可行性，澄清一些模糊的要求，做一些用户测试和评估，或者检查某个设计方向是否与产品开发的其他部分兼容。原型的目的将影响合适的原型类型。因此，如为了明确用户如何执行一组任务，以及提议的设计是否会支持他们这样做，可能会产生一个基于纸张的模型。图 12.3 展示了一个手持设备的纸制原型，其目的是帮助自闭症儿童进行交流。这个原型展示了预期的功能和按钮、它们的定位和标签以及设备的整体形状，但是

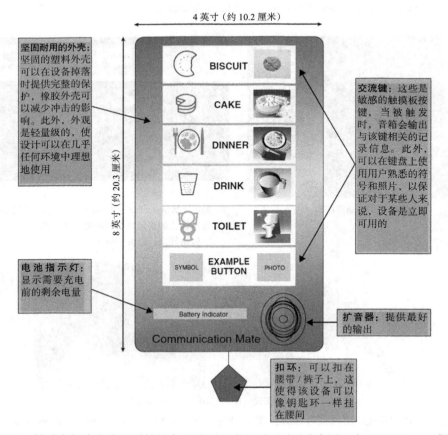

图 12.3　辅助自闭症儿童的手持设备的基于纸张的原型（图片来源：由 Sigil Khwaja 提供）

没有一个按钮可以真正工作。这种原型足以用来调查使用场景，并确定按钮图像和标签是否合适、功能是否足够，但不足以测试语音是否足够响亮或响应是否足够快。另一个例子是Halo 的开发，它是一种新的空气质量监测仪，可以检测出 10 种不同的过敏原，并可以连接到空气净化器上，从而去除这些过敏原（见后面的参考资料）。Halo 的设计使用了一系列原型，包括许多草图（基于纸的和电子的）和工作原型。

DanSaffer（2010）区分了产品原型和服务原型，后者包括角色扮演和人作为原型和产品本身的组成部分。服务原型有时被捕获为视频场景，并以类似于第 11 章引入的场景的方式使用。

➡️ 欲了解更多关于 Wynd Halo 和 Wynd 家庭净化器的开发信息，请参见 https://www.kickstarter.com/projects/882633450/wynd-halo-home-purifier-keep-your-homes-air-health?ref＝discovery。

12.2.3 低保真原型

低保真原型看起来不太像最终产品，也不能提供同样的功能。例如：它可能使用非常不同的材料，如纸张和纸板，而不是电子屏幕和金属；它可能只执行有限的功能；或者它只能表示函数，而不能执行任何函数。前述的 PalmPilot 的木制原型就是一个低保真原型。

低保真原型是有用的，因为它们往往简单、廉价，可以快速生产。这也意味着它们是如此简单、廉价且可以进行快速修改，以便可以支持探索备选的设计和想法。在开发的早期阶段，例如在概念设计期间，这一点特别重要，因为用于探索想法的原型应该是灵活的，并鼓励探索和修改。低保真原型并不意味着要保持和整合到最终产品中。

低保真原型还有其他用途，例如在教育领域。Seobkin Kang 等人（2018）在设计和试验复杂系统时，使用低保真原型来帮助儿童描述创造性的想法。他们的系统"彩虹"，是由一组低保真材料（如纸、剪刀和可以用来创建原型的标记）、一个可以识别原型的自上而下的相机和用于显示增强现实可视化的显示器组成的。

故事板

故事板是低保真原型的一个例子，经常与场景结合使用，如第 11 章中所述。故事板由一系列草图组成，展示用户如何使用正在开发的产品完成任务。它可以是一系列屏幕草图，也可以是一系列展示用户如何使用交互式设备执行任务的场景。当与场景一起使用时，故事板将提供更多的细节，并为涉众提供与原型进行角色扮演的机会，通过逐步遍历场景与原型进行交互。图 12.4 所示的故事板示例描述了一个人（Christina）使用一个新的移动设备来探索历史遗迹。这个例子展示了该设备的使用情境，以及它如何支持 Christina 探索有关古希腊卫城陶器贸易的信息。

草图

低保真原型通常依赖于手绘草图。很多人觉得绘制草图很困难，因为他们受到了其绘画质量的限制。正如 Saul Greenberg 等人（2012）所说，"草图不是绘画，而是设计"（p.7）。你可以通过设计自己的符号和图标并不断练习来克服任何限制——Saul Greenberg 等人将其称为"草图语言"（p.85）。它们可以是简单的盒子、火柴人和星星。在故事板草图中可能需要的元素包括例如数字设备、人员、情绪、表格、书籍等，以及诸如给出、查找、传送和写入等动作。如果你正在绘制界面设计的草图，则可能需要绘制各种图标、对话框等。图 12.5

展示了一些简单的例子。下一个活动需要绘制其他草图符号，但仍然可以简单地绘制它们。
Mark Baskinger（2008）为绘制草图的新手提供了更多提示。

图 12.4　使用移动设备探索古代遗址（如雅典卫城）的故事板示例

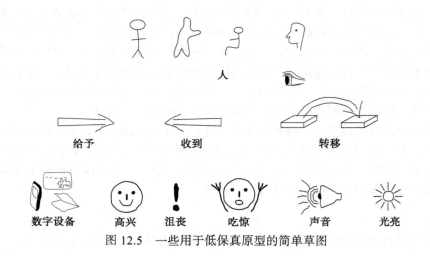

图 12.5　一些用于低保真原型的简单草图

基于索引卡制作原型

使用索引卡（约 3 英寸 × 5 英寸（约 7.6 厘米 × 12.7 厘米）的卡片）是一种成功而简单的交互原型制作方法，它用于开发一系列交互式产品，包括网站和智能手机应用程序。每一张卡片代表交互的一个元素，可能是一个屏幕或者仅仅是一个图标、菜单或对话交流。在用户评估中，用户可以按顺序浏览卡片，假装在与卡片交互时执行任务。12.5.2 节将提供这类原型的一个更详细的示例。

练习 12.1　制作一个故事板，描述如何给汽车加油。

解答　我们的做法如图 12.6 所示。

图 12.6　描述如何给汽车加油的故事板

奥兹的巫师（Wizard of Qz）

另一种名为"奥兹的巫师"的低保真原型方法假设你有一个基于软件的原型。基于这种技术，用户与软件交互就像与产品交互一样。然而，实际上是人工操作员在模拟软件对用户的响应。这个方法的名字取自一个经典的故事《绿野仙踪》，故事中一个小女孩被风暴卷走，之后她发现自己身处奥兹国（Baum 和 Denslow，1900）。"奥兹的巫师"是一个害羞的小个子男人，他在屏幕后面操纵着一个巨大的人造形象，没有人能看到他。"奥兹的巫师"风格的原型已成功应用于各种应用程序，包括分析手势行为（Henschke 等，2015）和研究儿童与虚拟助手之间的对话（Fialho 和 Coheur，2015）。"奥兹的巫师"技术在人机交互研究中有着广泛的应用。其中一个例子是 Marionette，一个"奥兹的巫师"系统，可以通过自动驾驶车辆在路上进行研究（Wang 等，2017）。人工智能系统也可以借鉴这种风格的原型，其中设计师为人工智能绘制草图，而随着设计的成熟，人工智能的实现可以取代它（van Allen，2018）。

12.2.4　高保真原型

高保真原型看起来更像最终产品，它通常提供比低保真原型更多的功能。例如：使用 Python 或其他可执行语言开发的软件系统的原型比基于纸张的模拟具有更高的保真度；带有虚拟键盘的塑料模压件会比 PalmPilot 的木质原型具有更高的保真度。低保真度和高保真度之间存在连续性，例如，在野外使用的原型将具有足够的保真度，能够回答其设计问题并了解交互、技术约束或情境因素。在设计 - 评估 - 重新设计的周期内，原型在保真度的各个阶段中发展是很常见的。Boban Blazevski 和 Jean Haslwanter（2017）描述了其对生产线移动工人辅助系统的两个完全工作原型的成功试验。他们开发了一个智能手机应用和一个平板电脑应用，这两个应用都集成到了生产系统中，以提供适当的说明。工人们使用了这两个版本 5 天，这使得他们可以在现场进行评估。他们的结论是，虽然生产一个工作的原型需要更多的精力，但能够在真实情境中尝试原型为这种环境提供了宝贵的反馈。

高保真原型可以通过修改和集成现有组件（包括硬件和软件）来开发，这些组件由各种开发人员工具包和开源软件广泛提供。在机器人学中，这种方法称为修补（Hendriks-Jansen，1996），而在软件开发中，它称为机会主义系统开发（Ncube 等，2008）。例如，Ali

Al-Humairi 等人（2018）利用现有的硬件（Arduino）和开源软件构建了一个原型，以测试他们用手机自动演奏乐器的想法。

12.2.5 原型中的妥协

从本质上看，原型涉及妥协：目的是快速生成一些东西来测试产品的某一方面。Youn-Kiung Lim 等人（2008）提出了原型的一种解剖，它构建了一个原型的不同方面及其目标。框 12.1 扩展了他们的想法。任何一个原型所能回答的问题都是有限的，而原型的构建必须考虑到关键问题。在低保真原型中，很明显已经做出了妥协。例如，一个基于纸张的原型的一个明显的妥协是，该设备实际上无法工作。对于物理原型或软件原型来说，一些妥协仍然是相当清楚的。例如，外壳可能不太坚固、响应速度可能很慢、外观和感觉可能无法最后确定，或者可能只有有限数量的功能可用。框 12.2 将讨论何时使用低保真原型和高保真原型。

┃框 12.1 ┃ 原型的解剖：过滤器与表现 ────────────────────

Youn-Kyung Lim 等人（2008）提出了一种侧重于将原型作为过滤器（例如强调原型正在探索的产品的具体方面）和作为设计的表现形式（例如作为通过外部表示帮助设计师发展其设计思想的工具）的观点。

他们从原型解剖的视角提出了三个关键原则：

1. 基本原型制作原则：原型制作是一种活动，目的是创造一种表现形式，以其最简单的形式过滤设计者感兴趣的品质，同时不扭曲对整体的理解。

2. 原型制作的经济原则：最佳原型是以最简单且最有效的方式使设计思想的可能性和局限性可见与可衡量的原型。

3. 原型的解剖：原型是跨越设计空间的过滤器，是将概念具体化和外部化的设计思想的表现形式。

Youn-Kyung Lim 等人确定了在开发原型时可能考虑的过滤和表现的几个维度，尽管他们指出这些维度还没有完成，但它们为考虑原型开发提供了一个有用的起点。这些维度如表 12.1 和表 12.2 所示。

表 12.1　每个过滤维度的示例变量

过滤维度	示例变量
外观	尺寸；颜色；形状；边距；形式；重量；纹理；比例；硬度；透明度；渐变；触觉；声音
数据	数据大小；数据类型（例如数字、字符串、媒体）；数据使用；隐私类型；层次结构；组织
功能	系统功能；用户功能性需求
相互作用	输入行为；输出行为；反馈行为；信息行为
立体结构	界面或信息元素的排列；界面或信息元素之间的关系，既可以是二维的也可以是三维的，既可以是无形的也可以是有形的，还可以是混合的

表 12.2　每个表现维度的定义和变量

表现维度	定义	示例变量
材料	用来形成原型的媒介（可见的或不可见的）	物理媒体，如纸张、木材和塑料；操纵物理物质的工具，如刀、剪刀、钢笔和砂纸；计算原型工具，如 Python；物理计算工具，如 Phidget 和 Basic Stamps；现有的人工制品，如模拟心脏病发作的传呼机
解决方法	所表现的细节或复杂程度（与保真度相对应）	性能的准确性，例如，响应用户输入的反馈时间（在纸张原型中给出用户反馈比在基于计算机的原型中给出反馈慢）；外观细节；交互性细节；真实的和伪造的数据
范围	要表现的内容的范围	情境化级别，例如网站仅使用颜色方案图或放置在网站布局结构中的配色方案进行颜色方案测试；图书搜索导航可用性测试仅使用与图书搜索相关的界面或整个导航界面

框 12.2 | 高保真和低保真原型

表 12.3 总结了高保真和低保真原型的优点与缺点。

表 12.3　低保真和高保真原型的优缺点

类型	优点	缺点
低保真原型	可以快速修改 更多的时间可以花在改进设计上，然后才开始开发 评估多个设计概念 有用的通信设备 概念的证明	有限的错误检查 缺乏详细的开发规范 促进者驱动 可用性测试的有用性有限 导航和流量限制
高保真原型	（几乎）完整的功能 完全交互 用户驱动 明确定义导航方案 用于探索和测试 预期产品的外观和感觉 充当"活的"或不断演变的规范 营销和销售工具	更多的资源密集型开发 修改很耗时 概念设计的低效性 被误认为最终产品的可能性 设定不当预期的可能性

　　界面组件的组件包和模式库（参见 12.7 节和第 13 章）便于人们快速开发精良的功能原型，但使用低保真原型（如纸质草图、便利贴设计和故事板）来探索最初的想法的价值是有依据的。例如，人们将纸张原型用于游戏设计（Gibson，2014）、网站开发和产品设计（案例研究 12.1）。高保真原型和低保真原型都可以在评估和设计迭代期间提供有用的反馈，但是你如何知道要选择哪种类型呢？前面列出的优点和缺点将有所帮助，但也有其他因素。Beant Dhillon 等人（2011）发现，低保真视频原型引发了与高保真原型类似的用户反馈，但前者生产速度更快、更便宜。Gavin Sim 等人（2016）调查了儿童分别使用纸质小册子与 iPad 对游戏概念进行评级的效果。他们发现，儿童对游戏的评价不受形状因素的影响，但他们对纸质版本的评价在美学方面明显更高。

➡️这篇文章介绍了高保真和低保真原型的优点以及如何制作它们：

https://www.nngroup.com/articles/ux-prototype-hi-lo-fidelity/?lm＝aesthetic-usability-effect&pt＝article。

案例研究 12.1 | 作为手机用户界面设计核心工具的纸张原型 ————————

手机公司和平板电脑公司使用纸张原型作为其设计过程的核心部分（见图 12.7）。移动设备功能丰富，包括百万像素相机、音乐播放器、媒体画廊、下载的应用程序等。这需要设计复杂但易于学习和使用的交互。纸张原型提供了一种快速的方法，可以跨多个应用程序完成交互设计的每一个细节。

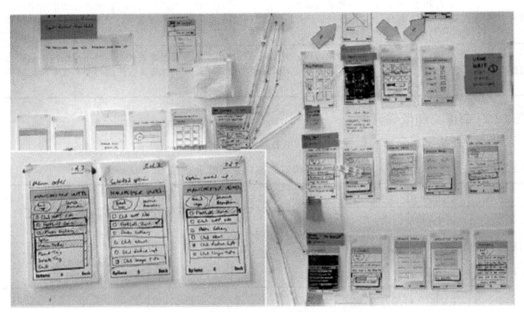

图 12.7   为手机用户界面开发的原型

移动设备项目涉及一系列学科——它们都有其对产品应该是什么的观点。典型的项目可能包括程序员、项目经理、营销专家、商业经理、手机制造商、用户体验专家、视觉设计师、内容经理和网络专家。纸张原型为参与设计过程的每个人提供了工具——从多个角度以协作的方式考虑设计。

id-book.com 网站上的案例研究从设计师的角度描述了使用纸张原型的好处，同时考虑到了它对整个项目生命周期的影响的更大的图景。它首先解释了问题空间，以及如何将纸张原型作为欧洲和美国移动运营商用户界面设计项目的一个集成部分。该案例研究使用项目示例来说明其方法，并逐步解释如何使用该方法在设计过程中包含一系列涉众——不管他们的技能集或背景如何。该案例研究提供了一些练习，这样你就可以自己尝试这种方法了。

两个经常相互交换的常见属性是功能的广度与深度。这两种类型的原型分别称为水平原型（提供广泛的功能，但细节很少）和垂直原型（只为少数功能提供很多细节）。另一个常见的折中方案是健壮性与可变性之间的程度。制造一个健壮的原型可能会导致它更难被改变。在出现问题之前，产品的用户可能看不到这种妥协。例如，一段代码的内部结构可能没有经过精心设计，或者电子组件之间的连接可能很微妙。

高保真原型的结果之一是，原型可能看起来足够好，可以成为最终产品，而用户可能不太愿意评论他们认为是成品的东西。另一个结果是，人们考虑的备选方案较少，因为原型可行，而且用户喜欢它。

"然后，在这个房间里，我们用黏土制作计算机模型"

（图片来源：经 Penwil Cartoons 许可转载）

虽然原型将经历广泛的用户评价，但它不一定已经建立了良好的工程原则或对其他特性（例如安全和无差错操作）进行了严格的质量测试。构建一个可供数千或数百万人在各种环境下使用的、在各种平台上运行的产品，需要不同的构建和测试机制，而不是生成一个快速的原型来回答特定的问题。

下一个"窘境"模块将讨论两种不同的发展哲学。在进化原型中，原型演化为最终产品，并在构建过程中考虑到这些工程原理。丢弃原型使用原型作为最终设计的垫脚石。在本例中，原型被丢弃，最终产品是从零开始构建的。在进化原型方法中，每个阶段都将接受严格的测试；对于丢弃原型，这样的测试是不需要的。

▌窘境┃原型与工程

在开发低保真原型时所做的妥协是明显的，但高保真原型中的妥协并不明显。当一个项目承受压力时，集成一组现有的高保真原型以形成最终产品就变得很诱人了。开发这些原型将花费很多时间，与用户的评估工作也进行得很顺利。那么，为什么要把它全部丢弃呢？以这种方式生成最终产品只是将测试和维护问题堆积起来等待以后解决（请参阅关于技术负债的框 13.1）。简而言之，这很可能会损害产品的质量，除非原型从一开始就具有良好的工程原理。

另外，如果设备是一种创新，那么为了确保市场地位，首先上市"足够好"的产品可能比在竞争对手的产品上市两个月后上市质量非常高的产品更重要。

在决定如何对待高保真原型（从一开始就设计它们或者接受它们将被丢弃的事实）的过程中，这个难题就出现了。

12.3　概念设计

概念设计涉及开发概念模型（见第 3 章）。因为概念模型采用了许多不同的形式并且没有一个明确的详细说明，所以其很难把握。相反，最好通过探索和体验不同的设计方法来理解概念设计，本小节的目的是提供一些关于如何实现这一点的具体建议。

概念模型是对人们可以对产品做什么以及用户需要哪些概念来理解如何与产品交互的概述。前者将产生于对问题空间和当前功能性需求的理解。需要哪些概念来理解如何与产品交互取决于各种问题，例如用户将是谁、将使用什么样的交互、将使用什么样的接口、术语、隐喻、应用程序域等。开发概念模型的第一步是深入了解关于用户及其目标的数据，并试图与其产生共鸣。

可以采用不同的方法来实现与用户的共鸣。例如，Karen Holtzblatt 和 Hugh Beyer（2017）的情境访谈、答疑会议和"墙壁漫步"（见第 11 章）。这三项活动共同确保了不同的人对数据的看法和他们所观察到的信息能够被捕获，这有助于加深理解，使整个团队接触到问题空间的不同方面，并使团队沉浸在用户的世界中。这激发了基于对用户及其情境的广泛理解的想法。一旦捕获了这些想法，就可以根据其他数据和场景对其进行测试，与其他设计团队成员进行讨论，并为与用户进行测试而将其原型化。情境设计描述了涵盖整个设计过程的进一步活动。然而，试图与用户产生共鸣可能不是正确的方法，正如后面的"窘境"模块中讨论的那样。

使用不同的创造力和头脑风暴技术与团队的其他成员一起探索想法，可以帮助建立用户及其目标的蓝图。一幅关于期望的用户体验的蓝图将逐渐形成，并变得更加具体。考虑本节中的问题以及使用场景和原型来捕获和实验想法可以帮助实现这个过程。现成组件的可用性使想法的原型化更加容易，这也有助于探索不同的概念模型和设计思想。情绪板（传统上用于时尚设计和室内设计）可以用来捕捉新产品的期望感觉（见图 12.8）。这是根据数据收集或评价活动进行的，并在技术可行性的范围内加以考虑。

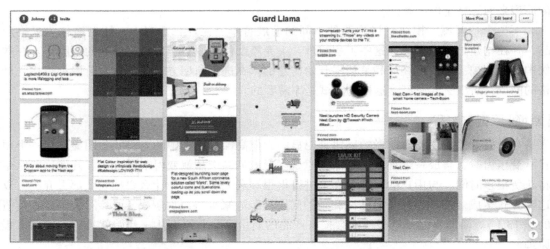

图 12.8   为名为 Guid Llama 的个人安全产品开发的示例情绪板（图片来源：http://johnnyhuang.design/guardllama.html）

➡️如何为用户体验项目创建情绪板——https://uxplanet.org/creation-better-moodboards-for-ux-projects-381d4d6daf70。

Invision 提供了一个工具来帮助解决这个问题，详见 https://www.invisionapp.com/inside-design/boards-share-design-inspiration-assets/。

如第 11 章所述，制定一系列情景也有助于概念设计（Bødker，2000），以及思考不同想法的结果。Suzanne Bødker（2000）还提出了正负情景的概念。这些情景尝试捕捉某一特定设计方案的最积极和最消极的结果，从而帮助设计师更全面地了解提案。Mancini 等人（2010）扩展了这一思想，他们使用了积极和消极的视频场景来探索未来的技术。他们的方法是用视频来代表一种帮助改善饮食和健康的新产品的正面和负面影响，以探讨隐私问题和态度。这两个视频（每个都有 6 个场景）聚焦于彼得，一个超重的商人。医生建议他使用一种新产品 DietMon 来帮助他减肥。该产品由带隐藏式摄像头的眼镜、手腕上的微芯片、中央数据存储和短信系统组成，其中短信系统用于向彼得的手机发送信息，告诉他正在看的食物的热量，并在他接近每日热量摄入限值时警告他（Price 等，2010）。图 12.9 展示了视频中的两个场景的内容以及正面和负面反应，图 12.10 是负面视频的截图。

场景 1：在家中吃早餐	
彼得戴上新眼镜开始准备早餐。他的妻子注意到了他的新眼镜，他热心地像她演示了眼镜是如何工作的，并告诉了她有关微芯片的事。她似乎很感动，于是离开房间准备去上班。彼得打开冰箱把黄油放好，这时他看到了一块糕点。他看了看它，然后收到了一条关于糕点卡路里含量的 DietMon 信息。他的妻子走进厨房并向他微笑，于是他把信息拿给她看。	彼得戴上新眼镜开始准备早餐。他的妻子注意到了他的新眼镜。他看着吐司，然后收到了一条短信。他的妻子问他那是什么。他说没什么，而且他根本不想吃吐司。当她问为什么他变得紧张时，他不情愿地告诉了她关于 DietMon 的事。抱着怀疑的态度，她带着讽刺的语气离开了房间。彼得打开冰箱，看到了一块糕点。就在他要咬一口的时候，他的妻子走进厨房撞见了这一幕，并无奈地笑了。
场景 2：在办公室参加虽然生日聚会	
彼得正在伏案工作，这时同事邀请他参加一个小型生日聚会。他试图拒绝，但他们坚持让他参加。他戴着眼镜加入了他们，并向女寿星打了招呼。同事克里斯给他端来一块蛋糕。彼得看着蛋糕，拿出了手机。他看了一下短信，然后说切块太大了，让克里斯把它切成两半。克里斯对此很感兴趣，并让他解释一下，于是彼得向同事们展示了这项技术是如何工作的。听众被他所吸引，并聚集在他周围。	彼得正在伏案工作，这时同事邀请他参加一个小型生日聚会。他试图拒绝，但他们坚持让他参加。他戴着眼镜加入了他们，这时同事克里斯给他端来一块蛋糕。他接过盘子，向寿星打了招呼。他收到一条短信，假装是一个重要的电话，并拿着蛋糕离开了其他人。他偷偷把蛋糕扔进了垃圾箱，然后假装已经吃完了。克里斯评价他吃得很快。彼得为自己找了个借口，说他要赶工，然后就离开了。

图 12.9　视频中的两个场景在对系统的正面和负面反应方面有何不同。其中正面版本在左边，负面版本在右边（资料来源：Mancini 等人（2010））

图 12.10　彼得在早餐时被发现在冰箱旁边吃糕点（场景 2，负面反应）(图片来源：Price 等人（2010））

| 窘境 | 尝试与用户产生共鸣是正确的方法吗？

不管收集了多少数据，与生活在和设计者截然不同的环境中的用户产生共鸣并不容易。交互设计师尝试了几种方法来理解他们经验之外的情况，其中两种是体验原型和第三代套装（Third Age suit）。

体验原型由 Marion Buchenau 和 Jane Fulton Suri（2000）提出，他们描述了一个团队对胸腔植入自动除颤器的设计。除颤器用于心脏骤停患者，通过向心脏传递强烈的电击来恢复心肌的正常节律。这种事是大多数人完全体验不到的。为了模拟这种体验的一些关键方面（其中之一是除颤电击的随机发生），研究人员在一个周末内的随机时间向每个团队成员发送了短信。每条短信都模拟了一次除颤电击的发生，并要求团队成员记录他们在哪里、和谁在一起、他们在做什么，以及当知道这代表电击时的想法和感受。示例包括每天发生的焦虑（如抱着儿童和操作电动工具）、身处社交场合但不知道如何与旁观者交流发生了什么。这种第一手经验为设计工作带来了新的见解。

第二个例子是第三代套装，它的设计目的是让汽车设计师能够体验到，对于有些行动能力丧失或感官感知能力下降的人来说，驾驶他们设计的汽车是什么样的。该套装限制了颈部、手臂、腿部和脚踝的运动。它最初由福特汽车公司和拉夫堡大学开发（见图 12.11），用于提高汽车设计师、建筑师和其他产品设计师群体的认识。

图 12.11　第三代套装帮助设计师体验运动能力和感官知觉的丧失（图片来源：福特汽车公司）

使用这些技术似乎为设计过程带来了新的见解，但是这些见解有多深、有多精确？根据 Michele Nario-Redmond 等人（2017）旨在调查残疾模拟的影响的实验，他们指出这会产生意想不到的负面后果。他们发现，这些模拟可以导致对残疾人的恐惧、忧虑和同情，而不是任何共鸣。此外，在很短的时间内体验残疾并没有考虑到个人发展的各种应对战略和创新技术。他们建议，针对这些情况进行设计的一个更好的方法是让残疾人参与进来，并更全面地理解他们的经历。

➡ 第三代套装的现场使用——https://www.youtube.com/watch?v＝Yb0aqr0rzrs。

➡ 有关残疾模拟实验结果的概述——https://blog.prototypr.io/why-i-wont-try-on-disability-to-build-empathy-in-the-design-process-and-you-should-think-twice-7086ed6202aa。

12.3.1　建立初始概念模型

概念模型的核心组成部分是隐喻和类比、用户接触到的概念、这些概念之间的关系，以及支持的概念与用户体验之间的映射（第 3 章）。其中一些部分将来自产品的需求，比如任务中涉及的概念以及它们之间的关系（例如通过场景和用例）。其他部分，如适当的隐喻和类比，将由沉浸在数据中并试图理解用户的观点来提供。

本小节将介绍帮助生成初始概念模型的方法，它主要关注以下问题：

- 如何选择能帮助用户理解产品的界面隐喻？
- 哪种（哪些）交互类型最能支持用户的活动？
- 不同的界面类型是否意味着可供选择的设计见解或选项？

这些方法都提供了对产品的不同思考方式，并能帮助生成潜在的概念模型。

界面隐喻

界面隐喻以能够帮助用户理解产品的方式将熟悉的知识和新的知识结合在一起。选择合适的隐喻，并结合新的、熟悉的概念，需要在实用性和相关性之间取得平衡，它基于对用户和其情境的理解。例如，思考一个用来教 6 岁孩子数学的教学系统。一个可能的隐喻是一个教室，其中有老师站在前面。但是，考虑到产品的用户和可能吸引他们的东西，一个能让他们想起令人愉快的东西的隐喻更有可能让他们保持投入，比如球类游戏、马戏团、游戏室等。

人们尝试了不同的识别和选择界面隐喻的方法。例如，Dietrich Kammer 等人（2013）结合创造力方法探索日常用品、纸张原型和工具包，以支持学生群体为移动设备设计新颖的界面隐喻和手势。他们发现，为平板电脑和智能手机开发隐喻会产生灵活的隐喻。另外，Macro Speicher 等人（2018）考虑到试图模仿实体商店的系统的局限性，决定用公寓作为虚拟现实网上购物体验的隐喻。

Tom Erickson（1990）提出了选择一个良好的界面隐喻的三步过程。虽然这项工作已经很老了，但是这种方法对于当前的技术来说是非常有用的。第一步是了解系统将做什么，即识别功能需求。开发部分概念模型并尝试它们可能是该过程的一部分。第二步是了解产品的哪些部分可能会导致用户问题（即哪些任务或子任务将导致问题）、哪些部分是复杂的、哪些部分是关键的。隐喻仅仅是产品和隐喻所依据的真实事物之间的部分映射。理解用户可能从中遇到困难的领域意味着可以选择隐喻来支持这些方面。第三步是生成隐喻。在用户对相关活动的描述中寻找隐喻，或者识别应用领域中使用的隐喻，都是很好的起点。

在生成合适的隐喻后，需要对它们进行评估。Erickson（1990）提出了以下五个问题：

- 隐喻提供了多少结构？一个好的隐喻会提供结构——最好是熟悉的结构。
- 隐喻在多大程度上与问题有关？使用隐喻的困难之一是，用户可能会认为他们理解得比实际更多，并开始将隐喻的不适当元素应用到产品中，从而导致混淆或错误的期望。
- 界面隐喻容易表达吗？一个好的隐喻将与特定的物理、视觉和音频元素以及词语联系在一起。
- 你的听众会理解这个隐喻吗？
- 隐喻的可扩展性有多大？它包含可能在将来有用的额外的方面吗？

对于第 11 章中介绍的团体旅行组织软件来说，一个潜在的隐喻来自角色 Sky 所说的话，即一个家庭餐厅。这似乎是合适的，因为家庭餐厅可以让一家人坐在一起，并且每个人都可以选择他们想要的。使用前面列出的五个问题来评估这一隐喻引发了以下想法：

- 它提供结构吗？是的，它从用户的角度提供结构，并且基于其熟悉的餐厅环境。不同餐厅的内部装饰和提供的食物可能有很大的不同，但其结构都包括桌子、菜单和提供食物的人。去餐厅就餐的体验包括到达、坐在桌边、点餐、上菜、进餐、付钱和离开。从不同的角度来看，食物的准备和厨房的运作也是有组织的。

- 隐喻在多大程度上是相关的？选择度假涉及根据团体中每个人的喜好来决定什么是最有吸引力的。这类似于在餐厅里选择一道菜。例如，一家餐厅会有一份菜单，到餐厅的顾客会坐在一起分别选择食物，但他们都坐在同一家餐厅并享受环境。对于一个团体度假来说，可能一些成员想要进行不同的活动，但也想有聚集在一起的时间，所以这是类似的。有关食物的信息，如过敏原，可以从服务器或菜单中获得。餐厅的评论也是可用的，食物的照片或模型也很常见。这些特征都与团体旅行组织软件相关。餐厅与度假的不同点之一是，你需要在用餐结束时支付费用，而不是在到达之前。

- 隐喻容易表达吗？在这方面有几种选择，但餐厅的基本结构是可以表达的。这个概念模型的关键方面将是确定适合每个人的可能假期，并选择一个。在餐厅中，这个过程包括查看菜单、与服务生交谈和点菜。包括照片和视频在内的度假信息可以在菜单中显示（可能是成人菜单和儿童菜单）。因此，隐喻的主要元素似乎是直截了当的。

- 你的听众会明白这个隐喻吗？在本例中，尚未对用户组进行详细调查，但在餐厅吃饭是很常见的。

- 隐喻的可扩展性有多大？有几种不同类型的餐厅体验，例如菜单点菜、固定菜单、自助点菜自助餐和食堂。这些不同类型餐厅的元素可以用来扩展最初的想法。

练习 12.2　餐厅隐喻的缺点之一是，当团体成员在不同的地点时，他们需要有共同的体验。团体旅行组织软件的另一个可能的界面隐喻是旅行顾问。旅行顾问与旅行者讨论需求，并相应地调整度假计划，提供两三种选择，但大多数决定都是代表旅行者做出的。请在该隐喻的基础上回答前述的五个问题。

解答　1. 旅行顾问隐喻提供结构吗？是的。这个隐喻的主要特点是旅行者指定他们想要的东西，顾问研究这些选择。它依赖于旅行者向顾问提供足够的信息，以便其在适当的范围内进行搜索，而不是让顾问去做关键决策。

2. 隐喻在多大程度上是相关的？把搜索合适的度假计划的责任交给别人的想法可能对一些用户很有吸引力，但其他用户可能会感到不舒服。但是，根据用户的偏好，可以调整顾问承担的责任级别。个人根据网络搜索来安排度假是很常见的，但这可能是耗时的，并且会降低计划度假的兴奋感。如果为这些用户进行初始搜索和筛选，那么它对一些用户将是有吸引力的。

3. 比喻容易表达吗？是的，它可以由软件助理或具有复杂的数据库条目和搜索工具来表示。但问题是，用户是否喜欢这种方法？

4.你的听众会理解隐喻吗？是的。

5.隐喻的可扩展性有多大？人的奇妙之处在于他们是灵活的，因此，旅行顾问的隐喻也是相当灵活的。例如，可以要求顾问根据旅行者需要的尽可能多的不同标准完善其度假建议。

交互类型

第三章介绍了五种不同类型的交互：指示、对话、操作、探索和响应。哪种类型的交互最适合当前的设计，取决于应用程序领域和正在开发的产品类型。例如，电脑游戏最可能适合操作风格，而用于绘图的软件应用程序有指示和对话的相关方面。

大多数概念模型将涉及交互类型的组合，交互的不同部分将与不同类型相关联。例如，在团体旅行组织软件中，用户的任务之一是查找特定目的地的签证规则。这将需要一种指示性的交互方式，因为系统不需要任何对话来显示规则。用户只需输入一组预定义的信息，例如签发护照的国家和目的地。另外，试图为一群人确定一个度假计划更像是一次对话。例如，用户可以从选择目的地的某些特征以及一些时间限制和首选项开始。然后组织软件将响应几个选项，用户将提供更多的信息或首选项等。或者，还没有任何明确需求的用户可能更喜欢在被询问特定选项之前探索可用性。当用户选择具有附加限制的选项且系统询问用户是否满足这些限制时，可以使用响应。

界面类型

在这个阶段考虑不同的界面似乎为时过早，但这有一个设计目的和一个实际目的。在考虑产品的概念模型时，重要的是不要受到预先确定的界面类型的过度影响。不同的界面类型鼓励和支持关于潜在用户体验和可能的行为的不同观点，从而促进其他设计思想。

实际上，原型产品需要一个界面类型，或者至少是可供选择的界面类型。选择哪一个类型取决于需求产生的产品约束。例如，输入和输出模式将受到用户和环境需求的影响。因此，在这一点上考虑界面也向制作实际的原型迈出了一步。

为了说明这一点，我们考虑了在第7章中引入的界面子集，以及它们给团体旅行组织软件带来的不同视角。

- **可共享界面**。旅行组织软件必须是可共享的，因为它的用户是旅行团体。它还应该是令人兴奋和有趣的。该系统需要考虑第7章中介绍的可共享界面的设计问题。例如，如何最好地（是否）将个人设备（如智能手机）与共享界面结合使用。允许团体成员在一段距离内进行交互意味着需要多个设备，因此需要多种形式因素的组合。
- **实体界面**。实体界面是一种基于传感器的交互，其中人可以对块或其他实物进行移动。以这种方式思考旅行组织软件会让人联想到一个有趣的场景：人们在旅行中可能会与代表他们自身的实物进行协作，但拥有这样的界面存在一些实际问题，因为这些实物可能会丢失或损坏。
- **虚拟现实**。旅行组织软件似乎是利用虚拟现实界面的理想产品，因为它将使个人能够虚拟体验目的地，也许还能体验一些可利用的活动。需要使用虚拟现实的并不是整个产品，而是用户想要体验目的地的相关元素。

练习 12.3 思考第 11 章中介绍的针对大型购物中心的新导航应用程序。

1. 确定与该产品相关的任务，这些任务最好由每个交互类型（指示、对话、操纵、探索和响应）支持。

2. 从第 7 章挑选两种可能会提供关于设计的不同观点的界面类型。

解答 1. 以下是一些提示。你可能已经有了自己的答案。

- 指示：用户想要查看特定商店的位置。
- 对话：用户希望从其中找到一个路线，应用程序可能会要求他们从列表中选择一个路线。或者，用户可能想要找到一个特定类型的商店，应用程序将显示一个列表供其选择。
- 操作：可以通过拖动路径来改变所选择的路线，以包含其他商店或特定的路径。
- 探索：用户可能会在购物中心四处走动，看看有哪些商店。
- 响应：应用程序询问用户是否想在去所选商店的路上顺便去他们最喜欢的小吃店。

2. 导航应用程序倾向于以智能手机为基础，因此有必要探索其他风格，看看它们能带来什么见解。我们有以下想法，但你可能也有其他的想法。导航应用程序需要是移动的，这样用户就可以四处移动以找到相关的商店。使用语音或手势界面是一种选择，但仍然可以通过移动设备传递信息。从更广泛的角度来看，一个引导用户到达所需位置的触觉界面可能就足够了。智能界面（例如内置于环境中的界面）是另一种选择，但如果将个人数据显示给所有人，则可能会出现隐私问题。

12.3.2 扩展初始概念模型

前述元素表示概念模型的核心。对于原型或对用户进行测试来说，这些想法需要一些扩展，例如该产品和用户分别将执行什么功能、这些功能是如何相关的，以及需要什么信息来支持它们。在需求活动期间，将考虑其中的一些问题，这些问题在原型制作和评估后进行演化。

产品将执行哪些功能

这个问题关于对总体目标的不同部分负责的是产品还是用户。例如，旅行组织软件旨在为一个团体推荐特定的度假选项，但它需要做的只有这些吗？如果需要自动预订怎么办？它会一直等待直到给它一个偏好的选择吗？在签证要求的情况下，旅行组织软件是简单地提供信息，还是链接到签证服务？确定系统将执行的操作和用户将执行的操作有时称为任务分配。这一权衡具有认知影响（参见第 4 章），并影响协作的社会方面（参见第 5 章）。如果对于用户来说认知压力太大，则设备可能难以使用。另外，如果产品控制得太多且过于不灵活，则用户可能根本不会使用。

另一个需要做出的决策是，哪些功能可以硬性植入产品，哪些功能要置于软件控制之下，从而间接地由用户控制。

这些功能之间有什么关系

功能可以是暂时相关的。例如，一个功能必须先于另一个执行，或者两个功能可以并行执行。功能也可能通过任意数量的可能分类相关联。例如，与智能手机上的隐私相关的所有功能，或用于在社交网站上查看照片的所有选项。任务之间的关系可能会限制使用，也可能会指示产品中合适的任务结构。例如，如果一个任务依赖于另一个任务，则可能需要限制任务的完成顺序。如果已经生成了任务的用例或其他详细分析，那么这些都会有所帮助。不同类型的需求（例如，故事或原子需求外壳）提供不同级别的详细信息，因此有些信息是可用的，而有些信息将随着设计团队探索和讨论产品而发展。

需要什么信息

执行任务需要哪些数据？系统如何转换这些数据？数据是通过需求活动确定和捕获的需求类别之一。在概念设计期间，应考虑这些需求以确保模型提供执行任务所需的信息。关于结构和显示的详细问题，例如是使用模拟显示器还是数字显示器，将更有可能在具体设计活动中处理，但所显示的数据类型产生的影响可能会影响概念设计问题。

例如，使用旅行组织软件来确认一团体的可能度假计划需要以下内容：需要什么类型的度假、可用预算、期望目的地（若有）、首选日期和持续时间（若有）、团体共有多少人、团体中是否有人有特殊要求（如残疾）。为了执行该功能，系统需要这些信息，并且必须有权访问详细的度假计划和目的地说明、预订可用性、设施、限制等。

初始概念模型可以在线框（一组显示结构、内容和控制的文档）中捕获。线框可以在不同的抽象级别上构建，可以显示产品的一部分或完整的概述。第 13 章将介绍更多的信息和一些例子。

12.4 具体设计

概念设计与具体设计密切相关。它们之间的不同之处在于重点的改变：在设计过程中，有时会突出概念问题，而有时则会强调具体的细节。制作一个原型意味着不可避免地做出一些具体的决策，尽管这些决策只是暂时的，而且由于交互设计是迭代的，所以在概念设计期间会出现一些详细的问题，反之亦然。

设计者需要平衡环境、用户、数据、可用性和用户体验需求与功能需求的范围。这些范围有时是有冲突的。例如：可穿戴交互式产品的功能将受到用户在穿戴时想要执行的活动的限制；计算机游戏可能需要是易学的，但也需要具有挑战性。

交互式产品的具体设计有很多方面：视觉外观（如颜色和图形）、图标设计、按钮设计、界面布局、交互设备的选择等。第 7 章介绍了几种界面类型，以及与其相关的设计问题、指南、原则和规则，它们帮助设计者确保其产品满足可用性和用户体验目标。这些都代表了在具体设计过程中所做的各种决策。

具体设计还涉及与用户特征和情境相关的问题。本小节将讨论具体设计中引起特别关注的两个方面：无障碍和包容性、针对不同文化的设计。1.6 节介绍了无障碍和包容性。无障碍是指尽可能多的人可以使用产品的程度，而包容性则意味着公平、公开和人人平等。包容性设计的目的是增强用户的日常生活和工作能力（Rogers 和 Marsden，2013）。

有大量可用于交互设计的输入和输出模式。除了标准键盘、鼠标和触摸屏之外，还有不同的指点输入设备和键盘、屏幕阅读器、可刷新的盲文以及眼神跟踪等。无论使用哪种输入或输出模式，交互界面都必须足够灵活，以能够与这些不同的设备协同工作。这对残疾用户尤为重要，因为他们可能无法使用指点输入设备或标准键盘，但是可以使用头或嘴棒、语音识别、带有字幕的视频、音频记录等进行交互。

要使界面无障碍，需要让残疾用户参与开发过程，以更好地了解他们的需求，并使用适用于所有界面的 Web 内容无障碍指南（WCAG），而不仅仅是基于 Web 的界面（见框 16.2）。当界面设计为无障碍时，它不仅可以为残疾人工作，还可以为其他面临临时或情境障碍的没有残疾的用户提供灵活性，例如，无法观看显示屏的司机或想要观看视频而不打扰其他人的列车乘客。

非无障碍界面可能导致各种形式的歧视。例如，如果通过网站购买机票，则价格通常会更低。如果盲人消费者由于无法访问该网站而不得不使用呼叫中心，那么他们可能在不知不觉中为同一航班支付更高的票价（Lazar 等，2010）。许多公司使用在线求职申请，但如果求职者无法访问网站，那么他们在申请工作之前可能会被迫承认自己有残疾。同样，当盲人因无法访问工作聚合器网站（提供许多不同雇主的工作信息）而被告知需要打电话时，他们常常得不到很多甚至任何关于现有工作的信息（Lazar 等，2015）。

有一些可以帮助设计实现包容性、无障碍和灵活性的资源，例如微软的包容性设计工具包。

➡️ *微软的包容性设计工具包有一些有用和有趣的资源，详见 https://www.microsoft.com/design/inclusive。*

跨文化设计的方面包括使用适当的语言、颜色、图标和图像、导航以及信息架构（Rau 等，2013）。这些都对具体设计很重要。然而，研究人员也强调了当地文化与人机交互原则之间的紧张关系（Winschiers-Theophilus 和 Bitwell，2013），以及通过当地和本土观点重新构建人机交互的愿望（Abdelnour-Nocera 等，2013）。这些问题不仅影响具体的设计，也影响更广泛的问题，如设计什么和如何设计以便被目标用户组所接受。例如，Gary Marsden 等人（2008）警告了在看到用户的需求和试图满足该需求时并没有首先询问社区他们是否也认识到了这一需求的问题。关于如何解决这一问题的一种方法，详见案例研究 12.2。

12.5 生成原型

本小节将说明原型如何在设计中进行使用，并将演示如何根据需求活动的输出生成原型——根据场景制作故事板和根据用例制作基于索引卡的原型。这两个都是低保真原型。

12.5.1 生成故事板

故事板代表用户和产品为了达到目标而经历的一系列动作或事件。场景是关于如何使用产品来实现这个目标的故事。通过将场景分解为一系列的步骤，可以从场景中生成故事板。这些步骤侧重于交互，并为每个步骤在故事板中创建一个场景。这样做的目的有两个：第一，生成一个故事板，可以用来从用户和同事那里获得反馈；第二，促使设计团队更详细地考虑场景和产品的使用。例如，思考在第 11 章中为旅行组织软件开发的场景，它可以分为 6 个主要步骤。

1.Will、Sky 和 Eamonn 聚集在组织软件周围，但 Claire 在她母亲家。

2.Will 告诉组织软件他们去地中海航海旅行的最初想法。

3. 该系统最初的建议是一次船队之旅，但 Sky 和 Eamonn 并不喜欢。

4. 旅行组织软件向他们展示了年轻人关于船队旅行的一些描述。

5.Will 确认了这一建议，并要求提供详细情况。

6. 旅行组织软件通过电子邮件发送不同选项的详细信息。

注意，第一步设置情境，后面的步骤更多地关注目标。将场景分解为一系列步骤可以通过不同的方式实现。根据场景工作的目的是让设计团队仔细考虑产品及其使用，因此步骤并不像在过程中发生的想法那么重要。另外，请注意，这些事件中有些仅关注旅行组织软件的界面，而有些则与环境有关。例如，第1步讨论的是围在组织软件周围的一家人，而第4步和第6步则关注旅行组织软件。故事板可以关注屏幕或环境，或者两者兼而有之。无论是哪种方式，勾勒出故事板都将促使设计团队思考设计问题。

例如，场景中没有提到系统可能使用的输入和输出设备的类型，但是绘制组织软件会强制设计人员考虑这些内容。场景中存在有关系统将在其中运行的环境的一些信息，但是绘制场景需要有关组织软件将位于何处以及如何继续交互的详细信息。在关注屏幕时，系统会提示设计器考虑需要提供哪些信息以及需要输出哪些信息。这一切都有助于探索设计决策和备选方案，但由于绘图行为，它也变得更加明确。

图12.12中的故事板包括环境元素和屏幕的一部分。在画这幅图的同时，各种问题也浮现在脑海中，比如如何为所有家庭成员设计交互？他们是坐着还是站着？如何处理远程参与者？需要什么样的帮助？旅行组织软件需要哪些物理组件？如何使所有家庭成员都能与系统交互（注意第1个场景使用语音输入，而其他场景也有键盘选项）？等等。在这个练习中，它提出的问题和最终产品一样重要。

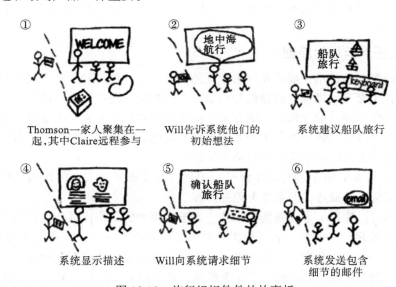

图 12.12　旅行组织软件的故事板

练习 12.4　第11章中的练习11.4为一站式汽车商店开发了一个未来式的场景。使用此场景，开发一个重点关注用户环境的情节提要。当你画这个故事板时，写下它提示的设计问题。

解答　以下是练习11.4注释中的场景。这个场景分为5个主要步骤：

1. 用户到达一站式汽车商店。
2. 用户被引导进入一个空闲展位。
3. 用户一落座，显示器就会开始显示。
4. 用户可以观看报告。
5. 用户可以模拟驾驶所选汽车。

　　故事板如图 12.13 所示。绘制这个故事板时出现的问题包括如何显示报告、需要什么样的虚拟现实设备、需要哪些输入设备（键盘或触摸屏、方向盘、离合器、油门和刹车踏板）、输入设备需要有多像实际的汽车控制装置。你可能还思考过其他问题。

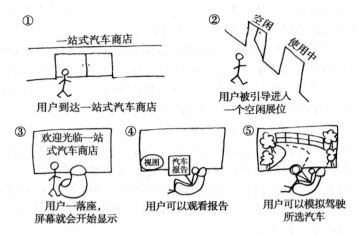

图 12.13　从练习 11.4 中的一站式汽车商店场景生成的故事板

12.5.2　生成基于卡片的原型

　　基于卡片的原型通常用于捕获和探索交互的元素，例如用户和产品之间的对话交流。这种原型的价值在于交互元素可以被操纵和移动，以便模拟与用户的交互或者探索用户的端到端体验。这可以作为评估的一部分，或在设计团队内的对话中完成。如果故事板关注的是屏幕，那么这几乎可以直接转换为基于卡片的原型并以此方式使用。制作基于卡片的原型的另一种方法是根据从需求活动中输出的用例生成原型。

　　例如，思考 11.6 节中介绍的团体旅行组织软件的签证要求方面的用例。第 1 个不太详细的用例提供了交互的概述，而第 2 个则更详细。

　　第 2 个用例可以按以下方式转换为卡片。对于用例中的每个步骤，旅行组织软件将需要一个交互组件来处理它，例如，通过按钮、菜单选项或声音输入，并通过显示或声音输出。通过逐步研究用例，可以开发一个基于卡片的原型，该原型涵盖了所需的行为，并且可以考虑不同的设计。例如，图 12.14 展示了 6 个单独卡片上的 6 个对话框元素。左边的设置是用更友好的语言编写的，而右边的设置则更正式。这些步骤涵盖步骤 1 ～ 5。

　　其他过程，例如处理错误信息，也各有一张卡片，并且错误信息中包含的音调和信息可以与用户一起评估。例如，步骤 7.1 可以转换成简单的"没有签证信息可用"，或者更有帮助的"无法为你找到所选目的地的签证信息。请与＜目的国＞大使馆联系"。

　　可以将这些卡片展示给系统的潜在用户或其他设计师以进行非正式的反馈。在体例中，我们向同事展示了这些卡片，通过讨论应用程序和卡片得出的结论是，尽管卡片代表用例的一种解释，但它们过于关注假设 WIMP/GUI 界面的交互模型。我们的讨论得到了一些事物的支持，包括故事板和场景。一个备选方案是加入世界地图，用户可以通过选择地图上的国家之一来指出其目的地和国籍；另一个备选方案可能是以国旗为基础的。这些备选方案可以使用卡片和进一步获得的反馈来进行原型制作。也可以使用卡片来阐述具体设计的其他方面，例如图标和其他界面元素。

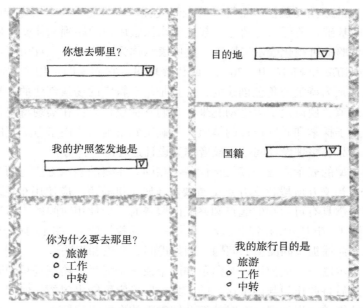

图 12.14　旅行组织软件的基于卡片的原型卡 1～3

练习 12.5　请看图 12.4 中的故事板。这个故事板显示 Christina 探索卫城以寻找有关陶器贸易的信息。在第 1 排的场景 2 中，Christina "调整偏好来寻找关于古希腊陶器贸易的信息"。许多互动图标已经标准化，但没有一个标准的"陶器贸易"图标。设计两个替代图标来表示它，并将它们画在不同的卡片上。使用图 12.4 中的故事板和这两张卡片，将它们展示给朋友或同事，看看他们通过你的两个图标了解了什么。

解答　我们画的两张卡片如图 12.15 所示。第一个是一个古希腊壶，第二个试图描述一个在市场卖陶器的人。当向同事描述故事板并展示这两个替代图标时，我们发现它们都需要改进。陶器本身并不能代表陶器行业，市场上的卖家所代表的内容也不清晰，但人们比较喜欢后者，而且用户的反馈是有用的。

图 12.15　表示"陶器贸易"的两个图标

一组基于卡片的原型涵盖了一个场景的全部过程，它可能是一个更详细的原型（例如界面或屏幕草图）的基础，还可以与角色一起使用来探索用户的端到端体验。后一个目的也可以通过创建用户体验的可视化表示来实现。这些表示称为设计地图（Adlin 和 Pruitt，2010）、客户旅程图（Ratcliffe 和 McNeill，2012）或体验地图。它们说明了用户在产品或服务中的路径或旅程，通常是为特定的角色创建的，并且是基于特定的场景创建的，从而为旅程提供了足够的情境和细节，使讨论变得生动起来。它们支持设计人员在实现特定目标时考虑用户的总体体验，并用于探索和质疑设计的体验，并确定到目前为止尚未考虑到的问题。它们可以用于分析现有产品和整理设计问题，或者作为设计过程的一部分。

有许多不同类型的表示方法，其复杂性各不相同。主要的表示方法有两个：车轮表示法和时间线表示法。当交互阶段比交互点更重要时（如飞机航班，应使用车轮表示法（示例见图 12.16a））。在提供具有可识别的起点和终点的服务时，应使用时间线表示法，例如通过网站购买物品（如图 11.7b 所示的时间线表示示例——寻找笑脸）。图 12.16b 说明了时间线表示法的结构以及如何捕捉不同类型的问题，例如提问、评论和想法。

要生成这些表示之一，应使用一个角色和两个或三个场景。绘制场景的时间线，并为用户确定交互点。然后将此作为与同事讨论的工具，以确定可能出现的任何问题或提问。有些人会考虑用户的情绪并找出痛点，有时他们会把重点放在技术问题上，而有时这可以用来识别缺少的功能或设计不足的交互区域。

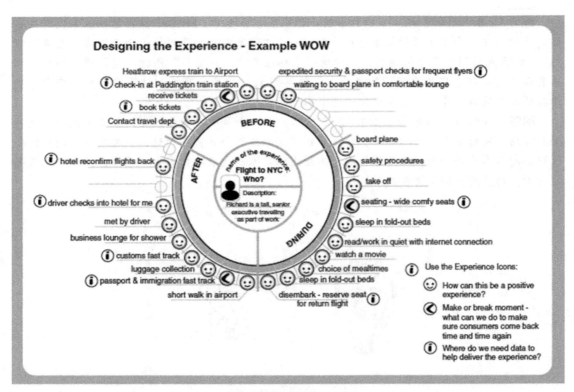

a）使用车轮表示的体验地图

图 12.16 （图片来源：图 a 来自乐高；图 b 来自 ADlin 和 Pruitt（2010），p.134。由 Morgan Kaufmann 提供）

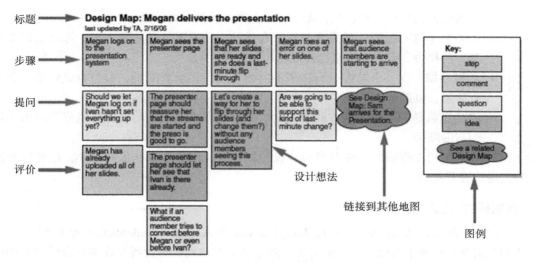

b）展示如何捕获不同问题的时间线示例设计图

图 12.16　（续）

➤展示使用时间线进行体验映射的好处的视频——http://youtu.be/eLT_Q8sRpyI。

➤要了解客户旅程图的主要元素，以及如何构造它们，请参阅 https://www.nngroup.com/articles/customer-journey-mapping/。

▌框 12.3▕让用户参与设计：参与式设计

参与式设计（PD）于 20 世纪 60 年代末、70 年代初在斯堪的纳维亚出现。这一早期工作受到两方面影响：一是希望能够交流有关复杂系统的信息，二是工会运动推动工人对其工作中的变化实行民主控制。在 20 世纪 70 年代，新的法律赋予工人在如何改变其工作环境方面拥有发言权的权利，这些法律至今仍然有效。

那些使用信息技术的人将在其设计中发挥关键作用，特别是他们将积极且真实地参与设计本身。这种思想仍然是参与式设计的核心（Simonsen 和 Robertson，2012）。但是，随着政治、社会和技术的变化，这种方法也发生了相当大的变化（Banon 等，2018）。此外，许多技术设计方法都涉及用户参与，因此参与式设计的不同之处在哪里？

在 2002～2012 年参与式设计会议中的研究回顾中，Kim Halskov 等人（2015）希望了解这些文献所证明的"参与"的不同定义。他们确定了三种方法。

- 隐含，意味着文献没有明确指出参与的细节。
- 用户是设计过程的充分参与者，这超越了简单的用户参与，扩展到了解用户的观点，并重视用户知道的东西。
- 用户和设计师之间的相互学习。

参与式设计的关键问题之一是如何处理规模：当社区中有数百或数千人时，如何确保社区的参与？当收集到的数据可能来自许多不同的来源，而且没有明确的协议时，如何确保参与？当用户遍及多个国家时，如何确保参与？

Daniel Gooch 等人（2018）设计了一种促进公民参与智能城市项目的方法。他们采用了一种针对当地情况的在线和离线活动的综合方法，并介绍了如何能够让公民参与解决他们当前关心的问题。他们还确定了在城市规模上使用参与性设计的四个主要挑战。

- 平衡个人的规模。特别是，需要与潜在参与者面对面接触。
- 谁控制了这一过程？如果参与者想在设计中拥有有意义的发言权，那么他们需要拥有一些权力，但有时法规也会对此加以削弱。
- 谁将参加？在一个城市中有许多不同的涉众，但重要的是，参与者应包括社会的所有阶层，以避免偏见。
- 将公民领导的工作与地方政府结合起来。地方政府制定的法规可能成为城市环境下创新的障碍。

案例研究 12.2 将描述一种对参与式设计的扩展，称为基于社区的设计，这是针对南非的当地情况开发的。

案例研究 12.2 | 聋人电话

Edwin Blake、William Tucker、Meryl Glaser 和 Adinda Freudenthal 的案例研究讨论了他们在南非进行基于社区的设计的经历。基于社区的协同设计过程是在多维设计空间中探索各种解决方案配置的过程，其坐标轴是需求的不同维度以及设计师技能和技术能力的不同维度。你可以"看到"的这个空间的一部分是由一个人对用户需求的了解和自己的技能决定的。协同设计是一种探索空间的方式，以减轻自己观点的短视和偏见。当穿越这个空间时，一条轨迹是根据一个人的技能和学习，以及根据用户表达的需求和他们的学习来跟踪的。

该项目团队着手协助南非聋人相互交流、与有听力的人交流，并与公共服务部门交流。该团队多年来一直与一个因贫穷和听力受损而处于不利地位的聋人社区合作。这个范围广泛的设计的故事是一个不断丰富的（有时令人沮丧）、与这个社区进行共同设计的故事。团队的长期参与意味着他们已经改变了社区的各个方面，并且他们认为重要的方面以及他们采用其方法设计的方面都发生了变化。图 12.17 展示了一个参与者在社区参与活动期间的交流视图，图 12.18 展示了两个参与者讨论使用手语进行设计的情景。

这个社区的聋人用户起初根本不懂电脑。他们的第一种语言是南非手语（SASL），使用 SASL 是他们作为一个民族的身份的骄傲标志。其中许多人还是文盲或半文盲。使用 SASL 的聋人很多。事实上，使用 SASL 的聋人比使用一些较小规模的官方语言的人多。自从 1994 年南非民主制度建立以来，聋人的权力得到逐步加强，因此 SASL 就被认可为一种独特的语言。

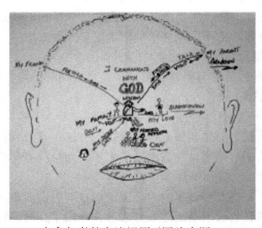

图 12.17　一个参与者的交流视图（图片来源：Edwin Blake）

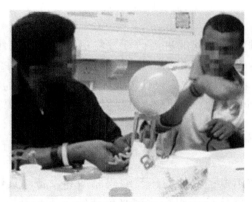

图 12.18　用手语讨论设计的参与者（图片来源：Helen Sharp）

id-book.com 上的案例研究简要介绍了该项目的历史概况以及在设计轨迹中形成节点的各种原型。它回顾了行动研究的方法及其以有效执行为导向的周期性方法。该方法的一个重要方面是如何促进研究人员和用户社区的学习，从而使他们能够组成一个有效的设计团队。最后，与社区的这种长期亲密接触引发了重要的伦理问题，而这些问题从根本上讲是互惠关系的问题。

练习 12.6　**设计思想**被描述为一种解决问题和创新设计的方法，重点是理解人们想要什么、技术能提供什么。它是从专业设计实践中衍生出来的，通常被认为由五个阶段共同进化出一个解决方案：移情、定义、构思、原型制作和测试。IDEO（https://www.ideou.com/pages/design-thinking）对设计思维的看法略有不同，它通过三个视角来强调人的需要、移情和合作：可取性、可用性和可行性。

设计思想已变得非常流行，但也有人质疑它的好处和含义。本练习邀请你自己做出决定。

访问下面的链接，做一些关于设计思想的调查。根据你的发现，你认为总体上转向设计思维对交互设计是有益的还是有害的？

➡ Jon Kolko（2018）的文章——http://interactions.acm.org/archive/view/may-june-2018/the-divisiveness-of-design-thinking。

Natasha Jen（2017）的演讲——https://vimeo.com/228126880。

Dan Nessler（2016）的文章——https://medium.com/digital-experience-design/how-to-apply-a-design-thinking-hcd-ux-or-any-creative-process-from-scratch-b8786efbf812。

解答　设计思维类似于以用户为中心的设计和概念所支持的方法，并被许多设计师和组织机构所接受。然而，其普及的方式也受到了一些严厉的批评。在演讲中，Natasha Jen 批评了简单的五个阶段过程，并邀请支持者分享它的成功的证据和结果，以便能够改进它。

Jon Kolko（2018）认为，这种对设计思维的兴趣激增"将带来两个好处：验证设计行业的真实性、知识性和价值，以及对能够进行创造的设计师的巨大需求。"然而，他也指出，它已经在一个过于简单化的细节层面上得到推广。

设计是一种创造性的活动，它由技术、工具和过程支持，但它不能被归结为特定的过程或一组技术——设计涉及"不断地以新的方式做事的习惯，以进行创新"，如 Dan Nessler 所指出的那样。

12.6 构建

随着原型制作和备选方案构建的进展，开发将更多地集中在组装组件和开发最终产品上。这可以采取物理产品（例如一组报警器、传感器和灯）或软件的形式，或者两者兼而有之。无论最终形式如何，都不太可能需要从头开发任何东西，因为有许多有用的（在某些情况下是必不可少的）资源可以支持开发。这里我们将介绍两种资源：物理计算工具包和软件开发工具包（SDK）。

12.6.1 物理计算

物理计算涉及如何使用电子器件构建及编码原型和设备。具体而言，它是"通过对物理材料、计算机编程和电路构件的组合构建来创建物理工件并赋予它们行为"（Guibel 和 Froehlich，2014）的活动。通常，它涉及设计事物，使用印制电路板（PCB）、传感器（例如按钮、加速计、红外或温度传感器）检测状态和能引起一些影响的输出设备（如显示器、电机或蜂鸣器）。一个例子是一个"朋友或敌人"猫检测器，它通过加速计感知任何试图通过一个家庭的猫门的猫（或任何其他东西）。该动作触发致动器使用位于后门上的网络摄像头以拍摄通过猫门的东西的照片。然后设备将照片上载到网站，如果图像与住户的猫不匹配，网站则向所有者发出警报。

为了教育和原型制作，人们开发了大量物理计算工具包。最早的是 Arduino（见 Banzi，2009）。其目标是让艺术家和设计师参加一个研讨会，并在几天内学会如何使用电子器件制作和编码物理原型。该工具包由两部分组成：Arduino 板（见图 12.19），它是用于构建对象的硬件；Arduino 集成开发环境（IDE），它是一种软件，能使程序易于编写，并将 sketch（Arduino 中代码单元的名称）上载到电路板。例如，当传感器检测到光水平的变化时，sketch 可能会打开 LED。Arduino 板是一个包含微型芯片（微控制器）的小型电路，具有两排允许用户将传感器和执行器连接到其输入和输出引脚的小型电气"插座"。设备使用简单的处理语言在 IDE 中写入 sketch，将其然后转换为 C 编程语言并上传到板。

图 12.19　Arduino 板（图片来源：由 Nicolai Marquardt 博士提供）

在基本的 Arduino 工具包的基础上，人们开发了其他工具包。最著名的是 LilyPad，它是由 Leah Beuchley（见图 12.20 和在第 7 章末的访谈）参与开发的。它是一套可缝制的电子组件，用于制作时尚服装和其他纺织品。Engduino 是一个基于 Arduino LilyPad 的教学工具，它有 16 个彩色 LED 和一个按钮，可以提供视觉反馈和简单的用户输入。它还有一个热敏电阻（感温）、一个三维加速度计（测量加速度）和一个红外发射器 / 接收器，可以用来将信息从一个 Engduino 传送到另一个。

图 12.20　Lilypad Arduino 工具包（图片来源：由 Leah Beuchley 提供）

→ Magic Cube（一种新颖的工具包，它由六个面拼成一个互动的立方体，能根据震动的力度大小呈现出不同的颜色。它旨在鼓励孩子学习、分享，激发他们的想象力，以想出新的游戏和其他用途）的视频——https://uclmagiccube.weebly.com/video.html。

其他易于使用和快速入门的、旨在为人们提供创新和创造性的新机会的物理工具包，包括 Senseboard（Richards 和 Woodthorpe，2009）、Raspberry Pi（https://www.raspberrypi.org/）、NET Gadgeteer（Villar 等，2012）和 MaKey MaKey（SilverandRosenbaum，2012）。MaKey MaKey 工具包由带有 Arduino 微控制器的印制电路板、鳄鱼夹和 USB 电缆组成（见图 12.21）。它与计算机通信，发送按键、鼠标点击和鼠标移动信号。面板前面有 6 个输入（4 个箭头键、1 个空格键和 1 个鼠标点击），鳄鱼夹位于其上，以便通过 USB 电缆与计算机连接。夹子的另一端可以连接到任何非绝缘的物体上，如蔬菜或水果。因此，它不是使用计算机键盘按键，而是使用诸如香蕉之类的外部对象与计算机进行交互。计算机认为 MaKey MaKey 就像键盘或鼠标一样。一个例子是使用香蕉作为按键而不是电脑键盘上的按键来弹应用程序中的数字钢琴。当香蕉被触碰时，它们与板进行连接，然后，MaKey MaKey 会向电脑发送一条键盘信息。

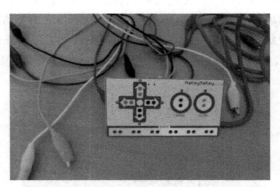

图 12.21　MaKey MaKey 工具包（图片来源：Helen Sharp）

较新的物理计算系统之一是英国广播公司的 micro：bit（https://microbit.org，见图 12.22）。与 Arduino 一样，micro：bit 系统由与 IDE 结合使用的物理计算设备组成。然而，与 Arduino 不同的是，micro：bit 设备包含许多内置的传感器和一个小显示器，这样就可以创建简单的物理计算系统，而无须附加任何组件或电线。如果需要，仍然可以添加外部组件，但与 Arduino 的小型插座不同，micro：bit 有一个"边缘连接器"。这是由沿着设备边缘运行的一排连接点形成的，并允许"插入"一系列附件，包括更大的显示器、Xbox 风格的游戏控制器和小型机器人。在无须安装或设置过程的 Web 浏览器中运行的 micro：bit IDE 支持基于可视化"代码块"的图形编程体验，并使用 JavaScript 的变体进行基于文本的编辑。这意味着 micro：bit 为年轻学生和其他初级程序员提供了很好的体验，同时也支持更复杂的编程。因此，micro：bit 已经被世界各地的学校广泛采用。

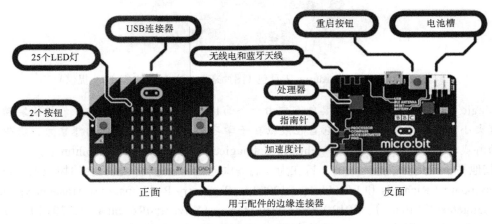

图 12.22   英国广播公司的 micro：bit（图片来源：https://microbit.org/guide/features。由
micro：bit 基金会提供）

迄今为止，物理工具包以儿童或设计师为对象，使他们能够通过快速创建小型电子设备和数字工具开始编程（例如，Hodges 等，2013；Sentance 等，2017）。然而，Yvonne Rogers 等人（2014）展示了退休人员如何能够同样有创造性地使用工具包，将"日常用品变成触控板"。他们举办了一系列的研讨会，让一小群退休的朋友（年龄为 60 ～ 90 岁）聚集在一起玩 MaKey MaKey 工具包（见图 12.23）。在人们以水果和蔬菜为输入演奏了音乐之后，研究人员看到了许多创新设计的新的可能性。无论起初这看起来多么孩子气，人们在一起创造和玩耍都可以成为想象、自由思考和探索的催化剂。人们有时会谨慎地主动提出自己的想法，担心自己的想法很容易被拒绝，但在积极的环境下，它们会蓬勃发展。正确地分享经验可以创造一种积极而轻松的氛围，让来自各行各业的人们可以自由地相互交换意见。

图 12.23   一群退休的朋友在玩 MaKey MaKey 工具包（图片来源：Helen Sharp）

框 12.4｜创客运动的兴起

创客运动出现在 20 世纪前十年中期。追随着个人计算机革命和互联网的脚步，一些人认为这是下一个使制造业和生产迈向现代化的重大变革（Hatch，2014）。随着应用程序、社交媒体和服务的涌现，网络的爆炸式发展实际上是关于它能为我们做些什么，而创客运动正在改变我们制造、购买、消费和回收实物（从房子到衣服，从食物到自行车）的方式。其核心是 DIY——在车间和工作室中使用各种机器、工具和方法共同制作实物。简而言之，它关于通过连接技术、互联网和实物来创造未来。

尽管一直有爱好者在修理收音机、钟表和其他设备，但 DIY 制造的世界已经向更多的人开放了。价格合理、功能强大、易于使用的工具，再加上对当地产品和基于社区的活动的重新关注，以及对可持续、真实和合乎伦理的产品的渴望，引发了人们对"制造"的浓厚兴趣。FabLabs（制造实验室）首先出现在世界各地的城市中，提供了一个巨大的物理空间，其中包括电子设备和制造设备（包括 3D 打印机、数控铣床和激光切割机）。个人可以携带数字文件打印和制作大型 3D 模型、家具和装置——这是他们以前不可能做到的事情。然后，从中国上海到印度农村，世界各地开始出现成千上万的更小的生产场所，其中同样可以分享生产设施，供所有人使用和进行制造。虽然有些生产场所是小型的，例如只能共享 3D 打印机的使用，但有些则大得多、资源丰富，并提供一系列制造机器、工具和工作空间。

另一项发展是使用缝纫机和电子线制作和编程电子纺织品。电子纺织品包括嵌入电子产品（如传感器、发光二极管，以及用导电线和导电织物缝合在一起的马达）的织物（Buechley 和 Qiu，2014）。一个早期的例子是带转弯信号的自行车夹克（由 Leah Buechley 开发，如图 1.4 所示）。其他电子纺织品包括互动软玩具、受到触摸时会唱歌的壁纸，以及对环境或事件有反应的时尚服装。

创客运动的一个核心部分包括修补（如 12.2.4 节所讨论的）以及分享知识、技能、技巧和你所做的事情。Instructables.com 网站可供任何人探索、记录和分享他们的 DIY 创作。进入 Instructables 网站，看看一些由创客上传的项目。其中有多少是电子器件、物理材料和纯粹发明的组合？它们是有趣的、有用的，还是小玩意？它们是如何呈现的？它们能激励你创作吗？

另一个网站，Etsy.com，是一个在线市场，供人们销售手工艺品和其他手工制品，在过去的几年里，该网站越来越受欢迎。它的设计是为了便于创客使用，并建立他们的商店以将物品出售给家人、朋友和世界各地的陌生人。与亚马逊（Amazon）或易趣（EBay）等企业在线网站不同，Etsy 是一个让手工创客接触他人、以最适合自己的方式展示自己的产品的地方。这种从"制造"到"大量生产"的转变，尽管规模有限，但也是一个有趣的现象。一些作者认为，这一趋势将继续下去，越来越多的新产品和新业务将来自植根于创客文化的活动（Hodges 等，2014）。

从本质上讲，创客运动是为了让 DIY 运动在网上公之于众，在这个过程中，人们参与和分享的可能性大大增加（Anderson，2013）。在本章结尾的访谈中，Jon Froehlich 叙述了更多关于创客运动的内容。

12.6.2 软件开发工具包

软件开发工具包（SDK）是一套编程工具和组件，用于支持开发针对特定平台的应用程序，例如：iOS 系统的 iPhone 和 iPad，以及安卓系统的手机和平板电脑。通常，SDK 包括集成开发环境、文档、驱动程序和用于说明如何使用 SDK 组件的示例编程代码。一些 SDK 还包括图标，以及可以容易地结合到设计中的按钮。尽管有可能在不使用 SDK 的情况下开发应用程序，但使用如此强大的资源就可以更容易地实现且实现更多功能。

例如，微软的 Kinect SDK 设备强大的手势识别和身体运动跟踪功能变得触手可及。这引发了人们对许多应用的探索，包括老年护理和中风康复（Webster 和 Celik，2014）、沉浸式游戏中的运动跟踪（Manuel 等，2012），使用体长进行用户识别（Hayashi 等，2014）、机器人控制（Wang 等，2013）和虚拟现实（Liu 等，2018）。

SDK 将包括一组应用程序编程接口（API），它允许控制组件，而不需要开发人员了解其复杂的工作方式。在某些情况下，仅通过访问 API 就足以开展大量工作，例如：Eiji Hayashi 等，2014。API 和 SDK 之间的区别将在框 12.5 中进行解答。

➡ 两种不同类型的 SDK 及其使用：

用亚马逊的 Alexa 技能工具包构建基于语音的服务——https://developer.amazon.com/alexa-skills-kit。

用苹果公司的 ARKit 构建增强现实体验——https://developer.apple.com/arkit/。

▌框 12.5│API 和 SDK

SDK 由一组编程工具和组件组成，而 API 是输入和输出的集合，即这些组件的技术接口。抽象地说，API 允许将不同形状的积木连接在一起，而 SDK 提供了一个工作室，所有的开发工具都可以用来创建你想要的任何大小和形状的积木，而不是使用预置的积木。因此，API 允许使用预先存在的构建块，而 SDK 则取消了这一限制，允许创建新的块，甚至可以构建没有块的东西。任何平台的 SDK 都将包含所有相关的 API，但它还添加了编程工具、文档和其他开发支持。

深入练习

本深入练习建立在与第 11 章末引入的预订设施相关的需求活动的基础上。

1. 根据从第 11 章中收集到的信息，为该系统提出三种不同的概念模型。考虑本章讨论的概念模型的每一个方面：界面隐喻、交互类型、界面类型、它将支持的活动、功能、功能之间的关系以及信息需求。在这些概念模型中，决定哪一个最合适，并阐明原因。

2. 利用为在线预订设施生成的场景，制作一个故事板，用于为步骤 1 中的一个概念模型预订票证，将其展示给两个或三个潜在用户，并记录一些非正式反馈。

3. 结合产品的具体设计，勾画出应用程序的初始界面。考虑第 7 章中为所选的界面类型引入的设计问题。写一两句话解释你的选择，并思考这个选择是考虑可用性还是考虑用户体验。

4. 绘制产品体验图。使用你以前生成的场景和角色来探索用户的体验。特别是，确定以前没有考虑过的任何新的交互问题，并回答如何解决这些问题。

5. 该产品与通常可能产生于创客运动的应用程序有何不同？软件开发工具包有作用吗？如果是，它扮演了什么角色？如果不是，为什么？

总结

本章探讨了设计、原型制作和构建活动。应在整个设计过程中使用原型和场景来测试想法的可行性和用户的接受程度。我们研究了不同形式的原型，并提供了练习以鼓励你在设计过程中考虑并应用原型技术。

本章要点

- 原型可能是低保真的（如基于纸张）或高保真的（如基于软件）。
- 高保真原型可以是垂直的，也可以是水平的。
- 低保真原型快捷、易于制作和修改，在设计初期使用。
- 现成的软件和硬件组件支持原型的创建。
- 设计活动有两个方面：概念设计和具体设计。
- 概念设计概述人们对产品所能做的事情，以及理解如何与产品交互所需的概念；具体设计则具体说明了设计的细节，如布局和导航。
- 我们探索了三种帮助你开发初始概念模型的方法：界面隐喻、交互风格和界面风格。
- 通过考虑产品将执行哪些功能（以及用户将执行哪些功能）、这些功能之间的关系以及支持这些功能所需的信息，可以扩展初始概念模型。
- 在设计中可以有效地使用场景和原型来探索想法。
- 物理计算工具包和软件开发工具包促进了从设计到施行的过渡。

拓展阅读

BANZI, M. and SHILOH, M. (2014) *Getting Started with Arduino*（3rd ed.）. Maker Media Inc.

这本致力于实践的书提供了图文并茂的逐步指导，通过许多具体的工作项目引导读者学习 Arduino。它概述了物理计算与交互设计的关系以及电力、电子和使用 Arduino 硬件和软件环境制作原型的基础。

GREENBERG, S., CARPENDALE, S., MARQUARDT, N. and BUXTON, B. (2012) *Sketching User Experiences*. Morgan Kaufmann.

这是草图的实用入门书籍。它解释了为什么草图是重要的，并提供了有用的提示，旨在让读者养成绘制草图的习惯。这是一本与 Buxton, B. (2007) *Sketching User Experiences*. Morgan Kaufmann, San Francisco. 相关的书。

INTERACTIONS MAGAZINE (2018) *Designing AI*. ACM.

这一期的《互动》杂志关于设计和它的不同方面，包括草图、以人为中心的儿童设计、协作艺术、设计能力，以及为人工智能设计的专题。

LAZAR, J., GOLDSTEIN, D., and TAYLOR, A. (2015). *Ensuring Digital Accessibility Through Process and Policy*. Waltham, MA：Elsevier/Morgan Kaufmann Publishers.

这本书关于无障碍，汇集了技术、法律和研究方面的知识。它包括一系列标准、规章、方法和案例研究。

对 Jon Froehlich 的访谈

Jon Froehlich 是华盛顿大学保罗·G. 艾伦计算机科学和工程学院的副教授，他在那里领导了可制造性实验室（http://makeabilitylab.io/），这是一个跨学科的研究团队，致力于将计算机科学和人机交互应用于高价值的社会领域，如环境可持续性和 STE（A）M 教育。他发表了 50 多篇同行评议的出版物，其中 11 篇获得了奖项，包括 ACM CHI 和 ASSETS 的最佳论文奖以及 UbiComp 的 10 年影响奖。Jon 是两个孩子的父亲，他对 CS4All 越来越有热情——既是一名教育者，也是一名研究人员。

你能告诉我们一些关于你的研究的事情吗？你做了什么？为什么要这样做？

我的研究目标是开发交互式工具和技术，以应对诸如无障碍、STE（A）M 教育和环境可持续性等领域面临的全球挑战。为了在这项工作中取得成功，我进行了跨学科合作，重点是找出长期的、有野心的研究问题，比如通过众包和计算机视觉绘制物理世界的无障碍性，同时提供即时、实用的效用。通常，我的研究涉及发明或重新分配方法来感知物理或行为现象，利用计算机视觉（CV）和机器学习（ML）中的技术来解释和描述这些数据，然后构建和评估这些方法所特有的交互式软件或硬件工具。我的研究过程是迭代的，包括形成性的研究，它接下来将指导原型的设计和实现，然后进行一系列的评估，从实验室开始，最终在现场部署精化原型的研究。

什么是创客运动？你为什么对它如此热衷？

创客运动出现在 21 世纪 00 年代中期，它是业余爱好者、工程师、艺术家、编码者和工匠的非正式集合，致力于有趣的创作、自学和材料设计。这项运动建立在长期的业余爱好者和自己动手（DIY）文化的基础上（比如在木工和电子行业），受到一系列社会技术发展的推动和加速，其中包括新的、低成本的计算制造工具（比如数控加工场和 3D 打印机），价格低廉且易于使用的微控制器平台（比如 Arduino 和 Raspberry PI），方便人们找到和购买零件的在线市场（比如 Adafruit 和 Sparkfan），以及为新手和专家提供了分享和批评想法、教程和创作的论坛的社交网络（比如 Instructables、YouTube 和 Thingiverse）。

我对创客运动的热情来自我作为一名技术专家在观察"创客"的创造力和创造物时的内在兴奋，以及我作为一名教育者和导师的观点，即我想知道我们如何才能借鉴这一运动并使其内容适应正规教育。虽然创客运动是一个相对较新的现象，但它在教育和学习科学方面的历史根源可以追溯到开创性的教育思想家 Maria Montessori、Jean Piaget、Seymour Papert、Lev Vygosky 等人，他们都强调了通过创造和实验来学习的重要性、同伴导师的作用，以及分享工作和征求反馈如何塑造思想。例如，Papert 的建构主义学习理论不仅把重点放在通过创造进行学习上，还放在设计的社会性上——也就是说，想法是由受众的知识和他人的反馈形成的。

我试着把这种哲学注入我的本科和研究生教学中。举个例子，我的有形交互计算课程的学生们通过设计提示探索交互计算的重要性，比如使用诸如导电黏土和织物这样的低保真材料为计算机制作新的输入设备、破坏和改造一种现有的电子技术来重新描述它的物理交互作用，并将计算机视觉和摄像机结合起来创建完整的身体和手势输入。学生不仅互相分享和评论各自的作品，还通过 YouTube 上的视频、Instructables.com 课程网站上的逐步教程公开分享他们的成果和设计过程（如果愿意的话，可以使用化名），这让他们的设计超越了课堂的局限。例如，有形交互计算课程的学生书写的 Instructables 已经赢得了奖项，获得了超过 30 万的点击量和超过 1900 个赞。

与社区合作设计产品的优势和挑战是什么？

我的很多研究都涉及为具有不同能力、观点和/或来自我和我的研究团队的经历的用户（例如，早期的小学学习者、使用轮椅的人或有视力障碍的人）设计和评估技术。因此，我们研究和设计过程的一个关键方面是采用参与式设计（或协同设计）的方法。它是一种设计方法，试图在从构思到低保真原型再到总结性评估的设计过程中积极地让目标用户参与并赋予其权力。例如，在 MakerWear 项目（Kazemitabaar 等，2017）中，我们与儿童合作收集设计思想、征求批评意见，以测试初始设计并帮助共同设计工具包行为和整体外观与感觉。同样，我们也邀请专业的 STEM 教育工作者帮助改进我们的设计，并考虑相应的学习活动。最后，我们进行了一系列的试点研究，随后在课后项目和一个儿童博物馆举办了研讨会，以检查儿童如何使用 MakerWear 进行制作、制作了什么、出现了哪些挑战，以及他们的设计与通过其他工具包（例如，机器人）的创作有何不同。

这种以人为中心的参与式设计方法提供了许多优势，包括确保我们正在解决真正的用户问题、通过采用目标涉众及其反馈来帮助我们确定的设计决策，以及使我们的用户在塑造结果时拥有真正的发言权（所有年龄段的参与者似乎都从中获得了满足感）。然而，其中也有一些权衡。以非结构化和无原则的方式向目标用户征求意见可能导致定义不明确的结果和次优设计。当我们与儿童进行工作时，我们通常遵循 Druin 的合作调查方法（Guha 等，2013），该方法为与儿童进行协作设计提供了一套技术和准则，有助于引导和集中他们的创造力和想法。第二个挑战是招募和支持协同设计会议：这是一个资源密集型的过程，需要涉众和研究团队的时间和努力。为了缓解这一挑战，我们通常致力于建立和保持与社区团体（如当地学校和博物馆）的纵向关系。最后，并非所有的项目都服从这些方法（例如，当时间线特别有侵略性时）。

你在工作中遇到过什么大的惊喜吗？

研究员的生活充满了惊喜——一个人必须适应模棱两可以及在一个不可预测的位置结束研究旅程。然而，我最重要的惊喜来自人：我的学生、导师和合作者。我的研究方法和想法意想不到地受到了同事的深刻影响，如 Tamara Clegg 教授，她让我重新思考如何在日常生活（她所说的"科学化"生活）中通过机会来个性化 STEM 学习，还有 Allison Druin 教授，她把我引入了面向儿童的参与式设计方法并让我沉浸其中（我可以听到办公室里孩子们兴奋的叫喊和开心的惊叫，我忍不住想了解更多，这从根本上改变了我对 STEM 教育的研究方式）。我的学生们从来不会停止让我吃惊，从用于固定无人机的 3D 打印齿轮到开发利用电动控制弹珠跟踪人体运动的交互式沙盒，再到设计一种通过集成的解剖模型对穿戴者的生理变化进行感知和可视化的电子纺织衬衫。

你对未来有什么希望？

我记得在我还是一名研究生时，经常有人问我："在人机交互中，最大的开放性问题是什么？你的研究是如何解决这些问题的？"我发现这个问题非常有趣，也非常令人吃惊，因为它迫使我思考我的研究领域中最重要的开放领域，以及（有些不舒服地）面对这个答案和我的研究之间的关系。冒着听起来来过于雄心勃勃的风险，我会修改这个问题，这个问题是我的研究的指导原则，但我也希望它能激励其他人："世界上最重大的社会挑战是什么？计算机科学、人机交互和设计在应对这些挑战方面能发挥什么作用？你的研究／工作符合哪一方面？"随着计算几乎渗透到了我们生活的每一个方面，我相信作为技术专家、设计师和实践者，我们有责任问自己这些问题，并思考我们的工作的政治、经济、环境和社会影响。作为一名教授和教育者，我对此充满希望。这种更大的 CS 世界观框架似乎与年轻一代产生了共鸣，我希望它很快就会成为一种规范。

第 13 章

Interaction Design: Beyond Human-Computer Interaction, Fifth Edition

实践中的交互设计

目标

本章的主要目标是：

- 描述实践中与交互设计相关的主流趋势。
- 使你能够讨论用户体验在敏捷性开发项目中的地位。
- 使你能够区分和评论交互设计模式。
- 解释开源和现有元素支持交互设计的原理。
- 解释交互工具支撑交互设计活动的原理。

13.1 引言

正如第 1 章结尾的受访者 Harry Brignull 所述，交互设计领域发生了极大的变化。他说，"一个好的交互设计师应该具有很强的可塑性。"换句话说，交互设计的实践非常混乱，保持技术革新和发展是一个不变的目标。当涉及更加广泛的商业领域时，交互设计师将面对一系列压力，包括有限的时间和资源，此外他们还需要与各种各样的角色以及涉众合作。此外，本书其他章节中介绍的原则、技术和方法均需要在实践（即与真实用户结合的实际情况）中验证，这将会产生自身压力。

交互设计活动的从业者中包含许多不同的角色，包括界面设计师、信息架构师、体验设计师、可用性工程师和用户体验设计师。在本章中，我们指的是用户体验设计师和用户体验设计，因为它们在工业中最常用于描述执行交互设计相关任务的人员，这些任务包括界面设计、用户评估、信息架构设计、视觉设计、角色开发和原型制作。

本书其他章给人的印象或许是：设计师在创建他们的设计时，除了用户和直接同事之外，几乎没有人可以为他们提供帮助。但在实践中，用户体验（UX）设计师其实可以得到一系列支持。本章将介绍为用户体验设计师工作提供支持的四个主要领域。

- 与使用敏捷开发模型（见第 2 章）的软件、产品开发团队工作，这引领了技术和流程的适应，从而产生了敏捷用户体验方法。
- 重用已有设计和概念是有价值且省时的。交互设计和用户体验设计模式为成功的设计提供了蓝图，通过利用以前的工作并避免"重新发明轮子"来节省时间。
- 可重复使用的组件——从屏幕部件和源代码库到完整的系统，从电机和传感器到完整的机器人——可以进行修改和集成，以生成原型或完整的产品。设计模式体现了交互的想法，但可重用的组件提供了代码和部件的实现块。
- 有许多工具和开发环境可供设计人员开发视觉设计、线框、界面草图、交互式原型等。

→ Kara Pernice 为用户体验提出了三个挑战，其视频参见 https://www.youtube.com/watch?v=qV5lLjmL278。

➡️ 关于用户体验设计师在实践中做什么的具体视图——https://www.interaction-design.org/ literature/article/7-ux-deliverables-what-will-i-be-making-as-a-ux-designer。

▌框 13.1｜用户体验中的技术负债 ────────────────────

技术负债是软件开发中经常使用的一个术语，最初由 Ward Cunningham 在 1992 年提出。它指的是做出技术上的妥协，这种妥协在短期内是有利的，但在长期内会增加复杂性和成本。与金融负债一样，只要负债能够被迅速偿还，技术负债作为克服当前问题的短期办法就是可以接受的。让负债持续更长的时间会导致显著的额外成本。技术负债可能在无意中产生，但与时间和复杂性相关的压力也会导致设计权衡，从长期来看，这种权衡是昂贵的。

用户体验负债与技术负债非常相似，因为两者都要对项目的需要进行权衡。

为了解决技术负债，必须采用重构的原则，也就是说，要在当前的压力消退之后，快速地修正任何实际的权衡。如果没有及时识别、理解和纠正这些权衡，就会出现重大难题。以下两种相互关联的情况可能导致严重的用户体验负担，而纠正这种负担的代价是极其高昂的。

● 一个机构在过去没有认识到良好用户体验设计的价值，并且用户体验差的产品或软件系统一直存在。这种情况在内部的系统和产品中尤其普遍。在这些系统和产品中，对良好用户体验的需求没有外部市场产品那么强烈，因为外部市场产品面临着来自其他供应商的更多竞争。

● 一个机构有一个大型的产品组合，并且每个产品都是独立开发的。这可能是公司并购的结果，其中每个公司都有自己的用户体验品牌，这将导致设计的扩散。

在严重的情况下，用户体验负债会导致基础设施的改造和产品的完全更新。

➡️ 有关用户体验负债的有趣观点，请参阅 https://www.nngroup.com/articles/ux-debt。

13.2 敏捷用户体验

自从 21 世纪敏捷软件开发兴起以来，用户体验设计人员一直关注其对自身工作的影响（Sharp 等，2006），且争论仍在继续（McInerney，2017）。敏捷用户体验是对那些旨在通过整合交互设计与敏捷方法来解决以上问题的尝试的合称。虽然敏捷软件开发和用户体验设计有共同之处，例如迭代、关注可衡量的完成指标以及用户参与，但是与后者相比，前者需要思维方式上的转变，即重新组织和重新思考用户体验活动与产品。研究人员通过对敏捷用户体验发展的反思得出了结论，即整合敏捷和用户体验需要在团队理解上跨越三个维度，并且这些维度可以被不同程度地理解（Da Silva 等，2018）："过程和实践"维度已被完全接受；"人和社会"维度几乎被接受；但是，"技术和工件"维度——即利用技术协调团队的活动和使用工具来调解团队的沟通——尚未被正确理解。这个描述清楚地表明，在实践中使用敏捷用户体验远非易事。关键是找到一个合适的平衡点，既保留良好的用户体验设计所需的研究和反思，又保留包含用户反馈并允许待测试技术替代方案的快速迭代方法。

在瀑布模型软件开发过程中，在任何的执行阶段之前，需求就已经非常具体了。在敏捷软件开发过程中，需求只明确到开始的执行阶段。当执行阶段继续时，需求也会基于变化的商业需求而调整侧重，从而越来越完善。

要将用户体验设计集成到敏捷工作流中，还需要类似的方式的过程。在每一个迭代循环周期的开始，大约每两周就要调整一下侧重。从建立完整需求变换到只是及时或足够的需求，目的是减少不必要的工作，但这也意味着用户体验设计人员（与软件工程师同事一起）不得不重新思考他们的方法。用户体验设计人员使用的所有技术和准则都是相关的，但是每个活动需要在整个迭代循环的什么环节完成到什么程度，以及这些活动的结果是如何整合到执行阶段中去的，这些都需要在敏捷开发环境中调整。这可能会使设计人员感到不安，因为设计产品是他们主要交付的东西，一旦交付就代表已完成。然而对于敏捷软件工程师而言，它们是消耗品，随着执行阶段的深入与需求的明确，它们是需要改变的。

思考第 11 章中介绍的团体旅行组织软件示例，并假设它是基于敏捷用户体验开发的。产品的 4 个主要步骤在第 11 章中被确定如下：

1. 作为一名〈团体旅行者〉，我想要〈从一系列符合团体偏好的潜在度假计划中进行选择〉以便〈整个团体可以玩得尽兴〉。

2. 作为一名〈团体旅行者〉，我想要〈知道团体中每个人的签证限制〉，以便〈团体中的每个人都能在充足的时间内安排签证〉。

3. 作为一名〈团体旅行者〉，我想要〈知道访问所选目的地所需接种的疫苗〉，以便〈在足够的时间内为团体中的每个人安排疫苗接种〉。

4. 作为一个〈旅行社〉，我希望〈显示的信息是实时更新的〉，以便〈客户收到准确的信息〉。

在项目的起始阶段，这 4 个步骤是被优先考虑的，并且产品的主要目标（确定潜在的度假计划）具有最高的优先级。接下来这也是发展活动的重点。为了让用户选择度假计划，系统需要更新旅行细节（步骤 4），所以也要有所侧重。建立详细的需求与其他两个区域的设计将推迟到允许用户选择度假计划的产品交付之后。一旦该产品交付，客户可能就会认为，为签证与疫苗接种提供帮助根本不会带来足够的商业价值。在这种情况下，就用户而言，更权威的信息来源可能更胜一筹。

在敏捷框架中执行用户体验活动需要灵活的观点，将产品视为可交付的，而不是仅仅作为交付物。这也需要跨功能的团队，其中的专家来自很多学科（包括用户设计和工程），他们紧密协作以加深对用户、环境、技术能力以及技术可行性的理解。特别地，敏捷用户体验需要注意 3 个与实践相关的问题：

- 要进行哪种用户研究、进行到什么程度以及何时进行？
- 如何安排用户体验设计以及敏捷工作实践？
- 要生成什么文档、生成多少以及何时生成？

"故事板足够了，让我们开始打猎吧。"
（图片来源：Leo Cullum/Cartoon Stock）

13.2.1 用户研究

"用户研究"一词指的是在产品开发开始之前，刻画用户、任务以及使用环境时必要的数据收集与分析活动。这些调查经常使用实地研究与民族志，但是敏捷开发致力于短周期迭代的活动（最多为期四周，通常只有两周），所以并不支持长期的用户研究（对于迭代，不同的敏捷方法有不同的名字，最常见的是 sprint、时间盒（timebox）和周期）。有时设计人员花费一个月的时间来开发一组角色或者仔细调查在线购买习惯（只是举例），这对于一些敏捷开发周期来说，都是很奢侈的。以用户为中心的活动，如评价设计的元素或是用来明确需求或任务环境的访谈，都可以与技术开发一起进行（见稍后讨论的平行轨迹方法），但是一旦迭代开始后，就没有时间来进行大量的用户研究了。

解决方法之一是在项目开始之前或者在发布开始之前（Don Norman，2006）就进行用户研究，Norman 认为最好由团队决定应完成哪些项目，因为这样就能避免有限的时间盒带来的限制。这一阶段通常称为迭代 0（或循环 0，如图 13.2 所示），而且可以用来实现包括软件架构设计和用户研究在内的前期活动。

为每个项目进行用户研究的另一种方法是建立一个持续的用户研究计划，在较长的时间跨度内修改和完善公司对其用户的了解。例如，微软积极招募其软件的用户来签约并参加对未来的开发有帮助的用户研究。一个项目所需的特定的数据收集与分析在迭代 0 的过程中就可以执行，但应在充分理解用户及其目标的背景下完成。

练习 13.1 思考练习 11.4 中介绍的一站式汽车商店。你认为在迭代开发开始之前应该采取什么类型的用户研究？在所有方法中，哪一种对持续进行的项目是有用的？

解答 在迭代开发之前，就应该对汽车司机和驾驶体验进行描述，这也是合适的用户研究。虽然很多人会开车，但是随着汽车本身以及个人驾驶能力的不同，其驾驶体验也不一样。收集与分析合适的数据来帮助产品开发很可能超过了时间盒允许的时间上限。而以上的用户研究可以罗列很多角色（可能对于每一种汽车都有一组角色），并且可以加深对驾驶体验的理解。

虽然汽车性能与驾驶设备不断进步，但是对于驾驶体验的理解将会对后续的用户研究产生帮助。

精益用户体验（见框 13.2）采用了不同的用户研究方法，它将产品投放到市场中并从中获取其用户反馈。它特别关注的是设计和开发创新产品。

框 13.2 精益用户体验（Lean UX，改编自 Gothelf 和 Seiden（2016））

精益用户体验旨在快速创建与部署创新产品。它和敏捷用户体验有关联，因为敏捷软件开发是其基本理念之一，并且它强调良好用户体验的重要性。精益用户体验基于用户体验设计、设计思想敏捷软件开发和精益创业理念而建立（Ries，2011）。这 4 个视角都强调迭代开发、涉众间的协作以及跨职能的团队。

精益用户体验基于建构 - 衡量 - 学习三者之间的紧密迭代，这个概念的核心是精益创业理念，其灵感源自日本的精益生产流程。精益用户体验过程见图 13.1。它强调减少浪费、学习实验法的重要性，以及明确计划产品的需求、假想和假设产品结果的必要性。将焦点从输出（例如，新的智能手机应用程序）转移到结果（例如，通过移动渠道进行更多商业活动）

阐明了项目的目标，并提供了定义成功的指标。第 3 章讨论了识别假想的重要性。例如假想年轻人只使用智能手机应用程序来访问当地活动事件信息，而不使用任何其他媒体。假想也可以表示为假设，并可以通过研究或创建可以投放到用户组中的最小可行产品（Minimum Viable Product，MVP）来加以验证。

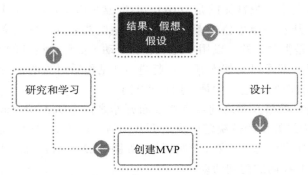

图 13.1   精益用户体验过程（图片来源：Gothelf 和 Seiden（2016）。由 O'Reilly Media 提供）

测试假设是通过实验来完成的，但在进行实验之前，需要证据来证实或反驳每一个假设。MVP 是可以构建的最小产品，它允许通过将其提供给用户组并观察发生的情况来测试假设。因此，实验和收集到的证据基于产品的实际使用状况，这也可以使得团队可以从中学习一些东西。

Gothelf 和 Seiden（2016，pp.76-77）描述了一个想要发布每月新闻通讯的公司的例子。他们的假设是，每月的新闻通讯会对公司的客户有吸引力。为了验证这一假设，他们花了半天时间在其网站上设计并编写了一个注册表单，并以收到的注册数量的形式收集证据。这种形式是一种 MVP，允许他们收集证据来支持或反驳他们的假设，即每月的新闻通讯对公司的客户有吸引力。在收集了足够的数据之后，他们计划用更多的 MVP 继续实验，实验对象是新闻通迅的格式和内容。

⟶ Laura Klein 解释精益用户体验的视频——http://youtu.be/7NkMm5WefBA。

13.2.2   调整工作实践

如果在执行阶段之前，需求就已经明确了，那么设计人员就会趋向于在项目的一开始就开发完整的用户体验设计，这是为了确保完整的设计思路。在敏捷用户体验中，这指的是"预先进行大量设计"（BDUF），而且这是敏捷工作烦人的地方。敏捷开发强调通过演化式开发来定期交付工作软件，并在实现过程中完善需求。在这个情境下，BDUF 导致了实际的问题，因为需求的再优化意味着系统可能不再需要交互元素（特征、工作流、选项）或者需要再设计。为了避免不必要的详细设计工作，用户体验设计活动需要围绕着敏捷迭代一起进行。其中的挑战在于如何组织这一过程，从而获得良好的用户体验并保证产品前景（Kollman 等，2009）。

为了解决这一点，Miller（2006）和 Sy（2007）提出用户体验设计工作在开发过程之前以平行轨迹的形式（见图 13.2）先进行一次迭代。整合用户体验设计与敏捷过程的平行轨迹方法起源于 Alias，现在是 Autodesk 的一部分。注意图 13.2 中的循环指的是迭代。平行轨迹开发的原则很简单：循环 $n+1$ 的设计活动和用户数据收集是在循环 n 的期间进行的。这使得设计工作能在开发工作之前完成，然而随着产品的不断演化，两者紧密相连。随着产品和其使用说明的发展，更快地完成这项任务可能是白费力气。

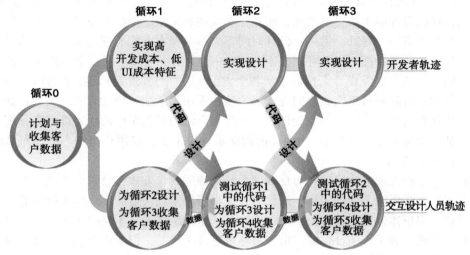

图 13.2　循环 0 与它之后循环的关系（图片来源：Sy（2017））

循环 0 和循环 1 与之后的循环不同，因为在演化开发开始之前，我们需要创建一个产品愿景。它在不同的敏捷方法中的处理方法也不同，但是大家都同意需要在理解产品、范围与总体设计（技术与用户体验）之前做一些工作。就像前面讨论的那样，一些用户研究可能在循环 0 之前就已经进行了，但是现有工程愿景和总体设计需要在循环 0 的最后才能完成。所需要做的工作取决于产品的本质：是现有产品的新版本、新产品还是全新的体验。循环 0 也可以比其他循环周期更长，以适应不同的需求，但是在新版本开发之前便制定好完美的产品设计并不是循环 0 的目标。

平行轨迹开发思想的创始人之一 Desiree Sy（2007）用了两个不同的产品加以解释。其中一个产品是 SketchBook Pro v2.0，它是一款帮助数字艺术家完成复杂草图、标注与呈现的工具；另一个是 Autodesk 的 Showcase，它是一款实时汽车 3D 可视化产品。针对前者，研究团队对下载了 v1.0（免费的试用版本）但还没有购买 v2.0 版本的用户进行了调查。调查的结果帮助团队改善了 5 大工作流中的 100 个特征值，这些信息对决定整个开发过程的偏好顺序及开发本身都很有帮助。而对于 Showcase 来说，在循环 0 中，该团队对工具的潜在用户进行了访谈，这些数据为产品的设计原则以及开发过程中的优先级与设计决策打下了基础。

循环 1 通常涉及在开发者的轨迹上进行技术准备活动，这将允许用户体验设计人员开始着手循环 2 的设计与用户活动。对于随后的循环，团队就会进入循环 $n-1$ 中的设计与用户活动，以及循环 n 中相应技术活动的节奏中。

例如，假设一个支持参加音乐节的智能手机应用程序的开发处于循环 n，该循环 n 计划获取对音乐节表演的评论。在循环 $n-1$ 中，用户体验设计人员将会通过设计具体的图标、按钮、其他图片以及对不同的交互类型建立原型，来生成初始的设计，以获取评论。在循环 n 中，他们会回答关于具体设计的特定询问，如果有必要的话，他们将基于执行反馈来进行修正。循环 n 的设计工作将为下一个循环制定具体设计，重点是根据要求确定和显示评论结果。同样在周期 n 中，用户体验设计人员将评估来自周期 $n-1$ 的结果。在循环 n 中，用户体验设计人员也会处理三种不同类型的活动：评估上一个循环的实现情况、为下一个循环生成具体设计和回答当前循环中正在执行的设计的问题。

Alias 团队发现在设计和实现阶段，用户体验设计人员与开发者合作很密切。这样做的目的是确保他们设计的东西可以实现，而且正在实现的东西就是他们设计的东西。交互设计人员认为这样做有三个好处。第一，设计时间不会被浪费在不能实现的东西上。第二，可用性测试（对于一系列特征）与情境调查（针对下一个集合）可以在同一个客户身上执行，由此节省时间。第三，交互设计人员可以从各个方面（用户与开发者）得到及时的反馈。更重要的是，他们有时间来对反馈做出回应，因为他们采用了敏捷工作的方式。例如：如果开发所需时间比预想的要长，则可以改变计划；如果用户认为其他东西的优先级更高，则可以舍弃一个特征。总而言之，"以用户为中心的敏捷设计带来了比以用户为中心的瀑布型设计更好的软件设计结果"。

其他人也已经发现这些优点，而且这种平行轨迹的工作方式也已成为实现敏捷用户体验的主流方式。有时根据工作的内容、迭代的长度和诸如得到合适的用户输入所需的时间这样的外在因素，用户体验设计者需要预先迭代两次。这种工作方式不会减少用户体验设计人员和其他的小组成员对于密切合作的需求，虽然轨迹是平行的，但不应被视为分开的过程。然而，这也产生了如下将讨论的窘境。

▌窘境 │ 在一起办公或分开办公，这是个问题 ────────────────

在大多数大型机构中，用户体验设计人员并不多，不足以为每个团队配备一个用户体验设计人员，那么用户体验设计人员应该位于何处？ 敏捷工作强调了常规的沟通以及在项目进行时了解项目进展的重要性。因此与团队中的其他人一起办公，对用户体验设计人员是很有好处的。但是他应该在哪个团队中工作呢？应该每天都与不同的敏捷团队一起办公吗？还是在每个团队中工作一个迭代周期？然而，一些机构认为用户体验设计人员最好坐在一起来保证规则的一致性，即"当不涉及软件建构的问题时，用户体验设计人员的工作效率最高，因为这些事物降低了创造力"（Ferreira 等，2011）。其他很多用户体验设计人员也持同样的观点。如果你是众多敏捷团队中的用户体验设计者，需要和团队中的每一个人打交道，那么你想要置身何处呢？每种选择的优缺点是什么？使用社会认知工具（如第5章介绍的工具）可能更合适吗？

➡️描述关于在 Android 的敏捷迭代中使用用户体验技术的一些案例研究的视频——http://youtu.be/6MOeVNbh9cY。

────────────────

练习 13.2 将第12章介绍的精益用户体验、敏捷用户体验与演化原型制作进行比较。它们有什么异同之处？

解答 精益用户体验创建最小可用产品（MVP），将其作为最终产品向用户发放，然后收集关于用户反应的数据，以此来验证假设。基于实验的结果，这些证据稍后将被用来继续开发随后的（更大的）产品。从这个意义上讲，精益用户体验是一种演化开发，这与演化原型制作有共同之处。然而并不是所有用来验证假设的 MVP 都会进入到最终产品中，只有实验的结果可以。

敏捷用户体验是所有将用户体验设计整合到敏捷开发的尝试的总称。敏捷软件开发是开发中的演化方法，所有敏捷性用户体验也可以演化。除此之外，敏捷用户体验工程可以通过使用原型与其他方法（就像第 12 章提到的）来回答问题与验证想法。

13.2.3 文档

对于用户体验设计人员来说，捕捉与交流设计想法最常见的方法就是文档法，例如：用户研究结果与相应的角色、详细的界面草图、线框图。因为用户体验设计人员交付的是设计本身，所以能否交付的一个重要指标是，是否有足够多的能说明他们已经实现目标的文档。其他形式的设计捕捉（例如原型和仿真）也是很有价值的，但文档法最常用。敏捷开发鼓励文档最小化，以便可以将更多的时间花在设计上，这样便能通过可行的产品为用户带来价值。

文档最小化并不意味着"没有文档"，并且有些文档在大多数项目里都是受欢迎的。然而，敏捷用户体验中的关键原则是文档不能取代沟通和合作。为了帮助人们确定正确的文档级别，Lindsay Ratcliffe 和 Marc McNeill（2012，p.29）建议对所有建立文档的过程进行如下提问：

1. 你在完成文档上花费了多少时间？尝试减少花在文档上的时间，并增加设计时间。

2. 文档的使用者是谁？

3. 客户需要从文档中至少获得什么？

4. 签核过程是否高效？你用在等待批准文档上的时间是多少？这对于项目有什么影响？

5. 有什么证据能证明文档是复制的？商业文档的不同部分是否记录着相同的事情？

6. 如果文档只为了开发或沟通，那么它的精细程度应该是多少？

他们还用图 13.3 中的例子来解释了这一点。这两张图片都捕捉到了用户旅程，即用户可能使用产品的路径。图 13.3a 的草图是由便利贴和线构成的，它是由所有的小组成员在讨论中得到的。图 13.3b 中的草图花费了设计人员几个小时的时间来绘制和打磨它看起来还不错，但是这些时间本可以花费在设计产品上，而不是花费在用户旅程草图上。

敏捷项目中文档数量的问题不仅限于敏捷用户体验。Scott Ambler（Ambler，2002）详细描述了敏捷文档的最佳实践。它以一种有效的方式支持"足够好"的文档的生成，并且其目的是确定文档需求。他提出了以下问题：

- 文档的目的是什么？
- 文档的客户是谁？
- 什么时候更新文档？

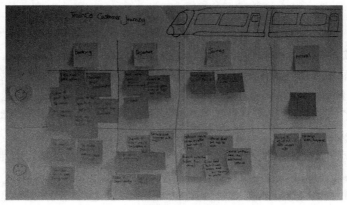

a）低保真用户旅程

图 13.3 （图片来源：Ratcliffe 和 McNeill（2012））

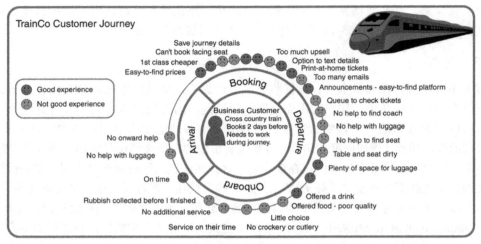

b）高保真用户旅程

图 13.3 （续）

窘境｜快和慢

用户体验实践的挑战之一是如何最好地使用敏捷方法进行软件和产品的开发。采用敏捷方法被认为是有益的。其原因有很多，包括强调生产一些有用的东西、用户协作、快速反馈，以及最小化文档——只有产品中确定要实现的部分才会被详细设计。然而，把注意力集中在短时间周期内可能会给人留下一切都很匆忙的印象。应该仔细规划以便在短时间周期和反射式设计过程之间创建一个适当的平衡点，这样用户体验设计的重要方面就不会过于显得匆忙。

慢设计是慢节奏的一部分，该理念主张文化转变，以减缓生活节奏（Grosse-Hering 等，2013）。慢设计的主要目的是通过寿命长且可持续的产品的设计，专注于提升个人、社会和自然环境的福祉。更慢的工作本身并不能消除匆忙的印象，但慢设计也强调了提供时间来反思和思考的重要性，让用户参与并创建自己的产品，让产品及其使用随着时间的推移而发展。

敏捷方法虽然存在，但是在必要的时候花时间反思和思考，而不是匆忙做出决定的重要性仍然需要保持。这里的窘境是在快速反馈以确定可行的解决方案和停下来进行反思之间找到正确的平衡点。

案例研究 13.1｜将用户体验设计整合到动态系统开发方法中

挑战、工作实践与所学的知识

本案例研究展示了一个机构将用户体验设计整合到敏捷软件开发方法中的过程，这种方法叫作动态系统开发方法（DSDM）框架（详情见 https://www.agilebusiness.org/what-is-dsdm）。它描述了他们所面临的困难、采用的工作实践方法和从将用户体验设计人员融入DSDM 敏捷过程所学到的知识。

LShift 是一家涉及众多行业、语言和平台的高科技软件开发公司。但当将用户体验设计整合到 DSDM 框架中时，该公司也面临着四大挑战。

1. 开发者与用户体验设计人员之间的沟通：需要沟通什么相关信息、怎样最好地进行沟通、怎样保持沟通畅通、怎样使得现有的设计实现反馈可视化。这些问题可以导致挫败感、设计方法的技术可行性出现问题以及顾客的错误预期。

2. 预先设计的精准程度：开发者提出了当他们设计文档以便开发者开始参与时，"少即是多"的五大原因。

- 优化与缩小范围可能导致完美设计的浪费；
- 一些设计问题只有在开始执行后才能发现；
- 完美的设计可能很少进行设计改变；
- 最好先关注功能，随着不断深入，再进行设计；
- 设计的质量会因为开发者早期的输入而受益。

3. 设计文档：文档的数量和细节需要提前进行讨论，这样才能满足开发者和设计人员的需求。

4. 用户测试：如果某企业还没有客户，那么用户测试可能是产品开发环境中的挑战。其解决方法是使用角色与用户代表。

本案例研究描述了这些挑战的背景，提供了这些挑战的一些细节并且介绍了一些公司常用的处理办法。本案例研究的完整版参见 http://tinyurl.com/neehnbk。

13.3 设计模式

设计模式可以获得设计体验，但是它与其他形式的指导或具体方法有着不同的结构和哲学。模式社群（patterns community）有两个目标。一个目标是创建词汇库，这基于设计人员可以使用的与他人或用户交流的模式的名字；另一个目标是创建本领域的文学著作，以令人信服的形式记录体验。

模式的概念最初由建筑师 Christopher Alexander 提出，他使用模式来描述建筑风格（Alexander，1979）。他的希望是捕捉"没有名字的品质"，即当你知道某个东西拥有好的品质的时候，你就能辨认出这种品质。

但是什么是设计模式呢？一个简单的定义是情境中某个问题的解决方法，即一个描述问题、解决方法以及这个方法的生效部位的模式。因此模式的用户不仅可以看见问题和解决方法，还可以理解想法之前是在哪里奏效的并且弄清楚其原理。设计模式的关键特征是它是产生式的，即有很多方法可以将它实例化或实现。交互设计中模式的应用从 20 世纪 90 年代后期开始逐步增加（例如：Borchers，2001；Tidwell，2006；Crumlish 和 Malone，2009）。

模式本身很有趣，但是它不如模式语言那样强大。模式语言是一种能够借鉴彼此并一起协作以创建一套完整结构的模式网络。模式语言在交互设计中并不常见，但存在几个模式集合，即相互独立的模式集。对于设计人员来说，模式是很有吸引力的，因为它们可以为常见问题提供解决方法。模式集合与软件组件相关联是很常见的（尽管不是强制性的），这些组件只需很少的修改就可以使用，而且由于它们是常见的解决方案，所以许多用户已经熟悉了它们，这对于市场上的新应用程序或产品来说是一个很大的优势。模式的一个示例见框 13.3。

框 13.3 | 瑞士军刀导航：移动设备的设计模式样例（Nudelman，2013。由 John Wiley & Sons，Inc. 提供）————————————————

瑞士军刀导航设计模式背后的原则是将屏幕空间的有效利用最大化，并且使用户专注于他们正在做的事情。例如，在游戏设计中，用户不想被导航栏和弹出的菜单所打扰。如果有一种机制能允许控制淡入淡出，那么这将是很有意思的设计。

这种设计模式通常被实例化为"弹出式画布"（off-canvas）或"侧边抽屉菜单"（side drawer）导航（Neil，2014），其中导航栏可以滑入，显示在主屏幕内容的上一层。它很有用，因为它是"临时的"导航栏，只会暂时占用屏幕空间，即它可以在应用程序的主屏幕上方滑动进入，在用户完成操作后，它可以滑动离开。从交互设计的角度来说，这个模式很好，因为其同时支持了文字和图标来表示动作。从屏幕布局的角度来说它也很棒，因为只有当需要菜单时才会占用空间。此外它也可以用于交互（Peatt，2014）。这是一个常用设计模式的例子，它也正在向很多方向演化。这种导航栏的具体实现方法随着平台的不同而变化。在图13.4 的左图中，菜单以几行线的形式呈现在屏幕的左上角，而在右图中，菜单栏将用户视图推到了右边。

图 13.4　瑞士军刀导航模式的例子，将其实例化为"弹出式画布"导航（图片来源：Aidan Zealley）

➡ 有关交互设计指南及模式库的例子，以及可下载的屏幕元素集，请参见 Windows——
https://developer.microsoft.com/en-us/windows/apps/design

Mac——https://developer.apple.com/design/human-interface-guidelines/

通用 UI 设计模式——https://www.interaction-design.org/literature/article/10-great-sites-for-ui-design-patterns

谷歌材料设计——https://design.google/

与交互设计相关的模式集合、模式库通常用于实践中（例如：Nudelman，2013）并且有相关的代码片段，这些代码可以通过开源数据库获得，例如：Github（https://github.com/）或者通过诸如 https:// developer.apple.com/library/iOS/documentation/userexperience/conceptual/mobilehig/（iPhone 的 iOS 系统）的平台网站。

模式是一个"持续发展的工作"，因为随着越来越多的人的使用、经验的增加和用户偏好的改变，模式会不断地发展。模式可能会持续发展一段时间，但是它也可能被弃用，也就是说，它会过时，不再被认为是好的交互设计。总的来说，重用曾经成功的想法也是一个很好的策略，特别是作为一个起点使用，但是不应该盲目地使用它。在自定义应用程序中，设计团队还可以创建自己的库。与许多设计领域一样，对于哪些模式是流行的、哪些是过时的，仍存在着分歧。

➡ 有关汉堡包图标的幽默讨论，请参见 https://icons8.com/articles/-ui-ux-design-pattern/。

有关选项卡栏的讨论，请参见 https://uxplanet.org/tab-bars-are-the-new-hamburmenus-9138891e98f4。

练习 13.3　移动设备中的轮播导航模式遭到一些人的批评，在该设计模式中，系统在屏幕中向用户水平呈现几张图片（例如产品）或者是在一个位置轮流呈现图片，如图 13.5 所示。向左或向右滑动（或点击）图片就会显示其他图片，就像旋转木马一样。

对于这个设计模式，不同的设计人员有不同的意见。用你最喜欢的浏览器搜索这种设计模式的信息并阅读至少两篇关于这种模式的文章或博客：一篇主张这种模式不应该被使用，另一篇解释如何成功地使用该模式。至于轮播模式应该被淘汰还是继续保留，这就取决于你自己了。

a）销售中的房子，注意底部图片两侧向左和向右的箭头

b）移动手机的天气预报应用，可以左右滑动来选择不同城市，注意屏幕底部中央的虚线提示还有其他界面

图 13.5　两个轮播导航风格的例子（图片来源：Helen Sharp）

解答　Nielsen Norman 团队在其网站上有两篇关于轮播模式的文章（链接在本练习的最后）。

第一篇文章从可用性测试的角度给出了证据，表明轮播方式可能会失败。第二篇文章关注轮播的一种版本，其中许多图像可以在屏幕的同一个位置依次呈现。他们认为该方法的最大好处是很好地利用了屏幕空间（因为不同的元素占据了相同的位置），而且在屏幕顶部显示信息意味着访问者更容易看到它。缺点包括用户经常只是匆匆扫过轮播，即使用户看见图像了，通常也只是第一张。该文章也建议使用其他设计，并提供了一些好的轮播方法的例子和指南。

还有一些帖子和文章认为不应该使用轮播。它们提供的证据指出，用户很少使用轮播，即使使用，他们也只关注第一张图片。然而，似乎没有可靠的数据集来支持或反驳各种形式的轮播的可用性。

总的来说，轮播的某些形式比其他形式更容易实现产品的目标，比如，大多数用户只查看系列中的第一张图像。因此适当的设计，更重要的是对潜在用户和内容进行评估，使得轮播导航模式可能不会在短时间内被弃用。

➡ www.nngroup.com/articles/designing-effective-carousels
　www.nngroup.com/articles/auto-forwarding/

设计模式是对以往常见做法的总结，但一个问题的常见做法不一定是最好的做法。代表不良做法的设计方法称为反模式。自 2002 年出版的本书第 1 版以来，交互设计和用户体验的质量总体上有了很大提高，那么为什么反模式仍然存在呢？基本上是因为技术一直在变化，针对不同平台的解决方案不一定可以通用。移动设备反模式的一个常见来源是将网站或其他软件从大屏幕（如笔记本电脑）迁移到智能手机。其中一个例子是，智能手机弹出窗口中显示的是无法点击的电话号码（参见图 13.6）。

图 13.6　当手机安装出错时，无法点击的求助电话号码

第 1 章（见图 1.10）还介绍了另一种模式，即黑暗模式（dark pattern）。黑暗模式不一定是糟糕的设计，但是它们被精心设计来欺骗人们，例如，将利益相关者的价值置于用户价值之上。一些很明显的黑暗模式只是错误，在这种情况下，一旦被识别出来，它们就会相对较快地得到纠正。然而，当用户体验设计师对人类行为有了一定的了解，并故意将其用于设计并不符合用户最佳利益的欺骗性功能时，这就是一种黑暗模式。Colin Gray 等人（2018）整理并分析了 118 个由从业者确认的黑暗模式实例，并确定了 5 种策略：反复、阻碍、潜行、界面干扰和强迫行为。

13.4　开源资源

开源软件是指可免费重用或修改的组件、框架或整个系统的源代码。开源开发是由社区驱动的工作，在此过程中，由个人生成、维护和增强代码，然后通过开源存储库将代码返回给社区，以供进一步开发和使用。开源社区的上传者（即编写和维护此软件的人）大多是无偿开发软件的开发人员。组件在软件许可范围内允许重新使用，并允许任何人出于自己的需求使用和修改，而不受通常的版权制约。

　　全球数字基础设施的许多大型软件都由开源项目提供支持。操作系统 Linux、开发环境 Eclipse 和 NetBeans 开发工具都是开源软件的例子。

　　或许交互设计者更感兴趣的是有越来越多的开源软件可用于设计良好的用户体验。13.3 节介绍的设计模式实现库是开源软件如何影响用户体验设计的一个示例。另一个例子是 Web 前端开发的 Bootstrap 框架，它于 2011 年 8 月以开源的形式发布，并定期更新。有关它的使用示例，请参见图 13.7。这个框架包含可重用的代码片段、支持多种屏幕大小的屏幕布局网格，以及包含预定义的导航模式集、字体、按钮、选项卡等的模式库。其框架与文档可以通过 GitHub（https://github.com/twbs/bootstrap#community）获得。

　　开源资源需要一个合适的存储库，即可以存储源代码并使其他人可以访问它的地方。不仅如此，存储库还需要服务于大量用户（据报道，GitHub 在 2018 年拥有 3100 万用户），这些用户希望可以构建、审查、修改和扩展软件产品。管理这种级别的活动还需要版本控制，比如保留并可以恢复软件以前版本的机制。例如，GitHub 基于版本控制系统 Git。社区围绕这些存储库形成，而向存储库提交代码需要一个账户。例如，GitHub 上的每个开发人员都可以创建一个概要文件，用来描述他们的活动，以便其他人查看和评论。

图 13.7　使用 Bootstrap 框架的网站示例（图片来源：Didier Garcia/Larson Associates）

　　大多数存储库同时支持公共空间和私有空间。向公共空间提交代码意味着社区中的任何人都可以查看和下载代码，但是在私有空间中，源代码将被"封锁"。将代码放在开放源码存储库中的一个优点是，许多人都可以看到、使用和修改自己的工作——发现安全漏洞或低效的编码实践，并对其功能进行辅助、扩展或改进。其他流行的开源存储库还有 BitBucket、Team Foundation Server 和 GitLab 等。

➡️ 对 GitHub 相对于其他源代码库的一些优势的讨论——https://www.thebalancecareers.com/what-is-github-and-why-should-i-use-it-2071946。

对于第一次接触到 GitHub 存储库的人来说，它可能看起来有点复杂，但是它背后有一个开发人员社区，他们乐于帮助和支持新来者。

➡️ GitHub 的使用指南——https://product.hubspot.com/blog/git-and-github-tutorial-for-beginners。

13.5 交互设计工具

用户体验设计师在实践中会使用许多种数字工具，工具的外观一直在变化（Putnam 等，2018）。这些工具支持创造性思维、设计草图、模拟、视频捕获、自动一致性检查、头脑风暴、库搜索和思维导图。事实上，设计过程的任何方面都至少有一个相关的支持工具。例如，Microsoft Visio 和 OmniGraffle 支持创建广泛的绘图和屏幕布局，而 FreeMind 是一个开源的思维导图工具。这些工具为用户体验设计提供了重要的支持，它们也可以协同工作，加快创建不同保真度原型的过程。

我们已经在本书中讨论过低保真原型的价值和它在获得用户反馈中的用途。但是如同其他任何原型一样，基于纸张的原型有它的局限之处，它也不支持用户驱动的交互（例如，Lim 等，2006）。在认识到这一点之后，开发交互性的低保真原型就成了人们研究的关注点，这已经有了多年的历史（例如，Lin 等，2000 或 Segura 等，2012）。近年来，支持根据静态图形元素创建交互式原型的工具已经商业化。例如，overflow.io 支持生成可播放的用户流程图。

支持交互式线框或实物模型的快速简易开发的商业软件包，被广泛用于实际的展示与评估中。一些常用的工具有 Balsamiq®（https://balsamiq.com/）、Axure RP（https://www.axure.com/）和 Sketch（https://sketchapp.com/）。练习 13.4 请你尝试一种或几种工具来建立一个简单的原型。

➡️ 许多用户体验设计师可用的工具都有免费的试用版和教程，可通过以下链接获得：
https://support.balsamiq.com/tutorials/
www.axure.com/learn/core/getting-started
https://www.digitalartsonline.co.uk/features/interactive-design/16-best-ux-tools-for-designers/
https://blog.prototypr.io/meet-overflow-9b2d926b6093

使用这些工具之一创建交互式线框，然后使用现成的模式库或框架（如 13.3 节和 13.4 节中介绍的那些）完成下一个原型，从而可以建立高保真原型，这样也可以保证一致的外观与质感。这意味着只需一步就可以从低保真模型转换到可运作且有风格的原型。也可以采纳其他开源资源来使设计人员更好地选择开发产品所需的界面元素或设计组件。

如果需要将诸如组件接口之类的技术性能问题原型化，那么基于纸张的原型的效果也不是很好，而基于软件的原型相对会更好一些。例如，Gosper 等人（2011）描述了在 SAP，员工如何经常使用绘图或图形包来模拟关键用例及其界面、交互和任务流，然后将其输出到 PowerPoint。这将创建一组幻灯片，可以查看这些幻灯片，从而全面了解用户会话。然而，当他们开发一个具有关键性能和"后端"影响的商业智能工具时，这种形式的原型并不足以让他们评估自己的产品目标。相反，用户体验设计人员与开发人员合作，使用 Java 为一些元素构建原型。

练习 13.4　选择一种支持生成交互式线框或低保真原型的商用工具，并为简单的应用程序生成线框，例如，一个允许本地音乐节的游客评论演出的应用程序。探索该工具提供的不同特性，并注意那些特别有用的特性。请确保你的公司或大学拥有这些工具的许可证，否则你可能无法访问它们的所有功能。

解答　我们在 https://app.moqups.com/edit/page/ad64222d5 中使用 moqups web 演示来创建图 13.8 中的设计。该工具有两个值得注意的特性：（1）它看起来与其他通用图形包类似，因此很容易启动并生成初始线框图；（2）标尺设置自动允许精确定位相互关联的接口元素。

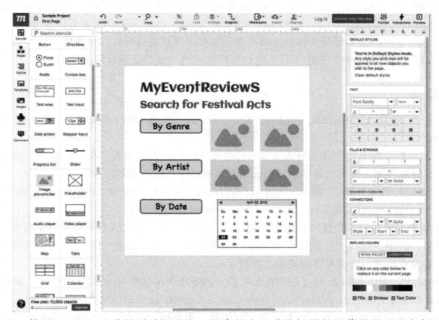

图 13.8　使用 moqups 生成的活动评论应用程序的交互式线框图的屏幕截图（图片来源：https://moqups.com）

深入练习

本深入练习将继续研究第 11 章结尾提到的网上预订功能。

1. 假设你使用敏捷方法来完成网上预订功能。

（a）提出在迭代循环开始之前想要使用的用户研究的类型。

（b）根据商业价值调整产品的需求优先级，特别是哪一个需求最有可能提供最大的商业价值，并简单描述你想要在前 4 个迭代循环（循环 0 ～ 3）中采用的用户体验设计工作。

2. 使用前面介绍的模型工具，生成产品初始界面的模型，就像第 12 章的任务中开发的产品一样。

3. 使用前面列出的模式网站之一，为你的产品元素确定合适的交互模式，并开发一个包括所有的反馈和用户体验映射结果（在第 12 章最后得到的）的软件原型。如果你之前没有使用这些模型网站的经历，就创建几个 HTML 界面来代表网站的基本结构。

总结

本章探讨了交互设计在实践中所面临的一些问题。向敏捷开发的转变促使人们重新思考如何将用户体验设计技术和方法集成到敏捷的紧密迭代中。模式和代码库以及开源组件和自动工具可以使拥有和谐一致的设计的交互原型更快、更容易地建立起来，从而为展示和评估做准备。

本章要点

- 敏捷用户体验指的是将用户体验活动与产品开发的敏捷方法相结合。
- 敏捷用户体验的转变需要思维上的改变，这是因为人们需要不断地对需求重新调整优先级，并在较短的时间周期内实现，这样有助于降低成本。
- 敏捷用户体验需要重新思考用户体验设计活动：什么时候执行、需要执行多少细节以及如何将结果返回到执行循环中。
- 设计模式为情境中的问题提供了解决方案，并且有许多可用的用户体验设计模式库。
- 黑暗模式旨在欺骗用户，引导其做出会导致意想不到的结果的选择，例如自动为其注册市场通讯。
- 像 GitHub 中的很多开源资源都使得标准应用程序的开发更容易、更快速。
- 目前存在着各种各样的数字工具，它们可以在实践中支持交互设计的开发。

拓展阅读

GOTHELF, J., and SEIDEN, J. (2016) *Lean UX: Designing Great Products with Agile Teams*（2nd ed.），O'Reilly.

这本书关注的是精益用户体验开发方法（参见框 13.2），它也包含了关于敏捷开发和用户体验设计如何能够很好地协同工作的大量实践示例和来自该书第 1 版的读者的经验。

KRUCHTEN, P., NORD, R. L. and OZKAYA, I. (2012) "Technical Debt: From Metaphor to Theory and Practice," IEEE Software, November/December（2nd ed.）.

这篇文章是编者对技术负债特殊问题的介绍。人们针对软件开发背景下的这一主题进行了大量讨论和论文撰写，但很少提及交互设计负债或用户体验负债。然而，这些问题与当今的交互设计实践相关。这篇文章为希望进一步研究该领域的人提供了一个起点。

PUTNAM, C., BUNGUM, M., SPINNER, D., PARELKAR, A. N., VIPPARTI, S. and CASS, P. (2018), "How User Experience Is Practiced: Two Case Studies from the Field," Proceedings of CHI 2018.

这篇短文基于伊利诺斯州面向消费者的公司的两个案例研究，为用户体验实践提供了一些有用的见解。

RAYMOND, E. S. (2001) *The Cathedral and the Bazaar*. O'Reilly.

这本影响深远的书是介绍开源运动的论文集。

SANDERS, L. and STAPPERS, P. J. (2014) "From Designing to Co-Designing to Collective Dreaming: Three Slices in Tim," *interactions*, Nov-Dec, p. 25-33.

这篇文章描述了过去 30 多年设计实践的变化，反思了 2014 年的设计实践，并展望了 30 年后的设计实践。它考虑了客户和设计人员的角色，以及设计对象是如何从设计过程中产生的。

SY, D. (2007) "Adapting Usability Investigations for Development," *Journal of Usability Studies* 2(3), May, 112-130.

这篇文章虽然篇幅不长，但是很好地介绍了在敏捷项目中完成用户体验设计时将会遇到的关键问题。它描述了为敏捷用户体验建立的双轨流程模型，如图 13.2 所示。

评 估 入 门

目标

本章的主要目标是：

- 解释评估中使用的关键概念和术语。
- 介绍多种不同类型的评估方法。
- 展示不同的评估方法如何在设计过程的不同阶段和不同使用环境中用于不同的目的。
- 展示如何整合和修改评估方法以满足评估系统的新需求。
- 讨论评估人员在评估时必须考虑的一些实际挑战。
- 通过案例研究说明如何在评估中使用第 7～9 章中深入讨论的方法，并描述一些特定的评估方法。
- 概述第 15 和 16 章将详细讨论的方法。

14.1 引言

想象一下，你设计了一个应用程序，让青少年分享音乐、随笔和照片。你已经制作了第一版设计的原型并实现了核心功能。但是你怎么知道用户是否会被它吸引，又是否会使用它呢？你需要评估它，但如何评估呢？本章将介绍评估的主要类型以及可以使用的方法。

评估是设计过程不可或缺的一部分。它涉及收集和分析有关用户或潜在用户在与设计工件（如屏幕草图、原型、应用程序、计算机系统或计算机系统组件）交互时的体验数据。其核心目标是改进工件的设计。评估侧重于系统的可用性（例如，其易学和易用的程度）和用户在交互时的体验（例如，令人感到满意、愉快或激励的程度）。

智能手机、iPad 和电子阅读器等设备，以及移动应用的普及和物联网设备的出现，都提高了人们对可用性和交互设计的认识。然而，许多设计师仍然认为，如果他们和同事能够被同一种产品吸引，那么其他人也同样会被吸引。这个假设的问题是设计师可能只会从自己的角度出发，而评估可以使他们能够检查其设计是否适合目标用户群体并能被其接受。

有很多不同的评估方法，使用哪种方法取决于评估目标。评估可以发生在很多地方，如实验室、家里、户外和工作场所。评估通常涉及在可用性测试、实验或现场研究中对被试进行观察和对人们的表现进行衡量，以评估设计或设计概念。然而，还有一些方法不直接涉及被试，例如对用户行为的建模和分析。建模用于估计用户在与界面交互时的操作，得到的模型通常作为评估不同界面潜在配置的快速方式。分析提供了一种测试现有产品（如网站）性能的方法，以便对其进行改进。不同情况下对评估内容的控制程度各不相同：有的情况下没有控制，如野外研究；有的情况下有相当大的控制，例如在实验中。

在本章中，我们将讨论为什么评估很重要、需要评估什么、评估应该在何处进行，以及需要在产品生命周期的哪个阶段进行评估。接下来将通过简短的案例研究来说明不同类型的评估研究。

14.2   评估的原因、内容、地点、时间

进行评估涉及理解为何评估如此重要、需要评估哪些方面、评估应在哪里进行以及何时评估。

14.2.1   评估的原因

用户体验涉及用户与产品交互的方方面面。如今，用户期望的不仅仅是一个可用的系统，还希望从产品中获得愉悦感和参与感。简单和优雅是有价值的，它们使产品的拥有和使用富有乐趣。

从商业和营销的角度来看，只有精心设计的产品才会畅销。因此，公司有很好的理由投资产品设计的评估。设计师可以关注实际的问题和不同用户组的需求，并就设计做出明智的决定，而不是争论彼此喜欢或不喜欢什么。这些问题必须在产品上市之前解决。

"这是办公室安全的最新发明，当你的计算机崩溃时，气囊会弹出，所以你不会在崩溃中伤到头。"

（图片来源：© Glasbergen。经 Glasbergen 卡通服务许可转载）

练习 14.1   找到能与你谈论其 Facebook 使用情况的两个成年人和两个青少年（可能是家庭成员或朋友）。问他们一些问题，例如：你每天查看 Facebook 的频率如何？你发布了多少张照片？你的相册中有什么类型的照片？你的个人资料的照片是什么样的？你多久更换一次它？你有多少朋友？你喜欢什么书和音乐？你参与了什么讨论组？

解答   你可能了解到，一些青少年渐渐不再使用 Facebook，而一些成年人，通常是父母和祖父母这一代的人，却仍然是其狂热用户，因此在找到两个可靠的受访者之前，你可能得多接触几个青少年。只有在找到使用 Facebook 的人后，你才能区别成年人和青少年之间的不同使用模式。青少年更有可能把自己刚刚去过的地方的照片上传到 Instagram 等网站上或者发给 WhatsApp 上的朋友。成年人倾向于花时间讨论家庭问题、最新的时尚潮流、新闻和政治。他们也经常向家人和朋友发送他们度假的信息或者关于孩子的消息。完成此调查后，你应该意识到不同类型的用户可能以不同的方式使用同一款软件。因此，在评估中考虑不同类型的用户需求非常重要。

14.2.2   评估的内容

评估的内容种类繁多。从低技术含量的原型到完整的系统、从一个特定的屏幕功能到

整个工作流程、从美学设计到安全特征，都可以进行评估。例如：新一代 Web 浏览器的开发者可能想知道用户能否通过他们的产品更快地找到所需信息；环境显示器的开发者可能对它能否改变人们的行为感兴趣；游戏应用开发者可能想知道他们的游戏与竞争对手的游戏相比的优劣以及用户的游戏时长；政府官员可能会关心用于控制交通灯的计算机化系统是否能使事故变少，或者网站是否符合残障人士使用的标准；玩具制造商可能会询问 6 岁的孩子是否可以操控玩具、是否会被玩具的毛茸茸的外观吸引，以及玩具是否安全；开发个人数字音乐播放器的公司关心的是来自不同国家、不同年龄段的人是否喜欢播放器的大小、颜色和形状；软件公司想知道的是市场对其主页设计的评价；一个旨在促进家庭环境可持续发展的智能手机应用程序的开发者可能想知道他们的设计是否有吸引力，以及用户是否会持续使用他们的应用程序。根据产品的类型、原型或设计概念以及对设计人员、开发人员和用户的评估价值，需要进行不同种类的评估。最后，主要的标准是设计是否满足用户的需求，也就是说，用户会使用这个产品吗？

练习 14.2　你要从哪些方面对以下系统进行评估？

1. 个人音乐播放器。
2. 卖衣服的网站。

解答　1. 你需要了解用户如何从成千上万的歌曲中进行选择，以及他们是否可以轻松地添加和存储新的音乐。

2. 导航是这两个示例的核心关注点。个人音乐服务的用户希望快速选择歌曲。想要购买衣服的用户希望在显示衣服、比较衣服和购买衣服的页面之间快速切换。此外，这些衣服如何才能看起来足够吸引人购买？其他核心方面包括获取客户信用卡信息的过程的可信度和安全性。

14.2.3　评估的地点

评估的地点取决于评估的对象。有一些特性，例如网站的可访问性，通常在实验室中评估，因为实验室提供了系统地调查产品是否满足用户的所有需求的必要条件。对于设计选择来说也是如此，例如为小型手持游戏设备选择按键的大小和布局。用户体验方面，例如孩子是否喜欢玩新玩具以及他们玩多久会感到无聊，可以在自然环境中更有效地评估，这通常称为野外研究。因为当孩子们在自然环境中玩耍时，他们会自然地表现出无聊，不再玩玩具。而在实验室研究中，孩子们被告知该做什么，因此用户体验研究人员无法正确地观察到孩子们是如何自然地玩玩具的，以及他们什么时候感到无聊。当然，用户体验研究人员可以问孩子们是否喜欢它，但有时孩子们不会说出他们的真实想法，因为他们担心犯错。

对在线行为（如社交网络）的远程研究，可以用于评估被试在他们的交互环境中的自然互动，例如，在他们自己的家里或工作地点。生活实验室（见框 14.1）也已经建成，它是实验室的人工控制环境与野外不受控自然研究的一种折中。它提供特定类型的环境设置，例如家庭、工作场所或健身房，同时还通过融入最新科技来控制、测量和记录活动。

练习 14.3　一家公司正在开发一种新型汽车座椅，它可以监测人在开车时是否进入了睡眠状态，并使用嗅觉和触觉反馈提供唤醒服务。你会在哪里评估它？

解答　首先，在安全环境下使用汽车模拟器进行基于实验室的实验以了解新型反馈的有效性是非常重要的。你还需要找到一种方法让被试在驾驶时睡着。一旦建立了一个有效的机制，你就需要在一个更自然的环境（如赛车轨道、机场或用于新驾驶员的安全训练道路）中进行测试，测试车辆可以由实验人员和被试同时进行控制。

14.2.4　评估的时间

应在产品生命周期的哪个阶段进行评估取决于产品的类型和正在遵循的开发过程。例如，正在开发的产品可能是一个全新的概念，也可能是现有产品的升级。它还可能是一个快速变化的市场中的产品，需要进行评估以确定设计是否满足当前和预测的市场需求。如果是新产品，则通常需要投入大量的时间用于市场研究和发现用户需求。一旦建立了需求，就可将其用于创建初始草图、故事板、一系列屏幕或设计原型等。然后需要对它们进行评估，看看设计者是否正确地理解了用户的需求，并将其适当地体现在了他们的设计中。设计将根据评估反馈、开发的新原型和随后的评估进行修改。

设计过程中的评估用于确保产品始终满足用户的需要，这被称为"形成性评估"。形成性评估涉及一系列设计过程，包括早期草图和原型的开发、调整和完善接近完成的设计等。

为评估已完成的产品成功与否所做的评估称为"总结性评估"。如果产品正在升级，那么评估的重点可能不是发现新的需求，而是评估现有的产品，以确定需要改进的地方。然后通常是增加新特性，当然这也可能导致新的可用性问题。在其他情况下，评估的注意力应集中于改进特定的方面，例如增强导航。

正如前面几章所讨论的，产品开发的快速迭代将评估嵌入设计、构建和测试（评估）的短周期中是常见的。在这种情况下，评估工作在产品的开发和部署生命周期中可能几乎是连续的。例如，这种方法有时被用于提供社会保障、养老金和公民投票权信息的政府网站。

美国国家标准和技术研究所（NIST）、国际标准化组织（ISO）和英国标准协会（BSI）等许多机构设定了标准，指出特定类型的产品（例如飞机导航系统、对用户有安全隐患的产品）必须进行严格评估。Web 内容可访问性指南（WCAG）2.1 描述了如何设计网站使其易于访问。我们将在框 16.2 中对 WCAG 2.1 进行更详细的讨论。

14.3　评估的类型

根据环境、用户参与度和控制级别将评估分为三大类，分别是：

1. 直接涉及用户的受控环境（如可用性实验室和研究实验室）：控制用户的活动以测试假设并衡量或观察某些行为。主要的方法是可用性测试和实验。

2. 涉及用户的自然环境（如在线社区和在公共场所使用的产品）：很少有或没有对用户活动的控制，以评估用户如何在实际环境中使用产品。主要的方法是实地研究（如野外研究）。

3. 任何不直接涉及用户的环境：顾问和研究人员对界面的各个方面进行评论、预测和建模，以确定最明显的可用性问题。其方法包括检查、启发式、走查法、模型和分析。

每种评估类型各有利弊。例如：基于实验室的研究有利于揭示可用性问题，但在捕捉使用情境方面表现较差；实地研究有助于展示人们如何在预期的环境中使用技术，但是它通常耗时且难以实施（Rogers 等，2013）；建模和预测方法可快速执行，但可能忽略不可预测的可用性问题和用户体验中的细节问题。类似地，分析对于跟踪网站的使用是有效的，但不能用来了解用户对新配色方案的感想或用户行为的原因。

决定使用哪种评估方法取决于项目的目标，以及确定界面或设备是否满足这些目标并能够有效运行所需的控制程度。对于前面提到的音乐服务的例子，我们需要了解用户如何使用它、他们是否喜欢它、他们使用这些功能时遇到过什么问题等。这需要确定他们如何使用界面操作执行各种任务。在设计评估研究时需要一定程度的控制，以确保被试尝试了设计的服务的所有任务和操作。

14.3.1　涉及用户的受控环境

实验和用户测试的目的是控制用户做什么、何时做以及做多长时间。它们旨在减少可能影响结果的外部因素与干扰，例如背景的说话声。该方法已广泛且成功地用于评估在笔记本电脑和其他设备上运行的软件应用程序，被试可以坐在这些设备前执行一系列任务。

可用性测试

通常，这种评估用户界面的方法涉及使用多种方法的组合（即实验、观察、访谈和问卷）在受控环境中收集数据。可用性测试通常是在实验室中进行的，但越来越多的访谈和其他形式的数据收集是通过电话和数字通信（例如，通过 Skype 或 Zoom）或在自然环境中远程完成的。可用性测试的主要目标是确定一个界面是否适合预期的用户群来执行为其设计的任务。这涉及调查典型用户如何执行典型任务。在这里，典型用户指的是系统的目标用户（例如青少年、成年人等），典型任务指的是为他们设计的可执行活动（例如，购买最新的时尚产品）。通常，设计人员需要比较在不同版本下用户出错的次数和类型以及记录他们完成任务所花费的时间。当用户执行任务时，通常要对其进行视频记录，而且他们与软件的交互通常会通过日志软件进行记录。用户满意度问卷调查和访谈也可以用来收集用户对系统使用体验的意见。也可以通过观察产品网站对数据进行补充，以收集关于产品在工作场所或其他环境中如何使用的信息。结合通过这些不同技术收集的定性和定量数据，可以得出关于产品在何种程度上满足了用户需求的结论。

可用性测试是一个基本的人机交互过程。多年来，可用性测试一直是公司的主要工作，它用于开发经过多代演化的标准产品，如文字处理系统、数据库和电子表格（Johnson，2014；Krug，2014；Redish，2012）。可用性测试的结果通常被总结在可用性规范中，使开发人员能够根据它来测试产品的未来原型或版本。通常会指定最优性能水平和最低接受水平，并记录当前水平。继而调整设计，诸如导航结构、术语的使用以及系统如何响应用户。然后可以跟踪这些更改。

尽管可用性测试建立在用户体验设计之上，但它也开始获得其他领域的关注，例如医疗领域，特别是随着移动设备在医院和健康监控（例如，Fitbit 和 Polar 系列、Apple Watch 等）中扮演着日益重要的角色（Schnall 等，2018）。Nielsen/Norman（NN/g）可用性咨询集团的 Kathryn Whitenton 和 Sarah Gibbons（2018）报告的另一种趋势是，可用性指南会随着时间的推移趋于稳定，但用户的期望会发生变化。Whitenton 和 Gibbons 报告说，自从几年前上一次重新设计 NN/g 主页以来，其内容和观众对视觉设计吸引力的期望都发生了变化。然而，他们强调，即使视觉设计在设计中扮演了更大、更重要的角色，它也不应该取代或损害基本的可用性。用户仍然需要能够有效地执行他们的任务。

练习 14.4 图 14.1 展示了两种价格相似、可以记录活动和测量心率的设备：a）Fitbit Charge；b）Polar A370。假设你要购买这两个设备之一。你想了解哪些可用性问题？在决定购买时，哪些美学设计对你来说是重要的？

a）Fitbit Charge   b）Polar A370

图 14.1 监测活动和心率的设备（图片来源：图 a 来自 Fitbit，图 b 来自 Polar）

解答 有几个可用性问题需要考虑。一些你可能特别感兴趣的内容包括设备佩戴的舒适度、信息显示的清晰程度、可以显示的其他信息（例如，时间）、电池的续航时间，等等。最重要的可能是设备的精确度，尤其是在你担心心率不稳的情况下。

由于这些设备是戴在手腕上的，所以它们可以被认为是时尚产品。因此，你可能想知道它们是否有不同的配色可供选择、它们是否显得笨重、是否容易和衣服摩擦并造成静电、它们是低调的还是明显可见的。

实验通常在大学的研究实验室或商业实验室中进行以验证假设。这些是受控程度最高的环境，其中研究人员尝试排除其他任何可能干扰被试表现的变量。如此才可以可靠地说明，实验结论是根据测量的具体界面特征得到的。例如，在比较哪一种是用户在使用平板电脑界面时输入文本的最佳方式的实验中，研究人员会控制其他的所有变量，以确保它们不会影响用户的表现。这些操作包括：向被试提供相同的指令，使用相同的平板电脑界面，并要求被试执行相同的任务。可比较的条件可以是：使用虚拟键盘输入、使用物理键盘输入、使用虚拟键盘滑动。实验的目的是在打字速度和错误数方面比较一种文本输入方式是否优于其他方式。多名被试将被分别单独带入实验室以执行预定义的一组文本输入任务，然后将根据其所花费的时间和所犯的所有错误（例如，选错了字母）来衡量他们的表现。接下来对收集到的数据进行分析，以确定每种情况下的得分是否存在显著差异。如果虚拟键盘获得的性能测量结果明显优于其他的，并且其具有最少的出错数量，则可以说这种文本输入方法是最好的。当在自然环境下（如在军事冲突中）评估设计可能会造成太大的破坏时，可以在实验室中进行测试。

框 14.1 | 生活实验室

生活实验室是为了评估人们的日常生活而开发的，因为有些情况在可用性实验室中很难评估，例如，在几个月的时间内调查人们的习惯和日常活动。生活实验室的早期例子是 Aware Home（Abowd 等，2000），这个房子里嵌入了一个复杂的传感器网络和音频 / 视频记录设备，这些设备记录了居住者在整个房子里的运动和他们对设备的使用情况。这使得他们的行为能够被监测和分析。它的一个主要动机是真实地评估家庭在几个月的时间里会如何应对和适应这样的环境。然而事实证明，很难让一个家庭同意离开自己的家而在实验室里住这么长的时间。

人们还开发了环境辅助住宅，其中传感器网络嵌入某人的家中，而不是一个特殊的定制建筑中。一个基本原理是通过提供一个非侵入性的系统，使残疾人和老年人能够过上安全和独立的生活，该系统可以远程监测并在发生事故、疾病或不寻常活动时向护理人员发出警报（Fernández-Luque 等，2009）。生活实验室这个术语也被用来描述创新网络，其中人们面对面地、虚拟地聚集在一起，探索并形成商业研发合作（Ley 等，2017）。

如今，许多生活实验室已经变得更加商业化，它们提供工具、基础设施和访问社区的途径，将用户、开发人员、研究人员和其他相关人员聚集在一起。生活实验室正在被发展为智能建筑的一个组成部分，通过研究不同配置的照明、供暖和其他建筑功能对居民的舒适度、工作效率、压力水平和幸福感的影响，来适应不同的情况。例如，瑞士的智能生活实验室（Smart Living Lab）正在开发一个城市街区，包括办公楼、公寓和一所学校，用于为研究人员提供一个基础设施，让他们有机会在建筑环境中研究不同类型的人类体验（Verma 等，2017）。其中一些空间很大，可以容纳数百人甚至数千人。它还为人们配备可穿戴设备，可以测量心率、活动水平等，然后可以将这些设备整合起来，以评估各类人群（如在校大学生）的长期健康状况。Hofte 等（2009）将其称为移动生活实验室方法，指出了它如何使更多的人能够在更长时间内、在难以观察的时间和地点被研究。

公民科学指志愿者与科学家合作，为科研问题收集数据，如：生物多样性（例如，iNaturalist.org）、监测植物数十年或数百年的开花次数（Primak, 2014），或在线识别星系（例如，https://www.zooniverse.org/projects/zookeeper/galaxy-zoo/）。它也可以被认为是一种生活的实验室，特别是当被试的行为、使用的技术、这项技术的设计也在研究之中时。例如，野外实验室（http://www.labinthewild.org）是一个在线站点，为参与一系列项目的志愿者提供服务。研究人员分析了来自 4 项实验的志愿者的 8000 多条评论。他们的结论是，这些网站具有作为在线研究实验室的潜力（Oliveira 等, 2017），可以在较长的时间范围内进行研究，从而形成一种生活实验室。

▌窘境▐生活实验室真的是实验室吗？

生活实验室的概念不同于对实验室的传统看法，因为它试图结合自然环境和实验环境，并且其目标是将实验室带到家里（或其他自然环境中）。窘境是如何人为地制造更自然的环境：可以按照正确的控制水平进行评估而不失去自然的感觉的设置的平衡点是什么？

14.3.2 涉及用户的自然环境

实地研究的目标是与用户一起在自然环境中评估产品。它主要用于：

- 帮助新技术确定机遇
- 确定新设计的需求
- 促进技术的引入，或为在新环境中部署现有技术提供信息

通常使用的方法是观察、访谈和交互日志记录（见第 8 章和第 9 章）。数据以事件和对话的形式记录下来，记录方式包括研究人员做笔记、通过音频或视频记录，或者由被试记日记和笔记。其目标是不影响人们在评估过程中所做的事情。然而，一些方法不可避免地会影

响人们的行为。例如，日记研究要求人们在特定的时间记录他们的活动或感受，这可能会让他们进行反思并改变他们的行为。

在过去的 15 年中，出现了进行野外研究的趋势。这些基本上是用户研究，研究人们在相应环境中如何使用新技术或部署原型，例如在户外、公共场所和家中。有时，部署的原型称为颠覆性技术，其目的是确定它该如何取代现有技术或实践。在进入现场时，研究人员不可避免地要放弃对正在评估的对象的控制，以便观察人们在日常生活中如何使用或不使用技术。例如，研究人员要观察一种新的移动导航设备如何在城市环境中使用。为了进行这项研究，他们需要招募愿意在自然环境中使用该设备几周或几个月的人。然后他们可能会告诉被试这个设备的功能。除此之外，当在工作场所、学校、家中和其他地方活动时，如何使用它以及何时使用它，都由被试决定。

将控制权交给被试的缺点是，很难预测将发生的事情，并且当有趣的事情发生时，很难进行现场记录。这与可用性测试截然相反，可用性测试中总有一个调查员或相机可以记录事件。研究者必须依靠被试来记录并反映他们如何使用它，被试需要在日记上写下他们的体验、填写在线表格和 / 或参与间歇性访谈。

实地研究也可以是虚拟的，可以在多用户游戏（比如《魔兽世界》）、在线社区、聊天室等环境中进行观察。这类实地研究的一个目标是研究其中发生的各种社交过程，如协商、对抗和合作。研究人员通常成为参与者，且不控制交互（见第 8 章和第 9 章）。虚拟实地研究也在地质和生物科学中变得流行，因为它可以补充该领域的研究。越来越多的人将网络与真实世界的体验结合起来，这样研究人员和学生就能充分利用这两种情况（Cliffe，2017）。

14.3.3 不涉及用户的环境

在不涉及用户的情况下进行的评估需要研究人员想象或模拟人们会如何使用界面。通常使用检验方法，基于可用性知识、用户行为、系统的使用环境以及用户进行的活动类型来预测用户行为和识别可用性问题。示例包括以经验法则为指导、应用典型用户知识的启发式评估，以及涉及逐步完成场景任务或回答一组问题以获得详细原型的走查法。其他技术包括分析和建模。

启发式评估中最初使用的启发式是基于屏幕的应用程序（Nielsen 和 Mack，1994；Nielsen 和 Tahir，2002）。这些应用程序已经被用于开发新的启发式集合，以评估基于 Web 的产品、移动系统、协作技术、计算机化玩具、信息可视化（Forsell 和 Johansson，2010），以及其他新型系统。使用启发式的一个问题是，设计师有时会被不准确的发现引入歧途（Tomlin，2010）。这个问题可能产生于不同的原因，例如缺乏经验和执行启发式评估的用户体验研究人员的偏见。

认知走查法包括模拟用户在人机对话的每一步中解决问题的过程和检查用户在这些交互的每一步中的进展情况（Nielsen 和 Mack，1994；Wharton 等，1994）。在过去的 15 年里，认知走查法被用于评估智能手机（Jadhav 等，2013）、大型显示器以及其他应用，如公共显示器（Parker 等，2017）。认知走查法的一个关键特征是，它侧重于评估设计的易学性。

分析是一种记录和分析客户网站数据或远程数据的技术。Web 分析是对互联网数据的度量、收集、分析和报告，以理解和优化 Web 的使用。Web 分析的对象包括在特定时间段内访问网站主页的访问者数量、用户在主页上花费的平均时间、用户访问了哪些其他页面，或者用户在访问完主页后是否会离开网站。谷歌提供了一种常用的方法来收集分析数据，这对于评估网站的设计特性是一种特别有用的方法（https://marketingplatform.google.com/about/analytics/）。作为大规模开放在线课程（MOOC）和开放教育资源（OER）运动的一部分，学习分析因评估在这些环境中发生的学习而得到了发展和突破。英国的开放大学（Open University）和其他大学关于这个主题发表了大量文章，描述了学习分析在指导课程和程序设计以及评估教学决策的影响方面发挥的作用（Toetenel 和 Bart，2016）。

➡️ 关于学习分析和学习设计的信息，详见 https://iet.open.ac.uk/themes/learning-analytics-and-learning-design。

模型主要用于比较相同应用程序的不同界面的效果，例如特征的最佳排列和位置。众所周知的方法是使用 Fitts 定律来预测使用指向设备（MacKenzie，1995），或者使用移动设备或游戏控制器上的密钥（Ramcharitar 和 Teather，2017）来达到目标所花费的时间。

14.3.4　选择和组合方法

前文确定的三大类评估方法提供了指导评估方法选择的一般框架。通常，人们在各类别之间组合使用各种方法来加深理解。例如，有时可以将实验室中的可用性测试与自然环境中的观察相结合，以确定可用性问题的范围，并了解用户通常如何使用产品。

受控环境和非受控环境都有其优缺点。受控环境的优点包括能够测试关于界面特定特性的假设，从而将结果推广到更广泛的人群。非受控环境的一个优点是可以获得意想不到的数据，这些数据能够提供关于人们在日常生活和工作中使用新技术、通过其进行交互或通信的感知和体验的不同见解。

14.3.5　机会主义评估

评估可以是详细的、有计划的研究或是机会主义的探索。后一种探索通常在设计过程的早期进行，以便为设计师提供关于设计思想的快速反馈。在设计过程的早期得到这种反馈是很重要的，因为它确认了是否值得将一个想法开发成原型。通常，这些早期评估是非正式的，并且不需要很多资源。例如，设计师可能会招募一些本地用户并征求他们的意见。这样就可以在早期提供反馈，从而更容易对演化中的设计进行更改。也可以对用户进行机会主义评估，以训练目标受众，使后续的评估研究更有针对性。机会主义评估还可以在正式的评估之外进行。

14.4　评估案例研究

本节将通过两个案例研究的对比，说明在不同的环境中以及在对用户活动的控制程度不同的情况下如何进行评估。第一个案例研究（14.4.1 节）描述了一个经典的实验，该实验测试了在协作计算机游戏中与朋友对阵和与计算机对阵相比是否更令人兴奋（Mandryk 和 Inkpen，2004）。虽然此案例发表于 2004 年，但我们在本书中保留了此案例研究，因为它提供了关于在实验中使用的各种测量指标的简明而清晰的描述。第二个案例研究（14.4.2 节）描述了一个民族志领域的研究，其中研究人员开发了一个名为 Ethnobot 的机器人，用于在一个大型户外展览中鼓励参与者回答关于其体验的问题（Tallyn 等，2018）。

14.4.1　案例研究 1：一个研究电脑游戏的实验

一款游戏想要取得成功，就必须吸引用户并对其带来挑战。因此，需要这些方面的用户体验的评估标准。在这个案例研究中，生理反应被用来评估用户在与朋友对战时以及与计算机对战时的体验（Mandryk 和 Inkpen，2004）。Regan Mandryk 和 Kori Inkpen 推测，生理指标可能是衡量玩家体验的有效方法。具体来说，他们设计了一个实验来评估被试在玩在线冰球游戏时的参与度。

10 个有经验的游戏玩家参加了实验。在实验中，传感器用于收集被试的生理数据。这些数据包括手和脚上的汗液分泌情况以及心率和呼吸频率的变化。此外，他们对被试进行了视频记录，并要求他们在实验结束时完成用户满意度调查问卷。为了减轻学习的影响，一半的被试先和朋友对战，然后和计算机对战，另一半则相反。图 14.2 展示了当被试在玩游戏时记录数据的画面。

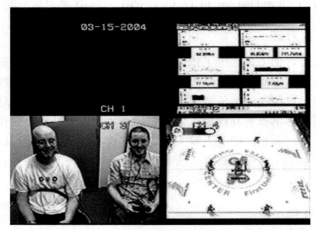

图 14.2　展示了生理数据（右上）、两个被试和他们在玩的游戏的截屏的显示器（图片来源：Mandryk 和 Inkpen（2004）。Physiological Indicators for the Evaluation of Co-located Collaborative Play, CSCW'2004, pp.102-111。经 ACM 出版社许可转载）

用户满意度调查问卷的结果显示，每个项目的平均评分（评分范围为 1～5）表明与朋友对战是更受欢迎的体验（如表 14.1 所示）。研究人员对两种情况下的生理反应记录数据进行了比较，结果表明，被试在与朋友对战时的兴奋程度更高。研究人员还比较了被试的生理记录，其结果大致表现出了相同的趋势。图 14.3 展示了两个被试的数据比较。

表 14.1　用户满意度调查问卷上采用五分制给出的平均主观评分，其中 1 分最低，5 分最高

	与计算机对战		与朋友对战	
	平均值	标准差	平均值	标准差
无聊	2.3	0.949	1.7	0.949
有挑战	3.6	1.08	3.9	0.994
简单	2.7	0.823	2.5	0.850
吸引人	3.8	0.422	4.3	0.675
兴奋	3.5	0.527	4.1	0.568
沮丧	2.8	1.14	2.5	0.850
开心	3.9	0.738	4.6	0.699

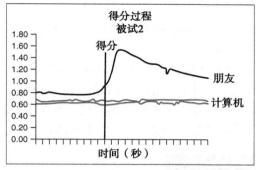
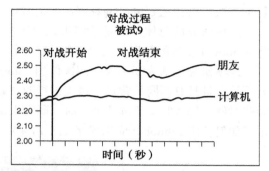

a）被试在两种情况下得分时的皮肤反应　　　b）被试在两种情况下的比赛过程中的反应

图 14.3 （图片来源：Mandryk 和 Inkpen（2004）。Physiological Indicators for the Evaluation of Co-located Collaborative Play, CSCW'2004, pp.102-111。经 ACM 出版社许可转载）

较高的平均值表示较强的体验状态。标准差表示结果在平均值附近的分布。标准差较低表明被试的反应变化不大，较高则表示变化较大。

由于生理数据的个体差异，所以无法直接对收集数据的两种方法进行比较：主观问卷调查和生理测量。然而，通过将结果标准化，就有可能将个体间的结果关联起来。这表明，生理数据的收集和分析是有效的评估方法。虽然这两种方法并不完美，但它们提供了一种超越传统可用性测试的方法，可以在实验环境中获得对用户体验目标的更深入理解。

练习 14.5 1. 本实验中使用了什么样的环境？

2. 评估人员施加了多少控制？

3. 收集的是什么样的数据？

解答 1. 实验的环境是一个受控的研究实验室。

2. 评估受到评估人员的严格控制。他们为每个被试指定了两种游戏条件中的一种。研究人员还在被试身上安装了传感器，以便在他们玩游戏时收集生理数据，比如心率和呼吸的变化。

3. 被试在玩游戏时的其他生理指标和玩完游戏后收集的数据，都是通过用户问卷调查收集的，问卷内容包括他们对游戏的满意度以及他们对游戏的投入程度。

14.4.2 案例研究 2：在英国皇家农业展览会上收集民族志数据

实地观察，包括野外研究和民族志研究，提供有关用户如何在自然环境中与技术进行交互的数据。此类研究通常可以得到实验室环境中无法获得的结果。然而，当人们在日常生活中活动时，很难收集他们的想法、感受和意见。通常，这涉及观察以及要求他们在事件发生后进行回顾，例如通过访谈和日记。在本案例研究中，人们使用一种新颖的评估方法——一个实时聊天机器人——来收集有关人们在英国皇家农业展览会（RHS）进行参观和活动时的经历、印象和感受，以解决这一问题（Tallyn 等，2018）。RHS 是一个大型农业展览会，每年六月在苏格兰举行。这款聊天机器人名为 Ethnobot，是一款在智能手机上运行的应用程序。特别需要指出的是，Ethnobot 可以在被试四处走动时，向他们预先提出设定好的问题，并提示他们扩充答案并拍照记录。它还引导他们参与展览会中研究人员认为会让他们感兴趣的特定部分。这种策略还允许研究人员从同一地点的所有被试收集数据。人类研究人员也进行了访谈，以补充 Ethnobot 在线收集的数据。

这项研究的总体目的是了解被试对展览会和使用 Ethnobot 的体验和感受。研究人员还将 Ethnobot 收集的数据与人收集的访谈数据进行了比较。

这项研究包括为期两天、四次使用 Ethnobot 的数据收集过程，涉及 13 名被试，他们年龄不等，且具有不同的背景。每天进行两次数据收集，一次在下午早些时候，另一次在下午晚些时候。每次收集持续几个小时。研究人员为每位被试配备了一部智能手机，并向他们展示了如何使用 Ethnobot 应用程序（图 14.4）。被试既可以独自体验，也可以组队体验。

图 14.4　用于英国皇家农业展览会的 Ethnobot。请注意，图中 Ethnobot 先将被试 Billy 引导到特定的地方（即 Aberdeenshire Village），然后问："发生了什么？"屏幕显示了 Billy 可选择的 5 个体验按钮（图片来源：Tallyn 等（2018）。经 ACM 出版社许可转载）

该实验主要收集了两种类型的数据：

- 被试从 Ethnobot 提供的按钮（称为体验按钮）形式的预定义评论列表（例如，"我获得了一些乐趣"或"我学到了一些东西"）中选择的对预定问题的回答，以及被试提供的开放式在线评论和照片，以响应 Ethnobot 的更多信息需求。被试可以在数据收集期间的任何时间提供这些数据。
- 被试当面回答研究人员的问题。这些问题关注的是没有被 Ethnobot 记录下来的被试体验，以及他们对使用 Ethnobot 的反应。

实验收集并分析了大量的数据。研究人员通过统计回答的数量对 Ethnobot 聊天记录中的预定义评论进行了定量分析。面对面的访谈被录音、转录和编码，这是由两名研究人员完成的，他们交叉检查了分析的一致性。开放式在线评论的分析方法与面对面访谈的数据分析方法类似。

分析显示，在每次数据收集中，被试平均花费 120 分钟与 Ethnobot 对话，平均有 71 条回复，并且平均提交了 12 张照片。一般来说，被试对 Ethnobot 的提示反应良好，并愿意添加更多信息。例如，被试 9 说："我真的很喜欢到处走走，拍照片。"当被问到"你有什么要补充的吗？"时，他说："是的，当然……"实验共收集了 435 个预定义回答，其中 70 个是关于被试所做的和经历的事情（见图 14.5）。最常见的回答是"我学到了一些东西"，其次是"我尝试了一些东西"和"我获得了一些乐趣"。一些被试还提供了照片来说明他们的体验。

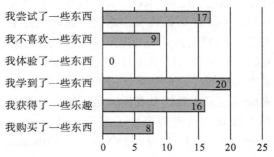

图 14.5　被试的回答提交数量（图片来源：Tallyn 等（2018）。经 ACM 出版社许可转载）

当研究人员询问被试对选择预先写好的评论有何反应时，8 名被试表示，他们认为相当有限制性，并希望在回答问题时更具灵活性。例如，被试 12 说："根据对展览会不同部分的反应，你应该有更多的选择。"然而，一般而言被试都很享受 RHS 和使用 Ethnobot 的体验。在将 Ethnobot 收集到的数据与人收集到的访谈数据进行比较时，研究人员发现，被试在回答面对面的访谈问题时提供的关于其体验和感受的细节要多于 Ethnobot 提供的。根据这项研究的结果，研究人员得出结论，即尽管使用机器人收集现场评估数据存在一些挑战，但它也有一些优势，特别是当研究人员不能在场干涉被试时。因此，使用机器人收集数据并用研究人员来补充数据的方式提供了一个很好的解决方案。

练习 14.6　1. 本评估使用什么样的环境？

2. 评估人员施加了多少控制？

3. 收集了哪些类型的数据？

解答　1. 评估是在自然户外环境中进行的。

2. 与案例研究 1 相比，研究人员对被试施加的控制更少，但 Ethnobot 会询问特定的问题，并提供一系列可供选择的回答。Ethnobot 还要求提供更多的信息和照片。此外，Ethnobot 被设定为引导被试到展览会的特定区域，尽管一些被试无视了这一引导，去了他们想去的地方。

3. Ethnobot 收集了一系列预定问题（封闭式问题）的回答，并提示被试提供更多的信息和照片。此外，研究人员采用半结构化、开放式的方式对被试进行了访谈。所收集的数据是定性的，但对不同回答的统计产生了定量数据（参见图 14.5）。一些人口统计数据（被试的年龄、性别等）也是定量的，详见其论文（Tallyn 等，2018）。

框 14.2 | 众包

互联网中存在千上万的潜在被试，他们能够快速地、几乎立即执行任务，或是为设计或实验任务提供反馈。Mechanical Turk 是亚马逊提供的一项服务，其中有数千名注册用户（称为 Turker），他们自愿参加各种在线测试，即所谓的"人类智能任务"（Human Intelligence Task，HIT），且其报酬非常低。HIT 最终由研究人员或公司提交，这些公司为一些简单的任务（比如给图片加标签）支付几美分，为参加实验支付几美元。在人机交互中使用众包的优势在于，与传统的实验室研究相比，它更灵活、更便宜，而且能更快地招募更多的被试。

在在线众包的早期阶段，Jeff Heer 和 Michael Bostock（2010）用它测试通过互联网邀请随机人员参加实验的可靠程度。通过 Mechanical Turk，他们要求 Turker 在不同的视觉显示界面下执行一系列感知任务。很多人表示，他们能够从统计上分析得到的结果并从发现中进行归纳。他们还开发了一组简短的测试题，并得到了 2880 个回复。然后，他们将使用众包的结果与已发表的实验报告的结果进行了比较。他们发现虽然使用 Turker 的研究结果显示出了比实验室研究结果更广泛的差异，但两种研究的总体结果是相同的。他们还发现，使用 Turker 进行实验的总成本是涉及相同人数的典型实验室研究成本的六分之一。尽管这些结果很重要，但在线众包研究也产生了关于 Turker 是否应得到适当的报酬的伦理问题——需要继续讨论的重要问题（参见例如 Vanessa Williamson，2016 的布鲁金斯学会文章）。

自 Jeff Heer 和 Michael Bostock 在 2010 年的研究以来，众包已经越来越受欢迎，并被广泛应用于各种应用中，包括收集设计理念（如 ideation，用于开发公民科学应用程序（Maher 等，2014）、管理救灾志愿者（Ludwig 等，2016）、递送包裹（Kim，2015）。众包所产生的贡献和创意，使得它对于及时获得公众反馈具有特别的吸引力。例如，在一项收集和改进十字路口设计的研究中，一个名为 CommunityCrit 的系统被用来收集社区成员的意见（Mahyar 等，2018）。贡献者也被授权了解整个规划过程。

公民科学也是一种众包形式。在亚里士多德和达尔文的时代，数据由人类来收集，因此人类有时被称为"传感器"。在过去的 10 多年里，收集到的数据量大幅增加，这得益于技术，尤其是智能手机和一系列其他数字设备（Preece，2017）的普及。例如，iSpotNature.org、iNaturalist.com 和 eBird.com 是用于收集世界各地生物多样性数据和鸟类行为数据的应用程序。

这些例子说明了众包成为一个可以针对任务进行改进、增强和扩展的强大的工具的原因。众包可以收集被试产生的大量潜在想法和数据，并让他们提供其他有用的信息，而这是很难通过其他方式实现的。包括谷歌、Facebook 和 IDEO 在内的一些公司都使用众包来尝试创意和收集对设计的评估反馈。

14.5　从案例中学到了什么

前述案例研究以及框 14.1 和框 14.2 提供了如何在不同的物理环境中使用不同的评估方法的示例，这些示例涉及用户以不同的方式回答各种问题。它们展示了研究人员如何在不同环境中进行不同程度的控制。案例研究还表明，在使用创新系统、处理由评估环境（例如，在线、分布式或户外）和所评估的技术产生的约束时，创新是必要的。此外，前面讨论的案例研究和框说明了如何做以下事情：

- 在实验室和自然环境中观察用户。
- 开发多种数据收集和分析技术，以评估用户体验目标，例如挑战和参与以及移动中的人。
- 利用众包技术在互联网上进行实验，这样在直接运行的时候就可以得到越来越多的被试。
- 利用众包技术招募大量被试，让他们为具有不同目标的各种项目做出贡献。

▌框 14.3▕ 评估语言 ─────────────────────────────

有时描述评估的术语可互换使用，并具有不同的含义。为了避免混淆，我们定义了以下术语（你可能会发现其他书籍使用不同的术语）。

分析：数据分析是指检查大量的原始数据，目的是对一种情况或一种设计进行推断。Web 分析通常通过分析用户的点击数据来衡量网站流量。

分析评估：这种评估模拟和预测用户行为。这个术语用于代表启发式评估、走查法、建模和分析。

偏差：评估的结果可能由于一些原因被歪曲。例如，使用过系统的用户装作新用户来对产品进行描述。

受控实验：这是一项旨在测试关于界面或其他维度的一些方面的假设的研究。受控的方面通常包括被试执行的任务、完成任务的可用时间以及进行评估研究的环境。

众包：这既可以当面完成（几十年来一直是公民科学中的典型方法），也可以通过网络和移动应用程序完成。众包为数百、数千甚至上百万人提供了评估产品或参与实验的机会。它要求被试人群使用新产品执行特定评估任务或者对产品进行评分或评论。

生态效度：一种特定类型的有效性，涉及环境如何影响甚至改变评估的结果。

专家评审或评论：一种由一个或多个具有可用性专业知识和用户群体知识的人员审查产品以寻找潜在问题的评估方法。

实地研究：在自然环境中进行的评估研究，例如在人们的家中、工作场所或休闲场所。

形成性评估：在设计期间进行的评估，以检查产品是否满足及是否持续满足用户的需求。

启发式评估：一种评估方法，通常应用典型用户的知识进行启发式引导，以识别可用性问题。

知情同意书：描述参与评估研究的被试将被要求做什么、收集的关于他们的数据将用来做什么以及他们参与研究时的权利。

野外研究：一种实地研究，其中观察用户在日常生活中使用产品或原型。

生活实验室：被配置为在自然环境（例如住宅）中测量和记录人们的日常活动的地方。

预测性评估：这种类型的评估使用基于理论的模型来预测用户的表现。

可靠性：一种方法的可靠性或一致性是指它在相同条件下、不同场合中产生相同结果的能力。

范围：指一个评估的结果可以推广的范围。

总结性评估：在设计完成后进行的评估。

可用性实验室：专为可用性测试设计的实验室。

可用性测试：衡量用户在各种任务上的行为。

用户研究：涵盖涉及用户的一系列评估的通用术语，包括实地研究和实验。

用户或被试：这两个术语可互换使用，均指参与评估研究的人员。

有效性：有效性涉及评估方法是否测量了应该测量的内容。

14.6 评估时需要考虑的其他问题

通过阅读案例研究，你可能会发现其他问题，比如提出好的问题来聚焦评估的重要性。

一个好的问题很重要，因为它有助于聚焦评估，并决定使用的最佳方法。另一个问题是如何找到合适的被试，以及在找到之后如何接近他们。你能让咖啡馆里的孩子参与研究吗？需要他们父母的许可吗？你要告诉被试什么？如果他们在研究的中途决定不想继续参与了怎么办？他们是可以停下来还是必须继续？两个中心问题是：

- 告知被试他们的权利
- 确保在描述你的评估结果时，你已经考虑到对其有影响的偏差和其他因素

14.6.1 告知被试其权利并获得其同意

大多数专业协会、大学、政府和其他研究办公室要求研究人员和进行评估研究的人员提供有关被试以及参与活动的信息。他们这样做是为了保护被试，确保他们不会在身体上或情感上受到危害，并保护他们的隐私权，特别是有关如何收集和处理被试数据的细节。许多大学和主要组织都必须制定这样的协议。实际上，特别审查委员会通常规定了所需的形式，许多还提供了必须完成的详细表格。一旦这些细节被接受，审查委员就会定期检查以监督合规性。在美国的大学里，它们被称为机构审查委员会（IRB）。

其他国家 / 地区的机构使用不同的名称、形式和流程来保护用户。有些国家 / 地区有不同的法律来管理用户隐私等领域，如第 8 章所述。例如，《通用数据保护条例》（GDPR）于2018 年推出，旨在加强欧盟所有个人的数据保护和隐私。这些法律不仅约束直接参与的国家，也约束与欧盟国家在研究项目或商业软件开发方面进行合作的其他国家的人。

多年来，IRB 表格变得越来越详细，特别是现在许多研究涉及互联网和人们通过社交媒体等通信技术进行的互动。当研究或评估研究涉及被视为易受伤害的人（如儿童、老年人和残疾人）时，IRB 审查尤为严格。

一些知名大学的几起诉讼提高了人们对 IRB 和类似的合规法律与标准的关注，以至于有时需要几个月的时间和多次修改才能获得 IRB 的认可。IRB 评审人员不仅对更明显的问题（比如会如何对待被试以及要求他们做什么）感兴趣，还想知道数据将如何分析和存储。例如，必须对被试的数据进行编码才能存储，以防被试的姓名称被曝光。

被试必须被告知他们将被要求做什么、将在什么条件下收集数据，以及当完成任务时他们的数据将被如何处置。被试还必须被告知他们的权利，例如，如果愿意，他们可以随时退出研究。这些信息通常以表格的形式呈现给被试，通常称为同意书，每个被试在研究开始前需要阅读并签字。当新法律出现时，如前面提到的欧盟的 GDPR，特别重要的是要了解这些法律将如何制定，以及它们对研究和评估研究的潜在影响。

一些公司拥有模板，用户体验研究人员和设计人员可以使用这些模板描述如何对待被试以及如何使用收集的数据，这样就不必为每个评估研究创建新文档。许多公司还要求评估被试签署保密协议，这要求他们在完成评估后不谈论产品且不告诉任何人评估的体验。公司这样做的原因是不希望竞争对手和公众在产品推出或修改之前了解产品。

▌窘境▏什么时候一个人被认为是弱势群体？这将对他产生什么影响？

弱势群体是谁？在生命的不同阶段，每个人都有可能成为弱势群体。然而，在任何特定的时间，有些人比其他人更容易受到伤害，例如，儿童和某些身体有残疾的人。此外，对弱势群体的定义因国家、地区和政策而异。因此，为了让你思考这个重要问题，以下两种情况是广义的类别。儿童在多大年龄可以阅读和签署同意书？是当他们被认为足够大，可以理解

他们被要求做什么的时候吗？可以是 12 岁，也可以是 16、18 或 21 岁，这取决于研究的类型。在一些国家，17 岁的孩子就可以结婚，但他们可能需要父母签署一份表格才能参加一项对社交机器人表情的真实性进行打分的评估研究。在寻求合理的同意和尊重个人及其家人的隐私权之间的平衡是什么？

14.6.2　影响方法选择和数据解释的因素

你必须做出以下决定：需要什么数据来回答研究问题、如何分析数据，以及如何呈现研究结果（见第 8 章和第 9 章）。在很大程度上，使用的方法决定了收集的数据类型，但仍然存在一些选择。例如，是否应该对数据进行统计处理？理想情况下，这个问题在收集数据之前就已经解决了，但是如果出现了意外的数据，例如来自野外研究的数据，那么这个问题可能需要在以后考虑。例如，野外研究有时会生成人口统计数据或计数（分类数据），这些数据可以使用描述性统计（如不同年龄段的人口百分比）进行分析和表示。还需要提出一些一般性问题：方法可靠吗？方法是否产生了所需的数据？评估研究是生态有效的还是通过研究改变了过程的本质属性？是否存在会扭曲结果的偏差？结果是否可以推广，即它们的可用范围是什么？

可靠性

方法的可靠性或一致性是指在相同情况下、不同场合中产生相同结果的能力。另一名评估者或研究者遵循完全相同的步骤应该得到类似的结果。不同的评估方法具有不同程度的可靠性。例如，严格受控的实验将具有高可靠性，而在自然环境中观察用户的可靠性将是可变的。非结构化访谈的可靠性较低：若不能重复完全相同的访谈过程，那么将很难得出相同的结论。

有效性

有效性涉及评估方法是否能够测量其预期将测量的内容。这包括方法本身和它被实现的方式。例如，如果评估研究的目标是了解用户如何在家中使用新产品，那么计划在实验室中进行实验是不合适的。在用户家中进行民族志研究将更为合适。如果目标是测量任务的平均完成时间，那么只记录用户出错数的方法将被视为无效。这些例子较为极端，但也可能会出现更微妙的错误，为每次研究考虑这些问题是有好处的。

生态效度

生态效度是一种特殊的有效性，它关注评估所处的环境如何影响实验结果。例如，因为实验室中的实验是受控制的，所以被试的行为和表现与在工作场所、家中或休闲环境中自然发生的情况完全不同。因此，实验室实验具有较低的生态效度，因为结果不可能代表现实世界中发生的事情。相比之下，民族志研究不会过多影响被试或研究地点，因此它具有较高的生态效度。

当被试意识到正在被研究时，生态效度也会受到影响。20 世纪二三十年代，西方电气公司（Western Electric Company）在美国的霍桑（Hawthorne）工厂进行的一系列实验发现了一个现象，这种现象有时被称为霍桑效应（Hawthorne effect）。研究调查了工作时长、供暖、照明等方面的变化对工人的影响，最终发现，与实验条件相比，工人对特殊待遇的反应更积极。类似的发现有时也出现在医学实验中。服用安慰剂剂量（一种不给药的假剂量）的患者表现出了症状的改善，这是因为他们得到了额外的关注，这让他们感觉良好。

偏差

当结果失真时会发生偏差。例如，执行启发式评估的专业评估者可能比其他人对某些类型的设计缺陷更敏感，这将反映在结果中。在收集观察数据时，评估者可能总是忽略他们认为不重要的行为类型。换句话说，他们可能会选择性地收集他们认为重要的数据。访谈者可能会通过声调、面部表情或者问题的表达方式对受访者的反应产生不必要的影响，因此保持对偏差的敏感很重要。

范围

评估研究的范围是指其研究结果的可推广程度。例如，一些建模方法，如用于评估键盘设计的 Fitts 定律（将在第 16 章中进行讨论），具有狭窄、精确的范围（夸大结果的问题在第 9 章中进行了讨论）。

深入练习

思考案例研究并回顾所使用的评估方法。

1. 对于本章讨论的两个案例研究，思考评估在系统设计中的作用，并记录评估的工件：在设计期间被何时评估、使用了哪些方法以及从评估中学到的内容。记录你特别感兴趣的方面。你可能会发现，构建一个类似如下所示的表是一个有用的方法。

已评估的研究或工件的名称	在设计的哪个阶段进行了评估	对研究的控制程度如何，用户的角色是什么	使用了什么方法	收集了什么类型的数据，是如何进行分析的	通过研究学到了什么	值得注意的问题

2. 影响评估的主要制约因素是什么？
3. 如何使用不同方法的结合，以更广泛地展示评估的情况？
4. 评估的哪些部分针对的是可用性目标？哪些部分针对的是用户体验目标？

总结

本章的目的是介绍评估的主要方法和常用方法。接下来的两章将对它们进行更深入的讨论。本章强调如何在与原型、计算机系统、计算机系统组件或设计工件（例如屏幕草图）交互时通过收集的体验信息来在整个设计中进行评估，从而改进设计。

本章在被试的参与范围、成本、努力程度、约束条件和可以得出的结果类型等方面概述了基于实验室的评估与实地研究的利弊。选择使用哪种方法取决于评估的目的、研究者或评估者的期望和他们可用的资源。

众包是一种创造性的方法，这种方法可以让具有不同想法和技能的人参与进来。最后，我们简要介绍了关于如何对待评估被试以及他们的隐私权的伦理问题。我们还提出了有关数据解释的问题，包括需要了解偏差、可靠性、数据和生态效度，以及研究范围。

本章要点

- 评估和设计联系紧密。
- 为了确立用户需求，评估中也会使用一些通用的数据收集方法，例如观察、访谈和问卷调查。
- 可在受控环境（如实验室、受控较少的实地环境或用户不在场的情况）中进行评估。

- 可用性测试和实验使得评估者对用户行为和测试内容拥有较高的控制水平。而在实地或野外评估中，被试通常很少受控或不受控。
- 在研究中，通常会结合不同的方法以提供不同的视角。
- 知情同意书可以让被试了解他们的权利。
- 重要的是不要过度相信评估的结果。

拓展阅读

KRUGE, S. (2014) *Don't Make Me Think: A Common Sense Approach to Web Usability* (3rd ed.). New Riders.

该书提供了许多可用性问题的实际示例，以及如何有效地避免它们。

LAZAR, J. , FENG, J. H. and HOCHHEISER, H. (2017) *Research Methods in Human-Computer Interaction* (2nd ed.). Cambridge, MA：Elsevier/Morgan Kaufmann Publishers.

该书提供了定性和定量方法的有用概述。第 15 章讨论了与人类被试合作的伦理问题。相关 PowerPoint 幻灯片可从以下网址获得：https://www. elsevier. com/books-and-journals/book-companion/ 9780128053904。

ROGERS, Y. , YUILL, N. and MARSHALL, P. (2013) "Contrasting Lab-Based and Inthe-Wild Studies for Evaluating Multi-User Technologies. " In B. Price (2013) *The SAGE Handbook on Digital Technology Research*. SAGE Publications：359-173.

这一章结合不同类型的技术平台，包括桌面和大型墙壁显示器，探讨基于实验室的评估研究和野外评估研究的优缺点。

SHNEIDERMAN, B. , PLAISANT, C. , COHEN, M. , JACOBS, S. , ELMQUIST, N. and DIAKOPOULOS, N. (2016) *Designing the User Interface：Strategies for Effective HumanComputer Interaction*（6th ed. ）. Addison-Wesley, Pearson.

第 5 章提供了另一种对评估方法进行分类的方法，并提供了有用的概述。

TULLIS, T. and ALBERT, B. (2013) *Measuring the User Experience* (2nd ed.). Morgan Kaufmann.

该书提供了对可用性测试的更通用的处理方法。它重点关注评估用户体验和用户体验设计。

评估研究：从受控环境到自然环境

目标

本章的主要目标是：

- 解释如何进行可用性测试。
- 概述实验设计的基础。
- 描述如何进行实地研究。

15.1 引言

想象一下，你设计了一个新的应用程序，用于支持 9 岁或 10 岁的学龄儿童和他们的父母在学校假期轮流照顾班级的仓鼠。该应用程序将安排哪些孩子在哪些时间负责仓鼠，并且记录何时喂食。该应用程序还提供有关计划仓鼠何时送至另一个家庭的详细说明以及有关其移交的安排。此外，教师和家长都可以访问时间表并留言。如何了解孩子、老师和父母是否可以有效地使用该应用程序以及是否对使用感到满意？你会采用什么评估方法？

在本章中，我们将描述从受控实验室到自然环境进行的评估研究。在此范围内，我们关注以下内容：

- 在可用性实验室和其他受控的类似实验室的环境中进行的可用性测试。
- 在研究实验室中进行的实验。
- 在自然环境（如人们的家、学校、工作和休闲环境）中进行的实地研究。

当你听到：

你就知道这是
一个软件项目

（图片来源：http://geek-and-poke.com。经 CC-BY 3.0 授权）

15.2 可用性测试

传统上，产品的可用性在受控的实验室环境中进行测试。这种方法强调产品的可用性。最初，它最常用于评估桌面应用程序，例如网站、文字处理程序和搜索工具。但是，现在测试非桌面应用程序和其他数字产品的可用性也很重要。在实验室或其他指定的受控环境中执行可用性测试，使设计人员能够控制用户的操作，并允许他们控制可能影响用户表现的环境。其目标是测试正在开发的产品对于目标用户是否可用以达成设计的任务以及测试用户是否对其体验感到满意。对于某些产品，例如游戏，设计师也想知道他们的产品是否令人愉快和有吸引力（第 1 章讨论了可用性和用户体验目标）。

15.2.1 方法、任务和用户

收集有关用户在预定义任务上的表现的数据是可用性测试的核心部分。如第 14 章所述，通常使用多种方法的结合来收集数据。数据包括用户的视频记录，其中包括他们的面部表情、击键的次数，以及鼠标和其他动作（例如滑动和拖动对象）。有时，被试被要求在执行任务时表述他们正在思考的内容并大声说出来（"出声思考"技术），以揭示他们的想法和计划。此外，用户满意度调查问卷通过让用户使用多个量表对产品进行评级来了解用户使用产品的实际感受。也可以与用户进行结构化或半结构化访谈，以收集关于他们对产品的喜爱之处和厌恶之处的信息。有时，设计师还会收集有关产品在实地的使用情况的数据。

为用户提供的任务通常包括搜索信息、阅读不同的字体、浏览不同的菜单以及上传应用程序。执行时间和用户执行不同类型操作的数量是两个主要的性能度量指标。获取这两项指标涉及记录典型用户完成任务（例如查找网站）所需的时间，以及用户所犯错误（例如在创建可视显示时选择不正确的菜单选项）的数量。以下定量指标常被用作收集用户表现数据的基准（Wixon 和 Wilson，1997）。

- 成功完成任务的用户数量
- 完成任务的时间
- 在不使用产品一定时间之后完成任务的时间
- 每个任务内犯错的数量和类型
- 每单位时间内的犯错数量
- 访问在线帮助文档或手册的次数
- 犯某个错误的用户数量

在进行可用性测试时，一个关键问题是被试的数量。早期的研究表明，5～12 是一个可接受的数量范围（Dumas 和 Redish，1999）。但更多的被试通常被认为是更好的，因为其结果往往代表着一个更大和更广泛的目标用户群体的选择。然而，当存在预算和进度限制时，让更少的用户参与测试是合理的。例如，关于一个设计理念（比如一个标志在网站上的初始位置）的快速反馈，只需要两三个用户报告他们发现这个标志的速度有多快，以及他们是否喜欢它的设计。有时，可以通过在网上发布初步问卷来收集用户关注的信息，从而使尽可能多的用户参与进来。然后，在后续的基于实验室的研究中，就可以以少量典型用户为对象更详细地研究主要关注点。

➡ 关于可用性测试的实用介绍，并描述了它与用户体验设计的关系——https://icons8.com/articles/usability-practical-definition-ux-design/。

15.2.2   实验室和设备

许多大型公司，如微软、谷歌和苹果公司，都在专门的可用性实验室中测试其产品，这种实验室由一个带有记录设备的主测实验室和一个观察室组成，设计师可以在观察室中观察实验中发生的事情和数据的分析情况。此外可能还有可供用户等待的接待区、存储区和观察者的观察室。这些实验室空间可以模拟现实世界的表面特征。例如，在测试办公产品或模拟酒店接待区使用时，可以将实验室改造为类似的环境。隔音、没有窗户、没有同事、没有其他工作场所，并且社交的干扰都被消除了，这样用户就可以集中精力完成为他们设定的任务。虽然像这样的受控环境使研究人员能够捕获关于用户持续表现的数据，但是他们无法捕获现实世界的中断对可用性的影响。

通常，有两到三个壁挂式摄像机用于记录用户的行为，如手部动作、面部表情和一般肢体语言。麦克风被放置在被试的座位附近，以记录他们的评论。视频和其他数据被传送到观察室的监视器上，观察室通常由一面单向镜与主实验室或工作室隔开，这样设计师可以看到被试在做什么，但被试看不到设计师。观察室可以是一个小观众席，有几排阶梯式的座位，或者更简单地由一排面向监视器的椅子组成。

图 15.1 展示了一种典型的安排，设计人员在观察室中通过一面单向镜观看可用性测试，同时观看视频监视器上记录的数据。

图 15.1   一个可用性实验室，其中设计者通过单向镜及显示器观察被试（图片来源：Helen Sharp）

可用性实验室的运行和维护可能是昂贵和劳动密集型的。因此，在 20 世纪 90 年代初期和中期，更便宜、更多功能的替代方法开始流行起来。移动和远程可用性测试设备的发展也符合在小型公司和其他场所进行更多测试的潮流。移动可用性设备通常包括摄像机、笔记本电脑、眼球追踪设备和其他测量设备，这些设备可以临时安装在办公室或其他空间，并将其转换成临时可用性实验室。这种方法的一个优点是可以将设备带入工作环境，使测试能够在现场进行，这使得测试不那么人为化，而且对被试来说更方便。

人们设计了越来越多的产品用于执行移动评估。有些被称为盒中的实验室或旅行箱中的实验室，因为它们被整齐地打包成一个方便携带的箱子。便携式实验室设备通常包括可以插入笔记本电脑的现成组件（以便可以直接录制视频并保存到硬盘）、眼球追踪器（其中一些以眼镜的形式来记录用户的目光变化，如图 15.2 所示）和记录用户情感反应变化的面部识别系统。

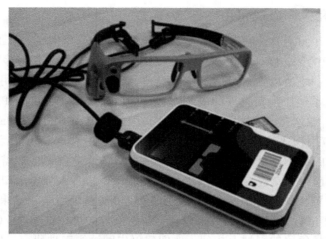

图 15.2　Tobii 眼镜式移动眼球追踪系统（图片来源：Dalton 等（2015），p.3891。经 ACM 出版社许可转载）

　　Nick Dalton 及其同事（Dalton 等，2015）进行了一项研究，其中使用了眼球追踪眼镜来记录购物中心里人们的视线。这项研究的目的是了解购物者在伦敦一家大型购物中心闲逛时是否会注意大型等离子屏幕显示器。显示器的大小各不相同，有些显示有关商场内不同场所的位置信息，有些则显示广告。22 名被试（10 名男性和 12 名女性，年龄为 19 至 73 岁）参加了这项研究，他们被要求在佩戴 Tobii 眼镜式移动眼球追踪器（见图 15.2）时执行典型的购物任务。这些被试被告知，研究人员正在调查人们在购物时所看到的东西，并没有提到显示器。每位被试的报酬是 10 英镑。他们还被告知，研究结束后将有一个抽奖活动，抽中的被试将获得价值高达 100 英镑的礼物。他们的任务是找到一个或多个他们会在中奖时购买的物品。研究人员的目的是使这项研究成为一项生态有效的现场购物任务，使被试专注于购买他们想要的物品。

　　当被试在商场内移动时，他们的目光被记录和分析，以确定他们看不同事物的时间占比。这是通过使用转换视线运动的软件来完成的，这样它们就可以覆盖在场景的视频上。然后，研究人员根据被试所看的事物（例如，购物中心的建筑、产品、人员、标牌、大型文本或显示器）对被试的目光进行编码。研究人员还进行了其他几项定量和定性分析。这些分析的结果显示，与其他早期研究的结果相比，被试注视显示屏（特别是大型等离子屏幕）的时间更长。

　　可用性测试的另一个趋势是进行远程的、无调节的可用性测试，在这种测试中，用户在自己的环境中使用产品执行一组任务，并且他们的交互被远程记录下来（Madathil 和 Greenstein，2011）。这种方法的一个优点是，可以在实际环境中同时测试许多用户，并且可以自动编译所记录的数据以进行数据分析。例如，当用户在网站上搜索特定信息时，可以对每个页面的点击进行跟踪和计数。这种方法在微软和谷歌等公司以及专门从事用户测试的公司（例如 Userzoom.com）中特别流行，因为这些公司会测试产品在世界各地的使用。通过远程测试，可以招募大量被试，他们可以在自己时区的休息时间参与。随着越来越多的产品面向全球市场设计，设计师和研究人员喜欢这种灵活性。远程测试还允许残疾人参与进来，因为他们可以在家里工作（Petrie 等，2006）。

15.2.3　案例研究：iPad 的可用性测试

当苹果公司的 iPad 首次上市时，尼尔森－诺曼集团的可用性专家 Raluca Budiu 和 Jakob Nielsen 进行了用户测试，以评估被试与专为 iPad 设计的网站和应用程序的互动情况（Budiu 和 Nielsen，2010）。之所以在这里展示这个经典的研究，是因为它说明了可用性测试是如何进行的，以及为了适应现实世界的限制而进行的修改类型（比如在 iPad 上市时只有有限的时间来评估它）。快速完成这项研究非常重要，因为 Raluca Budiu 和 Jakob Nielsen 希望向正在为 iPad 开发应用程序和网站的第三方开发者提供反馈。这些开发者在设计产品时很少或没有与苹果公司的 iPad 开发人员接触，因为在 iPad 发布之前，他们需要对 iPad 的设计细节保密。在发布之前，公众也有相当多的"炒作"，所以很多人都急于知道 iPad 是否真的能达到预期。由于需要快速进行第一项研究，并在 iPad 发布前后公布结果，因此他们在一年后，也就是 2011 年进行了第二项研究，以研究一些额外的可用性问题。（两项研究的报告都可以在尼尔森－诺曼集团的网站上找到，他们建议先阅读第二项研究。但在本案例研究中，报告是按时间顺序进行讨论的。研究报告详见 http://www.nngroup.com/reports/ipad-app-and-website-usability）。

15.2.3.1　iPad 的可用性：用户测试的第一个发现

在第一项关于 iPad 可用性的研究中，Raluca Budiu 和 Jakob Nielsen（Budiu 和 Nielsen，2010）使用了两种可用性评估方法：使用出声思考（用户说出他们正在做什么以及他们的想法（详见第 8 章））的可用性测试和专家评审（将在第 16 章讨论）。他们提出的一个关键问题是，与 iPhone 相比，iPad 的用户期望有哪些。他们关注这个问题的原因是之前对 iPhone 的研究表明，人们更喜欢使用应用程序来浏览网页。他们想知道这对于 iPad 来说是否相同，因为 iPad 的屏幕更大，网页更符合大多数人习惯使用的笔记本电脑或台式电脑上的风格。

可用性测试在美国的两个城市进行：加利福尼亚州的弗里蒙特和伊利诺伊州的芝加哥。测试过程是相同的：两者的目标都是了解用户在 iPad 上使用应用程序和访问网站时遇到的典型可用性问题。测试招募了 7 名被试。他们都是经验丰富的 iPhone 用户，拥有 iPhone 至少 3 个月，并使用过各种应用程序。

选择使用 iPhone 的被试的一个重要原因是，他们之前有过使用与 iPad 类似的应用程序的经验。

被试都是可能购买 iPad 的典型用户。其中 2 名被试 20 多岁，3 名 30 多岁，1 名 50 多岁，1 名 60 多岁。3 名男性，4 名女性。

在开始实验前，被试被要求阅读和签署知情同意书（从同意条款到研究条件）。同意书包括：

- 被试要做什么；
- 研究需要的时间；
- 参与实验的补偿；
- 被试随时可以退出研究的权利；
- 对于被试身份不泄露的承诺；
- 一份协议，包括对收集数据保密而且不能外泄等。

测试

实验开始时，被试可以探索他们在 iPad 上感兴趣的任何应用程序。他们被要求评论他们正在寻找或阅读的内容、他们对于一个网站的好恶程度，以及是什么让他们轻松地或困难地完成一项任务。一位观察者坐在每位被试旁边，观察并做笔记。这些会议都有视频记录，每次持续约 90 分钟。这项任务由被试独立完成。

在探索 iPad 之后，研究人员要求被被试打开特定的应用程序或网站进行探索，然后执行一项或多项任务，这同样需要他们独立完成。研究人员以随机顺序为被试分配任务。所有经过测试的应用程序都是专门为 iPad 设计的，但对于某些任务，用户被要求在不是专门为 iPad 设计的网站上执行相同的任务。对于这些任务，研究人员会注意平衡演示顺序，以便应用程序首先为某些被试呈现。研究人员从超过 32 个不同的网站中选择了 60 多个任务。一些例子如表 15.1 所示。

表 15.1　iPad 评估中使用的一些用户测试例子（改编自 Budiu 和 Nielsen，2010）

网站或应用程序	任务
iBook	下载一本免费的《爱丽丝漫游仙境》，并阅读前几页
Craigslist	为你的花园找一些免费的护根（mulch）
《时代》杂志	浏览一下杂志并且找到这周最好的照片
Epicurious	假设你今晚想要做一个苹果派。寻找一个菜谱并且弄清你要购买的材料
Kayak	假设你今年五月想去死亡谷（Death Valley）。寻找一家位于公园内部或公园附近的宾馆

资料来源：http://www.nngroup.com/reports/ipad-app-and-website-usability。由 Nielsen Norman Group 提供

练习 15.1　1. 这项研究的主要目的是什么？

2. 在这项研究中，哪些方面对于良好的可用性和用户体验是重要的？

3. 你认为表 15.1 中列出的典型 iPad 用户要执行的任务有多大的代表性？

解答　1. 这项研究的主要目的是通过研究被试如何与 iPad 上的应用程序和网站进行交互来查明他们如何与 iPad 进行交互。这项发现旨在帮助设计师和开发者决定是否需要为 iPad 开发特定的网站。

2. 第 1 章中对于可用性的定义暗示了 iPad 应该高效、安全、易学、易记而且有良好的效用性（即良好的可用性）。对于用户体验的定义暗示了它也应该支持创造，并在使用时给人启发、帮助且令人满意（即提供良好的用户体验）。iPad 是为大众设计的，因此用户的范围应该很广，包括不同年龄段和不同技术水平的人。

3. 测试任务只是评估者准备的一小部分样本，它们包括购物、阅读、规划还有看食谱。这些都是人们在日常生活中经常做的事情。

设备

测试使用了一种与前述的移动可用性组件很相似的工具（见图 15.3）。一台摄像机记录了被试在使用 iPad 时的交互与手势，然后再将记录移入笔记本电脑。网络摄像头也用来记录被试脸部的表情以及出声思考的评论。笔记本电脑运行了 Morae 软件，它可以将两种数据流同步。最多三个观察者（包括坐在被试旁边的主持人）在桌上的笔记本电脑前观看视频流（而不是直接观察被试），这样就不会侵占被试的私人空间了。

图 15.3　芝加哥可用性测试实验所用设备（图片来源：http://www.nngroup.com/reports/ipad-app-and-website-usability。由 Nielsen Norman Group 提供）

可用性问题

研究的主要发现表明被试能够与 iPad 上的网站进行交互，但其细节并不是最优的。例如，网页上的链接太小以至于不能准确点击，而且字体有时也很难辨认。根据很多著名的交互设计原则和概念，实验者将实验中出现的不同的可用性问题进行了分类，包括心智模型、导航、图片质量、在使用触摸屏时关于小区域的问题、缺少功能可见性、在应用程序中迷失方向、方向改变的影响、工作记忆以及收到的反馈。

对于数字产品的设计师来说，在应用程序中迷失方向是一个经典且重要的问题。一些被试会迷失方向，因为他们在 iPad 上点击得太多，既找不到后退按钮，也无法回到主页。一名被试说："……我喜欢把所有东西都放在那里（主页）。我的大脑就是这样工作的。"（Budiu 和 Nielsen，2010，p.58）其他问题的出现是因为，应用程序在 iPad 上可能出现的两种视图（竖屏和横屏中出现了不同）。

解释与呈现数据

基于研究的发现，Budiu 和 Nielsen 提出了一些建议，包括支持标准导航。研究的结果被写成报告，并且向手机应用开发者和大众公开。它为大众总结了实验中的关键发现，并提供了被试在使用 iPad 时遇到的问题的具体细节，以便开发者可以决定是否为 iPad 开发特定的网站和应用程序。

这项用户测试虽然揭示了 iPad 上的网站和应用程序的可用性，但并没有说明人们在日常生活中如何使用 iPad。这需要一项实地研究，以观察人们在家里、学校、健身房和旅行时如何使用 iPad，但由于时间不足，这项研究并没有进行。

练习 15.2　1.iPad 研究的被试选择是否合理？解释一下你的答案。

2. 被试在完成任务时进行出声思考会带来什么问题？

解答　1. 评估者试图找到具有代表性的被试，即有相似技术水平（即他们已经使用过 iPhone 或 iPad 了）的、不同年龄段的人。一般来讲，被试越多，研究发现越具有代表性。然而尽可能快地进行研究并将实验结果呈现给开发者与大众，也是很重要的。

2. 如果一个人专注于某项任务，则可能难以同时进行交谈。这可以通过要求被试成对工作来克服，以便被试互相谈论他们遇到的问题。

15.2.3.2 iPad 的可用性：元年

由于在 iPad 刚上市的时候，Raluca Budiu 和 Jakob Nielsen 就迫不及待地发布了他们的第一份报告，所以在一年后的 2011 年，他们又进行了更多的测试。尽管他们的许多建议（例如设计带有后退按钮的应用程序、更广泛地使用搜索功能以及通过点击首页头条直接访问新闻文章）已经实现，但仍然存在一些问题。比如，用户不小心误触，却无法返回起点。还有一些杂志阅读应用程序的目录访问步骤很多，导致用户在浏览杂志时体验不佳。

通常情况下，第二次可用性研究不会在第一次研究仅一年后就完成。然而，其第一次研究中的被试没有直接使用 iPad 的经历。因此在一年后，研究人员招募了至少有两个月 iPad 使用经验的被试。另一个原因是 iPad 的许多应用程序和网站的可用性问题需要保密，直到新款 iPad 正式上市为止。

这一次，他们对 16 名 iPad 用户进行了测试。其中一半是男性，一半是女性；14 人在 25～50 岁之间，2 人超过 50 岁。其新发现包括：普通用户使用一段时间后会对闪屏感到厌烦、屏幕上显示的信息太多、字体太小，以及当屏幕上出现多个选项时用户常常会滑到错误的选项。

2010 年的第一组测试说明了研究人员如何调整他们的测试方法以适应紧迫的时间。设计人员和研究人员经常需要修改他们进行用户测试的方式。其原因有很多，例如：在纳米比亚的一项研究中，研究人员报告说问卷的效果并不好，因为被试倾向于给出他们认为符合研究人员的预期的答案（Paterson 等，2011）。然而，"访谈和观察显示，被试并无法完成所有的任务，许多人挣扎着……如果没有这些访谈和观察，这些问题就不会在可用性评估中暴露出来"（Paterson 等，2011，p.245）。这个经验表明，使用多种方法可以揭示不同的可用性问题。更重要的是，它说明了不要想当然地认为针对一组被试使用的方法可以适用于另一组被试，特别是当被试的文化背景不同时。

➡ 关于可用性测试的另一个例子，请参见尼尔森 - 诺曼集团的 Kathryn Whitenton 和 Sarah Gibbons 撰写的题为"案例研究：NN/g 主页的迭代设计和原型测试"的报告（2018 年 8 月 26 日），该报告描述了使用原型的用户测试是如何集成到设计过程中的。报告的链接——https://www.nngroup.com/articles/case-study-iterative-design-prototyping/。

➡ 这段视频展示了一名女性在浏览一个网站以在自己的社区找到租车的最佳价格时遇到的可用性问题。它说明了可用性测试是如何由设计师和被试面对面完成的。该视频名为 Rocket Surgery Made Easy by Steve Krug，详见 https://www.youtube.com/watch?v＝QckIzHC99Xc。

15.3　完成实验

在研究环境中，需要检验特定的假设，以便对用户将如何操作界面做出预测。这样做的好处是，界面的一个特性比另一个更容易理解或使用起来更快的结论更加严格和可靠。假设的一个例子是，与级联菜单相比，情境菜单（即提供与由用户先前选择确定的情境相关的选项的菜单）更容易选择。

假设通常基于一种理论，如 Fitts 定律（见第 16 章）或以前的研究结果。在前述的例子中，可以通过计算被试从每种菜单类型中进行选择时所犯错误的数量来比较选择菜单选项的准确性。

15.3.1　假设检验

通常，假设涉及检查两个事物之间的关系，称为变量。变量分为两种：一种是自变量，它是研究人员的操作（即选择），在前面的例子中，它是不同的菜单类型；另一种是因变量，在同样的例子中，它是选择选项所花费的时间。它衡量了用户的表现，如果我们的假设是正确的，那么它将随着不同类型的菜单而有所不同。

当为了验证自变量对于因变量的影响而建立假设时，常见的方法是零假设和备择假设。前述例子中的零假设为：用户在情境菜单与级联菜单中找到事物的时间（即选择所需的时间）没有差别。备择假设为：两者之间有差别。当差别存在，却不确定差别的方向时，则称之为双尾假设，因为这可以用两种方式解释：在情境菜单或级联菜单中选择事物的时间更短。或者，假设也可以表述为单一影响。这称为单尾假设，即情境菜单比级联菜单选择事物更快，或相反。如果有很明确的理由确定差别的方向，则应该使用单尾假设。如果没有理由或理论支撑预测效果向哪个方向发展，则应该使用双尾假设。

你可能会问为什么需要零假设，因为可能会出现实验者不想看到的结果。它的提出是因为当数据不能完全支持对立假设时，可以否定本假设。如果实验数据表明两种菜单类型的选择时间存在很大差异，那么菜单类型没有影响的零假设就可以被否定，这与菜单类型有影响不同。相反，如果两者之间没有不同，零假设就不能被否定（即不能支持情境菜单比级联菜单选择事物更快的说法）。

为了检验一个假设，研究人员必须设置条件并找到保持其他变量不变的方法，以防止它们影响研究结果。这称为实验设计。需要对两种类型的菜单保持不变的其他变量可能包括字体大小和屏幕分辨率。例如，如果文本在一个条件下是 10 号字而在另一个条件下是 14 号字，则可能是这种差异导致了实验结果（即选择速度的差异是由于字体大小的不同）。控制变量也可以比较多种条件，例如：

条件 1＝情境菜单
条件 2＝级联菜单
条件 3＝滚动菜单

有时实验者想要调查两个自变量之间的关系，例如年龄与教育背景。一个假设可能是年轻人比老年人网上搜索更快，而且有着更高学历背景的人们在网上的搜索更有效。人们可以建立实验，从测试完成任务需要的时间和搜索的次数。数据分析的焦点在于分析两个变量（年龄和背景）的影响以及两个变量之间的关联。

假设检验也可以扩展到更多变量，但这将使实验设计更复杂。一个例子是测试年龄和教育背景对两种网络搜索方法的用户表现的影响：一种是使用搜索引擎，另一种是手动浏览网站上的链接。同样，目标是测试主要变量（年龄、教育背景和网络搜索方法）的影响，并寻找它们之间的任何相互作用。然而，随着实验设计中变量数量的增加，导致数据结果的因素将更难以找到。

15.3.2　实验设计

实验设计中的一个问题是确定需要哪些被试参与实验中的哪些条件。具有参与其中一个条件的经验将影响被试在另一个条件中的表现。例如，在被试通过多媒体接触过相同的学习材料后，如果一组被试通过另一种媒介（如虚拟现实）接触了材料，而另一组被试没有，那么接触这些材料的被试会有不公平的优势。此外，如果同一实验中的一个条件的被试看到了内容而其他被试没有看到内容，则会产生偏见。其原因是那些对内容有提前接触的人会有更多的时间来学习它，这会增加他们正确回答更多问题的可能性。所以，在一些实验设计中，可以在所有条件下使用相同的被试，这样就不会让这种训练效果使结果出现偏差。

设计有很多种：不同被试设计（different-participant design）、相同被试设计（same-participant design）和匹配被试设计（matched-pairs design）。在不同被试设计中，每组被试都被随机分配到不同的实验条件中，不同的被试完成不同的任务。这种实验设计的另一个名称是被试间设计（between-subjects design），其优点在于，由于每个被试仅执行一个任务，所以没有由被试之前实验的经验对下一个任务产生的影响造成的顺序或训练效应。缺点在于实验需要大量的被试，最小化以被试之间的任何个体差异效应，例如经验和专业的差异。随机分配被试与提前对被试进行测试（筛选出与其他被试明显不同的被试）都是有帮助的。

在相同被试设计（也称为被试内设计）中，所有被试都在所有条件下执行任务，因此只需要被试数量的一半。这种设计的主要目的是减少个体差异的影响，并了解每个被试的表现的变化。重要的是要确保被试执行此设置任务的顺序不会使结果产生偏差。例如，如果有两个任务 A 和 B，则一半被试应先执行任务 A，然后执行任务 B，而另一半则应先执行任务 B，然后执行任务 A。这称为平衡。平衡抵消了第一项任务可能产生的不公平影响，这称为顺序效应。

在匹配被试设计（也称为匹配设计）中，基于某些用户特征（例如专业知识和性别）对被试进行成对匹配，然后将每一对随机分配到不同的实验条件中。这种安排的一个问题是，未考虑的其他重要变量可能会影响结果。例如，在评估网站的可导航性时，使用网络的经验可能会影响测试结果。因此，网络专业知识将是匹配被试的良好标准。表 15.2 总结了使用不同实验设计的优缺点。

表 15.2　不同的被试参与方式的优缺点

设计	优点	缺点
不同被试设计	没有顺序效应	需要很多被试，被试之间的个体差异是个问题，随机分配的小组可以在一定程度上抵消以上影响
相同被试设计	消除了不同实验条件下的个体差异	需要采取一定的平衡措施来避免顺序效应
匹配被试设计	与不同被试相同，但是个体差异的影响减少了	永远不能确定被试在不同变量之间的匹配是否影响表现

实验中收集的衡量用户表现的数据通常包括子任务的反应时间、完成任务的总时间、每个任务的出错数量。数据分析需要比较不同条件下的表现数据。在每种条件下，每类数据都取均值，来验证是否存在显著差异。然后使用统计检验，如 t 检验（在统计学上比较几种条件的差异），来解释是否存在显著差异。例如，t 检验将揭示是从情境菜单还是级联菜单中选择选项更快。

15.3.3　统计方法：t 检验

有很多种可以用来测试随机结果可行性的统计方法，但是 t 检验是人机交互和相关领域（如心理学）最常使用的方法。数字（例如每种条件下（如情境菜单与级联菜单）被试从菜单中选择事物的时间）被用来计算均值（$\bar{x}$）和标准差（SD）。标准差是对平均值附近的分布或变化的统计度量。t 检验使用简单方程来验证两种条件的差异性。如果两者之间存在显著差异，我们就否定零假设，并接受备择假设。两组被试（一组 9 人、一组 12 人）的菜单选择时间的 t 检验结果是

$$t=4.53, \ p<0.05, \ \mathrm{df}=19$$

    t 值 4.53 是由 t 检验得到的；df 代表自由度，代表在一定条件下变量可以自由变化的数量范围。这个概念很复杂，我们只会简单解释它是怎样推导出来的，以及它一直是 t 检验结果的一部分。df 的计算公式为 $\mathrm{df}=(N_a-1)+(N_b-1)$，$N_a$ 是一种条件下的被试数量，而 N_b 是另一种条件下的被试数量。在我们的例子中，$\mathrm{df}=(9-1)+(12-1)=19$。$p$ 为事件不随机发生时的概率。所以，当 $p<0.05$ 时，意味着效应很可能不是随机发生的，而且只有 5% 的机会是随机发生的。换言之，两种条件之间很有可能存在差异。一般来讲，$p<0.05$ 可以很好地否定零假设，虽然更低的 p 值更具说服力。$p<0.01$ 意味着效应几乎不可能是随机产生的，因为发生这种情况的概率只有 1%。

15.4 实地研究

    越来越多的评估研究在自然环境下完成，且很少控制甚至不控制用户的活动。这很大程度上是因为办公环境之外的实验技术的逐渐成熟。例如，移动、环境、物联网等技术已经可供家庭、室外和公共场所使用了。一般来讲，实地研究可以用于评估这些用户体验。

    如第 14 章所述，在自然环境中进行的评估与在受控环境中进行的评估有很大不同。在受控环境中，任务是固定的。相比之下，自然环境中的研究往往是随机的，因为活动可能被无法预测或控制的事件打断，例如电话、短信、天气以及来往的人群。这符合人们在日常的复杂世界中与产品互动的方式，但通常与他们在实验室环境中执行固定任务的方式不同。在产品的最终使用环境中评估人们如何思考、与产品交互和使用产品，可以更好地了解产品在现实世界中的有效程度。但在此环境中测试特定的界面会更难，因为影响交互的许多环境因素是无法控制的。因此，不可能像在实验室等受控环境中那样，以相同程度的确定性来解释人们对某产品的反应或使用。取而代之的是，可以获得定性的行为和活动的描述，揭示人们如何使用产品并对其设计做出反应。

    实地研究的时间跨度可能是几分钟、几个月，甚至几年。数据主要是通过观察和访谈来收集的，比如通过收集视频、音频、现场笔记和照片来记录所选择的环境中发生了什么。此外，被试可能会被要求填写纸质或电子日记，这些日记会在一天中的特定时间在智能手机、平板电脑或其他手持设备上运行。研究人员可能感兴趣的报告类型包括：正在进行的活动被中断的原因，在与产品交互时遇到的问题，在位于特定位置时遇到问题，以及如何、何时和是否能返回被中断的任务。该技术基于经验采样法（ESM），第 8 章对其进行了讨论，该方法通常用于医疗保健（Price 等，2018）。关于某些日常活动（如饮食习惯，或诸如电话和面对面交谈的社交互动）频率和模式的数据也会被记录下来。在智能手机上运行的软件会触发短信，以一定的时间间隔研究被试，要求他们回答问题或填写动态表单和清单。这些可能包括记录他们在做什么、他们在某个特定时间的感觉、他们在哪里，或者他们在过去一小时里进行了多少次谈话。

    在任何一种评估中，当进行实地研究时，决定是否告知被观察的人他们正在被研究以及研究或会议将持续多久，比在实验室的情况下要困难得多。例如，当研究人们与环境显示器或之前描述的商场显示器（Dalton 等，2016）的互时时，告知他们在参与研究可能会改变他们的行为方式。同样，如果人们在城市里行走时使用在线街道地图，那么他们的交互可能只需要几秒钟，但是告诉他们正在被研究将会扰乱他们的行为。确保实地研究被试的隐私也很重要。例如，对于参加为期数周或数月的实地研究的被试，应该按第 14 章所述的通常方式告知他们该研究，并让他们签署知情同意书。在持续时间较长的研究中，比如在人们家里进行的研究中，设计师需要确定要记录活动的哪些部分以及如何记录，并就其被试达成一致。例如，如果设计师想要设置摄像头，那么它们需要被安装在隐蔽的地方，被试需要提前知道摄像头在哪里，以及将在什么时候记录他们的活动。设计师还需要提前确定原型机或产品出现故障时的解决方案。是可以指示被试自己解决问题，还是需要召集设计师重新设计？如果是在公共场所评估昂贵或珍贵的设备，那么也需要布置安全措施。其他实际问题也可能需要考虑，它们取决于地点、评估的产品，以及研究的被试。

利用 Ethnobot 收集用户在英国皇家农业展览会中参观时的行为和感受的研究（详见第14 章）就是一个实地研究的例子。研究人员广泛地探索了人们如何在自己的文化和环境中使用和适应新技术。所谓适应，指的是被试如何使用、集成和调整技术，以满足他们的需求、欲望和生活方式。在自然环境下的研究结果通常以小插图、摘要、关键事件、行为模式和叙述的形式进行报告，以展示产品如何被使用、适应和融入环境。

15.4.1　野外研究

多年来，人们越来越热衷于进行野外研究，以确定人们如何持续就地使用一系列新技术或原型。"野外"一词反映了该研究的背景，即在自然环境中部署和评估技术（Rogers，2011）。研究人员不是寻找适合现有实践和环境的解决方案，而是经常探索可能改变甚至扰乱被试行为的新技术可能性。他们创造机会、执行干预措施，并鼓励不同的行为方式。关键问题是人们会如何反应、改变并将其整合到日常生活中。在不同时期和不同时间间隔进行的野外研究可以揭示与实验室研究截然不同的结果。实验室研究和野外研究结果的比较显示，虽然许多可用性问题可以在实验室研究中发现，但技术的实际使用方式却很难辨别。比如用户如何接近新技术、他们可以从中获得的各种好处、他们如何在日常环境中使用它，以及随着时间的推移持续使用的情况（Rogers 等，2013；Kjeldskov 和 Skov，2014；Harjuniemi 和Häkkila，2018）。下面的案例描述了一项实地研究，其中研究人员评估了针对手术患者的疼痛监测装置。

┃案例研究┃疼痛监测装置的实地研究 ─────────────────────

监测患者的疼痛并确保他们在手术后所经历的疼痛程度是可以忍受的，是帮助患者康复的重要部分。然而，疼痛监测是令医生、护士和护理人员头疼的问题。收集预定的疼痛读数需要时间，并且可能很困难，因为患者有时会睡着或者不想被打扰。通常情况下，护士会在医院记录疼痛评级，要求患者按 1～10 的等级评定疼痛。

在开展该案例研究的重点，即实地研究之前，Blaine Price 和他的同事（Price 等，2018）已经花了相当长的时间在医院观察患者并与护士交谈。他们进行了可用性测试，以确保其设计的 Painpad（一种用于报告疼痛程度的疼痛监测实体装置）运行正常。例如，他们检查了显示器的可用性、医院环境中设备覆盖的适当性以及 LED 显示器是否正常工作且可读。换句话说，他们确保了具有一个完备的环境以供实地研究正常进行。

该实地研究的目的是评估两所英国医院从门诊手术（全髋或膝关节手术）中恢复的患者对 Painpad 的使用情况。Painpad（见图 15.4）使患者能够通过按下键盘上的按键来记录他们的疼痛等级。研究人员对与患者如何与 Painpad 进行交互的许多相关方面感兴趣，特别是该装置在医院环境中的稳定性与易用程度。他们还希望了解患者是否会按要求每两小时评估一次疼痛，以及使用 Painpad 的评级与护士记录的评级的差异。他们还研究了使用 Painpad 的老年患者的偏好和需求，以及有关可视性、可定制性、易操作性以及影响其在医院环境中的可用性的其他因素。

图 15.4   Painpad，一种用于住院患者自我记录疼痛的装置（图片来源：Price 等（2018）。经 ACM 出版社许可转载）

数据收集和被试

两项研究共涉及 54 人（一项研究 31 人，另一项 23 人）。数据筛选排除了没有使用 Painpad 的被试，或者护士没有收集可以与 Painpad 数据进行比较的数据的被试。由于研究的保密性，因此研究人员谨慎地考虑了伦理因素以确保数据安全存储并确保患者的隐私。13 名患者为男性，41 名为女性。他们的年龄范围为 32～88 岁，平均年龄和中位年龄分别为 64.6 和 64.5。他们在医院度过的时间为 1～7 天，平均时间为 2～3 天。

在手术结束后，研究人员为每个患者都配备了一个位于床边的 Painpad，并鼓励患者尽早使用它。Painpad 被设计为提示患者每两小时报告一次疼痛程度。该时间间隔基于医院收集疼痛数据的理想临床目标。每次评级开始时，Painpad 会交替闪烁红灯和绿灯（最多 5 分钟），并发出几秒钟的声音提醒。患者的疼痛评级由 Painpad 自动加盖时间戳，并存储在安全的数据库中。除了使用 Painpad 收集的疼痛评级外，护士会每两小时收集患者的口头疼痛评级。这些分数被输入患者的评级表格，然后由高级护士录入数据库，并提供给研究人员用于与 Painpad 数据进行比较。

当患者康复时，他们会收到一份简短的调查问卷，询问 Painpad 是否易于使用、他们的使用频率，以及他们是否注意到闪烁的灯光和声音通知。他们还被要求在 5 级 Likert 评级量表上评估对 Painpad 的满意度，并写下他们想要分享的关于 Painpad 的使用经验等任何其他评论。

数据分析和呈现

研究人员使用了三种类型的数据分析。他们根据问卷调查了患者对 Painpad 的满意程度，患者按每两小时的要求对 Painpad 进行疼痛评估的完成情况，以及由 Painpad 收集的数据与护士收集的数据的比较。

研究人员共收集了 19 份完整填写的满意度调查问卷，结果显示 Painpad 受到好评并且易于使用（平均评分为 4.63，最高评分为 5）并且很容易记得使用它。有 16 位受访者评论说，他们从未在输入疼痛评级时出错，而 Painpad 的界面设计被评为"好"，被试对此感到"满意"。闪烁的灯光能够有效地吸引患者对 Painpad 的注意力。大多数患者在大部分时间注意到了灯光，有些患者有时注意不到灯光，而有三位患者表示根本没有注意到灯光。声音提醒的有效性得到了中等评级：有些患者认为它"太大声且烦人"，而有些认为它太柔和了。研究人员从调查问卷的意见收集中得到了更多微妙的反应和想法。例如，患者 P49 写道，"我认为这对于监测一天中的疼痛模式变化是有用的。"患者 P52 评论说，"每日的疼痛评级走势图可能有帮助。"一些活动受限或有其他困难的患者表示，因为有时很难拿到设备或听到声音提醒，他们常常无法顺利使用 Painpad。

在删除无效的条目后，使用 Painpad 收集的评级总数为 824，而护士收集的评级总数为645。这表明患者记录的疼痛评级数量高于护士通常在医院收集的疼痛评级数量。为了研究患者每两小时使用 Painpad 进行评级的完成情况，研究人员必须定义可接受的时间范围。例如，他们接受在每两小时的时间点之前 15 分钟和之后 15 分钟提交的评级。该分析显示，与护士收集的评级相比，使用 Painpad 对两小时时间表的依从性更强。

总体而言，Painpad 的评估表明，它是一种可以用于收集医院患者疼痛评级的设备。当然，Blaine Price 和他的团队还有更多问题需要研究。其中一个显而易见的问题是：为什么患者能提供更多的疼痛评级并且更能遵守使用 Painpad 时的预定疼痛记录时间？

练习 15.3　1. 为什么 Painpad 是在实地而不是在受控的实验室环境中进行评估的？

2. 研究人员在实地研究中收集了两类数据：疼痛评级和用户满意度调查问卷。每种类型对我们理解 Painpad 的设计有何贡献？

解答　1. 研究人员想要了解刚刚接受过门诊手术的患者如何使用 Painpad。他们想知道患者是否喜欢使用 Painpad、他们是否喜欢它的设计，以及他们在医院环境中使用时遇到的问题。在 Painpad 的早期开发过程中，研究人员进行了几项可用性评估，以检查它是否适合在实际医院环境中进行测试。在实验室中进行类似的评估是不可能的，因为很难模拟在医院中会遇到的不可预测的事件（例如，进入病房的访客、与医生和护士的对话等）。此外，患者在手术后所经历的疼痛不会在实验室中发生，也不能被模拟。研究人员已经评估了Painpad 的可用性，现在他们想看看它是如何在医院中发挥作用的。

2. 收集的疼痛数据每两个小时由 Painpad 和护士分别记录。这样研究人员能够将使用Painpad 记录的疼痛数据与护士收集的数据进行比较。研究人员还向一些患者提供了用户满意度调查问卷。患者通过从 Likert 量表中选择评分来回答问题。他们还邀请患者在意见框中提出意见和建议。这些意见有助于研究人员更加细致地了解患者的需求以及对设备的评价。例如，他们了解到一些患者由于其他问题（如听力不佳和运动受限）而无法充分利用 Painpad。

15.4.2　其他观点

当研究人员感兴趣的行为只有在长时间使用特定类型的软件（如复杂的设计程序或数据可视化工具）后才能显露出来时，也可以进行实地研究。例如，使用复杂的可视化工具进行知识发现的用户问题解决策略的预期变化可能在数天或数周的活跃使用后才会出现，因为用户需要时间熟悉、掌握该工具（Shneiderman 和 Plaisant，2006）。为了评估这些工具的功效，最好在用户工作场所的现实环境中对其进行研究，以便他们可以处理自己的数据并设置自己的日程，以提取与其职业目标相关的见解。

这些关于专家如何学习和与工具交互以完成复杂任务的长期评估通常从访谈开始,其中研究人员检查被试是否有问题需要处理、有可用的数据和要完成的时间表。因为这些是基本的属性,必须呈现出来才能进行评估。然后被试将接受该工具的入门培训,此后是 2~4 周的新手使用阶段和 2~4 周的成熟使用阶段,最后是半结构化访谈。研究人员可根据需要提供额外的帮助,从而减少研究人员和被试之间的传统分离,这种联系使研究人员能够更深入地了解用户在使用软件时遇到的困难和取得的成功。还要记录其他数据,例如每日日记、自动使用日志、结构化问卷和访谈,以从多维角度分析软件的优势和劣势。

有时会采用特定的概念和理论框架来指导评估的执行方式并分析从评估中收集的数据(参见第 9 章)。这使得数据能够在特定的认识过程、社交实践(例如学习)、会话或语言交互等更一般的层面上有更好的可解释性。

框 15.1 一项评估研究应该涉及多少被试?

这个问题的答案取决于研究的目标、研究的类型(例如可用性研究、实验、实地研究等),以及面临的约束(例如,时间期限、预算、招募代表被试和设施可用性)。第 8 章广泛地讨论了这个问题。这里的重点是本章讨论的评估研究类型。

可用性研究

许多专业的可用性顾问推荐 5~12 名被试在完全受控或部分受控的环境中进行研究。然而,正如对 iPad 的研究所示,6 位被试产生了大量有用的数据。虽然更多被试可能有更精确的结果,但 Radiu Budiu 和 Jakob Nielsen(2010)受到时间上的限制,他们需要快速完成研究并发布结果。后来,Radiu Budiu 和 Jakob Nielsen(2012)说:"如果你想要一个数字,那么答案很简单:在可用性研究中测试 5 个用户。使用 5 个人进行测试可以发现和使用更多被试时一样多的可用性问题。"也有人说,一旦同样的问题开始出现,并且没有新的问题发生,就该停止了。

实验

实验中需要多少被试取决于实验设计的类型、要调查的因变量的数量以及使用的统计测试类型。例如,实验设计中的条件数量会影响所使用的统计类型和所需的被试数量。因此,建议咨询统计学家或参考 Caine(2016)和 Cairns(2019)等人的书籍和文章。其中许多实验的最少被试数量是 15(Cairns,2019)。

实地研究

实地研究的被试数量会有所不同,这具体取决于研究对象:可能是住宅中的一个家庭、工程公司中的软件团队、操场上的孩子、生活实验室中的整个社区,甚至是成千上万的在线用户。虽然实地研究可能不能代表其他群体的行为,但从这些研究中收集到的关于被试如何学习使用一项技术并随着时间的推移适应它的详细发现可能会很有启发意义。

深入练习

本深入练习将在第 11 和 12 章末尾介绍的在线预订项目上继续进行。使用你开发的任何原型来表示产品的基本结构,请按照以下要求进行评估:

1. 根据你对系统需求的了解,制定标准任务(例如,为某演出预订两个座位)。

2. 思考你和被试之间的关系。你需要使用知情同意书吗？如果需要，则准备合适的知情同意书。

3. 选择 3 个典型用户，可以是朋友或同事，要求他们使用你的原型来完成任务。

4. 记录每个用户遇到的问题。如果可能的话，为其表现计时（如果碰巧有相机或带摄像头的智能手机，你可以拍摄每个被试）。

5. 由于系统还没有实现，因此你无法在典型的使用环境中进行研究。但是，假设你在计划受控的可用性研究和实地研究，你会怎么做？你需要考虑哪些事情？你会收集哪种数据，以及如何分析它？

6. 在这种情况下进行受控研究与在自然环境中研究产品有哪些主要的优势和劣势？

总结

本章描述了不同环境下的评估研究，重点关注受控实验室研究、实验和自然环境中的实地研究。本章以 iPad 首次发布时的研究以及一年后进行的第二项研究为例介绍了可用性测试。然后讨论了实验设计，其涉及在受控研究实验室中测试假设。本章最后讨论了实地研究，其中被试在自然环境中使用原型和新技术。Painpad 的例子涉及两家医院中刚结束手术的患者，评估他们如何使用一种能够全天监测其疼痛水平的移动设备。

可用性测试、实验和实地研究之间的主要区别包括研究的地点（可用性实验室或临时可用性实验室（包括第 14 章讨论的生活实验室和在线研究）、研究实验室，或自然环境）和控制程度。一方面是实验和实验室测试，另一方面是野外实地研究。大多数研究使用不同的方法组合。设计师经常需要调整他们的方法来应对评估正在开发的新系统时面临的不寻常情况。

本章要点

- 可用性测试通常在可用性实验室或临时可用性实验室中进行。这些实验室使评估者可以控制测试环境。可用性测试还可以通过远程、在线和在生活实验室中完成。
- 可用性测试关注表现的测量，如当完成一系列预设任务时，被试的犯错数量和完成时间。直接和间接观察（视频与键盘敲击记录）通过用户满意度问卷调查和访谈来补充。
- 已开发出的移动和远程测试系统比可用性实验室更方便且价格更合理，如移动眼球追踪仪、面部识别系统等设备。许多公司继续使用可用性实验室，因为它们为整个团队提供了一个场所，研究人员可以聚集在一起观察和讨论用户如何响应正在开发的系统。
- 实验通过控制变量法来验证假设。
- 研究者控制自变量以便测量因变量。
- 实地研究是在自然环境中实施的评估研究。它旨在探索人们是如何在真实环境中与技术进行交互的。
- 实地研究涉及在自然环境中使用原型或技术，也称为野外研究。
- 有时实地研究的结果是出人意料的，特别是通常旨在探索被试如何在自己的家、工作地点或者户外使用新技术的野外研究。

拓展阅读

KELLY CAINE (2016). Local Standards for Sample Size at CHI. *Chi4good*, CHI 2016, May 7-12, 2016,SanJose,CA,USADOI：https://doi. org/10. 1145/2858036. 2858498.

在该论文中，Kelly Caine 指出 CHI 社区由来自各种学科的研究人员组成（也在第 1 章中提到），他们使用各种方法。此外，CHI 研究人员经常处理约束（例如，为无障碍研究寻找被试）。因此，参与研究的被试数量可能与标准统计资料中建议的数量不同。该论文的讨论基于对 CHI（该领域最重要的会议之一）接受的论文的分析。

PAUL CAIRNS (2019). *Doing Better Statistics in Human-Computer Interaction*, Cambridge University Press.

这本工具书主要用于辅助人机交互研究人员规划或完成数据分析。

ANDY CRABTREE, ALAN CHAMBERLAIN, REBECCA GRINTER, MATT JONES, TOM RODDEN, and YVONNE ROGERS (2013). Introduction to the special issue of "The Turn to The Wild" *ACM Transactions on Computer-Human Interaction*（*TOCHI*）, 20（3）.

这些文章集提供了多年来在野外进行的项目的深入案例研究，其研究内容包括儿童的讲故事移动应用程序的广泛使用和在线社区技术的应用等。

JONATHON LAZAR, HEIDI J. FENG, and HARRY HOCHHEISER, (2017). *Research Methods in Human-Computer Interaction*.（2nd edition）. Cambridge, MA：Elsevier/Morgan Kaufmann Publishers.

第2~4章描述了如何设计实验以及如何进行基本的统计测试。

JAKOB NIELSEN and RALUCA BUDIU (2012). *Mobile Usability*. New Riders Press.

这本书试图回答我们如何在智能手机、平板电脑和其他移动设备上创造可用性和令人满意的用户体验。在 NN/G 网站（nngroup. com）上也有大量的最新论文。

COLIN ROBSON (1994, 2011). *Experimental Design and Statistics in Psychology*. Penguin Psychology.

虽然这本书的出版距现在已经很久了，但这本书对实验设计和基本统计进行了基本的介绍。同一作者的另一本有用的书是由 Blackwell Publishing 于 2011 年出版的《真实世界研究》（第 3 版）。

对 danah boyd 的访谈

danah boyd 是微软研究院的首席研究员，数据与社会研究院的创始人和主席，也是纽约大学的客座教授。

danah 在研究中调查了技术和社会的交集，并着眼于限制技术在强化不平等方面的滥用。在 2014 年，她出版了《那很复杂：网络少年的社会生活》。这本书调查了青少年与社交媒体的交互。她的博客是 www.zephoria.org/thoughts，推特是 @zephoria。

danah，请你简要介绍一下你的研究以及你的动力是什么。

我是一名研究技术与社会的相互作用的民族志学家。近十年来，我研究了社交媒体的不同方面，尤其是美国青少年如何将社交媒体融入他们的日常生活。正因为如此，我关注了许多流行的社交媒体服务的兴起——MySpace、Facebook、YouTube、Twitter、Instagram、Snapchat 等。我调查了青少年使用这些服务的情况，但也考虑了这些技术如何更广泛地融入青少年的生活。因此，我花了很多时间驱车到美国各地与青少年及其父母、教育工作者、青年部长、执法人员和社会工作者交谈，试图了解青少年的生活是什么样子的，以及科技在什么地方适用。

最近，我一直在关注数据驱动技术如何在社会的许多方面发挥核心作用。机器学习和其他形式的人工智能等技术严重依赖于数据基础设施。但是，当数据被操纵、滥用或歪曲时会发生什么呢？我的目标是研究社会技术上的脆弱性，并设想如何最大限度地最小化技术在强化不平等或造成伤害上的应用。正如 Melvin Kranzberg 所说，"技术不好也不坏，它也不中立。"我正试图弄清楚技术决策是如何与文化实践相交叉的、谁会受到影响、以何种方式受影响、正确的交叉点是什么。弄清楚以上问题可以帮助我们建立一个宜居的社会。为了做到这一点，需要在学科、部门和框架之间相互转换，来理解我们已经达到的复杂程度。

根本上说，我是一个社会科学家，致力于理解社会世界。技术塑造了社会动态，为理解文化实践提供了一个有利的视角。

你认为好的民族志是什么样子的（请举你自己工作中的例子）？

民族志学关于文化逻辑和实践的映射。要成功地做到这一点，深入了解特定社区的日常实践并尝试以他们自己的方式理解它们是很重要的。下一个阶段是尝试在更广泛的理论和思想的论述中建立观察的基础，为理解文化动态提供一个框架。

许多人都问我为什么不厌其烦地驱车去往全国各地来和年轻人交流，因为我本可以在网上完成这一切。网上可见的只是人们行为的一小部分，而且仅通过观察行为的痕迹就得出结论很容易误解青少年的动机。进入他们的生活，理解他们的逻辑，并了解技术如何与日常实践相联系，这些都是至关重要的，尤其是因为青少年没有明显的"线上"和"线下"生活之分。这些都是相互交织的，所以有必要从不同的角度看待问题。

当然，这只是数据收集过程。我也坚信分析是迭代的，在这个过程中包含其他涉众是很重要的。二十多年来，我一直在博客上分享我的思考，部分原因是为了建立一个强大的反馈循环，我非常喜欢这种循环。

我知道你在 Facebook 和 MySpace 的工作中遇到了一些惊喜和启示。你能和我们分享一下吗？

从 2006 年到 2007 年，在和全国各地的青少年交谈的过程中，我开始注意到一些青少年在谈论 MySpace，一些青少年在谈论 Facebook。在马萨诸塞州，我遇到了一位年轻女士，她很不自在地告诉我，她学校里的黑人孩子都在用 MySpace，而白人孩子都在用 Facebook。她将 MySpace 描述为"像贫民窟一样"。我参加这个项目并不是为了分析美国的种族和阶级动态，但在她的评论之后，我无法避免地开始思考这些。我开始研究我的数据，意识到种族和阶级可以解释哪些青少年更喜欢哪些网站。我对此感到很不舒服，而且完全背离了我的智力优势，因此我写了一篇关于我所观察到的现象的非常尴尬的博客文章。不管是好是坏，英国广播公司以"加州大学伯克利分校的正式报告"的形式报道了这一文章。在接下来的一周里，我收到了一万多条信息。有些人进行了严厉的批评，有些人对我和我的意图做出了臆测。但其中的青少年却表示同意。然后两个青少年开始向我指出，这不仅仅是一个选择的问题，而是一个情感转移的问题，一些青少年从 MySpace 转移到 Facebook，因为 MySpace 不那么受欢迎，而 Facebook 是"安全的"。无论如何，在认识到其中的种族主义和阶级根源后，我花了很多时间试图解开青少年在一篇名为"白人在公共网络中迁移？种族和阶级如何塑造了美国青少年在 MySpace 和 Facebook 中的参与度"的论文中谈论这些网站时使用的不同语言。

如今，这一切似乎都过时了，但我在 MySpace 和 Facebook 上看到的模式仍在重复。Snapchat 和 Instagram 之间的紧张关系且也有类似的模式，WhatsApp 和 iMessage 也是如此。此外，使用社交媒体的网络动力正日益被操纵，这可能会加强社会内部的社交分裂。我从未想过，2004年我看到的那些试图削弱注意力经济的青少年，会创造出一个模板，仅在10年后就可以用来影响世界各地的民主对话。

我知道你在大数据方面做了很多工作，其中一些工作关注社交媒体。你有什么发现？你对未来有什么担忧？

说实话，我对社交媒体和数据分析最担心的是，这些技术是在一种特定的金融化资本主义形态下运作的，这种资本主义将短期利润和恶性增长置于其他社会价值之上，包括民主、气候可持续性和社区凝聚力。即使数据分析项目从理想的地方开始，随着公司的成长和不同类型的财务压力，这些理想也很难保持不变。因此，能够利用数据增强社区能力的技术很快就会被用于剥削的目的。我真的在努力平衡我对技术的热爱和我对这些工具将被用于扩大不平等、传播虚假信息、增加气候风险和出于政治目的使社会两极分化的担忧。

评估：检查、分析和建模

目标

本章的主要目标是：

- 描述与检查方法相关的主要概念。
- 解释如何使用启发式评估和走查法。
- 解释分析在评估中的作用。
- 描述 A/B 测试在评估中的应用。
- 描述如何使用 Fitts 定律——一种预测模型。

16.1 引言

迄今为止，本书描述的评估方法都涉及与用户交互或直接观察用户。在本章中，我们将介绍一些基于通过以下信息之一来了解用户的方法。

- 用启发法得到的知识。
- 远程收集的数据。
- 预测用户表现的模型。

这些方法都不要求用户在评估期间在场。检查方法通常涉及研究人员（有时也称为专家）扮演产品的设计对象，分析界面的各个方面，并识别潜在的可用性问题。最著名的方法是启发式评估和走查法。分析包括用户交互日志记录，A/B 测试是一种实验方法。分析和 A/B 测试通常都是远程执行的。预测建模包括分析在界面上执行特定任务所需的各种物理和心理操作，并将其作为量化度量进行操作。最常用的预测模型之一是 Fitts 定律。

16.2 检查：启发式评估和走查法

有时让用户参与评估并不现实，因为寻找用户并不容易，并且让用户参与评估成本过高或需要花费太长时间。在这种情况下，其他人员（通常称为专家或研究人员）可以提供反馈。这些人了解交互设计以及用户的需求和典型行为。在 20 世纪 90 年代初期，研究人员开发了各种替代可用性测试的检查方法，他们主要借鉴了通常使用代码检查和其他类型检查的软件工程实践。交互设计的检查方法包括启发式评估和走查法，其中由专家检查人机界面，他们通常扮演典型用户，并预测用户在与界面交互时可能遇到的问题。这些方法的吸引力之一是它们可用于设计项目的任何阶段。同时它们还可用于补充用户测试。

16.2.1 启发式评估

在启发式评估中，研究人员在一组称为启发式原则的可用性原则的指导下，评估用户界面元素（如对话框、菜单、导航结构、在线帮助等）是否符合实践检验的原则。这些启发式原则非常类似于高级设计原则（例如使设计保持一致、减少记忆负荷和使用用户易于理解的术语）。启发式评估是由 Jakob Nielsen 和他的同事开发的（Nielsen 和 Mohlich，1990；Nielsen，1994a），后来被其他研究人员修改，用于评估网络和其他类型的系统（见 Hollingshead 和 Novick，2007；Budd，2007；Pinelle 等，2009；Harley，2018）。此外，许多研究人员和实践者已经将设计指南转换为启发式，然后应用于启发式评估。

用于人机交互评估的原始启发式原则集是从 249 个可用性问题的分析中实证得出的（Nielsen，1994b）。这些启发式原则的修订版本如下所示（Nielsen，2014：useit.com）：

- **系统状态的可视性**

系统应该在合理的时间内进行适当的反馈，以始终让用户了解正在发生的情况。

- **系统和真实世界之间的匹配**

系统应该使用用户的语言来表达，包括用户熟悉的单词、短语和概念，而不是面向系统的术语。应遵循真实世界的惯例，使信息以自然且合乎逻辑的顺序出现。

- **用户的控制和自由**

用户经常错误地选择系统功能，因此需要一个明显的"紧急出口"，当异常状况出现时无须通过扩展对话即能退出。同时系统需要支持"撤销"和"重做"功能。

- **一致性和标准化**

用户不必知道不同的词、情况或动作是否意味着相同的事情。系统应遵循平台惯例。

- **预防错误**

缜密的设计甚至可以比周全的错误提示信息还要好，因为它可以从一开始就预防问题的发生。系统应消除容易出错的条件或检查它们，并且在用户提交操作之前向用户显示确认选项。

- **识别而非记忆**

通过使对象、操作和选项可见，尽可能降低用户的记忆负荷。用户在从对话的一部分到另一部分的过程中不必记忆相关信息。无论在任何时候，系统的使用说明都应该是可见的或容易检索的。

- **使用的灵活性和效率**

快捷键（初级用户不可见）通常可以加快专家用户的交互操作，使得系统可以同时满足无经验和经验丰富的用户的需要。允许用户适应频繁的操作。

- **美观和简约设计**

对话中不应包含无关的或很少需要的信息。对话中每个额外的信息单元都会与相关的信息单元竞争，并且降低这些相关信息的相对可见性。

- **帮助用户识别错误、诊断错误和从错误中恢复**

错误消息应以明文（无代码）表示，应准确地指出问题，并建设性地提出解决方案。

- **帮助及文档**

虽然没有文档也能使用的系统会更好，但提供帮助和文档或许也是有必要的。任何相关信息应该易于搜索、关注用户的任务、列出操作具体步骤，并且信息量不要太大。

➡ 有关启发式评估的更多信息，请访问 www.nngroup.com/articles/ux-expert-reviews/。

➡ 展示研究者 Wendy Bravo 如何使用启发式方法评估两个旅游网站 Travelocity 和 Expedia 的网站——https://medium.com/@WendyBravo/heuristic-evaluation-of-two-travel-websites-13f830cf0111.

→ David Lazarus 于 2011 年 5 月 9 日发布的原创视频展示了对 Jakob Nielsen 的"关于界面设计的 10 个可用性启发原则"的见解。尽管启发式原则已经略有更新，但该视频仍然是有用的。视频链接——http://youtu.be/hWc0Fd2AS3s。

这些启发式原则主要用于判断界面的哪些方面违背了上述原则。例如，如果正在评估新的社交网络系统，那么评估人员可能会考虑用户添加好友的方法。评估人员会检查好几次界面，主要检查各种交互元素并且将它们与可用性原则列表进行比较。每次迭代时，评估人员将会挖掘出可用性问题并提出解决方法。

虽然许多启发式原则适用于大多数产品（例如，一致性和提供有意义的反馈，特别是当出现错误时），但是某些核心启发式原则对于评估已经上市的产品（例如移动设备、数字玩具、社交媒体、环境设备、Web 服务和物联网）来说过于笼统。因此，评估人员和研究人员通常根据其他设计指南、市场研究、研究结果和需求文档来修订 Nielsen 的启发式原则，从而开发出他们自己的启发式原则。Nielsen/Norman 小组还更详细地研究了特定的启发式原则，如上面列出的启发式原则中的"系统状态的可视性"（Harley，2018a），它侧重于沟通和透明。

确切地说，对于不同的产品来说哪种启发式原则最为适用以及需要多少项原则是有争议的，并且这取决于评估的目标，但是大多数启发式原则集合的项目在 5 到 10 个之间。这个数字提供了丰富的可用性标准，通过这些标准可以判断产品设计的各个方面。若项目多于10 个则评估人员不易记住，而若少于 5 个则往往不能对其进行充分的评估。

另一个问题是，需要多少研究人员进行彻底的启发式评估，以确定大多数可用性问题。经验测试表明，3～5 个研究人员通常可以识别多达 75% 的可用性问题，如图 16.1 所示（Nielsen，1994a）。然而，雇用几个研究人员可能是资源密集型的。因此，总的结论是，虽然更多的研究人员可能更好，但实际采用的人员不需要那么多——特别是如果研究人员对产品及其预期用户具有经验和知识的话。

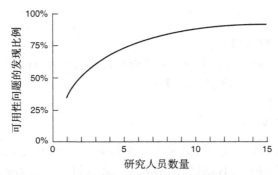

图 16.1　曲线显示了不同数量的评估人员通过启发式评估原则在一个界面上找到的可用性问题的
　　　　比例（图片来源：Nielson 和 Mack（1994）。由 John Wiley & Sons, Inc. 提供）

网站的启发式评估

人们基于 Nielsen 的最初 10 项启发式原则开发了许多不同的启发式原则集来评估网站。其中一个是 Andy Budd 在发现 Nielsen 的启发式原则不能解决不断发展的 Web 的问题之后开发的。他还发现，若干指导原则之间存在重叠，而且它们在范围和具体程度上差别很大，这使它们难以使用。框 16.1 中摘录了这些启发式原则。请注意，这些方法与 Nielsen 的最初启发式原则的不同之处在于，它们更加强调信息内容。

▌框 16.1▏节选自 Budd（2007）开发的强调网页设计问题的启发式原则

清晰

使系统对于目标受众尽可能清晰、简洁和有意义。

- 撰写清晰、简洁的副本
- 仅对技术受众使用技术语言
- 编写清晰、有意义的标签
- 使用有意义的图标

尽可能降低不必要的复杂性和认知负荷

使系统尽可能简单，以便用户完成任务。

- 删除不必要的功能、流程步骤和视觉混乱
- 使用逐渐展开的方式以隐藏高级功能
- 将复杂的过程分解为多个步骤
- 优先使用大小、形状、颜色、对齐和相邻

为用户提供情境

界面应该向用户提供一种时间和空间上的情境感。

- 提供清晰的网站名称和目的
- 突出显示导航中的当前区域
- 提供一个痕迹线索（即显示网站中用户已访问过的内容）
- 使用适当的反馈信息
- 显示进程中的步骤数
- 通过提供视觉提示（例如进度指示器）或允许用户在等待期间完成其他任务来减少延迟时间感知

促进愉快和积极的用户体验

用户应该受到尊重，设计应该美观，并且能促进愉快和有益的体验。

- 创造一种令人快乐和有吸引力的设计
- 提供容易实现的目标
- 为使用和进步提供奖励

Leigh Howells 在她的文章《启发式网站评论指南》（A guide to heuristic website reviews，Howells，2011）中也采用了与 Budd 类似的方法。在这篇文章和 Toni Granollers（2018）最近的一篇文章中，作者都提出了使启发式评估结果更加客观的技术。这既可以用于显示来自评估的不同启发式原则的出现，也可以用于比较不同研究人员的评估结果，如图 16.2 所示。首先，计算每个研究人员确定的可用性问题的百分比，接下来将其显示在图表周围（在本例中有 7 名研究人员）。接下来计算代表所有研究人员个体均值的单个值，并将其显示在图表的中心。除了能够比较不同研究人员的相对性能和设计的总体可用性之外，这个过程还可以用来比较不同原型的可用性或与竞争对手的产品进行比较的结果。

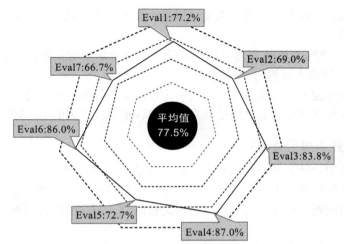

图 16.2　雷达图显示了 7 名研究人员各自识别出的问题的平均数量和总体平均值（图片来源：Granollers（2018）。由 Springer Nature 提供）

练习 16.1　1.选择你经常访问的网站，并使用框 16.1 中的启发式原则进行评估。这些启发式原则能帮你识别出重要的可用性问题和用户体验问题吗？

2.意识到启发式原则对你与网站的交互有什么影响？

3.使用这些启发式原则的难度如何？

解答　1.启发式原则侧重于关键可用性标准，例如界面是否显得过于复杂以及颜色是如何使用的。Budd 的启发式原则还鼓励对用户与网站交互的体验的感受进行考虑。

2.意识到启发式原则会使人们更加关注设计和交互，并能增强对用户尝试做的事情以及网站如何响应的意识。

3.当应用于顶层设计时，这些指导原则可能难以使用。例如，对于一个网站来说，"清晰"到底意味着什么？虽然详细的清单（撰写清晰、简洁的副本，仅对技术受众使用技术语言，等等）提供了一些指导，使评估任务更容易一些，但这可能仍然看起来相当困难，特别是对于不习惯进行启发式评估的人来说。

进行启发式评估

启发式评估可以分为 3 个主要阶段（Nielsen 和 Mack，1994；Muniz，2016）。

- 简报会议：向用户研究人员简要介绍评估的目标。如果有多个研究人员，则要确保每个人都得到相同的简报。
- 评估阶段：在此期间，用户研究人员通常使用启发式原则进行指导，花费 1～2 小时独立检查产品。

通常，研究人员将至少对界面进行两次评估。第一次感受交互流程和产品范围。第二次专注于整个产品环境中的特定界面元素，并识别潜在的可用性问题。

如果评估是针对功能产品进行的，那么研究人员通常会考虑一些特定的用户任务，以便突出他们的研究重点。虽然建议的任务可能会有所帮助，但许多用户体验研究人员更看重他们自己的任务。然而，如果在仅有屏幕模型或规范的情况下进行早期评估，则这种方法很困难。因此，该方法需要适应评估环境。在对界面、规范或模型进行评估时，一个研究人员可以记录所识别的问题，而另一个研究人员可以出声思考，这可以通过视频记录，并且每个研究人员都要做笔记。

- 汇报会议：研究人员聚集在一起，与设计师讨论他们的发现，优先考虑他们发现的问题，并为解决方案提出建议。

启发式原则将研究人员的注意力集中在特定问题上，因此选择合适的启发式原则至关重要。即便如此，有时候研究人员之间也会存在分歧，正如接下来的"窘境"中所讨论的那样。

▌窘境｜经典问题还是虚假警报？

一些研究人员和设计人员可能认为启发式评估是一种万能药，它可以揭示设计的所有问题，而对设计团队的资源需求很少。然而，除了像前面讨论的那样非常难以使用之外，启发式评估还存在其他问题，比如有时会遗漏一些关键问题，而这些问题很可能通过在实际用户中测试产品来发现。

在启发式评估出现之后不久，一些独立的研究将其与其他方法（尤其是用户测试）进行了比较。他们发现，不同的方法往往会识别出不同的问题，有时启发式评估会忽略严重的问题（Karat，1994）。此外，如前所述，专家的数量和问题的性质都会影响其有效性（Cockton 和 Woolrych，2001；Woolrych 和 Cockton，2001）。因此，启发式评估不应该被视为用户测试的替代品。

另一个问题与研究人员报告的不存在的问题有关。换句话说，一些研究人员的预测是错误的。Bill Bailey（2001）引用了三个公开来源的分析，说明了报告的问题中大约 33% 是真正的可用性问题，其中一些是严重的，而另一些则是微不足道的。然而，研究人员遗漏了 21% 的用户问题。此外，在研究人员发现的问题中有 43% 根本不是问题，它们只是虚惊一场。他指出，这意味着只有大约一半的问题是真正的问题："更具体地说，对于每一个识别出的真正的可用性问题，都会有一个以上（1.2）的虚假警报和约半个（0.6）遗漏问题。如果这一分析是正确的，那么专家们往往会发现更多的虚假警报，而遗漏的问题也会比他们识别出的真正的问题要多。"

如何减少虚假警报或漏报严重问题的数量？检查研究人员是否真的具备所需的专业知识（特别是他们是否对目标用户群体有很好的了解）可能会有所帮助。但如何做到这一点呢？克服这些问题的一个方法是采用多个研究人员。这有助于减少个人的经验直觉或糟糕表现的影响。将启发式评估和用户测试等方法结合使用也是一个好主意。为研究人员和设计人员提供有效的启发式支持是克服这些问题的另一种方法。例如，Bruce Tognazzini（2014）采用一些简短的案例研究说明了他所提倡的一些启发式原则。如前所述，分析每种启发式原则的含义并开发一组问题也很有帮助。

在设计和评估 Web 页面、移动应用程序和其他类型的产品时，另一个重要问题是它们对广泛用户（例如视力、听力和活动能力有缺陷的人）的无障碍性。许多国家现在都有 Web 内容无障碍指南（WCAG），设计者必须注意这些指南，如框 16.2 所述。

▌框 16.2｜使用 Web 内容无障碍指南进行评估

Web 内容无障碍指南（Web Content Accessibility Guidelines，WCAG）是一组关于如何确保 Web 页面内容对于各种残疾用户可访问的详细标准（Lazar 等，2015）。虽然启发式原则（如 Ben Shneiderman 的八条黄金规则（Shneiderman 等，2016））以及 Nielsen 和 Mohlich

的启发式评估在人机交互社区中是众所周知的，但 WCAG 可能是人机交互社区之外最著名的一组界面指南或标准。为什么？因为世界上许多国家都有法律要求政府网站和公共设施（如酒店、图书馆和零售店）网站对残疾人开放。一些法案（比如澳大利亚的《残疾歧视法》、意大利的《Stanca 法案》、英国的《平等法案》和美国《康复法案》第 508 条）和政策（如加拿大的《通信和联邦身份政策》还有印度的《印度政府网站指南》等），都使用 WCAG 作为 Web 无障碍的基准。

➡ 有关 Web 无障碍指南、法律和政策的更多信息，请参见 https://www.w3.org/WAI/。

　　Web 无障碍的概念和 Web 本身一样古老。Tim Berners-Lee 说："网络的力量在于它的普遍性。不论残疾与否，人人都有访问的机会，这是一个至关重要的方面。"（https://www.w3.org/Press/IPO-announce）为了完成这一使命，WCAG 于 1999 年被创建、批准并发布。WCAG 是由来自 475 个成员组织的委员会成员创建的，其中包括微软、谷歌和苹果等领先的科技公司。开发它们的过程是透明和公开的，鼓励所有涉众，包括人机交互社区的许多成员做出贡献和评论。WCAG 2.0 于 2008 年发布。WCAG 2.1 于 2018 年发布，经过修改，旨在进一步提高低视力用户和移动设备上呈现的 Web 内容的无障碍性。此外，当设计师遵循这些准则时，通常对所有用户都有好处，比如提高可读性和以更有意义的方式显示搜索结果。

➡ 各种在线 WCAG 文档加起来将达到成百上千页，人们将其关键概念和核心需求总结在了"WCAG 2.1 一览"（www.w3.org/WAI/standards-guidelines/wcag/glance）中，该文档可以被视为一组 HCI 启发式原则。

　　根据 WCAG 的定义，Web 无障碍的关键概念可概括为"可感知的""可操作的""可理解的"和"健壮的"。

1. 可感知的

1.1 为非文本内容提供文本替代。

1.2 为多媒体提供字幕等替代方案。

1.3 创建可以以不同方式（包括辅助技术）呈现的内容，同时又不失意义。

1.4 使用户更容易看到和听到内容。

2. 可操作的

2.1 使所有功能通过键盘可用。

2.2 给用户足够的时间阅读和使用内容。

2.3 不要使用会引起癫痫或身体反应的内容。

2.4 帮助用户导航和查找内容。

2.5 方便使用键盘以外的输入。

3. 可理解的

3.1 使文本可读且可理解。

3.2 使内容以可预测的方式出现和运行。

3.3 帮助用户避免和纠正错误。

4. 健壮的

4.1 最大限度地兼容当前和未来的用户工具。

（资料来源：https://www.w3.org/WAI/standards-guidelines/wcag/glance/）

这些指导原则可以作为启发式原则来评估基本的 Web 页面无障碍。例如，它们可以转换成特定的问题，如：图形上是否有 ALT 文本？如果无法使用指向设备，整个页面是否可用？是否有任何会引发癫痫的闪烁内容？视频上有字幕吗？虽然有些问题可以由设计人员直接解决，但字幕通常外包给专门开发和插入字幕的组织。政府和大型组织必须让他们的网站达到无障碍要求，以避免违法。然而，旨在帮助小公司和个人开发适当字幕的工具和建议有助于使字幕更加普遍。

一些研究人员专门创建了启发式原则，以确保网站和其他产品对残疾用户是无障碍的。例如，Jenn Mankoff 等人（2005）发现，使用屏幕阅读器进行启发式评估的开发人员发现了 50% 的已知可用性问题。尽管令人钦佩的是，许多研究都集中在有视力问题的人的无障碍性上，但支持其他类型残疾的研究也是需要的。一个例子是 Alexandros Yeratziotis 和 Panayiotis Zaphiris（2018）的研究，他们创建了一种包含 12 种启发式原则的方法来评估聋人用户使用网站的体验。

虽然人们已经开发了自动化软件测试工具，试图将 WCAG 指南应用于 Web 页面，但是这种方法的成功率有限，因为有太多的无障碍需求目前还无法通过机器测试。使用 WCAG 的人工检查，或涉及残疾人的用户测试，仍然是评估 Web 是否符合 WCAG 2.1 标准的最佳方法。

将设计指南、原则和黄金规则转换为启发式原则

开发用于评估多种不同类型数字技术的启发式原则的一种方法是将设计指南转换为启发式原则。通常这是通过使用指导原则作为启发式原则来完成的，因此指导原则和启发式原则是可以互换的。一个更有原则的方法是让设计师和研究人员将设计指南转化为问题。例如，Kaisa Väänänen-Vainio-Mattila 和 Minna Wäljas（2009）在开发用于评估 Web 服务用户体验的启发式原则时采用了这种方法。他们确定了所谓的"享乐启发式原则"（hedonic heuristics），即直接研究用户对其交互的感受。这些都基于设计指导原则，这些指导原则涉及用户是否认为 Web 服务提供了一个充满活力的、可以享受时间的地方，以及它是否通过频繁提供有趣的内容来满足用户的好奇心。当以问题的形式陈述时，这些原则就变成：该服务是一个充满活力的、可以享受时间的地方吗？该服务是否通过频繁提供有趣的内容来满足用户的好奇心？

Toni Granollers 在对 Nielsen 的《启发式原则》（1994）和 Bruce Tognazzini 的"人机交互设计和可用性第一原则"（Tognazzini，2014）（一组类似的启发式原则）的评论中指出需要修改这些启发式原则。她声称这两套启发式原则有相当多的重叠内容。此外，她强调需要在使用启发式原则方面提供更多指导，并提倡将开发问题作为提供这种支持的一种方式。Granollers 建议首先将启发式原则转换为指导原则，然后，如前面所建议的，确定相关问题，以建立指导原则基础。例如，考虑启发式"可见性和系统状态"，这是 Nielsen 和 Tognazzini 的启发式原则之间的组合。Granollers 提出了以下问题：

应用程序是否包含可见的标题页、节或站点？用户是否总是知道它们的位置？用户是否总是知道系统或应用程序在做什么？链接是否有明确的定义？所有的动作都可以直接可视化（即不需要其他操作）吗？

Granollers，2018，p.62

因此，每个启发式原则都将被分解成一组类似的问题，这些问题可以进一步用于评估特定的产品。

人们创建了启发式原则（其中一些可能是指南或规则）用于设计和评估范围广泛的产品，包括共享群件（Baker 等，2002），视频游戏（Pinelle 等，2008），多人游戏（Pinelle 等，2009），在线社区（Preece 和 Shneiderman，2009）、信息可视化（Forsell 和 Johansson，2010）、验证码（Reynaga 等，2015）和电子商务网站（Hartley，2018b）。来自 Userfocus 的顾问 David Travis（2016）编制了 247 条用于评估的指导原则。这些指导原则包括 20 个主页可用性指南、20 个搜索可用性指南、29 个导航和信息架构指南、23 个信任和可信度指南等。

➡ 要获取更多关于这些指导原则的信息，请访问 David Travis 的网站 https://www.userfocus.co.uk/resources/guidelines.html。

在 20 世纪 80 年代中期，Ben Shneiderman 还提出了设计准则，这些准则经常用作评估的启发式原则。这就是所谓的"八条黄金法则"。人们对它进行了略微修订（Shneiderman 等，2016），现规定如下：

1. 争取一致性。
2. 寻求普遍的可用性。
3. 提供信息反馈。
4. 设计对话框以产生闭包。
5. 防止错误。
6. 使逆转动作容易进行。
7. 保持用户的控制。
8. 减少短期记忆负荷。

练习 16.2　启发式原则对比

1. 将 Nielsen 的可用性启发式原则与 Shneiderman 的八条黄金法则进行比较。哪些内容是相似的，哪些是不同的？

2. 选择另一组启发式原则或指导原则来评估你特别感兴趣的系统，并将其加入对比。

解答　1. 只有少数几项启发式原则和黄金法则基本匹配，例如，Nielsen 的"一致性和标准化""预防错误"和"用户控制和自由"指导原则分别与 Shneiderman 的"争取一致性""防止错误"和"保持用户的控制"规则匹配。Nielsen 的"帮助用户识别错误、诊断错误和从错误中恢复"和"帮助及文档"与 Shneiderman 的"提供信息反馈"匹配。很难找到每组研究人员所特有的启发式原则和黄金法则。"美观和极简设计"只出现在 Nielsen 的列表中，而"寻求普遍的可用性"只出现在 Shneiderman 的列表中。然而，通过更深入的分析，可以认为这两组原则之间有相当大的重叠。如果不详细检查和考虑每个启发式原则和指导原则，那么进行这样的比较就不那么简单。因此，当在这些启发式原则或其他启发式原则之间进行选择时，很难做出准确的判断。最后，也许对研究人员来说，最好的方法是选择一组最适合他们自己的评估情境的启发式原则。

2. 我们选择了框 16.2 中列出的网页无障碍指南。与 Nielsen 的启发式原则和 Shneiderman 的八条黄金法则不同，这些指导原则特别针对残障用户，特别是盲人或视力有限的用户的无障碍性。"可感知的""可操作的"和"健壮的"没有出现在其他两个列表中。"可理解的"列出的指导方针更像 Nielsen 和 Shneiderman 的列表。它们的重点是提醒设计师让内容以一致和可预测的方式出现，帮助用户避免犯错误。

16.2.2 走查法

走查法提供了一种启发式评估的替代方法，可以在不进行用户测试的情况下预测用户问题。正如它的名字所示，走查法涉及对产品的任务进行走查，并注意存在问题的可用性特性。虽然大多数走查法方法不涉及用户，但也存在一些方法（如多元走查法）涉及可能包括用户、开发人员和可用性专家的团队。

认知走查法

认知走查法涉及模拟用户在人机交互中的每一步是如何解决问题的。正如它的名字所暗示的那样，认知走查法采用一种认知视角，其重点是评估设计的易学性——这一重点是由用户通过探索来学习所激发的。这种方法（Wharton 等，1994）现在经常与一系列其他评估和设计过程集成。请参见 Jared Spool 博客 https://medium.com/@jmspool（Spool 2018）。

认知走查法的主要步骤如下：

1. 确定并记录典型用户的特征，并开发示例任务，这些任务关注要评估的设计方面。生成要开发的界面的描述、模型或原型，以及用户完成任务所需的操作的清晰序列。

2. 由一个设计师和一个或多个用户体验研究人员一起进行分析。

3. 用户体验研究人员遍历每个任务的操作序列，将其放在一个典型场景的情境中。在此过程中，他们试图回答以下问题：

a. 正确的操作是否对用户来说足够明显？（用户是否知道如何完成任务？）

b. 用户会注意到正确的操作可用吗？（用户可以看到下一个操作应该使用的按钮或菜单项吗？当需要的时候，它是否明显？）

c. 用户是否正确地关联并解释动作的响应？（用户会从反馈中知道他们的行为选择是正确的还是错误的吗？）

换句话说，用户是否知道该做什么、看到如何操作，并从反馈中了解操作是否正确完成？

4. 当走查法完成时，记录关键信息。

a. 对关于什么会导致问题以及为什么会产生问题的假设进行确定。

b. 对次要问题和设计变更进行说明。

c. 编辑结果摘要。

5. 修改设计以解决所提出的问题。在进行修复之前，通常通过与实际用户进行测试来检查从走查法中获得的见解。

在进行认知走查法时，重要的是要记录下整个过程，并记录下哪些有效、哪些无效。可以使用标准化的反馈表单，在其中记录每个问题的答案。任何否定的答案都被仔细地记录在一个单独的表单上，此外还有产品的详细信息、版本号和评估日期。记录问题的严重性也很有用。例如，问题发生的可能性有多大、对用户来说有多严重。该表单还可以用于记录步骤1~4 中概述的流程细节。

Brad Dalrymple（2017）描述了由他自己作为用户的走查法的三个步骤。注意，这里的步骤更少，而且与前面列出的步骤略有不同。

1. 确定要检查的用户目标。

2. 确定完成目标必须完成的任务。

3. 在完成任务时记录下体验。

Dalrymple 提供了一个例子，以说明他需要执行哪些操作，才能为参加晚宴的客人（目标）创建 Spotify 音乐播放列表（任务）。

➡️ Dalrymple 为创建一个 Spotify 播放列表所进行的认知走查法——https://medium.com/user-research/cognitive-walk-throughs-b84c4f0a14d4。

与启发式评估相比，走查法更关注在详细的层次上识别特定用户问题。框 16.3 描述了另一种采用符号工程学视角的走查法类型。

▌框 16.3｜符号工程学检验技术 ─────────────────────────

人类使用各种符号来交流信息。这些符号涉及日常事物，如路标、书面或口头文字、数学符号、手势和图标。符号学旨在研究符号是如何构成、解释和产生的。

用户体验设计使用各种各样的符号向用户传达意义。其中一些已经很好地建立了起来，例如用于回收已删除文件的垃圾桶；而一些则是为特定类型的应用程序创建的，例如鸟类识别应用程序中的一行鸟（参见图 16.3）。用户体验设计人员的目标是，他们设计对象的用户能够理解使用其熟悉和不熟悉的符号进行交流的含义。

a）垃圾桶图标   b）鸟图标

图 16.3 （图片来源：图 a 来自马里兰大学；图 b 来自 Merlin Bird ID app，Cornell Lab of Ornithology）

用户体验设计的一个重要方面是如何仅通过交互符号将设计师的信息传达给用户。符号学和工程概念的知识——结合人类与数字技术交互以及通过数字技术交互的符号工程学（de Souza，2005）——有助于改善用户体验设计的原则、特征和价值。

用来评估符号学工程质量的主要方法是 SigniFYIng Message——一个关注符号交流能力的检查程序（de Souza 等，2016），用户体验设计师可以选择符号来将他们的信息传达给用户。这些正是用户能够在交互过程中表达他们想要做什么、探索什么或体验什么的符号。该方法适用于详细评估用户体验设计的一小部分。在进行这类符号学评价时，视察员以关于三种交互符号的具体问题为指导。

- 静态符号，可以立即传达它的含义，并且用户不需要进行进一步的交互来理解它。
- 动态符号，它只随着时间和通过交互来传达含义。换句话说，用户只有在进行交互时才能理解它。
- 元语言符号，可以是静态的，也可以是动态的。它的独特之处在于，它的含义是对另一个界面符号的解释、描述、信息警告或注释。

图 16.4 展示了这些符号如何在智能手机安排会议应用程序的四个屏幕内实现交流。为了帮助用户在与不同时区的参与者会面时避免时区错误，用户体验设计人员可以选择使用格林尼治标准时间（GMT）来交流时间，并向用户公开其基本原理。

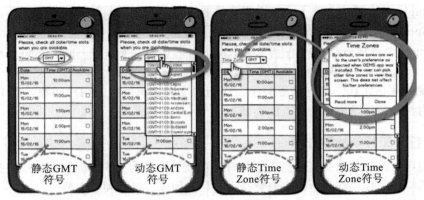

静态GMT符号　　动态GMT符号　　静态Time Zone符号　　动态Time Zone符号

图 16.4　用于会议安排应用程序的用户体验设计草图中的静态、动态和元语言符号示例
（图片来源：de Souza 等（2016）。由 Springer Nature 提供）

SigniFYIng Message 检查的结果是对用户体验设计为用户提供的消息质量和交流策略的评估。通过使用此信息，设计人员可以选择修改符号以明确交流。

练习 16.3　对想在 www.amazon.com 或 www.wiley.com 上以电子书形式购买本书的典型用户进行一次认知走查法。遵循先前概述的 Cathleen Wharton（Wharton 等，2009）的步骤。

解答

步骤 1

典型用户：经常使用网络的学生和专业设计师。

任务：从 www.amazon.com 或 www.wiley.com 购买本书的电子书版本。

步骤 2

你将扮演专家评估者的角色。

步骤 3

（注意，www.amazon.com 或 www.wiley.com 的界面可能在作者进行此评估后发生了变化）

第一步操作可能是选择所选网站主页上的搜索框，然后输入本书的书名或作者姓名。

问：用户知道该怎么做吗？

答：是的。他们知道他们必须找到书，搜索框是一个很好的开始。

问：用户会知道如何做吗？

答：是的。他们以前见过搜索框，会输入适当的文本，然后点击 Go 或 Search 图标。

问：用户是否会从所提供的反馈中了解该操作是否正确？

答：是的。他们的行动应该会将他们带到一个页面，显示这本书的封面。他们需要点击封面旁边的购买图标。

问：用户是否会从所提供的反馈中了解该操作是否正确？

答：是的。他们以前可能这样做过，他们将能够继续购买这本书。

练习 16.4　根据你阅读并尝试启发式评估和认知走查法的经验，请比较它们在评估一个网站时的以下方面的表现。

1. 进行评估通常需要的时间。

2. 对评估整个网站的适用性。

解答　1. 认知走查法通常需要更长的时间，因为这是一个比启发式评估更详细的过程。

2. 除非是评估一个小网站，否则一般不会采用认知走查法评估整个网站。认知走查法是一个详细的过程，而启发式评估则更全面。

Rick Spencer（2000）开发了一种认知走查法的变体，以克服他在为设计团队使用认知走查法原始形式时遇到的一些问题。第一个问题是回答问题和讨论答案花费了太长时间。第二个问题是设计师往往具有防御性，经常援引认知理论的长篇解释来为自己的设计辩护。这是特别糟糕的，因为它破坏了方法的效率和团队成员的关系。为了解决这些问题，他采用了少问细节、少讨论的方法。这意味着分析更加粗粒度，但通常可以在约 2.5 小时内完成，具体时间取决于认知走查法评估的任务。他还为会议确定了一位领导者，并制定了严格的基本规则，包括禁止为设计辩护、禁止讨论认知理论和禁止即兴设计。

Valentina Grigoreanu 和 Manal Mohanna（2013）修改了认知走查法，使其能够在敏捷设计过程中有效地使用，因为在敏捷设计过程中，需要在设计 - 评估 - 设计的周期中快速周转。他们的方法包括一种非正式的、简化的流线型认知走查法（SSCW），然后是一种非正式的多元走查法（接下来讨论）。与传统的基于相同用户界面的用户研究相比，他们发现 SSCW 可以揭示大约 80% 的用户研究结果。

➡ 关于用于评估各种设备的认知走查法方法的价值的讨论详见 www.userfocus.co.uk/articles/cogwalk.html。

多元走查法

多元走查法是另一种成熟的走查法，在这种走查法中，用户、开发人员和可用性研究人员一起工作，逐步完成任务场景。在此过程中，他们讨论场景步骤中涉及的与对话框元素相关的可用性问题（Nielsen 和 Mack，1994）。在一个多元走查法中，每个人都被要求扮演一个典型的用户角色。由几个原型屏幕组成的使用场景会提供给每个人，并且每个人都要写下从一个屏幕转换到另一个屏幕的操作序列，而不能彼此协商。接下来，他们讨论各自建议的行动，然后再进入下一轮屏幕的操作。这个过程一直持续到所有的场景都被评估完毕（Bias，1994）。

多元走查法的好处包括在深层次上更关注用户的任务，即查看所采取的操作步骤。这种级别的分析对于某些类型的系统来说是非常宝贵的，例如安全系统，其中为单个步骤确定的可用性问题可能对其安全性或效率至关重要。这种方法非常适合参与式设计实践，正如第 12 章所讨论的那样，让由用户在其中扮演关键角色的多学科团队参与进来。此外，研究人员带来了各种各样的专业知识和意见来解释交互的每个阶段。这种方法的局限性包括必须一次召集研究人员，然后以最慢的速度进行。此外，由于时间的限制，通常只能探索有限数量的场景和界面。

➡ 有关的走查法概述和 iTunes 认知走查法示例，请参见 http://team17-cs3240.blogspot.com/2012/03/cognitive-walkthrough-and-pluralistic.html。

注意：指向多元走查法的链接可能不能在所有浏览器上正常工作。

16.3   分析和 A/B 测试

软件可以自动记录用户的各种行为，包括按键、鼠标或其他指向设备的移动、搜索网页的时间、查看帮助系统以及软件模块中的任务流程。自动记录活动的一个关键优势是，如果系统的性能不受影响，那么它就不会引人注目，但是如果在被试不知情的情况下进行记录，如第 10 章所讨论的那样，那么它还会引起对观察被试的伦理关注。自动记录大量数据的另一个优势是可以使用可视化和其他工具进行探索和分析。

16.3.1   Web 分析

Web 分析是一种交互式日志记录，专门用于分析用户在网站上的活动，以便设计人员可以修改他们的设计以吸引和留住客户。例如，如果一个网站旨在提供有关如何种植野花园的信息，但其主页没有吸引力，只显示干旱和热带地区的花园，那么来自温带地区的用户将不会继续浏览，因为他们看到的信息与他们的相关程度不高。这些用户将成为一次性访问者，会转而寻找包含他们所需信息的其他网站。如果出现这样的情况，那么除非他们跟踪用户的活动，否则网页设计者和网站所有者可能不会注意到这种用户流失现象。

通过使用 Web 分析，Web 设计人员和开发人员可以跟踪访问他们网站的用户的活动。他们可以看到有多少人访问了网站、有多少人停留、他们停留了多久、访问了哪些页面，他们还可以了解用户来自哪里等。因此，Web 分析对于 Web 设计人员来说是一个强大的评估工具，可以单独使用，也可以与其他类型的评估（尤其是用户测试）结合使用。例如，Web 分析可以为网站上的用户交互提供一个"全局"概述，而对一些典型用户进行的用户测试可以揭示需要修复的用户体验设计问题的细节。

由于使用 Web 分析的目的是使设计人员能够优化用户对网站的使用，因此 Web 分析尤其受到企业和市场研究机构的重视。例如，通过分析在广告期间和之后网站的流量会如何变化，可以评估媒体广告活动的有效性。

Web 分析还用于评估非交易产品（如信息和娱乐网站，包括爱好、音乐、游戏、博客和个人网站（参见 Sleeper 等，2014）），以及用于学习。当分析用于学习时，它通常称为学习分析（Oviatt 等，2013；Educause，2016）。学习分析在评估学习者在大规模开放在线课程（MOOC）和开放教育资源（OER）中的活动方面发挥着重要作用。这些系统的设计者对学习者何时以及为什么退出系统等问题感兴趣。

人们还开发了可用于评估研究的其他类型的专业分析方法，例如可视化分析（在第 10 章中进行了讨论，其中显示数千且通常数百万个数据点并且可以可视地进行操作，就像在社交网络分析中一样（Hansen 等，2019）。

框 16.5 和框 16.6 包含两个在不同评估环境中使用的 Web 分析的简短案例。第一个是早期的例子，旨在评估加州山葡萄酒网站的访客流量。第二个展示了使用谷歌分析（Google Analytics）评估社区网站在空气监测中的使用情况。

➡ *Simon Buckingham Shum 在 2014 年 EdMedia 大会上的主题演讲视频——http://people.kmi.open.ac.uk/sbs/2014/06/edmedia2014-keynote/。该视频介绍了学习分析，以及在人们处理大量数字数据的世界中，分析如何被用来回答关键问题。*

使用 Web 分析

Web 分析有两种类型：在线（on-site）分析和离线（off-site）分析。网站所有者使用在线分析来评估访问者的行为。离线分析衡量的是一个网站的可见性和在互联网上获得受众的潜力，而与网站所有者无关。然而，近年来，离线分析和在线分析之间的区别已经模糊了，但一些人仍然使用这些术语。此外，还可以使用其他来源来增加收集到的关于网站的数据，如电子邮件、直邮活动数据、销售和历史数据，这些数据可以与 Web 流量数据相匹配，从而进一步了解用户的行为。

谷歌分析

早在 2012 年，谷歌分析就已经是人们最广泛使用的在线 Web 分析和统计服务。在当时最受欢迎的 10 000 个网站中，超过 50%（Empson，2012）使用了谷歌分析，并且它的受欢迎程度继续飙升。图 16.5 展示了从 2018 年 11 月底到 2018 年 12 月初的一周内，本书第 4 版所附网站 id-book.com 的谷歌分析仪表板的部分内容。图 16.5a 展示了关于谁访问了网站以及他们停留了多长时间的信息，图 16.5b 展示了用于查看网站的设备和访问的页面，图 16.5c 展示了用户使用的语言。

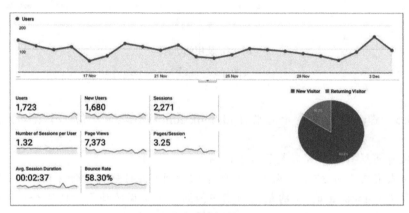

a）受众概况

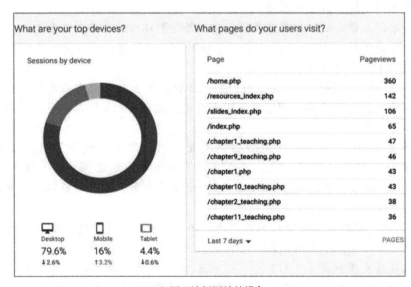

b）用于访问网站的设备

图 16.5   2018 年 12 月 id-book.com 的谷歌分析仪表板

	Acquisition			Behavior		
Language	Users ↓	New Users	Sessions	Bounce Rate	Pages / Session	Avg. Session Duration
	529 % of Total: 100.00% (529)	462 % of Total: 100.22% (461)	642 % of Total: 100.00% (642)	60.28% Avg for Total: 60.28% (0.00%)	3.26 Avg for View: 3.26 (0.00%)	00:02:31 Avg for View: 00:02:31 (0.00%)
1. en-us	317 (59.81%)	279 (60.39%)	391 (60.90%)	55.50%	3.80	00:03:02
2. en-gb	44 (8.30%)	34 (7.36%)	52 (8.10%)	63.46%	2.44	00:01:21
3. zh-cn	27 (5.09%)	21 (4.55%)	35 (5.45%)	82.86%	2.40	00:01:31
4. es-es	12 (2.26%)	11 (2.38%)	13 (2.02%)	61.54%	2.08	00:00:32
5. sv-se	11 (2.08%)	9 (1.95%)	13 (2.02%)	69.23%	1.46	00:01:36
6. ko-kr	9 (1.70%)	9 (1.95%)	14 (2.18%)	35.71%	6.29	00:04:10
7. de-de	6 (1.13%)	6 (1.30%)	6 (0.93%)	66.67%	3.33	00:00:25
8. en	6 (1.13%)	6 (1.30%)	6 (0.93%)	83.33%	1.17	00:00:06
9. ar	5 (0.94%)	3 (0.65%)	6 (0.93%)	66.67%	4.17	00:01:00
10. nl-nl	5 (0.94%)	5 (1.08%)	5 (0.78%)	40.00%	2.80	00:01:02

c）用户使用的语言

图 16.5 （续）

练习 16.5 思考图 16.5 所示的来自 id-book.com 的谷歌分析的三个截屏，然后回答以下问题。

1. 在这段时间里有多少人浏览了这个网站？

2. 你认为人们在 2 分 37 秒（浏览网站的平均时间）内可能会看什么内容？

3. 跳出率（bounce race）指的是只浏览该网站一个页面的访问者的百分比。这本书的跳出率是多少？为什么这对网站来说都是一个有用的指标？

4. 可以使用哪些设备访问该网站？

5. 在访问期间，最大的语言群体是哪三个？每个群体的跳出率是多少？

解答　1. 在此期间有 1723 名用户访问了该网站。请注意，有些用户拥有多个会话，因为会话数（2271）大于用户数。

2. 在 2 分 37 秒内，平均每个会话的浏览页面数约为 3.25。这意味着用户可能不会在网站上播放任何视频，也不会详细阅读任何案例研究。从图 16.5b 可以看出，他们查看了部分章节、资源和幻灯片。

3. 跳出率为 58.3%。这是一个有价值的度量标准，因为它代表了用户行为的一个简单但重要的特征，即只访问了主页，没有访问网站上的其他任何网页。典型的跳出率为 40%～60%（高于 65% 为高，低于 35% 为低）。如果跳出率很高，则需要进一步检查网站是否存在问题。

4. 79.6% 的用户使用台式电脑访问该网站，16% 的用户使用手机，4.4% 的用户使用笔记本电脑。与前一周相比，手机用户数量增加了 3.2%。

5. 说美式英语的用户最多（317 人，占 59.81%），其次是说英式英语的用户（44 人，占 8.3%），然后是说汉语的用户（27 人，占 5.09%）。中国访问者的跳出率为 82.86%，远高于美国访问者的 55.5% 和英国访问者的 63.46%。

→ Ian Lurie 的"谷歌分析教程——安装"视频解释了如何在网站上安装和使用谷歌分析。视频参见 http://youtu.be/P_l4oc6tbYk。

→ Scott Bradley 的视频 Google Analytics Tutorial Step-by-Step 描述了谷歌分析中的统计工具，它介绍了如何分析以提高用户流量。视频参见 http://youtu.be/mm78xlsADgc。

→ 有关谷歌分析中可以定制的不同仪表盘的概述，请参见 Ned Poulter 的网站（2013）6 Google Analytics Custom Dashboards to Save Your Time NOW!——http://www.stateofdigital.com/google-analytics-dashboards/。

→ 你也可以通过谷歌分析网站学习由 FutureLearn 开发的关于数据科学的在线课程——www.futurelearn.com/courses/data-science-google-analytics/。

框 16.4 | 其他分析工具

除了谷歌分析之外，还有很多其他工具提供额外的信息层、良好的访问控制选项以及原始且实时的数据收集。

Moz Analytics 跟踪搜索营销、社交媒体营销、品牌活动、链接和内容营销，在链接管理和分析方面特别实用：www.moz.com。

TruSocialMetrics 跟踪社交媒体指标，帮助计算社交媒体营销的投资回报：www.truesocialmetrics.com。

Clicky 是一个全面的实时分析工具，它可以显示个人访问者和他们所做的操作，并定义具有不同人口统计数据的用户所感兴趣的内容：www.clicky.com。

KISSmetrics 是一个详细的分析工具，可以显示网站访问者在购买之前、购买期间和购买之后在你的网站上所做的操作：www.kissmetrics.com。

Crazy Egg 根据访问者具体点击的位置跟踪他们的点击，并创建对网站设计、可用性和转换有用的点击热度图：www.crazyegg.com。

ClickTale 记录网站访问者的操作，并使用元统计数据创建关于用户鼠标移动、滚动和其他访问者行为的可视化热点图报告：www.clicktale.com。

→ 有许多提供分析工具列表的网站。其中一个网站包括除框 16.4 所述工具之外的一些工具，网址如下：https://www.computerworlduk.com/galleries/data/best-web-analytics-tools-alternatives-google-analytics-3628473/。

框 16.5 | 跟踪山葡萄酒网站的访问者

在这项研究中，美国加州的 Mountain Wines 聘请 VisiStat 对其网站的流量进行了早期研究。Mountain Wines 希望找到鼓励更多的访问者访问其网站的方法，并希望吸引访问者去参观酒厂。实现这一目标的第一步是了解当前有多少访问者访问该网站、他们在网站上做了什么，以及他们来自哪里。通过对网站的分析，Mountain Wines 开始了解访问者的行为，以及如何增加访问者数量（VisiStat，2010）。这个早期分析的部分结果如图 16.6 所示，它提供了 VisiStat 提供的页面浏览数量的概述。图 16.7 展示了一些 IP 地址的位置。

使用 VisiStat 提供的这些数据和其他数据，Mountain Wines 的创办者可以查看访问者总数、平均流量、流量来源、访问者活动等。他们发现了热门搜索词可见的重要性，可以确定访问者要访问他们网站的哪些地方，也可以看到访问者的具体地理位置。

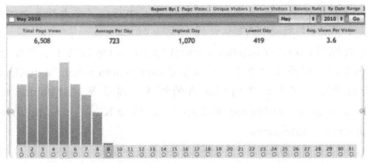

图 16.6　VisiStat 提供的数据的全局视图（图片来源：http://www.visistat.com/tracking/
monthly-page-views.php）

	Unique Visitor	Views	Detail
1.	Los Angeles, California	6	▶
2.	Sharpsburg, Maryland	1	▶
3.	Phoenix, Arizona	3	▶
4.	Lemesos, Limassol	2	▶
5.	Targu-mures, Mures	1	▶

Display By: Geographic Location

图 16.7　该网站的 13 位访问者的地理位置（图片来源：http://www.visistat.com/tracking/
monthly-page-views.php）

框 16.6　使用谷歌分析进行空气质量监测

由于工业污染、交通堵塞和森林火灾，世界上许多地方的空气质量很差。美国加州、美国西北部、加拿大和欧洲部分地区的火灾造成了严重的空气质量问题。因此，社区正在开发设备，将空气质量读数众包，以监测其周围的空气质量。在其中一个社区授权的空气质量监测项目中，Yen-Chia Hsu 和她的同事（2017）开发了一个网站，网站的内容包括动画烟雾图像、传感器数据，以及众包气味报告和风数据。

这些研究人员允许社区监测自身的空气质量并收集可靠的数据来倡导相应的改变，他们迫切希望跟踪用户在其网站上的活动。他们从 2015 年 8 月到 2016 年 7 月对该网站进行了谷歌分析评估，结果显示有 542 名独立用户访问该网站共 1480 次，平均每次 3 分钟。

这项研究很有创新性，但和其他许多当地社区一样，这个社区在技术上并不突出。此外，发展信息技术使科学知识大众化和激励自主研究是一项具有挑战性的任务。然而，谷歌分析连同用户测试，使这些研究人员能够修改网站和相关系统的设计，使社区网站更容易使用。

16.3.2　A/B 测试

评估整个网站、网站的一部分、应用程序或在移动设备上运行的应用程序的另一种方法是通过执行大规模实验来评估两组用户使用两种不同设计的表现——一种作为控制条件，另一种（即正在测试的新设计）作为实验条件。这种方法称为 A/B 测试，它基本上是一种受控实验，但通常涉及数百或数千个被试。与第 15 章讨论的实验设计一样，A/B 测试涉及"主体间"的实验设计，即从一个大型用户群体中随机选择两组相似的被试（Kohavi 和 Longbotham，2015），例如来自 Twitter、Facebook 或 Instagram 等社交媒体网站的用户群体。A/B 测试与第 15 章讨论的实验之间的主要区别在于 A/B 测试是在线完成的。

要进行 A/B 测试，需要确定感兴趣的变量，例如广告设计。设计 A（当前设计）服务 A 组，设计 B（新设计）服务 B 组。然后确定一个可信赖的度量标准，例如每个组（A 组和 B 组）中的被试在特定时间段（如一天、一周或一个月）内点击他们所设计的广告的次数。因为这是一个受控实验，所以可以对实验结果进行统计分析，以确定观察到的结果差异是因为设计的不同而不是因为偶然原因。

正如 Ron Kohavi（2012）所提到的，A/B 测试提供了一种有价值的数据驱动方法，用于评估 Web 和社交媒体网站设计中差异的影响。从前端用户界面更改到后端算法，从搜索引擎（如 Google、Bing 和 Yahoo！）到零售商（如 Amazon、eBay 和 Etsy）、社交网络服务（如 Facebook、LinkedIn 和 Twitter）、旅行服务（如 Expedia、Airbnb、Booking.com）和许多初创公司，很多公司都利用在线受控实验进行数据驱动的决策（Deng 等，2017）。

为了使在线 A/B 测试发挥最大的作用，Ron Kohavi 和 Roger Longbotham（2015）建议首先执行 A/A 测试。在这个测试中，所有被试群体都将看到相同的设计，并且应该且有相同的体验。然后检查 A/A 测试的结果，它们应该没有显著的统计学差异。按照这个程序，可以确保随机选择的两个群体确实是随机的，并且实验运行的条件确实是相似的。这一点很重要，因为互联网是复杂的，用户的交互可能会受到研究人员所意想不到的影响（例如机器人或者浏览器刷新或重定向的方式），这可能会降低 A/B 测试的价值，甚至可能使其失效。

虽然 A/B 测试可能很强大，但建议研究人员仔细检查其计划，以确保他们正在测试其期望测试的内容。例如，Ron Kohabi 和 Roger Longbottom 对 Microsoft Office 2007 主页早期版本的两个设计版本进行了 A/B 测试。这个想法是为了测试一个新的、看起来更现代的主页的有效性，其主要目标是增加下载点击量。然而，下载点击量并没有像预期的那样上升，反而下降了 64%。研究人员想知道是什么导致了这样一个意想不到的结果。在仔细检查这两款设计后，他们注意到新设计中的文字是"立即购买"，且标明售价为 149.95 美元，而旧设计的文字是"免费试用 2007"和"立即购买"。被要求支付 149.95 美元影响了实验结果，尽管新设计实际上可能更好。自针对 2007 年版本的测试以来，Microsoft Office 经历了许多修订，但之所以讨论这个例子，是因为它展示了在设置 A/B 测试时需要注意的事项，以确保实际测试的是预期的设计特性。其他设计特性，尤其是涉及用户付费的特性，可能会产生强大的、意想不到的后果，甚至连 Ron Kohabi 和 Roger Longbottom 等经验丰富的研究人员在设置测试时也可能忽略这些特性。

练习 16.6　根据你对 Web 分析和 A/B 测试的了解，请回答：

1. 通过使用每种方法来评估一个网站，你能发现什么？

2. 你需要什么技能才能成功地运用每一种方法？

解答　1.Web 分析很可能被用来了解用户是如何使用网站的。它会显示谁在使用这个网站、什么时候使用、使用了多长时间、用户的 IP 地址在哪里、跳出率等。相反，A/B 测试是一种受控实验，它使研究人员能够评估和比较两个或更多用户体验设计的影响。通常，A/B 测试用于查看一两个特性，而不是整个网站。

2. 有很多工具可以使用分析方法来评估网站。这些工具通常使用起来相当简单，而且设计人员只需要少量知识就可以将预先编写的代码嵌入他们的设计，以获得分析结果。或者，可以雇佣咨询公司来提供这项服务。而 A/B 测试则需要具备实验设计和统计知识。

16.4 预测模型

与检查方法和分析类似，预测模型在评估系统时不需要用户参与。预测模型不是像在检查中那样让专家评估者扮演用户角色来参与，或者跟踪分析他们的行为，而是使用公式来预测用户的执行情况。预测建模可用于估计各种任务中不同系统的效率。例如，智能手机设计者可以选择使用预测模型，因为它可以使其准确地确定手机按键的最佳布局，以满足特定的操作。

Fitts 定律

Fitts 定律（Fitts，1954）是近年来影响人机交互和交互设计的一种预测模型，它能够预测使用某种定位设备到达目标所需的时间。它最初用于人员因素研究，分析在移向屏幕上的某个目标时，速度和精确度之间的关系。在交互设计中，人们经常使用这个定律，根据目标的大小以及至目标的距离计算指向该目标（如屏幕上的图标）所需的时间。它的一个主要优点是能够指导设计人员设计物理或数字按钮的位置、大小和密集程度。在早期，它主要用于设计物理笔记本电脑 / PC 的键盘布局和移动设备（如智能手机、手表和遥控器）上的物理键的位置。它还被用于设计触摸屏界面的数字输入显示器的布局。

Fitts 定律：

$$T = k \log_2 (D/S + 1.0)$$

其中，

T —— 将指针移向目标的时间；

D —— 指针至目标的距离；

S —— 目标的大小；

k —— 大约为 200ms/bit 的常数。

简而言之，目标越大，移向目标就越容易，速度也越快。这就是带有大型按钮的界面要比带有密集的小型按钮的界面更容易使用的原因。根据 Fitts 定律，我们可以推断出，在计算机屏幕上，最容易抵达的位置是屏幕的 4 个角。这是因为它们具有"限制性"，即屏幕的边界限制了用户不能超越目标。

Fitts 定律可用于评估这样一类系统：系统中定位对象物理位置的时间对于其任务至关重要。它能帮助设计人员确定对象在屏幕上的摆放位置以及对象间的位置关系。Fitts 定律对于移动设备的设计也非常有用，因为在这些设备上，放置图标和按钮的屏幕空间非常有限。例如，在诺基亚的一项研究中，为了找出通过手机键盘（12 键）输入文本的最佳方法，他们使用了 Fitts 定律预测用户使用不同方法输入文本的速度（Silverberg 等，2000）。通过这项研究，设计人员确定了手机的许多特性，包括按键大小、位置和通用任务的按键次序等。

Scott MacKenzie 和 Robert Teather（2012）在几项研究中使用了 Fitts 定律，其中一项研究将倾斜作为具有内置加速计的设备（如触摸屏手机和平板电脑）的输入方式。在多显示器环境中，它也被用来检查显示器之间物理距离的大小和目标的接近程度的影响（Hutchings，2012）。此外，Fitts 定律还被用来比较视觉目标的眼球跟踪输入和人工输入（Vertegaal，2008），将汉字映射到手机键盘的不同方式（Liu 和 Räihä，2010），以及手势、触摸和鼠标交互（Sambrooks 和 Wilkinson，2013）。Fitts 定律还被用来考虑新的输入方式的有效性，比如不同的游戏控制器（Ramcharitar 和 Teather，2017）、VR 中 3D 选择的光标位置（Li 等，2018）、具有触摸和鼠标输入的大屏幕上的凝视输入（Rajanna 和 Hammond，2018）。Fitts 定律的另一个创造性应用是评估模拟有运动障碍的用户与由头部控制的鼠标指针系统交互的效果（Ritzvi 等，2018）。Fitts 定律的这种应用尤其有用，因为很难招募到有运动障碍的被试来参加用户测试。

练习 16.7　微软的工具栏为用户提供了在每个工具图标下面显示标签的选项。请说明为什么使用带有标签的工具更为容易（假设即使没有标签，用户也可以知道工具的用途）。

解答　标签成了目标的一部分，因此目标变大。正如我们前面提到的，目标越大。我们就可以更快地访问它。

此外，没有标签的工具图标可能更密集，因此它们更拥挤。使图标相互远离可以创建图标周围的空间缓冲区，这样一来即使用户意外地经过目标，他们也不太可能选择错误的图标。当图标挤在一起时，用户意外错过和选择错误图标的风险就更大了。对于菜单来说也是如此，操作过于紧凑的菜单较容易出错。

深入练习

本深入练习继续跟进你之前的工作（见第 11 章、第 12 章和第 15 章末尾）——用于在线订票的新型交互式产品。本深入练习的目的是使用启发式评估来评估第 12 章深入练习中产品的原型。

1. 确定一组适当的启发式原则，并对第 12 章中设计的原型之一进行启发式评估。
2. 根据评估结果，重新设计原型以解决你遇到的问题。
3. 将本评估结果与第 15 章的可用性测试的结果进行比较。你观察到了什么不同？　你喜欢哪种评估方法，为什么？

总结

本章介绍了检查评估方法，侧重于启发式评估和走查法，它们通常由专业人士（通常称为专家）进行实现，他们通过角色扮演模拟用户与设计、原型和规范说明的交互，利用他们拥有的有关大量常见问题（这些问题是用户经常会遇到的）的知识，并提出他们的观点。启发式评估和走查法为评估人员提供了指导评估过程的框架。

记录用户交互的分析法通常是远程执行的，并且用户并不知道他们的交互正在被跟踪。人们使用专门开发的软件服务（如谷歌分析）来收集、匿名化和统计分析大批量的数据。这种分析提供关于系统如何使用的信息，例如，不同版本的网站或原型如何实现，或网站的哪些部分很少使用——可能是由于可用性设计差或缺乏吸引力。数据通常视觉化地呈现，以便研究人员更容易了解趋势和解释结果。

A/B 测试是远程测试的另一种形式。从根本上说，A/B 测试是一种受控实验，其中大量被试被随机分配到不同的实验条件下，供研究人员研究两个或两个以上的因变量。例如，可以使用 A/B 测试来测试主页用户体验设计中的小差异。对于拥有大量用户的网站，例如流行的社交媒体网站，即使是设计上的微小差异也会对使用应用程序的用户数量产生很大的影响。

Fitts 定律就是以下评估方法的示例之一：可以通过判断一个所提出的界面设计或键盘布局是否最优来预测用户的表现。通常，Fitts 定律用于比较虚拟或物理对象（例如设备或屏幕上的按钮）的不同设计布局。

设计师和研究人员经常发现，他们必须修改这种方法，以评估已经进入市场的广泛的产品；这类似于前面章节中讨论的其他方法，这些方法通常也需要修改。

本章要点

- 检查可用于评估一系列表征，包括需求、模型、原型或产品。
- 用户测试和启发式评估通常揭示不同的可用性问题。
- 在交互设计中使用的其他类型的检查包括多元走查法和认知走查法。
- 走查法的重点非常明确，因此适用于评估产品的一小部分。
- 分析法涉及收集关于用户交互的数据，以便确定用户如何使用网站或产品，以及它们的哪些部分未被充分利用。
- 在应用于网站时，分析法通常称为"Web 分析"。同样，当应用于学习系统时，它称为"学习分析"。
- Fitts 定律是一个预测模型，已在人机交互领域中用于评估手持设备的键盘序列。

拓展阅读

BUDIU, R. and NIELSEN, J. (2012) *Mobile Usability*. New Riders Press.

该书讨论了针对移动设备的设计与针对其他系统的设计有所不同的原因。它描述了如何评估这些系统，包括进行专家评议，并提供了很多例子。

FUTURELEARN (2018) 提供了一门名为"数据科学与谷歌分析"的课程（www. futurelearn. com/courses/data-science-google-analytics/）。该课程是谷歌分析新手的很好的入门材料。该课程定期更新，而且是免费的。不过，如果你想买课程材料的话，还是要花点钱。

GRANOLLERS, T. (2018) Usability Evaluation with Heuristics, Beyond Nielsen's list. *ACHI 2018: The Eighth International Conference on Advances in Human Computer Interaction*. 60-65.

这篇论文对启发式算法集进行了详细的比较，并提出了改进启发式算法的方法。

KOHAVI, R. and LONGBOTHAM, R. (2015) Unexpected Results in Online Controlled Experiments. *SIGKDD Explorations* Volume 12, Issue 2, 31-35.

这篇论文描述了在进行 A/B 测试时需要注意的一些事情。

MACKENZIE, S. I. and SOUKOREFF, R. W.（2002）Text entry for mobile computing：models and methods, theory and practice. *Human-Computer Interaction, 17*, 147-198.

这篇论文对移动文本输入技术进行了具体的研究，并讨论了 Fitts 定律如何能为他们的设计提供相关信息。

推荐阅读

交互式系统设计：HCI、UX和交互设计指南（原书第3版）

作者：David Benyon 译者：孙正兴 等 ISBN：978-7-111-52298-0 定价：129.00元

本书在人机交互、可用性、用户体验以及交互设计领域极具权威性。书中囊括了作者关于创新产品及系统设计的大量案例和图解，每章都包括发人深思的练习、挑战点评等内容，适合具有不同学科背景的人员学习和使用。

以用户为中心的系统设计

作者：Frank E. Ritter 等 译者：田丰 等 ISBN：978-7-111-57939-7 定价：85.00元

本书融合了作者多年的工作经验，阐述了影响用户与系统有效交互的众多因素，其内容涉及人体测量学、行为、认知、社会层面等四个主要领域，介绍了相关的基础研究，以及这些基础研究对系统设计的启示。

推荐阅读

用户体验要素：以用户为中心的产品设计（原书第2版）

作者：Jesse James Garrett 译者：范晓燕 ISBN：978-7-111-61662-7 定价：79.00元

从本书第1版出版到现在已经过去十几年了，它定义了关键的实践准则，已经成为全世界网站和交互设计师工作时的重要参考。新版中，作者进一步细化了他对于产品设计的思考。 同时，这些思考并不仅仅局限于桌面软件上，而是已经扩展到包括移动终端在内的多种应用及其分支中。

用户体验度量：量化用户体验的统计学方法（原书第2版）

作者：Jeff Sauro 等 译者：顾盼 ISBN：978-7-111-58965-5 定价：79.00元

Amazon五星级畅销书，资深用户体验专家、统计分析师、心理学专家10余年工作经验结晶，着眼于用户体验设计人员工作中所遇到的疑难问题，推荐最佳解决方案。第2版更新了标准化可用性调查问卷的内容，新增了相关性分析、回归分析和方差分析等内容，通篇可见更新的示例和案例研究。